化学工业标准汇编

橡胶原材料

（四）

中国石油和化学工业联合会
全国轮胎轮辋标准化技术委员会
全国橡胶与橡胶制品标准化技术委员会
中国质检出版社第二编辑室
编

中国质检出版社
中国标准出版社
北京

图书在版编目（CIP）数据

化学工业标准汇编．橡胶原材料．4/中国石油和化学工业联合会等编．—北京：中国标准出版社，2011
ISBN 978-7-5066-6310-6

Ⅰ.①化… Ⅱ.①中… Ⅲ.①化学工业-标准-汇编-中国②橡胶加工-原材料-标准-汇编-中国 Ⅳ.①TQ-65 ②TQ330.3-65

中国版本图书馆 CIP 数据核字（2011）第 129400 号

中国质检出版社
中国标准出版社 出版发行
北京市朝阳区和平里西街甲 2 号(100013)
北京市西城区复外三里河北街 16 号(100045)

网址 www.spc.net.cn
电话:(010)64275360 68523946
中国标准出版社秦皇岛印刷厂印刷
各地新华书店经销

*

开本 880×1230 1/16 印张 45.75 字数 1 369 千字
2011 年 8 月第一版 2011 年 8 月第一次印刷

*

定价 234.00 元

如有印装差错 由本社发行中心调换
版权专有 侵权必究
举报电话:(010)68510107

出 版 说 明

近年来化工标准化事业不断发展，化工类标准发生了很大的变化，《化学工业标准汇编　橡胶原材料》一直受到专业读者的关注和喜爱。为了满足广大读者对橡胶原材料标准文本的需求，我们在2006年版（分三册）的基础上重新编辑出版了本版橡胶原材料标准汇编。由于标准数量大，本次汇编时分四册出版，所收集的标准是截至2010年底以前批准发布的现行相关国家标准和行业标准。

本分册为第四册，内容包括：发泡剂、粘合剂、骨架材料、其他四个部分，共收集国家标准、行业标准87项，其中国家标准62项，行业标准25项。

本汇编收集的标准属性已在目录上标明，年代号用四位数字表示。鉴于部分标准是在国家标准清理整顿前出版的，现尚未修订，故正文部分仍保留原样；读者在使用这些标准时，其属性以目录上标明的为准（标准正文"引用标准"中标准的属性请读者注意查对）。标准号中括号内的年代号，表示在该年度确认了该标准，但没有重新出版。

本汇编目录中，凡标准名称用括号注明原国家标准号的行业标准，均由国家标准转化而来，这些标准因未另出版行业标准文本（即仅给出行业标准编号，正文内容完全不变），故本汇编中正文部分仍为国家标准。

本汇编所包含的标准，由于出版年代的不同，其格式、计量单位以及技术术语存在不尽相同的地方，在汇编时没有对其作出修改，而只对原标准中内容上的错误以及其他明显不妥之处作了更正。

由于时间和水平有限，书中不当之处，请读者批评指正。

中国质检出版社

2011年4月

目　录

一、发 泡 剂

二、粘 合 剂

三、骨架材料

四、其 他

一、发 泡 剂

ICS 71.060.40
G 11

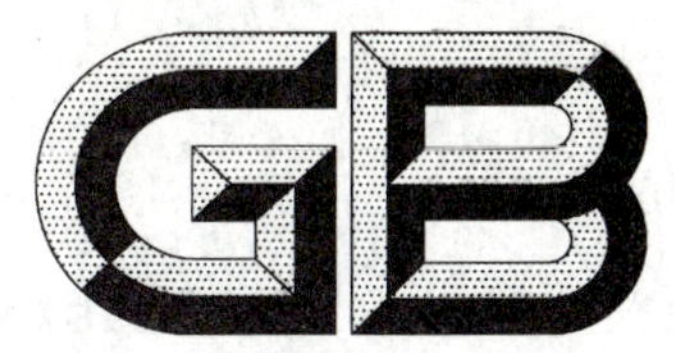

中华人民共和国国家标准

GB 210.1—2004

工业碳酸钠及其试验方法 第1部分:工业碳酸钠

Specification and determination methods of sodium carbonate for industrial use—Part 1: Sodium carbonate for industrial use

2004-03-15 发布　　　　2004-10-01 实施

中华人民共和国国家质量监督检验检疫总局
中国国家标准化管理委员会　发布

前　言

《工业碳酸钠及其试验方法》国家标准分为两部分。

——第一部分:《工业碳酸钠》;

——第二部分:《工业碳酸钠试验方法》。

本部分为《工业碳酸钠及其试验方法》的第一部分。

本部分第 4 章、第 6 章为强制性,其余为推荐性。

本部分修改采用英国标准 BS 3674:1981(1986)《工业碳酸钠》(英文版)。并根据英国标准 BS 3674:1981(1986)《工业碳酸钠》重新起草。

考虑到我国国情,在采用英国标准时,本部分做了一些修改。有关技术性差异已编入正文中并在它们所涉及的条款的页边空白处用垂直单线标识。在附录 A 和附录 B 中给出了这些技术性差异和结构差异及其原因的一览表以供参考。

本部分与 GB/T 210.2 一同代替国家标准 GB 210—1992《工业碳酸钠》。

本部分与 GB 210—1992 相比技术内容变化如下。

——分为两类,Ⅰ类为特殊工业用重质碳酸钠,仅设优等品;Ⅱ类为一般工业用碳酸钠,包括轻质碳酸钠和重质碳酸钠,分为优等品、一等品和合格品三个等级。取消了原国标中的Ⅲ类指标,即硫酸钠型卤水盐为原料联碱法生产的工业碳酸钠。经过各厂技术改造,该类产品已达到Ⅱ类产品的指标要求。

——取消了原国标中的烧失量指标,保留了其测定方法;对湿基计总碱量的指标和试验方法进行了规定。

——Ⅰ类产品总碱量的质量分数由不小于 99.2%调整为不小于 99.4%,氯化物的质量分数由不大于 0.50%调整为不大于 0.30%,铁的质量分数由不大于 0.004%调整为不大于 0.003%,水不溶物的质量分数由不大于 0.04%调整为不大于 0.02%。Ⅱ类优等品铁的质量分数由不大于 0.004%调整为不大于 0.003 5%,水不溶物的质量分数由不大于 0.04%调整为不大于 0.03%。

本部分的附录 A 和附录 B 为资料性附录。

本部分由原国家石油和化学工业局提出。

本部分由全国化学标准化技术委员会无机化工分会(SAC/TC 63/SC1)归口。

本部分起草单位:天津化工研究设计院、天津碱厂、大化集团有限责任公司、杭州龙山化工有限公司、山东海化股份有限公司纯碱厂、内蒙古蒙西联公司苏尼特分公司、湖北双环化工集团有限公司、四川自贡鸿鹤化工股份有限公司、青岛碱业股份有限公司、唐山三友集团有限公司、新疆哈密双合碱业有限公司。

本部分主要起草人:姚锦娟、刘幽若、吴洪发、姜密、王文琼、孙树香、马文元、包念汉、姚祖英、李超国、孙长江、查安丽。

本部分于 1963 年首次发布,1980 年、1989 年和 1992 年修订。

工业碳酸钠及其试验方法　第1部分：工业碳酸钠

1　范围

本标准规定了工业碳酸钠的分类、要求、试验方法、检验规则、标志、包装、运输和贮存。

本标准适用于以工业盐或天然碱为原料，由氨碱法、联碱法或其他方法制得的工业碳酸钠。该产品主要用于化工、玻璃、冶金、造纸、印染、合成洗涤剂、石油化工等工业。

分子式：Na_2CO_3

相对分子质量：105.99(按1999年国际相对原子质量)

2　规范性引用文件

下列文件中的条款通过本标准的引用而成为本标准的条款。凡是注日期的引用文件，其随后所有的修改单(不包括勘误的内容)或修订版均不适用于本标准，然而，鼓励根据本标准达成协议的各方研究是否可使用这些文件的最新版本。凡是不注日期的引用文件，其最新版本适用于本标准。

GB/T 191—2000　包装储运图示标志

GB/T 1250　极限数值的表示方法和判定方法

GB/T 6678—2003　化工产品采样总则

GB/T 8947—1998　复合塑料编织袋

GB/T 10454—2000　集装袋

GSB G12001　工业碳酸钠国家标准样品

3　产品分类

工业碳酸钠根据用途分为两类：

Ⅰ类为特种工业用重质碳酸钠。适用于制造显像管玻壳、光学玻璃等。

Ⅱ类为一般工业用碳酸钠。包括轻质碳酸钠和重质碳酸钠。

4　要求

4.1　外观：轻质碳酸钠为白色结晶粉末，重质碳酸钠为白色细小颗粒。

4.2　工业碳酸钠应符合表1要求：

表1　要求

指标项目		Ⅰ类	Ⅱ类		
		优等品	优等品	一等品	合格品
总碱量(以干基的 $NaCO_3$ 的质量分数计)/%	≥	99.4	99.2	98.8	98.0
总碱量(以湿基的 $NaCO_3$ 的质量分数计)[a]/%	≥	98.1	97.9	97.5	96.7
氯化钠(以干基的 NaCl 的质量分数计)/%	≤	0.30	0.70	0.90	1.20
铁(Fe)的质量分数(干基计)/%	≤	0.003	0.003 5	0.006	0.010
硫酸盐(以干基的 SO_4 的质量分数计)/%	≤	0.03	0.03[b]		
水不溶物的质量分数/%	≤	0.02	0.03	0.10	0.15
堆积密度[c]/(g/mL)	≥	0.85	0.90	0.90	0.90

表 1（续）

指标项目			Ⅰ类	Ⅱ类		
			优等品	优等品	一等品	合格品
粒度[c]，筛余物/%	180 μm	≥	75.0	70.0	65.0	60.0
	1.18 mm	≤	2.0			

a 为包装时含量，交货时产品中总碱量乘以交货产品的质量再除以交货清单上产品的质量之值不得低于此数值。

b 为氨碱产品控制指标。

c 为重质碳酸钠控制指标。

5 试验方法

见 GB/T 210.2。

6 检验规则

6.1 本标准采用型式检验和出厂检验。

6.1.1 要求中的所有七项指标项目为型式检验项目。正常生产情况下每半年进行一次型式检验。

6.1.2 总碱量、氯化钠含量、铁含量、水不溶物含量、堆积密度、粒度为出厂检验项目。

6.2 以每天产量为一批。

6.3 按 GB/T 6678—1986 第 6.6 条规定确定采样单元数。采样时，将采样器自袋的中心垂直插入至料层深度的 3/4 处采样。将采出的样品混匀，用四分法缩分至轻质碳酸钠不少于 400 g，重质碳酸钠不少于 1 000 g。将样品分装于两个清洁、干燥的具塞广口瓶或塑料袋中，密封。注明生产厂名、产品名称、类别、等级、批号、采样日期和采样者姓名。一份供检验用，另一份保存三个月备查。

6.4 工业碳酸钠应由生产厂的质量监督检验部门按照本标准的规定进行检验。生产厂应保证每批出厂的产品都符合本标准的要求。

6.5 使用单位有权按照本标准的规定对所收到的工业碳酸钠进行验收，验收应在货到之日算起的 1 个月内进行。

6.6 检验结果如有一项指标不符合本标准要求，应重新自两倍量的包装中采样进行复验，复验结果即使有一项指标不符合本标准的要求时，则整批产品为不合格。

6.7 采用 GB/T 1250 规定的修约值比较法判定检验结果是否符合标准。

6.8 工业碳酸钠有关项目的测定结果应采用 GSBG12001 进行测定予以核验，每月至少一次。

7 标志、标签

7.1 工业碳酸钠包装容器上应有牢固清晰的标志，内容包括：生产厂名、厂址、产品名称、商标、类别、等级、净含量、批号或生产日期及本标准编号，以及 GB/T 191—2000 规定的“怕雨”标志。

7.2 每批出厂的工业碳酸钠都应附有质量证明书，内容包括：生产厂名、厂址、产品名称、类别、商标、净含量、批号或生产日期、产品质量符合本标准的证明和本标准编号。

8 包装、运输和贮存

8.1 工业碳酸钠采用 3 种包装方式。

8.1.1 双层包装：外包装采用塑料编织袋，内包装采用聚乙烯塑料薄膜袋，每袋净含量 40 kg 或 50 kg。

8.1.2 单层包装：采用 GB/T 8947—1998 规定的 B 型复合塑料编织袋，每袋净含量 40 kg 或 50 kg。

8.1.3 集装袋包装：采用 GB/T 10454—1989 中规定的集装袋，每袋净含量 1 000 kg。用户有特殊要求时可协商。

8.2　工业碳酸钠包装，内袋扎口或用其他相当的方式封口；外袋应牢固缝合。缝线整齐，针距均匀，无漏缝和跳线现象。

8.3　工业碳酸钠每袋净含量 40 kg 或 50 kg 的包装袋，随机抽取 10 袋称量时，平均偏差应在±0.2 kg 范围内；随机抽取 1 袋，偏差在±0.3 kg 范围内。工业碳酸钠每袋净重大于 500 kg 的包装袋，平均偏差应在±5 kg 范围内。

8.4　工业碳酸钠在运输过程中应有遮盖物，防止雨淋、受潮。运输工具应清洁、干燥，尽量采用集装箱、网或集装托盘装卸和运输。不得与酸类混运。

8.5　工业碳酸钠应贮存于阴凉干燥处，防止雨淋、受潮，防止日晒、受热，不得与酸混贮。

附 录 A
（资料性附录）
本部分与英国标准 BS 3674:1981(1986)技术性差异及其原因

A.1 表 A.1 给出了本部分与英国标准 BS 3674:1981(1986)技术性差异及其原因的一览表。

表 A.1 本部分与英国标准 BS 3674:1981(1986)技术性差异及其原因

本部分的章条编号	技术性差异	原 因
3	英国标准分为十水碳酸钠和无水碳酸钠两类;本标准分为两类,Ⅰ类为特殊工业用重质碳酸钠,仅设优等品;Ⅱ类为一般工业用碳酸钠,包括轻质碳酸钠和重质碳酸钠,分为优等品、一等品和合格品三个等级。	根据特殊用户对盐分的要求,不少生产厂已有低盐分产品生产,考虑这些用户,以适应我国加入WTO后所面临的局面,同时可以充分考虑我国的国情,因此本标准Ⅱ类优等品等同英国标准无水碳酸钠指标,并合理的分等分级,增设了特殊用途的Ⅰ类产品和Ⅱ类设置了一等品和合格品。
4.2	英国标准粒度指标为用户协商,本标准设置了堆积密度和粒度指标。	根据我国用户要求。
	英国标准规定了铜含量指标的质量分数为不大于0.000 4%,试验方法为分光光度法。本标准取消了该项指标。	实测表明我国各生产厂产品中铜含量的质量分数均远小于0.000 4%,生产工艺中无铜带入,且用户对该指标从无要求,故对铜含量不做规定。

附　录　B
（资料性附录）
本部分与英国标准 BS 3674:1981(1986)章条编号对照

B.1　表 B.1 给出了本部分与英国标准 BS 3674:1981(1986)章条编号对照一览表。

表 B.1　本部分与英国标准 BS 3674:1981(1986)章条编号对照

本部分章条编号	英国标准章条编号
1	1
2	2
3	3
4	5
5	5
6	4
7	6
8	6

ICS 71.060.40
G 11

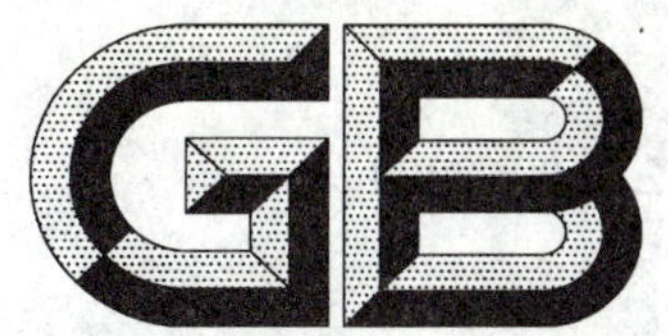

中华人民共和国国家标准

GB/T 210.2—2004
代替 GB 210—1992

工业碳酸钠及其试验方法 第2部分:工业碳酸钠试验方法

Specification and determintion methods of sodium carbonate for industrial use—Part 2:Specification and determintion methods

2004-03-15 发布　　2004-10-01 实施

中华人民共和国国家质量监督检验检疫总局
中国国家标准化管理委员会　发布

前　言

《工业碳酸钠及其试验方法》国家标准分为两部分。

——第一部分:《工业碳酸钠》;

——第二部分:《工业碳酸钠试验方法》。

本部分为《工业碳酸钠及其试验方法》的第二部分。

本部分修改采用英国标准 BS 6070:1981《工业碳酸钠试验方法》(英文版)。并根据英国标准 BS 6070:1981《工业碳酸钠试验方法》重新起草。

考虑到我国国情,在采用英国标准时,本部分做了一些修改。有关技术性差异已编入正文中并在它们所涉及的条款的页边空白处用垂直单线标识。在附录 A 和附录 B 中给出了这些技术性差异和结构差异及其原因的一览表以供参考。

本部分与 GB 210.1 一同代替国家标准 GB 210—1992《工业碳酸钠》。

本部分与 GB 210—1992 相比技术内容变化如下。

——并列石棉纸铺制古氏坩埚测定水不溶物的方法,以酸洗石棉铺制古氏坩埚测定水不溶物的方法作为仲裁。

本部分的附录 A 和附录 B 为资料性附录。

本部分由原国家石油和化学工业局提出。

本部分由全国化学标准化技术委员会无机化工分会(SAC/TC 63/SC1)归口。

本部分起草单位:天津化工研究设计院、天津碱厂、大化集团有限责任公司、杭州龙山化工有限公司、山东海化股份有限公司纯碱厂、内蒙古蒙西联公司苏尼特分公司、湖北双环化工集团有限公司、四川自贡鸿鹤化工股份有限公司、青岛碱业股份有限公司、唐山三友集团有限公司、新疆哈密双合碱业有限公司。

本部分主要起草人:姚锦娟、刘幽若、吴洪发、姜密、王文琼、孙树香、马文元、包念汉、姚祖英、李超国、孙长江、查安丽。

本部分于 1963 年首次发布,1980 年、1989 年和 1992 年修订。

工业碳酸钠及其试验方法
第2部分：工业碳酸钠试验方法

1 范围

本标准规定了工业碳酸钠的试验方法。

本标准适用于以工业盐或天然碱为原料，由氨碱法、联碱法或其他方法制得的工业碳酸钠。该产品主要用于化工、玻璃、冶金、造纸、印染、合成洗涤剂、石油化工等工业。

分子式：Na_2CO_3

相对分子质量：105.99(按1999年国际相对原子质量)

2 规范性引用文件

下列文件中的条款通过本标准的引用而成为本标准的条款。凡是注日期的引用文件，其随后所有的修改单(不包括勘误的内容)或修订版均不适用于本标准，然而，鼓励根据本标准达成协议的各方研究是否可使用这些文件的最新版本。凡是不注日期的引用文件，其最新版本适用于本标准。

GB/T 3049—1986 化工产品中铁含量测定的通用方法 邻菲啰啉分光光度法(neq ISO 6685：1982)

GB/T 3050—2000 无机化工产品中氯化物含量测定的通用方法 电位滴定法

GB/T 3051—2000 无机化工产品中氯化物含量测定的通用方法 汞量法

GB/T 6682—1992 分析实验室用水规格和试验方法(neq ISO 3696：1987)

HG/T 3696.1 无机化工产品化学分析用标准滴定溶液的制备

HG/T 3696.2 无机化工产品化学分析用杂质标准溶液的制备

HG/T 3696.3 无机化工产品化学分析用制剂及制品的制备

3 试验方法

3.1 安全提示

本试验方法中使用的部分试剂具有毒性或腐蚀性，操作时须小心谨慎！如溅到皮肤上应立即用水冲洗，严重者应立即治疗。

3.2 一般规定

本标准所用试剂和水在没有注明其他要求时，均指分析纯试剂和GB/T 6682—1992中规定的三级水。试验中所用标准滴定溶液、杂质测定用标准溶液、制剂及制品，在没有注明其他要求时，均按HG/T 3696.1～HG/T 3696.3之规定制备。

3.3 总碱量的测定

3.3.1 方法提要

以溴甲酚绿-甲基红混合液为指示剂，用盐酸标准滴定溶液滴定总碱量。

3.3.2 试剂

3.3.2.1 盐酸标准滴定溶液：$c(HCl)$约1 mol/L；

3.3.2.2 溴甲酚绿-甲基红混合指示液。

3.3.3 分析步骤

3.3.3.1 总碱量(湿基计)的测定

称取约1.7 g试样，精确至0.000 2 g。置于锥形瓶中，用50 mL水溶解试料，加10滴溴甲酚绿-甲基红混合指示液，用盐酸标准滴定溶液滴定至试验溶液由绿色变为暗红色。煮沸2 min，冷却后继续滴定至暗红色。同时做空白试验。

3.3.3.2 **总碱量(干基计)的测定**

称取约 1.7 g 于(250～270)℃下加热至恒重的试样,精确至 0.000 2 g。置于锥形瓶中,用 50 mL 水溶解试料,加 10 滴溴甲酚绿-甲基红混合指示液,用盐酸标准滴定溶液滴定至试验溶液由绿色变为暗红色。煮沸 2 min,冷却后继续滴定至暗红色。同时做空白试验。

3.3.4 **结果计算**

总碱量以碳酸钠(Na_2CO_3)的质量分数 w_1 计,数值以%表示,按公式(1)计算:

$$w_1=\frac{c(V-V_0)M/2}{m\times 1\,000}\times 100=\frac{0.05c(V-V_0)M}{m} \qquad \cdots\cdots(1)$$

式中:

c——盐酸标准滴定溶液浓度的准确数值,单位为摩尔每升(mol/L);

V——滴定消耗盐酸标准滴定溶液(5.3.2.1)的体积的数值,单位为毫升(mL);

V_0——空白试验消耗盐酸标准滴定溶液(5.3.2.1)的体积的数值,单位为毫升(mL);

m——试料的质量的数值,单位为克(g);

M——碳酸钠的摩尔质量的数值,单位为克每摩尔(g/mol)(M=105.99)。

取平行测定结果的算术平均值为测定结果,平行测定结果的绝对差值不大于 0.2%。

3.4 **氯化物含量的测定**

3.4.1 **汞量法**

3.4.1.1 **方法提要**

同 GB/T 3051—2000 第 2 章。

3.4.1.2 **试剂**

3.4.1.2.1 硝酸溶液:1+1;

3.4.1.2.2 硝酸溶液:1+7;

3.4.1.2.3 氢氧化钠溶液:40 g/L;

3.4.1.2.4 硝酸汞标准滴定溶液:$c(1/2Hg(NO_3)_2\cdot H_2O)$约为 0.05 mol/L。

按 GB/T 3051—2000 第 4.9 配制并标定。

3.4.1.2.5 溴酚蓝指示液:1 g/L;

3.4.1.2.6 二苯偶氮碳酰肼指示液:5 g/L。

3.4.1.3 **仪器**

3.4.1.3.1 滴定管:分度值为 0.02 mL 或 0.05 mL。

3.4.1.4 **分析步骤**

3.4.1.4.1 **参比溶液的制备**

在 250 mL 锥形瓶中加入 40 mL 水和 2 滴溴酚蓝指示液。滴加硝酸溶液(3.4.1.2.2)至溶液由蓝色恰变为黄色,再过量(2～3)滴。加入 1 mL 二苯偶氮碳酰肼指示液,用硝酸汞标准滴定溶液滴定至溶液由黄色变为紫红色,记录所用硝酸汞标准滴定溶液的体积。此溶液在使用前制备。

3.4.1.4.2 **试样的测定**

称取约 2 g 试样,精确至 0.01 g,置于 250 mL 锥形瓶中。加 40 mL 水溶解试料,加入 2 滴溴酚蓝指示液,滴加硝酸溶液(3.4.1.2.1)中和至溶液变黄后,滴加氢氧化钠溶液至试验溶液变蓝,再用硝酸溶液(3.4.1.2.2)调至溶液恰呈黄色再过量(2～3)滴。加入 1 mL 二苯偶氮碳酰肼指示液,用硝酸汞标准滴定溶液滴定至溶液由黄色变为与参比溶液(3.4.1.4.1)相同的紫红色即为终点。

将滴定后的废液保存起来,按 GB/T 3051—2000 附录 D 规定进行处理。

3.4.1.5 **结果计算**

氯化物含量以氯化钠(NaCl)的质量分数 w_2 计,数值以%表示,按公式(2)计算:

$$w_2 = \frac{c(V-V_0)M/1\,000}{m \times (100-W_0)/100} \times 100 = \frac{10c(V-V_0)M}{m(100-W_0)} \quad \cdots\cdots(2)$$

式中：

c——硝酸汞标准滴定溶液浓度的准确数值，单位为摩尔每升(mol/L)；

V——滴定中消耗硝酸汞标准滴定溶液的体积的数值，单位为毫升(mL)；

V_0——参比溶液制备中所消耗硝酸汞标准滴定溶液的体积的数值，单位为毫升(mL)；

m——试料的质量的数值，单位为克(g)；

W_0——按5.8测得的烧失量的质量分数的数值，以%表示；

M——氯化钠的摩尔质量的数值，单位为克每摩尔(g/mol)(M=58.44)。

取平行测定结果的算术平均值为测定结果，平行测定结果的绝对差值不大于0.02%。

3.4.2 电位滴定法

3.4.2.1 方法提要

同GB/T 3050—2000第2章。

3.4.2.2 试剂

3.4.2.2.1 氯化钠基准溶液：$c(NaCl)$=0.05 mol/L。

称取2.922 5 g预先在(500～600)℃下干燥至恒重的基准氯化钠，精确至0.000 2 g，置于烧杯中，加水溶解后移入1 000 mL容量瓶中，加水稀释至刻度，摇匀。

3.4.2.2.2 硝酸银标准滴定溶液：$c(AgNO_3)$约0.05 mol/L。

称取约8.75 g硝酸银，溶于1 000 mL水中，摇匀。溶液保存于棕色瓶中。

用移液管移取5 mL氯化钠基准溶液，置于100 mL烧杯中，放入电磁搅拌子，将烧杯置于电磁搅拌器上，开动搅拌器，加2滴溴酚蓝指示液(3.4.1.2.5)滴加硝酸溶液(3.4.1.2.1)至试验溶液恰呈黄色。

把测量电极和参比电极插入溶液中，将电极与电位计连接，调整电位计零点，记录起始电位值。用硝酸银标准滴定溶液滴定。先加入4.00 mL，再逐次加入0.10 mL，记录每次加入硝酸银标准滴定溶液后的总体积和对应的电位值E，计算出连续增加的电位值$\Delta_1 E$和$\Delta_2 E$。$\Delta_1 E$的最大值即为滴定的终点。终点后再记录一个电位值E。记录格式见GB/T 3050—2000附录C。

滴定至终点所消耗的硝酸银标准滴定溶液的体积V按公式(3)计算：

$$V = V_0 + \frac{b}{B} \times V_1 \quad \cdots\cdots(3)$$

式中：

V_0——电位增量值$\Delta_1 E$达最大值前所加入硝酸银标准滴定溶液的体积的数值，单位为毫升(mL)；

V_1——电位增量值$\Delta_1 E$达最大值前最后一次加入硝酸银标准滴定溶液体积的数值，单位为毫升(mL)；

b——$\Delta_2 E$最后一次正值；

B——$\Delta_2 E$最后一次正值和第一次负值的绝对值之和(详见GB/T 3050—2000附录C的举例)。

硝酸银标准滴定溶液的浓度c的准确数值按公式(4)计算：

$$c = \frac{c_2 V_2}{V} \quad \cdots\cdots(4)$$

式中：

c_2——氯化钠基准溶液的浓度的准确数值，单位为摩尔每升(mol/L)；

V_2——滴定时移取的氯化钠基准溶液的体积的数值，单位为毫升(mL)；

V——滴定所消耗硝酸银标准滴定溶液的体积的数值，单位为毫升(mL)。

3.4.2.3 仪器

3.4.2.3.1 电位计：精度应不低于10 mV/格，量程为(−500～+500) mV。

3.4.2.3.2 参比电极，双液接型饱和甘汞电极，内充饱和氯化钾溶液，滴定时外套管内盛饱和硝酸钾溶液和甘汞电极相连接。

3.4.2.3.3 测量电极:银电极或硫化银涂层的银电极(制备方法见 GB/T 3050—2000 附录 A)。

3.4.2.3.4 滴定管:分度值为 0.02 mL 或 0.05 mL。

3.4.2.4 分析步骤

称取适量试样(Ⅰ类 2 g,Ⅱ类 1 g),精确至 0.01 g。置于 100 mL 烧杯中,加入 40 mL 水溶解,以下操作按(3.4.2.2.2)条规定进行,自“放入电磁搅拌子”开始,到“终点后再继续记录一个电位值 E”止,但不再一次先加入 4.00 mL 硝酸银标准滴定溶液。

同时做空白试验。

3.4.2.5 结果计算

氯化物含量以氯化钠(NaCl)的质量分数 w_2 计,数值以%表示,按公式(5)计算:

$$w_2=\frac{c(V-V_0)M/10^3}{m\times(100-w_0)/100}\times100=\frac{10c(V-V_0)M}{m(100-W_0)} \qquad \cdots\cdots(5)$$

式中:

c——硝酸银标准滴定溶液浓度的准确数值,单位为摩尔每升(mol/L);

V——滴定中消耗硝酸银标准滴定溶液的体积的数值,单位为毫升(mL);

V_0——空白试验所消耗的硝酸银标准滴定溶液的体积的数值,单位为毫升(mL);

m——试料的质量的数值,单位为克(g);

w_0——按 5.8 测得的烧失量的质量分数的数值,以%表示;

M——氯化钠的摩尔质量的数值,单位为克每摩尔(g/mol)(M=58.44)。

取平行测定结果的算术平均值为测定结果,平行测定结果的绝对差值不大于 0.02%。

3.5 铁含量的测定

3.5.1 方法提要

同 GB/T 3049—1986 第 2 章。

3.5.2 试剂

同 GB/T 3049—1986 第 3 章。

3.5.3 仪器

3.5.3.1 分光光度计:带有厚度为 3 cm 的吸收池。

3.5.4 分析步骤

3.5.4.1 工作曲线的绘制

按 GB/T 3049—1986 第 5.3 的规定,选用厚度为 3 cm 吸收池及其对应的铁标准溶液用量,绘制工作曲线。

3.5.4.2 试样的测定

称取 10 g 试样,精确至 0.01 g,置于烧杯中,加少量水润湿,滴加 35 mL 盐酸溶液(1+1),煮沸(3~5) min,冷却(必要时过滤),移入 250 mL 容量瓶中,加水至刻度,摇匀。

用移液管移取 50 mL(或 25 mL)试验溶液,置于 100 mL 烧杯中;另取 7 mL(或 3.5 mL)盐酸溶液(1+1)于另一烧杯中,用氨水(2+3)中和后,与试验溶液一并用氨水(1+9)和盐酸溶液(1+3)调节 pH 值为 2(用精密 pH 试纸检验)。分别移入 100 mL 容量瓶中,以下操作按 GB/T 3049—1986 第 5.3.2 条和第 5.3.3 条规定,选用 3 cm 吸收池,以水为参比,测定试验溶液和空白试验溶液的吸光度。

用试验溶液的吸光度减去空白试验溶液的吸光度,从工作曲线上查出相应的铁的质量。

3.5.5 结果计算

铁含量以铁(Fe)的质量分数 w_3 计,数值以%表示,按公式(6)计算:

$$w_3=\frac{m_1}{m\times10^3\times(100-w_0)/100}\times100=\frac{10m_1}{m(100-w_0)} \qquad \cdots\cdots(6)$$

式中:

m_1——从工作曲线上查出的铁的质量的数值,单位为毫克(mg);

m——移取试验溶液中所含试料的质量的数值,单位为克(g);

w_0——按5.8测得的烧失量的质量分数，以%表示。

取平行测定结果的算术平均值为测定结果。平行测定结果的绝对差值：优等品、一等品不大于0.000 5%，合格品不大于0.001%。

3.6 硫酸盐含量的测定

3.6.1 硫酸钡重量法 仲裁法

3.6.1.1 方法提要

溶解试样并分离不溶物，在稀盐酸介质中使硫酸盐沉淀为硫酸钡，将得到的沉淀进行分离，在(800±25)℃下灼烧后称量。

3.6.1.2 试剂

3.6.1.2.1 氨水；

3.6.1.2.2 盐酸溶液：1+1；

3.6.1.2.3 氯化钡溶液：100 g/L；

3.6.1.2.4 硝酸银溶液：5 g/L；

用少量水溶解0.5 g硝酸银，加20 mL硝酸溶液(1+1)，用水稀释至100 mL，摇匀。

3.6.1.2.5 甲基橙指示液：1 g/L。

3.6.1.3 分析步骤

称取约20 g试样，精确至0.01 g，置于烧杯中，加50 mL水，搅拌，滴加70 mL盐酸溶液中和试料并使之酸化，用中速定量滤纸过滤并洗涤。滤液收集于烧杯中，控制试验溶液体积约250 mL。滴加3滴甲基橙指示液，用氨水中和后再加6 mL盐酸溶液酸化，煮沸，在不断搅拌下滴加25 mL氯化钡溶液(约90 s加完)，在不断搅拌下继续煮沸2 min。在沸水浴上放置2 h，停止加热，静置4 h，用慢速定量滤纸过滤，用热水洗涤沉淀直到取10 mL滤液与1 mL硝酸银溶液混和，5 min后仍保持透明为止。

将滤纸连同沉淀移入预先在(800±25)℃下恒重的瓷坩埚中，灰化后移入高温炉内，于(800±25)℃下灼烧至恒重。

3.6.1.4 结果计算

硫酸盐含量以硫酸根(SO_4)的质量分数w_4计，数值以%表示，按公式(7)计算：

$$w_4 = \frac{m_1 \times 0.411\,6}{m \times (100 - w_0)/100} \times 100 = \frac{4\,116 m_1}{m(100 - w_0)} \qquad (7)$$

式中：

m_1——灼烧后硫酸钡的质量的数值，单位为克(g)；

m——试料的质量的数值，单位为克(g)；

w_0——按5.8测得的烧失量的质量分数的数值，以%表示；

0.411 6——硫酸钡换算为硫酸根的系数。

取平行测定结果的算术平均值为测定结果，平行测定结果的绝对差值不大于0.006%。

3.6.2 硫酸钡比浊法

3.6.2.1 方法提要

在微酸性介质中，用氯化钡沉淀硫酸根离子，与硫酸钡标准比浊液比较。

3.6.2.2 试剂

3.6.2.2.1 氯化钡溶液：250 g/L；

3.6.2.2.2 硫酸盐标准溶液：1 mL含有0.1 mg硫酸根(SO_4)；

按HG/T 3696.2配制后准确稀释10倍。

3.6.2.2.3 酚酞指示液：10 g/L。

3.6.2.3 分析步骤

称取(1.00±0.01) g试样，置于250 mL烧杯中，加20 mL水和1滴酚酞指示液，滴加盐酸溶液(3.6.1.2.2)至酚酞变色并过量2 mL，煮沸2 min，冷却(必要时过滤)，移入50 mL比色管中。

同时根据试料中的硫酸盐含量，分别取3～4份硫酸盐标准溶液，分别置于50 mL比色管中，每份间隔相差 0.5 mL(根据试料中硫酸盐含量,可适当缩小或扩大间隔)。分别加入 20 mL 水、2 mL 盐酸溶液(3.6.1.2.2)。

在试料管及标准管中同时加入 10 mL 氯化钡溶液,加水至刻度,摇匀。置于(40～50)℃水浴中 20 min后比较标准管和试料管的浊度。

取与试料管浊度相当的标准管中的硫酸盐的量进行计算。当试料管浊度介于二支标准管浊度之间时,按两标准管中硫酸盐量的平均值进行计算。

3.6.2.4 结果计算

硫酸盐含量以硫酸根(SO_4)的质量分数 w_4 计,数值以%表示,按公式(8)计算:

$$w_4 = \frac{m_1 \times 100}{m \times 10^3} = \frac{0.1 m_1}{m} \qquad \cdots\cdots(8)$$

式中:

m_1——与试料管浊度相当的标准管中硫酸盐(以 SO_4 计)的质量的数值,单位为毫克(mg);

m——试料的质量的数值,单位为克(g)。

3.7 水不溶物含量的测定

3.7.1 方法提要

将试料溶于(50±5)℃的水中,将不溶物过滤、洗涤、干燥并称量。

3.7.2 试剂和材料

3.7.2.1 酚酞指示液:10 g/L。

3.7.2.2 酸洗石棉:取适量酸洗石棉,浸泡于(1+3)盐酸溶液中,煮沸 20 min,用布氏漏斗过滤并洗涤至中性。再用 100 g/L 无水碳酸钠溶液浸泡并煮沸 20 min,用布氏漏斗过滤并洗涤至中性(用酚酞指示液检查)。以水调成糊状,备用。

3.7.2.3 石棉滤纸。

3.7.3 仪器

3.7.3.1 古氏坩埚:容量 30 mL。

3.7.4 坩埚的铺制

3.7.4.1 酸洗石棉法

将古氏坩埚置于抽滤瓶上,在筛板上下各匀铺一层酸洗石棉,边抽滤边用平头玻璃棒压紧,每层厚约 3 mm。用(50±5)℃水洗涤至滤液中不含石棉毛。将坩埚移入干燥箱内,于(110±5)℃下烘干后称量。重复洗涤、干燥至恒重。

3.7.4.2 试纸法

将古氏坩埚置于抽滤瓶上,在筛板下铺一层石棉滤纸,在筛板上铺两层石棉滤纸,边抽滤边用平头玻璃棒压紧。用(50±5)℃水洗涤滤纸。将坩埚移入干燥箱内,于(110±5)℃下烘干后称量。重复洗涤、干燥至恒重。

3.7.5 分析步骤

称取(20～40) g 试样,精确至 0.01 g,置于烧杯中,加入(200～400) mL 约 40℃的水溶解,维持试验溶液温度在(50±5)℃。用已恒重的古氏坩埚过滤,以(50±5)℃的水洗涤不溶物,直至在 20 mL 洗涤液与 20 mL 水中加 2 滴酚酞指示液后所呈现的颜色一致为止。将古氏坩埚连同不溶物一并移入干燥箱内,在(110±5)℃下干燥至恒重。

以酸洗石棉法为仲裁法。

3.7.6 结果计算

水不溶物的质量分数以 w_5 计,数值以%表示,按公式(9)计算:

$$w_5 = \frac{m_1}{m \times (100 - w_0)/100} \times 100 = \frac{m_1 \times 10^4}{m(100 - w_0)} \qquad \cdots\cdots(9)$$

式中:

m_1——水不溶物的质量的数值,单位为克(g);

m——试料的质量的数值，单位为克(g)；

w_0——按5.8测得的烧失量的质量分数的数值，以%表示。

取平行测定结果的算术平均值为测定结果，平行测定结果的绝对差值：优等品、一等品不大于0.006%，合格品不大于0.008%。

3.8 烧失量的测定

3.8.1 方法提要

试料在(250～270)℃下加热至恒重，加热时失去游离水和碳酸氢钠分解出的水和二氧化碳，计算烧失量。

3.8.2 仪器

3.8.2.1 称量瓶：ϕ30 mm×25 mm或瓷坩埚：容积约30 mL。

3.8.3 分析步骤

称取约2 g试样，精确至0.000 2 g，置于(250～270)℃恒重的称量瓶或瓷坩埚内，移入烘箱或高温炉中，在(250～270)℃下加热至恒重。

3.8.4 结果计算

烧失量的质量分数以w_0计，数值以%表示，按公式(10)计算：

$$w_0 = \frac{m_1}{m} \times 100 \qquad \cdots\cdots (10)$$

式中：

m_1——试料加热时失去的质量的数值，单位为克(g)；

m——试料的质量的数值，单位为克(g)。

取平行测定结果的算术平均值为测定结果，平行测定结果的绝对差值不大于0.04%。

3.9 堆积密度的测定

3.9.1 方法提要

一定量的试料通过圆锥形漏斗，进入一已知容积的圆柱形料罐中，测定装满料罐所需试料的质量。

3.9.2 仪器

3.9.2.1 堆积密度的测定装置如图1所示。

单位为毫米

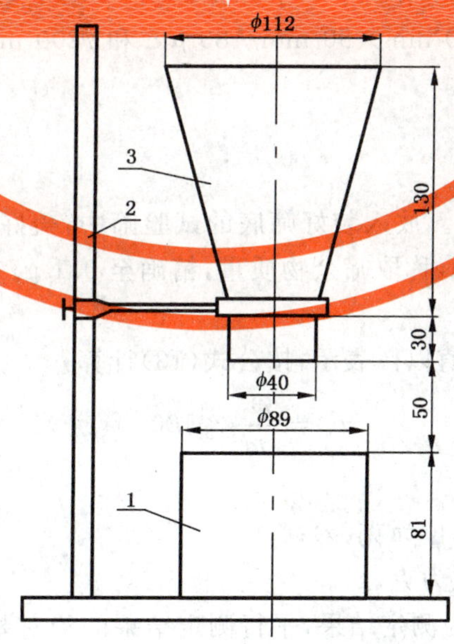

1——料罐；

2——支架；

3——漏斗。

图1 堆积密度测定装置图

3.9.2.2 料罐体积的测定：将料罐洗净、晾干，盖上玻璃片，称得料罐和玻璃片的质量，小心将水倒入料罐中，近满时用滴管加入水至全满，盖上玻璃片，用滤纸吸干料罐及玻璃片外部的水，玻璃片与料罐中水之间应无气泡。再称量料罐和玻璃片的质量。

料罐体积 V，数值以毫升(mL)表示，按公式(11)计算：

$$V=\frac{m_1-m_2}{\rho_{水}} \qquad (11)$$

式中：

m_1——灌满水的料罐及玻璃片的质量的数值，单位为克(g)；

m_2——未灌水的料罐及玻璃片的质量的数值，单位为克(g)；

$\rho_{水}$——t℃时纯水密度的数值，单位为克每毫升(g/mL)，近似为 1 g/mL。

料罐体积每年至少校准一次。

3.9.3 **分析步骤**

按图 1 安装好堆积密度测定装置。称取料罐质量，精确至 1 g。关好漏斗下底，将试样自然倒满，用直尺刮去高出部分，放好已知质量的料罐，打开漏斗下底，使试料全部自动流入料罐中，用直尺刮去高出部分(刮平前勿移动料罐)，称量试料和料罐的质量，精确至 1 g。

3.9.4 **结果计算**

堆积密度以单位体积的质量 ρ 计，数值以克每毫升(g/mL)表示，按下列公式(12)计算：

$$\rho=\frac{m_1-m_2}{V} \qquad (12)$$

式中：

m_1——料罐和试料的质量的数值，单位为克(g)；

m_2——料罐的质量的数值，单位为克(g)；

V——料罐的容积的数值，单位为毫升(mL)。

取平行测定结果的算术平均值为测定结果，平行测定结果的绝对差值不大于 0.02 g/mL；

3.10 **粒度的测定**

3.10.1 **仪器**

3.10.1.1 试验筛：$R40/3$ 系列，ϕ200 mm×50 mm/180 μm 和 ϕ200 mm×50 mm/1.18 mm，附有筛底及筛盖。

3.10.1.2 震筛机。

3.10.2 **分析步骤**

称取约 50 g 试样，精确至 0.1 g。放入装好筛底的试验筛中，盖好筛盖，手工水平震筛 2 min，每分钟振动 80 次，或以震筛机筛分 5 min，称取筛余物质量，精确至 0.1 g。

3.10.3 **结果计算**

筛余物的质量分数以 w_6 计，数值以%表示，按公式(13)计算：

$$w_6=\frac{m_1}{m}\times 100 \qquad (13)$$

式中：

m_1——筛余物的质量的数值，单位为克(g)；

m——试料的质量的数值，单位为克(g)。

取平行测定结果的算术平均值为测定结果，平行测定结果的绝对差值：180 μm 筛余物不大于 2%；1.18 mm 筛余物不大于 0.5%。

附　录　A
（资料性附录）
本部分与英国标准 BS 6070:1981 技术性差异及其原因

表 A.1 给出了本部分与英国标准 BS 6070:1981 技术性差异及其原因的一览表。

表 A.1　本部分与英国标准 BS 6070:1981 技术性差异及其原因

本部分的章条编号	技术性差异	原　因
3.3	英国标准以甲基橙为指示剂盐酸标准溶液滴定，本标准以甲基红-溴甲酚绿为指示剂盐酸标准溶液滴定。	甲基红-溴甲酚氯混合指示剂终点变色明显，且按基础标准标定盐酸标准滴定溶液时即使用该混合指示剂，为减小测量误差，故采用甲基红-溴甲酚绿为指示剂。
3.4	英国标准中仅采用汞量法测定，本标准中增加了电位滴定法，将两种方法并列。	汞量法和电位滴定法都是化工产品中氯化物测定的通用方法，两者等效。为便于各单位根据各自的具体情况选择使用，故将两种方法并列。
3.4	英国标准中称样量为 25 g，本标准采用 10 mL微量滴定管，称样量为 2 g 进行测定。	纯碱中氯化物为可溶性盐，分布较为均匀，为尽量减少汞废液的处理量，故减少取样量。
3.6	英国标准采用还原滴定法测定。本标准将硫酸钡重量法作为仲裁法，同时并列了硫酸钡目视比浊法。	还原滴定法测定操作较为麻烦。硫酸钡重量法是测定硫酸盐的经典方法，准确度较高，但该方法较为费时，分析一个结果需要一天以上的时间，不能满足生产厂出厂检验的需要，故同时并列了硫酸钡目视比浊法。
3.7	英国标准采用 G_4 玻璃坩埚过滤，本标准用石棉纸或酸洗石棉铺制古氏坩埚进行测定，并对指标值进行了校正。	因我国的玻璃砂坩埚无耐碱性，纯碱会腐蚀玻璃造成误差，常出现负值。故采用铺酸洗石棉或石棉纸的古氏坩埚测定，解决了腐蚀问题，以酸洗石棉法做为仲裁法。
3.8	英国标准无此测定方法。本标准采用重量法测定。	本标准各项杂质指标均采用干基计，计算时均需使用烧失量，故本标准给出其试验方法。
3.10	英国标准无此测定方法。本标准规定机筛或手筛均可，机筛规定了筛分时间，手筛规定了时间和频率。	等同现行标准的方法。
	英国标准规定了铜的质量分数指标为不大于 0.000 4%，试验方法为分光光度法。本标准取消了该项指标。	实测表明我国各生产厂产品中铜的质量分数均远小于 0.000 4%，生产工艺中无铜带入，且用户对该指标从无要求，故对铜含量不做规定。

附 录 B
（资料性附录）
本部分与英国标准 BS 6070：1981 章条编号对照

表 B.1 给出了本部分与英国标准 BS 6070：1981 章条编号对照一览表。

表 B.1　本部分与英国标准 BS 6070：1981 章条编号对照

本部分章条编号	英国标准章条编号
3.3	BS 6070　Part 1
3.4	BS 6070　Part 2
3.5	
3.6	BS 6070　Part 5
3.7	BS 6070　Part 4
3.8	
3.9	BS 6070　Part 6
3.10	

ICS 71.060.50
G 12

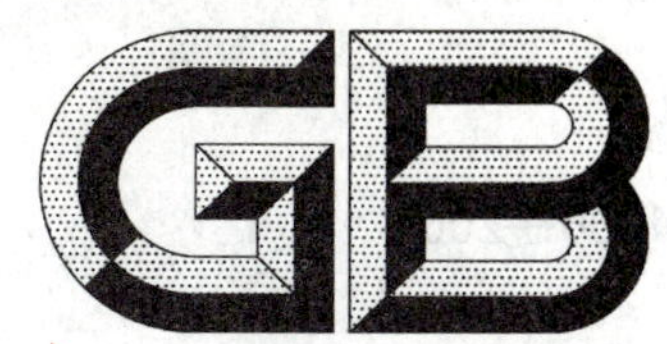

中华人民共和国国家标准

GB/T 1606—2008
代替 GB/T 1606—1998

工业碳酸氢钠

Sodium bicarbonate for industrial use

2008-04-01 发布　　　　2008-09-01 实施

中华人民共和国国家质量监督检验检疫总局
中国国家标准化管理委员会　发布

前　言

请注意本标准的某些内容有可能涉及专利。本标准的发布机构不应承担识别这些专利的责任。

本标准与俄罗斯国家标准 ГОСТ 2156:1976(1992)《碳酸氢钠技术条件》的一致性程度为非等效。

本标准代替 GB/T 1606—1998《工业碳酸氢钠》。

本标准与 GB/T 1606—1998《工业碳酸氢钠》的主要技术差异如下：

——指标参数相应调整，增加 pH 值、砷含量、重金属含量的指标(1998 版 3.2，本版 5.2)；

——增加 pH 值的试验方法(本版 6.6)；

——增加砷含量的试验方法(本版 6.12)；

——增加重金属含量的试验方法(本版 6.13)；

——本标准测定的是总碱量(以 $NaHCO_3$ 计)的指标(1998 版 4.1，本版 6.4)；

——将水分的测定修改为干燥减量的测定(1998 版 4.3，本版 6.5)；

——改进了氯化物含量的试验方法(1998 版 4.4，本版 6.7)；

——改进了水不溶物含量的试验方法(1998 版 4.6，本版 6.9)；

——改进了包装、运输、贮存部分(1998 版第 6 章，本版第 9 章)；

——增加了附录 A。

本标准的附录 A 为资料性附录。

本标准由中国石油和化学工业协会提出。

本标准由全国化学标准化技术委员会无机化工分会(SAC/TC 63/SC 1)归口。

本标准起草单位：天津化工研究设计院、锡林郭勒苏尼特碱业有限公司、青岛碱业股份有限公司、自贡鸿鹤化工股份有限公司、桐柏博源新型化工有限公司、湖北宜化集团有限责任公司、山东海化集团有限公司小苏打厂。

本标准主要起草人：马文元、窦在英、聂斌、于建平、杨晓勤、李培军、郝永宏、刘幽若、赵美敬。

本标准所代替标准的历次版本发布情况：

——GB/T 1606—1986，GB/T 1606—1998。

工业碳酸氢钠

1 范围

本标准规定了工业碳酸氢钠的要求、试验方法、检验规则、标志、标签、包装、运输和贮存。

本标准适用于工业碳酸氢钠。该产品主要用于化妆品、日化、印染、鞣革、橡胶及金属表面处理等行业。

2 规范性引用文件

下列文件中的条款通过本标准的引用而成为本标准的条款。凡是注日期的引用文件,其随后所有的修改单(不包括勘误的内容)或修订版均不适用于本标准。然而,鼓励根据本标准达成协议的各方研究是否可使用这些文件的最新版本。凡是不注日期的引用文件,其最新版本适用于本标准。

GB/T 191—2000 包装储运图示标志(eqv ISO 780:1997)

GB/T 1250 极限数值的表示方法和判定方法

GB/T 3049—2006 工业用化工产品 铁含量测定的通用方法 1,10-菲啰啉分光光度法(ISO 6685:1982,IDT)

GB/T 3051—2000 无机化工产品氯化物含量测定的通用方法 汞量法

GB/T 5009.74—2003 食品添加剂中重金属限量试验

GB/T 5009.76—2003 食品添加剂中砷的测定

GB/T 6678 化工产品采样总则

GB/T 6682—1992 分析实验室用水规格和试验方法(eqv ISO 3696:1987)

GB/T 9724—2007 化学试剂 pH值测定通则

HG/T 3696.1 无机化工产品化学分析用标准滴定溶液的制备

HG/T 3696.2 无机化工产品化学分析用杂质标准溶液的制备

HG/T 3696.3 无机化工产品化学分析用制剂及制品的制备

3 分子式、分子量

分子式:$NaHCO_3$

相对分子质量:84.01(按2005年国际相对原子质量)

4 分类

工业碳酸氢钠分为三类:Ⅰ类——用于化妆品行业;Ⅱ类——用于日化、印染、鞣革、橡胶等行业;Ⅲ类——用于金属表面处理行业。

5 要求

5.1 外观:白色结晶粉末。

5.2 工业碳酸氢钠应符合表1要求。

表 1 要求

项 目		指 标		
		Ⅰ类	Ⅱ类	Ⅲ类
总碱量(以 $NaHCO_3$ 计),w/%	≥	99.5	99.0	98.5
干燥减量,w/%	≤	0.10	0.15	0.20
pH 值(10 g/L 水溶液)	≤	8.3	8.5	8.7
氯化物(以 Cl 计),w/%	≤	0.10	0.20	0.50
铁(Fe),w/%	≤	0.001	0.002	0.005
水不溶物,w/%	≤	0.01	0.02	0.05
硫酸盐(以 SO_4 计),w/%	≤	0.02	0.05	0.5
钙(Ca),w/%	≤	0.03		0.05
砷(As),w/%	≤	0.000 1		
重金属(以 Pb 计),w/%	≤	0.000 5		

6 试验方法

6.1 安全提示

本试验方法中使用的部分试剂具有毒性或腐蚀性,操作时须小心谨慎!如溅到皮肤上应立即用水冲洗,严重者应立即治疗。

6.2 一般规定

本标准所用试剂和水,在没有注明其他要求时,均指分析纯试剂和 GB/T 6682—1992 中规定的三级水。试验中所用标准滴定溶液、杂质标准溶液、制剂及制品,在没有注明其他要求时,均按 HG/T 3696.1、HG/T 3696.2、HG/T 3696.3 的规定制备。

6.3 外观判别

在自然光下,用目视法判定外观。

6.4 总碱量的测定

6.4.1 方法提要

碳酸氢钠、碳酸钠是强碱弱酸盐,在水中碳酸氢根、碳酸根水解,产生定量的氢氧根,以溴甲酚绿-甲基红作指示剂,用盐酸标准滴定溶液滴定,测定总碱量。

6.4.2 试剂

6.4.2.1 盐酸标准滴定溶液:$c(HCl) \approx 1$ mol/L;

6.4.2.2 溴甲酚绿-甲基红指示液。

6.4.3 分析步骤

称取约 2.5 g 试样,精确至 0.000 2 g,置于 250 mL 锥形瓶中,加 50 mL 水使全部溶解。滴加 10 滴溴甲酚绿-甲基红指示液,用盐酸标准滴定溶液滴定至试验溶液由绿色变为暗红色后,煮沸 2 min,冷却至室温,用盐酸标准滴定溶液继续滴定至暗红色为终点。

同时进行空白试验。空白试验应与测定平行进行,并采用相同的分析步骤,取相同量的所有试剂(标准滴定溶液除外),但空白试验不加试样。

6.4.4 结果计算

总碱量以碳酸氢钠 ($NaHCO_3$)的质量分数 w_1 计,数值以%表示,按式(1)计算:

$$w_1 = \frac{[(V - V_0)/1\,000]cM}{m} \times 100 \quad \cdots\cdots(1)$$

式中：

V——滴定试验溶液所消耗的盐酸标准滴定溶液体积的数值，单位为毫升(mL)；

V_0——空白试验所消耗的盐酸标准滴定溶液体积的数值，单位为毫升(mL)；

c——盐酸标准滴定溶液浓度的准确数值，单位为摩尔每升(mol/L)；

m——试料质量的数值，单位为克(g)；

M——碳酸氢钠($NaHCO_3$)的摩尔质量的数值，单位为克每摩尔(g /mol)(M=84.01)。

取平行测定结果的算术平均值为测定结果，两次平行测定结果的绝对差值不大于0.2%。

6.5 干燥减量的测定

6.5.1 方法提要

将试料置于真空干燥箱中放置4 h后取出，测定其干燥减量。

6.5.2 仪器、设备

6.5.2.1 称量瓶：ϕ 50 mm×30 mm；

6.5.2.2 真空泵；

6.5.2.3 真空表：−0.1 MPa；

6.5.2.4 真空干燥箱：温度能控制在40℃±2℃。

6.5.3 分析步骤

用已于0.04 MPa和40℃±2℃的真空干燥箱中干燥至质量恒定的称量瓶，称取约5 g试样，精确至0.000 2 g。慢慢摇动称量瓶使试料厚度均匀，放入真空干燥箱中用真空泵抽取真空0.04 MPa，并保持此真空度，在40℃±2℃条件下，放置4 h，取出称量。

6.5.4 结果计算

干燥减量以质量分数w_2计，数值以%表示，按式(2)计算：

$$w_2=\frac{m_1-m_2}{m}\times 100 \qquad (2)$$

式中：

m_1——干燥前称量瓶和试料的质量的数值，单位为克(g)；

m_2——干燥后称量瓶和试料的质量的数值，单位为克(g)；

m——试料的质量的数值，单位为克(g)。

取平行测定结果的算术平均值为测定结果，两次平行测定结果的绝对差值不大于0.02%。

6.6 pH值的测定

6.6.1 仪器

6.6.1.1 酸度计：精度为0.02 pH单位。

6.6.2 分析步骤

称取1.00 g±0.01 g试样，置于150 mL烧杯中。加入约100 mL无二氧化碳的水，使试样溶解，在10 min内(从加水开始计时)按GB/T 9724—2007的规定进行测定。

6.7 氯化物含量的测定

6.7.1 汞量法(仲裁法)

6.7.1.1 方法提要

同GB/T 3051—2000第3章。

6.7.1.2 试剂

同GB/T 3051—2000第4章。

6.7.1.3 仪器、设备

同GB/T 3051—2000第5章。

6.7.1.4 分析步骤

称取约 2 g 试样，精确至 0.01 g。置于锥形瓶中，加 40 mL 水溶解。滴加 2 滴溴酚蓝指示液，滴加硝酸溶液中和至黄色，再滴加氢氧化钠溶液至呈蓝色，再用硝酸溶液调至恰呈黄色，并过量 2 滴～3 滴。加入 1 mL 二苯偶氮碳酰肼指示液，用 0.02 mol/L 硝酸汞标准滴定溶液滴定至溶液由黄色变为紫色，即为终点。

同时进行空白试验。空白试验应与测定平行进行，并采用相同的分析步骤，取相同量的所有试剂(标准滴定溶液除外)，但空白试验不加试样。

保存滴定后的废液，按 GB/T 3051—2000 附录 D 要求处理。

6.7.1.5 结果计算

氯化物含量以氯(Cl)的质量分数 w_3 计，数值以％表示，按式(3)计算：

$$w_3=\frac{[(V-V_0)/1\,000]cM}{m}\times 100 \qquad (3)$$

式中：

V——滴定试验溶液所消耗的硝酸汞标准滴定溶液体积的数值，单位为毫升(mL)；

V_0——空白试验所消耗的硝酸汞标准滴定溶液体积的数值，单位为毫升(mL)；

c——硝酸汞$\left[\frac{1}{2}Hg(NO_3)_2\right]$标准滴定溶液浓度的准确数值，单位为摩尔每升(mol/L)；

m——试料质量的数值，单位为克(g)；

M——氯(Cl)的摩尔质量的数值，单位为克每摩尔(g/mol)(M=35.45)。

取平行测定结果的算术平均值为测定结果，两次平行测定结果的绝对差值不大于 0.01％。

6.7.2 目视比浊法

6.7.2.1 方法提要

在酸性介质中加入硝酸银溶液，银离子与氯离子生成白色的氯化银悬浊液，与同时同样处理的标准比浊溶液进行比对。

6.7.2.2 试剂

6.7.2.2.1 “95％乙醇”(体积分数)；

6.7.2.2.2 硝酸溶液：1+6；

6.7.2.2.3 硝酸银溶液：17 g/L；

6.7.2.2.4 氯化物标准溶液：1 mL 溶液含氯(Cl)0.10 mg。

移取 10.00 mL 按 HG/T 3696.2 要求配制的氯化物标准溶液，置于 100 mL 容量瓶中，用水稀释至刻度，摇匀。

6.7.2.3 分析步骤

称取 1.00 g±0.01 g 试样，置于 50 mL 烧杯中，加入适量的水使之溶解，全部转移至 100 mL 容量瓶中，用水稀释至刻度，摇匀。用移液管移取 25 mL 上述试验溶液，置于 50 mL 比色管中，加入1 mL 95％乙醇，3 mL 硝酸溶液和 2 mL 硝酸银溶液，用水稀释至刻度，轻轻摇匀。静置 10 min 后，于黑背景下与标准比浊溶液比对，所产生的浊度不得深于标准比浊溶液。

标准比浊溶液是按下列规定移取氯化物标准溶液，与试料同时同样处理。

Ⅰ类：2.50 mL；Ⅱ类：5.00 mL；Ⅲ类：12.50 mL。

6.8 铁含量的测定

6.8.1 方法提要

同 GB/T 3049—2006 第 3 章。

6.8.2 试剂

6.8.2.1 盐酸溶液：1+1；

6.8.2.2 其他试剂同 GB/T 3049—2006 第 4 章。

6.8.3 仪器、设备

6.8.3.1 分光光度计：配有 4 cm 的比色皿。

6.8.4 分析步骤

6.8.4.1 工作曲线的绘制

按 GB/T 3049—2006 第 6.3 规定，使用 4 cm 比色皿，绘制铁含量为 10 μg～100 μg 工作曲线。

6.8.4.2 测定

称取约 10 g 试样，精确至 0.01 g，置于 250 mL 烧杯中，加 40 mL 水溶解，滴加盐酸溶液中和，加热煮沸。冷却后，全部转移至 250 mL 容量瓶中，用水稀释至刻度，摇匀。用移液管移取 50 mL 试验溶液，置于 100 mL 容量瓶中，用氨水溶液或盐酸溶液调节试液的 pH 值为 2～3(用精密 pH 试纸检验)，以下按 GB/T 3049—2006 中 6.4 规定从“必要时，加水至 60 mL……”开始进行操作。同时同样处理空白试验溶液。从工作曲线上查出相应的铁的质量。

6.8.5 结果计算

铁含量以铁(Fe)的质量分数 w_4 计，数值以%表示，按式(4)计算：

$$w_4 = \frac{(m_1 - m_0)/1\,000}{m \times 50/250} \times 100 \qquad \cdots\cdots(4)$$

式中：

m_1——从工作曲线上查出的试验溶液中铁的质量的数值，单位为毫克(mg)；

m_0——从工作曲线上查出的空白试验溶液中铁的质量的数值，单位为毫克(mg)；

m——试料质量的数值，单位为克(g)。

取平行测定结果的算术平均值为测定结果，两次平行测定结果的绝对差值不大于 0.000 2%。

6.9 水不溶物含量的测定

6.9.1 方法提要

将试料溶于水中，将水不溶物过滤、洗涤、干燥并称量。

6.9.2 试剂

6.9.2.1 石棉滤纸；

6.9.2.2 酸洗石棉；

取适量酸洗石棉，浸泡于 1+3 盐酸溶液中，煮沸 20 min，用布氏漏斗过滤并洗涤至中性。再用 100 g/L碳酸钠溶液浸泡并煮沸 20 min，用布氏漏斗过滤并洗涤至中性(用酚酞指示剂检查)。以水调成糊状，备用。

6.9.2.3 酚酞指示剂：10 g/L。

6.9.3 仪器、设备

6.9.3.1 古氏坩埚：容量 30 mL。

6.9.3.2 电热恒温干燥箱：温度能控制在 110℃±5℃。

6.9.4 酸洗石棉法(仲裁法)

将古氏坩埚置于抽滤瓶上，在筛板上下各均铺一层酸洗石棉，边抽滤边用平头玻璃棒压紧，每层厚约 1 mm～2 mm。用热水洗涤至滤液中不含石棉毛。将坩埚移入电热恒温干燥箱内，于 110℃±5℃下烘干后称量。重复洗涤、干燥至质量恒定。

称取约 10 g 试样，精确至 0.01 g，置于烧杯中，加 200 mL 水溶解，加热至沸并保持 10 min。用已质量恒定的古氏坩埚过滤，用热水洗涤水不溶物，直至在 20 mL 洗涤液与 20 mL 水中加 2 滴酚酞指示剂后所呈现的颜色一致为止。将古氏坩埚连同水不溶物一并移入电热恒温干燥箱内，在 110℃±5℃下干燥至质量恒定。

6.9.5 石棉滤纸法

将古氏坩埚置于抽滤瓶上，在筛板下铺一层石棉滤纸，在筛板上铺两层石棉滤纸，边抽滤边用平头玻璃棒压紧，用热水洗涤滤纸。将坩埚移入电热恒温干燥箱内，于110℃±5℃下烘干后称量。重复洗涤、干燥至质量恒定。

称取约10 g试样，精确至0.01 g，置于烧杯中，加200 mL水溶解，加热至沸并保持10 min。用已质量恒定的古氏坩埚过滤，用热水洗涤水不溶物，直至在20 mL洗涤液与20 mL水中加2滴酚酞指示剂后所呈现的颜色一致为止。将古氏坩埚连同水不溶物一并移入电热恒温干燥箱内，在110℃±5℃下干燥至质量恒定。

6.9.6 结果计算

水不溶物含量以质量分数 w_5 计，数值以%表示，按式(5)计算：

$$w_5 = \frac{m_1 - m_2}{m} \times 100 \qquad \cdots\cdots (5)$$

式中：

m_1——坩埚和不溶物的质量的数值，单位为克(g)；

m_2——坩埚的质量的数值，单位为克(g)；

m——试料的质量的数值，单位为克(g)。

取平行测定结果的算术平均值为测定结果，两次平行测定结果的绝对差值不大于0.005%。

6.10 硫酸盐含量的测定

6.10.1 方法提要

在微酸性介质中，用氯化钡沉淀硫酸根离子，与硫酸钡标准悬浮液比浊。

6.10.2 试剂

6.10.2.1 盐酸溶液：1+2；

6.10.2.2 氯化钡溶液：100 g/L；

6.10.2.3 硫酸盐标准溶液：1 mL溶液含硫酸根(SO_4)0.10 mg。

移取10.00 mL按HG/T 3696.2要求配制的硫酸盐标准溶液，置于100 mL容量瓶中，用水稀释至刻度，摇匀。

6.10.3 仪器、设备

6.10.3.1 恒温水浴箱：温度能控制在40℃～50℃。

6.10.4 分析步骤

6.10.4.1 试验溶液A的制备

称取5.00 g±0.01 g试样，置于100 mL烧杯中，加水使之溶解，全部转移至100 mL容量瓶中，用水稀释至刻度，摇匀。此溶液为试验溶液A，用于硫酸盐含量以及钙含量的测定。

6.10.4.2 测定

用移液管移取10 mL试验溶液A，置于100 mL烧杯中，加入盐酸溶液中和至pH值接近7(pH试纸检验)，并过量5滴，煮沸3 min～5 min，以赶尽二氧化碳，冷却。全部转移至50 mL比色管中，加入2 mL氯化钡溶液，加水至刻度，摇匀。置于40℃～50℃水浴中，10 min后比较，其浊度不得深于标准比浊溶液。

标准比浊液是按下列规定移取硫酸盐标准溶液，与试料同时同样处理。

Ⅰ类：1.00 mL；Ⅱ类：2.50 mL；Ⅲ类：25.00 mL。

6.11 钙含量的测定

6.11.1 方法提要

在微碱性介质中，用草酸铵沉淀试料中的钙离子，与草酸钙标准悬浮液比浊。

6.11.2 试剂

6.11.2.1 冰乙酸溶液：1+19；

6.11.2.2 氨水溶液:1+1;

6.11.2.3 氯化铵溶液:50 g/L;

6.11.2.4 草酸铵溶液:50 g/L;

6.11.2.5 钙标准溶液:1 mL 溶液含钙(Ca)0.10 mg。

移取 10.00 mL 按 HG/T 3696.2 要求配制的钙标准溶液,置于 100 mL 容量瓶中,用水稀释至刻度,摇匀。

6.11.3 **分析步骤**

用移液管移取 10 mL 试验溶液 A(6.10.4.1),置于 25 mL 比色管中,用乙酸溶液中和至中性(pH 试纸检验),加入 1 mL 氯化铵溶液、1 mL 氨水溶液和 1 mL 草酸铵溶液,摇匀。10 min 后比较,其浊度不得深于标准比浊液。

标准比浊液是按下列规定移取钙标准溶液,与试料同时同样处理。

Ⅰ类、Ⅱ类:1.50 mL;Ⅲ类:2.50 mL。

6.12 **砷含量的测定**

6.12.1 **方法提要**

同 GB/T 5009.76—2003 第 8 章。

6.12.2 **试剂**

6.12.2.1 盐酸溶液:1+3;

6.12.2.2 砷标准溶液:1 mL 溶液含有砷(As)1 μg。

移取 1.00 mL 按 HG/T 3696.2 要求配制的砷标准溶液,置于 1 000 mL 容量瓶中,用水稀释至刻度,摇匀。该溶液现用现配。

6.12.2.3 其他试剂同 GB/T 5009.76—2003 第 9 章。

6.12.3 **仪器、设备**

同 GB/T 5009.76—2003 第 10 章。

6.12.4 **分析步骤**

称取 1.00 g±0.01 g 试样,置于 100 mL 烧杯中。加入 10 mL 盐酸溶液将试样溶解。

用移液管移取 1 mL 砷标准溶液,作为标准比对溶液,以下按 GB/T 5009.76—2003 第 11 章规定进行测定。

6.13 **重金属含量的测定**

6.13.1 **方法提要**

同 GB/T 5009.74—2003 第 2 章。

6.13.2 **试剂**

6.13.2.1 盐酸溶液:1+3;

6.13.2.2 硫化钠溶液(此溶液应遮光、加盖密闭保存于棕色瓶中,配制后三个月内有效);

6.13.2.3 其他试剂同 GB/T 5009.74—2003 第 3 章。

6.13.3 **仪器、设备**

同 GB/T 5009.74—2003 第 4 章。

6.13.4 **分析步骤**

称取 2.00 g±0.01 g 试样,置于 100 mL 烧杯中。滴加少量水润湿,加入 8 mL 盐酸溶液,煮沸 5min。冷却后,加入 1 滴酚酞指示剂,用氨水溶液中和至试液呈粉红色。全部转移至 50 mL 比色管中,加入 5 mL 乙酸盐缓冲溶液(pH 值为 3.5),10 mL 硫化钠溶液,用水稀释至刻度,摇匀。在暗处放置 5min 后,在白色背景下观察,其色度不得深于标准比色溶液。

用移液管移取 1 mL 铅标准溶液,置于 100 mL 烧杯中,以下从“加入 8 mL 盐酸溶液,”开始。与试料同时同样进行处理。

7 检验规则

7.1 本标准规定的所有指标项目为出厂检验项目,应逐批检验。

7.2 生产企业用相同材料,基本相同的生产条件,连续生产或同一班组生产的同一类别的工业碳酸氢钠为一批。每天产量为一批。

7.3 按 GB/T 6678 的规定确定采样单元数。采样时,将采样器自包装袋的上方斜插入至料层深度的 3/4 处采样。将采得的样品混匀后,按四分法缩分至不少于 500 g,分装于两个清洁干燥的具塞广口瓶或塑料袋中,密封。瓶或袋上粘贴标签,注明:生产厂名、产品名称、类别、批号、采样日期和采样者姓名。一份作为实验室样品,另一份保存备查,保留时间由生产厂根据实际需要确定。

7.4 工业碳酸氢钠应由生产厂的质量监督检验部门按照本标准的规定进行检验。生产厂应保证每批出厂的产品都符合本标准的要求。

7.5 使用单位有权按照本标准的规定对所收到的工业碳酸氢钠进行验收。验收应在货到之日起一个月内进行。

7.6 检验结果如有一项指标不符合本标准要求时,应重新自两倍量的包装中采样进行复验,复验结果即使只有一项指标不符合本标准的要求时,则整批产品为不合格。

7.7 采用 GB/T 1250 规定的修约值比较法判定检验结果是否符合标准。

8 标志、标签

8.1 工业碳酸氢钠包装上应有牢固清晰的标志,内容包括:生产厂名、厂址、产品名称、类别、净含量、批号(或生产日期)、保质期、本标准编号及 GB/T 191—2000 中规定的“怕晒”、“怕雨”标志。

8.2 每批出厂的工业碳酸氢钠都应附有质量证明书。内容包括:生产厂名、厂址、产品名称、类别、净含量、批号(或生产日期)、保质期、产品质量符合本标准的证明和本标准编号。

9 包装、运输、贮存

9.1 工业碳酸氢钠采用以下包装方式。

9.1.1 塑料编织袋包装:内包装采用聚乙烯塑料薄膜袋,内袋用维尼龙绳或其他质量相当的绳人工扎口,或用与其相当的其他方式封口;外包装采用塑料编织袋,外袋用维尼龙绳或其他质量相当的线缝口,缝线整齐,针距均匀,无漏缝和跳线现象。或内外袋袋口对齐,折边缝合,用维尼龙绳或其他质量相当的线缝口,缝线整齐,针距均匀,无漏缝和跳线现象。每袋净含量为 25 kg、50 kg。

9.1.2 复膜袋包装:折边缝合,用维尼龙绳或其他质量相当的线缝口,缝线整齐,针距均匀,无漏缝和跳线现象。每袋净含量为 25 kg、50 kg。

9.1.3 根据用户要求协商确定包装容量和方式。

9.2 工业碳酸氢钠在运输过程中应有遮盖物,防止日晒、雨淋、受潮。

9.3 工业碳酸氢钠应贮存于阴凉干燥处,防止日晒、雨淋、受潮。

9.4 工业碳酸氢钠在符合本标准包装、运输、贮存条件下,自生产之日起保质期为 12 个月。逾期检验合格,仍可继续使用。

附 录 A
（资料性附录）
碳酸钠含量的测定

A.1 方法提要

将试样溶解后加入一定量的 NaOH 标准溶液，再加入 $BaCl_2$ 溶液使之与 $NaCO_3$ 反应，加入酚酞指示剂，用 HCl 标准滴定溶液滴定至终点。

A.2 试剂

A.2.1 氯化钡溶液：100 g/L；

A.2.2 酚酞指示剂；

A.2.3 氢氧化钠标准滴定溶液：$c(NaOH)\approx 1$ mol/L；

A.2.4 盐酸标准滴定溶液：$c(HCl)\approx 1$ mol/L。

A.3 分析步骤

称取约 1 g 试样，精确至 0.000 2 g，置于 300 mL 烧杯中，加入 200 mL 冷却的无 CO_2 水，准确加入 20 mL 氢氧化钠标准滴定溶液，加入 70 mL 氯化钡溶液，摇匀，加入 1 滴～2 滴酚酞指示剂，用盐酸标准滴定溶液滴定至溶液呈微红色为终点。同时同样处理空白试验溶液。

A.4 结果计算

碳酸氢钠含量以碳酸氢钠（$NaHCO_3$）的质量分数 w_A 计，数值以%表示，按式（A.1）计算：

$$w_A = \frac{(V_0 - V)c \times M \times 10^{-3}}{m} \times 100 \qquad \cdots\cdots(A.1)$$

式中：

V_0——空白试验所消耗的盐酸标准滴定溶液体积的数值，单位为毫升（mL）；

V——滴定试验溶液所消耗的盐酸标准滴定溶液的体积的数值，单位为毫升（mL）；

c——盐酸标准滴定溶液浓度的准确数值，单位为摩尔每升（mol/L）；

m——试料质量的数值，单位为克（g）；

M——碳酸氢钠（$NaHCO_3$）的摩尔质量的数值，单位为克每摩尔（g/mol）（M=84.01）。

取平行测定结果的算术平均值为测定结果，两次平行测定结果的绝对差值不大于 0.2%。

碳酸钠含量以碳酸钠（Na_2CO_3）的质量分数 w_B 计，数值以%表示，按式（A.2）计算：

$$w_B = (w_1 - w_A) \times 0.6309 \qquad \cdots\cdots(A.2)$$

式中：

w_1——按 6.4 测得的总碱量，单位为%；

w_A——按 A.3 测得的碳酸氢钠的含量，单位为%；

0.630 9 ——碳酸钠与碳酸氢钠的换算系数。

ICS 71.060.50
G 12

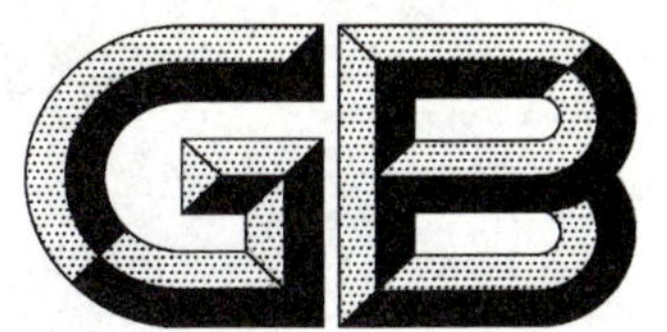

中华人民共和国国家标准

GB 2367—2006
代替 GB 2367—1990

工业亚硝酸钠

Sodium nitrite for industrial use

2006-03-14 发布　　　　2006-12-01 实施

中华人民共和国国家质量监督检验检疫总局
中国国家标准化管理委员会　发布

前　言

本标准第3章、第5章、第6章、第7章为强制性，其余为推荐性。

本标准修改采用俄罗斯标准ГОСТ 19906：1974《工业亚硝酸钠》(1991年第四次修改)(俄文版)。

本标准根据俄罗斯标准ГОСТ 19906：1974《工业亚硝酸钠》(俄文版)重新起草。

考虑到我国国情，在采用俄罗斯标准ГОСТ 19906：1974《工业亚硝酸钠》时，本标准做了一些修改。有关技术性差异已编入正文中并在它们所涉及的条款的页边空白处用垂直单线标识。在附录A及附录B中给出了这些技术性差异、结构性差异及其原因的一览表以供参考。

本标准代替GB 2367—1990《工业亚硝酸钠》。

本标准与GB 2367—1990相比主要技术变化如下：

——提高了优等品的水分指标要求(1990年版的3.2，本版的3.2)。

——针对添加防结块剂的产品，增加了松散度指标(1990年版的3.2，本版的3.2)。

本标准附录A及附录B为资料性附录。

本标准由中国石油和化学工业协会提出。

本标准由全国化学标准化技术委员会无机化工分会(CSBTS/TC 63/SC 1)归口。

本标准起草单位：天津化工研究设计院、大化集团有限责任公司、杭州龙山化工有限公司、山东海化华龙硝铵有限公司。

本标准主要起草人：郭凤鑫、姜密、梁琼、王金忠、闫成华。

本标准所代替标准的历次版本发布情况为：

——GB 2367—1980，GB 2367—1990。

工 业 亚 硝 酸 钠

1 范围

本标准规定了工业亚硝酸钠的技术要求，试验方法，检验规则，标志、标签，包装、运输和贮存。

本标准适用于工业亚硝酸钠。该产品主要用作制造硝基化合物、偶氮染料等的原料和织物染色的媒染剂、漂白剂，金属热处理剂、水泥早强剂和防冻剂等。

分子式：$NaNO_2$

相对分子质量：69.00（按 2001 年国际相对原子质量）

2 规范性引用文件

下列文件的条款通过本标准的引用而成为本标准的条款。凡是注日期的引用文件，其随后所有的修改单（不包括勘误的内容）或修订版均不适用于本标准，然而，鼓励根据本标准达成协议的各方研究是否可使用这些文件的最新版本。凡是不注日期的引用文件，其最新版本适用于本标准。

GB 190—1990 危险货物包装标志

GB/T 191—2000 包装储运图示标志（eqv ISO 780:1997）

GB/T 1250 极限数值的表示方法和判定方法

GB/T 3051—2000 无机化工产品中氯化物含量测定的通用方法 汞量法（neq ISO 5790:1979）

GB/T 6678 化工产品采样总则

GB/T 6682—1992 分析实验室用水规格和试验方法（eqv ISO 3696:1987）

GB 15258 化学品安全标签编写规定

HG/T 3696.1 无机化工产品化学分析用标准滴定溶液的制备

HG/T 3696.3 无机化工产品化学分析用制剂及制品的制备

3 要求

3.1 外观：白色或微带淡黄色结晶。

3.2 工业亚硝酸钠应符合表 1 要求：

表 1 要 求

项 目		指 标		
		优等品	一等品	合格品
亚硝酸钠（$NaNO_2$）质量分数（以干基计）/%	≥	99.0	98.5	98.0
硝酸钠质量分数（以干基计）/%	≤	0.8	1.0	1.9
氯化物（以 NaCl 计）质量分数（以干基计）/%	≤	0.10	0.17	—
水不溶物质量分数（以干基计）/%	≤	0.05	0.06	0.10
水分的质量分数/%	≤	1.4	2.0	2.5
松散度（以不结块物的质量分数计）/%	≥	85		
注：松散度指标为添加防结块剂产品控制的项目，在用户要求时进行测定。				

4 试验方法

4.1 安全提示

本试验方法中使用的部分试剂具有毒性或腐蚀性，操作者须小心谨慎！如溅到皮肤上应立即用水冲洗，严重者应立即治疗。使用易燃品时，严禁使用明火加热。

4.2 一般规定

本标准所用试剂和水，在没有注明其他要求时，均指分析纯试剂和 GB/T 6682—1992 中规定的三级水。

试验中所需标准滴定溶液、制剂及制品，在没有注明其他要求时，均按 HG/T 3696.1、HG/T 3696.3 规定制备。

4.3 亚硝酸钠含量的测定

4.3.1 方法提要

在酸性溶液中，用高锰酸钾氧化亚硝酸钠。根据高锰酸钾标准滴定溶液的消耗量计算出亚硝酸钠含量。

4.3.2 试剂

4.3.2.1 硫酸溶液：1+29；

按比例配制出硫酸溶液后，加热至 70℃左右，滴加高锰酸钾标准滴定溶液至溶液呈浅粉色为止。冷却，备用。

4.3.2.2 硫酸溶液：1+5；

方法同 4.3.2.1；

4.3.2.3 高锰酸钾标准滴定溶液：$c(1/5KMnO_4)$约 0.1 mol/L；

4.3.2.4 草酸钠标准滴定溶液：$c(1/2Na_2C_2O_4)$约 0.1 mol/L；

4.3.2.4.1 配制

称取约 6.7 g 草酸钠，溶解于 300 mL 硫酸溶液(4.3.2.1)中，用水稀释至 1 000 mL，摇匀。

4.3.2.4.2 标定

用移液管移取(30.00～35.00)mL 草酸钠标准滴定溶液[$c(1/2Na_2C_2O_4)$约 0.1 mol/L]，加入 8+92 硫酸溶液 100 mL，用高锰酸钾标准滴定溶液[$c(1/5KMnO_4)$约 0.1 mol/L]滴定，近终点时加热至 65℃，继续滴定至溶液呈浅粉色保持 30 s。同时作空白试验。

4.3.2.4.3 计算

草酸钠标准滴定溶液浓度的准确数值 c，单位为摩尔每升(mol/L)，按式(1)计算：

$$c=\frac{(V_1-V_2)c_1}{V} \qquad \cdots\cdots(1)$$

式中：

c_1——高锰酸钾标准滴定溶液浓度的准确数值，单位为摩尔每升(mol/L)；

V_1——滴定时消耗高锰酸钾标准滴定溶液的体积的数值，单位为毫升(mL)；

V_2——滴定空白试验时消耗高锰酸钾标准滴定溶液的体积的数值，单位为毫升(mL)；

V——标定所移取草酸钠标准滴定溶液的体积的数值，单位为毫升(mL)。

4.3.3 分析步骤

4.3.3.1 试验溶液的制备

称取(2.5～2.7)g 于(105～110)℃下干燥至恒量的试样，精确至 0.000 2 g，置于 250 mL 烧杯中，加水溶解。全部移入 500 mL 容量瓶中，用水稀释至刻度，摇匀。

4.3.3.2 **测定**

在 300 mL 锥形瓶中，用滴定管滴加约(38～40)mL 高锰酸钾标准滴定溶液。用移液管加入 25 mL 试验溶液，加入 10 mL 硫酸溶液(4.3.2.2)，加热至 40℃。用移液管加入 10 mL 草酸钠标准滴定溶液，不断摇动，使成为清亮溶液，再加热至(70～80)℃，用高锰酸钾标准滴定溶液滴定至溶液呈浅粉色并保持 30 s 不消失为止。

4.3.4 **结果计算**

亚硝酸钠含量以亚硝酸钠($NaNO_2$)的质量分数 w_1 计，数值以%表示，按式(2)计算：

$$w_1=\frac{[(V_1c_1-V_2c_2)/1\ 000]\times M}{m\times(25/500)}\times 100=\frac{2(V_1c_1-V_2c_2)M}{m} \qquad \cdots\cdots\cdots\cdots(2)$$

式中：

V_1——加入和滴定用去高锰酸钾标准滴定溶液(4.3.2.3)的体积的数值，单位为毫升(mL)；

c_1——高锰酸钾标准滴定溶液浓度的准确数值，单位为摩尔每升(mol/L)；

V_2——加入草酸钠标准滴定溶液(4.3.2.4)的体积的数值，单位为毫升(mL)；

c_2——草酸钠标准滴定溶液浓度的准确数值，单位为摩尔每升(mol/L)；

m——试料质量的数值，单位为克(g)；

M——亚硝酸钠$\left(\frac{1}{2}NaNO_2\right)$的摩尔质量的数值，单位为克每摩尔(g/mol)($M$=34.50)。

取平行测定结果的算术平均值为测定结果，两次平行测定结果的绝对差值不大于 0.2%。

4.4 **硝酸钠含量的测定**

4.4.1 **方法提要**

于试液中加入甲醇，在硫酸作用下与亚硝酸根生成亚硝酸甲酯。蒸发将其除去。再加入过量的硫酸亚铁铵还原硝酸钠，用高锰酸钾标准滴定溶液返滴定。

4.4.2 **试剂**

4.4.2.1 甲醇；

4.4.2.2 硫酸；

4.4.2.3 硫酸溶液：1+5；

4.4.2.4 氢氧化钠溶液：200 g/L；

4.4.2.5 氢氧化钠溶液：1 g/L；

4.4.2.6 硫酸亚铁铵溶液：$c[Fe(NH_4)_2(SO_4)_2]$约 0.2 mol/L；

称取约 80 g 硫酸亚铁铵[$(Fe(NH_4)_2(SO_4)_2\cdot 6H_2O)$]，溶于 300 mL 1+8 硫酸溶液中，再加 700 mL水，摇匀，贮存于棕色瓶中。

4.4.2.7 高锰酸钾标准滴定溶液：$c(1/5KMnO_4)$约 0.1 mol/L。

4.4.2.8 酚酞指示液：10 g/L。

4.4.3 **分析步骤**

称取约 3 g 试样，精确至 0.000 2 g，置于 500 mL 锥形瓶中，加 10 mL 水溶解。加 10 mL 甲醇，在不断摇动下滴加 15 mL 硫酸溶液(4.4.2.3)，控制硫酸溶液加入速度，勿使亚硝酸甲酯生成过于激烈。用水洗涤锥形瓶内壁，加热微沸 2 min。冷却后，加 2 滴酚酞指示液，用氢氧化钠溶液(4.4.2.4)中和至呈浅粉色为止[近终点时，用氢氧化钠溶液(4.4.2.5)中和]。微沸下使溶液蒸发至(10～15)mL。冷却，以少量水洗涤瓶内壁。用移液管加入 25 mL 硫酸亚铁铵溶液，在不断摇动下，沿瓶壁徐徐加入 25 mL 硫酸(4.4.2.2)。加热，微沸至溶液由褐色转变为亮黄色为止。取下锥形瓶迅速冷却至室温。加入(250～300)mL水，用高锰酸钾标准滴定溶液滴定至溶液呈浅粉色并保持 30 s 不消失为止。

同时做空白试验。

4.4.4 **结果计算**

硝酸钠含量以硝酸钠($NaNO_3$)的质量分数 w_2 计，数值以%表示，按式(3)计算：

$$w_2 = \frac{[(V_0 - V_1)/1\,000]cM}{m[(100 - w_5)/100]} \times 100 = \frac{10(V_0 - V_1)cM}{m(100 - w_5)} \quad \cdots\cdots(3)$$

式中：

V_0——空白试验消耗的高锰酸钾标准滴定溶液(4.4.2.7)体积的数值,单位为毫升(mL)；

V_1——试验中消耗的高锰酸钾标准滴定溶液(4.4.2.7)体积的数值,单位为毫升(mL)；

c——高锰酸钾标准滴定溶液浓度的准确数值,单位为摩尔每升(mol/L)；

w_5——按4.7测得的水分的准确数值,数值以%表示；

m——试料质量的数值,单位为克(g)；

M——硝酸钠$\left(\frac{1}{3}NaNO_3\right)$的摩尔质量的数值,单位为克每摩尔(g/mol)($M$=28.33)。

取平行测定结果的算术平均值为测定结果,两次平行测定结果的绝对差值不大于0.05%。

4.5 氯化物含量的测定

4.5.1 方法提要

在酸性溶液中,加入尿素将亚硝酸钠分解。在微酸性水溶液中,用硝酸汞将氯离子转化成弱电离的氯化汞。用二苯偶氮碳酰肼指示剂与过量的汞离子生成紫红色络合物来判断终点。

4.5.2 试剂

GB/T 3051—2000第4章规定的试剂和材料及以下试剂。

4.5.2.1 尿素。

4.5.3 仪器、设备

4.5.3.1 微量滴定管:分度值为0.01 mL。

4.5.4 分析步骤

称取约5 g试样,精确至0.01 g,置于250 mL锥形瓶中,用50 mL水溶解。加3 g尿素,待其溶解后,加热。于微沸下滴加1+1硝酸溶液至亚硝酸钠分解完全为止(无细小气泡产生)。冷至室温。加入(2～3)滴溴酚蓝指示液,滴加氢氧化钠溶液至溶液呈蓝色,再滴加1+15硝酸溶液至恰呈黄色,并过量(2～6)滴,加入1 mL二苯偶氮碳酰肼指示液,使用微量滴定管,用$c[1/2Hg(NO_3)_2]$=0.05 mol/L硝酸汞标准滴定溶液滴定至溶液由黄色变为紫红色即为终点。

同时作空白试验。

试验中的含汞废液按GB/T 3051—2000中附录D规定的方法处理。

4.5.5 结果计算

氯化物含量以氯化钠(NaCl)的质量分数w_3计,数值以%表示,按式(4)计算：

$$w_3 = \frac{[(V - V_0)/1\,000]cM}{m[(100 - w_5)/100]} \times 100 = \frac{10(V - V_0)cM}{m(100 - w_5)} \quad \cdots\cdots(4)$$

式中：

V——试验中所消耗的硝酸汞标准滴定溶液的体积的数值,单位为毫升(mL)；

V_0——空白试验中所消耗的硝酸汞标准滴定溶液的体积的数值,单位为毫升(mL)；

c——硝酸汞标准滴定溶液浓度的准确数值,单位为摩尔每升(mol/L)；

w_5——按4.7测得的水分的准确数值,数值以%表示；

m——试料质量的数值,单位为克(g)；

M——氯化钠的摩尔质量的数值,单位为克每摩尔(g/mol)(M=58.50)。

取平行测定结果的算术平均值为测定结果,两次平行测定结果的绝对差值不大于0.01%。

4.6 水不溶物含量的测定

4.6.1 试剂

4.6.1.1 盐酸；

4.6.1.2 淀粉-碘化钾试纸。

4.6.2 仪器、设备

4.6.2.1 玻璃砂坩埚：滤板孔径(5～15)μm。

4.6.3 分析步骤

称取约 50 g 试样，精确至 0.1 g，置于 500 mL 烧杯中，加 150 mL 水，加热溶解。用预先于(105～110)℃下干燥至恒量的玻璃砂坩埚过滤。用热水洗至无亚硝酸根离子为止(取约 20 mL 洗涤液，加 2 滴盐酸，用淀粉-碘化钾试纸检查)。在(105～110)℃下干燥至恒量。

4.6.4 结果计算

水不溶物的质量分数 w_4，数值以%表示，按式(5)计算：

$$w_4 = \frac{m_2 - m_1}{m[(100 - w_5)/100]} \times 100 = \frac{10^4(m_2 - m_1)}{m(100 - w_5)} \qquad \cdots\cdots(5)$$

式中：

m_1——玻璃砂坩埚质量的数值，单位为克(g)；

m_2——水不溶物和玻璃砂坩埚质量的数值，单位为克(g)；

w_5——按 4.7 测得的水分的准确数值，数值以%表示；

m——试料质量的数值，单位为克(g)；

取平行测定结果的算术平均值为测定结果，两次平行测定结果的绝对差值不大于 0.01%。

4.7 水分的测定

4.7.1 仪器

4.7.1.1 称量瓶：ϕ50×30 mm。

4.7.2 分析步骤

称取约 5 g 试样，精确至 0.000 2 g。置于预先于(105～110)℃下干燥至恒量的称量瓶中，于(105～110)℃下干燥至恒量。

4.7.3 结果计算

水不溶物的质量分数 w_5，数值以%表示，按式(6)计算：

$$w_5 = \frac{m - m_1}{m} \times 100 \qquad \cdots\cdots(6)$$

式中：

m_1——干燥后试料质量的数值，单位为克(g)；

m——试料质量的数值，单位为克(g)。

取平行测定结果的算术平均值为测定结果，两次平行测定结果的绝对差值不大于 0.1%。

4.8 松散度的测定

4.8.1 方法提要

将堆放一定时间的袋装试样，从 1 m 高度自由落于坚硬的平面上，过筛后称量留在筛上的试样质量。

4.8.2 仪器、设备

4.8.2.1 试验筛：长 950 mm、宽 600 mm、带有高约 120 mm 的木框，筛网孔径 4.75 mm；

4.8.2.2 秒表；

4.8.2.3 台秤：10 kg，分度值 0.1 kg。

4.8.3 分析步骤

从仓库内堆码垛的袋装产品中，由上而下选取第七层袋作为试验用样品。

将试验袋称量，利用机械或人工使其从 1 m 高度自由平落到平整、坚硬的平面上。将袋翻转，然后将袋内试样倒在筛子内，以 1 次/s 的频率进行筛分。筛分行程为 400 mm，时间 1 min。筛完后称量筛余物的质量。试验袋数不应少于 3 袋。

4.8.4 **结果计算**

松散度以不结块物的质量分数 w_6 计，数值以%表示，按式(7)计算：

$$w_6 = \frac{1}{n}\sum_{i=1}^{n}\left(\frac{m-m_1}{m}\right)\times 100 \qquad (7)$$

式中：

m——过筛前袋内试样质量的数值，单位为千克(kg)；

m_1——过筛后筛上试样质量的数值，单位为千克(kg)；

n——试验所用试样的袋数。

5 检验规则

5.1 本标准要求中规定的所有六项指标均为出厂检验。

5.2 每批产品不超过 60 t。

5.3 按 GB/T 6678 的规定确定采样单元数。采样时，将采样器自包装袋的上方插入至料层深度的四分之三处采样。将所采样品混匀，用四分法缩分至约 500 g，立即分装入两个干燥、清洁的广口瓶(或塑料袋)中，密封，瓶(袋)上粘贴标签，注明：生产厂名、产品名称、等级、批号和采样日期、采样者姓名。一瓶(袋)用于检验，另一瓶(袋)保存备查，保存时间由生产厂根据实际情况确定。

5.4 工业亚硝酸钠由生产厂的质量监督检验部门按本标准的规定进行检验。生产厂应保证每批出厂的产品都符合本标准的要求。

5.5 使用单位有权按照本标准的规定对收到的工业亚硝酸钠进行验收。验收应在货到之日算起的一个月内进行。

5.6 检验结果中如有一项指标不符合本标准要求时，应重新自两倍量的包装袋中采样进行复验，复验结果即使有一项指标不符合本标准要求时，则整批产品为不合格。

5.7 采用 GB/T 1250 规定的修约值比较法判定检验结果是否符合标准。

5.8 正常贮存时，在包装完好的情况下，添加防结块剂产品的松散度保证期为 3 个月。

6 标志、标签

6.1 工业亚硝酸钠包装袋上要有牢固清晰的标志，内容包括：生产厂名、厂址、产品名称、商标、等级、净含量、批号或生产日期、本标准编号、GB 190—1990 所规定的“氧化剂”标志、“有毒品”标志、GB/T 191—2000 所规定的“怕晒”标志、“怕雨”标志以及符合 GB 15258 的安全标签。工业亚硝酸钠不得以工业盐作为产品名称。

6.2 每批出厂的工业亚硝酸钠都应附有质量证明书，内容包括：生产厂名、厂址、产品名称、商标、等级、净含量、批号或生产日期、产品质量符合本标准的证明、本标准编号、危险品生产许可证标识及安全技术说明书。

7 包装、运输和贮存

7.1 工业亚硝酸钠采用双层包装，内包装为聚乙烯塑料袋，外包装为塑料编织袋。如需特殊包装，供需双方另行协商。每袋净含量 25 kg 或 50 kg。

7.2 工业亚硝酸钠的包装，内袋用维尼龙绳或其他质量相当的绳两层分别扎紧，或用与其相当的其他方式封口；外袋用维尼龙绳线或其他质量相当的线缝口，缝线整齐，针距均匀，无漏缝或跳线现象。

7.3 工业亚硝酸钠在运输过程中应装在铁路棚车或其他帘篷带盖的交通工具内运输。不得与强氧化剂、强还原剂、易燃易爆品、食品、饲料及其添加剂混运。

7.4 工业亚硝酸钠应贮存于阴凉、干燥处，防止受潮、受热和阳光曝晒。

附　录　A
（资料性附录）
本标准与俄罗斯标准技术性差异及其原因

表 A.1 给出了本标准与俄罗斯标准技术性差异及其原因的一览表。

表 A.1　本标准与俄罗斯标准技术性差异及其原因

本标准的章条编号	技术性差异	原　　因
3.2	俄罗斯标准二级品指标中亚硝酸钠质量分数为 97.0%，硝酸钠含量未规定；对应本标准合格品指标中亚硝酸钠质量分数为 98.0%，硝酸钠质量分数规定为 1.9%。	根据国内实际生产和使用情况确定。
	俄罗斯标准水分指标优级及一级分别为 0.5%、1.4%；本标准水分指标优等品及一等品分别为 1.4%、2.0%。	考虑到目前国内实际生产情况设置。
	俄罗斯标准设置了水不溶物灼烧残留物指标；本标准设置为水不溶物指标，三个等级指标值为 0.05%、0.06%、0.10%。	根据用户要求确定。
	与俄罗斯标准相比，增加了一项松散度指标，指标值根据实际情况设置为 85%。	针对国内生产添加防结块剂的产品，为表征其防结块效果，增设该项指标。
4.3	俄罗斯标准中加 KI 与过量的高锰酸钾反应生成碘，用硫代硫酸钠标准滴定溶液滴定。本标准中加过量的草酸钠与高锰酸钾反应，剩余的草酸钠用高锰酸钾标准滴定溶液滴定。	与高锰酸钾标准溶液标定时的方法一致，减少误差，而且所用试剂少，节约分析费用。
4.6	俄罗斯标准是将不溶物用滤纸过滤后，于 800℃～1 000℃下灼烧。本标准为用玻璃砂坩埚过滤后，于 100℃～105℃下烘干。	国标方法能保证准确性，并耗能低。
4.8	俄罗斯标准未规定此项指标方法。本标准采用国内测定该指标的常用方法，过筛后重量法。	针对添加防结块剂产品，通过称量过筛后筛余物的质量，计算出未结块的样品的质量分数，表征其防结块效果。

附 录 B
（资料性附录）
本标准与俄罗斯标准的结构性差异

表 B.1 给出了本标准与俄罗斯标准的结构性差异的一览表。

表 B.1 本标准与俄罗斯标准的结构性差异

本标准		俄罗斯 ГОСТ 19906:1974《工业亚硝酸钠》	
章节	内 容	章节	内 容
前言	前言	—	—
1	范围	—	范围
2	规范性引用标准	—	—
3	要求	1	技术要求
3.2	工业亚硝酸钠附合表 1 要求	1.2	工业亚硝酸钠的物理化学指标应符合表 1 所列的标准
—	—	1.3	产品等级及分类编码
—	—	1a	安全要求
—	—	2	检收规则
4	试验方法	3	分析方法
5	检验规则	—	—
6	标志、标签	4	包装、标志、运输和贮存
7	包装、运输、贮存	—	—
—	—	5	生产厂的保证
—	—	6	安全要求

中华人民共和国国家标准　UDC 661.523

GB 6275—86

工业用碳酸氢铵

Ammonium hydrogen carbonate for industrial use

本标准适用于以氨水吸收二氧化碳制得的工业碳酸氢铵，主要用作制药、日用化工、皮革、橡胶、电镀以及试剂等工业的原料。

分子式：NH_4HCO_3

分子量：79.06（按1983年国际原子量）

1　技术要求

1.1　外观：白色粉状结晶。

1.2　工业用碳酸氢铵应符合下列要求：

指标名称		指标
碳酸氢铵含量，%		99.2～101.0
氯化物（Cl）含量，%	≤	0.007
硫化物（S）含量，%	≤	0.0002
硫酸盐（SO_4）含量，%	≤	0.007
灰分含量，%	≤	0.008
铁（Fe）含量，%	≤	0.002
砷（As）含量，%	≤	0.0002
重金属（以Pb计）含量，%	≤	0.0005

注：产品中允许含有防结块剂。

2　试验方法

2.1　碳酸氢铵含量的测定按照GB 6276.1—86《工业用碳酸氢铵　总碱度的测定　容量法》。

2.2　氯化物（Cl）含量的测定按照GB 6276.2—86《工业用碳酸氢铵　氯化物含量的测定　电位滴定法》。

2.3　硫化物（S）含量的测定按照GB 6276.3—86《工业用碳酸氢铵　硫化物含量的测定　目视比浊法》。

2.4　硫酸盐（SO_4）含量的测定按照GB 6276.4—86《工业用碳酸氢铵　硫酸盐含量的测定　目视比浊法》。

2.5　灰分含量的测定按照GB 6276.5—86《工业用碳酸氢铵　灰分含量的测定　重量法》。

2.6　铁（Fe）含量的测定按照GB 6276.6—86《工业用碳酸氢铵　铁含量的测定　邻菲啰啉分光光度法》。

2.7　砷（As）含量的测定按照GB 6276.7—86《工业用碳酸氢铵　砷含量的测定　二乙基二硫代氨基甲酸银分光光度法》、GB 6276.8—86《工业用碳酸氢铵　砷含量的测定　砷斑法》。

2.8　重金属（以Pb计）含量的测定按照GB 6276.9—86《工业用碳酸氢铵　重金属含量的测定目

国家标准局1986-04-18发布　　1987-03-01实施

视比浊法》。

3 检验规则

3.1 碳酸氢铵应由生产厂质量检验部门按照本标准规定的试验方法及检验规则对产品质量进行检验。生产厂应保证所有出厂的产品都符合本标准的要求。

3.2 每批出厂的产品都应附有一定格式的质量证明书。证明书应包括下列内容：生产厂名称、产品名称、批号、生产日期、产品净重、产品质量及本标准编号。凡添加防结块剂的产品，应注明“含防结块剂”。

3.3 使用单位有权按照本标准规定的检验规则和试验方法，核验所收到的碳酸氢铵是否符合本标准的要求。

3.4 碳酸氢铵按批检验，每批不得超过60t，如每天产量不足60t，以每天产量为一批。

3.5 碳酸氢铵按批采样，采样方法按《化工产品采样总则》推荐的多单元物料选取采样数的规定，确定采样袋数（见附录A）。

取样时，用取样器自袋的中心垂直插入深度3/4处采取均匀试样，取样总量不得少于2kg。

3.6 将选取的试样迅速按四分法缩分至试样重量约500g，分别装入两个清洁、干燥、带磨口塞的广口瓶中。瓶上粘贴标签，注明：生产厂名称、产品名称、批号和取样日期，一瓶供检验用，另一瓶密封置阴暗处，保留半个月备查。

3.7 如果检验结果中有一项指标不符合本标准要求时，应重新自两倍的包装中取样进行检验。重新检验的结果即使只有一项指标不符合本标准要求，则整批碳酸氢铵不能验收。

3.8 当供需双方对产品质量发生异议时，按照《全国产品质量仲裁检验暂行办法》的规定进行仲裁。

4 包装、标志、运输、贮存

4.1 碳酸氢铵用编织袋（或布袋）内衬塑料薄膜袋包装。每袋净重25kg，每批产品出厂时重量只允许正误差。

4.2 碳酸氢铵的包装袋上应涂刷牢固的标志。其内容包括：生产厂名称、产品名称、商标、净重、批号、本标准编号以及GB 191—73《包装储运指示标志》中“防热”、“防湿”标志。凡添加防结块剂的产品，应标明“含防结块剂”。

4.3 碳酸氢铵应装在铁路棚车或有篷布、带盖的交通工具内运输，以防潮、防雨。

4.4 碳酸氢铵贮存于阴凉、干燥处，防止受热或阳光曝晒，并应注意不要与有毒、有害物品混贮、混运。

附 录 A
工业用碳酸氢铵采样袋数的规定
（补充件）

A.1 碳酸氢铵每批产品总袋数小于500袋的，按下表确定取样袋数：

每批产品总袋数	最少取样袋数
1～10	全部袋数
11～49	11
50～64	12
65～81	13
82～101	14
102～125	15
126～151	16
152～181	17
182～216	18
217～254	19
255～296	20
297～343	21
344～394	22
395～450	23
451～500	24

A.2 碳酸氢铵每批产品总袋数大于500袋时，取样量为总袋数立方根的三倍数。如遇小数时则舍去，同时在整数部分加1。例如总袋数为538，取样袋数则为：

$$3\times\sqrt[3]{538}\approx 24.4$$

将24.4舍去小数，同时在整数上加1后为25，即采样袋数为25袋。

附加说明：

本标准由中华人民共和国化学工业部提出，由化工部上海化工研究院技术归口。

本标准由化学工业部上海化工研究院、大连化学工业公司负责起草。

本标准主要起草人赵育为、廖博猷。

自本标准实施之日起，原化学工业部部标准HG1—523—77《碳酸氢铵》作废。

ICS 71.060.50
G 12

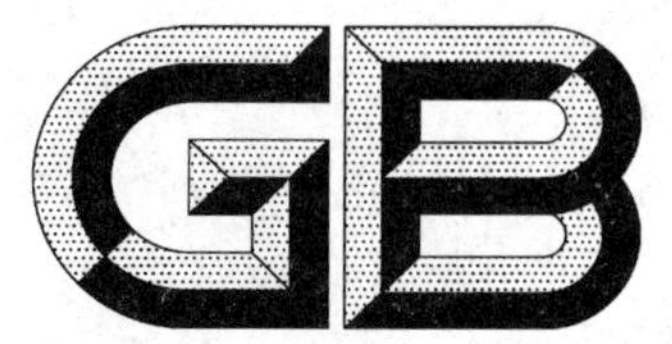

中华人民共和国国家标准

GB/T 6276.1—2008
代替 GB/T 6276.1—1986

工业用碳酸氢铵的测定方法 第1部分:碳酸氢铵含量 酸碱滴定法

Determination of ammonium hydrogen carbonate for industrial use—Part 1: Ammonium hydrogen carbonate content—Acid-base method

2008-06-17 发布　　2008-09-01 实施

中华人民共和国国家质量监督检验检疫总局
中国国家标准化管理委员会　发布

前　言

GB/T 6276《工业用碳酸氢铵的测定方法》分为九个部分：

——第1部分：碳酸氢铵含量　酸碱滴定法；

——第2部分：氯化物含量　电位滴定法；

——第3部分：硫化物含量　目视比浊法；

——第4部分：硫酸盐含量　目视比浊法；

——第5部分：灰分含量　重量法；

——第6部分：铁含量　邻菲啰啉分光光度法；

——第7部分：砷含量　二乙基二硫代氨基甲酸银分光光度法；

——第8部分：砷含量　砷斑法；

——第9部分：重金属含量　目视比浊法。

本部分是GB/T 6276的第1部分。

本部分代替GB/T 6276.1—1986《工业用碳酸氢铵　总碱度的测定　容量法》。

本部分与GB/T 6276.1—1986的主要差异是：

——标准名称由《工业用碳酸氢铵　总碱度的测定　容量法》改为《工业用碳酸氢铵的测定方法　第1部分：碳酸氢铵含量　酸碱滴定法》；

——试剂溶液、标准滴定溶液等的配制和标定方法执行HG/T 2843标准。

本部分由中国石油和化学工业协会提出。

本部分由全国肥料和土壤调理剂标准化技术委员会(SAC/TC 105)归口并负责解释。

本部分起草单位：国家化肥质量监督检验中心(上海)。

本部分主要起草人：周庆云、屈昕。

本部分于1986年首次发布。

工业用碳酸氢铵的测定方法 第1部分:碳酸氢铵含量 酸碱滴定法

1 范围

GB/T 6276的本部分规定了采用酸碱滴定法测定工业用碳酸氢铵的含量。

本部分适用于工业用碳酸氢铵的碳酸氢铵含量的测定。

2 规范性引用文件

下列文件中的条款通过GB/T 6276的本部分的引用而成为本部分的条款。凡是注日期的引用文件,其随后所有的修改单(不包括勘误的内容)或修订版均不适用于本部分,然而,鼓励根据本部分达成协议的各方研究是否可使用这些文件的最新版本。凡是不注日期的引用文件,其最新版本适用于本部分。

HG/T 2843 化肥产品 化学分析常用标准滴定溶液、标准溶液、试剂溶液和指示剂溶液

3 原理

向试料中加入过量的硫酸标准滴定溶液,在指示液存在下,用氢氧化钠标准滴定溶液返滴定。

4 试剂和材料

本标准中所用试剂、溶液和水,在未注明规格和配制方法时,均应符合HG/T 2843的规定。

4.1 硫酸标准滴定溶液,$c(\frac{1}{2}H_2SO_4)=0.5$ mol/L;

4.2 氢氧化钠标准滴定溶液,$c(NaOH)=0.5$ mol/L;

4.3 甲基红-亚甲基蓝混合指示液。

5 仪器

通常实验室仪器。

6 分析步骤

6.1 测定

做两份试料的平行测定。

迅速称取约1 g试样(精确到0.000 2 g)于带磨口塞的称量瓶中,立即洗入预先盛有50.0 mL硫酸标准滴定溶液的250 mL锥形瓶中,摇动锥形瓶,使试料完全溶解,加热煮沸逐出二氧化碳,冷却后加入3～4滴甲基红-亚甲基蓝混合指示液,用氢氧化钠标准滴定溶液滴定至试液呈现灰绿色为终点。

7 分析结果的表述

碳酸氢铵含量w,以碳酸氢铵(NH_4HCO_3)质量分数计,数值以%表示,按式(1)计算:

$$w=\frac{(V_1c_1-V_2c_2)\times 79.06}{m\times 1\ 000}\times 100 \qquad (1)$$

式中:

V_1——加入硫酸标准滴定溶液的体积的数值,单位为毫升(mL);

c_1——硫酸标准滴定溶液的实际浓度的准确数值，单位为摩尔每升(mol/L)；

V_2——滴定所消耗氢氧化钠标准滴定溶液的体积的数值，单位为毫升(mL)；

c_2——氢氧化钠标准滴定溶液浓度的准确数值，单位为摩尔每升(mol/L)；

79.06——碳酸氢铵(NH_4HCO_3)摩尔质量的数值，单位为克每摩尔(g/mol)；

m——试料质量的数值，单位为克(g)。

计算结果表示到小数点后两位，取平行测定结果的算术平均值为测定结果。

8 允许差

平行测定结果的绝对差值不大于0.50%；

不同实验室测定结果的绝对差值不大于1.00%。

ICS 71.060.50
G 12

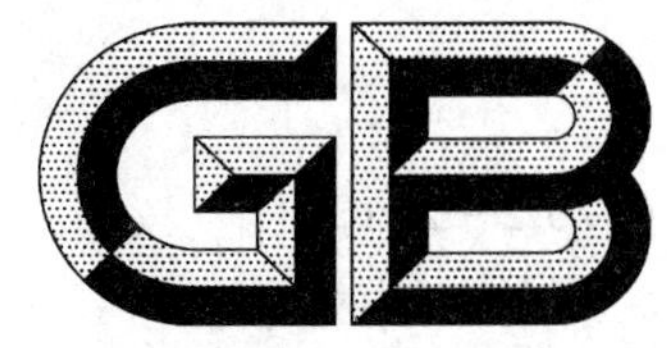

中华人民共和国国家标准

GB/T 6276.2—2010
代替 GB/T 6276.2—1986

工业用碳酸氢铵的测定方法 第2部分:氯化物含量 电位滴定法

Determination of ammonium hydrogen carbonate for industrial use—Part 2:Chloride content—Potentiometric titration method

2010-06-30 发布　　2011-01-01 实施

中华人民共和国国家质量监督检验检疫总局
中国国家标准化管理委员会　发布

前　言

GB/T 6276《工业用碳酸氢铵的测定方法》分为九个部分：

——第1部分：碳酸氢铵含量　酸碱滴定法；

——第2部分：氯化物含量　电位滴定法；

——第3部分：硫化物含量　目视比浊法；

——第4部分：硫酸盐含量　目视比浊法；

——第5部分：灰分含量　重量法；

——第6部分：铁含量　邻菲啰啉分光光度法；

——第7部分：砷含量　二乙基二硫代氨基甲酸银分光光度法；

——第8部分：砷含量　砷斑法；

——第9部分：重金属含量　目视比浊法。

本部分是GB/T 6276的第2部分。

本部分的附录A为资料性附录。

本部分代替GB/T 6276.2—1986《工业用碳酸氢铵　氯化物含量的测定　电位滴定法》。

本部分与GB/T 6276.2—1986的主要差异是：

——试剂溶液、标准滴定溶液等的配制和标定方法执行HG/T 2843标准；

——测量电极选用氯离子选择电极；

——增加了平行测定结果允许差的规定。

本部分由中国石油和化学工业协会提出。

本部分由全国肥料和土壤调理剂标准化技术委员会归口。

本部分起草单位：国家化肥质量监督检验中心（上海）。

本部分主要起草人：周庆云、屈昕。

本部分于1986年首次发布。

工业用碳酸氢铵的测定方法
第2部分：氯化物含量　电位滴定法

1　范围

GB/T 6276 的本部分规定了采用电位滴定法测定工业用碳酸氢铵中氯化物的含量。

本部分适用于工业用碳酸氢铵中氯化物含量的测定。

2　规范性引用文件

下列文件中的条款通过 GB/T 6276 的本部分的引用而成为本部分的条款。凡是注日期的引用文件，其随后所有的修改单(不包括勘误的内容)或修订版均不适用于本部分，然而，鼓励根据本部分达成协议的各方研究是否可使用这些文件的最新版本。凡是不注日期的引用文件，其最新版本适用于本部分。

HG/T 2843　化肥产品　化学分析常用标准滴定溶液、标准溶液、试剂溶液和指示剂溶液

3　原理

在丙酮(或乙醇)的酸性溶液中，以银离子、氯离子选择电极或银-硫化银电极为测量电极，甘汞电极为参比电极，用硝酸银标准滴定溶液滴定，用电位突跃确定滴定终点。

4　试剂和材料

下列的部分试剂和溶液易燃且有腐蚀性，操作者应小心谨慎！如溅到皮肤上应立即用水冲洗，如有不适应立即就医。

本部分所用试剂、溶液和水，在未注明规格和配制方法时，均应符合 HG/T 2843 的规定。

4.1　丙酮。

4.2　95%乙醇。

4.3　30%过氧化氢。

4.4　硝酸溶液，6 mol/L。

4.5　硝酸钾饱和溶液。

4.6　碳酸钠溶液，5%。

4.7　氯化钾标准溶液，0.1 mol/L：准确称取 3.728 g 预先在 130 ℃下干燥至质量恒定的氯化钾(基准试剂)，称准至 0.000 2 g，置于烧杯中，加水溶解后移入 500 mL 容量瓶中，用水稀释至刻度，摇匀备用。

4.8　氯化钾标准溶液：0.005 mol/L，吸取 5 mL 氯化钾标准溶液(4.7)，置于 100 mL 容量瓶中，用水稀释至刻度，摇匀。

4.9　硝酸银标准滴定溶液，$c(AgNO_3)=0.1$ mol/L。

4.10　硝酸银标准滴定溶液，$c(AgNO_3)=0.005$ mol/L：

4.10.1　配制

吸取 5 mL 硝酸银标准滴定溶液(4.9)，置于 100 mL 容量瓶中，用水稀释至刻度，摇匀。

4.10.2　标定

吸取 5 mL 氯化钾标准溶液(4.8)，置于 150 mL 烧杯中，加水 5 mL，加一滴溴酚蓝指示液，滴加硝酸溶液约 1～2 滴，使溶液刚好呈黄色。再加入 30 mL 丙酮，放入电磁搅拌子，将烧杯置于电磁搅拌器

上,开动电磁搅拌器,将参比电极和测量电极插入溶液中,连接电位计接线,调整电位计零点,记录起始电位值。

用硝酸银标准溶液进行滴定,先加入 4 mL,再每次加入 0.1 mL,记录每次加入硝酸银标准溶液后的总体积及相对应的电位值 E,计算出电位增量值 ΔE_1 和 ΔE_1 之间的差值 ΔE_2,ΔE_1 的最大值即为滴定终点。终点后再加入 0.1 mL 硝酸银标准溶液,记录一个电位值 E。记录格式参见附录 A。

滴定至终点所消耗的硝酸银标准溶液的体积 V 按式(1)计算:

$$V = V_0 + V_1 \times \frac{b}{B} \qquad \cdots\cdots(1)$$

式中:

V_0——电位增量值 ΔE_1 达最大值前,加入硝酸银标准溶液的总体积的数值,单位为毫升(mL);

V_1——电位增量值 ΔE_1 达最大值前,最后一次加入硝酸银标准溶液的体积的数值,单位为毫升(mL);

b——ΔE_2 的最后一次正值的数值,单位为毫伏(mV);

B——ΔE_2 最后一次正值和第一次负值绝对值之和。

4.10.3 计算

硝酸银标准溶液的浓度 c 按式(2)计算:

$$c = \frac{c_0 V_2}{V} \qquad \cdots\cdots(2)$$

式中:

c_0——氯化钾标准溶液浓度的准确数值,单位为摩尔每升(mol/L);

V_2——氯化钾标准溶液体积的数值,单位为毫升(mL);

V——滴定时所消耗的硝酸银标准溶液体积的数值,单位为毫升(mL)。

4.11 溴(甲)酚蓝指示液。

5 仪器

5.1 一般实验室仪器。

5.2 电位滴定装置:

5.2.1 电位计:分度值为 2 mV,量程为 -500 mV~$+500$ mV;

5.2.2 参比电极:双液接型甘汞电极,内充饱和氯化钾溶液,滴定时外套管内盛饱和硝酸钾溶液,和甘汞电极相连接;

5.2.3 测量电极:氯离子选择电极;

5.3 微量滴定管:分度值为 0.02 mL 或 0.01 mL。

6 分析步骤

做两份试料的平行测定。

6.1 试液的制备

称取约 5 g~10 g 试样(精确到 0.1 g)置于 150 mL 烧杯中,加入 30 mL 水溶解,再加入 2 滴过氧化氢溶液、0.5 mL 碳酸钠溶液,用小火加热煮沸,逐尽二氧化碳和氨,并在水浴上蒸发至干,冷却后加水至总体积为 10 mL,加入 1 滴溴酚蓝指示液,滴加硝酸溶液,使溶液刚好呈黄色。

6.2 滴定

向试液中加入 30 mL 丙酮,然后按硝酸银标准溶液的标定中加丙酮以后的步骤进行。但第一次不加入 4 mL 硝酸银标准溶液。

若试液中氯离子浓度太低,滴定消耗硝酸银标准溶液的体积小于 1 mL 时,可采用标准加入法测定,在计算结果时应扣除加入的氯化钾标准溶液(4.8)所消耗的硝酸银标准滴定溶液的体积。

如用乙醇能得到明显的电位突跃，也可用乙醇代替丙酮。

6.3 空白试验

除不加试料外，操作步骤和试剂均与测定时相同。

6.4 试验记录格式

附录 A 给出了试验记录格式示例。

7 分析结果的表述

氯化物的含量以氯(Cl)的质量分数 w_1 计，数值以%表示，按式(3)计算：

$$w_1 = \frac{c(V_3 - V_4) \times 35.45}{m \times 1\,000} \times 100 \qquad (3)$$

式中：

c——硝酸银标准溶液的实际浓度的准确数值，单位为摩尔每升(mol/L)；

V_3——测定时所消耗硝酸银标准溶液的体积的数值，单位为毫升(mL)；

V_4——空白试验所消耗硝酸银标准溶液的体积的数值，单位为毫升(mL)；

35.45——氯(Cl)摩尔质量的数值，单位为克每摩尔(g/mol)；

m——试料质量的数值，单位为克(g)。

计算结果表示至小数点后四位，取平行测定结果的算术平均值为测定结果。

8 允许差

平行测定结果的相对偏差不大于50%。

附 录 A
（资料性附录）
试验记录格式

表 A.1 试验记录格式示例

硝酸银标准滴定溶液的体积 V/mL	电位值 E/mV	ΔE_1/mV	ΔE_2/mV
4.80	176	35	+37
4.90	211	72	
5.00	283	23	−49
5.10	306		−10
5.20	319	13	
5.30	330		

$$V=4.90+0.10\times\frac{37}{37+49}=4.94$$

注：表 A.1 中的第一、二栏分别记录所加入的硝酸银标准滴定溶液的总体积和对应的电位值 E。第三栏记录连续增加的电位值 ΔE_1，第四栏记录增加的电位值 ΔE_1 之间的差值 ΔE_2，此差值有正有负。

ICS 71.060.50
G 12

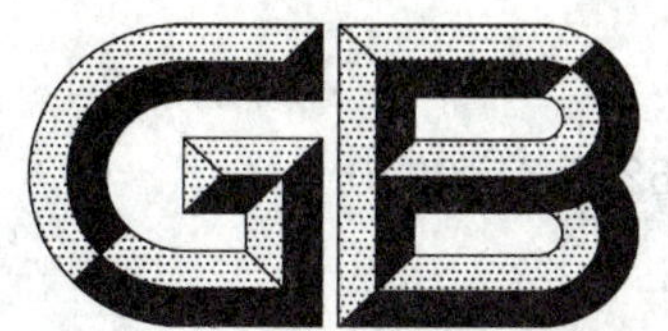

中华人民共和国国家标准

GB/T 6276.3—2010
代替 GB/T 6276.3—1986

工业用碳酸氢铵的测定方法 第3部分：硫化物含量 目视比浊法

Determination of ammonium hydrogen carbonate for industrial use—Part 3: Sulphide content—Visible turbidimetric method

2010-06-30 发布　　2011-01-01 实施

中华人民共和国国家质量监督检验检疫总局
中国国家标准化管理委员会　发布

前言

GB/T 6276《工业用碳酸氢铵的测定方法》分为九个部分：

——第1部分：碳酸氢铵含量　酸碱滴定法；

——第2部分：氯化物含量　电位滴定法；

——第3部分：硫化物含量　目视比浊法；

——第4部分：硫酸盐含量　目视比浊法；

——第5部分：灰分含量　重量法；

——第6部分：铁含量　邻菲啰啉分光光度法；

——第7部分：砷含量　二乙基二硫代氨基甲酸银分光光度法；

——第8部分：砷含量　砷斑法；

——第9部分：重金属含量　目视比浊法。

本部分是 GB/T 6276 的第3部分。

本部分代替 GB/T 6276.3—1986《工业用碳酸氢铵　硫化物含量的测定　目视比浊法》。

本部分与 GB/T 6276.3—1986 的主要差异是：

——试剂溶液、标准滴定溶液等的配制和标定方法执行 HG/T 2843 标准。

本部分由中国石油和化学工业协会提出。

本部分由全国肥料和土壤调理剂标准化技术委员会归口。

本部分起草单位：国家化肥质量监督检验中心(上海)。

本部分主要起草人：屈昕、仲文轶。

本部分于1986年首次发布。

工业用碳酸氢铵的测定方法 第3部分：硫化物含量 目视比浊法

1 范围

GB/T 6276的本部分规定了采用目视比浊法测定工业用碳酸氢铵的硫化物的含量。

本部分适用于工业用碳酸氢铵中硫化物含量的测定。

2 规范性引用文件

下列文件中的条款通过GB/T 6276的本部分的引用而成为本部分的条款。凡是注日期的引用文件，其随后所有的修改单(不包括勘误的内容)或修订版均不适用于本部分，然而，鼓励根据本部分达成协议的各方研究是否可使用这些文件的最新版本。凡是不注日期的引用文件，其最新版本适用于本部分。

HG/T 2843 化肥产品 化学分析常用标准滴定溶液、标准溶液、试剂溶液和指示剂溶液

3 原理

向试液中加入碱性铅酸盐溶液，与硫离子生成黄褐色硫化物悬浮微粒，与标准浊度进行比较，确定硫化物含量。

4 试剂和材料

下列的部分试剂具有腐蚀性和毒性，操作者应小心谨慎！如溅到皮肤上应立即用水冲洗，如有不适应立即治疗。

本部分所用试剂、溶液和水，在未注明规格和配制方法时，均应符合HG/T 2843的规定。

4.1 硫化钠；

4.2 氢氧化钾；

4.3 乙酸铅；

4.4 柠檬酸钾；

4.5 三氯甲烷；

4.6 碱性铅酸钾溶液：称取1 g乙酸铅、3.4 g柠檬酸钾、70 g氢氧化钾，溶解于水并稀释至100 mL；

4.7 硫化物标准溶液，以S计，0.1 mg/mL：称取0.749 g硫化钠($Na_2S \cdot 9H_2O$)，溶解于水，移入1 000 mL容量瓶中，稀释至刻度，使用前制备；

4.8 硫化物标准溶液，以S计，0.01 mg/mL：用硫化物标准溶液(4.7)准确稀释10倍制得。

5 仪器

通常实验室用仪器。

6 分析步骤

6.1 标准浊度的配制

于数支50 mL比色管中，分别加入0 mL、0.1 mL、0.3 mL…1.0 mL硫化物标准溶液(4.8)，加水至近48 mL，摇匀。

6.2 测定

称取约 5 g 试样(精确到 0.1 g),置于烧杯中加水溶解后移入 50 mL 比色管中,使总体积接近 48 mL,摇匀后,与标准管同时加入 2 mL 碱性铅酸钾溶液,用水稀释至 50 mL,摇匀后在 5 min 内与标准浊度进行比较。

若试样中含有植物油脂肪酸防结块剂,称取约 5 g 试样(精确到 0.1 g),置于烧杯中,用 30 mL 水溶解后移入 150 mL 分液漏斗中,加入 20 mL 三氯甲烷,剧烈振荡 5 min~10 min,静置,待其分层后,放出下层三氯甲烷相,将上层水相定量移入 50 mL 比色管中,加水至近 48 mL,摇匀,与标准管同时加入 2 mL碱性铅酸钾溶液,用水稀释至 50 mL,摇匀后在 5 min 内与标准浊度进行比较。

7 分析结果的表述

硫化物的含量 w_1,以硫(S)质量分数计,数值以%表示,按式(1)计算:

$$w_1 = \frac{V \times 0.000\ 01}{m} \times 100 \qquad \cdots\cdots(1)$$

式中:

V——与试液管浊度相当的标准管中加入的硫化物标准溶液体积的数值,单位为毫升(mL);

0.000 01——1 mL 硫化物标准溶液中硫(S)的质量的数值,单位为克每毫升(g/mL);

m——试料质量的数值,单位为克(g)。

计算结果表示到小数点后五位。

ICS 71.060.50
G 12

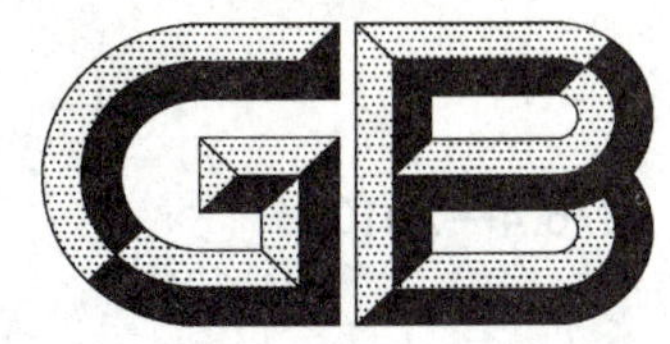

中华人民共和国国家标准

GB/T 6276.4—2010
代替 GB/T 6276.4—1986

工业用碳酸氢铵的测定方法 第4部分：硫酸盐含量 目视比浊法

Determination of ammonium hydrogen carbonate for industrial use—Part 4: Sulphate content—Visible turbidimetric method

2010-06-30 发布 2011-01-01 实施

中华人民共和国国家质量监督检验检疫总局
中国国家标准化管理委员会 发布

前　言

GB/T 6276《工业用碳酸氢铵的测定方法》分为九个部分：

——第 1 部分：碳酸氢铵含量　酸碱滴定法；

——第 2 部分：氯化物含量　电位滴定法；

——第 3 部分：硫化物含量　目视比浊法；

——第 4 部分：硫酸盐含量　目视比浊法；

——第 5 部分：灰分含量　重量法；

——第 6 部分：铁含量　邻菲啰啉分光光度法；

——第 7 部分：砷含量　二乙基二硫代氨基甲酸银分光光度法；

——第 8 部分：砷含量　砷斑法；

——第 9 部分：重金属含量　目视比浊法。

本部分是 GB/T 6276 的第 4 部分。

本部分代替 GB/T 6276.4—1986《工业用碳酸氢铵　硫酸盐含量的测定　目视比浊法》。

本部分与 GB/T 6276.4—1986 的主要差异是：

——试剂溶液、标准滴定溶液等的配制和标定方法执行 HG/T 2843 标准。

本部分由中国石油和化学工业协会提出。

本部分由全国肥料和土壤调理剂标准化技术委员会归口。

本部分起草单位：国家化肥质量监督检验中心(上海)。

本部分主要起草人：屈昕、仲文铁。

本部分于 1986 年首次发布。

工业用碳酸氢铵的测定方法 第4部分：硫酸盐含量 目视比浊法

1 范围

GB/T 6276 的本部分规定了采用目视比浊法测定工业用碳酸氢铵的硫酸盐的含量。

本部分适用于工业用碳酸氢铵中硫酸盐含量的测定。

2 规范性引用文件

下列文件中的条款通过 GB/T 6276 的本部分的引用而成为本部分的条款。凡是注日期的引用文件，其随后所有的修改单(不包括勘误的内容)或修订版均不适用于本部分，然而，鼓励根据本部分达成协议的各方研究是否可使用这些文件的最新版本。凡是不注日期的引用文件，其最新版本适用于本部分。

HG/T 2843 化肥产品 化学分析常用标准滴定溶液、标准溶液、试剂溶液和指示剂溶液

3 原理

在酸性条件下，向试液中加入氯化钡溶液，用生成硫酸钡白色悬浮微粒所产生的浊度，与标准浊度进行比较，确定硫酸盐的含量。

4 试剂和材料

下列的部分试剂具有腐蚀性和毒性，操作者应小心谨慎！如溅到皮肤上应立即用水冲洗，如有不适应立即治疗。

本部分所用试剂、溶液和水，在未注明规格和配制方法时，均应符合 HG/T 2843 的规定。

4.1 三氯甲烷；

4.2 氯化钡溶液，5%；

4.3 盐酸溶液，1+1；

4.4 硫酸盐标准溶液，以 SO_4 计，0.1 mg/mL：称取 0.148 g 于 105 ℃～110 ℃干燥至质量恒定的无水硫酸钠，溶解于水，移入 1 000 mL 容量瓶中，稀释至刻度。

5 分析步骤

5.1 标准浊度的配制

于数支 50 mL 比色管中，分别加入 0 mL、0.5 mL、1.0 mL、1.5 mL…3.5 mL 硫酸盐标准溶液，加入 0.5 mL 盐酸，加水至约 40 mL。

5.2 测定

称取 5 g～10 g 试样(精确到 0.1 g)，置于 250 mL 烧杯中，加 80 mL 水溶解，缓慢加热，煮沸逐尽二氧化碳和氨，冷却后移入 50 mL 比色管中，加 0.5 mL 盐酸溶液，加水至 40 mL，与标准管同时在不断摇动下滴加 5 mL 氯化钡溶液，用水稀释至 50 mL，摇匀后放置 20 min，与标准浊度进行比较。

若试样中含有植物油脂肪酸防结块剂，称取 5 g～10 g 试样(精确到 0.1 g)，置于烧杯中，加入 80 mL水溶解后移入 150 mL 分液漏斗中，加入 20 mL 三氯甲烷，剧烈振荡 5 min～10 min，静置，待其分层后，放出下层三氯甲烷相，将上层水相移入 250 mL 烧杯中，缓慢加热，煮沸逐尽二氧化碳和氨，冷

却后移入 50 mL 比色管中，加 0.5 mL 盐酸，加水至 40 mL，与标准管同时在不断摇动下滴加 5 mL 氯化钡溶液，用水稀释至 50 mL，摇匀后放置 20 min，与标准浊度进行比较。

6　分析结果的表述

硫酸盐的含量 w_1，以硫酸盐(SO_4)的质量分数计，数值以%表示，按式(1)计算：

$$w_1 = \frac{V \times 0.000\,1}{m} \times 100 \quad \cdots\cdots(1)$$

式中：

V——与试液浊度相当的标准管中硫酸盐标准溶液体积的数值，单位为毫升(mL)；

0.000 1——1 mL 硫酸盐标准溶液中硫酸根(SO_4^{2-})的质量的数值，单位为克每毫升(g/mL)；

m——试料质量的数值，单位为克(g)。

计算结果表示到小数点后四位。

ICS 71.060.50
G 12

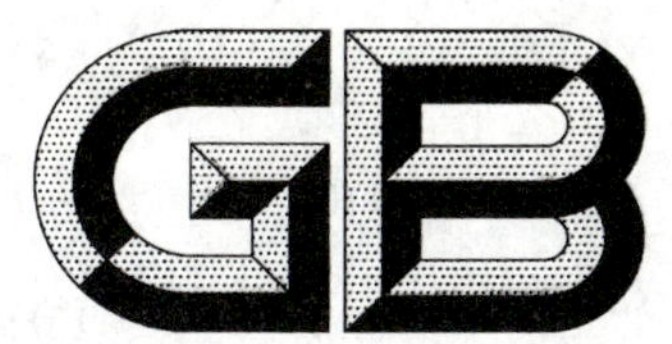

中华人民共和国国家标准

GB/T 6276.5—2010
代替 GB/T 6276.5—1986

工业用碳酸氢铵的测定方法 第5部分：灰分含量 重量法

Determination of ammonium hydrogen carbonate for industrial use—Part 5: Ash content—Gravimetric method

2010-06-30 发布　　　　2011-01-01 实施

中华人民共和国国家质量监督检验检疫总局
中国国家标准化管理委员会　发布

前　言

GB/T 6276《工业用碳酸氢铵的测定方法》分为九个部分：

——第1部分：碳酸氢铵含量　酸碱滴定法；

——第2部分：氯化物含量　电位滴定法；

——第3部分：硫化物含量　目视比浊法；

——第4部分：硫酸盐含量　目视比浊法；

——第5部分：灰分含量　重量法；

——第6部分：铁含量　邻菲啰啉分光光度法；

——第7部分：砷含量　二乙基二硫代氨基甲酸银分光光度法；

——第8部分：砷含量　砷斑法；

——第9部分：重金属含量　目视比浊法。

本部分是GB/T 6276的第5部分。

本部分代替GB/T 6276.5—1986《工业用碳酸氢铵　灰分含量的测定　重量法》。

本部分与GB/T 6276.5—1986的主要差异是：

——增加了平行测定结果允许差的规定。

本部分由中国石油和化学工业协会提出。

本部分由全国肥料和土壤调理剂标准化技术委员会归口。

本部分起草单位：国家化肥质量监督检验中心(上海)。

本部分主要起草人：仲文轶、王婷。

本部分于1986年首次发布。

工业用碳酸氢铵的测定方法 第5部分:灰分含量 重量法

1 范围

GB/T 6276 的本部分规定了采用重量法测定工业用碳酸氢铵的灰分的含量。

本部分适用于工业用碳酸氢铵中灰分含量的测定。

2 原理

试样在(575±25)℃下灼烧至质量恒定,用质量损失来表示灰分的含量。

3 仪器设备

3.1 瓷坩埚或石英坩埚,100 mL;

3.2 箱式高温电阻炉:能够控制温度在(575±25)℃。

4 分析步骤

做两份试料的平行测定。

将预先在(575±25)℃下灼烧至质量恒定的瓷坩埚或石英坩埚放在通风良好的通风橱中,缓慢加热,称取约 50 g 试样(精确到 0.1 g),分多次少量加入到坩埚中,应注意等待前次加入的试料完成挥发后再加入下一批,等试样全部挥发后,将瓷坩埚或石英坩埚放入温度为 300 ℃的箱式高温电阻炉内,慢慢升温至(575±25)℃,继续在此温度下灼烧,直到质量恒定。

5 分析结果的表述

灰分的含量 w_1,以质量分数计,数值以%表示,按式(1)计算:

$$w_1 = \frac{m_2 - m_1}{m} \times 100 \qquad \cdots\cdots(1)$$

式中:

m_2——盛有灰分的瓷坩埚或石英坩埚的质量的数值,单位为克(g);

m_1——空的瓷坩埚或石英坩埚的质量的数值,单位为克(g);

m——试料质量的数值,单位为克(g)。

计算结果表示到小数点后四位,取平行测定结果的算术平均值为测定结果。

6 允许差

平行测定结果的相对偏差不大于50%。

ICS 71.060.50
G 12

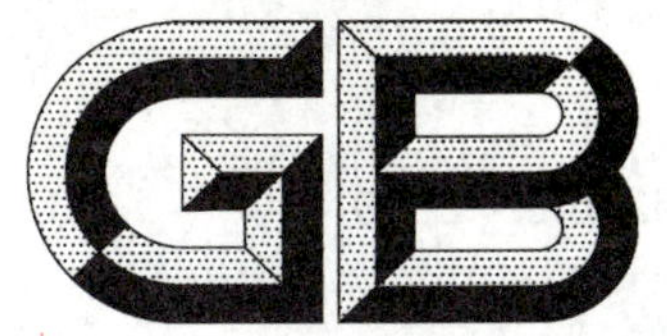

中华人民共和国国家标准

GB/T 6276.6—2010
代替 GB/T 6276.6—1986

工业用碳酸氢铵的测定方法 第6部分:铁含量 邻菲啰啉分光光度法

Determination of ammonium hydrogen carbonate for industrial use—Part 6: Iron content—*o*-Phenathroline spectrophotometric method

(ISO 6685:1982, Chemical products for industrial use—General method for determination of iron content—1,10-Phenanthroline spectrophotometric method, NEQ)

2010-06-30 发布　　2011-01-01 实施

中华人民共和国国家质量监督检验检疫总局
中国国家标准化管理委员会　发布

前言

GB/T 6276《工业用碳酸氢铵的测定方法》分为九个部分：

——第1部分：碳酸氢铵含量 酸碱滴定法；

——第2部分：氯化物含量 电位滴定法；

——第3部分：硫化物含量 目视比浊法；

——第4部分：硫酸盐含量 目视比浊法；

——第5部分：灰分含量 重量法；

——第6部分：铁含量 邻菲啰啉分光光度法；

——第7部分：砷含量 二乙基二硫代氨基甲酸银分光光度法；

——第8部分：砷含量 砷斑法；

——第9部分：重金属含量 目视比浊法。

本部分是GB/T 6276的第6部分。

本部分代替GB/T 6276.6—1986《工业用碳酸氢铵 铁含量的测定 邻菲啰啉分光光度法》。

本部分与ISO 6685:1982的一致性程度为非等效。

本部分与GB/T 6276.6—1986的主要差异是：

——试剂溶液、标准滴定溶液等的配制和标定方法执行HG/T 2843标准；

——增加了平行测定结果允许差的规定。

本部分由中国石油和化学工业协会提出。

本部分由全国肥料和土壤调理剂标准化技术委员会归口。

本部分起草单位：国家化肥质量监督检验中心(上海)。

本部分主要起草人：周庆云、屈昕。

本部分于1986年首次发布。

工业用碳酸氢铵的测定方法 第6部分:铁含量 邻菲啰啉分光光度法

1 范围

GB/T 6276的本部分规定了采用邻菲啰啉分光光度法测定工业用碳酸氢铵的铁含量。

本部分适用于工业用碳酸氢铵铁含量的测定。

2 规范性引用文件

下列文件中的条款通过GB/T 6276的本部分的引用而成为本部分的条款。凡是注日期的引用文件,其随后所有的修改单(不包括勘误的内容)或修订版均不适用于本部分,然而,鼓励根据本部分达成协议的各方研究是否可使用这些文件的最新版本。凡是不注日期的引用文件,其最新版本适用于本部分。

HG/T 2843 化肥产品 化学分析常用标准滴定溶液、标准溶液、试剂溶液和指示剂溶液

3 原理

用抗坏血酸将试液中的三价铁离子还原成二价铁离子,在pH值为2～9时,二价铁离子可与邻菲啰啉生成橙红色络合物,在最大吸收波长510 nm处,用分光光度计测定其吸光度,计算出铁含量。

4 仪器

4.1 一般实验室仪器;

4.2 分光光度计,带1 cm或3 cm比色皿。

5 试剂和材料

本标准中所用试剂、溶液和水,在未注明规格和配制方法时,均应符合HG/T 2843的规定。

5.1 盐酸溶液,$c(HCl)=1$ mol/L;

5.2 氨水溶液,2.5%;

5.3 对硝基苯酚指示液,1 g/L;

5.4 乙酸-乙酸钠缓冲溶液,pH值约为4.5;

5.5 抗坏血酸溶液,20 g/L,该溶液贮存于棕色瓶中,使用期约为10 d;

5.6 邻菲啰啉溶液,2 g/L;

5.7 铁标准溶液,1 mg/mL;

5.8 铁标准溶液,0.01 mg/mL,用铁标准溶液(5.7)准确稀释100倍,当日使用。

6 分析步骤

6.1 标准曲线的绘制

6.1.1 标准比色溶液的制备

于数只100 mL烧杯中,分别加入0 mL、1.0 mL、2.0 mL、3.0 mL、4.0 mL…10.0 mL铁标准溶液(5.8),加40 mL水和10 mL盐酸溶液,加两滴对硝基苯酚指示液,滴加氨水溶液至溶液刚好呈黄色,再用盐酸溶液滴至黄色褪去并过量1.0 mL,加热至微沸,冷却后移入100 mL容量瓶中。

6.1.2 显色

于上述系列溶液中，加入 2.5 mL 抗坏血酸溶液，10 mL 缓冲溶液，摇匀后加入 5 mL 邻菲啰啉溶液，用水稀释至刻度，摇匀后放置 10 min。

6.1.3 吸光度测定

将部分显色溶液移入 1 cm 或 3 cm 比色皿中，以空白溶液（6.1.1 中的 0 mL）作参比溶液，于分光光度计波长 510 nm 处测定其吸光度。

6.1.4 标准曲线的绘制

以 100 mL 标准比色溶液中所含铁的毫克数为横坐标，相对应的吸光度为纵坐标，绘制标准曲线。

6.2 测定

做两份试料的平行测定。

称取 5 g～10 g 试样（精确到 0.1 g）置于 250 mL 烧杯中，加水溶解，加热煮沸逐尽二氧化碳和氨，冷却后加入 10 mL 盐酸溶液，再加热煮沸 5 min，冷却后加两滴对硝基苯酚指示液，滴加氨水溶液至试液刚好呈黄色，以下步骤与 6.1 相同。

若试样中含有植物油脂肪酸防结块剂，称取 5 g～10 g（精确至 0.1 g），置于用热盐酸处理并清洗干净的 100 mL 瓷蒸发皿中，缓慢加热，待试料全部分解后，提高温度灼烧约半小时，直至蒸发皿内有机物全部分解，取出冷却后加 40 mL 水，10 mL 盐酸溶液，再置于小火上加热至蒸发皿内的棕色物全部溶解，冷却后滴加 2 滴对硝基苯酚指示液，滴加氨水溶液至试液刚好呈黄色，以下步骤与 6.1 相同。

7 分析结果的表述

铁含量 w_1，以铁（Fe）质量分数计，数值以％表示，按式（1）计算：

$$w_1 = \frac{m_1}{m \times 1\,000} \times 100 \qquad \cdots\cdots(1)$$

式中：

m_1——从标准曲线上查出的试液中铁的质量的数值，单位为毫克（mg）；

m——试料质量的数值，单位为克（g）。

计算结果表示到小数点后四位。取平行测定结果的算术平均值为测定结果。

8 允许差

平行测定结果的相对偏差不大于 50％。

ICS 71.060.50
G 12

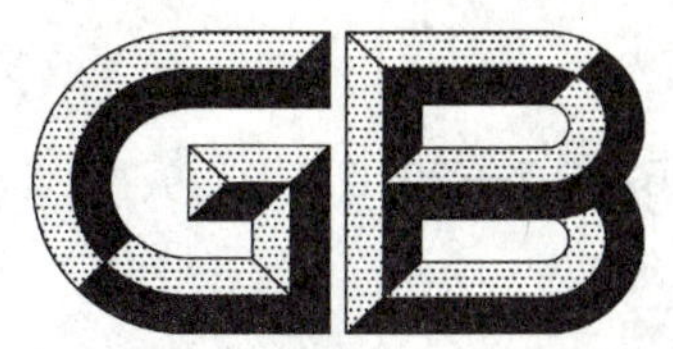

中华人民共和国国家标准

GB/T 6276.7—2010
代替 GB/T 6276.7—1986

工业用碳酸氢铵的测定方法 第7部分:砷含量 二乙基二硫代氨基甲酸银分光光度法

Determination of ammonium hydrogen carbonate for industrial use—Part 7: Arsenic content—Silver diethyl dithiocarbamate photometric method

2010-06-30 发布　　2011-01-01 实施

中华人民共和国国家质量监督检验检疫总局
中国国家标准化管理委员会　发布

前言

GB/T 6276《工业用碳酸氢铵的测定方法》分为九个部分：

——第1部分：碳酸氢铵含量　酸碱滴定法；

——第2部分：氯化物含量　电位滴定法；

——第3部分：硫化物含量　目视比浊法；

——第4部分：硫酸盐含量　目视比浊法；

——第5部分：灰分含量　重量法；

——第6部分：铁含量　邻菲啰啉分光光度法；

——第7部分：砷含量　二乙基二硫代氨基甲酸银分光光度法；

——第8部分：砷含量　砷斑法；

——第9部分：重金属含量　目视比浊法。

本部分是GB/T 6276的第7部分。

本部分代替GB/T 6276.7—1986《工业用碳酸氢铵　砷含量的测定　二乙基二硫代氨基甲酸银分光光度法》。

本部分与GB/T 6276—1986的主要差异是：

——删除了等效采用ISO 4275:1977的内容；

——试剂溶液、标准滴定溶液等的配制和标定方法均执行HG/T 2843；

——增加了平行测定结果允许差的规定。

本部分由中国石油和化学工业协会提出。

本部分由全国肥料和土壤调理剂标准化技术委员会归口。

本部分起草单位：国家化肥质量监督检验中心(上海)。

本部分主要起草人：王婷、仲文轶。

本部分于1986年首次发布。

工业用碳酸氢铵的测定方法 第7部分:砷含量 二乙基二硫代氨基甲酸银分光光度法

1 范围

GB/T 6276的本部分规定了采用二乙基二硫代氨基甲酸银分光光度法测定工业用碳酸氢铵的砷含量。

本部分适用于工业用碳酸氢铵中砷含量的测定。

2 规范性引用文件

下列文件中的条款通过GB/T 6276的本部分的引用而成为本部分的条款。凡是注日期的引用文件，其随后所有的修改单(不包括勘误的内容)或修订版均不适用于本部分，然而，鼓励根据本部分达成协议的各方研究是否可使用这些文件的最新版本。凡是不注日期的引用文件，其最新版本适用于本部分。

HG/T 2843 化肥产品 化学分析常用标准滴定溶液、标准溶液、试剂溶液和指示剂溶液

3 原理

在酸性条件下，用金属锌将砷还原为砷化氢，用二乙基二硫代氨基甲酸银的吡啶溶液吸收，析出紫红色胶状分散银，在最大吸收波长540 nm处，用分光光度计测定其吸光度，计算出砷含量。

4 仪器设备

4.1 分光光度计，带1 cm比色皿。

4.2 定砷仪，见图1。

单位为毫米

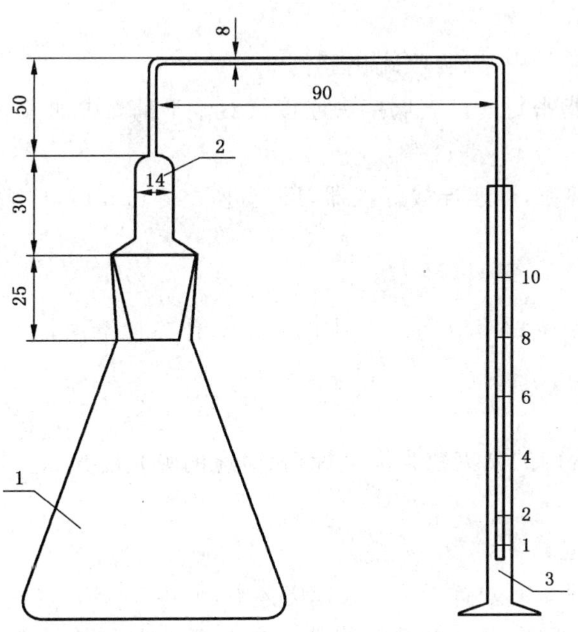

1——100 mL锥形瓶，用于发生砷化氢；

2——连接管，用于捕集硫化氢；

3——10 mL量筒，吸收砷化氢用。

图1 定砷仪

用于砷测定的所有玻璃仪器，事先用热的浓硫酸或洗液小心洗涤，并用水充分洗涤和完全干燥。

5 试剂和材料

下列的部分试剂具有毒害性，操作者须小心谨慎！如溅到皮肤上应立即用水冲洗，严重者应立即治疗。

本部分中所用试剂、溶液和水，在未注明规格和配制方法时，均应符合 HG/T 2843 的规定。

5.1 盐酸；

5.2 无砷金属锌粒，粒径 0.5 mm～1.0 mm 或其他相应纯度的锌粒；

5.3 二乙基二硫代氨基甲酸银-吡啶溶液，5 g/L，贮存于棕色瓶中，该溶液约稳定两周；

5.4 氢氧化钠溶液，5%；

5.5 碘化钾溶液，15%；

5.6 氯化亚锡盐酸溶液，400 g/L；

5.7 砷标准溶液，1 mg/mL；

5.8 砷标准溶液，1 μg/mL：吸取 1 mL 砷标准溶液(5.7)，置于 1 000 mL 容量瓶中，稀释至刻度，摇匀，使用前配制；

5.9 乙酸铅棉花。

6 分析步骤

6.1 标准曲线的绘制

每换一批锌粒或新制备一次二乙基二硫代氨基甲酸银-吡啶溶液，都应重新绘制标准曲线。

6.1.1 标准比色溶液的制备

于数只锥形瓶中，分别加入 0 mL、1.0 mL、2.0 mL、4.0 mL、6.0 mL…20.0 mL 的砷标准溶液(5.8)，加 10 mL 盐酸，加水至约 40 mL，然后加入 2 mL 碘化钾溶液和 2 mL 氯化亚锡溶液，摇匀后放置 15 min。

将乙酸铅棉花置于连接管中，以吸收硫化氢。

用不溶解于吡啶的油脂密封磨口玻璃接头连接仪器。于量筒中加入 5 mL 二乙基二硫代氨基甲酸银-吡啶溶液。

于锥形瓶中加入 5 g 锌粒，迅速连接好仪器，反应进行 45 min 后，移去量筒，混匀吸收液，该溶液颜色在暗处可稳定 2 h。

6.1.2 吸光度测定

用 1 cm 的比色皿中，以空白溶液(6.1.1 中的 0 mL)作参比溶液，于分光光度计波长 540 nm 处测定其吸光度。

6.1.3 标准曲线的绘制

以 5 mL 吸收液中所含砷的微克数为横坐标，相对应的吸光度为纵坐标，绘制标准曲线。

6.2 测定

做两份试料的平行测定。

称取 10 g 试样(精确到 0.1 g)置于 250 mL 烧杯中，加约 50 mL 水，缓慢加热煮沸逐尽二氧化碳和氨，冷却后将试液移入锥形瓶中，除以此溶液代替砷标准溶液外，其余步骤与 6.1 相同。

7 分析结果的表述

砷含量 w_1，以砷(As)质量分数计，数值以%表示，按式(1)计算：

$$w_1 = \frac{m_1}{m \times 1\ 000\ 000} \times 100 \quad \cdots\cdots(1)$$

式中：

m_1——从标准曲线上查出的试液中砷的质量的数值，单位为微克(μg)；

m——试料质量的数值，单位为克(g)。

计算结果表示到小数点后五位，取平行测定结果的算术平均值为测定结果。

8 允许差

平行测定结果的相对偏差不大于100%。

ICS 71.060.50
G 12

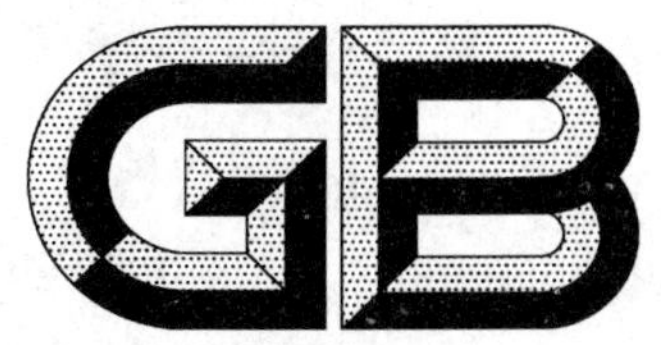

中华人民共和国国家标准

GB/T 6276.8—2010
代替 GB/T 6276.8—1986

工业用碳酸氢铵的测定方法 第8部分:砷含量 砷斑法

Determination of ammonium hydrogen carbonate for industrial use—Part 8:Arsenic content—Gutzeit method

2010-06-30 发布　　2011-01-01 实施

中华人民共和国国家质量监督检验检疫总局
中国国家标准化管理委员会 发布

前　言

GB/T 6276《工业用碳酸氢铵的测定方法》分为九个部分：

——第 1 部分：碳酸氢铵含量　酸碱滴定法；

——第 2 部分：氯化物含量　电位滴定法；

——第 3 部分：硫化物含量　目视比浊法；

——第 4 部分：硫酸盐含量　目视比浊法；

——第 5 部分：灰分含量　重量法；

——第 6 部分：铁含量　邻菲啰啉分光光度法；

——第 7 部分：砷含量　二乙基二硫代氨基甲酸银分光光度法；

——第 8 部分：砷含量　砷斑法；

——第 9 部分：重金属含量　目视比浊法。

本部分是 GB/T 6276 的第 8 部分。

本标准代替 GB/T 6276.8—1986《工业用碳酸氢铵　砷含量的测定　砷斑法》。

本部分与 GB/T 6276.8—1986 的主要差异是：

——试剂溶液、标准滴定溶液等的配制和标定方法执行 HG/T 2843 标准。

本部分由中国石油和化学工业协会提出。

本部分由全国肥料和土壤调理剂标准化技术委员会归口。

本部分起草单位：国家化肥质量监督检验中心(上海)。

本部分主要起草人：王婷、仲文轶。

本部分于 1986 年首次发布。

工业用碳酸氢铵的测定方法
第8部分：砷含量　砷斑法

1　范围

GB/T 6276 的本部分规定了采用砷斑法测定工业用碳酸氢铵的砷含量。

本部分适用于工业用碳酸氢铵砷含量的测定。

2　规范性引用文件

下列文件中的条款通过 GB/T 6276 的本部分的引用而成为本部分的条款。凡是注日期的引用文件，其随后所有的修改单(不包括勘误的内容)或修订版均不适用于本部分，然而，鼓励根据本部分达成协议的各方研究是否可使用这些文件的最新版本。凡是不注日期的引用文件，其最新版本适用于本部分。

HG/T 2843　化肥产品　化学分析常用标准滴定溶液、标准溶液、试剂溶液和指示剂溶液

3　原理

在酸性条件下，用金属锌将砷还原为砷化氢，砷化氢在溴化汞试纸上形成红棕色砷斑，将此砷斑与标准色阶进行比较，确定砷含量。

4　仪器

4.1　定砷器，见图1。

单位为毫米

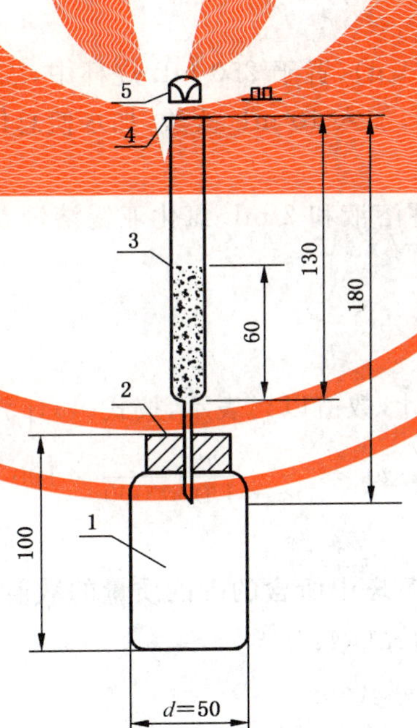

1——广口瓶；

2——胶塞；

3——玻璃管；

4——玻璃管上端管口；

5——玻璃帽。

图1　定砷器

4.2 用于砷测定的所有玻璃仪器，事先用热的浓硫酸或洗液小心洗涤，并用水充分洗涤和完全干燥。

5 试剂和材料

下列的部分试剂具有毒害性，操作者须小心谨慎！如溅到皮肤上应立即用水冲洗，严重者应立即治疗。

本标准中所用试剂、溶液和水，在未注明规格和配制方法时，均应符合 HG/T 2843 的规定。

5.1 盐酸；

5.2 无砷金属锌，粒径 0.5 mm～1.0 mm 或其他相应纯度的锌粒；

5.3 氢氧化钠溶液，5%；

5.4 碘化钾溶液，15%；

5.5 氯化亚锡盐酸溶液，400 g/L；

5.6 砷标准溶液，1 mg/mL；

5.7 砷标准溶液，1 μg/mL：吸取 1 mL 砷标准溶液(5.6)，置于 1 000 mL 容量瓶中，稀释至刻度，摇匀，使用前配制；

5.8 乙酸铅棉花；

5.9 溴化汞试纸。

6 分析步骤

6.1 标准色阶的制备

于数只定砷器的广口瓶中，分别加入 0 mL、0.5 mL、1.0 mL、1.5 mL、2.0 mL、3.0 mL 的砷标准溶液(5.7)，加 10 mL 盐酸，加水至 40 mL，然后加入 2 mL 碘化钾溶液和 2 mL 氯化亚锡溶液，摇匀后放置 15 min，加 5 g 锌粒，迅速安装好仪器，于室温下，在暗处放置 1 h～1.5 h 后取下溴化汞试纸。

6.2 试样溶液的制备

称取 1 g～10 g 试样(精确至 0.1 g)，置于 250 mL 烧杯中，加水 50 mL，缓慢加热煮沸逐尽二氧化碳和氨，冷却后将试液移入锥形瓶中，加入 10 mL 盐酸，加水使总体积为 40 mL。

6.3 测定

向试样溶液中加入 2 mL 碘化钾溶液和 2 mL 氯化亚锡溶液，以下步骤与 6.1 相同，取下溴化汞试纸，与标准色阶进行比较。

7 分析结果的表述

砷含量 w_1，以砷(As)质量分数计，数值以%表示，按式(1)计算：

$$w_1 = \frac{m_1}{m \times 1\,000\,000} \times 100 \qquad \cdots\cdots(1)$$

式中：

m_1——与试液色斑相当的标准色斑中所含的砷的质量的数值，单位为微克(μg)；

m——试料质量的数值，单位为克(g)。

计算结果表示到小数点后五位。

ICS 71.060.50
G 12

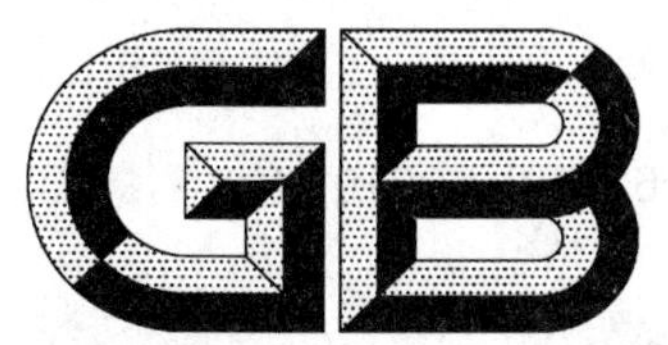

中华人民共和国国家标准

GB/T 6276.9—2010
代替 GB/T 6276.9—1986

工业用碳酸氢铵的测定方法
第9部分：重金属含量 目视比浊法

Determination of ammonium hydrogen carbonate for industrial use—Part 9: Heavy metal content—Visible turbidimetric method

2010-06-30 发布 2011-01-01 实施

中华人民共和国国家质量监督检验检疫总局
中国国家标准化管理委员会 发布

前　言

GB/T 6276《工业用碳酸氢铵的测定方法》分为九个部分：

——第1部分：碳酸氢铵含量　酸碱滴定法；

——第2部分：氯化物含量　电位滴定法；

——第3部分：硫化物含量　目视比浊法；

——第4部分：硫酸盐含量　目视比浊法；

——第5部分：灰分含量　重量法；

——第6部分：铁含量　邻菲啰啉分光光度法；

——第7部分：砷含量　二乙基二硫代氨基甲酸银分光光度法；

——第8部分：砷含量　砷斑法；

——第9部分：重金属含量　目视比浊法。

本部分是GB/T 6276的第9部分。

本标准代替GB/T 6276.9—1986《工业用碳酸氢铵　重金属含量的测定　目视比浊法》。

本部分与GB/T 6276.9—1986的主要差异是：

——试剂溶液、标准滴定溶液等的配制和标定方法执行HG/T 2843标准。

本部分由中国石油和化学工业协会提出。

本部分由全国肥料和土壤调理剂标准化技术委员会归口。

本部分起草单位：国家化肥质量监督检验中心(上海)。

本部分主要起草人：仲文轶、王婷。

本部分于1986年首次发布。

工业用碳酸氢铵的测定方法
第9部分：重金属含量　目视比浊法

1　范围

GB/T 6276 的本部分规定了采用目视比浊法测定工业用碳酸氢铵的重金属的含量。

本部分适用于工业用碳酸氢铵中重金属含量的测定。

2　规范性引用文件

下列文件中的条款通过 GB/T 6276 的本部分的引用而成为本部分的条款。凡是注日期的引用文件，其随后所有的修改单(不包括勘误的内容)或修订版均不适用于本部分，然而，鼓励根据本部分达成协议的各方研究是否可使用这些文件的最新版本。凡是不注日期的引用文件，其最新版本适用于本部分。

HG/T 2843　化肥产品　化学分析常用标准滴定溶液、标准溶液、试剂溶液和指示剂溶液

3　原理

在弱酸性条件下，向试液中加入硫化氢溶液，与试液中的重金属生成硫化物，再与铅的标准浊度进行比较，确定重金属(以铅计)的含量。

4　试剂和材料

下列的部分试剂具有腐蚀性，操作者须小心谨慎！如溅到皮肤上应立即用水冲洗，严重者应立即治疗。

本标准中所用试剂、溶液和水，在未注明规格和配制方法时，均应符合 HG/T 2843 的规定。

4.1　氨水溶液，2+3。

4.2　盐酸溶液，1+1。

4.3　乙酸溶液，1 mol/L。

4.4　饱和硫化氢水溶液。

4.5　铅标准溶液，1 mg/mL。

4.6　铅标准溶液，0.01 mg/mL：用铅标准溶液(4.5)准确稀释 100 倍，仅限当天使用。

4.7　对硝基苯酚指示液。

5　分析步骤

5.1　标准浊度的配制

于 6 支 50 mL 比色管中，分别加入 0 mL、1.0 mL、2.0 mL、3.0 mL、4.0 mL、5.0 mL 铅标准溶液(4.6)，加入 2 mL 乙酸溶液，用水稀释至约 35 mL。

5.2　测定

称取 10 g 试样(精确到 0.1 g)，置于 250 mL 烧杯中，加 50 mL 水，缓慢加热煮沸逐尽二氧化碳和氨，加入 2 mL 盐酸溶液，再加热煮沸 5 min，冷却后加 1 滴对硝基苯酚指示液，滴加氨水溶液至试液刚好呈黄色，移入 50 mL 比色管中，加入 2 mL 乙酸溶液，用水稀释至约 35 mL，与标准管同时加入 10 mL 饱和硫化氢水溶液，用水稀释至刻度，摇匀后放置 10 min，与标准浊度进行比较。

6 分析结果的表述

重金属的含量 w_1，以铅(Pb)的质量分数计，数值以%表示，按式(1)计算：

$$w_1 = \frac{V \times 0.000\ 01}{m} \times 100 \qquad \cdots\cdots (1)$$

式中：

V——与试液浊度相当的标准管中铅标准溶液体积的数值，单位为毫升(mL)；

0.000 01——1 mL 铅标准溶液中铅(Pb)的质量的数值，单位为克每毫升(g/mL)；

m——试料质量的数值，单位为克(g)。

计算结果表示到小数点后五位。

ICS 71.060.50
G 12

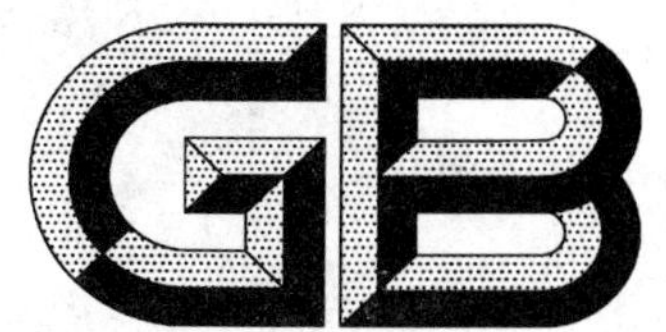

中华人民共和国国家标准

GB 19106—2003

次 氯 酸 钠 溶 液

Solution of sodium hypochlorite

2003-12-01 发布　　2004-03-01 实施

中华人民共和国
国家质量监督检验检疫总局 发布

前　言

本标准表 1 中的 A 型指标、第 7 章、第 8 章为强制性，其余为推荐性。

标准是参考国内外有关标准及国内生产和使用实际需要而制定。

本标准为 2003 年 5 月 16 日网上发布标准的修订版，并代替上述网上发布的标准。

本标准由中国石油和化学工业协会提出。

本标准由全国化学标准化技术委员会氯碱分会(SAC/TC63/SC6)归口。

本标准起草单位：锦西化工研究院、中化化工标准化研究所。

本标准主要起草人：陈沛云、胡立明、魏静、李富荣。

次　氯　酸　钠　溶　液

1　范围

本标准规定了次氯酸钠溶液的要求、采样、试验方法、检验规则及标志、包装、运输和贮存、安全。

本标准适用于氢氧化钠经氯化而制得的次氯酸钠溶液。

2　规范性引用文件

下列文件中的条款通过本标准的引用而成为本标准的条款。凡是注日期的引用文件，其随后所有的修改单(不包括勘误的内容)或修订版均不适用于本标准，然而，鼓励根据本标准达成协议的各方研究是否可使用这些文件的最新版本。凡是不注日期的引用文件，其最新版本适用于本标准。

GB 190　危险货物包装标志

GB/T 601　化学试剂　标准滴定溶液的制备

GB/T 602　化学试剂　杂质滴定用标准溶液的制备(GB/T 602—2002,neq ISO 6353-1:1982)

GB/T 603　化学试剂　试验方法中所用制剂及制品的制备(GB/T 603—2002,neq ISO 6353-1:1982)

GB/T 610.1—1987　化学试剂　砷测定通用方法(砷斑法)

GB/T 1250　极限数值的表示方法和判定方法

GB/T 6678　化工产品采样总则

GB/T 6680　液体化工产品采样通则

GB/T 6682　分析实验室用水规格和试验方法(GB/T 6682—1992,neq ISO 3696:1987)

GB/T 19107　次氯酸钠包装要求

3　要求

3.1　外观：浅黄色液体。

3.2　次氯酸钠溶液应符合表 1 给出的要求。

表 1

单位为%

项　目	型号规格				
	A[a]		B[b]		
	Ⅰ	Ⅱ	Ⅰ	Ⅱ	Ⅲ
	指标				
有效氯(以 Cl 计)的质量分数　≥	10.0	5.0	13.0	10.0	5.0
游离碱(以 NaOH 计)的质量分数	0.1～1.0		0.1～1.0		
铁(以 Fe 计)的质量分数　≤	0.005		0.005		
重金属(以 Pb 计)的质量分数　≤	0.001		—		
砷(以 As 计)的质量分数　≤	0.000 1		—		

[a] A 型适用于消毒、杀菌及水处理等。

[b] B 型仅适用于一般工业用。

4 采样

4.1 产品按批检验。生产企业以成品槽、一天或一个生产周期生产的次氯酸钠溶液为一批。用户以每次收到的同一批次的次氯酸钠溶液为一批。

4.2 次氯酸钠溶液用槽车、贮槽装运时,建议用 GB/T 6680 中规定的适宜的取样器,从深度不同的上、中、下三处采取等量的有代表性的样品。

4.3 次氯酸钠溶液用塑料桶(瓶)包装时,应按 GB/T 6678 中规定的采样单元数随机抽取样品。

4.4 将抽取的样品混匀,分装于两个清洁、干燥的带磨口塞的棕色广口瓶中,密封。每瓶样品量不得少于 200 mL。一瓶用于检验,一瓶用于备检。样品瓶上应贴上标签,并注明:生产企业名称、产品名称、型号规格、批号或生产日期、采样量、采样日期及取样人姓名等。

5 试验方法

除非另有说明,在分析中仅使用分析纯试剂和 GB/T 6682 中规定的三级水或相应纯度的水。

试验中所需标准溶液、制剂及制品,在没有规定时,均按 GB/T 601、GB/T 602、GB/T 603 规定制备。

5.1 有效氯含量的测定

5.1.1 原理

在酸性介质中,次氯酸根与碘化钾反应,析出碘,以淀粉为指示液,用硫代硫酸钠标准滴定溶液滴定,至蓝色消失为终点。反应式如下:

$$2H^{+}+ClO^{-}+2I^{-}=I_2+Cl^{-}+H_2O$$

$$I_2+2S_2O_3^{2-}=S_4O_6^{2-}+2I^{-}$$

5.1.2 试剂

5.1.2.1 碘化钾溶液:100 g/L。

称取 100 g 碘化钾,溶于水中,稀释到 1 000 mL,摇匀。

5.1.2.2 硫酸溶液:3+100。

量取 15 mL 硫酸,缓缓注入 500 mL 水中,冷却,摇匀。

5.1.2.3 硫代硫酸钠标准滴定溶液:$c(Na_2S_2O_3)=0.1$ mol/L。

5.1.2.4 淀粉指示液:10 g/L。

5.1.3 仪器

一般实验室仪器。

5.1.4 分析步骤

5.1.4.1 试料

量取约 20 mL 实验室样品,置于内装约 20 mL 水并已称量(精确到 0.01 g)的 100 mL 烧杯中,称量(精确到 0.01 g),然后全部移入 500 mL 容量瓶中,用水稀释至刻度,摇匀。

5.1.4.2 测定

量取试料(5.1.4.1)10.00 mL,置于内装 50 mL 水的 250 mL 碘量瓶中,加入 10 mL 碘化钾溶液(5.1.2.1)和 10 mL 硫酸溶液(5.1.2.2),迅速盖紧瓶塞后水封,于暗处静置 5 min。用硫代硫酸钠标准滴定溶液(5.1.2.3)滴定至浅黄色,加 2 mL 淀粉指示液(5.1.2.4),继续滴定至蓝色消失即为终点。

5.1.5 结果计算

有效氯以氯的质量分数 w_1 计,数值以%表示,按式(1)计算:

$$w_1=\frac{(V/1\,000)cM}{m\times 10/500}\times 100=\frac{5VcM}{m} \quad \cdots\cdots(1)$$

式中:

V——硫代硫酸钠标准滴定溶液的体积的数值,单位为毫升(mL);

c——硫代硫酸钠标准滴定溶液浓度的准确的数值，单位为摩尔每升(mol/L)；

m——试料的质量的数值，单位为克(g)；

M——氯的摩尔质量的数值，单位为克每摩尔(g/mol)(M=35.453)。

5.1.6 允许差

平行测定结果之差的绝对值不超过0.2%。

取平行测定结果的算术平均值为报告结果。

5.2 游离碱含量的测定

5.2.1 原理

用过氧化氢分解次氯酸根，以酚酞为指示液，用盐酸标准滴定溶液滴定至微红色为终点。反应式如下：

$$ClO^- + H_2O_2 = Cl^- + O_2 + H_2O$$

$$OH^- + H^+ = H_2O$$

5.2.2 试剂

5.2.2.1 过氧化氢溶液：1+5。

5.2.2.2 盐酸标准滴定溶液：$c(HCl)=0.1$ mol/L。

5.2.2.3 酚酞指示液：10 g/L。

5.2.2.4 淀粉-碘化钾试纸。

5.2.3 仪器

一般实验室仪器。

5.2.4 分析步骤

量取试料(5.1.4.1)50.00 mL，置于250 mL锥形瓶中，滴加过氧化氢溶液(5.2.2.1)至不含次氯酸根为止(不使淀粉-碘化钾试纸变蓝)，加2～3滴酚酞指示液(5.2.2.3)，用盐酸标准滴定溶液(5.2.2.2)滴定至微红色为终点。

5.2.5 结果计算

游离碱以氢氧化钠(NaOH)质量分数 w_2 计，数值以%表示，按式(2)表示：

$$w_2 = \frac{(V/1\,000)cM}{m \times 50/500} \times 100 = \frac{VcM}{m} \qquad \cdots\cdots(2)$$

式中：

V——盐酸标准滴定溶液的体积的数值，单位为毫升(mL)；

c——盐酸标准滴定溶液浓度的准确数值，单位为摩尔每升(mol/L)；

m——试料的质量的数值，单位为克(g)；

M——氢氧化钠的摩尔质量的数值，单位为克每摩尔(g/mol)(M=40.00)。

5.2.6 允许差

平行测定结果之差的绝对值不大于0.04%。

取平行测定结果的算术平均值为报告结果。

5.3 铁含量的测定

5.3.1 原理

在不含次氯酸根的介质中，用盐酸羟胺将溶液中 Fe^{3+} 还原成 Fe^{2+}，在pH4～4.5缓冲溶液体系中，Fe^{2+} 同1,10-菲啰啉生成橙红色络合物，用分光光度法测定。反应式如下：

$$4Fe^{3+} + NH_2OH = 4Fe^{2+} + N_2O + H_2O + 4H^+$$

$$Fe^{2+} + 3C_{12}H_8N_2 = [Fe(C_{12}H_8N_2)_3]^{2+}$$

5.3.2 试剂

5.3.2.1 过氧化氢溶液：1+5。

5.3.2.2 乙酸-乙酸钠缓冲溶液：pH≈4.5。

5.3.2.3 盐酸羟胺溶液：10 g/L。

称取 1 g 盐酸羟胺，溶于水中，稀释至 100 mL。

5.3.2.4 铁标准溶液：0.1 mg/mL。

5.3.2.5 铁标准溶液：0.01 mg/mL。

量取 25.00 mL 标准溶液(5.3.2.4)，置于 250 mL 容量瓶中，用水稀释至刻度，摇匀。该溶液使用前配制。

5.3.2.6 1,10-菲啰啉指示液：2 g/L。

5.3.2.7 淀粉-碘化钾试纸。

5.3.3 仪器

一般实验室仪器和分光光度计。

5.3.4 分析步骤

5.3.4.1 标准曲线绘制

5.3.4.1.1 量取铁标准溶液(5.3.2.5)0.0 mL、1.0 mL、2.0 mL、3.0 mL、4.0 mL、6.0 mL、8.0 mL、10.0 mL 分别置于 8 个 100 mL 容量瓶中，向每个容量瓶中分别加入 5 mL 盐酸羟胺溶液(5.3.2.3)、10 mL乙酸-乙酸钠缓冲溶液(5.3.2.2)和 5 mL 1,10-菲啰啉指示液(5.3.2.6)，用水稀释至刻度，摇匀，静置 10 min。

5.3.4.1.2 以不加铁标准溶液的空白溶液调整分光光度计为零，在波长 510 nm 处，选用合适的比色皿，测定各溶液的吸光度。

5.3.4.1.3 以铁含量为横坐标，与其对应的吸光度为纵坐标绘制标准曲线。

5.3.4.2 空白试验

不加试料，采用与测定试料完全相同的分析步骤、试剂和用量进行空白试验。

5.3.4.3 测定

量取 50.00 mL 试料(5.1.4.1)置于 100 mL 容量瓶中，滴加过氧化氢溶液(5.3.2.1)至不含次氯酸根为止(不使淀粉-碘化钾试纸变蓝)，然后加 5 mL 盐酸羟胺溶液(5.3.2.3)、10 mL 乙酸-乙酸钠缓冲溶液(5.3.2.2)和 5 mL 1,10-菲啰啉指示液(5.3.2.6)，用水稀释至刻度，摇匀，静置 10 min。以下按 5.3.4.1.2规定进行。

5.3.5 结果计算

铁含量以铁的质量分数 w_3 表示，数值以%表示，按式(3)计算：

$$w_3 = \frac{m/1\,000}{m \times 50/500} \times 100 = \frac{m_1}{m} \qquad \cdots\cdots(3)$$

式中：

m_1——由标准曲线查得的试料中铁的质量的数值，单位为毫克(mg)；

m——试料的质量的数值，单位为克(g)。

5.3.6 允许差

平行测定结果之差的绝对值不大于 0.001%。

取平行测定结果的算术平均值为报告结果。

5.4 重金属含量的测定

5.4.1 原理

在弱酸性(pH3～4)的条件下，试料中的重金属离子与硫离子生成棕黑色沉淀，与同法处理的铅标准溶液比较，作限量试验。

5.4.2 试剂

5.4.2.1 盐酸。

5.4.2.2 过氧化氢溶液:1+5。

5.4.2.3 乙酸-乙酸钠缓冲溶液:pH≈3。

5.4.2.4 硫化氢饱和溶液。

将硫化氢气体通入不含二氧化碳的水中,至饱和为止(此溶液使用前制备)。

5.4.2.5 铅标准溶液:0.1 mg/mL。

5.4.2.6 铅标准溶液:0.01 mg/mL。

量取铅标准溶液(5.4.2.5)稀释10倍。该溶液使用前配制。

5.4.2.7 酚酞指示液:10 g/L。

5.4.2.8 淀粉-碘化钾试纸。

5.4.3 仪器

一般实验室仪器。

5.4.4 分析步骤

5.4.4.1 量取25.00 mL试料(5.1.4.1)置于50 mL比色管中,滴加过氧化氢溶液(5.4.2.2)至不含次氯酸根为止(不使淀粉-碘化钾试纸变蓝)。加1滴酚酞指示液(5.4.2.7),用盐酸(5.4.2.1)调节至微红色,再加5 mL乙酸-乙酸钠缓冲溶液(5.4.2.3),摇匀,备用。

5.4.4.2 量取1.0 mL铅标准溶液(5.4.2.6)于50 mL比色管中,加5 mL乙酸-乙酸钠缓冲溶液(5.4.2.3),摇匀,备用。

5.4.4.3 向各比色管中加10 mL新制备的硫化氢饱和溶液,并用水稀释至刻度,于暗处放置5 min。

5.4.4.4 将比色管置于白纸上,自上向下目视观察,试料比色管中溶液颜色不得深于标准样比色管中溶液的颜色。

5.5 砷含量的测定

5.5.1 原理

在碘化钾和氯化亚锡存在下,将试料中的高价砷还原为三价砷,三价砷与锌粒和酸产生的新生态氢作用,生成砷化氢气体,通过乙酸铅棉花除去硫化氢干扰,再与溴化汞试纸生成橙黄色色斑,与标准砷斑比较作限量试验。

5.5.2 试剂和材料

所用试剂和材料均不含砷。

5.5.2.1 盐酸。

5.5.2.2 过氧化氢溶液:1+5。

5.5.2.3 碘化钾溶液:150 g/L。

5.5.2.4 氯化亚锡溶液:400 g/L。

5.5.2.5 砷标准溶液:0.1 mg/mL。

5.5.2.6 砷标准溶液:0.001 mg/mL;量取砷标准溶液(5.5.2.5)稀释100倍。该溶液使用前配制。

5.5.2.7 乙酸铅棉花。

5.5.2.8 溴化汞试纸。

5.5.2.9 淀粉-碘化钾试纸。

5.5.2.10 锌粒。

5.5.3 仪器

一般实验室仪器和定砷仪(按GB/T 610.1—1987中规定装配)。

5.5.4 分析步骤

5.5.4.1 量取1.0 mL砷标准液(5.5.2.6)于定砷仪的反应瓶中,加5 mL碘化钾溶液(5.5.2.3)、0.5 mL氯化亚锡(5.5.2.4)和5 mL盐酸(5.5.2.1),摇匀,静置10 min。加2 g锌粒(5.5.2.9),立即将已装好乙酸铅棉花(5.5.2.7)及溴化汞试纸(5.5.2.8)的玻璃管连接好,于暗处放置1 h。

5.5.4.2 量取25.00 mL试料(5.1.4.1)置于定砷仪的反应瓶中,滴加过氧化氢溶液(5.5.2.2),至不含次氯酸根为止(不使淀粉-碘化钾试纸变蓝)。用盐酸(5.5.2.1)调至中性,以下按5.5.4.1规定进行。

5.5.4.3 试料溴化汞试纸所呈颜色不得深于标准色斑。每次测定应同时制备标准色斑。

6 检验规则

6.1 本标准中次氯酸钠溶液质量指标判定,采用GB/T 1250中"修约值比较法"。

6.2 本标准中规定的检验项目全部为型式检验项目,其中有效氯和游离碱为型式检验项目中出厂检验项目,其余为型式检验项目中抽检项目。在正常生产情况下,每月至少进行一次型式检验。

6.3 出厂的次氯酸钠溶液应由生产企业的质量监督部门进行检验,应保证所有出厂的次氯酸钠溶液符合本标准的要求。每批出厂的次氯酸钠溶液应附有质量证明书,内容包括:生产企业名称、产品名称、型号、批号或生产日期、执行标准号。

6.4 用户有权按本标准规定对收到的次氯酸钠溶液进行检验,检验其质量是否符合本标准的要求。

6.5 如果检验结果有一项指标不符合本标准要求时,应重新加倍在包装单元中采取有代表性的样品进行复检,复检结果中即使有一项指标不符合本标准的要求,则整批产品为不合格。

6.6 当供需双方对产品质量发生异议时,应由有资质的检验机构仲裁检验。

7 标志、包装、运输和贮存

7.1 标志

出厂的次氯酸钠溶液的外包装上应有明显牢固的标志,内容包括:生产企业名称、地址、产品名称、型号规格、净质量、执行标准、批号或生产日期、生产许可证编号及GB 190中规定的"腐蚀性物品"和"氧化剂"标志。

7.2 包装

按GB 19107规定执行。

7.3 运输

运输时要密闭,装运容器要求防腐。

7.4 贮存

贮存时应于干燥、避光处。产品从出厂日期算起,B-Ⅰ型有效氯3 d内不低于12%,7 d内不低于11%;A-Ⅰ型和B-Ⅱ型有效氯3 d内不低于9%,7 d内不低于8%;A-Ⅱ型有效氯1个月内不低于4.5%;B-Ⅲ型有效氯20 d内不低于4.5%。超出保质期规定的,供应商与用户协商确定或在产品标识中明示。

8 安全

次氯酸钠溶液为强腐蚀性产品,接触人员应带防护眼镜、橡胶手套等防护用品。

ICS 71.100.40
G 71
备案号：23786—2008

中华人民共和国化工行业标准

HG/T 2097—2008
代替 HG/T 2097—1991

发泡剂 ADC

Azodicarbonamide

2008-04-23 发布　　2008-10-01 实施

中华人民共和国国家发展和改革委员会　发布

前　言

本标准代替 HG/T 2097—1991《偶氮二甲酰胺(发泡剂 ADC)》。

本标准与 HG/T 2097—1991 的主要技术差异为:

——提高了发气量优等品指标;

——提高了筛余物指标;

——增加了 pH 值项目和试验方法;

——纯度指标改为抽检指标;

——平均粒径改为用户协商指标,由原来的微粒度测定仪测定改为用激光粒度仪测定;

——分解温度优等品指标修改为大于或等于 200 ℃,测定方法增加熔点仪测定方法。

本标准的附录 A 为资料性附录。

本标准由中国石油和化学工业协会提出。

本标准由全国橡胶与橡胶制品标准化技术委员会化学助剂分技术委员会(SAC/TC 35/SC 12)归口。

本标准主要起草单位:宜宾天原集团股份有限公司。

本标准参加起草单位:江苏索普(集团)有限公司。

本标准主要起草人:李强、李萍、陈洪、孙永贵、郑常君。

本标准于 1991 年首次发布,本次为第一次修订。

发泡剂 ADC

警告:使用本标准的人员应熟悉正规实验室操作规程。本标准无意涉及因使用本标准可能出现的所有安全问题。建立适当的安全和防护措施并确定有适应性的管理制度是使用者的责任。

1 范围

本标准规定了发泡剂 ADC 的要求、试验方法、检验规则、标志、包装、运输和贮存。

本标准适用于以尿素、水合肼为原料经缩合、氧化而制得的发泡剂 ADC。

分子式:$C_2H_4O_2N_4$

结构式:

$$\begin{matrix} H_2N & & & & NH_2 \\ & \diagdown & & \diagup & \\ & C{-}N{=}N{-}C & & & \\ \diagup\!\!\diagup & & & \diagdown\!\!\diagdown & \\ O & & & & O \end{matrix}$$

相对分子质量:116.08(按 2005 年国际相对原子质量)

2 规范性引用文件

下列文件中的条款通过本标准的引用而成为本标准的条款。凡是注日期的引用文件,其随后所有的修改单(不包括勘误的内容)或修订版均不适用于本标准,然而,鼓励根据本标准达成协议的各方研究是否可使用这些文件的最新版本。凡是不注日期的引用文件,其最新版本适用于本标准。

GB 190 危险货物包装标志

GB/T 601 化学试剂 标准滴定溶液的制备

GB/T 603 化学试剂 试验方法中所用制剂及制品的制备(GB/T 603—2002,ISO 6353-1:1982,NEQ)

GB/T 1250 极限数值的表示方法和判定方法

GB/T 6679 固体化工产品采样通则

GB/T 6682 分析实验室用水规格和试验方法(GB/T 6682—1992,neq ISO 3696:1987)

GB/T 11409.4 橡胶防老剂、硫化促进剂加热减量的测定方法

GB/T 11409.5—1989 橡胶防老剂、硫化促进剂筛余物的测定方法

GB/T 11409.7 橡胶防老剂、硫化促进剂灰分的测定方法

JT 617 汽车运输危险货物规则

3 要求

发泡剂 ADC 应符合表 1 所示的要求。

表 1 发泡剂 ADC 的技术要求

项目			指标		
			优等品	等品	合格品
外观			淡黄色粉末	淡黄色粉末	淡黄色粉末
发气量(20 ℃,101 325 Pa)/(mL/g)		≥	220	210	200
细度	筛余物(筛孔 38 μm)/%	≤	0.05	0.10	0.20
	平均粒径(以 D50 表示)/μm		用户协商指标		

表 1（续）

项　　目		指　　标		
		优等品	一等品	合格品
分解温度/℃	≥	200		
加热减量/%	≤	0.15	0.25	0.30
灰分/%	≤	0.10	0.10	0.20
pH 值		6.5～7.5	6.5～7.5	6.5～7.5
纯度/%	≥	97.0		
注：平均粒径为用户协商指标；纯度指标为抽检指标。				

4　试验方法

除非另有说明，分析中所用标准滴定溶液、制剂及制品，均按 GB/T 601、GB/T 603 规定制备，分析中仅使用确认为分析纯的试剂和符合 GB/T 6682 中规定的三级水。

本标准中试验数据的表示方法和修约规则应符合 GB/T 1250 中修约值比较法的有关规定。

4.1　外观的测定

在自然光下目测颜色、形状。

4.2　发气量的测定

4.2.1　方法提要

试样在一定温度下加热分解产生气体，以排水集气法测出发气量。

4.2.2　仪器设备

4.2.2.1　发气量测定装置(见图 1)。

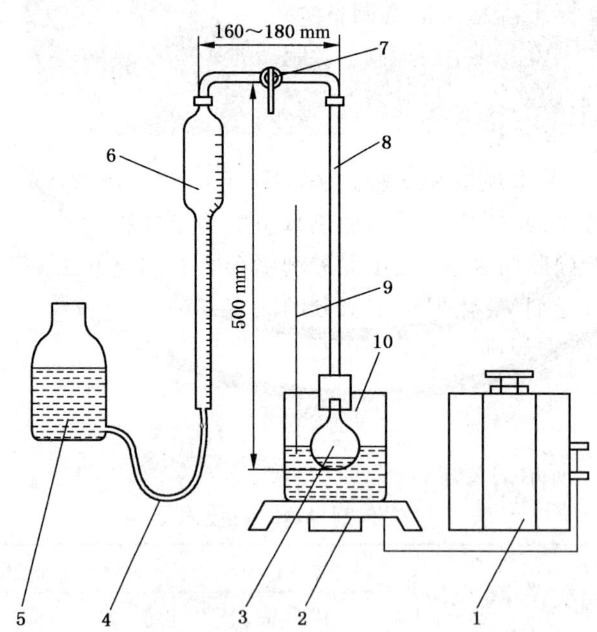

1——调压器(1 kVA)；
2——电炉(300 W)；
3——密度瓶(25 mL)；
4——乳胶管；
5——水准瓶(250 mL)；
6——直形量气管(100 mL)；
7——玻璃三通活塞(ϕ2mm)；
8——玻璃管(ϕ3 mm～4 mm)；
9——温度计(0 ℃～250 ℃)；
10——烧杯(400 mL)。

图 1　发气量测定装置图

4.2.2.2 水银温度计：0 ℃～250 ℃，分度值为 1 ℃。

4.2.2.3 量气管：刻度值为 0.2 mL。

4.2.2.4 气压表。

4.2.3 试剂

4.2.3.1 邻苯二甲酸二辛酯[117-84-0]。

4.2.3.2 丙三醇[56-81-5]传热液。

4.2.4 操作步骤

称取试样约 0.3 g(精确至 0.000 1 g)，置于 25 mL 密度瓶中，加入 2 mL 邻苯二甲酸二辛酯，按图 1 装好仪器，将三通活塞通大气。提高水准瓶调整量气管零点(在室温下)，关三通活塞，检查零点不变，确无漏气时，方能进行加热。在 400 mL 烧杯内加入 150 mL～200 mL 的丙三醇传热液，将密度瓶浸入传热液中，其深度是由密度瓶底部至传热液面 15 mm～20 mm 为宜。待传热液升温至 180 ℃时，调整热源，再以 4 ℃/min～5 ℃/min 升温速度加热至(220±2)℃，保持 2 min，使样品分解完全。停止加热，移去传热液，冷却至室温(约需 30 min)。提高水准瓶使液面和量气管液面保持同一水平，进行读数，等 5 min后再次读数。两次读数相差不超过 0.2 mL 时，以最后一次读数值为准，读数值为 V_1。

4.2.5 结果计算

发气量以 ADC 的质量体积计，数值以毫升每克(mL/g)表示，按式(1)计算：

$$V_0 = \frac{V_1(273+20)(p_1-p_2)}{m(273+t)(101\ 325-p_0)} = \frac{V_1 k}{m} \quad \cdots\cdots(1)$$

式中：

V_0——在 20 ℃、101 325 Pa 条件下的试样发气量，单位为毫升每克(mL/g)；

V_1——实测试样的发气量，单位为毫升(mL)；

t——测定时的室温，单位为摄氏度(℃)；

p_1——测定时的大气压，单位为帕(Pa)；

p_2——在测定温度为 t 时水的饱和蒸汽压，单位为帕(Pa)；

p_0——20 ℃水的饱和蒸汽压，单位为帕(Pa)；

101 325——标准大气压，单位为帕(Pa)；

k——测定时室温和大气压的换算系数(见附录 A)；

m——试样的质量的数值，单位为克(g)。

4.2.6 允许差

取两次平行测定结果的算术平均值为测定结果，计算结果表示到小数点后一位。两次平行测定结果的差值不应大于 5.0 mL/g。

4.3 细度的测定

4.3.1 筛余物的测定

按 GB/T 11409.5—1989 中干筛法规定进行测定。筛框直径为 200 mm，筛孔尺寸为 38 μm。

4.3.2 平均粒径的测定

4.3.2.1 方法提要

颗粒在激光束的照射下，其散射光的角度与颗粒的直径成反比关系，而散射光强度随角度的增加呈对数规律衰减。

4.3.2.2 仪器设备

激光粒度仪：要求仪器重复性≤3%(以 D50 计算)。

4.3.2.3 试剂和溶液

根据仪器规定选择试剂。

4.3.2.4 试样溶液的制备

根据仪器规定进行样品制备。

4.3.2.5 操作步骤

按仪器说明书规定的程序开启仪器，预热待仪器稳定，然后将一定浓度的分散介质加入样品池中，再加入适当的样品，搅拌并使样品在分散液中充分分散，按仪器操作步骤进行测量，连续测量两次。

4.3.2.6 结果计算

计算结果以中值粒径(D50)表示，也可根据不同客户的要求，用平均粒径 Dav 表示。取二次平行测定结果的算术平均值为测定结果，结果保留到小数点后两位。两次平行测定结果的差值不应大于 0.5。

4.4 分解温度的测定

4.4.1 毛细管测定法

4.4.1.1 方法提要

毛细管内的样品在油浴内受热分解，测定其分解温度，该方法为仲裁方法。也可以用熔点仪测定试样的分解温度。

4.4.1.2 仪器设备

4.4.1.2.1 分解温度测定装置(见图 2)

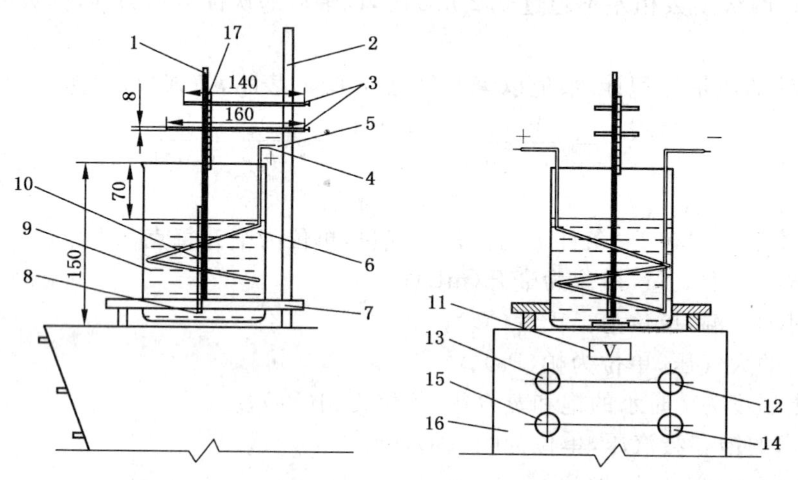

1——测量温度计；
2——金属支架；
3——固定架；
4——ϕ2 mm 玻璃套管；
5——300 W 电热丝；
6——600 mL 高型烧杯；
7——固定支架；
8——ϕ8 mm 磁棒；
9——甲基硅油；
10——毛细管；
11——电压表；
12——搅拌开关；
13——加热器开关；
14——电源开关；
15——调节器；
16——壳体；
17——辅助温度计。

图 2 分解温度测定装置

4.4.1.2.2 调压器：0.5 kVA。

4.4.1.2.3 高型烧杯：400 mL～600 mL。

4.4.1.2.4 毛细管：用中性硬玻璃制成的毛细管，内径为 0.9 mm～1.1 mm，管壁厚度为 0.10 mm～0.15 mm，长度为 100 mm。

4.4.1.2.5 测量温度计：分度值为 0.2 ℃，局浸式或全浸式。

4.4.1.2.6 辅助温度计：100 ℃，分度值为 1 ℃。

4.4.1.3 试剂

传热液：甲基硅油。

4.4.1.4 安装

将 300 W 电热丝套入内径为 4 mm～5 mm 的优质玻璃管中弯成如图 2 的形状，移入烧杯中，电热丝露出液面的两端可套上孔径适宜的玻璃管和白瓷接头相连接。向烧杯中注入约四分之三高度的传热液。将上述装置放在电磁搅拌器上，把温度计置于烧杯中，温度计水银球的下端距杯底应保持 30 mm。

4.4.1.5 操作步骤

将少量试样装入清洁干燥的、一端封熔的毛细管中，取一根高约 800 mm 的干燥玻璃管直立于瓷板或玻璃板上，将装有试样的毛细管在其上投掷数次，使毛细管内试样紧缩至 6 mm～10 mm 高。开启磁力搅拌器、调压器，加热升温至(190±2)℃，把装有试样的毛细管附着于温度计上，使试样中部与温度计水银球中部在同一高度，调整热源，使升温速度保持在(3～4)℃/min，仔细观察试样的变化，试样液化崩裂或分解变白的瞬间的温度即为试样的分解温度。结果读至小数点后一位。

4.4.1.6 结果计算

若使用全浸式温度计，则测得分解温度按式(2)计算：

$$T = t + 0.000\,16\,h(t - t_0) \qquad \cdots\cdots(2)$$

式中：

t——测量温度计指示的温度，单位为摄氏度(℃)；

t_0——辅助温度计指示的温度，单位为摄氏度(℃)；

0.000 16——水银体积表观膨胀系数；

h——露出液面的水银高度(以温度表示)。

4.4.2 熔点仪测定法

4.4.2.1 方法提要

程序化升温，用观察法测定样品的分解温度。

4.4.2.2 仪器

4.4.2.2.1 熔点仪

温度范围：室温～400 ℃，带有观测镜。

要求测量精度：100 ℃时±0.3 ℃，250 ℃时±0.5 ℃，400 ℃时±0.8 ℃。

4.4.2.2.2 毛细管

符合 4.4.1.2.4 之规定。

4.4.2.3 操作步骤

把熔点仪开机预热，仪器不同预热要求会有差异。设定起始温度为 190 ℃，最高温度为 215 ℃，每分钟升温 3 ℃。按 4.4.1.5 之规定把样品装入毛细管内，待熔点仪温度达到起始温度时将毛细管放入样品池中，仔细观察试样的变化，试样液化崩裂或分解变白的瞬间的温度即为其分解温度。

4.5 加热减量的测定

按 GB/T 11409.4 之规定进行测定。称量瓶在(105±2)℃干燥箱中干燥 1.5 h，冷却至室温称量。称取试样约 2 g(精确至 0.000 1 g)，在(105±2)℃干燥箱中干燥 2 h。取两次平行测定结果的算术平均值为测定结果，计算结果表示到小数点后三位。两次平行测定结果之差的绝对值不应大于 0.005%。

4.6 灰分的测定

按 GB/T 11409.7 之规定进行测定。称取试样约 5 g(精确至 0.000 1 g)，在(800±20)℃高温炉中灼烧 2 h。取两次平行测定结果的算术平均值为测定结果，计算结果表示到小数点后三位。两次平行测定结果之差的绝对值不应大于 0.005%。

4.7 纯度的测定

4.7.1 方法提要

用定量水合肼和发泡剂 ADC 反应生成联二脲，余量的肼用碘标准滴定溶液来滴定，从而计算出发泡剂 ADC 的含量。

4.7.2 试剂和溶液

4.7.2.1 碳酸氢钠[144-55-8]。

4.7.2.2 水合联氨(水合肼):1+99 溶液。

4.7.2.3 碘标准滴定溶液:$c(1/2I_2)=0.1$ mol/L。

4.7.2.4 淀粉指示液:10 g/L。

4.7.3 操作步骤

称取试样约 0.15 g(精确至 0.000 1 g),置于 100 mL 碘量瓶中,加入 10 mL 水,然后用移液管吸取 5.0 mL 水合联氨溶液加入其中,在(60±2)℃水浴中加热 20 min,待试样完全呈白色后,冷却至 15 ℃～20 ℃。将 1 g 碳酸氢钠加入其中,用碘标准滴定溶液滴定,近终点时加 1 mL 淀粉指示液,继续滴定至呈紫红色 30 s 不褪色为终点。同时进行空白试验。

4.7.4 结果计算

纯度以 ADC 的质量分数 X 计,数值以%表示,按式(3)计算:

$$X=\frac{(V_0-V)cM}{m\times 2}\times 100 \qquad \cdots\cdots (3)$$

式中:

V_0——空白试验消耗碘标准滴定溶液的体积的数值,单位为毫升(mL);

V——试样消耗碘标准滴定溶液的体积的数值,单位为毫升(mL);

c——碘标准滴定溶液的浓度的准确数值,单位为摩尔每升(mol/L);

m——试样的质量数值,单位为克(g);

M——ADC 的摩尔质量的数值,单位为克每摩尔(g/mol)[M(ADC)=116.08]。

4.7.5 允许差

取两次平行测定结果的算术平均值为测定结果,计算结果表示到小数点后两位。两次平行测定结果之差值不应大于 0.50%。

4.8 pH 值的测定

4.8.1 仪器及材料

4.8.1.1 pH 计:使用精度值为 0.01 pH 的带有温度校正功能的 pH 计。

4.8.1.2 滤纸:定性滤纸。

4.8.2 操作步骤

称取约 2 g 试样(精确至 0.1 g)置于装有 100 mL 蒸馏水的烧杯中,用玻璃棒搅匀后用定型滤纸过滤,用酸度计测其滤液的 pH 值,以 pH_1 表示。同时测蒸馏水的 pH 值,以 pH_2 表示。

4.8.3 结果计算

$$pH=pH_1+(7.00-pH_2) \qquad \cdots\cdots (4)$$

式中:

pH——试样的 pH 值;

pH_1——试样在蒸馏水中的 pH 值;

pH_2——蒸馏水的 pH 值。

4.8.4 允许差

取两次平行测定结果的算术平均值为测定结果,计算结果保留至小数点后两位。两次平行测定结果之差值不应大于 0.10%。

5 检验规则

5.1 检验分类

表 1 中规定的纯度为抽检项目,其余为出厂检验项目。在连续正常生产时,抽检项目应保证达到本

标准规定的指标值,原则上每月检测一次,当抽检不达标时应每批都进行检验,直到连续五批检验结果都符合标准规定后,方可正常抽检。抽检项目不符合本标准要求时,产品不能出厂。

5.2 生产厂检验

本产品应由生产厂的质量检验部门按本标准检验合格后方可出厂,并应附有一定格式的质量证明书,其内容包括:产品名称、本标准号、生产厂名称等。

5.3 组批规则

以同等质量的均匀产品为一批。

5.4 采样

按 GB/T 6679 规定采样。取样量不得少于 500 g,分装于两个清洁干燥的密封容器中,贴标签并注明:产品名称、采样日期、批号、采样人。一瓶用于检验,另一瓶保存以备复查。

5.5 复检

出厂检验结果中如有一项指标不符合本标准要求时,应从同批产品中重新自两倍量的包装件中采样进行复检,复检结果中即使只有一项指标不符合本标准要求,也判该批产品为不合格产品。

6 标志、包装、运输和贮存

6.1 标志

本产品为易燃品,每个包装容器上应有清晰的符合 GB 190 中规定的易燃品标志。

每个包装容器上还应有清晰牢固的如下内容的标志:产品名称、生产厂名称、本标准号、生产日期、批号、净含量、质量等级、商标、详细地址及联系电话。

6.2 包装

本产品分袋装和桶装两种。袋装为塑料编织袋内衬聚乙烯薄膜袋包装,每袋净含量 25 kg。桶装为铁桶内衬聚乙烯薄膜袋,每桶净含量 40 kg。如需特殊包装,供需双方另行协商。

6.3 运输

本产品为易燃品,运输按 JT 617 规定进行。轻装、轻卸,不可靠近任何热源,防止猛烈撞击,有防雨雪和曝晒措施。生产厂应按规定提供必要的安全技术说明书。

6.4 贮存

本产品应贮存于通风、干燥的仓库内,不可露天堆放,防止受潮。

在符合本标准规定的运输、贮存条件下,自生产之日起贮存期为一年。本产品超过贮存期后,按本标准规定检验合格后仍可使用。

附　录　A
（资料性附录）

表 A.1　气体体积换算系数（气体体积换算成 20 ℃、101 325 Pa 状态下的系数）

大气压/Pa \ 室温	12 ℃	13 ℃	14 ℃	15 ℃	16 ℃	17 ℃	18 ℃	19 ℃	20 ℃	21 ℃	22 ℃	23 ℃	24 ℃	25 ℃	26 ℃	27 ℃	28 ℃	29 ℃	30 ℃	31 ℃	32 ℃	33 ℃	34 ℃
906 667	0.927 2	0.922 9	0.918 5	0.914 1	0.960 6	0.905 7	0.901 1	0.896 4	0.892 3	0.887 5	0.883 3	0.878 4	0.874 0	0.868 9	0.864 3	0.859 0	0.854 3	0.849 5	0.843 9	0.838 9	0.833 8	0.828 5	0.822 5
909 333	0.930 0	0.925 7	0.921 3	0.916 8	0.912 3	0.908 4	0.903 8	0.899 1	0.895 0	0.890 2	0.886 0	0.881 0	0.876 7	0.871 5	0.867 0	0.861 7	0.856 9	0.852 1	0.846 5	0.841 5	0.836 4	0.831 1	0.825 1
912 000	0.932 8	0.928 4	0.924 0	0.919 6	0.915 1	0.911 1	0.906 5	0.901 8	0.897 7	0.892 9	0.888 7	0.883 7	0.879 3	0.874 2	0.869 6	0.864 3	0.859 6	0.854 7	0.849 1	0.844 1	0.839 0	0.833 7	0.827 7
914 667	0.935 5	0.931 2	0.926 8	0.922 3	0.917 8	0.913 9	0.909 2	0.904 5	0.900 4	0.895 6	0.891 3	0.886 4	0.882 0	0.876 8	0.872 2	0.866 9	0.862 2	0.857 3	0.851 7	0.846 7	0.841 5	0.836 3	0.830 2
917 333	0.938 3	0.933 9	0.929 5	0.925 0	0.920 5	0.916 6	0.911 9	0.907 2	0.903 1	0.898 3	0.894 0	0.889 0	0.884 6	0.879 5	0.874 9	0.869 6	0.864 8	0.860 0	0.854 4	0.849 3	0.844 1	0.838 9	0.832 8
920 000	0.941 1	0.936 7	0.932 3	0.927 8	0.923 3	0.919 3	0.914 6	0.909 9	0.905 8	0.900 9	0.896 7	0.891 7	0.887 3	0.882 1	0.877 5	0.872 2	0.867 4	0.862 6	0.857 0	0.851 9	0.846 7	0.841 4	0.835 4
922 667	0.943 8	0.939 5	0.935 0	0.930 5	0.926 0	0.922 0	0.917 4	0.912 6	0.908 5	0.903 6	0.899 4	0.894 4	0.890 0	0.884 8	0.080 2	0.874 8	0.870 1	0.865 2	0.859 6	0.854 5	0.849 3	0.844 0	0.838 0
925 333	0.946 6	0.942 2	0.937 8	0.933 2	0.928 7	0.924 8	0.920 1	0.915 3	0.911 2	0.906 3	0.902 0	0.897 0	0.892 9	0.887 4	0.882 0	0.877 5	0.872 7	0.867 8	0.862 2	0.857 1	0.851 9	0.846 6	0.840 5
928 000	0.949 4	0.945 0	0.940 5	0.936 0	0.931 4	0.927 5	0.922 8	0.918 0	0.913 9	0.909 0	0.904 7	0.899 7	0.895 3	0.890 1	0.885 4	0.880 1	0.875 3	0.870 4	0.864 8	0.859 7	0.854 5	0.849 2	0.843 1
930 667	0.952 2	0.947 7	0.943 3	0.938 7	0.934 2	0.930 2	0.925 5	0.920 7	0.916 6	0.911 7	0.907 4	0.902 4	0.897 9	0.892 7	0.888 1	0.882 7	0.877 9	0.873 0	0.867 4	0.862 3	0.857 1	0.851 8	0.845 7
933 333	0.954 9	0.950 5	0.946 0	0.941 5	0.936 9	0.932 9	0.928 2	0.923 4	0.919 3	0.914 4	0.910 1	0.905 0	0.900 6	0.895 3	0.890 7	0.885 3	0.880 5	0.875 6	0.870 0	0.864 9	0.859 7	0.854 3	0.848 2
936 000	0.957 7	0.953 3	0.948 8	0.944 2	0.939 6	0.935 6	0.930 9	0.926 1	0.922 0	0.917 0	0.912 7	0.907 7	0.903 2	0.898 0	0.893 4	0.888 0	0.883 2	0.878 3	0.872 6	0.867 5	0.862 2	0.856 9	0.850 8
938 667	0.960 4	0.956 0	0.951 5	0.947 0	0.942 4	0.938 4	0.933 6	0.928 8	0.924 7	0.919 7	0.915 4	0.910 4	0.905 9	0.900 6	0.896 0	0.890 5	0.885 8	0.880 9	0.875 2	0.870 1	0.864 7	0.859 5	0.853 4
941 333	0.963 2	0.958 8	0.954 3	0.944 9	0.945 1	0.941 1	0.936 3	0.931 5	0.927 4	0.922 4	0.918 1	0.913 0	0.908 6	0.900 3	0.898 6	0.893 2	0.888 4	0.883 5	0.877 8	0.872 7	0.867 4	0.862 1	0.855 9
944 000	0.966 0	0.961 5	0.957 0	0.952 4	0.947 8	0.943 8	0.939 1	0.934 2	0.930 1	0.925 1	0.920 8	0.915 7	0.911 2	0.905 9	0.901 3	0.895 9	0.891 0	0.886 1	0.880 4	0.875 2	0.870 0	0.864 7	0.858 5
946 667	0.968 7	0.964 3	0.959 8	0.955 2	0.950 8	0.946 5	0.941 8	0.936 9	0.932 8	0.927 8	0.923 4	0.918 3	0.913 9	0.908 6	0.903 9	0.898 5	0.893 6	0.888 7	0.883 0	0.877 8	0.872 6	0.867 2	0.861 1

表 A.1（续）

大气压/Pa \ 室温	12 ℃	13 ℃	14 ℃	15 ℃	16 ℃	17 ℃	18 ℃	19 ℃	20 ℃	21 ℃	22 ℃	23 ℃	24 ℃	25 ℃	26 ℃	27 ℃	28 ℃	29 ℃	30 ℃	31 ℃	32 ℃	33 ℃	34 ℃
949 333	0.971 5	0.967 1	0.962 6	0.957 9	0.953 3	0.949 3	0.944 5	0.939 6	0.935 5	0.930 4	0.926 1	0.921 0	0.916 5	0.911 2	0.906 6	0.901 1	0.896 3	0.891 3	0.885 6	0.880 4	0.875 2	0.869 8	0.863 7
952 000	0.974 3	0.969 8	0.965 3	0.960 7	0.956 0	0.952 0	0.947 2	0.942 3	0.938 1	0.933 1	0.922 8	0.923 7	0.919 2	0.913 9	0.909 2	0.903 8	0.898 9	0.893 9	0.888 2	0.883 0	0.877 8	0.872 4	0.866 2
954 667	0.977 1	0.972 6	0.968 0	0.963 4	0.958 8	0.954 7	0.949 9	0.945 1	0.940 8	0.935 8	0.931 5	0.926 3	0.921 8	0.916 5	0.911 8	0.906 4	0.901 5	0.896 6	0.890 8	0.885 6	0.880 4	0.875 0	0.868 8
957 333	0.979 9	0.975 3	0.970 8	0.966 1	0.961 5	0.957 4	0.952 6	0.947 8	0.943 5	0.938 5	0.934 2	0.929 0	0.924 5	0.919 2	0.914 5	0.909 0	0.904 1	0.899 2	0.893 4	0.888 2	0.883 0	0.877 6	0.871 4
960 000	0.982 6	0.978 1	0.973 5	0.968 9	0.964 2	0.960 1	0.955 3	0.950 5	0.946 2	0.941 2	0.936 8	0.931 7	0.927 2	0.921 8	0.917 1	0.911 6	0.906 3	0.901 8	0.896 0	0.890 8	0.885 5	0.880 1	0.874 0
962 667	0.985 4	0.980 9	0.976 3	0.971 6	0.966 9	0.962 9	0.958 0	0.953 2	0.948 9	0.943 9	0.939 5	0.934 3	0.929 8	0.924 5	0.919 8	0.914 3	0.909 4	0.904 4	0.898 6	0.893 4	0.888 1	0.882 7	0.876 5
965 333	0.988 2	0.983 6	0.979 0	0.974 4	0.969 7	0.965 6	0.960 8	0.955 9	0.951 6	0.946 5	0.942 2	0.937 0	0.932 5	0.927 1	0.922 4	0.916 9	0.912 0	0.907 0	0.901 2	0.896 0	0.890 7	0.885 3	0.879 1
968 000	0.990 9	0.986 4	0.981 8	0.977 1	0.972 4	0.968 3	0.963 5	0.958 6	0.954 3	0.949 2	0.944 9	0.939 7	0.935 1	0.929 8	0.925 0	0.919 5	0.914 5	0.909 6	0.903 8	0.898 6	0.893 3	0.887 9	0.881 6
970 667	0.993 7	0.989 1	0.984 5	0.979 8	0.975 1	0.971 0	0.966 2	0.961 3	0.957 0	0.951 9	0.947 5	0.942 3	0.937 8	0.932 4	0.927 7	0.922 2	0.917 2	0.912 2	0.906 4	0.901 2	0.895 9	0.890 5	0.884 2
973 333	0.886 5	0.991 9	0.987 3	0.982 6	0.977 9	0.973 8	0.968 9	0.964 0	0.959 7	0.954 6	0.950 2	0.945 0	0.940 5	0.935 1	0.930 3	0.924 8	0.919 9	0.914 9	0.909 0	0.903 8	0.898 5	0.893 0	0.886 8
976 000	0.999 2	0.994 7	0.990 0	0.985 3	0.980 6	0.976 5	0.971 6	0.966 7	0.962 4	0.957 3	0.952 9	0.947 7	0.943 1	0.937 7	0.933 0	0.927 4	0.922 5	0.917 5	0.911 6	0.906 4	0.901 1	0.895 6	0.889 4
978 667	1.002 0	0.997 4	0.992 8	0.988 1	0.983 3	0.979 2	0.974 3	0.969 4	0.965 1	0.959 9	0.955 6	0.950 3	0.945 8	0.940 4	0.935 6	0.930 1	0.925 1	0.920 1	0.914 2	0.909 0	0.903 7	0.898 2	0.891 9
981 333	1.004 8	1.000 2	0.995 5	0.990 8	0.986 1	0.981 9	0.977 0	0.972 1	0.967 8	0.962 6	0.958 2	0.953 0	0.948 4	0.943 0	0.938 2	0.932 7	0.927 7	0.922 7	0.916 8	0.911 6	0.906 2	0.900 8	0.894 5
984 000	1.007 6	1.003 0	0.998 3	0.993 5	0.988 8	0.984 6	0.979 7	0.974 8	0.970 5	0.965 3	0.960 9	0.955 7	0.951 1	0.945 7	0.940 9	0.935 3	0.930 4	0.925 3	0.919 5	0.914 2	0.908 8	0.903 4	0.897 1
986 667	1.010 3	1.005 7	1.001 0	0.996 3	0.991 5	0.987 4	0.982 4	0.977 5	0.973 2	0.968 0	0.963 6	0.958 3	0.953 7	0.948 3	0.943 5	0.937 9	0.933 0	0.927 9	0.922 1	0.916 8	0.911 4	0.905 9	0.899 6
989 333	1.013 1	1.008 5	1.003 8	0.999 0	0.994 3	0.990 1	0.985 2	0.980 2	0.975 9	0.970 7	0.966 3	0.961 0	0.956 4	0.951 0	0.946 2	0.940 6	0.935 6	0.930 5	0.924 7	0.919 4	0.914 0	0.908 5	0.902 2
992 000	1.015 9	1.011 2	1.006 5	1.001 8	0.997 0	0.992 8	0.987 9	0.982 9	0.978 6	0.973 2	0.968 9	0.963 7	0.959 1	0.953 6	0.948 8	0.943 2	0.938 2	0.933 1	0.927 3	0.922 0	0.916 6	0.911 1	0.904 8
994 667	1.018 6	1.014 0	1.009 3	1.004 5	0.999 7	0.995 5	0.990 6	0.985 6	0.981 2	0.976 1	0.971 6	0.966 3	0.961 7	0.956 3	0.951 4	0.945 8	0.940 8	0.935 8	0.929 9	0.924 6	0.919 2	0.913 7	0.907 3
997 333	1.021 4	1.016 8	1.012 0	1.007 2	1.002 4	0.998 3	0.993 3	0.988 3	0.983 9	0.978 8	0.974 3	0.969 0	0.964 4	0.958 9	0.954 1	0.948 5	0.943 5	0.938 4	0.932 5	0.927 2	0.921 8	0.916 3	0.909 9

表 A.1（续）

大气压/Pa \ 室温	12 ℃	13 ℃	14 ℃	15 ℃	16 ℃	17 ℃	18 ℃	19 ℃	20 ℃	21 ℃	22 ℃	23 ℃	24 ℃	25 ℃	26 ℃	27 ℃	28 ℃	29 ℃	30 ℃	31 ℃	32 ℃	33 ℃	34 ℃
100 000	1.024 2	1.019 5	1.014 8	1.010 0	1.005 2	1.001 0	0.996 0	0.991 0	0.986 6	0.981 5	0.977 0	0.971 7	0.967 0	0.961 5	0.956 7	0.951 1	0.946 1	0.941 0	0.935 1	0.929 8	0.924 4	0.918 8	0.912 5
100 267	1.026 9	1.022 3	1.017 5	1.012 7	1.007 9	1.003 7	0.998 7	0.993 7	0.989 3	0.984 2	0.979 6	0.974 3	0.969 7	0.964 2	0.959 4	0.953 7	0.948 7	0.943 6	0.937 7	0.932 4	0.926 9	0.921 4	0.915 1
100 533	1.029 7	1.025 0	1.020 3	1.015 6	1.010 6	1.006 4	1.001 4	0.996 4	0.992 0	0.986 9	0.982 3	0.977 0	0.972 3	0.966 8	0.962 0	0.956 4	0.951 3	0.946 2	0.940 3	0.935 0	0.929 5	0.924 0	0.917 6
100 800	1.032 5	1.027 8	1.023 0	1.018 2	1.013 4	1.009 1	1.004 1	0.999 1	0.994 7	0.989 5	0.985 0	0.979 7	0.975 0	0.969 5	0.964 6	0.959 0	0.954 0	0.944 8	0.942 9	0.937 5	0.932 1	0.926 6	0.920 2
101 067	1.035 3	1.030 6	1.025 8	1.020 9	1.016 1	1.011 9	1.006 9	1.001 8	0.997 4	0.992 2	0.987 7	0.982 3	0.977 7	0.972 1	0.967 3	0.961 6	0.956 6	0.951 4	0.945 5	0.940 1	0.934 7	0.929 2	0.922 8
101 325	1.038 0	1.033 3	1.028 5	1.023 7	1.018 8	1.014 6	1.009 6	1.004 5	1.000 1	0.994 9	0.990 3	0.985 0	0.980 3	0.974 8	0.969 9	0.964 2	0.959 2	0.954 1	0.948 1	0.942 1	0.937 3	0.931 7	0.925 3
101 600	1.040 8	1.036 1	1.031 3	1.026 4	1.021 6	1.017 3	1.012 3	1.007 2	1.002 8	0.997 6	0.993 0	0.987 7	0.983 0	0.977 4	0.972 6	0.966 9	0.961 8	0.956 7	0.950 7	0.945 3	0.939 9	0.934 3	0.927 9
101 867	1.043 6	1.038 8	1.034 0	1.029 2	1.024 3	1.020 0	1.015 0	1.009 9	1.005 5	1.000 3	0.995 7	0.990 3	0.985 6	0.980 1	0.975 2	0.969 5	0.964 4	0.959 3	0.953 3	0.947 9	0.942 5	0.936 9	0.930 5
102 133	1.046 3	1.041 6	1.036 8	1.031 9	1.027 0	1.022 8	1.017 7	1.012 6	1.008 2	1.003 0	0.998 4	0.993 0	0.988 3	0.982 7	0.977 8	0.972 1	0.967 1	0.961 9	0.955 9	0.950 5	0.945 1	0.939 5	0.933 0
102 400	1.049 1	1.044 4	1.039 5	1.034 6	1.029 8	1.025 5	1.020 4	1.015 3	1.010 9	1.005 6	1.001 1	0.995 7	0.991 0	0.985 4	0.980 5	0.974 8	0.969 7	0.964 5	0.958 5	0.953 1	0.947 7	0.924 1	0.935 6
102 667	1.051 9	1.047 1	1.042 3	1.037 4	1.032 5	1.028 2	1.023 1	1.018 0	1.013 6	1.008 3	1.003 7	0.998 3	0.993 6	0.988 0	0.983 1	0.977 4	0.972 3	0.967 1	0.961 1	0.955 7	0.950 2	0.944 6	0.938 2
102 933	1.054 6	1.049 9	1.045 0	1.040 1	1.035 2	1.030 9	1.025 8	1.020 7	1.016 3	1.011 0	1.006 4	1.001 0	0.996 3	0.990 7	0.985 8	0.980 0	0.975 0	0.969 7	0.963 7	0.958 3	0.952 8	0.947 2	0.940 8
103 200	1.057 4	1.052 6	1.047 8	1.042 9	1.037 9	1.033 6	1.028 6	1.023 4	1.019 0	1.013 7	1.009 1	1.003 7	0.998 9	0.993 3	0.988 4	0.982 7	0.977 6	0.972 4	0.966 3	0.960 9	0.955 4	0.949 8	0.943 3
103 467	1.060 2	1.055 4	1.050 5	1.045 6	1.040 7	1.036 4	1.031 3	1.026 1	1.021 7	1.016 4	1.011 8	1.006 3	1.001 6	0.996 0	0.991 0	0.985 3	0.980 2	0.975 0	0.968 9	0.963 5	0.958 0	0.952 4	0.945 9
103 733	1.063 0	1.058 2	1.053 3	1.048 3	1.043 4	1.039 1	1.034 0	1.028 8	1.024 4	1.019 0	1.014 4	1.009 0	1.004 2	0.998 6	0.993 7	0.987 9	0.982 8	0.977 6	0.971 5	0.966 1	0.960 6	0.955 0	0.948 5
104 000	1.065 7	1.060 9	1.056 0	1.051 1	1.046 1	1.041 8	1.036 7	1.031 5	1.027 0	1.021 7	1.017 1	1.011 7	1.006 9	1.001 3	0.996 3	0.990 5	0.985 4	0.980 2	0.974 1	0.968 7	0.963 2	0.957 5	0.951 0

二、粘合剂

ICS 71.080.15
G 17

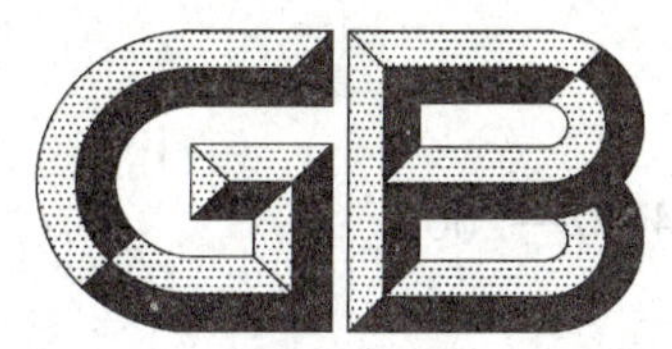

中华人民共和国国家标准

GB/T 4117—2008
代替 GB/T 4117—1992，GB/T 4120.3—1992，GB/T 4120.5～4120.6—1992

工业用二氯甲烷

Methylene chloride for industrial use

2008-04-01 发布 2008-09-01 实施

中华人民共和国国家质量监督检验检疫总局
中国国家标准化管理委员会 发布

前　言

本标准代替 GB/T 4117—1992《工业二氯甲烷》、GB/T 4120.3—1992《工业液体氯代甲烷类产品中酸度的测定　滴定法》、GB/T 4120.5—1992《工业液体氯代甲烷类产品中微量水分的测定　浊点法》和 GB/T 4120.6—1992《工业液体氯代甲烷类产品的包装、标志、贮存、运输和检验规则》。

本标准与 GB/T 4117—1992 相比主要变化如下：

——范围由"本标准适用于天然气热氯化法和光氯化法生产的二氯甲烷"改为"本标准适用于甲醇氢氯化法工艺生产的二氯甲烷"(GB/T 4117—1992 的第 1 章，本版的第 1 章)；

——技术要求中二氯甲烷质量分数优等品指标由≥99.5%修改为≥99.90%，一等品指标由≥99.0%修改为≥99.50%，合格品指标由≥98.0%修改为≥99.20%；水分优等品指标由≤0.040%修改为≤0.010%，一等品指标由≤0.050%修改为≤0.020%，合格品指标由≤0.060%修改为≤0.030%；酸度一等品指标由≤0.000 8%修改为≤0.000 4%，合格品指标由≤0.001 0%修改为≤0.000 8%；蒸发残渣一等品指标由≤0.001 0%修改为≤0.000 5%，合格品指标由≤0.003 0%修改为≤0.001 0%(GB/T 4117—1992的 3.2，本版的 3.2)；

——试验方法中，纯度的测定引用 GB/T 21541—2008《工业用氯代甲烷类产品纯度的测定　气相色谱法》。水分的测定取消浊点法，增加卡尔·费休库仑电量法，并规定卡尔·费休库仑电量法为仲裁法；增加了外观的试验方法(GB/T 4117—1992 的第 4 章，本版的第 4 章)；

——检验规则与标志、包装、贮存和运输分为两章编写(GB/T 4117—1992 的第 5 章，本版的第 5 章、第 6 章)；

——增加了"有毒品"标志(见 6.1)；

——增加了"安全"一章(见第 7 章)。

请注意本标准的某些内容有可能涉及专利。本标准的发布机构不应承担识别这些专利的责任。

本标准由中国石油和化学工业协会提出。

本标准由全国化学标准化技术委员会有机分会(SAC/TC 63/SC 2)归口。

本标准起草单位：浙江衢化氟化学有限公司、昊华西南化工有限责任公司。

本标准参加起草单位：山东东岳氟硅材料有限公司、山东金岭化工股份有限公司。

本标准主要起草人：刘红秀、陈科峰、汤月明、张学良、宓宏、陈彩琴、谭显文。

GB/T 4117、GB/T 4120.3、GB/T 4120.5、GB/T 4120.6 于 1983 年首次发布，1992 年第一次修订。

工业用二氯甲烷

1 范围

本标准规定了工业用二氯甲烷的要求、试验方法、检验规则、标志、包装、运输、贮存、安全。

本标准适用于甲醇氢氯化法工艺生产的二氯甲烷的生产、检验和销售。该产品主要用于溶剂、提取剂、清洗剂、发泡剂、脱膜剂等，并用作生产二氟甲烷(HFC-32)及制药行业的原料。

分子式：CH_2Cl_2。

相对分子质量：84.932(按2005年国际相对原子质量)。

2 规范性引用文件

下列文件中的条款通过本标准的引用而成为本标准的条款。凡是注日期的引用文件，其随后所有的修改单(不包括勘误的内容)或修订版均不适用于本标准，然而，鼓励根据本标准达成协议的各方研究是否可使用这些文件的最新版本。凡是不注日期的引用文件，其最新版本适用于本标准。

GB 190—1990 危险货物包装标志

GB/T 191—2000 包装储运图示标志

GB/T 601 化学试剂 标准滴定溶液的制备

GB/T 603 化学试剂 试验方法中所用制剂及制品的制备(ISO 6353-1:1982，NEQ)

GB/T 1250 极限数值的表示和判定方法

GB/T 3143—1982 液体化学产品颜色测定法(Hazen单位——铂-钴色号)

GB/T 6283—1986 化工产品中水分含量的测定 卡尔·费休法(通用方法)

GB/T 6324.2—2004 有机化工产品试验方法 第2部分：挥发性有机液体水浴上蒸发后干残渣测定(ISO 759:1981，MOD)

GB/T 6678—2003 化工产品采样总则

GB/T 6680—2003 液体化工产品采样通则

GB/T 6682—1992 分析实验室用水规格和试验方法(eqv ISO 3696:1987)

GB/T 21541—2008 工业用氯代甲烷类产品纯度的测定 气相色谱法

3 要求

3.1 外观：无色澄清、无悬浮物、无机械杂质的液体。

3.2 工业用二氯甲烷的质量应符合表1所示的技术要求。

表1 技术要求

项目		指标		
		优等品	一等品	合格品
二氯甲烷的质量分数[a]/%	≥	99.90	99.50	99.20
水的质量分数/%	≤	0.010	0.020	0.030
酸(以HCl计)的质量分数/%	≤	0.000 4		0.000 8
色度/Hazen单位(Pt-Co色号)	≤	10		
蒸发残渣的质量分数/%	≤	0.000 5		0.001 0
[a] 添加的稳定剂的量不计入二氯甲烷的质量分数。				

4 试验方法

4.1 警示

试验方法规定的一些试验过程可能导致危险情况。操作者应采取适当的安全和健康措施。

4.2 一般规定

除非另有说明,在分析中仅使用确认为分析纯的试剂和 GB/T 6682—1992 中规定的三级水。分析中所用标准滴定溶液、制剂及制品,在没有注明其他要求时,均按 GB/T 601、GB/T 603 的规定制备。

4.3 外观

取适量实验室样品于比色管内,目测观察样品有无悬浮物和机械杂质。

4.4 二氯甲烷含量的测定

按 GB/T 21541—2008 规定的方法进行。

4.5 水分的测定

4.5.1 卡尔·费休容量法

按 GB/T 6283—1986 规定的方法进行。

取两次平行测定结果的算术平均值为测定结果,两次平行测定结果的绝对差值不大于两次平行测定结果的平均值的 10%。

4.5.2 卡尔·费休库仑电量法(仲裁法)

4.5.2.1 方法提要

实验室样品中的水在有机碱和甲醇的存在下与电解液中的碘进行定量反应,反应为:

$$I_2 + SO_2 + H_2O \longrightarrow 2HI + SO_3$$

$$2I^- - 2e \longrightarrow I_2$$

参加反应的碘分子数等于水的分子数,而电解生成的碘与所消耗的电量成正比。依据法拉第定律,在仪器上直接读出被测试样的水含量。

4.5.2.2 仪器

4.5.2.2.1 库仑电量水分测定仪:检测灵敏度 0.1 μg H_2O。或其他能满足分析要求的微量水分测定仪也可使用;

4.5.2.2.2 天平:分度值为 0.01 g;

4.5.2.2.3 注射器:5 mL。

4.5.2.3 试剂

与库仑电量水分测定仪配套使用的电解液(市售试剂)。

4.5.2.4 分析步骤

向库仑电量水分测定仪电解池加入电解液,调节库仑电量水分测定仪,使滴定池内达到平衡状态。用注射器吸取约 2 mL 实验室样品(或根据实验室样品中的水含量调整),称量,精确至 0.01 g,加入到库仑电量水分测定仪中,立即进行电量滴定,滴定结束后,根据试料的质量,计算水含量或在库仑电量水分测定仪上直接读取水的质量分数。

取两次平行测定结果的算术平均值为测定结果,两次平行测定结果的绝对差值不大于两次平行测定结果的平均值的 0.000 8%。

4.6 酸度的测定

4.6.1 方法提要

用水萃取试料中所含的酸,以溴甲酚绿乙醇溶液为指示液,用氢氧化钠标准滴定溶液滴定。

4.6.2 仪器

4.6.2.1 微量滴定管:分刻度 0.02 mL;

4.6.2.2 天平:最大称量不小于 2 000 g,分度值 0.1 g。

4.6.3 试剂

4.6.3.1 氢氧化钠标准滴定溶液：$c(NaOH)=0.01$ mol/L；

4.6.3.2 溴甲酚绿乙醇溶液：1 g/L；

4.6.3.3 水：对溴甲酚绿乙醇溶液呈中性。

4.6.4 分析步骤

取 100 mL 实验室样品，称量，精确至 0.1 g，将试料转移至分液漏斗中，并加入 100 mL 水(4.6.3.3)，振荡 5 min，静置分层。从分液漏斗中分离出有机相，将水相转移至锥形瓶中，加 1～2 滴溴甲酚绿指示液，以氢氧化钠标准滴定溶液滴定至蓝色为终点。

4.6.5 结果计算

酸的质量分数 w_1（以 HCl 计），数值以%表示，按式(1)计算：

$$w_1=\frac{(V/1\ 000)cM}{m}\times 100 \qquad (1)$$

式中：

V——试料消耗氢氧化钠标准滴定溶液(4.6.3.1)体积的数值，单位为毫升(mL)；

c——氢氧化钠标准滴定溶液浓度的准确数值，单位为摩尔每升(mol/L)；

m——试料的质量的数值，单位为克(g)；

M——氯化氢的摩尔质量的数值，单位为克每摩尔(g/mol)($M=36.46$)。

取两次平行测定结果的算术平均值为测定结果，两次平行测定结果的绝对差值不大于 0.000 2%。

4.7 色度的测定

按 GB/T 3143—1982 规定的方法进行。

4.8 蒸发残渣的测定

按 GB/T 6324.2—2004 规定的方法进行，取样量根据蒸发残渣的量确定。

取两次平行测定结果的算术平均值为测定结果，两次平行测定结果的绝对差值不大于 0.000 1%。

5 检验规则

5.1 检验分出厂检验和型式检验。

5.1.1 本标准第 3 章要求中的外观、二氯甲烷含量、水分、酸度、色度为出厂检验项目，出厂检验应逐批进行。

5.1.2 型式检验项目为第 3 章要求中规定的全部项目。在正常生产情况下，每 6 个月至少进行一次型式检验。有下列情况之一时，也应进行型式检验。

a) 更新关键生产工艺；

b) 主要原料有变化；

c) 停产又恢复生产；

d) 出厂检验结果与上次型式检验有较大差异；

e) 合同规定。

5.2 工业用二氯甲烷以同等质量的均匀产品为一批。桶装产品以不大于 100 t 为一批，或以一贮槽、一槽罐的产品量为一批。

5.3 工业用二氯甲烷的采样按 GB/T 6680—2003 中的 7.1 规定进行。桶装产品采样单元数按 GB/T 6678—2003中的规定进行，采样的总量应保证检验的需要。

5.4 工业用二氯甲烷应由生产厂的质量检验部门进行检验。每批出厂的产品都应附有质量证明书，内容包括：产品名称、产品等级、生产厂厂名、厂址、批号或生产日期及本标准编号。

5.5 检验结果的判定按 GB/T 1250 中的修约值比较法进行。检验结果如果有一项指标不符合本标准要求时，桶装产品应重新自两倍数量的包装单元中采样进行检验，贮槽装产品及槽罐装产品应重新采样进行检验。重新检验的结果即使只有一项指标不符合本标准要求，则整批产品为不合格。

6 标志、包装、运输和贮存

6.1 工业用二氯甲烷包装容器上应有牢固清晰的标志，内容包括：产品名称、商标、生产厂厂名、厂址、净含量、批号、产品等级、本标准编号、GB 190—1990 规定的“有毒品”标志、GB/T 191—2000 规定的“怕晒”、“怕雨”标志。

6.2 工业用二氯甲烷应使用干燥、清洁的镀锌铁桶、涂防护层铁桶或槽罐密闭包装。铁桶包装每桶净质量(200±0.5)kg、(250±0.5)kg，或根据用户要求包装。

6.3 镀锌铁桶、涂防护层铁桶或槽罐的装入量应根据铁桶或槽罐的总容积和液体氯代甲烷类产品在运输路途上允许的温度及其他因素变化，而引起的体积膨胀加以考虑。

6.4 工业用二氯甲烷产品应贮存在阴凉、通风、干燥的地方，不得靠近热源，避免曝晒雨淋。

6.5 工业用二氯甲烷产品在运输和装卸时不得撞击，应小心轻放，以免损伤包装容器致使产品渗漏。

6.6 工业用二氯甲烷的稳定剂是甲醇或戊烯。

6.7 加入稳定剂后的工业用二氯甲烷的保质期为自生产之日起的 6 个月。

7 安全

工业用二氯甲烷遇明火高热可燃。受热分解能产生剧毒的光气。若遇高热，容器内压力增大，有开裂和爆炸的危险。

接触或使用二氯甲烷时，应配戴必要的防护用品。当皮肤接触时，应用肥皂水和清洁水彻底冲洗皮肤至少 15 min，眼睛接触时，用流动清水或生理盐水冲洗，就医。

前　　言

本标准是等效采用美国试验与材料协会标准 ASTM D 2378—1984(1993)《规格标准　50%级未阻聚的甲醛及 37%级阻聚和未阻聚的甲醛》中“37%级阻聚和未阻聚的甲醛”，对 GB/T 9009—1988 进行修订的。

本标准与 ASTM D 2378—1984(1993)比较，ASTM D 2378—1984(1993)为一个级别，本标准分为三个级别；优等品指标与 ASTM D 2378—1984(1993)相同(其中密度一项是由 ASTM D 2378—1984(1993)的表观比重换算成 20℃时的密度)。试验方法除甲醇含量的测定外，其余与 ASTM D 2378—1984(1993)等效。

本标准与 GB/T 9009—1988 比较，增加了密度(ρ_{20})项目，取消了灰分项目；铁含量项目取消优等品的桶装指标；其余指标及试验方法与 GB/T 9009—1988 相同。

本标准自实施之日起，代替 GB9009—1988《工业甲醛溶液》。

本标准的附录 A 是标准的附录。

本标准由中华人民共和国化学工业部提出。

本标准由全国化学标准化技术委员会有机分会归口。

本标准起草单位：吉林化学工业股份有限公司化肥厂。

本标准参加起草单位：上海溶剂厂、北京化工实验厂。

本标准主要起草人：田树荣、杨保红。

本标准于 1988 年 4 月首次发布。

本标准委托全国化学标准化技术委员会有机分会负责解释。

中华人民共和国国家标准

GB/T 9009—1998

工业甲醛溶液

代替 GB 9009—1988

Formaldehyde solution for industrial use

1 范围

本标准规定了工业甲醛溶液的要求、试验方法、检验规则、标志、包装、运输、贮存、安全等。

本标准适用于由甲醇氧化法制得的工业甲醛溶液。该产品为生产医药、合成纤维、合成树脂、塑料防腐剂及还原剂等的原料。

分子式:HCHO

相对分子质量:30.03(按1995年国际相对原子质量)

2 引用标准

下列标准所包含的条文,通过在本标准中引用而构成为本标准的条文。本标准出版时,所示版本均为有效。所有标准都会被修订,使用本标准的各方应探讨使用下列标准最新版本的可能性。

GB 190—1990 危险货物包装标志

GB/T 601—1988 化学试剂 滴定分析(容量分析)用标准溶液的制备

GB/T 603—1988 化学试剂 试验方法中所用制剂及制品的制备(neq ISO 6353-1:1982)

GB/T 1250—1989 极限数值的表示方法和判定方法

GB/T 3049—1986 化工产品中铁含量测定的通用方法 邻菲啰啉分光光度法

GB/T 3143—1982 液体化学产品颜色测定法(Hazen单位—铂-钴色号)

GB/T 4472—1984 化工产品密度、相对密度测定通则

GB/T 6678—1986 化工产品采样总则

GB/T 6680—1986 液体化工产品采样通则

GB/T 6682—1992 分析实验室用水规格和试验方法(neq ISO 3696:1987)

3 要求

3.1 外观:清晰无悬浮物液体,低温时允许有白色混浊。

3.2 工业甲醛溶液应符合表1要求。

表1 要求

项目	指标		
	优等品	一等品	合格品
密度(ρ_{20}),g/cm^3	1.075～1.114		
甲醛含量,%	37.0～37.4	36.7～37.4	36.5～37.4
酸度(以甲酸计),% ≤	0.02	0.04	0.05

国家质量技术监督局 1998-10-19 批准

1999-04-01 实施

表 1(完)

项　　目	指　　标		
	优等品	一等品	合格品
色度,Hazen 单位(铂-钴号)　　≤	10	—	
铁含量,%　　≤	0.000 1	0.000 3(槽装)	0.000 5(槽装)
		0.001 0(桶装)	0.001 0(桶装)
甲醇含量,%	供需双方协商		

4 试验方法

本标准所用试剂和水,在没有注明其他要求时,均使用符合 GB/T 6682 的三级水。

本标准所用标准溶液、制剂及制品,在没有注明其他要求时,均按 GB/T 601、GB/T 603 进行制备。

4.1 密度的测定

4.1.1 仪器

密度计:分度值为 0.000 5 g/cm^3,示值范围为 1.050～1.100 g/cm^3 及 1.100～1.150 g/cm^3。

4.1.2 分析步骤

按 GB/T 4472—1984 中 2.3.3 进行,其中试样密度在 15～30℃范围内的温度校正系数 k 为 0.000 58 $g/cm^3\cdot℃$。

取两次平行测定结果的算术平均值为测定结果,两次平行测定结果之差不得大于 0.000 5 g/cm^3。

4.2 甲醛含量的测定

4.2.1 原理

甲醛与过量的中性亚硫酸钠溶液反应,生成氢氧化钠,以百里香酚酞作指示剂,用硫酸标准滴定溶液滴定。

$$HCHO + Na_2SO_3 + H_2O = H_2C(OH)SO_3Na + NaOH$$

$$2NaOH + H_2SO_4 = Na_2SO_4 + H_2O$$

4.2.2 试剂和溶液

4.2.2.1 亚硫酸钠溶液:$c(Na_2SO_3)=126$ g/L,称取 126 g 无水亚硫酸钠,用水溶解后稀释至 1 L,摇匀备用。该溶液有效期为一周。

4.2.2.2 硫酸标准滴定溶液:$c(1/2H_2SO_4)=0.5$ mol/L。

4.2.2.3 百里香酚酞指示液:1 g/L。

4.2.3 分析步骤

于 250 mL 锥形瓶中加入 50 mL 亚硫酸钠溶液及 3 滴百里香酚酞指示液,用硫酸标准滴定溶液中和至蓝色刚刚消失。用减量法称取 1.3～1.5 g 试样,精确至 0.000 2 g,放入上述锥形瓶中,用硫酸标准滴定溶液滴定至蓝色刚刚消失为终点。

4.2.4 分析结果的表述

以质量百分数表示的甲醛含量 X_1 按式(1)计算:

$$X_1 = \frac{V_1c_1 \times 0.030\,03}{m_1} \times 100 = \frac{V_1c_1 \times 3.003}{m_1} \qquad \cdots\cdots(1)$$

式中:V_1——滴定消耗硫酸标准滴定溶液的体积,mL;

c_1——硫酸标准滴定溶液的实际浓度,mol/L;

m_1——试样的质量,g;

0.030 03——与 1.00 mL 硫酸标准滴定溶液[$c(1/2H_2SO_4)=1.000$ mol/L]相当的以克表示的甲醛的质量。

取两次平行测定结果的算术平均值为测定结果。两次平行测定结果之差不得大于 0.1%。

4.3 酸度的测定

4.3.1 原理

以溴百里香酚蓝为指示剂，用氢氧化钠标准滴定溶液滴定试样中的有机酸。

$$RCOOH + NaOH = RCOONa + H_2O$$

4.3.2 试剂和溶液

4.3.2.1 氢氧化钠标准滴定溶液：$c(NaOH)=0.1$ mol/L。

4.3.2.2 溴百里香酚蓝指示液：0.1 g 溴百里香酚蓝溶于 8.0 mL 浓度 0.8 g/L 的氢氧化钠溶液中，用水稀释至 250 mL。

4.3.3 仪器

微量滴定管：容量 5 mL，分度值 0.02 mL。

4.3.4 分析步骤

移取 50.0 mL 试样于 250 mL 锥形瓶中，加入 4 滴溴百里香酚蓝指示液，用氢氧化钠标准滴定溶液滴定至绿色为终点。

4.3.5 分析结果的表述

以质量百分数表示的酸度（以甲酸计）X_2 按式(2)计算：

$$X_2 = \frac{V_2 c_2 \times 0.0460}{V\rho_t} \times 100 = \frac{V_2 c_2 \times 4.60}{V\rho_t} \qquad \cdots\cdots(2)$$

式中：V_2——滴定消耗氢氧化钠标准滴定溶液的体积，mL；

c_2——氢氧化钠标准滴定溶液的实际浓度，mol/L；

V——试样的体积，mL；

ρ_t——t℃温度下试样的密度，g/cm³；

0.046 0——与 1.00 mL 氢氧化钠标准滴定溶液[$c(NaOH)=1.000$ mol/L]相当的以克表示的甲酸的质量。

取两次平行测定结果的算术平均值为测定结果，两次平行测定结果之差不得大于 0.005%。

4.4 色度的测定

按 GB/T 3143 的规定进行。

4.5 铁含量的测定

4.5.1 分析步骤

移取 50.0 mL 试样于 100 mL 烧杯中，按 GB/T 3049 的规定进行测定。

4.5.2 分析结果的表述

以质量百分数表示的铁含量 X_3 按式(3)计算：

$$X_3 = \frac{m_2}{1000 \times V\rho_t} \times 100 = \frac{m_2}{10 \times V\rho_t} \qquad \cdots\cdots(3)$$

式中：m_2——从铁标准曲线上查得铁质量，mg；

V——试样的体积，mL；

ρ_t——t℃温度时试样的密度，g/cm³。

取两次平行测定结果的算术平均值为测定结果，两次平行测定结果之差不得大于 5×10^{-6}%。

4.6 甲醇含量的测定

按本标准 4.2 条测得的甲醛含量和 4.1 条测得的密度由“工业甲醛溶液密度-甲醛含量-甲醇含量关系表”[见附录 A（标准的附录）]查得甲醇含量。

5 检验规则

5.1 产品由生产厂的质量检验部门进行检验，生产厂应保证所有出厂产品都符合本标准的要求，并附有一定格式的质量检验证明书，其内容包括生产厂名称、地址、产品名称、批号、净重、产品等级、本标准编号等。

5.2 使用单位有权按照标准的规定对到货的产品进行验收。工业甲醛溶液在低温时极易聚合，因此使用单位在产品到货后，必须立即采样，并按照本标准的检验规则和试验方法进行验收。如果产品到货后已经聚合，应升温解聚后再采样进行验收。

5.3 采样按GB/T 6678—1986中的6.6及GB/T 6680—1986中的2.3.1规定进行，所采试样总量不得少于2 L。

5.4 将所采的试样摇匀后，分装于两个清洁、干燥、带磨口塞的细口瓶中，贴上标签，注明生产厂名称、产品名称、批号及采样日期，一瓶供分析检验用，另一瓶保存一个月备检查。

5.5 桶装产品以同一次灌装的产品为一批，槽装以一槽车为一批。

5.6 检验结果的判定按GB/T 1250修约值比较法，检验结果有一项指标不符合本标准要求时，应重新自两倍数量的包装容器中采样进行检验，重新检验的结果即使只有一项指标不符合本标准要求，则整批产品判为不合格。

5.7 对产品质量产生异议时，用户应在收到货物后半个月内提出，由供需双方协商解决。

6 标志、包装、运输、贮存

6.1 包装容器上应涂刷牢固、耐久、清晰的标志，其内容包括产品名称、生产厂名称、商标、净重及本标准编号和GB 190中“易燃液体”及“有毒物品”标志。

6.2 工业甲醛溶液应用干燥、清洁、具有耐腐蚀衬里的镀锌钢桶或槽车包装（桶装产品每桶净重200 kg）。

6.3 运输时应轻装轻卸，避免碰撞，并防止日晒雨淋。

6.4 工业甲醛溶液贮存温度为8～40℃，生产厂及用户均应采取必要的措施，减少甲醛溶液的聚合及氧化。

7 安全

7.1 工业甲醛溶液易燃，应避免高温曝晒和与明火接触。

7.2 工业甲醛溶液有毒，应尽量减少曝露与接触，使用时要特别小心，防止接触眼睛、皮肤或吸入过量的甲醛气体，避免其强烈的刺激和可能产生的过敏作用。

附 录 A
（标准的附录）

表 A1 工业甲醛溶液密度-甲醛含量-甲醇含量关系表

M \ ρ_{20} / F	1.041	1.042	1.043	1.044	1.045	1.046	1.047	1.048	1.049	1.050	1.051
31.2	22.2	21.8	21.4	21.0	20.6	20.2	19.8	19.4	19.0	18.6	18.2
31.4	22.4	22.1	21.7	21.2	20.8	20.4	20.0	19.6	19.2	18.8	18.4
31.6	22.7	22.3	21.9	21.5	21.0	20.6	20.2	19.8	19.4	19.0	18.6
31.8	22.9	22.5	22.1	21.7	21.3	20.9	20.4	20.0	19.6	19.2	18.8
32.0	23.1	22.7	22.3	21.9	21.5	21.1	20.7	20.3	19.8	19.4	19.0
32.2	23.4	23.0	22.6	22.2	21.8	21.4	21.0	20.6	20.1	19.7	19.3
32.4	23.6	23.2	22.8	22.4	22.0	21.6	21.2	20.8	20.4	20.0	19.5
32.6	23.8	23.4	23.0	22.6	22.2	21.8	21.4	21.0	20.6	20.2	19.7
32.8	24.0	23.6	23.2	22.8	22.4	22.0	21.6	21.2	20.8	20.4	20.0
33.0	24.2	23.8	23.4	23.0	22.6	22.2	21.8	21.4	21.0	20.6	20.2
33.2	24.4	24.0	23.6	23.2	22.8	22.4	22.0	21.6	21.2	20.8	20.4
33.4	24.6	24.2	23.8	23.4	23.0	22.6	22.2	21.9	21.4	21.0	20.6
33.6	24.8	24.4	24.0	23.7	23.3	22.9	22.5	22.1	21.7	21.3	20.8
33.8	25.0	24.6	24.2	23.9	23.5	23.1	22.7	22.3	21.9	21.5	21.1
34.0	25.2	24.8	24.4	24.0	23.7	23.3	22.9	22.5	22.1	21.7	21.3
34.2	25.4	25.1	24.7	24.3	24.0	23.6	23.2	22.8	22.4	22.0	21.6
34.4	25.7	25.3	24.9	24.5	24.2	23.8	23.4	23.0	22.6	22.2	21.8
34.6	25.9	25.5	25.1	24.7	24.4	24.0	23.6	23.2	22.8	22.4	22.0
34.8		25.7	25.4	25.0	24.6	24.2	23.8	23.4	23.0	22.6	22.2
35.0		26.0	25.6	25.2	24.8	24.4	24.0	23.6	23.2	22.8	22.4
35.2			25.8	25.4	25.0	24.6	24.2	23.9	23.5	23.1	22.6
35.4			26.1	25.7	25.3	24.9	24.5	24.1	23.7	23.3	22.9
35.6				25.9	25.5	25.1	24.7	24.3	23.9	23.5	23.1
35.8				26.1	25.7	25.3	24.9	24.5	24.1	23.7	23.3
36.0					25.9	25.5	25.1	24.7	24.3	23.9	23.5
36.2					26.2	25.8	25.4	25.0	24.6	24.2	23.8
36.4						26.0	25.6	25.2	24.8	24.4	24.0
36.6						26.2	25.8	25.4	25.0	24.6	24.2
36.8							26.0	25.6	25.2	24.8	24.4
37.0							26.2	25.8	25.4	25.0	24.6
37.2								26.0	25.6	25.2	24.8
37.4									25.8	25.4	25.0
37.6									26.0	25.6	25.2
37.8										25.9	25.5
38.0										26.1	25.7
38.2											25.9
38.4											
38.6											
38.8											

表 A1(续)

M \ ρ_{20} / F	1.052	1.053	1.054	1.055	1.056	1.057	1.058	1.059	1.060	1.061	1.062
31.2	17.7	17.3	16.9	16.5	16.1	15.7	15.3	14.9	14.4	14.0	13.6
31.4	18.0	17.6	17.2	16.7	16.3	15.9	15.5	15.1	14.7	14.3	13.8
31.6	18.2	17.8	17.4	17.0	16.5	16.1	15.7	15.3	14.9	14.5	14.1
31.8	18.4	18.0	17.6	17.2	16.7	16.3	15.9	15.5	15.1	14.7	14.3
32.0	18.6	18.2	17.8	17.4	17.0	16.6	16.2	15.8	15.4	15.0	14.6
32.2	18.9	18.5	18.0	17.6	17.2	16.8	16.4	16.0	15.6	15.2	14.8
32.4	19.1	18.7	18.3	17.9	17.5	17.1	16.6	16.2	15.8	15.4	15.0
32.6	19.3	18.9	18.5	18.1	17.7	17.3	16.9	16.5	16.1	15.7	15.3
32.8	19.5	19.1	18.7	18.3	17.9	17.5	17.1	16.7	16.3	15.9	15.5
33.0	19.8	19.4	19.0	18.6	18.2	17.7	17.3	16.9	16.5	16.1	15.7
33.2	20.0	19.6	19.2	18.8	18.4	18.0	17.6	17.2	16.7	16.4	16.0
33.4	20.2	19.8	19.4	19.0	18.6	18.2	17.8	17.4	17.0	16.6	16.2
33.6	20.4	20.0	19.6	19.2	18.8	18.4	18.0	17.6	17.2	16.8	16.4
33.8	20.7	20.3	19.9	19.5	19.1	18.7	18.3	17.9	17.5	17.1	16.6
34.0	20.9	20.5	20.1	19.7	19.3	18.9	18.5	18.1	17.7	17.3	16.9
34.2	21.2	20.7	20.3	19.9	19.5	19.1	18.7	18.3	17.9	17.5	17.1
34.4	21.4	21.0	20.6	20.2	19.7	19.3	18.9	18.5	18.1	17.7	17.3
34.6	21.6	21.2	20.8	20.4	20.0	19.6	19.2	18.8	18.4	18.0	17.6
34.8	21.8	21.4	21.0	20.6	20.2	19.8	19.4	19.0	18.6	18.2	17.8
35.0	22.0	21.6	21.2	20.8	20.4	20.0	19.6	19.2	18.8	18.4	18.0
35.2	22.2	21.8	21.4	21.0	20.6	20.2	19.8	19.4	19.0	18.6	18.2
35.4	22.5	22.1	21.7	21.3	20.9	20.5	20.1	19.7	19.3	18.9	18.5
35.6	22.7	22.3	21.9	21.5	21.1	20.7	20.3	19.9	19.5	19.1	18.7
35.8	22.9	22.5	22.1	21.7	21.3	20.9	20.5	20.1	19.7	19.3	18.9
36.0	23.1	22.7	22.3	21.9	21.5	21.1	20.7	20.3	19.9	19.5	19.1
36.2	23.4	23.0	22.6	22.2	21.8	21.4	21.0	20.6	20.2	19.8	19.4
36.4	23.6	23.2	22.8	22.4	22.0	21.6	21.2	20.8	20.4	20.0	19.6
36.6	23.8	23.4	23.0	22.6	22.2	21.8	21.4	21.0	20.6	20.2	19.8
36.8	24.0	23.6	23.2	22.8	22.4	22.0	21.6	21.2	20.8	20.4	20.0
37.0	24.2	23.8	23.5	23.1	22.7	22.3	21.9	21.5	21.1	20.7	20.3
37.2	24.4	24.0	23.7	23.3	22.9	22.5	22.1	21.7	21.3	20.9	20.5
37.4	24.6	24.2	23.9	23.5	23.1	22.7	22.3	21.9	21.5	21.1	20.7
37.6	24.8	24.4	24.1	23.7	23.3	22.9	22.5	22.1	21.7	21.3	20.9
37.8	25.1	24.7	24.3	23.9	23.5	23.1	22.7	22.3	21.9	21.5	21.1
38.0	25.3	24.9	24.5	24.1	23.8	23.4	23.0	22.6	22.2	21.8	21.4
38.2	25.5	25.1	24.7	24.3	24.0	23.6	23.2	22.8	22.4	22.0	21.6
38.4	25.7	25.3	24.9	24.5	24.1	23.8	23.4	23.0	22.6	22.2	21.8
38.6	25.9	25.5	25.1	24.7	24.4	24.0	23.6	23.2	22.8	22.4	22.0
38.8		25.8	25.4	25.0	24.6	24.2	23.8	23.4	23.0	22.6	22.2

表 A1(续)

M / F \ ρ_{20}	1.063	1.064	1.065	1.066	1.067	1.068	1.069	1.070	1.071	1.072	1.073
31.2	13.2	12.8	12.4	12.0	11.6	11.2	10.7	10.3	9.9	9.5	9.1
31.4	13.4	13.0	12.6	12.2	11.8	11.4	11.0	10.6	10.2	9.7	9.3
31.6	13.6	13.2	12.8	12.4	12.0	11.6	11.2	10.8	10.4	10.0	9.6
31.8	13.9	13.5	13.1	12.7	12.3	11.9	11.5	11.0	10.6	10.2	9.8
32.0	14.2	13.7	13.3	12.9	12.5	12.1	11.7	11.3	10.9	10.4	10.0
32.2	14.4	14.0	13.6	13.2	12.7	12.3	11.9	11.5	11.1	10.7	10.3
32.4	14.6	14.2	13.8	13.4	13.0	12.6	12.2	11.8	11.4	11.0	10.5
32.6	14.9	14.4	14.0	13.6	13.2	12.8	12.4	12.0	11.6	11.2	10.7
32.8	15.1	14.7	14.3	13.8	13.4	13.0	12.6	12.2	11.8	11.4	11.0
33.0	15.3	14.9	14.5	14.1	13.6	13.2	12.8	12.4	12.0	11.6	11.2
33.2	15.6	15.2	14.8	14.3	13.9	13.5	13.1	12.7	12.3	11.9	11.5
33.4	15.8	15.4	15.0	14.6	14.2	13.7	13.3	12.9	12.5	12.1	11.7
33.6	16.0	15.6	15.2	14.8	14.4	14.0	13.6	13.2	12.8	12.4	12.0
33.8	16.2	15.8	15.4	15.0	14.6	14.2	13.8	13.4	13.0	12.6	12.2
34.0	16.5	16.1	15.7	15.3	14.9	14.4	14.0	13.6	13.2	12.8	12.4
34.2	16.7	16.3	15.9	15.5	15.1	14.7	14.3	13.8	13.4	13.0	12.6
34.4	16.9	16.5	16.1	15.7	15.3	14.9	14.5	14.1	13.7	13.3	12.9
34.6	17.2	16.8	16.4	16.0	15.6	15.2	14.8	14.3	13.9	13.5	13.1
34.8	17.4	17.0	16.6	16.2	15.8	15.4	15.0	14.6	14.2	13.8	13.4
35.0	17.6	17.2	16.8	16.4	16.0	15.6	15.2	14.8	14.4	14.0	13.6
35.2	17.8	17.4	17.0	16.6	16.2	15.8	15.4	15.0	14.6	14.2	13.8
35.4	18.1	17.7	17.3	16.9	16.5	16.1	15.7	15.3	14.9	14.5	14.1
35.6	18.3	17.9	17.5	17.1	16.7	16.3	15.9	15.5	15.1	14.7	14.3
35.8	18.5	18.1	17.7	17.3	16.9	16.5	16.1	15.7	15.3	14.9	14.5
36.0	18.7	18.3	17.9	17.5	17.1	16.7	16.3	15.9	15.5	15.1	14.7
36.2	19.0	18.6	18.2	17.8	17.4	17.0	16.6	16.2	15.8	15.4	15.0
36.4	19.2	18.8	18.4	18.0	17.6	17.2	16.8	16.4	16.0	15.6	15.2
36.6	19.4	19.0	18.6	18.2	17.8	17.4	17.0	16.6	16.2	15.8	15.4
36.8	19.6	19.2	18.8	18.4	18.0	17.6	17.2	16.8	16.4	16.0	15.6
37.0	19.9	19.5	19.1	18.7	18.3	17.9	17.5	17.1	16.7	16.3	15.9
37.2	20.1	19.7	19.3	18.9	18.5	18.1	17.7	17.3	16.9	16.5	16.1
37.4	20.3	19.9	19.5	19.1	18.7	18.3	17.9	17.5	17.1	16.7	16.3
37.6	20.5	20.1	19.7	19.3	18.9	18.5	18.1	17.7	17.3	16.9	16.5
37.8	20.7	20.3	19.9	19.5	19.1	18.7	18.3	17.9	17.5	17.1	16.7
38.0	21.0	20.6	20.2	19.8	19.4	19.0	18.6	18.2	17.8	17.4	17.0
38.2	21.2	20.8	20.4	20.0	19.6	19.2	18.8	18.4	18.0	17.6	17.2
38.4	21.4	21.0	20.6	20.2	19.8	19.4	19.0	18.6	18.2	17.8	17.4
38.6	21.6	21.2	20.8	20.4	20.0	19.6	19.2	18.8	18.4	18.0	17.6
38.8	21.8	21.4	21.0	20.6	20.2	19.8	19.4	19.0	18.6	18.2	17.8

表 A1(续)

ρ_{20} / M / F	1.074	1.075	1.076	1.077	1.078	1.079	1.080	1.081	1.082	1.083	1.084
31.2	8.7	8.3	7.9	7.5	7.0	6.6	6.2	5.8	5.4	5.0	4.6
31.4	8.9	8.5	8.1	7.7	7.3	6.9	6.5	6.1	5.7	5.3	4.9
31.6	9.2	8.8	8.4	8.0	7.6	7.2	6.7	6.3	5.9	5.5	5.1
31.8	9.4	9.0	8.6	8.2	7.8	7.4	7.0	6.6	6.2	5.8	5.4
32.0	9.6	9.2	8.8	8.4	8.0	7.6	7.2	6.8	6.4	6.0	5.6
32.2	9.9	9.5	9.1	8.6	8.2	7.8	7.4	7.0	6.6	6.2	5.8
32.4	10.1	9.7	9.3	8.9	8.5	8.1	7.7	7.3	6.9	6.5	6.1
32.6	10.3	9.9	9.5	9.1	8.7	8.3	7.9	7.5	7.1	6.7	6.3
32.8	10.6	10.2	9.8	9.4	9.0	8.6	8.2	7.8	7.4	7.0	6.6
33.0	10.8	10.4	10.0	9.6	9.2	8.8	8.4	8.0	7.6	7.2	6.8
33.2	11.0	10.6	10.2	9.8	9.4	9.0	8.6	8.2	7.8	7.4	7.0
33.4	11.3	10.9	10.5	10.1	9.6	9.2	8.8	8.4	8.0	7.6	7.2
33.6	11.6	11.2	10.7	10.3	9.9	9.5	9.1	8.7	8.3	7.9	7.5
33.8	11.8	11.4	11.0	10.5	10.1	9.7	9.3	8.9	8.5	8.1	7.7
34.0	12.0	11.6	11.2	10.8	10.4	10.0	9.6	9.2	8.7	8.3	7.9
34.2	12.2	11.8	11.4	11.0	10.6	10.2	9.8	9.4	9.0	8.6	8.2
34.4	12.5	12.1	11.7	11.3	10.8	10.4	10.0	9.6	9.2	8.8	8.4
34.6	12.7	12.3	11.9	11.5	11.1	10.6	10.2	9.8	9.4	9.0	8.6
34.8	13.0	12.6	12.2	11.7	11.3	10.9	10.5	10.1	9.7	9.3	8.9
35.0	13.2	12.8	12.4	12.0	11.6	11.1	10.7	10.3	9.9	9.5	9.1
35.2	13.4	13.0	12.6	12.2	11.8	11.4	11.0	10.5	10.1	9.7	9.3
35.4	13.7	13.3	12.9	12.5	12.1	11.7	11.3	10.8	10.4	10.0	9.6
35.6	13.9	13.5	13.1	12.7	12.3	11.9	11.5	11.1	10.7	10.3	9.9
35.8	14.1	13.7	13.3	12.9	12.5	12.1	11.7	11.3	10.9	10.5	10.1
36.0	14.3	13.9	13.5	13.1	12.7	12.3	11.9	11.5	11.1	10.7	10.3
36.2	14.6	14.2	13.8	13.4	13.0	12.6	12.2	11.8	11.4	11.0	10.6
36.4	14.8	14.4	14.0	13.6	13.2	12.8	12.4	12.0	11.6	11.2	10.8
36.6	15.0	14.6	14.2	13.8	13.4	13.0	12.6	12.2	11.8	11.4	11.0
36.8	15.2	14.8	14.4	14.0	13.6	13.2	12.8	12.4	12.0	11.6	11.2
37.0	15.5	15.1	14.7	14.3	13.9	13.5	13.1	12.7	12.3	11.9	11.5
37.2	15.7	15.3	14.9	14.5	14.1	13.7	13.3	12.9	12.5	12.1	11.7
37.4	15.9	15.5	15.1	14.7	14.3	13.9	13.5	13.1	12.7	12.3	11.9
37.6	16.1	15.7	15.4	15.0	14.6	14.2	13.8	13.4	13.0	12.6	12.2
37.8	16.3	16.0	15.6	15.2	14.8	14.4	14.0	13.6	13.2	12.8	12.4
38.0	16.6	16.2	15.8	15.4	15.0	14.6	14.2	13.8	13.4	13.0	12.6
38.2	16.8	16.4	16.0	15.6	15.2	14.8	14.4	14.0	13.6	13.2	12.8
38.4	17.0	16.6	16.2	15.8	15.5	15.1	14.7	14.3	13.9	13.5	13.1
38.6	17.2	16.8	16.4	16.0	15.7	15.3	14.9	14.5	14.1	13.7	13.3
38.8	17.4	17.0	16.6	16.2	15.9	15.5	15.1	14.7	14.3	13.9	13.5

表 A1(续)

M \ ρ_{20} / F	1.085	1.086	1.087	1.088	1.089	1.090	1.091	1.092	1.093	1.094	1.095
31.2	4.2	3.8	3.4	3.0	2.6	2.2	1.7	1.3	0.9	0.5	0.1
31.4	4.4	4.0	3.6	3.2	2.8	2.4	2.0	1.6	1.2	0.8	0.3
31.6	4.7	4.3	3.8	3.4	3.0	2.6	2.2	1.8	1.4	1.0	0.6
31.8	5.0	4.5	4.1	3.7	3.3	2.9	2.5	2.1	1.7	1.2	0.8
32.0	5.2	4.8	4.4	4.0	3.5	3.1	2.7	2.3	1.9	1.5	1.1
32.2	5.4	5.0	4.6	4.2	3.8	3.4	3.0	2.5	2.1	1.7	1.3
32.4	5.7	5.3	4.9	4.4	4.0	3.6	3.2	2.8	2.4	2.0	1.6
32.6	5.9	5.5	5.1	4.7	4.3	3.8	3.4	3.0	2.6	2.2	1.8
32.8	6.2	5.8	5.4	5.0	4.5	4.1	3.6	3.2	2.8	2.4	2.0
33.0	6.4	6.0	5.6	5.2	4.7	4.3	3.9	3.5	3.1	2.7	2.3
33.2	6.6	6.2	5.8	5.4	5.0	4.6	4.2	3.7	3.3	2.9	2.5
33.4	6.8	6.4	6.0	5.6	5.2	4.8	4.4	4.0	3.6	3.2	2.8
33.6	7.1	6.7	6.3	5.9	5.5	5.1	4.6	4.2	3.8	3.4	3.0
33.8	7.3	6.9	6.5	6.1	5.7	5.3	4.9	4.5	4.1	3.7	3.3
34.0	7.5	7.1	6.7	6.3	5.9	5.5	5.1	4.7	4.3	3.9	3.5
34.2	7.8	7.4	7.0	6.6	6.2	5.8	5.4	5.0	4.6	4.2	3.8
34.4	8.0	7.6	7.2	6.8	6.4	6.0	5.6	5.2	4.8	4.4	4.0
34.6	8.2	7.8	7.4	7.0	6.6	6.3	5.9	5.5	5.1	4.6	4.2
34.8	8.5	8.1	7.7	7.3	6.9	6.5	6.1	5.7	5.3	4.9	4.5
35.0	8.7	8.3	7.9	7.5	7.1	6.7	6.3	5.9	5.6	5.2	4.7
35.2	8.9	8.5	8.1	7.7	7.3	7.0	6.6	6.2	5.8	5.4	5.0
35.4	9.2	8.8	8.4	8.0	7.6	7.2	6.8	6.4	6.0	5.6	5.2
35.6	9.5	9.1	8.7	8.3	7.9	7.5	7.1	6.7	6.3	5.9	5.5
35.8	9.7	9.3	8.9	8.5	8.1	7.7	7.3	6.9	6.5	6.1	5.7
36.0	9.9	9.5	9.1	8.7	8.3	7.9	7.5	7.1	6.7	6.3	5.9
36.2	10.2	9.8	9.4	9.0	8.6	8.2	7.8	7.4	7.0	6.6	6.2
36.4	10.4	10.0	9.6	9.2	8.8	8.4	8.0	7.6	7.2	6.8	6.4
36.6	10.6	10.2	9.8	9.4	9.0	8.6	8.2	7.8	7.4	7.0	6.6
36.8	10.8	10.4	10.0	9.6	9.2	8.8	8.4	8.0	7.6	7.2	6.8
37.0	11.1	10.7	10.3	9.9	9.5	9.1	8.7	8.3	7.9	7.5	7.1
37.2	11.3	10.9	10.5	10.1	9.7	9.3	8.9	8.5	8.1	7.7	7.3
37.4	11.5	11.1	10.7	10.3	9.9	9.5	9.1	8.7	8.3	7.9	7.5
37.6	11.8	11.4	10.9	10.5	10.1	9.7	9.3	8.9	8.5	8.1	7.7
37.8	12.0	11.6	11.2	10.7	10.3	9.9	9.5	9.1	8.7	8.3	8.0
38.0	12.2	11.8	11.4	11.0	10.6	10.2	9.8	9.4	9.0	8.6	8.2
38.2	12.4	12.0	11.6	11.2	10.8	10.4	10.0	9.6	9.2	8.8	8.4
38.4	12.7	12.3	11.9	11.5	11.1	10.6	10.2	9.8	9.4	9.0	8.6
38.6	12.9	12.5	12.1	11.7	11.3	10.9	10.5	10.0	9.6	9.2	8.8
38.8	13.1	12.7	12.3	11.9	11.5	11.1	10.7	10.3	9.9	9.5	9.1

表 A1(续)

F \ M ρ_{20}	1.096	1.097	1.098	1.099	1.100	1.101	1.102	1.103	1.104	1.105	1.106
31.2											
31.4											
31.6	0.2										
31.8	0.4										
32.0	0.7	0.3									
32.2	0.9	0.5	0.1								
32.4	1.2	0.8	0.4								
32.6	1.4	1.0	0.6	0.2							
32.8	1.6	1.2	0.8	0.4							
33.0	1.9	1.5	1.1	0.7	0.3						
33.2	2.1	1.7	1.3	0.9	0.5	0.1					
33.4	2.4	2.0	1.6	1.2	0.8	0.4					
33.6	2.6	2.2	1.8	1.4	1.0	0.6	0.2				
33.8	2.9	2.5	2.0	1.6	1.2	0.8	0.4				
34.0	3.1	2.7	2.3	1.9	1.5	1.1	0.7	0.3			
34.2	3.4	3.0	2.6	2.2	1.7	1.3	0.9	0.5	0.1		
34.4	3.6	3.2	2.8	2.4	2.0	1.6	1.2	0.8	0.4		
34.6	3.8	3.4	3.0	2.6	2.2	1.8	1.4	1.0	0.6	0.2	
34.8	4.1	3.6	3.2	2.8	2.4	2.0	1.6	1.2	0.8	0.4	
35.0	4.3	3.9	3.5	3.1	2.7	2.3	1.9	1.5	1.1	0.7	0.3
35.2	4.6	4.2	3.7	3.3	2.9	2.5	2.1	1.7	1.3	0.9	0.5
35.4	4.8	4.4	4.0	3.6	3.2	2.8	2.4	2.0	1.6	1.2	0.8
35.6	5.1	4.7	4.2	3.8	3.4	3.0	2.6	2.2	1.8	1.4	1.0
35.8	5.3	4.9	4.5	4.1	3.7	3.3	2.9	2.5	2.1	1.7	1.3
36.0	5.5	5.1	4.7	4.3	3.9	3.5	3.1	2.7	2.3	1.9	1.5
36.2	5.8	5.4	5.0	4.6	4.1	3.7	3.3	2.9	2.5	2.1	1.7
36.4	6.0	5.6	5.2	4.8	4.4	4.0	3.6	3.2	2.8	2.4	2.0
36.6	6.2	5.8	5.4	5.0	4.6	4.2	3.8	3.4	3.0	2.6	2.2
36.8	6.4	6.0	5.6	5.2	4.8	4.4	4.0	3.6	3.2	2.8	2.4
37.0	6.7	6.3	5.9	5.5	5.1	4.7	4.3	3.9	3.5	3.1	2.7
37.2	6.9	6.5	6.1	5.7	5.3	4.9	4.5	4.1	3.7	3.3	2.9
37.4	7.1	6.7	6.3	6.0	5.6	5.2	4.8	4.4	4.0	3.6	3.2
37.6	7.3	6.9	6.6	6.2	5.8	5.4	5.0	4.6	4.2	3.8	3.4
37.8	7.6	7.2	6.8	6.4	6.0	5.6	5.2	4.8	4.4	4.0	3.6
38.0	7.8	7.4	7.0	6.7	6.3	5.9	5.5	5.1	4.7	4.3	3.9
38.2	8.0	7.6	7.2	6.8	6.4	6.0	5.6	5.2	4.9	4.5	4.1
38.4	8.2	7.8	7.4	7.1	6.7	6.3	5.9	5.5	5.1	4.7	4.3
38.6	8.4	8.1	7.7	7.3	6.9	6.5	6.1	5.7	5.4	5.0	4.6
38.8	8.7	8.3	7.9	7.5	7.1	6.8	6.4	6.0	5.6	5.2	4.8

表 A1(完)

M \ ρ20 / F	1.107	1.108	1.109	1.110	1.111	1.112	1.113	1.114	1.115	1.116	1.117
35.0											
35.2	0.1										
35.4	0.4										
35.6	0.6	0.2									
35.8	0.9	0.5	0.1								
36.0	1.1	0.7	0.3								
36.2	1.3	0.9	0.5	0.1							
36.4	1.6	1.2	0.8	0.4							
36.6	1.8	1.4	1.0	0.6	0.2						
36.8	2.0	1.6	1.2	0.8	0.4						
37.0	2.3	1.9	1.5	1.1	0.7	0.3					
37.2	2.5	2.1	1.7	1.3	0.9	0.5	0.1				
37.4	2.8	2.4	2.0	1.6	1.2	0.8	0.4				
37.6	3.0	2.6	2.2	1.8	1.4	1.0	0.6	0.2			
37.8	3.2	2.8	2.4	2.0	1.6	1.2	0.8	0.4			
38.0	3.5	3.1	2.7	2.3	1.9	1.5	1.1	0.7	0.3		
38.2	3.7	3.3	2.9	2.5	2.1	1.7	1.3	0.9	0.5	0.1	
38.4	3.9	3.5	3.1	2.7	2.3	1.9	1.5	1.1	0.7	0.3	
38.6	4.2	3.8	3.4	3.0	2.5	2.1	1.8	1.4	1.0	0.6	0.2
38.8	4.4	4.0	3.6	3.2	2.8	2.4	2.0	1.6	1.2	0.8	0.4

注

1 ρ_{20}为工业甲醛溶液在 20℃时的密度。

2 F 为工业甲醛溶液中的甲醛含量。

3 M 为工业甲醇溶液中的甲醇含量。

中华人民共和国国家标准

GB 12007.2—89

环氧树脂钠离子测定方法

Epoxide resins—Determination of sodium ion

1 主题内容与适用范围

本标准规定了用钠离子浓度计测定环氧树脂水萃取液中钠离子含量的方法。

本标准适用于双酚A型环氧树脂中钠离子含量的测定。

2 术语

2.1 钠离子活度指数（pNa）：以水溶液中钠离子活度的负对数或钠离子活度倒数的对数表示。即：

$$pNa = -\log(a \cdot c) = \log\frac{1}{a \cdot c} \qquad (1)$$

式中：a——钠离子活度系数；

c——钠离子浓度，mol/L。

当水中钠离子浓度无限稀时，其活度系数近似于1，可把活度和浓度等同看待，即得：

$$pNa = -\log c = \log\frac{1}{c} \qquad (2)$$

2.2 pNa 4定位溶液：当水中钠离子浓度为0.0001mol/L时，pNa＝4称为pNa 4溶液，用作电位计定位标准溶液，称为pNa 4定位溶液。

3 方法提要

试样溶解在适量的二甲苯－环已酮混合溶剂中，用水萃取分离，然后用钠离子浓度计测定水萃取液中的钠离子浓度。

4 试剂

分析方法中只应使用分析纯试剂。

4.1 无离子水：电导率小于1.0×10 S/m，或具有同等纯度的水。

4.2 二甲苯。

4.3 环已酮。

4.4 氢氧化钡（GB 630）。

4.5 氯化钠（GB 1253）。

4.6 丙酮（GB 686）。

4.7 95％乙醇或无水乙醇（GB 679或GB 678）。

5 溶液配制

5.1 氢氧化钡饱和水溶液

在500mL聚乙烯瓶中，称取42g含8个结晶水的氢氧化钡〔$Ba(OH)_2 \cdot 8H_2O$〕，加入196g无离

国家技术监督局1989-12-25批准　　1990-11-01实施

子水，把聚四氟乙烯磁力搅拌子放入瓶中，在电热磁力搅拌器上加热至完全溶解，冷却后，待结晶析出，倾去母液，用120mL无离子水分多次洗涤结晶物，再加入196g无离子水，加热搅拌至完全溶解，取出搅拌子，冷却至室温，密封待用，也可分装在带有塑料滴管的25mL或50mL聚乙烯瓶中使用。

5.2 c(NaCl) = 0.0001mol/L氯化钠标准溶液

称取0.1170g（准确至0.0001g）经105℃干燥至恒重的基准氯化钠，置于2L聚乙烯瓶中，加入2kg无离子水，制得0.001mol/L氯化钠溶液，然后按重量法将其稀释10倍，制得0.0001mol/L氯化钠标准溶液，即得pNa 4定位溶液。

6 仪器

6.1 钠离子浓度计：附有钠离子敏感电极和甘汞参比电极。

6.2 聚乙烯烧杯：100mL。

6.3 聚乙烯萃取瓶：500mL，用500mL聚乙烯瓶按下图改装而成。

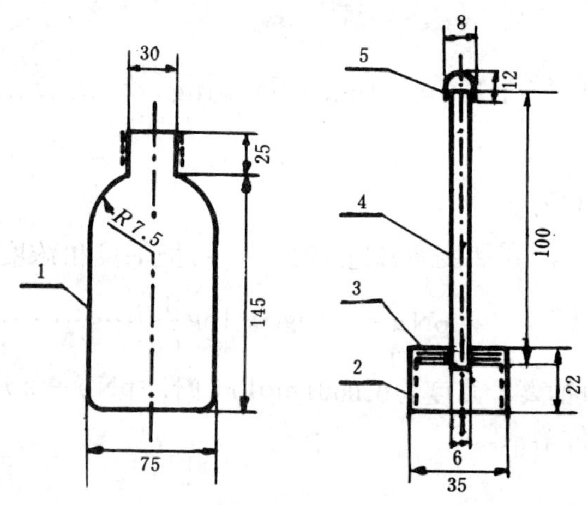

聚乙烯萃取瓶

1—聚乙烯瓶；2—瓶盖；3—耐油硅橡胶垫圈；

4—聚四氟乙烯管，ϕ 4 × 5 mm；5—聚乙烯套

6.4 聚乙烯瓶：50，500，2000mL。

6.5 移液管：10，20mL。

6.6 电热磁力搅拌器：附涂有聚四氟乙烯磁力搅拌子。

6.7 分析天平：感量0.0001g。

6.8 托盘天平：感量0.5g。

7 试样

根据环氧树脂不同钠离子含量，推荐试样参考量如表1。

表 1

钠离子含量，ppm	试样量，g
0～50	5～10
51～100	2～5
101～500	1～2

8 试验方法

8.1 试验准备

8.1.1 按仪器使用要求处理好电极。

8.1.2 按照钠离子浓度计使用说明书，调整仪器零点并定位。

8.1.3 用5%的盐酸溶液，将试验用的全部聚乙烯器皿浸泡15～20min，用自来水冲洗至中性，然后用无离子水洗净，晾干备用。必要时，容器中盛满无离子水过夜，测定水的空白值变化，以检验器皿是否符合要求。

8.2 试验步骤

8.2.1 称取1～10g试样，准确至0.0001g，置于聚乙烯萃取瓶中，加入20mL 1:1（体积）的二甲苯－环己酮混合溶剂，把聚四氟乙烯磁力搅拌子放入瓶中，将萃取瓶置于磁力搅拌器上搅拌至试样完全溶解，必要时，可稍加热，加热温度不得超过60℃。

8.2.2 加入100～150g无离子水，称量萃取瓶及其内容物质量，准确至0.5g，记为G_1，继续搅拌10min后，将萃取瓶倒置于漏斗架上，静置分层。

8.2.3 把水萃取液放入100mL聚乙烯烧杯中，约占烧杯容积三分之二，其余用于洗电极，然后再称萃取瓶及其内容物质量，准确至0.5g，记为G_2，G_1和G_2之差即为第一次水萃取液质量，记为m_1。

8.2.4 用氢氧化钡饱和水溶液调整烧杯中水萃取液pH值至10以上，一般加5～6滴。

8.2.5 用已校正零点并定位的钠离子浓度计测定水萃取液中的钠离子浓度，记为$c_{Na_1^+}$。

8.2.6 测定无离子水的钠离子浓度，即水的空白值，记为c_b。

8.2.7 按8.2.2～8.2.5条，重复萃取操作，分别测得各萃取液的质量m_2，m_3，……及其钠离子浓度$c_{Na_2^+}$，$c_{Na_3^+}$，……，直至水萃取液中钠离子浓度可忽略为止。

8.2.8 测定水萃取液质量m_s及其钠离子浓度c_s。

8.2.9 试验完毕，用丙酮洗涤萃取瓶和聚乙烯容器，再用无离子水冲洗数次，晾干备用，钠离子敏感电极和甘汞电极用脱脂棉蘸酒精擦拭后，用无离子水冲洗干净，按要求保存。

9 结果计算与表示

钠离子含量按式（3）计算：

$$x=\frac{\Sigma\left[(c_{Na_i^+}-c_b)m_i\right]-(c_s-c_b)m_s}{m} \qquad \cdots\cdots(3)$$

式中：x——试样中钠离子含量，μg/g；

$c_{Na_i^+}$——$c_{Na_1^+}$，$c_{Na_2^+}$，$c_{Na_3^+}$，……各次水萃取液的钠离子浓度，μg/g；

m_i——m_1，m_2，m_3，……，分别为水萃取液质量，g；

c_b——水空白值，μg/g；

c_s——溶剂水萃取液的钠离子浓度，μg/g；

m_s——溶剂水萃取液质量，g；

m——环氧树脂试样质量，g。

试样中钠离子含量以每克环氧树脂中所含钠离子微克数表示。

10 允许差

表 2 ppm

钠离子含量	允许差 ≤
15～40	4
41～85	6
86～120	8

11 试验报告

a. 注明按照本国家标准；

b. 试样名称、型号、批号、生产日期；

c. 试验结果；

d. 可能影响试验结果的因素；

e. 试验人员；

f. 试验日期。

附加说明：

本标准由全国塑料标准化技术委员会提出。

本标准由全国塑料标准化技术委员会塑料与树脂产品分会（SC 4）归口。

本标准由机械电子工业部桂林电器科学研究所负责起草。

本标准主要起草人黄秀玉、陈武荣。

中华人民共和国国家标准

环氧树脂总氯含量测定方法

GB 12007.3—89

Epoxide resins—Determination of total chlorine content

本标准等效采用国际标准ISO 4615—1979《塑料——不饱和聚酯和环氧树脂总氯含量的测定》中B法。

1 主题内容与适用范围

本标准规定了用氧瓶法测定环氧树脂中总氯含量的方法。

本标准适用于测定环氧树脂的总氯含量。

本标准不适用于测定掺入含卤素的环氧树脂总氯含量。

2 引用标准

GB 4613 环氧树脂和缩水甘油酯无机氯的测定

3 原理

用氧气氧化试样，然后将生成的氯化物用电位滴定或容量法滴定。

4 试剂与溶液

分析方法中只应使用分析纯试剂及蒸馏水。

4.1 硝酸银（GB 670）标准溶液：$c(AgNO_3)=0.1mol/L$。

注：测定总氯含量低于2%（m/m）的树脂，可使用$c(AgNO_3)=0.05mol/L$标准溶液。

4.2 硝酸（GB 626）溶液：12.6%（m/m）。

4.3 氧（GB 3863）。

4.4 硝酸钠（GB 636）。

4.5 氢氧化钾（GB 2306）溶液：10%（m/m）。

4.6 过氧化氢（GB 6684）溶液：30%（m/m）。

5 仪器

5.1 分析天平：感量0.1mg。

5.2 电位滴定的装置或伏尔哈德（Volhard）容量方法滴定的仪器。

5.3 圆底烧瓶（规格型号，500/24B）：500mL。

国家技术监督局1989-12-25批准　　　　1990-11-01实施

瓶塞一端带有用直径 1 mm、长约60mm[1]，顶端绕成直径 8 mm[2]、长11mm[3]的铂螺旋网。另端和导气管（规格型号，B24）烧接而成（见图 1）。

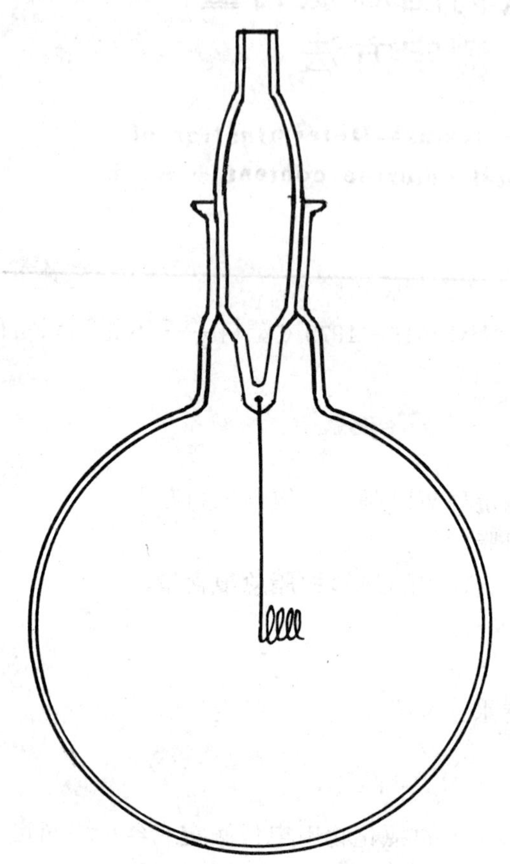

图 1 与塞子连接铂螺旋网的氧燃烧瓶

5.4 微量滴定管：5 mL。

5.5 移液管：0.5、1.0、5 mL。

5.6 洗气瓶：250mL。

5.7 微型转子气体流量计（氧气）：0～500mL。

5.8 滤纸：无卤素的定量滤纸。

5.9 胶带纸：宽度25～35mm。

6 试样

可为固体或液体，如果是固体应为粉末状，颗粒状，或为 1 mm[4]的料样。

采用说明：

1〕在 ISO 4615 中为 120mm。

2〕在ISO 4615中为15mm。

3〕在ISO 4615中为15mm。

4〕在ISO 4615中为 1～3 mm。

7 操作步骤

7.1 对液体试样，在胶带纸上贴一块30mm×30mm带尾的正方形滤纸（见图2b）。以滤纸为内层，从滤纸尾的一边开始，用玻璃棒将它绕成圆筒（见图2c），将与尾相对的一端压平捏紧，使之封闭，称量圆筒，称准至0.0001g。然后用吸管取0.0250～0.0350g的试样滴在滤纸上，称准至0.0001g，并将上端捏紧。把装有样品的筒折叠插入铂螺旋网内，使滤纸尾伸出。

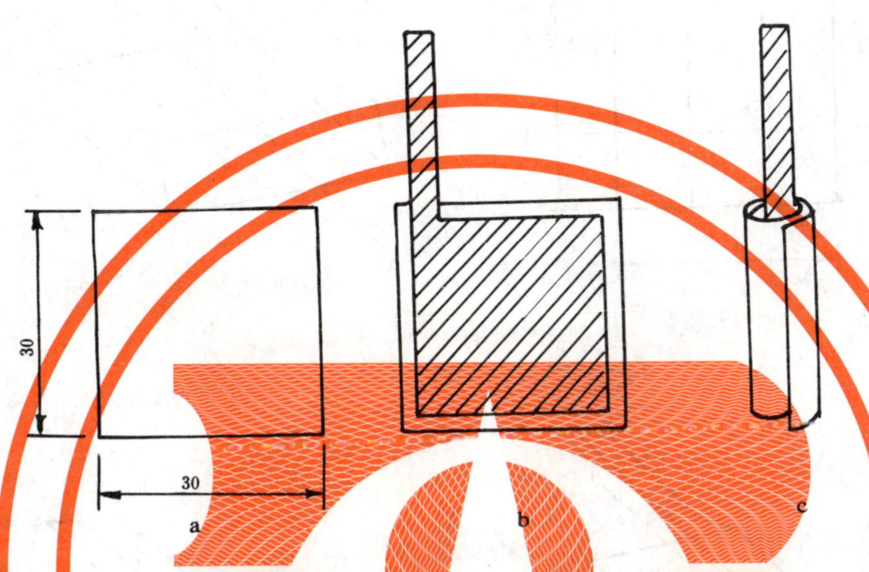

图2 液体试样保护物的制备

7.2 向烧瓶内加入10mL水，1mL氢氧化钾溶液和0.15mL的过氧化氢。氧气经过空的洗气瓶和微型转子气体流量计，以250～350mL/min的流量向烧瓶内通气5min。

7.3 用火点燃滤纸尾并迅速将带铂螺旋网的瓶塞插入烧瓶。操作时必须使用安全罩并戴上防护眼镜和手套。

7.4 在燃烧时，倒置烧瓶，使液体包覆瓶塞的底部，以避免气体逸出。燃烧完毕时，把烧瓶翻转直立，并在吸收液流下时慢慢地摇动，使生成的氯化物快速而完全的吸收。

注意：操作时应手握烧瓶颈，同时溶液在吸收时不得用冷水冷却烧瓶，以免发生危险。

7.5 放置30min后，打开瓶塞，把吸收液转入烧杯内或锥形瓶中，用少量蒸馏水冲洗仪器。加入1g硝酸钠和2.5mL的硝酸溶液，煮沸5min，使最终体积约为30mL。冷却后按GB 4613用硝酸银标准溶液进行电位滴定，或伏尔哈德（Volhard）容量法测定总氯含量。

7.6 对固体试样，在30mm×35mm的滤纸上放置0.0250～0.0350g的试验样品，称准至0.0001g，然后把滤纸按图3的方法折叠后再对折插入铂螺旋网内使滤纸尾伸出。然后按7.2～7.5条操作。

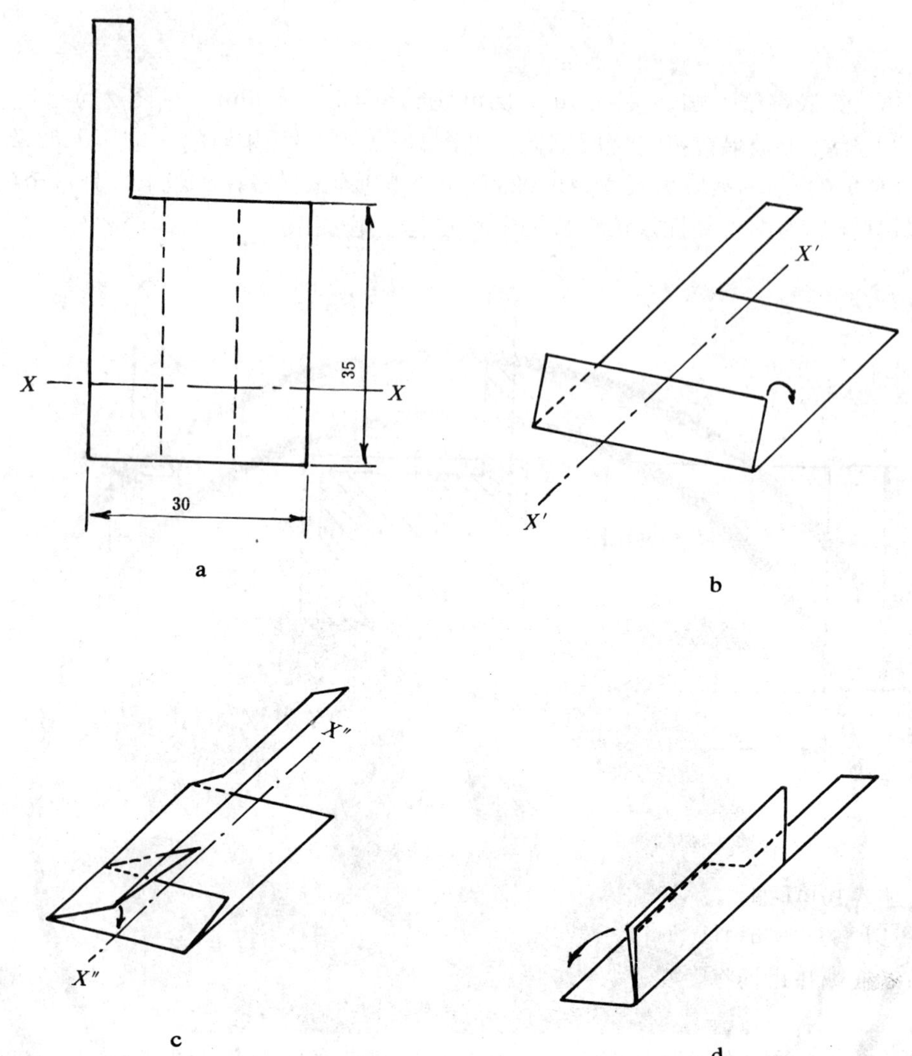

图 3 装固体试样滤纸的折叠

7.7 按照7.1～7.6条同时进行空白试验。

8 结果的计算

8.1 环氧树脂总氯含量按下式计算：

$$x=\frac{(V_1-V_0)\cdot c\times 0.035}{m}\times 100$$

式中：x——总氯含量，%；

V_1——试样消耗硝酸银标准溶液体积，mL；

V_0——空白消耗硝酸银标准溶液体积，mL；

c——硝酸银标准溶液的浓度，mol/L；

m——试样的质量，g；

0.035——与1.00mL硝酸银标准溶液〔$c(AgNO_3)=1.000$mol/L〕相当的以克表示的氯的质量。

8.2 取平行测定结果的算术平均值作为测定结果。

9 允许差

平行测定结果的两值之差不大于0.2%。

10 试验报告

试验报告应包括下列内容：

a. 注明按照本国家标准；

b. 试样名称、型号、批号；

c. 试验结果；

d. 试验日期、试验人员。

附加说明：

本标准由全国塑料标准化技术委员会提出。

本标准由全国塑料标准化技术委员会塑料与树脂产品分会（SC4）归口。

本标准由天津市合成材料工业研究所负责起草。

本标准主要起草人邢湘娟、秦淑敏。

中华人民共和国国家标准

环氧树脂软化点测定方法 环球法

GB 12007.6—89

Epoxide resins—Determination of softening point—Ring and ball method

本标准参照采用国际标准ISO 4625—1980《涂料与清漆粘结剂——软化点的测定——环球法》。

1 主题内容与适用范围

本标准规定了在常温下固体环氧树脂软化点的测定方法。

本标准适用于测定软化点高于60℃的固体环氧树脂。

2 方法提要

测定水平铜环中的树脂，在钢球作用下，于水浴或甘油浴中，按规定速度加热至钢球下落25mm时的温度。

3 仪器与试剂

3.1 仪器

3.1.1 铜环：尺寸如图1。

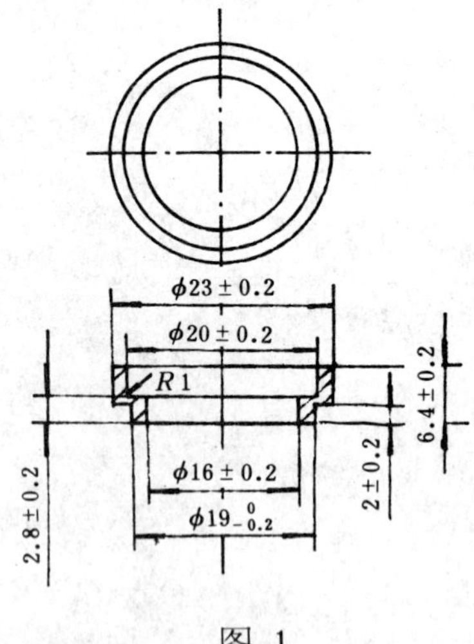

图 1

3.1.2 钢球：直径9.5mm，质量3.50±0.05g。

3.1.3 铜质环架：尺寸如图2。

国家技术监督局1989-12-25批准　　1990-11-01实施

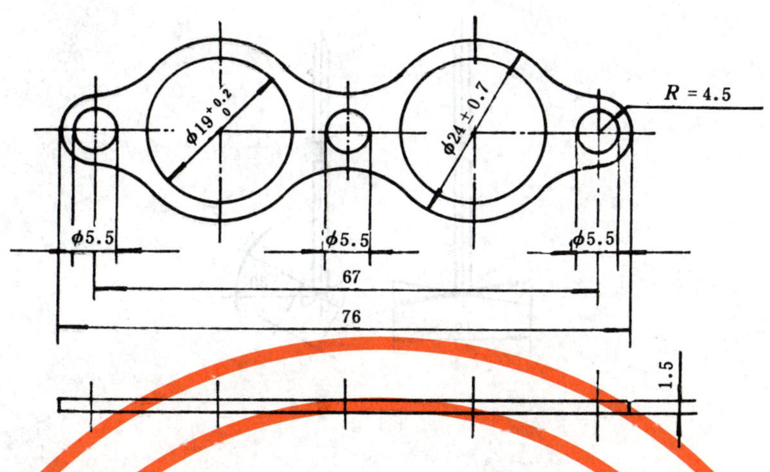

图 2

3.1.4 烧杯：25mL，800mL（内径约85mm，高125mm以上）。

3.1.5 温度计（GB 514）。

3.1.6 球定心导向器：铜质结构，尺寸如图3。

3.1.7 支架：由上圆板、环架（3.1.3）和下底板组成。彼此间用螺栓按一定距离固定。上圆板中心孔插温度计，另一孔固定搅拌器。环架（3.1.3）两个边孔嵌入铜环（3.1.1），铜环底与下底板相距25mm，下底板与烧杯底相距13～19mm，温度计（3.1.5）的水银球底端与铜环中树脂底面在同一平面上。装配如图5。

3.1.8 机械搅拌器：尺寸如图4，在传动轴底部安装两个叶片，轴的旋转方向应使液体向下运动，确保热量分布均匀，轴的转速为500～700r/min。

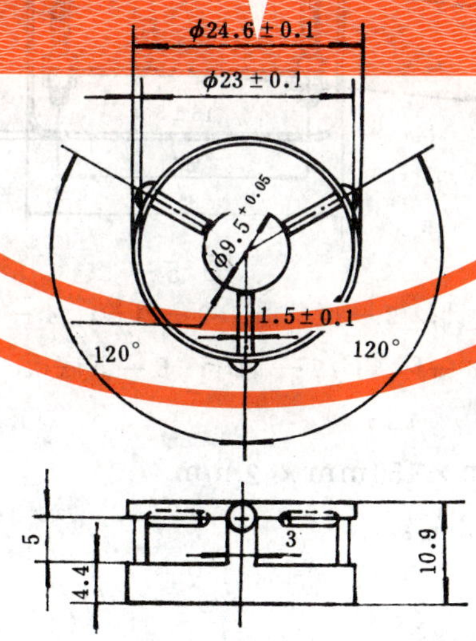

图 3

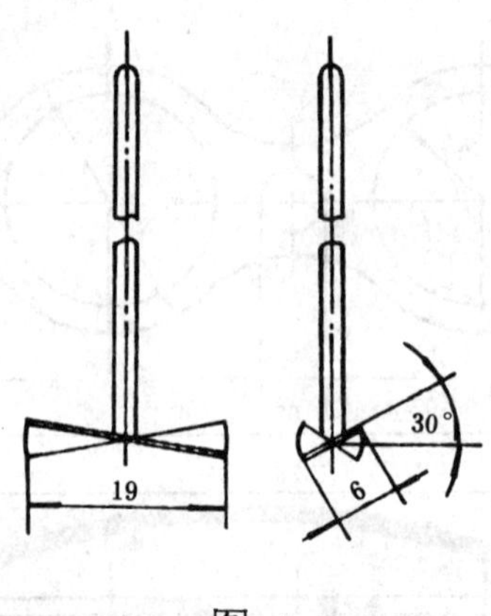

图 4

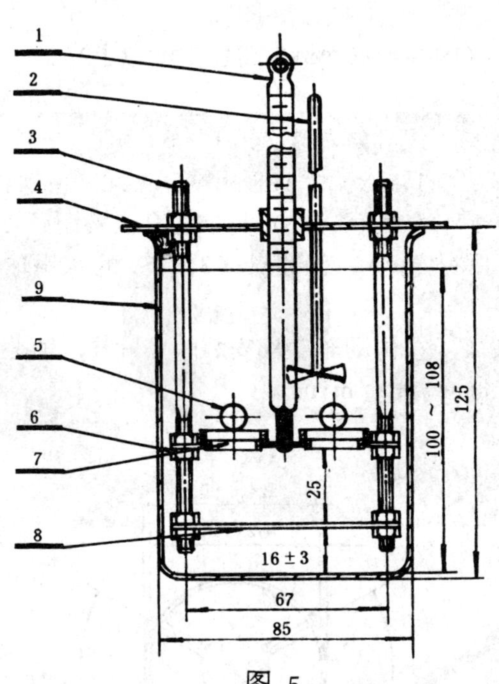

图 5

1—温度计； 2—搅拌器； 3—螺栓； 4—上圆板；5—钢球；

6—环架； 7—铜环； 8—下底板； 9—烧环

3.1.9 小刀或刮刀。

3.1.10 光滑的铜片或铝片：100mm×150mm×2 mm。

3.1.11 200℃恒温烘箱：灵敏度±2℃。

3.1.12 电炉：1000W。

3.1.13 可调变压器。

3.1.14 镊子。

3.2 试剂

3.2.1 新煮沸的蒸馏水。

3.2.2 工业用甘油。

3.2.3 硅脂。

4 试样

将盛有约10g小块树脂的烧杯置于烘箱，在高于该树脂估计软化点60℃下加热30min，使其熔融。同时将铜环预热到接近树脂倾注时的温度。将预热过的铜环放在涂有硅脂的光滑的铜片或铝片上，把熔化的树脂注入铜环，使树脂液面略高于环。不能有气泡，否则须重新制环。将制好的试样在室温下冷却，移去金属板，用清洁的小刀或刮刀稍加热，熨平环面多余的树脂，在室温下冷却30min。

5 试验步骤

5.1 软化点低于85℃的树脂

5.1.1 将刚煮沸的蒸馏水冷却到低于估计软化点以下45℃，但不得低于5℃，加入烧杯至其高度为100～108mm。

5.1.2 将搅拌器（3.1.8）传动轴固定在支架圆板上，使其叶片底部比铜环顶高19mm。搅拌电机应安装在搅拌时不使试样架发生振动的位置。

5.1.3 将装有树脂的铜环和球定心导向器装在环架上，并把钢球放入水中，15min后用镊子将其放在环面中心。

5.1.4 将温度计沿支架中心孔插入。

5.1.5 开动搅拌器直至测试完毕。

5.1.6 用电炉加热烧杯，使水温以5℃/min速率升温。(3 min后的升温速率最大允许偏差为0.5℃/min，超过本限度的所有试验均为不合格。)直到树脂软化后钢球落到下底板时温度计所指的温度为软化点。

5.2 软化点高于85℃的树脂

按5.1条所述的同样操作步骤测定，但改用甘油浴。所用甘油要预热到低于估计软化点以下45℃，但不得低于32℃。

6 结果表示

测试结果以两个平行试样测定值的算术平均值表示，取至小数点后一位。

平行试验的两个测定值之差不大于0.5℃。

7 允许差

由同一操作者在同一实验室测得的两个试验结果的差不大于1℃。

由不同操作者在不同实验室测得的两次试验结果的差不大于2℃。

8 试验报告

试验报告应包括以下内容：

a. 注明按照本国家标准；

b. 试样名称、型号、批号、生产日期；

c. 试验结果；

d. 可能影响结果的因素；

e. 试验人员；

f. 试验日期。

附加说明：

本标准由全国塑料标准化技术委员会提出。

本标准由全国塑料标准化技术委员会塑料与树脂产品分会(SC4)归口。

本标准由无锡树脂厂负责起草。

本标准主要起草人姚柏青、周丽英。

中华人民共和国国家标准

环氧树脂凝胶时间测定方法

GB 12007.7—89

Determination of gelation time of epoxide resins

1 主题内容与适用范围

本标准规定了标准柱塞在环氧树脂固化体系中往复运动受阻达到一个值而指示凝胶时间的方法。

本标准适用于在试验温度下凝胶时间不小于 5 min 的环氧树脂固化体系。

本标准不适用于高粘度树脂和有填料的体系。

2 方法提要

将一定形状和浮力的柱塞悬挂在树脂中，由驱动机构使其以固定的振幅在垂直平面内作简谐运动，并调配好使柱塞在向上运行期间确实上升，而在下降时以不比简谐运动更快的速度自由下落。以固化剂全部加入树脂中起，至树脂凝胶物正好能支持柱塞下降的力而自动检测到的时刻作为凝胶时间。

3 仪器及装置

如图所示。

国家技术监督局 1989-12-25 批准　　1990-11-01 实施

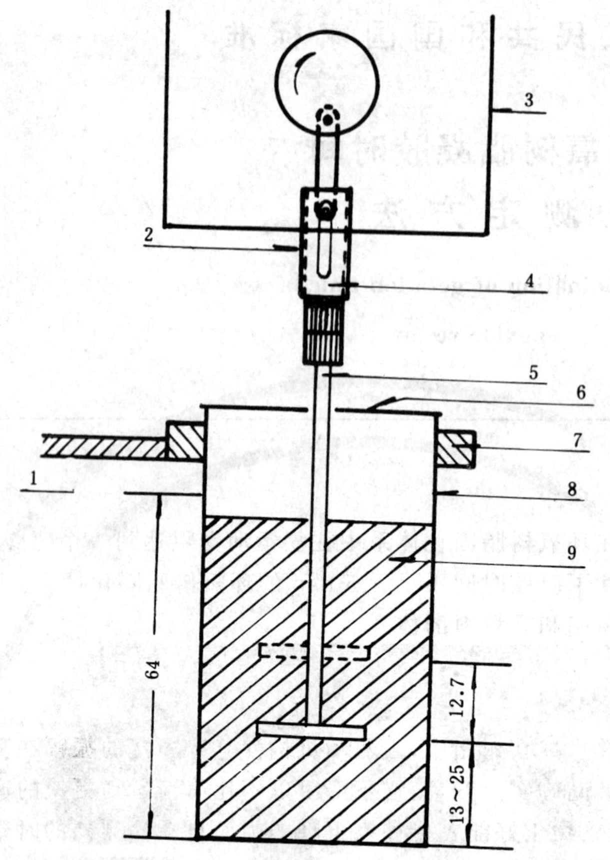

凝胶时间测定装置示意图

1—热浴液面； 2—保持轴对准的导向套筒； 3—提供简谐运动的往复作用、自动终点检测和记时的凝胶时间测定仪；4—提供大于0.8mm轴缝的悬垂链节；5—柱塞杆； 6—开缝的盖； 7—夹子； 8—铝罐； 9—树脂

3.1 热浴

容积不小于2 L，深不小于12cm，装有甘油或硅油等热媒液体，用搅拌器使能保持在规定试验温度的±0.2℃之内。

3.2 预热器

电热烘箱或封闭式电加热器。

3.3 测温装置

用于测量按照3.1条、第 4 章所要求的热浴和试验温度。

3.4 铝罐

圆柱形，内径41～47mm，高度不低于75mm. 铝罐壁的厚度0.35～0.51mm，对高于25℃的试验，铝罐应有一盖，盖中央留有空隙，供柱塞杆上下自由运动。

3.5 辅助容器

容量合适的玻璃烧杯，预混反应物用。

3.6 凝胶时间测定仪

3.6.1 柱塞

3.6.1.1 柱塞由不锈钢或玻璃等不干扰凝胶作用的材料制成。柱塞杆长约100mm，直径约 3 mm，其一端与附在一起的圆盘同轴并垂直。圆盘直径22.1～22.3mm，厚约1.5mm。柱塞和联接凝胶仪的悬垂链节总质量为16.2±0.02g。

3.6.1.2 树脂粘度或填料含量高造成柱塞损耗时，可采用其他尺寸和形状的柱塞。但在试验报告中应详细说明该种柱塞。推荐已被采用的一种柱塞形式，是一根直径 3 mm的钢轴，在轴的底部弯成一个径向 6 mm长的臂。钢轴与悬垂链节总质量达到16.2±0.02g。

3.6.2 用马达驱动机械装置，使柱塞在垂直平面内以12.7mm的振幅上下运动，即圆盘在 3 s或30s内移动12.7mm， 6 s或60 s完成一个往复。

3.6.3 自动记时装置

精度为0.1min。

3.6.4 停止装置

浸入树脂中的柱塞作下落运动受到的阻力，当增大到与初始阻力相比，使柱塞至少滞后0.8mm时即能停止计时和柱塞驱动的装置。

3.6.5 暂停装置

试验开始在装配柱塞或浸入柱塞时，为避免由于柱塞运动的过大阻力而造成计时器过早停止，可使停止装置暂时不起作用的装置。

4 试验温度

试验温度和它的允许公差，在相关产品的技术要求中作规定。被选定的试验温度应能得到便于测量的凝胶时间。推荐的试验温度是25， 40， 65， 80， 100， 120， 150℃。如果需要,可采用更高的温度。

5 试验程序

5.1 仪器的准备

5.1.1 将空铝罐垂直固定在调整到规定试验温度的热浴内，浸入部分的深度至少达64mm。

5.1.2 调整并固定凝胶时间测定仪，使柱塞在铝罐的中心作垂直运动。确保柱塞的圆盘在全部往复期间完全浸入树脂。当运行到最低位置时，圆盘离铝罐底距离在13～25mm之间。

5.1.3 调节柱塞的往复时间，凝胶时间在 5 ～20min的材料采用6 s；凝胶时间大于20min 的材料采用60 s。

5.2 凝胶时间的测定

5.2.1 称取树脂和规定比例的固化剂，准确至±2.5%，且使它们总质量为120～150g，分别装于两个辅助容器中。

注：固化剂体系的种类、纯度和用量应符合相关产品技术要求中所作的规定。

5.2.2 将两个辅助容器置预热器上加热，并用力搅拌至少 2 min，使物料达到试验温度。

注：当加热环氧树脂时会产生环氧氯丙烷，其蒸气有毒。有些固化剂其蒸气也有毒，应注意不要吸入。

5.2.3 将固化剂加入装有树脂的辅助容器中，即开启计时器计时。用力搅动整个混合物 2 min，并在预热器上使之达到规定的试验温度。搅拌时不能将空气泡带入混合物中。

5.2.4 迅速转移100±2g已搅匀的混合物至空铝罐内，并插入一个预热好的清洁干燥的柱塞，按3.6和5.1条的规定操作。

5.2.5 如果能在 2 min内把铝罐中的试样混合搅匀并达到试验温度，把被试混合物总量调至100±2 g，就可直接使用该铝罐按上述步骤测定凝胶时间。

5.2.6 由于树脂的胶凝使计时器停止，记录显示的时间为试验结果。

5.2.7 试验次数及表示：用同一树脂进行一次平行测定。计算两次结果的平均数为凝胶时间，用分钟表示。

6 试验报告

试验报告应包括以下内容：

a. 树脂牌号、批号、树脂粘度、有否填料、制造厂名；

b. 固化剂名称、规格、用量；

c. 试验温度；

d. 所用柱塞的形式、尺寸，与标准柱塞结果相比的差值；

e. 凝胶时间。

附加说明：

本标准由全国塑料标准化技术委员会提出。

本标准由全国塑料标准化技术委员会化学方法分会归口。

本标准由上海树脂厂负责起草。

本标准主要起草人李芳南。

本标准参照采用英国标准 **BS** 2782.835 **C**·1980《用凝胶时间测定仪测定聚酯和环氧树脂的凝胶时间》。

中华人民共和国国家标准

异氰酸酯中总氯含量测定方法

GB 12009.1—89

Isocyanates—Determination of total chlorine content

1 主题内容与适用范围

本标准规定了用氧瓶燃烧法分解试样，以电位滴定法测定异氰酸酯中总氯含量的方法。

本标准适用于甲苯二异氰酸酯、4,4'-二苯基甲撑二异氰酸酯和多亚甲基多苯基异氰酸酯中总氯含量的测定。

2 原理

异氰酸酯试样经氧瓶燃烧分解后，有机氯即转变成无机氯，用碳酸钠溶液吸收后，以硝酸银标准溶液电位滴定法测定总氯含量。

3 试剂和材料

分析方法中，应使用分析纯试剂和蒸馏水或同等纯度的水。

3.1 氯化钠标准溶液：1.0 mg/mL。准确称取经 500～600℃灼烧至恒重的基准氯化钠 0.10 g（称准至 0.000 2 g）于 100 mL 容量瓶中，以水稀释至刻度，摇匀。

3.2 硝酸银标准溶液：$c(AgNO_3)$＝0.01 mol/L，称取 1.75 g 硝酸银（GB 670），溶于 1 000 mL 水中，摇匀，保存于棕色瓶中。

准确吸取氯化钠标准溶液 2.0 mL 于 100 mL 烧杯中，加水 48 mL，按分析步骤（5.5 条）的滴定方法进行标定。

硝酸银标准溶液的浓度按式（1）计算：

$$c = \frac{0.0020}{V \times 0.05844} \qquad (1)$$

式中：c——硝酸银标准溶液的浓度，mol/L；

V——滴定时硝酸银标准溶液的用量，mL；

0.058 44——与1.00 mL 硝酸银标准溶液〔$c(AgNO_3)$＝1.000 mol/L〕相当的以克表示的氯化钠质量。

3.3 碳酸钠（GB 639）：配制成 1％（m/m）的溶液。

3.4 硝酸（GB 626）：配制成 1：1（V/V）的溶液。

3.5 甲基红：0.1％（m/m）的乙醇溶液。

3.6 脱脂棉。

3.7 透明胶纸袋。

4 仪器

4.1 氧燃烧瓶：将一根直径约 0.7 mm、长约 250 mm 的铂丝一端熔封在 1 000 mL 磨口三角烧瓶的玻璃塞上，另一端绕制成直径 8～10 mm、长 10～15 mm、一端开口的螺旋圆筒，铂丝圈的间距小于 1 mm，以

国家技术监督局 1989-12-25 批准　　1990-11-01 实施

保证试样燃烧时不掉落(见图)。

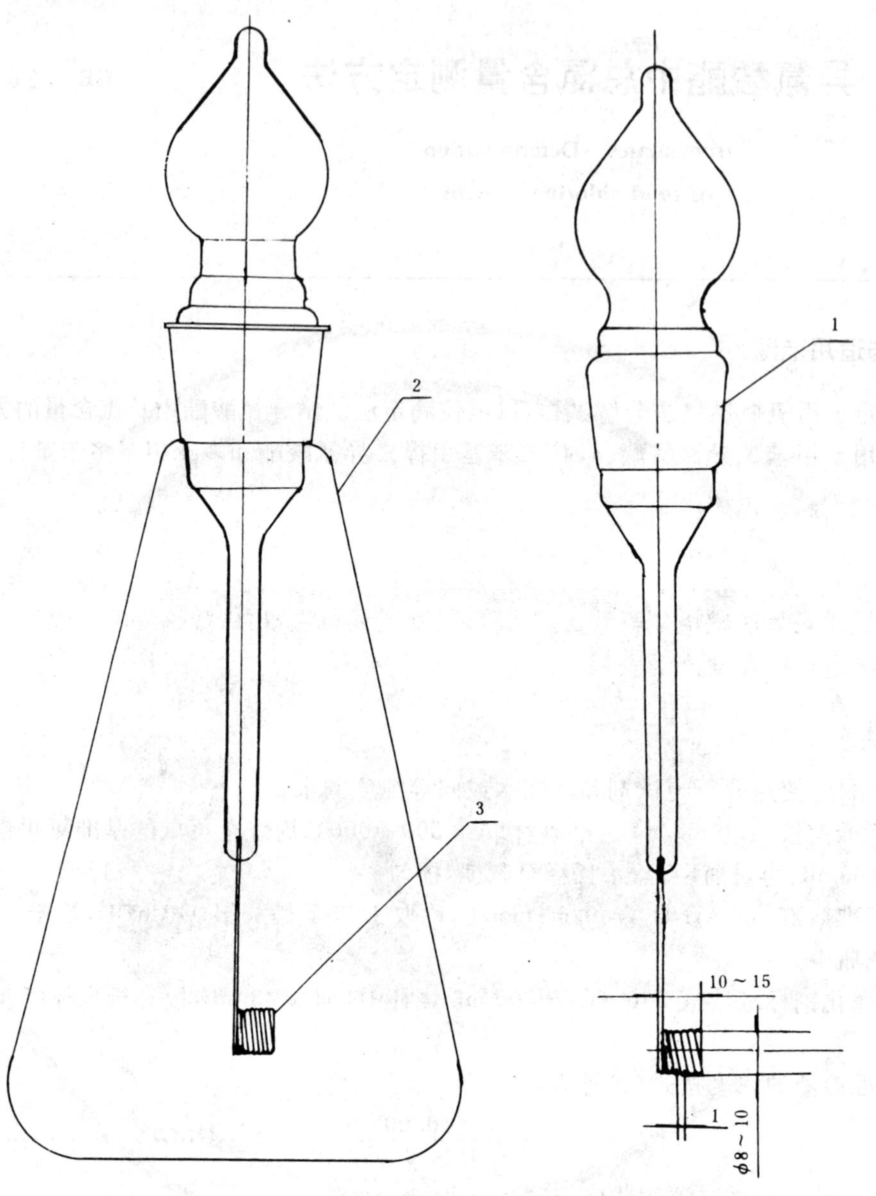

氧燃烧瓶

1—磨口玻璃塞;2—1 000 mL 燃烧瓶;3—铂丝,φ 0.7～1 mm

4.2 电位滴定仪或 pH 计。

4.3 银电极。

4.4 双液接甘汞电极。

4.5 磁力加热搅拌器。

4.6 滴定管:5 mL。

4.7 滴管称量瓶。

4.8 镊子。

5 分析步骤

5.1 用滴管称量瓶减量法称取 0.2 g 左右的试样(准确至 0.000 2 g)于装填 0.05 g 左右脱脂棉及引火滤纸条的螺旋状铂丝圆筒中。固体试样则称在透明胶纸袋中,再放入铂丝圆筒内。

5.2 在氧燃烧瓶中加入1%的碳酸钠溶液25 mL,以适当的速度(液面呈微波状)向瓶内通入氧气1~2 min。

5.3 一手紧握燃烧瓶,另一只手抓住瓶塞在酒精灯上点燃滤纸条,迅速将瓶塞插入燃烧瓶内,并用手顶住瓶塞将瓶底向上倾斜,使吸收液封住瓶口。

注:燃烧时瓶内压力会突然增大,操作者应戴好手套及防护面罩,以防止燃烧瓶破碎伤人。

5.4 燃烧完毕稍冷后,轻摇燃烧瓶几次,使吸收液润湿瓶壁,然后放置约30 min至白烟消失。

5.5 打开瓶塞将吸收液转移至100 mL烧杯中,用1%碳酸钠溶液冲洗瓶塞、瓶壁及铂丝三次以上,洗液合并于烧杯中,控制总体积不超过50 mL。以甲基红为指示剂,滴加1:1硝酸,使溶液呈红色后再过量0.1 mL,以银电极为指示电极,双液接甘汞电极为参比电极,用硝酸银标准溶液进行电位滴定。每次滴入少量硝酸银标准溶液,记下其体积和相应的毫伏数。直至滴到毫伏数有明显的变化(突变),再过量共约1 mL,算出ΔV和相应的ΔE,用二次微商法求得终点时硝酸银标准溶液的用量。

5.6 若试样中总氯含量小于0.1%时,则在滴定前准确加入2.0 mL氯化钠标准溶液。

5.7 在同样条件下作空白试验。

6 分析结果的计算与表示

6.1 总氯含量按式(2)计算:

$$\mathrm{Cl}(\%)=\frac{(V_1-V_0)\cdot c\times 0.03546}{m}\times 100 \qquad \cdots\cdots(2)$$

式中:Cl——以氯计的总氯百分含量,%;

V_1——滴定试样时硝酸银标准溶液的用量,mL;

V_0——滴定空白时硝酸银标准溶液的用量,mL;

c——硝酸银标准溶液的浓度,mol/L;

0.035 46——与1.00 mL硝酸银标准溶液〔$c(AgNO_3)$=1.000 mol/L〕相当的以克表示的氯原子的质量;

m——试样的质量,g。

6.2 分析结果以两个平行测定结果的算术平均值表示。

7 允许差

两个平行测定结果的绝对误差不大于0.015%。

8 试验报告

试验报告应包括以下各项:

a. 注明按照本国家标准;

b. 试样名称、批号;

c. 送样单位;

d. 按第6章表示的结果;

e. 试验人员;

f. 试验日期。

附加说明:

本标准由全国塑料标准化技术委员会提出,由全国塑料标准化技术委员会塑料树脂产品分会(SC4)归口。

本标准由江苏省化工研究所负责起草。

本标准主要起草人周自清。

本标准等效采用美国试验与材料协会标准 ASTM D 1638—74《聚氨酯泡沫用异氰酸酯的标准试验方法》中第35～第39条。

中华人民共和国国家标准

异氰酸酯中水解氯含量测定方法

GB 12009.2—89

Isocyanates—Determination of hydrolyzable chlorine content

1 主题内容与适用范围

本标准规定了用电位滴定法测定异氰酸酯中水解氯含量的方法。

本标准适用于测定甲苯二异氰酸酯、4,4'-二苯基甲撑二异氰酸酯、多亚甲基多苯基异氰酸酯和其他可溶性异氰酸酯的水解氯含量。

本标准不适用于含有硫氰酸酯、氰化物、硫化物、溴化物、碘化物或其他能和银离子起反应的及在酸性溶液中能还原银离子的物质。

2 原理

水解氯主要来自氨基甲酰氯和碳酰氯。这两种物质和醇及水反应生成脲、氨基甲酸酯、二氧化碳和盐酸。生成的盐酸以硝酸银标准溶液用电位滴定法测定氯含量。

3 试剂

分析方法中，应使用分析纯试剂及蒸馏水或同等纯度的水。

3.1 甲醇(GB 683)。

3.2 乙醇(GB 678)。

3.3 丙酮(GB 686)。

3.4 硝酸(GB 626)。

3.5 氯化钠标准溶液：1.0 mg/mL。准确称取经500～600℃灼烧至恒重的基准氯化钠0.10 g(准确至0.000 2 g)，放入100 mL的容量瓶中，加水溶解并稀释至刻度。

3.6 硝酸银标准溶液：$c(AgNO_3)=0.05$ mol/L。称取8.8 g硝酸银溶于1 000 mL水中，摇匀，保存于棕色瓶中。

准确吸取10.0 mL氯化钠标准溶液于400 mL烧杯中，加入150 mL水。按分析步骤(5.3条)的滴定方法进行标定。

硝酸银标准溶液的浓度按式(1)计算：

$$c=\frac{0.0100}{V\times 0.05844} \qquad (1)$$

式中：c——硝酸银标准溶液的浓度，mol/L；

V——滴定时硝酸银标准溶液的用量，mL；

0.058 44——与1.00 mL硝酸银标准溶液〔$c(AgNO_3)=1.000$ mol/L〕相当的氯化钠以克表示的质量。

3.7 硝酸银标准溶液：$c(AgNO_3)=0.01$ mol/L，用0.05 mol/L硝酸银标准溶液稀释后保存于棕色瓶中。

国家技术监督局1989-12-25批准　　1990-11-01实施

4 仪器

4.1 滴管称量瓶或其他能称量液体试样的器皿。

4.2 烧杯：400 mL。

4.3 滴定管：5 mL 或10 mL。

4.4 磁力加热搅拌器。

4.5 电位滴定仪或 pH 计。

4.6 银电极。

4.7 双液接甘汞电极。

5 分析步骤

5.1 用滴管称量瓶减量法称取3～10 g 样品(水解氯含量小于0.01%时，则称取10～20 g)，准确至0.01 g，置于400 mL 烧杯中，加入20 mL 丙酮溶解样品(测定甲苯二异氰酸酯时可不加丙酮)。

5.2 在烧杯中放入电磁搅拌棒，并将烧杯移至加热搅拌器上搅拌，同时加入50 mL 甲醇，盖上表面皿，连续搅拌至反应液发热并在杯壁上析出晶体表示反应开始，然后迅速加入约150 mL 水，继续搅拌并加热微沸30 min。

注：日常测定时也可用乙醇水解，但仲裁或水解氯含量小于0.05%时用甲醇水解。

5.3 用水冲洗杯壁和表面皿，将烧杯置于冰浴中冷却至约10℃，加入10滴硝酸，以银电极为指示电极，双液接甘汞电极为参比电极，用硝酸银标准溶液〔$c(AgNO_3)=0.05$ mol/L〕进行电位滴定。每次滴入少量硝酸银标准溶液，记下硝酸银标准溶液的体积和相应的毫伏数，直至滴到毫伏数有明显的变化(突变)，再过量共约1 mL，算出 ΔV 和 ΔE，用二次微商法求得滴定终点时硝酸银标准溶液的用量。

5.4 若水解氯含量小于0.01%时，则在滴定前准确加入2.0 mL 氯化钠标准溶液，再用硝酸银标准溶液〔$c(AgNO_3)=0.01$ mol/L〕滴定。

5.5 在同样条件下作空白试验。

6 分析结果的计算与表示

6.1 水解氯含量按式(2)计算：

$$\text{Cl}(\%)=\frac{(V_1-V_0)\cdot c\times 0.035\,46}{m}\times 100 \qquad (2)$$

式中：Cl——以氯计的水解氯百分含量，%；

V_1——滴定试样时硝酸银标准溶液的用量，mL；

V_0——滴定空白时硝酸银标准溶液的用量，mL；

c——硝酸银标准溶液的浓度，mol/L；

0.035 46——与1.00 mL 硝酸银标准溶液〔$c(AgNO_3)=1.000$ mol/L〕相当的以克表示的氯原子的质量；

m——试样的质量，g。

6.2 分析结果以两个平行测定结果之算术平均值表示。

7 允许差

两个平行测定结果的相对误差不大于10%。

8 试验报告

试验报告应包括以下各项：

a. 注明按照本国家标准；

b. 试样名称、批号；

c. 送样单位；

d. 按第6章表示的结果；

e. 试验人员；

f. 试验日期。

附加说明：

本标准由全国塑料标准化技术委员会提出，由全国塑料标准化技术委员会塑料树脂产品分会(SC4)归口。

本标准由江苏省化工研究所负责起草。

本标准主要起草人戴玉如。

本标准参照采用美国试验与材料协会标准 ASTM D 1638—74《聚氨酯泡沫用异氰酸酯的标准试验方法》中第40～第47条。

ICS 83.080
G 31

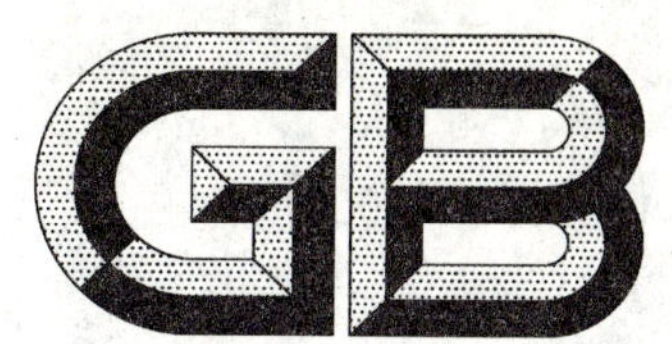

中华人民共和国国家标准

GB/T 12009.3—2009
代替 GB/T 12009.3—1989

塑料　多亚甲基多苯基异氰酸酯
第3部分:黏度的测定

Plastics—Polymethylene polyphenyl isocyanate—Part3:Determination of viscosity

(ISO 3219:1993,Plastics—Polymers/resins in the liquid state or as emulsions or dispersions—Determination of viscosity using a rotational viscometer with defined shear rate, MOD)

2009-06-15 发布　　　　2010-02-01 实施

中华人民共和国国家质量监督检验检疫总局
中国国家标准化管理委员会　发布

前　言

GB/T 12009《塑料　多亚甲基多苯基异氰酸酯》分为5个部分：

——第1部分：总氯含量的测定；

——第2部分：水解氯含量的测定；

——第3部分：黏度的测定；

——第4部分：异氰酸根含量的测定；

——第5部分：酸度的测定。

本部分为GB/T 12009的第3部分，修改采用ISO 3219：1993《塑料　液态或乳液态或分散体系聚合物/树脂　用旋转黏度计在规定剪切速率下黏度的测定》(英文版)。

本部分根据ISO 3219：1993重新起草，为了方便比较，在资料性附录B中列出本部分与ISO 3219：1993的技术差异，并在文中用垂直单线标识。

为便于使用，本部分作了下列编辑性修改：

a) 把“本国际标准”一词改为“本部分”；

b) 删除了ISO 3219：1993的前言；

c) 增加了国家标准的前言；

d) 对于ISO 3219：1993引用的其他国际标准中有被等同采用为我国标准的，本部分用引用我国的国家标准代替对应的国际标准；

e) 用我国的小数点符号“.”代替国际标准中的小数点符号“,”。

本部分代替GB/T 12009.3—1989《多亚甲基多苯基异氰酸酯黏度测定方法》。

本部分与GB/T 12009.3—1989相比主要变化如下：

——剪切速率给出了两个系列；

——对仪器的精度做了规定；

——测定次数为3次；

——增加了2个附录；

——增加了黏度计的校准；

——循环浴的温度(0～50)℃范围内能恒定在±0.2 ℃；

——增加了温度计的精度应为0.05 ℃。

本部分附录A为规范性附录，附录B为资料性附录。

本部分由中国石油和化学工业协会提出。

本部分由全国塑料标准化技术委员会塑料树脂通用方法和产品分会(SAC/TC 15/SC 4)归口。

本部分负责起草单位：国家合成树脂质量监督检验中心。

本部分参加起草单位：中国蓝星(集团)股份有限公司、蓝星(天津)化工有限公司、沧州大化集团公司、江苏省化工研究所有限公司、烟台万华聚氨酯股份有限公司。

本部分主要起草人：王琰、蔡亮珍、王海、张根山、刘蓉、何平。

本部分所代替标准的历次版本发布情况为：

——GB/T 12009.3—1989。

塑料 多亚甲基多苯基异氰酸酯 第3部分:黏度的测定

1 范围

GB/T 12009 的本部分给出了用具有规定剪切速率的同轴双圆筒旋转黏度计测定黏度的方法。

本部分适用于多亚甲基多苯基异氰酸酯黏度的测定。

2 原理

用具有规定特性的旋转黏度计根据所用的剪切速率和得到的剪切应力测量液态样品的黏度。

黏度 η 用式(1)定义:

$$\eta = \frac{\tau}{\dot{\gamma}} \qquad \cdots\cdots(1)$$

式中:

η——黏度,单位为帕斯卡秒(Pa·s);

τ——剪切力,单位为帕斯卡(Pa);

$\dot{\gamma}$——剪切速率,单位为每秒(s^{-1})。

根据国际单位制(SI)黏度的单位为帕斯卡秒(Pa·s)

$$1\ \text{Pa}\cdot\text{s} = 1\ \text{N}\cdot\text{s/m}^2$$

注1:符号与 GB 3102.3《力学的量和单位》一致。

注2:如果黏度依赖于测定所用剪切速率,即 $\eta = f(\dot{\gamma})$,液体称为非牛顿性液体。液体所具有的黏度与剪切速率无关则称为牛顿性液体。

3 仪器

3.1 旋转黏度计

3.1.1 测量系统

测量系统应包括两个刚性对称的同轴表面,其间放入待测黏度的流体。其中一个表面以恒定角速度旋转,而另一表面则保持静止。测量系统应能确定每次测量的剪切速率。

扭矩测量装置应与其中一个表面连接,这样可以测定为克服流体的黏滞阻力所需的扭矩。

适宜的测量系统为同轴圆筒系统。

测量系统的尺寸应满足附录A规定的条件,其设计可确保所有测量类型和所有通用型号仪器的测量区域具有相似的几何尺寸。

3.1.2 基础仪器

基础仪器应设计成能安装可供选择的转子和定子,以形成一系列规定的旋转频率(逐级地或连续地变化),并且能测定与之对应的扭矩,反之亦然(即:产生一个规定的扭矩并测量与之对应的旋转频率)。

仪器的扭矩测定精度应在满刻度计数的2%以内。在仪器的正常工作范围内,仪器的旋转频率精度应在测定值的2%以内。黏度测定的重复性应在±2%。

注:就所使用的不同测量系统和旋转频率来说,大多数商品仪器都有一个黏度测量范围,其最小范围为(10^{-2}～10^{3})Pa·s。

不同仪器的剪切速率的范围差别很大,应根据所需测量的黏度和剪切速率的范围来选择一个特定的基础仪器和适合的测量系统。

3.2 温度控制装置

液体循环浴的温度或电加热器的温度在(0～50)℃范围内时，应能保持恒定在±0.2 ℃，在超过这个温度范围时，应能保持恒定在±0.5 ℃。

更精确的测量则需要更高的准确度(如±0.1 ℃)。

3.3 温度计

温度计的精度应为0.05 ℃。

4 取样

取样方法，包括样品的任何特殊制备和加入黏度计的方法应在所测产品的试验标准中规定。

样品中不应含有任何可见杂质和气泡。

如样品易吸潮或含有挥发性成分，应密闭样品容器以尽量减少对黏度测量的影响。

5 试验条件

5.1 校准

黏度计应定期校准，例如通过测量扭矩参数或采用已知黏度的参考流体(牛顿型流体)。如果在方法的精确度范围内，通过参考流体的测定值的直线不通过坐标系的原点，应根据制造商的说明书更彻底地检查操作步骤和仪器。

用于校准的标准流体的黏度应在待测样品的黏度范围内。

5.2 试验温度

由于黏度与温度相关，比对试验应在相同的温度下进行。如果需要在室温进行测定，测定温度应选择(23.0±0.2)℃。

更进一步的细节应在所测产品的测试标准中规定。

注1：在测量期间热被释放到样品中。牛顿型流体在绝热试验条件下，热分散速率由$\eta \cdot \dot{\gamma}^2$(单位$W/m^3$)给出，并且可能引起样品温度升高。

5.3 剪切速率的选择

对于所有牛顿型产品规定一个剪切速率，非牛顿型产品采用4个剪切速率，绘出黏度对剪切速率的坐标图。

为了能比较由不同仪器测定的黏度，推荐从以下数据组成的系列中选择剪切速率。

$1.00\ s^{-1}$ $2.50\ s^{-1}$ $6.30\ s^{-1}$ $16.0\ s^{-1}$ $40.0\ s^{-1}$ $100\ s^{-1}$ $250\ s^{-1}$

或

$1.00\ s^{-1}$ $2.50\ s^{-1}$ $5.00\ s^{-1}$ $10.0\ s^{-1}$ $25.0\ s^{-1}$ $50.0\ s^{-1}$ $100\ s^{-1}$

及以这些值乘以或除以100的数据。

如果给定的基础仪器不容许选择这些值，则应从黏度曲线上选择剪切速率值。

对于非牛顿型流体，测量应从低剪切速率开始，逐渐增加速度直至达到最大速度，然后降低速度，再在低的剪切速率下进一步测定。

注2：以这种方式可以定性的确定触变性和震凝性。

对触变性和震凝性流体，测定条件应在所测产品的标准中规定。

测定前，在黏度计中的试料应有足够的时间恢复任何触变性结构，这个时间依特定样品的性质而定。

如果在增加和降低剪切速率下的读数呈无规则变化，可以取两个读数的平均值。如果观察到稳定的变化，对于触变性体系，两个值都应记录。

6 步骤

除非所测产品的测试标准另有规定，应根据附录 A 进行三次测定，每次使用同一样品的新部分。

对于测定黏度的计算，见附录 A。

6.1 选择合适的转子。

6.2 加入足够的试样，使其达到转子上的标线，小心地注入试样勿引进空气，若有气泡则拆下转子放在试样中轻轻搅动直至气泡消失再装上转子。

6.3 将仪器与恒温装置连接，启动恒温器，直至温度恒定。

6.4 接通电源，开动马达，使转子旋转。待指针稳定后读数。

7 结果表示

使用仪器附带的操作手册或明细表或计算图给出的关系计算黏度 η，以 Pa·s 表示。计算三次测定结果的算术平均值。

当表述黏度值时，在括号内给出黏度测定所用的温度和剪切速率，例如：

$$\eta(23\ ℃, 1\,600\ s^{-1}) = 4.25\ Pa \cdot s$$

当采用不同温度和剪切速率测定黏度时，用坐标曲线表示这些关系。

8 精密度

由于尚未得到实验室间试验数据，故未知本试验方法的精密度。如果得到上述数据，则在下次修订时加上精密度说明。

9 试验报告

试验报告应包含以下内容：

a) 注明采用本部分；
b) 所测样品的必要标识；
c) 取样日期；
d) 测试的温度；
e) 样品制备说明；
f) 所用黏度计测量系统的描述；
g) 由所有的以帕(Pa)表示的剪切力 τ 和以秒的倒数表示的剪切速率 $\dot{\gamma}$ 的对应值绘制的黏度曲线；
h) 在单点测量情况下的黏度(包括进行测定时的温度和剪切速率)(见第 7 章)；
i) 在触变性和震凝性流体的情况下的条件(如斜坡时间和总剪切力)；
j) 测量时间(即达到所需剪切力后并在连续读数之前的时间段)；
k) 每个单独的黏度测定结果，以 Pa·s 或毫帕斯卡秒(mPa·s)表示，及这些结果的算术平均值；
l) 任何采用本部分但与本部分有区别的试验条件。例如使用了不同尺寸的测量系统；
m) 测试日期。

附 录 A
（规范性附录）
同轴圆筒黏度计

A.1 系统特性

测量系统包括一个杯（即封底的外筒）和一个悬锤（即如图 A.1 所示的带轴的内筒），悬锤可以作为转子，而杯作为定子，反之亦可。

A.2 计算方法

剪切力 τ 和剪切速率 $\dot{\gamma}$ 在同轴圆筒旋转黏度计的环状截面上不是常数，而是从里到外降低（Searle 型）或与之相反（Conette 型）。此外，$\dot{\gamma}$ 的变化也依赖于测试材料的流变性。

作为“表观”值计算 τ 和 $\dot{\gamma}$ 是非常方便的。表观值不会发生在测量系统本身的表面（即：在外半径 r_e 或内半径 r_i），而是发生在一定距离的环形区域内。其表现为（理论和经验两者）以式（A.2）和式（A.3）叙述计算的表观值 τ_{rep} 和 $\dot{\gamma}_{rep}$。其非常近似的描述了局限幂律指数（local power law index）范围为 0.3～2 的流体的流动特性。

剪切力以帕斯卡（Pa）表示，根据在内筒（即在半径 r_i）或外筒（即在半径 r_e）测量的扭矩 M 采用式（A.1）和式（A.2）计算。这两个半径以米表示：

$$\tau_i = \frac{M}{2\pi L r_i^2 C_L}; \qquad \tau_e = \frac{M}{2\pi L r_e^2 C_L} \qquad \cdots\cdots\text{(A.1)}$$

$$\tau_{rep} = \frac{\tau_i + \tau_e}{2} = \frac{1+\delta^2}{2\delta^2} \times \tau_i = \frac{1+\delta^2}{2} \times \tau_e = \frac{1+\delta^2}{2\delta^2} \times \frac{M}{2\pi L r_i^2 C_L} \qquad \cdots\cdots\text{(A.2)}$$

其中：除上述所提到的量外，

M——扭矩，单位为牛顿米（N·m）；

L——内筒长度，单位为米（m）；

C_L——用于计算测量系统底表面扭矩效应的底部效应校正系数（该校正系数依赖于测量系统的几何结构和流体的流变性，而且对于每一个测量系统的几何结构类型都必须进行实验测定）；

δ——外筒与内筒半径之比。

表观剪切速率以弧度每秒表示，按式（A.3）计算：

$$\dot{\gamma}_{rep} = \omega \times \frac{1+\delta^2}{\delta^2 - 1} \qquad \cdots\cdots\text{(A.3)}$$

其中 ω 为角速度，以弧度每秒表示。

如果旋转频率 n 以转每分表示则：

$$\omega = \frac{2\pi n}{60} = 0.104\,7n$$

A.3 标准几何结构（见图 A.1）

与一个给定黏度计配套的测量系统类型的尺寸应根据以下比值，以保证对所有的操作和基础仪器形体相似的流动区域：

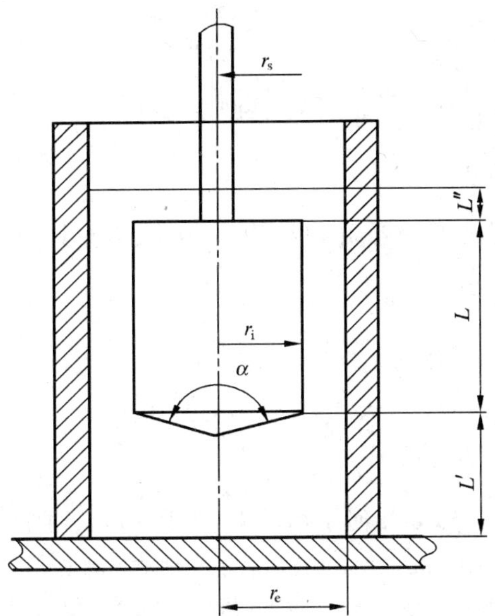

$\delta = \frac{r_e}{r_i} = 1.0847$

$\frac{L}{r_i} = 3$

$\frac{L'}{r_i} = 1$

$\frac{L''}{r_i} = 1$

$\frac{r_s}{r_i} = 0.3$

$\alpha = 120^\circ$

δ——外筒与内筒半径之比；

r_e——外筒半径；

r_i——内筒半径；

L——内筒长度；

L'——内筒的底边与外筒底部的距离；

L''——轴插入部分的长度；

r_s——轴半径；

α——内筒底部圆锥顶角。

注1：内筒底部的圆锥应能轻易插入装满待测液体的杯筒中，并且不应形成气泡。

注2：同轴圆筒系统需要精确地调整内外筒的轴线。

图 A.1　同轴圆筒系统标准几何结构

样品的体积只与半径 r_i 有关，由式(A.4)给出：

$$V = 8.17 r_i^3 \qquad \text{(A.4)}$$

对于具有这种标准几何结构的测量系统，底部效应校正系数 C_L 与半径 r_i 无关，对牛顿型流体：

$$C_L = 1.10$$

可作为一个经验值。对于非牛顿型流体，C_L 不是常数，但与剪切速率 $\dot{\gamma}$ 和流体的流变性有关。

注3：对于细薄流体的剪切，在一定剪切速率下 C_L 可以达到1.2。对于黏塑性流体存在一个塑变值，在低剪切速率下 C_L 值可达1.28。

采用 $C_L = 1.10$(牛顿型流体)，$\delta^2 = 1.17657$ 和 $\tau_{rep} = 0.925\tau_i = 1.086\tau_e$，如果表观剪切力 τ_{rep} 以Pa表示，扭矩 M 以牛顿米(N·m)表示，表观剪切速率 $\dot{\gamma}_{rep}$ 和角速度 ω 以弧度每秒表示，内径 r_i 以米表示，而旋转频率以分钟的倒数表示，则得到以下数学关系式：

$$\tau_{rep} = 0.0446 \times \frac{M}{r_i^3} \qquad \cdots\cdots (A.5)$$

$$\dot{\gamma}_{rep} = 12.33\omega = 1.291n \qquad \cdots\cdots (A.6)$$

A.4 其他几何结构

如果由于任何原因导致无法使用标准几何结构，也可以选择其他尺寸的测量系统。为了使用 A.2 给出的计算方法，应满足以下要求：

$$\delta = \frac{r_e}{r_i} \leqslant 1.2$$

$$\frac{L}{r_i} \geqslant 3 \qquad \frac{L'}{r_i} \geqslant 1$$

$$90° \leqslant \alpha \leqslant 150°$$

底部效应校正系数 C_L 与具有标准几何结构的 C_L 有所不同（通常较高）。

注：选择窄环（如 $\delta \leqslant 1.2$），可保证简单且容易量化的表观黏度非常接近，其显示为在对应的剪切速率下表观黏度值与真值仅有微小差异（≤3.5%）。对于标准的几何结构，通常误差更小。

A.5 结果的处理

具有线性刻度的矩形坐标系内，绘制从仪器读取的扭矩与对应的旋转频率 n 的平面图。

绘出一条经过坐标原点的光滑曲线，读取曲线上扭矩和旋转频率值并且用以下公式将它们转化为对应的剪切力和剪切速率值：

式(A.2)或式(A.5)用于剪切力 τ；

式(A.3)或式(A.6)用于剪切速率 $\dot{\gamma}$。

如有可能，选择这些 τ 或 $\dot{\gamma}$ 值以形成一个几何级数，这些量对应为曲线 $\tau = f(\dot{\gamma})$。

如果该曲线为通过原点的直线，黏度可以表示为由斜率给出的单值，即任意一对值 $(\tau, \dot{\gamma})$ 的比率 $\tau/\dot{\gamma}$。

如果曲线为非线性，可以读取 τ 和 $\dot{\gamma}$ 的对应值，并且将比值 $\tau/\dot{\gamma}$ 绘成对应 τ 和 $\dot{\gamma}$ 的剪切力-黏度或剪切速率-黏度[黏度函数 $\eta(\tau)$ 或 $\eta(\dot{\gamma})$]曲线。

所有测量值和计算值修约至三位有效数字，如

$$\dot{\gamma} = 42.8\ s^{-1}; \eta = 0.318\ Pa \cdot s;$$

$$\tau = 13.6\ Pa; \theta = 23.0\ ℃$$

附　录　B
（资料性附录）
本部分与 ISO 3219:1993 的技术差异

本部分与 ISO 3219:1993 的技术差异如表 B.1 所示。

表 B.1　本部分与 ISO 3219:1993 的技术差异

本部分章条编号	技　术　性　差　异
1	删除了 ISO 的范围
3.1.1	删除了锥板系统
5.3	删除了非牛顿型产品的推荐，改为采用 4 个剪切速率
6	对应 ISO 的编号为 6.4，删除了 ISO 的第 2，3，4 段话，增加了具体的操作步骤
8	增加精密度一章
附录 B	删除了锥板系统的附录

参 考 文 献

GB 3102.3 力学的量和单位

中华人民共和国国家标准

多亚甲基多苯基异氰酸酯中异氰酸根含量测定方法

GB 12009.4—89

Polymethylene polyphenyl isocyanate —Determination of isocyanato content

1 主题内容与适用范围

本标准规定了两种用电位滴定法测定多亚甲基多苯基异氰酸酯中异氰酸根含量的方法。

本标准适用于聚氨酯泡沫用多亚甲基多苯基异氰酸酯中异氰酸根含量的测定。

2 引用标准

GB 601 化学试剂 滴定分析(容量分析)用标准溶液的制备

3 方法 A

3.1 原理

异氰酸酯与二丁胺反应生成脲,过量的二丁胺用盐酸标准溶液进行电位滴定测定异氰酸根含量。

3.2 试剂

分析方法中,应使用分析纯试剂及蒸馏水或同等纯度的水。

3.2.1 甲苯(GB 684):经4A 分子筛脱水。

3.2.2 异丙醇。

3.2.3 $c[NHC(C_4H_9)_2]=2$ mol/L 二丁胺甲苯溶液,在1 000 mL 容量瓶中称取260 g 二丁胺,用经4A 分子筛脱水过的甲苯溶解并稀释至刻度。

3.2.4 盐酸标准溶液:$c(HCl)=1$ mol/L,按 GB 601 4.2条制备并标定。

3.3 仪器

3.3.1 滴管称量瓶或其他能称量液体试样的器皿。

3.3.2 烧杯:300 mL,400 mL。

3.3.3 磁力搅拌器。

3.3.4 电加热板。

3.3.5 电位滴定仪。

3.3.6 甘汞电极。

3.3.7 玻璃电极。

3.3.8 分析天平:感量0.1 mg。

3.4 测定步骤

3.4.1 称取2.5～3.0 g 试样(准至0.01 g),置于400 mL 烧杯中,加入50 mL 脱水甲苯溶解试样。

3.4.2 用移液管加入25 mL 二丁胺甲苯溶液,摇匀。起动磁力搅拌器,用10 mL 脱水甲苯淋洗烧杯壁,盖上烧杯,继续搅拌混合20 min。

国家技术监督局1989-12-25批准 1990-11-01实施

3.4.3 将烧杯放在加热板上，在试样中插入一支温度计，在3.5～4.5 min 内将试样加热至95～100℃，迅速从加热板上移开烧杯，盖上玻璃皿，静置冷却至室温。

3.4.4 加入225 mL 异丙醇，边加边淋洗温度计。取出温度计后，插入甘汞电极和玻璃电极（电位仪用 pH 为4.0的缓冲溶液校准过），用盐酸标准溶液进行电位滴定，直至在 pH 约为4.2～4.5时发生突变为止。

3.4.5 同时做空白试验。

4 方法B

4.1 原理

异氰酸酯与六氢吡啶反应生成脲，过量的六氢吡啶用盐酸标准溶液进行电位滴定测定异氰酸根含量。

4.2 试剂

分析方法中，应使用分析纯试剂和蒸馏水或同等纯度的水。

4.2.1 乙醇(GB 678)。

4.2.2 三氯甲烷(GB 682)。

4.2.3 $c(C_5H_{11}N)=0.2$ mol/L 六氢吡啶氯苯溶液，在1 000 mL 容量瓶中称取17 g 六氢吡啶，用氯苯溶解并稀释至刻度。

4.2.4 盐酸标准溶液：$c(HCl)=0.1$ mol/L，按 GB 601 4.2条制备并标定。

4.3 仪器

见3.3条。

4.4 测定步骤

4.4.1 称取0.2～0.3 g 试样（准至0.000 2 g），置300 mL 烧杯中，加入10 mL 三氯甲烷溶解试样。

4.4.2 用移液管加入20 mL 0.2 mol/L 六氢吡啶氯苯溶液，摇匀。放置15～20 min。

4.4.3 在烧杯中加入150 mL 乙醇，插入甘汞电极和玻璃电极（电位仪用 pH 为4.0的缓冲溶液校准过），用盐酸标准溶液进行电位滴定，直至在 pH 为4.1～4.5时发生突变为止。

5 结果计算及表示

异氰酸根的百分含量按下式计算：

$$\mathrm{NCO}(\%)=\frac{(V_0-V)\cdot c\times 0.042\ 02}{m}\times 100$$

式中：V_0——空白滴定时盐酸标准液的用量，mL；

V——试样滴定时盐酸标准液的用量，mL；

c——盐酸标准液的浓度，mol/L；

0.042 02——与1.00 mL 盐酸标准溶液〔$c(HCl)=1.000$ mol/L〕相当的以克表示的异氰酸根的质量；

m——试样的质量，g。

结果以两个平行试验测定值的算术平均值表示。

6 容许差

两个平行试验测定值的绝对误差不大于0.2%。

7 试验报告

试验报告应包括以下各项：

a. 注明按照本国家标准；

b. 试样名称、批号；

c. 送样单位；

d. 按第5章表示的结果；

e. 试验人员；

f. 试验日期。

8 仲裁法

仲裁试验用方法A。

附加说明：

本标准由全国塑料标准化技术委员会提出，由全国塑料标准化技术委员会塑料树脂产品分会(SC4)归口。

本标准由重庆长风化工厂负责起草。

本标准主要起草人张启国、张淼。

本标准方法A等同采用美国试验与材料协会标准ASTM D 1638—74《聚氨酯泡沫用异氰酸酯的标准试验方法》中第85～第92条。

（图形水印）

中华人民共和国国家标准

异氰酸酯中酸度的测定

GB/T 12009.5—92

Isocyanates—Determination of acidity

1 主题内容与适用范围

本标准规定了用电位滴定法测定异氰酸酯中酸度的方法。

本标准适用于多亚甲基多苯基异氰酸酯、4,4′-二苯基甲撑二异氰酸酯和甲苯二异氰酸酯中的酸度测定。

2 引用标准

GB 9724 化学试剂 pH值测定通则

GB 9725 化学试剂 电位滴定法通则

3 方法提要

异氰酸酯中的酸性物质(包括和醇反应后可能生成的酸性物质)用氢氧化钾-甲醇标准滴定溶液进行电位滴定。

4 试剂

4.1 甲醇(GB 638)。

4.2 正丙醇:化学纯。

4.3 甲苯(GB 634)。

4.4 盐酸溶液:$c(HCl)=0.01$ mol/L。

4.5 氢氧化钾-甲醇标准滴定溶液:$c(KOH)=0.02$ mol/L。

配制:称取约1.36 g氢氧化钾(GB 2306)溶于1 000 mL甲醇(4.1)中,摇匀后保存于棕色瓶中。

标定:称取约0.15 g经105～110 ℃烘至恒重的基准苯二甲酸氢钾($KHC_8H_4O_4$,GB 1057),精确至0.000 2 g,溶于不含二氧化碳的水中,并稀释至50.00 mL。取5.00 mL苯二甲酸氢钾溶液,按照6.4步骤用待标定的氢氧化钾-甲醇溶液进行电位滴定,同时作空白试验。

氢氧化钾-甲醇标准滴定溶液的实际浓度按式(1)计算:

$$c=\frac{m_0}{(V_1-V_2)\times 0.204\ 2} \qquad \cdots\cdots(1)$$

式中: c——氢氧化钾-甲醇标准滴定溶液的实际浓度,mol/L;

m_0——苯二甲酸氢钾的质量,g;

V_1——氢氧化钾-甲醇标准滴定溶液的用量,mL;

V_2——空白试验时氢氧化钾-甲醇标准滴定溶液的用量,mL;

国家技术监督局1992-04-29批准 1993-04-01实施

0.204 2——与1.00 mL氢氧化钾-甲醇标准滴定溶液〔c(KOH)=1.000 mol/L〕相当的，以克表示的苯二甲酸氢钾的质量。

重复标定的误差小于或等于0.001 mol/L。

4.6 氢氧化钾-甲醇标准滴定溶液：c(KOH)=0.01 mol/L，用0.02 mol/L氢氧化钾-甲醇标准滴定溶液稀释后，保存于棕色瓶中。

4.7 pH为7的标准缓冲液：采用GB 9724中规定的方法制备。

5 仪器

5.1 滴管称量瓶或其他能称量液体试样的器皿。

5.2 烧杯：250 mL。

5.3 微量滴定管：5 mL或10 mL。

5.4 磁力加热搅拌器。

5.5 电位滴定仪或pH计。

5.6 甘汞电极。

5.7 玻璃电极。

5.8 温度计：0～100 ℃。

5.9 移液管：2 mL，5 mL。

5.10 分析天平：感量0.1 mg。

6 分析多亚甲基多苯基异氰酸酯和4,4′-二苯基甲撑二异氰酸酯中酸度的步骤

6.1 在干燥的烧杯(5.2)中用滴管称量瓶(5.1)减量法称取1～2 g试样，精确至0.001 g，加入50 mL甲苯(4.3)。同时放入搅拌子并将烧杯移至磁力加热搅拌器(5.4)上，开动搅拌器搅拌溶解试样。

6.2 再加入50 mL甲醇(4.1)，插入温度计(5.8)，盖上表面皿，边加热边搅拌并在2～6 min内加热到60 ℃，当温度达到60 ℃后立即将烧杯离开热源并冷却30 min以上，至室温。

6.3 从烧杯中取出温度计，用10 mL甲醇(4.1)冲洗杯壁、表面皿和温度计。用移液管(5.9)加入2 mL盐酸溶液(4.4)。

6.4 将pH计(用pH为7的标准缓冲液标定过)的甘汞电极(5.6)和玻璃电极(5.7)浸入溶液中，开动磁力搅拌器搅拌，用氢氧化钾-甲醇标准滴定溶液(4.5)进行电位滴定，滴至pH值为7并稳定30 s不变，记下消耗的标准滴定溶液的体积V_3。

6.5 在同样条件下不加试样作空白试验，记下消耗的标准滴定溶液的体积V_0。

7 分析甲苯二异氰酸酯中酸度的步骤

7.1 在干燥的烧杯(5.2)中，用滴管称量瓶(5.1)减量法称取10 g左右的试样，精确至0.01 g。

7.2 加入100 mL正丙醇(4.2)，放入搅拌子，盖上表面皿，搅拌10 min。

7.3 用10 mL正丙醇冲洗表面皿及杯壁，用移液管(5.9)加入2.00 mL盐酸溶液(4.4)，将pH计(用pH为7的标准缓冲溶液标定过)的甘汞电极(5.6)和玻璃电极(5.7)浸入溶液中，开动搅拌器。

7.4 用氢氧化钾-甲醇标准滴定溶液(4.6)，采用GB 9725中规定的方法进行电位滴定。

7.5 在相同条件下不加试样作空白试验。

8 分析结果的表述

8.1 试样酸度按式(2)计算：

$$w=\frac{(V_3-V_0)\cdot c\times 0.036\,5\times 100}{m}=\frac{(V_3-V_0)\cdot c\times 3.65}{m}\quad\cdots\cdots\cdots\cdots\cdots(2)$$

式中：w——以盐酸(HCl)计的酸度百分含量，%；

V_3——滴定试样时氢氧化钾-甲醇标准滴定溶液的用量，mL；

V_0——空白试验时氢氧化钾-甲醇标准滴定溶液的用量，mL；

c——氢氧化钾-甲醇标准滴定溶液的实际浓度，mol/L；

0.0365——与1.00 mL氢氧化钾-甲醇标准滴定溶液〔c(KOH)＝1.000 mol/L〕相当的，以克表示的氯化氢的质量；

m——试样的质量，g。

8.2 分析结果以平行测定的两个结果的算术平均值表示，并保留两位有效数字。

9 精密度

置信度为95%时的重复性和再现性。

9.1 重复性：多亚甲基多苯基异氰酸酯和4,4′-二苯基甲撑二异氰酸酯应不大于0.006%；甲苯二异氰酸酯应不大于0.000 5%。

9.2 再现性：多亚甲基多苯基异氰酸酯和4,4′-二苯基甲撑二异氰酸酯应不大于0.050%；甲苯二异氰酸酯应不大于0.001%。

10 试验报告

试验报告应包括以下各项：

a. 注明按照本标准；

b. 试样名称、型号、等级、批号；

c. 送样单位；

d. 按8表示的结果；

e. 试验人员；

f. 试验日期。

附加说明：

本标准由中华人民共和国化学工业部提出。

本标准由全国塑料标准化技术委员会塑料树脂产品分会归口。

本标准由江苏省化工研究所负责起草。

本标准主要起草人戴玉如、周自清。

本标准等效采用美国试验与材料协会标准ASTM D 1638—74《聚氨酯泡沫用异氰酸酯的标准试验方法》中第48～54和78～84节。

中华人民共和国国家标准

GB 13657—92

双酚-A型环氧树脂

Bisphenol-A epoxy resins

1 主题内容与适用范围

本标准规定了双酚-A型环氧树脂的技术要求、试验方法、检验规则以及标志、包装、运输和贮存的要求。

本标准适用于双酚-A型环氧树脂。

本标准不适用于含固化剂的双酚-A型环氧树脂。

2 引用标准

GB 1630 环氧树脂命名

GB 4612 环氧化合物环氧当量的测定

GB 4613 环氧树脂和缩水甘油酯无机氯的测定

GB 4618 环氧树脂和有关材料易皂化氯的测定

GB 6678 化工产品采样总则

GB 6679 固体化工产品采样通则

GB 6680 液体化工产品采样通则

GB 6740 漆料挥发物和不挥发物的测定

GB 12007.4 环氧树脂粘度测定方法

GB 12007.6 环氧树脂软化点测定方法 环球法

GB 12007.1 环氧树脂颜色测定方法 加德纳色度法

GB 12007.2 环氧树脂钠离子测定方法

GB 12007.7 环氧树脂凝胶时间测定方法

3 型号和主要用途

3.1 双酚-A型环氧树脂应按GB 1630命名，其型号和主要用途如表1所示。

表1 双酚-A型环氧树脂型号和主要用途

树脂型号	主要用途
EP 01441-310	用于粘合、浇注、浸渍、层压
EP 01451-310	用于粘合、浇注、密封、层压
EP 01551-310	用于粘合、浇注、密封、层压
EP 01661-310	用于粉末涂料、油漆
EP 01671-310	用于粉末涂料
EP 01681-410	用于耐腐蚀涂料或绝缘涂料
EP 01691-410	用于高级耐腐蚀涂料或绝缘涂料

国家技术监督局1992-09-01批准 1993-07-01实施

3.2 双酚-A 型环氧树脂新、老型号对照见附录 A。

4 技术要求

双酚-A 型环氧树脂的技术要求应符合表 2 规定。

表 2 双酚-A 型环氧树脂技术要求

序号	检验项目 \ 型号 / 等级	EP 01441-310			EP 01451-310			EP 01551-310			EP 01661-310			EP 01671-310			EP 01681-410			EP 01691-410		
		优等品	一等品	合格品	优等品	一等品	合格品	优等品	一等品	合格品	优等品	一等品	合格品	优等品	一等品	合格品	优等品	一等品	合格品	优等品	一等品	合格品
1	外观	无明显的机械杂质																				
2	环氧当量,g/Eq	184～194	184～200	184～210	210～230	210～240	210～250	230～270	230～280	230～290	450～500	450～530	450～560	800～1 000	800～1 100	800～1 200	1 700～2 100	1 700～2 400	1 700～2 500	2 400～3 300	2 400～3 600	2 400～4 000
3	粘度(25℃),Pa·s	11～14	7～20	6～26	—			—			—			—			—			—		
4	软化点,℃	—			12～20			21～27			60～76			90～102	85～104	85～106	115～127	115～130	115～135	130～145	130～150	130～150
5	色度,号 ≤	1	3	5	1	4	8	1	4	8	1	4	8	1	4	8	1	3	6	1	3	6
6	无机氯含量,ppm ≤	50	180	300	50	180	300	50	100	300	50	100	300	50	100	300	—			—		
7	易皂化氯含量,% ≤	0.10	0.30	0.70	0.10	0.30	0.50	0.10	0.30	0.50	0.10	0.30	0.50	0.10	0.30	0.50	0.10	0.30	0.50	0.10	0.30	0.50
8	挥发分(110℃,3 h),% ≤	0.2	1.0	1.8	0.3	0.6	1.0	0.3	0.6	1.0	0.6		0.8	0.6		0.8	0.6	0.8	1.0	0.6	0.8	1.0
9	钠离子含量[1],ppm ≤	10	—		10	—		20	—		—			—			—			—		
10	凝胶时间	由供需双方商定									—			—			—			—		

注：1) 仅电气工业用户要求时考核。

5 试验方法

5.1 外观的测定

环氧树脂的外观以目视测定。取适量树脂倒入试管中，在透射光下观察。固体树脂应先在烘箱中加热熔融，然后倒入试管，置于温度100～120℃的烘箱中除去气泡，再将试管冷却至室温观察。

5.2 环氧当量的测定

采用GB 4612中规定的方法。

5.3 粘度的测定

采用GB 12007.4中规定的方法。

5.4 软化点的测定

采用GB 12007.6中规定的方法。其中，EP 01451-310和EP 01551-310树脂，制样时应将环内树脂与铜片（或铝片）放在温度为－20～－15℃条件下冷却40 min。

试验时，在烧杯中加入0℃的清洁水，至水面高度为100～108 mm。

5.5 色度的测定

采用GB 12007.1中规定的方法。

5.6 无机氯含量的测定

采用GB 4613中规定的方法。

5.7 易皂化氯含量的测定

采用GB 4618中规定的方法。

5.8 挥发分的测定

采用GB 6740中规定的方法。

5.9 钠离子含量的测定

采用GB 12007.2中规定的方法。

5.10 凝胶时间的测定

采用GB 12007.7中规定的方法。

6 检验规则

6.1 在相同原料、相同配比和相同工艺的条件下，同一生产厂生产的一釜或数釜经均匀混合的同一型号产品为一批。

6.2 环氧树脂的样品数和样品量，按GB 6678中6.6条确定。固体树脂按GB 6679中2.3条规定取样；液体树脂按GB 6680中第4章规定取样。

6.3 生产厂必须保证出厂的产品符合本标准规定的各项技术要求。

6.4 本标准表2中规定的全部项目为出厂检验项目。生产厂应对每批产品进行出厂检验。

6.5 使用单位有权按本标准规定对收到的环氧树脂进行检验。如发现产品质量不符合本标准规定，应在收货后一个月内向生产厂提出复验或处理意见。生产厂在接到用户意见后，应在一个月内答复。

6.6 经检验，有任何一项指标不符合要求，应重新自同批产品双倍量的包装件中抽取试样进行复验，并以复验的结果定等级。

6.7 当供需双方对产品质量发生争议时，应由双方协商解决或由法定质量监督部门进行仲裁。

7 标志、包装、运输、贮存

7.1 标志

包装件上应有清晰、牢固的标志，标明产品名称、型号、等级、批号、净重、生产日期和生产厂名并附有合格证。

7.2 包装

液体树脂用密封良好的白铁桶包装;固体树脂用铁桶或内衬二层塑料袋的编织袋包装,每件净重25、50、100 kg。

7.3 运输

本产品应采用有篷的运输工具运输,以防雨、防潮和防晒。搬运时应避免包装件破损。

本产品为非危险品。

7.4 贮存

本产品应存放在通风、干燥的库房内。防止日光直接照射,并应隔绝火源,远离热源。

产品自生产之日起,贮存期为1年。超过贮存期可按本标准规定再行检验,如符合质量要求仍可使用。

附 录 A
双酚-A 型环氧树脂新、老型号对照表
（参考件）

新　　型　　号	老　　型　　号
EP 01441-310	E-51、CYD-128[1)]
EP 01451-310	E-44
EP 01551-310	E-42
EP 01661-310	E-20、CYD-011
EP 01671-310	E-12、CYD-014
EP 01681-410	E-06、CYD-017
EP 01691-410	E-03

注：1）CYD 系列为岳阳引进生产线产品。

附加说明：

本标准由中华人民共和国化学工业部提出。

本标准由全国塑料标准化技术委员会塑料树脂产品分会(SC4)归口。

本标准由化学工业部晨光化工研究院一分院负责起草。

本标准主要起草人吴秀华。

本标准参照采用美国试验与材料协会标准 ASTM D 1763—81《环氧树脂标准规范》。

自本标准实施之日起，原中华人民共和国化学工业部部标准 HG 2—741—72《E 型环氧树脂》作废。

中华人民共和国国家标准

GB 13658—92

多亚甲基多苯基异氰酸酯

Polymethylene polyphenylene isocyanate

1 主题内容与适用范围

本标准规定了聚氨酯主要原料之一——多亚甲基多苯基异氰酸酯(以下简称PAPI)的技术要求、试验方法、检验规则及标志、包装、运输、贮存的要求。

本标准适用于苯胺经缩合、光气化制造的多亚甲基多苯基异氰酸酯。

2 引用标准

GB 4472 化工产品密度、相对密度测定通则

GB 6678 化工产品采样总则

GB 6680 液体化工产品采样通则

GB 12009.2 异氰酸酯中水解氯含量测定方法

GB 12009.3 多亚甲基多苯基异氰酸酯粘度测定方法

GB 12009.4 多亚甲基多苯基异氰酸酯中异氰酸根含量测定方法

GB/T 12009.5 异氰酸酯中酸度的测定

3 技术要求

PAPI产品理化性能应符合表中规定。

项　　目		指　　标		
		优等品	一等品	合格品
外观		棕色液体		深褐色粘稠液体
异氰酸根(—NCO)含量,%(*m/m*)		30.5～32.0	30.0～32.0	29.0～32.0
粘度(25℃),mPa·s		100～250	100～400	100～600
酸度(以HCl计),%(*m/m*)	≤	0.10	0.20	0.35
水解氯含量,%(*m/m*)	≤	0.2	0.3	0.5
密度(25℃),g/cm^3		1.220～1.250		

4 试验方法

4.1 外观的测定

目测。

4.2 异氰酸根(—NCO)含量的测定

采用GB 12009.4中规定的方法进行测定。

4.3 粘度的测定

国家技术监督局1992-09-01批准　　1993-07-01实施

采用 GB 12009.3 中规定的方法进行测定。

4.4 酸度的测定

采用 GB 12009.5 中规定的方法进行测定。

4.5 水解氯含量的测定

采用 GB 12009.2 中规定的方法进行测定。

4.6 密度的测定

采用 GB 4472 中规定的 2.3.1 比重瓶法进行测定。恒温水浴温度控制在 25±0.1℃。

5 检验规则

5.1 由同一条生产线、在相同的原料配比和相同工艺条件下生产的经混合均匀的 PAPI 产品为一批，间歇法生产的每批不大于 10 t，连续法生产的每批不大于 100 t。

5.2 取样采用 GB 6678 中 6.6、10 和 GB 6680 中规定的方法。生产厂可在生产线上取样，每批产品取样量不得少于 1 kg。

5.3 每批产品必须由生产厂的质量检验部门进行检验，并保证出厂的所有产品达到本标准规定的各项技术要求。

5.4 本标准表中外观、异氰酸根含量、粘度、酸度、水解氯含量为出厂检验项目；密度为抽检项目，每5批抽检一次。型式检验按 GB 1.3 中 6.6.1 规定进行。

5.5 使用单位有权按本标准规定，对所收到的产品进行检验。如需复验应在收到产品 3 个月内向生产厂提出。

5.6 检验结果有某项技术要求不符合本标准规定时，应重新自该批产品中两倍的包装件中取样对不合格项目进行复验，以复验结果定等级。

5.7 当供需双方对产品质量发生异议时，由双方协商解决或由法定质量检测部门进行仲裁。

6 标志、包装、运输、贮存

6.1 标志

每批产品应有质量检验报告单。每一包装桶上应有清晰、牢固的标志，标明产品名称、等级、批号、净重、生产日期、生产厂名以及有毒标志等。

6.2 包装

产品用铁桶充干燥氮气密封包装，每桶净重不大于 250 kg。每一包装桶上应有合格证。

6.3 运输

产品在运输中，应注意防湿和防晒。

6.4 贮存

产品应贮存在干燥并通风良好的室内。

附加说明：

本标准由中华人民共和国化学工业部提出。

本标准由全国塑料标准化技术委员会塑料树脂产品分会(SC4)归口。

本标准由江苏省化工研究所负责起草。

本标准主要起草人陈双飞、李明。

ICS 83.080.01
G 31

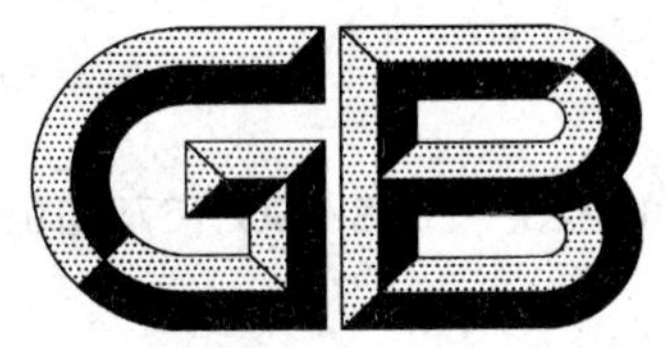

中华人民共和国国家标准

GB/T 15223—2008/ISO 1675:1985
代替 GB/T 15223—1994,GB/T 12007.5—1989

塑料 液体树脂 用比重瓶法测定密度

Plastics—Liquid resins—Determination of density by the pyknometer method

(ISO 1675:1985,IDT)

2008-09-04 发布 2009-04-01 实施

中华人民共和国国家质量监督检验检疫总局
中国国家标准化管理委员会 发布

前　言

本标准等同采用ISO 1675:1985《塑料——液体树脂——用比重瓶法测定密度》(英文版)。

为便于使用,本标准作了下列编辑性修改:

a) 把"本国际标准"一词改为"本标准"或"GB/T 15223";

b) 删除了ISO 1675:1985的前言;

c) 增加了本标准的前言;

d) 用我国的小数点符号"."代替国际标准中的小数点符号","。

本标准代替GB/T 15223—1994《液体树脂密度的测定方法　比重瓶法》和GB/T 12007.5—1989《环氧树脂密度测定方法　比重瓶法》,将GB/T 12007.5—1989的内容纳入本标准。

本标准与GB/T 15223—1994相比,主要技术内容改变如下:

a) 更改了标准名称;

b) 增加了定义、目次、前言;

c) 删除了仪器中的烘箱;

d) 删除了允许差;

e) 扩大了GB/T 12007.5—1989的适用范围。

本标准由中国石油和化学工业协会提出。

本标准由全国塑料标准化技术委员会通用方法和产品分会(SAC/TC 15/SC 4)归口。

本标准负责起草单位:国家合成树脂质量监督检验中心、杭州师范大学。

本标准参加起草单位:北京燕山石化树脂所、国家石化有机原料合成树脂质检中心、广州金发科技股份有限公司。

本标准主要起草人:郑宁、蒋建雄、宋桂荣、陈宏愿、李建军、王超先。

本标准所代替标准的历次版本情况为:

——GB/T 15223—1994;

——GB/T 12007.5—1989。

塑料 液体树脂 用比重瓶法测定密度

1 范围

本标准规定了使用比重瓶测定液体树脂密度的方法。

本标准适用于低黏度和中等黏度液体树脂密度的测定，对高黏度树脂也可采用，但在操作上有困难。

2 术语和定义

下列术语和定义适用于本标准。

2.1

密度；质量密度 density；mass density

质量除以体积，单位为克每毫升(g/mL)。

3 原理

测定装在已知体积的比重瓶中的树脂在23 ℃时的质量。

4 仪器

4.1 比重瓶：为一精密刻度的烧瓶。刻度线以上的细颈高度不超过50 mm。

比重瓶在23 ℃±0.1 ℃的标定容积应测准到1/10 000。它是通过此温度下蒸馏水在比重瓶中的质量来测定(见第6章中的注)。

通常所使用的比重瓶具有表1所示的特性。

表1 比重瓶特性

烧瓶体积(V)/mL	细颈内径(d)/mm
100±0.1	13±1
50±0.05	11±1

4.2 漏斗：漏斗其内径应尽可能大，漏斗管应刚好插到比重瓶刻度线。

4.3 天平：分度值0.2 mg。

4.4 水浴：能维持在23 ℃±0.1 ℃。

4.5 细滤纸。

4.6 透明锥形瓶：广口(例如Erienmeyer氏)，带塞，容积200 mL～600 mL。

5 步骤

5.1 树脂准备

把至少150 g树脂放进锥形瓶(4.6)中，检查锥形瓶中树脂有无气泡。如果观察到气泡，把带塞的锥形瓶放置足够长时间，以使所有气泡消失。在放置之后或在放置的同时将其浸没于水浴(4.4)中，以使锥形瓶和其中的树脂控制在23 ℃±0.1 ℃。

注：为了加速排出气泡，特别是靠近瓶壁的气泡，应用一根细金属丝穿过锥形瓶细颈来搅动或拨开它们。

5.2 测量密度

称量空比重瓶(4.1),准确到0.2 mg。

将比重瓶放在水浴(4.4)中,用漏斗(4.2)把树脂装入比重瓶。

操作时应注意:

a) 比重瓶中的树脂中不得有气泡存在。如果有气泡形成,则等待它们消失,必要时,用一根金属丝摩擦比重瓶壁,或者倒空比重瓶,清理后,重新装树脂。推荐使用后一种方法;

b) 将树脂装入比重瓶,准确至刻度线;

c) 移去漏斗时,漏斗管不得与比重瓶细颈接触。

静置至少30 min,检查比重瓶中树脂水平面是否在刻度线位置。如果需要,补加几滴树脂或用细滤纸(4.5)(可将它缠在一根玻璃棒上)除去多余的树脂。

称量装有树脂的比重瓶,准确到0.2 mg。

6 结果表示

在23 ℃时的密度ρ_{23}由式(1)得出:

$$\rho_{23}=\frac{m_1-m_0}{V}+\rho_a \qquad \cdots\cdots(1)$$

式中:

m_1——23 ℃时装有树脂的比重瓶质量,单位为克(g);

m_0——23 ℃时空比重瓶质量,单位为克(g);

V——23 ℃时比重瓶的体积,单位为毫升(mL);

ρ_a——23 ℃时空气的密度,近似等于0.001 2 g/mL(空气浮力校正)。

结果保留小数点后3位。

注:校正或测定在23 ℃比重瓶的体积时,使用蒸馏水应用式(2):

$$V=\frac{m_2-m_0}{\rho_e-\rho_a}=\frac{m_2-m_0}{0.996\,4} \qquad \cdots\cdots(2)$$

式中:

m_2——23 ℃时装有蒸馏水的比重瓶的质量,单位为克(g);

ρ_e——23 ℃时蒸馏水的密度,等于0.997 6 g/mL。

7 试验报告

试验报告应包括下列内容:

a) 注明采用本标准;

b) 试验材料的详细说明;

c) 在23 ℃时的密度ρ_{23},以克每毫升(g/mL)表示;

d) 本标准未规定的操作步骤细节和可能对结果产生的影响。

ICS 83.180
G 38

中华人民共和国国家标准

GB 19340—2003

鞋和箱包用胶粘剂

Adhesives for footwear and base and bag

2003-10-09 发布

2004-06-01 实施

中华人民共和国
国家质量监督检验检疫总局 发布

前　言

本标准中第3章第4条为强制性条款，其余为推荐性条款。

本标准的附录A、附录B、附录C为规范性附录。

本标准由中国石油和化学工业协会提出。

本标准由全国胶粘剂标准化技术委员会归口。

本标准负责起草单位：上海橡胶制品研究所、化学工业胶粘剂质量监督检验中心、中国胶粘剂工业协会。

本标准参加起草单位：南海南光化工包装有限公司、南海霸力化工制品有限公司、镇江金宝粘合剂有限公司。

本标准起草人：王丁林、金卫星、沈忆华、王美芬、居隐翰、李宪权、龚辈凡。

本标准代替HG/T 2493—1993《鞋用氯丁橡胶胶粘剂》。

本标准委托全国胶粘剂标准化技术委员会负责解释。

鞋和箱包用胶粘剂

1 范围

本标准规定了鞋和箱包用胶粘剂的粘接性能、有害物质限量及其试验方法。

本标准适用于鞋和箱包用胶粘剂。

本标准不包括与使用者有关的所有安全问题，因此使用者有责任在使用前建立有关的安全和卫生条款以及确立所规定的使用范围，以满足国家的有关规定（如车间空气中有害物质的的浓度等）。

2 规范性引用文件

下列文件中条款通过本标准的引用而成为本标准的条款。凡是注日期的引用文件，其随后所有的修改单（不包括勘误的内容）或修订版均不适用于本标准，然而，鼓励根据本标准达成协议的各方研究是否可使用这些文件的最新版本。凡是不注日期的引用文件，其最新版本适用于本标准。

GB/T 532 硫化橡胶或热塑性橡胶与织物粘合强度的测定（idt ISO 36）

GB/T 7124 胶粘剂拉伸剪切强度试验方法（金属对金属）（eqv ISO 4587）

GB 18583 室内装饰装修材料 胶粘剂中有害物质限量

HG/T 2815 鞋用胶粘剂耐热性试验方法 蠕变法

HG/T 3075 胶粘剂产品的包装、标志、运输和贮存的规定

3 技术要求

3.1 用于鞋帮与鞋底以及鞋底重叠粘接的鞋用胶粘剂的粘接性能应符合表1的规定。

表1 鞋用胶粘剂的粘接性能

项目		指标
初粘性/(N/mm)	≥	1.0
剥离强度/(N/mm)	≥	4.0
耐热老化性/(N/mm)	≥	4.0
剪切强度/MPa	≥	1.8
蠕变性/mm	≤	15

这些粘接性能要求仅涉及在正常条件下穿着的鞋子。对于需经受附加负荷和/或其他外部条件的特种鞋类，如安全鞋、工作鞋或运动鞋，需进行附加试验。

3.2 推荐试验材料

3.2.1 试验材料和粘接工艺可以由生产商和用户指定，但粘接性能不能低于表1中对应项目的指标值。一种胶粘剂用某一种试验材料得出的试验结果不可无条件地运用到相类似的鞋料上去。必须用该种胶粘剂去检验实际使用的鞋料，以确保满足上表的规定。推荐下列试验材料：

a) 推荐试验材料皮革1：铬鞣制面革；

b) 推荐试验材料皮革2：底革，植物鞣制；

c) 推荐试验材料SBR 1：丁苯橡胶，邵尔A硬度95；

d) 推荐试验材料SBR 2：丁苯橡胶，邵尔A硬度70；

e) 推荐试验材料NBR：丁腈橡胶，邵尔A硬度80；

f) 推荐试验材料 SBSR:热塑性橡胶,邵尔 A 硬度 60;

h) 推荐试验材料 PVC:软聚氯乙烯,邵尔 A 硬度 70。

上述推荐试验材料的性能应不影响到胶粘剂的粘接性能试验。作为特征给出的邵尔 A 硬度仅用来需要时区别各种不同的材料。

3.2.2 推荐试验材料用下列材料组合制备试样:

皮革 1/SBR1

皮革 1/皮革 2

SBR1/SBR1

SBR2/SBR2

NBR/NBR

SBSR/SBSR

PVC/PVC

皮革 1/SBR1 试样用来判定胶粘剂对于制鞋工业中用的最多的面革——鞋底的粘接性能。

用来判定具有比皮革 1 更高本体强度的胶粘剂时采用推荐试验材料皮革 2,SBR1,SBR2,NBR,SBSR 和 PVC 两条相同的推荐试验材料制成的试样。

可采用皮革 1/SBR1 试样(如聚氯丁二烯胶粘剂)或皮革 1/PVC 试样(如聚氨酯胶粘剂)来进行蠕变剥离试验(50℃±2℃)

3.3 除仅用于工艺定位外,箱包用胶粘剂的剥离强度应不低于 2.0 N/mm。试验材料和粘接工艺可以由生产商和用户指定,但剥离强度值不能低于 2.0 N/mm。

3.4 胶粘剂中有害物质限量要求

鞋和箱包用胶粘剂中有害物质的限量应符合表 2 的规定。

表 2 鞋和箱包用胶粘剂中有害物质限量

项目			指标
苯		≤	5.0 g/kg
甲苯+二甲苯		≤	200 g/kg
游离甲苯二异氰酸酯[a]		≤	10.0 g/kg
正己烷		≤	150 g/kg
二氯甲烷	卤代烃	≤	50.0 g/kg
1,2-二氯乙烷			
1,1,2-三氯乙烷			
三氯乙烯			
总挥发性有机物		≤	750 g/L

a 聚氨酯胶粘剂测试本项目。

4 试验方法

4.1 被粘材料和其表面处理及试样制备

4.1.1 被粘材料和表面处理

被粘试验材料和表面处理由生产商和用户指定。如无指定,按附录 A 进行。

4.1.2 试样制备

4.1.2.1 试样的形状和尺寸及试样数量

4.1.2.1.1 初粘性、剥离强度、耐热老化性和蠕变试样试片长 100 mm±2 mm,宽 30 mm±0.5 mm,两试片叠合,粘接长度为 60 mm±2 mm。

4.1.2.1.2 剪切强度试样

试片长 80 mm±2 mm,宽 20 mm±0.2 mm,两试片单搭接,搭接长度为 10 mm±0.2 mm。

4.1.2.1.3 试样数量

试样数量至少为 3 个;仲裁试验不少于 5 个。

4.1.3 试样粘接工艺

试样粘接工艺如胶粘剂配比、涂胶量、涂胶次数、晾置时间、固化温度、压力、加压时间等由生产商和用户指定。如无指定,按附录 A 进行。

4.2 初粘性

试样制备后停放 2 min,按 GB/T 532 规定进行剥离试验。试样夹持器的分离速度为 100 mm/min ±10 mm/min。

4.3 剥离强度

试样制备后,在温度 23℃±2℃、相对湿度 50%±5%停放 5 天,按 GB/T 532 的规定进行剥离试验。试样夹持器的分离速度为 100 mm/min±10 mm/min。

4.4 耐热老化性

试样制备后,在温度 23℃±2℃、相对湿度 50%±5%停放 5 天后,再在温度 50℃±2℃停放 5 天,按 GB/T 532 的规定进行剥离试验。试样夹持器的分离速度为 100 mm/min±10 mm/min。

4.5 剪切强度

试样制备后,在温度 23℃±2℃、相对湿度 50%±5%停放 5 天后,按 GB/T 7124 的规定进行剪切试验。试样夹持器的分离速度为 25 mm/min±2 mm/min。

4.6 蠕变性

试样制备后,在温度 23℃±2℃、相对湿度 50%±5%停放 5 天后,按 HG/T 2815 规定进行。试验温度为 50℃±2℃,加载砝码与钩子总质量为 1.5 kg,试验时间 10 min。

4.7 苯含量测定按 GB 18583 规定进行。

4.8 甲苯和二甲苯含量测定按 GB 18583 规定进行。

4.9 游离甲苯二异氰酸酯含量测定按 GB 18583 规定进行。

4.10 正己烷含量测定按本标准附录 B 规定进行。

4.11 二氯甲烷、1,2-二氯乙烷、1,1,2-三氯乙烷和三氯乙烯含量测定按本标准附录 C 规定进行。

4.12 总挥发性有机物含量测定按 GB 18583 规定进行。

5 检验规则

5.1 检验分类

产品按本标准检验合格后方能出厂,并附产品合格证。

产品检验分出厂检验和型式检验两类。

5.1.1 出厂检验

鞋用胶粘剂出厂检验项目:初粘性、剥离强度、耐热老化性。被粘材料选用本标准推荐的材料。

箱包胶粘剂出厂检验项目:剥离强度。

5.1.2 型式检验

5.1.2.1 有下列情况之一时,应进行型式检验:

a) 正常生产一年后,或配方、工艺有较大改变,可能影响质量时;

b) 停产半年以上恢复生产时;

c) 国家质量监督机构或用户提出要求时。

5.1.2.2 型式检验项目

鞋用胶粘剂型式检验项目：有害物质限量、初粘性、剥离强度、剪切强度、耐热老化性和蠕变性。被粘材料选用本标准推荐材料。

箱包胶粘剂型式检验项目：有害物质限量、剥离强度。

5.2　组批与检验

每一釜生产的产品为一批，按批进行检验。

5.3　采样

5.3.1　产品采样数量按表3规定进行。

表3　产品采样数量

容器数	最低采样个数	容器数	最低采样个数
2～8	2	217～343	7
9～27	3	344～512	8
28～64	4	513～729	9
65～125	5	730～1 000	10
126～216	6	1 000以上	11

5.3.2　采取的样品经混合后组成试验用混合试样总量不少于1.5 kg，分成3个试验样品，将试验试品存放在密闭容器内保存。

5.4　检验结果判定

检验结果如有一项不符合本标准要求的指标值时，取双倍样品对不合格项目进行复检，复检后仍未达到相应的指标值时，则判定该批胶粘剂为不合格品。

6　标志、包装、运输和贮存

按HG/T 3075规定进行。鞋和箱包用胶粘剂必须在外包装上标明有害物质含量及涉及健康安全的使用方法。

7　检验报告

检验报告应包括下列内容：

a)　本标准名称和编号；

b)　胶粘剂名称、生产单位及批号；

c)　采样方法；

d)　使用仪器名称及型号；

e)　检验结果；

f)　在检验过程中出现的异常情况；

g)　检验人和检验日期。

附 录 A
（规范性附录）
粘接性能试样制备

A.1 范围

本附录规定了测定鞋和箱包用胶粘剂粘接性能的试样制备。

A.2 试验材料及表面处理

被粘试验材料的选用和表面处理由生产商和用户指定。如无指定，可采用牛皮或丁苯橡胶。

A.2.1 牛皮

牛皮革规格为一级品，取其脊背部位。

牛皮须用砂轮打磨至皮面革起绒。打磨的试片应彻底刷除磨屑。

A.2.2 丁苯橡胶片

a) 胶料配方（质量份）

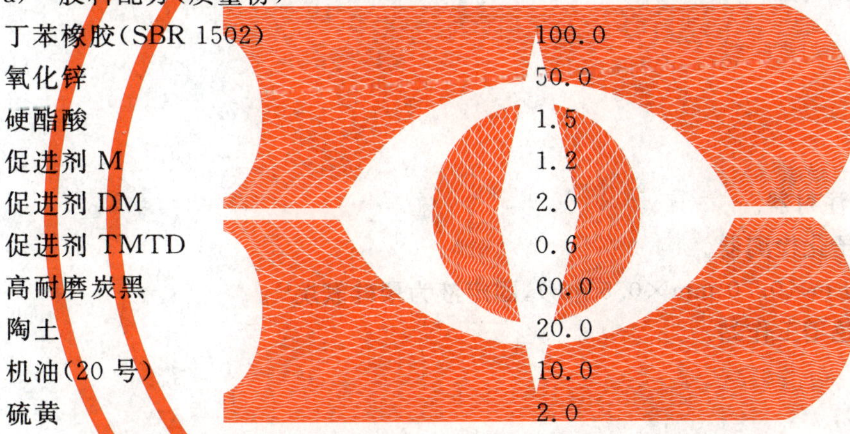

丁苯橡胶（SBR 1502）	100.0
氧化锌	50.0
硬脂酸	1.5
促进剂 M	1.2
促进剂 DM	2.0
促进剂 TMTD	0.6
高耐磨炭黑	60.0
陶土	20.0
机油（20 号）	10.0
硫黄	2.0

b) 硫化条件：（150℃±1℃）×8 min。

c) 丁苯橡胶片厚度：（2±0.3）mm，背面衬棉布。

d) 丁苯橡胶片制备后在室温下放置 24 h。

e) 丁苯橡胶片打磨及刷除磨屑。

A.3 试样制备

试样制备的粘接工艺如表面处理剂的应用，胶粘剂配比、涂胶量、涂胶次数、晾置时间、固化温度、压力、加压时间等由生产商和用户指定。如无指定，则按以下方法进行。胶粘剂在使用前如需配制，则按胶粘剂生产商的规定进行配制。胶粘剂涂布，一般可将已配制混合均匀的胶粘剂分别涂布于试验材料的两个被粘面上，涂刷二次。涂布后晾置约 15 min。对于吸附性材料要求在粘接面上多次涂布时，则应在检测报告中标明次数。晾置后将粘接面互相叠合，叠合时要防止错位和夹带气泡，然后用手辊沿纵向滚压 3～5 次，再施加（0.4～0.6）MPa 的均匀压力，时间为 15 s。试样制备后放置的条件和时间按各性能试验的规定进行。

附 录 B
（规范性附录）
鞋和箱包用胶粘剂中正己烷含量测定 气相色谱法

B.1 范围

本方法规定了鞋和箱包用胶粘剂中有害物质正己烷含量的测定方法。

本方法适用于正己烷含量在 0.1 g/kg 以上的鞋和箱包用胶粘剂测定。

B.2 原理

试样用适当的溶剂溶解后，直接用微量注射器将稀释后的试样溶液注入进样装置，并被载气带入色谱柱，在色谱柱内被分离成相应的组分，用氢火焰离子化检测器检测并记录色谱图，用外标法计算试样溶液中有害物质的含量。

B.3 试剂

B.3.1 正己烷：色谱纯。

B.3.2 乙酸丁酯：分析纯。

B.4 仪器

B.4.1 进样器：5 μL 的微量注射器。

B.4.2 色谱仪：带氢火焰离子化检测器。

B.4.3 色谱柱：毛细管柱（50 m×0.20 mm×0.5 μm），固定液为聚硅氧烷[1)]。

B.4.4 记录装置：积分仪或色谱工作站。

B.4.5 测定条件

B.4.5.1 汽化室温度：200℃；

B.4.5.2 检测室温度：250℃；

B.4.5.3 氮气：纯度大于 99.999%，硅胶除水，柱前压为 70 kPa（30℃）；

B.4.5.4 氢气：纯度大于 99.999%，硅胶除水，柱前压为 65 kPa；

B.4.5.5 空气：硅胶除水，柱前压为 55 kPa；

B.4.5.6 分流，分流比为 20：1；

B.4.5.7 尾吹：30 mL；

B.4.5.8 程序升温

第 1 阶：初始温度 30℃，保持时间 30 min，升温速率 2℃/min，终了温度 60℃。

第 2 阶：初始温度 60℃，保持时间 0 min，升温速率 5℃/min，终了温度 90℃。

第 3 阶：初始温度 90℃，保持时间 0 min，升温速率 10℃/min，终了温度 150℃，保持时间 10 min。

B.5 分析步骤

称取 0.2 g～0.3 g（精确至 0.1 mg）试样，置于 50 mL 容量瓶中，用乙酸丁酯溶解并稀释至刻度，摇匀。用 5 μL 注射器取 2.0 μL 进样，测其峰面积。若试样溶液的峰面积大于表 B.1 中最大浓度的峰面积，用移液管准确移取适量体积的试样溶液于 50 mL 容量瓶中，用乙酸丁酯稀释至刻度，摇匀后再

1) 当有其他组分与被测组分的峰难以分开时，此时需换用不同极性柱子在合适条件下进行试验。

测定。

B.6 标准溶液的配制

B.6.1 标准溶液:约 10 mg/mL

称取约 1 g(精确至 0.1 mg)正己烷,置于 100 mL 容量瓶中,用乙酸丁酯稀释至刻度,摇匀。

B.6.2 标准溶液:500 μg/mL

取适量体积的正己烷标准溶液(B.6.1),置于 100 mL 容量瓶中,用乙酸丁酯稀释至刻度,摇匀即得正己烷浓度为 500 μg/mL 的标准溶液。

B.6.3 系列标准溶液的配置

移取表 B.1 中所列体积的标准溶液(B.6.2),分别置于六个 25 mL 容量瓶中,用乙酸丁酯稀释至刻度,摇匀。

表 B.1 系列标准溶液的体积与相应浓度

移取的体积 /mL	正己烷的浓度/ (μg/mL)
25.00	500.0
10.00	200.0
5.00	100.0
2.50	50.0
1.00	20.0
0.50	10.0

B.6.4 系列标准溶液峰面积的测定

开启气相色谱仪,对色谱条件进行设定,待基线稳定后,用 5 μL 注射器取 2.0 μL 标准溶液进样,测定峰面积,每一标准溶液进样三次,取其平均值。

B.6.5 标准曲线的绘制

以正己烷峰的峰面积 A 为纵坐标,相应浓度 c(μg/mL)为横坐标,即得正己烷的标准曲线。

B.7 结果表述

直接从标准曲线上读取或根据回归方程计算出试样溶液中正己烷浓度。

试样中正己烷含量 X,计算公式为:

$$X = \frac{cVf}{1\,000\,m} \qquad \text{(B.1)}$$

式中:

X——试样中正己烷含量,单位为克每千克(g/kg);

c——试样溶液中正己烷浓度,单位为微克每毫升(μg/mL);

V——试样溶液的体积,单位为毫升(mL);

m——试样的质量,单位为克(g);

f——试样溶液的稀释倍数。

附 录 C
（规范性附录）
鞋和箱包用胶粘剂中卤代烃含量测定 气相色谱法

C.1 范围

本方法规定了鞋和箱包用胶粘剂中有害物质二氯甲烷、1,2-二氯乙烷、1,1,2-三氯乙烷、三氯乙烯含量的测定方法。

本方法适用于二氯甲烷、1,2-二氯乙烷、1,1,2-三氯乙烷、三氯乙烯含量在 0.1 g/kg 以上的鞋和箱包用胶粘剂测定。

C.2 原理

试样用适当的溶剂溶解后，直接用微量注射器将稀释后的试样溶液注入进样装置，并被载气带入色谱柱，在色谱柱内被分离成相应的组分，用氢火焰离子化检测器检测并记录色谱图，用外标法计算试样溶液中待测组分的含量。

C.3 试剂

C.3.1 二氯甲烷、1,2-二氯乙烷、1,1,2-三氯乙烷、三氯乙烯均为色谱纯。

C.3.2 乙酸乙酯：分析纯。

C.4 仪器

C.4.1 进样器：5 μL 的微量注射器。

C.4.2 色谱仪：带氢火焰离子化检测器。

C.4.3 色谱柱：毛细管柱(50 m×0.20 mm×0.5 μm)，固定液为聚硅氧烷[1]。

C.4.4 记录装置：积分仪或色谱工作站。

C.4.5 测定条件

C.4.5.1 汽化室温度：200℃；

C.4.5.2 检测室温度：250℃；

C.4.5.3 氮气：纯度大于 99.999%，硅胶除水，柱前压为 70 kPa(30℃)；

C.4.5.4 氢气：纯度大于 99.999%，硅胶除水，柱前压为 65 kPa；

C.4.5.5 空气：硅胶除水，柱前压为 55 kPa；

C.4.5.6 分流，分流比为 20∶1；

C.4.5.7 尾吹：30 mL；

C.4.5.8 程序升温

第 1 阶：初始温度 30℃，保持时间 30 min，升温速率 2℃/min，终了温度 60℃。

第 2 阶：初始温度 60℃，保持时间 0 min，升温速率 5℃/min，终了温度 90℃。

第 3 阶：初始温度 90℃，保持时间 0 min，升温速率 10℃/min，终了温度 150℃，保持时间 10 min。

C.5 分析步骤

称取 0.2 g～0.3 g(精确至 0.1 mg)试样，置于 50 mL 容量瓶中，用乙酸乙酯溶解并稀释至刻度，摇匀。

1) 当有其他组分与被测组分的峰难以分开时，此时需换用不同极性柱子在合适的条件下进行试验。

用 5 μL 注射器取 2.0 μL 进样，测其峰面积。若试样溶液的峰面积大于表 C.1 中最大浓度的峰面积，用移液管准确移取适量体积的试样溶液于 50 mL 容量瓶中，用乙酸乙酯稀释至刻度，摇匀后再测定。

C.6 标准溶液的配制

C.6.1 标准溶液：约 10 mg/mL

分别称取约 1 g(精确至 0.1 mg)二氯甲烷、1,2-二氯乙烷、1,1,2-三氯乙烷和三氯乙烯，分别置于四个 100 mL 容量瓶中，用乙酸乙酯稀释至刻度，摇匀。

C.6.2 标准溶液：500 μg/mL

分别移取适量体积的二氯甲烷、1,2-二氯乙烷、1,1,2-三氯乙烷和三氯乙烯标准溶液(C.6.1)，置于一个 100 mL 容量瓶中，用乙酸乙酯稀释至刻度，摇匀即得二氯甲烷、1,2-二氯乙烷、1,1,2-三氯乙烷和三氯乙烯浓度均为 500 μg/mL 的标准溶液。

C.6.3 系列标准溶液的配置

移取表 C.1 中所列体积的标准溶液(C.6.2)，分别置于六个 25 mL 容量瓶中，用乙酸乙酯稀释至刻度，摇匀。

表 C.1 系列标准溶液的体积与相应的浓度

移取的体积/mL	二氯甲烷的浓度/(μg/mL)	1,2-二氯乙烷的浓度/(μg/mL)	1,1,2-三氯乙烷的浓度/(μg/mL)	三氯乙烯的浓度/(μg/mL)
25.00	500.0	500.0	500.0	500.0
10.00	200.0	200.0	200.0	200.0
5.00	100.0	100.0	100.0	100.0
2.50	50.0	50.0	50.0	50.0
1.00	20.0	20.0	20.0	20.0
0.50	10.0	10.0	10.0	10.0

C.6.4 系列标准溶液峰面积的测定

开启气相色谱仪，对色谱条件进行设定，待基线稳定后，用 5 μL 的注射器取 2.0 μL 标准溶液进样，测定峰面积，每一标准溶液进样三次，取其平均值。

C.6.5 标准曲线的绘制

分别以二氯甲烷、1,2-二氯乙烷、1,1,2-三氯乙烷和三氯乙烯的峰面积 A 为纵坐标，相应标准溶液的浓度 c(μg/mL)为横坐标，即得二氯甲烷、1,2-二氯乙烷、1,1,2-三氯乙烷和三氯乙烯的标准曲线。

C.7 结果表述

直接从标准曲线上读取或根据回归方程计算出试样溶液中待测组分浓度。

试样中待测组分含量 X，计算公式为：

$$X = \frac{cVf}{1\,000\,m} \qquad \text{(C.1)}$$

式中：

X——试样中待测组分含量，单位为克每千克(g/kg)；

c——试样溶液中待测组分浓度，单位为微克每毫升(μg/mL)；

V——试样溶液的体积，单位为毫升(mL)；

m——试样的质量，单位为克(g)；

f——试样溶液的稀释倍数。

ICS 83.080.10
G 31

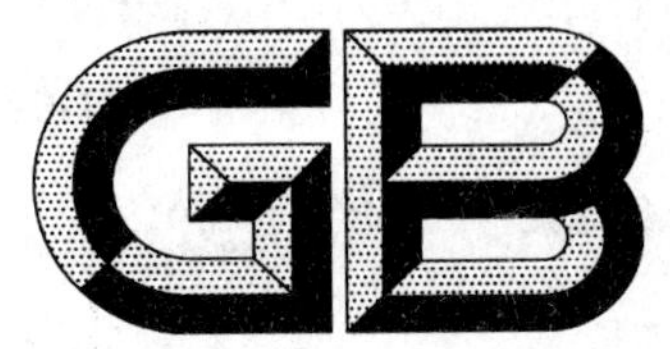

中华人民共和国国家标准

GB/T 22295—2008
代替 GB/T 12007.1—1989

透明液体颜色测定方法(加德纳色度)

Standard test method for color of transparent liquids(Gardner color scale)

2008-08-04 发布　　　　2009-04-01 实施

中华人民共和国国家质量监督检验检疫总局
中国国家标准化管理委员会　发布

前　言

本标准修改采用 ASTM D1544-2004《透明液体颜色测定方法(加德纳色度)》(英文版)。

本标准与 ASTM D1544-2004 相比主要变化如下:

——为便于使用,本标准做了一些编辑性的修改;

——本标准增加了原理一章;

——本标准删除了 ASTM D1544 的意义及用途,将其内容放入范围中;

——本标准未提供精密度数据,ASTM D1544-2004 提供了精密度数据;

——本标准增加了试验报告一章。

本标准代替 GB/T 12007.1—1989《环氧树脂颜色测定方法　加德纳色度法》。

本标准与 GB/T 12007.1—1989 相比主要变化如下:

——更改了标准名称;

——增加了前言;

——颜色标准由原来的液体标准改为现在的玻璃标准;

——对试样与标准的排列放置做出了要求;

——对观察视野做出了要求。

本标准的附录 A 和附录 B 为资料性附录。

本标准由中国石油和化学工业协会提出。

本标准由全国塑料标准化技术委员会(SAC/TC 15)归口。

本标准负责起草单位:国家合成树脂质量监督检验中心。

本标准参加起草单位:蓝星化工新材料股份有限公司无锡树脂厂、安徽恒远化工有限公司。

本标准主要起草人:王永桂、王琰、毛尽艳、程振朔。

本标准所代替标准的历次版本发布情况为:

——GB/T 12007.1—1989。

透明液体颜色测定方法(加德纳色度)

1 范围

本标准规定了干性油、清漆、脂肪酸、聚合脂肪酸、树脂溶液等透明液体颜色的测量方法,通过与适宜的玻璃标准色号相比较,以进行颜色测定。

本标准的使用者应当具有正常的颜色观察力。

本标准未涉及与使用有关的任何安全问题。在使用前,使用者有责任建立适宜的安全和健康措施并符合相关管理条例。

2 规范性引用文件

下列文件中的条款通过本标准的引用而成为本标准的条款。凡是注日期的引用文件,其随后所有的修改单(不包括勘误的内容)或修订版均不适用于本标准,然而,鼓励根据本标准达成协议的各方研究是否可使用这些文件的最新版本。凡是不注日期的引用文件,其最新版本适用于本标准。

ASTM D1545-1998 用起泡时间法测定透明液体黏度的试验方法。

ASTM D6166-1997(2003) 松脂制品及相关产品颜色的标准试验方法(加德纳色度法)。

ASTM E308-2006 用 CIE 体系估计物体颜色的试验方法。

3 原理

将试样置于内径符合标准的玻璃试管中,与加德纳玻璃色标进行目测比较,以与试样颜色最接近的某色标号表示试样的颜色。

4 仪器

4.1 玻璃标准:18 个,每个都有编号,表 1 中列出了各色号的色度坐标与透光系数。这些颜色标准只能用玻璃制成。现在使用的一些玻璃标准并不符合表 1 列出的值。在使用前应对玻璃标准进行校准。在附录 A 中列出了校准的方法步骤。

表 1 参照标准的颜色规格

加德纳色度标准号	色度坐标[a]		透光系数 Y/%	透射公差,±
	x	y		
1	0.317 7	0.330 3	80	7
2	0.323 3	0.335 2	79	7
3	0.332 9	0.345 2	76	6
4	0.343 7	0.364 4	75	5
5	0.355 8	0.384 0	74	4
6	0.376 7	0.406 1	71	4
7	0.404 4	0.435 2	67	4
8	0.420 7	0.449 8	64	4
9	0.434 3	0.464 0	61	4

表 1（续）

加德纳色度标准号	色度坐标[a]		透光系数 Y/%	透射公差，±
	x	y		
10	0.450 3	0.476 0	57	4
11	0.484 2	0.481 8	45	4
12	0.507 7	0.463 8	36	5
13	0.539 2	0.445 8	30	6
14	0.564 6	0.427 0	22	6
15	0.585 7	0.408 9	16	2
16	0.604 7	0.392 1	11	1
17	0.629 0	0.370 1	6	1
18	0.647 7	0.352 1	4	1

[a] 颜色标准的色度坐标与参照标准的色度坐标之差不大于两个相邻参照标准的 x 或 y 之差的 1/3。一套标准中，两个颜色标准坐标之差应大于相应的参照标准的 x 或 y 之差的 2/3。

4.2 玻璃试管：干净，内径为 10.65 mm，外壁长度约为 114 mm。（测试方法 D1545 所用黏度试管也满足该条件。）

4.3 将试样与标准进行比较的适宜仪器——比色计。比色计可能有不同的设计，但应具有下列特性：

a) 照明——国际发光照明委员会（CIE）光源 C；

b) 周围环境——环境应该是黑暗的；

c) 视野——试样对一个或多个标准的视觉角度应约为 2°，而且是同时、同地观察；

d) 标准和试样的排列——标准与试样之间要有看得见的间隙，但此间隙要尽可能小。

5 操作步骤

5.1 将试样倒满玻璃试管，如果试样浑浊，需经过滤。

5.2 将装有试样的玻璃试管与玻璃标准进行比较，确定在颜色的亮度与饱和度上最接近于试样的标准号。忽略色相的差别。

6 结果的表示

6.1 记录与试样颜色最接近的标准号数。如需更精确的表示时，则应记录与标准号匹配，或比标准号浅，或比标准号深。如颜色 5 和 6 之间，表示为 5，5^+，6^- 和 6 几档。

6.2 应记录试样与最接近的标准之间在色相上的重要差别。

7 精密度

由于尚未得到实验室间的试验数据，故未知本试验方法的精密度。如果得到上述数据，则在下次修订时加上精密度说明。ASTM D1544-2004 的精密度数据参见附录 B。

8 试验报告

试验报告应包括下列内容：

a) 注明采用本标准；

b） 标明受试物料的全部资料；

c） 试验结果；

d） 试验日期；

e） 任何其他的相关信息。

附 录 A
（资料性附录）
玻璃参照标准的校正

A.1 选取一个双光束的分光光度计，此光度计有一足够小的光束对着样品的位置，以致于全部光线都能透过要校准的标准，另一种方法是给分光光度计配备一个聚光透镜以达到这一目的。

A.2 将要校准的标准依次放到分光光度计的试样位置上，如果在比色计光源前面安装一个可卸的绿色滤光器，那么在校准每一个标准时，应将滤光器放到双光束分光光度计的参照光束中。

A.3 通过实验 E308，测得每个玻璃参照标准的光谱透射率数据。

A.4 通过每一个参照标准的光谱透射率数据计算在 CIE 光源 C 下的 CIE 三色值 X，Y，Z，以及色度坐标 x，y。

附　录　B
（资料性附录）
ASTM D1544-2004 的精密度和偏差

B.1　在 80 个实验室，用 4 个试样做同样的实验，在这个研究基础上得出：实验室间和实验室内标准分别偏差 0.5 和 0.1 个色号，基于这些离群标准，下列准则可以用来判定结果达到 95％置信水平。

B.2　重复性——同一个操作者得到的两个单次实验结果的绝对差如果大于一个标准色号的 2/3，则认为试验结果不可信。

B.3　再现性——在不同实验室所测得的两个结果（每一测试结果为重复测定的平均值）的绝对差大于一个色标号的 4/3，则认为试验结果不可信。

注 1：如果需要，表 1 中列出的液体色标，与试样比色用试管采用同一规格。氯铂酸钾用作浅色标准，三氯化铁和氯化钴盐酸溶液用作深色标准。这些溶液的规格及大致成分在测试方法 D1544-58T 中列出。当前应用的许多玻璃试管不符合表 1 中列出的值。

注 2：精密度值是两个标准在一个仪器中同时观察而得到的。另外一些颜色测定仪也许能够得到相似的结果，但是关于这些应用的阐述只限于仪器检测。

ICS 83.080
G 31

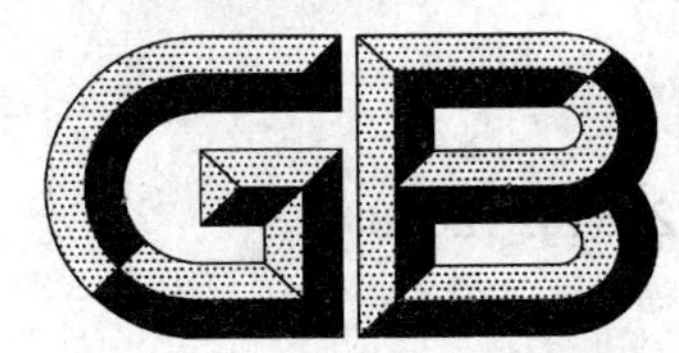

中华人民共和国国家标准

GB/T 22314—2008
代替 GB/T 12007.4—1989

塑料 环氧树脂 黏度测定方法

Plastics—Epoxide resins—Determination of viscosity

(ISO 3219:1993, Plastics—Polymers/resins in the liquid state or as emulsions or dispersions—Determination of viscosity using a rotational viscometer with defined shear rate, MOD)

2008-08-04 发布　　　　2009-04-01 实施

中华人民共和国国家质量监督检验检疫总局
中国国家标准化管理委员会 发布

前　言

本标准修改采用 ISO 3219:1993《塑料——液态或乳液态或分散体系聚合物/树脂——用旋转黏度计在规定剪切速率下黏度的测定》(英文版)。

本标准根据 ISO 3219:1993 重新起草,为了方便比较,在资料性附录 B 中列出本标准与 ISO 3219:1993 的技术差异,并在文中用垂直单线标识。

本标准与 ISO 3219:1993 主要技术性差异如下:

——范围仅适用于液态环氧树脂;

——仪器去掉了锥板系统;

——对操作步骤做了较详细的说明。

为便于使用,本标准作了下列编辑性修改:

a) 把"本国际标准"一词改为"本标准";

b) 删除了 ISO 3219:1993 的前言;

c) 增加了国家标准的前言;

d) 对于 ISO 3219:1993 引用的其他国际标准中有被等同采用为我国标准的,本标准用引用我国的国家标准代替对应的国际标准;

e) 用我国的小数点符号"."代替国际标准中的小数点符号","。

本标准代替 GB/T 12007.4—1989《环氧树脂粘度测定方法》。

本标准与 GB/T 12007.4—1989 相比主要变化如下:

——剪切速率增加了一个系列;

——对仪器的精度做了规定;

——测定次数增加为 3 次;

——增加了 2 个附录;

——增加了黏度计的校准;

——增加了温度计的精度应为 0.05 ℃。

本标准附录 A 为规范性附录,附录 B 为资料性附录。

本标准由中国石油和化学工业协会提出。

本标准由全国塑料标准化技术委员会(SAC/TC 15)归口。

本标准负责起草单位:国家合成树脂质量监督检验中心。

本标准参加起草单位:蓝星化工新材料股份有限公司无锡树脂厂、安徽恒远化工有限公司。

本标准主要起草人:王琰、王永桂、黄勇、程振朔。

本标准所代替标准的历次版本发布情况为:

——GB/T 12007.4—1989。

塑料　环氧树脂　黏度测定方法

1　范围

本标准给出了用具有规定剪切速率的同轴双圆筒旋转黏度计测定黏度的方法。

本标准适用于液态环氧树脂黏度的测定。

2　规范性引用文件

下列文件中的条款通过本标准的引用而成为本标准的条款。凡是注日期的引用文件，其随后所有的修改单(不包括勘误的内容)或修订版均不适用于本标准，然而，鼓励根据本标准达成协议的各方研究是否可使用这些文件的最新版本。凡是不注日期的引用文件，其最新版本适用于本标准。

GB/T 2918—1998　塑料试样状态调节和试验的标准环境(idt ISO 291:1997)

3　原理

用具有规定特性的旋转黏度计根据所用的剪切速率和得到的剪切应力测量液态样品的黏度。

黏度 η 用式(1)定义：

$$\eta=\frac{\tau}{\dot{\gamma}} \quad \cdots\cdots(1)$$

式中：

η——黏度，单位为帕斯卡秒(Pa·s)；

τ——剪切力，单位为帕斯卡(Pa)；

$\dot{\gamma}$——剪切速率，单位为每秒(s^{-1})。

根据国际单位制(SI)黏度的单位为帕斯卡秒(Pa·s)

$$1\ \mathrm{Pa\cdot s}=1\ \mathrm{N\cdot s/m^2}$$

注1：符号与 GB 3102.3 力学的量和单位一致。

注2：如果黏度依赖于测定所用剪切速率，即 $\eta=f(\dot{\gamma})$，液体称为非牛顿性液体。液体所具有的黏度与剪切速率无关则称为牛顿性液体。

4　仪器

4.1　旋转黏度计

4.1.1　测量系统

测量系统应包括两个刚性对称的同轴表面，其间放入待测黏度的流体。其中一个表面以恒定角速度旋转，而另一表面则保持静止。测量系统应能确定每次测量的剪切速率。

扭矩测量装置应与其中一个表面连接，这样可以测定为克服流体的黏滞阻力所需的扭矩。

适宜的测量系统为同轴圆筒系统。

测量系统的尺寸应满足附录 A 规定的条件，其设计可确保所有测量类型和所有通用型号仪器的测量区域具有相似的几何尺寸。

4.1.2　基础仪器

基础仪器应设计成能安装可供选择的转子和定子，以形成一系列规定的旋转频率(逐级地或连续地变化)，并且能测定与之对应的扭矩，反之亦然(即：产生一个规定的扭矩并测量与之对应的旋转频率)。

仪器的扭矩测定精度应在满刻度计数的 2% 以内。在仪器的正常工作范围内，仪器的旋转频率精度应在测定值的2%以内。黏度测定的重复性应在±2%。

注：就所使用的不同测量系统和旋转频率来说，大多数商品仪器都有一个黏度测量范围，其最小范围为(10^{-2}～10^{3})Pa·s。

不同仪器的剪切速率的范围差别很大，应根据所需测量的黏度和剪切速率的范围来选择一个特定的基础仪器和适合的测量系统。

4.2 温度控制装置

液体循环浴的温度或电加热器的温度在(0～50)℃范围内时，应能保持恒定在±0.2 ℃，在超过这个温度范围时，应能保持恒定在±0.5 ℃。

更精确的测量则需要更高的准确度(如±0.1 ℃)。

4.3 温度计

温度计的精度应为0.05 ℃。

5 取样

取样方法，包括样品的任何特殊制备和加入黏度计的方法应在所测产品的试验标准中规定。

样品中不应含有任何可见杂质和气泡。

如样品易吸潮或含有挥发性成分，应密闭样品容器以尽量减少对黏度测量的影响。

6 试验条件

6.1 校准

黏度计应定期校准，例如通过测量扭矩参数或采用已知黏度的参考流体(牛顿型流体)。如果在方法的精确度范围内，通过参考流体的测定值的直线不通过坐标系的原点，应根据制造商的说明书更彻底地检查操作步骤和仪器。

用于校准的标准流体的黏度应在待测样品的黏度范围内。

6.2 试验温度

由于黏度与温度相关，比对试验应在相同的温度下进行。如果需要在室温进行测定，测定温度应选择(23.0±0.2)℃。

更进一步的细节应在所测产品的测试标准中规定。

注1：在测量期间热被释放到样品中。牛顿型流体在绝热试验条件下，热分散速率由$\eta \cdot \dot{\gamma}^2$(单位 W/$m^3$)给出，并且可能引起样品温度升高。

6.3 剪切速率的选择

对于所有牛顿型产品规定一个剪切速率，非牛顿型产品采用4个剪切速率，绘出黏度对剪切速率的坐标图。

为了能比较由不同仪器测定的黏度，推荐从以下数据组成的系列中选择剪切速率。

1.00 s^{-1}　2.50 s^{-1}　6.30 s^{-1}　16.0 s^{-1}　40.0 s^{-1}　100 s^{-1}　250 s^{-1}

或

1.00 s^{-1}　2.50 s^{-1}　5.00 s^{-1}　10.0 s^{-1}　25.0 s^{-1}　50.0 s^{-1}　100 s^{-1}

及以这些值乘以或除以100的数据。

如果给定的基础仪器不容许选择这些值，则应从黏度曲线上选择剪切速率值。

对于非牛顿型流体，测量应从低剪切速率开始，逐渐增加速度直至达到最大速度，然后降低速度，再在低的剪切速率下进一步测定。

注2：以这种方式可以确定触变性和震凝性，虽然只是定性的。

对触变性和震凝性流体，测定条件应在所测产品的标准中规定。

测定前，在黏度计中的试料应有足够的时间恢复任何触变性结构，这个时间依特定样品的性质而定。

如果在增加和降低剪切速率下的读数呈无规则变化，可以取两个读数的平均值。如果观察到稳定的变化，对于触变性体系，两个值都应记录。

7 步骤

除非所测产品的测试标准另有规定，应根据附录A进行三次测定，每次使用同一样品的新部分。

对于测定黏度的计算，见附录A。

7.1 按需要的剪切速率选择固定筒、转筒及转速。

7.2 取一定体积(视仪器外筒大小而定)试样，小心地注入外筒，静置排泡。

7.3 将仪器与恒温装置连接，启动恒温器，直至温度恒定。

7.4 接通电源，开动马达，使转筒旋转。待指针稳定后读数。

8 结果表示

使用仪器附带的操作手册或明细表或计算图给出的关系计算黏度 η，以 Pa·s 表示。计算三次测定结果的算术平均值。

当表述黏度值时，在括号内给出黏度测定所用的温度和剪切速率，例如：

$$\eta(23\ ^\circ\mathrm{C}, 1\,600\ \mathrm{s^{-1}}) = 4.25\ \mathrm{Pa \cdot s}$$

当采用不同温度和剪切速率测定黏度时，用坐标曲线表示这些关系。

9 精密度

由于尚未得到实验室间试验数据，故未知本试验方法的精密度。如果得到上述数据，则在下次修订时加上精密度说明。

10 试验报告

试验报告应包含以下内容：

a) 注明采用本标准；

b) 所测样品的必要标识；

c) 取样日期；

d) 测试的温度；

e) 样品制备说明；

f) 所用黏度计测量系统的描述；

g) 由所有的以帕(Pa)表示的剪切力 τ 和以秒的倒数表示的剪切速率 $\dot{\gamma}$ 的对应值绘制的黏度曲线；

h) 在单点测量情况下的黏度(包括进行测定时的温度和剪切速率)(见第8章)；

i) 在触变性和震凝性流体的情况下的条件(如斜坡时间和总剪切力)；

j) 测量时间(即达到所需剪切力后并在连续读数之前的时间段)；

k) 每个单独的黏度测定结果，以 Pa·s 或毫帕斯卡秒(mPa·s)表示，及这些结果的算术平均值；

l) 任何采用本标准但与本标准有区别的试验条件。例如使用了不同尺寸的测量系统；

m) 测试日期。

附 录 A
（规范性附录）
同轴圆筒黏度计

A.1 系统特性

测量系统包括一个杯（即封底的外筒）和一个悬锤（即如图 A.1 所示的带轴的内筒），悬锤可以作为转子，而杯作为定子，反之亦可。

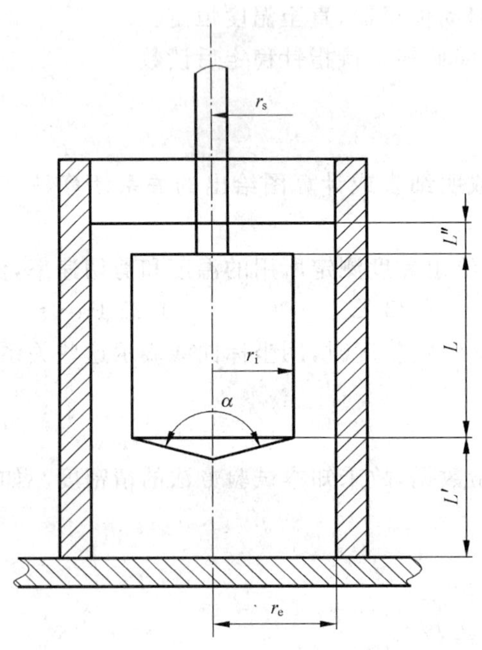

r_e——外筒半径；

r_i——内筒半径；

L——内筒长度；

L'——内筒的底边与外筒底部的距离；

L''——轴插入部分的长度；

r_s——轴半径；

α——内筒底部圆锥顶角。

注 1：内筒底部的圆锥应能轻易插入装满待测液体的杯筒中，并且不应形成气泡。

注 2：同轴圆筒系统需要精确地调整内外筒的轴线。

图 A.1 同轴圆筒系统标准几何结构

A.2 计算方法

剪切力 τ 和剪切速率 $\dot{\gamma}$ 在同轴圆筒旋转黏度计的环状截面上不是常数，而是从里到外降低（Searle 型）或与之相反（Conette 型）。此外，$\dot{\gamma}$ 的变化也依赖于测试材料的流变性。

作为"表观"值计算 τ 和 $\dot{\gamma}$ 是非常方便的。表观值不会发生在测量系统本身的表面（即：在外半径 r_e 或内半径 r_i），而是发生在一定距离的环形区域内。其表现为（理论和经验两者）以式（A.2）和式（A.3）叙述计算的表观值 τ_{rep} 和 $\dot{\gamma}_{rep}$。其非常近似的描述了局限幂律指数（local power law index）范围为 0.3～2 的流体的流动特性。

剪切力以帕斯卡（Pa）表示，根据在内筒（即在半径 r_i）或外筒（即在半径 r_e）测量的扭矩 M 采用式(A.1)和式(A.2)计算。这两个半径以米表示：

$$\tau_i = \frac{M}{2\pi L r_i^2 C_L};\qquad \tau_e = \frac{M}{2\pi L r_e^2 C_L} \quad \cdots\cdots\cdots\cdots(A.1)$$

$$\tau_{rep} = \frac{\tau_i + \tau_e}{2} = \frac{1+\delta^2}{2\delta^2}\times\tau_i = \frac{1+\delta^2}{2}\times\tau_e = \frac{1+\delta^2}{2\delta^2}\times\frac{M}{2\pi L r_i^2 C_L} \quad \cdots\cdots\cdots\cdots(A.2)$$

式中：

M——扭矩，单位为牛顿米(N·m)；

L——内筒长度，单位为米(m)；

C_L——用于计算测量系统底表面扭矩效应的底部效应校正系数(该校正系数依赖于测量系统的几何结构和流体的流变性，而且对于每一个测量系统的几何结构类型都应进行试验测定)；

δ——外筒与内筒半径之比。

表观剪切速率以弧度每秒表示，按下式计算：

$$\dot{\gamma}_{rep} = \omega\times\frac{1+\delta^2}{\delta^2-1} \quad \cdots\cdots\cdots\cdots(A.3)$$

其中 ω 为角速度，以弧度每秒表示。

如果旋转频率 n 以转每分表示则：

$$\omega = \frac{2\pi n}{60} = 0.104\ 7n$$

A.3 标准几何结构(见图 A.1)

与一个给定黏度计配套的测量系统类型的尺寸应根据以下比值，以保证对所有的操作和基础仪器形体相似的流动区域：

$\delta = \frac{r_e}{r_i} = 1.084\ 7$

$\frac{L}{r_i} = 3$

$\frac{L'}{r_i} = 1$

$\frac{L''}{r_i} = 1$

$\frac{r_s}{r_i} = 0.3$

$\alpha = 120°$

样品的体积只与半径 r_i 有关，由式(A.4)给出：

$$V = 8.17r_i^3 \quad \cdots\cdots\cdots\cdots(A.4)$$

对于具有这种标准几何结构的测量系统，底部效应校正系数 C_L 与半径 r_i 无关，对牛顿型流体：

$$C_L = 1.10$$

可作为一个经验值。对于非牛顿型流体，C_L 不是常数，但与剪切速率 $\dot{\gamma}$ 和流体的流变性有关。

注：对于细薄流体的剪切，在一定剪切速率下 C_L 可以达到 1.2。对于黏塑性流体存在一个塑变值，在低剪切速率下 C_L 值可达 1.28。

采用 $C_L=1.10$(牛顿型流体)，$\delta^2=1.176\ 57$ 和 $\tau_{rep}=0.925\tau_i=1.086\tau_e$，如果表观剪切力 τ_{rep} 以 Pa 表示，扭矩 M 以牛顿米(N·m)表示，表观剪切速率 $\dot{\gamma}_{rep}$ 和角速度 ω 以弧度每秒表示，内径 r_i 以米表示，而旋转频率以分钟的倒数表示，则得到数学关系式(A.5)和式(A.6)：

$$\tau_{rep} = 0.044\ 6\times\frac{M}{r_i^3} \quad \cdots\cdots\cdots\cdots(A.5)$$

$$\dot{\gamma}_{rep} = 12.33\omega = 1.291n \qquad \cdots\cdots(A.6)$$

A.4 其他几何结构

如果由于任何原因导致无法使用标准几何结构，也可以选择其他尺寸的测量系统。为了使用A.2给出的计算方法，应满足以下要求：

$$\delta = \frac{r_e}{r_i} \leqslant 1.2$$

$$\frac{L}{r_i} \geqslant 3 \qquad \frac{L'}{r_i} \geqslant 1$$

$$90^\circ \leqslant \alpha \leqslant 150^\circ$$

底部效应校正系数 C_L 与具有标准几何结构的 C_L 有所不同(通常较高)。

注：选择窄环(如 $\delta \leqslant 1.2$)，可保证简单且容易量化的表观黏度非常接近，其显示为在对应的剪切速率下表观黏度值与真值仅有微小差异(≤3.5%)。对于标准的几何结构，通常误差更小。

A.5 结果的处理

具有线性刻度的矩形坐标系内，绘制从仪器读取的扭矩与对应的旋转频率 n 的平面图。

绘出一条经过坐标原点的光滑曲线，读取曲线上扭矩和旋转频率值并且用以下公式将它们转化为对应的剪切力和剪切速率值：

式(A.2)或式(A.5)用于剪切力 τ；

式(A.3)或式(A.6)用于剪切速率 $\dot{\gamma}$。

如有可能，选择这些 τ 或 $\dot{\gamma}$ 值以形成一个几何级数，这些量对应为曲线 $\tau = f(\dot{\gamma})$。

如果该曲线为通过原点的直线，黏度可以表示为由斜率给出的单值，即任意一对值 $(\tau, \dot{\gamma})$ 的比率 $\tau/\dot{\gamma}$。

如果曲线为非线性，可以读取 τ 和 $\dot{\gamma}$ 的对应值，并且将比值 $\tau/\dot{\gamma}$ 绘成对应 τ 和 $\dot{\gamma}$ 的剪切力——黏度或剪切速率——黏度[黏度函数 $\eta(\tau)$ 或 $\eta(\dot{\gamma})$]曲线。

所有测量值和计算值修约至三位有效数字，如

$$\dot{\gamma} = 42.8\ \text{s}^{-1};\ \eta = 0.318\ \text{Pa}\cdot\text{s};$$

$$\tau = 13.6\ \text{Pa};\ \theta = 23.0\ ℃。$$

附 录 B
（资料性附录）
本标准与 ISO 3219:1993 的技术差异

本标准与 ISO 3219:1993 的技术差异如表 B.1 所示。

表 B.1 本标准与 ISO 3219:1993 的技术差异

本标准章条编号	技 术 性 差 异
1	删除了 ISO 的范围
4.1.1	删除了锥板系统
6.3	删除了非牛顿型产品的推荐，改为采用 4 个剪切速率
7	对应 ISO 的编号为 6.4，删除了 ISO 的第 2,3,4 段话，增加了具体的操作步骤
8	增加精密度一章
附录 B	删除了锥板系统的附录

中华人民共和国化工行业标准

HG 2231—91

石 油 树 脂

1 主题内容与适用范围

本标准规定了石油树脂(PR)产品型号、技术要求、试验方法、检验规则及标志、包装、运输、贮存的要求。

本标准适用于以石油裂解碳九馏分为原料经催化聚合生产的芳烃石油树脂。

2 引用标准

GB 601 化学试剂 滴定分析(容量分析)用标准溶液的制备
GB 2294 煤沥青软化点测定方法
GB 2295 煤沥青灰分测定方法
GB 2895 不饱和聚酯树脂酸值的测定
GB 4318 固体古马隆-茚树脂酸碱度测定方法
GB 6678 化工产品采样总则
GB 6679 固体化工产品采样通则
GB 12007.1 环氧树脂颜色测定方法 加德纳色度法

3 产品型号

本产品按其原材料预处理工艺和软化点划分型号。

3.1 原料预处理工艺

原料预处理工艺分两类：

PR1—精馏

PR2—粗馏

3.2 软化点

软化点用阿拉伯数字表示，其代号和温度范围见表1。

表1 软化点代号和范围

代 号	软化点,℃	代 号	软化点,℃
90	>80～90	120	>110～120
100	>90～100	130	>120～130
110	>100～110	140	>130～140

4 技术要求

4.1 外观

浅黄色至棕褐色固体。

中华人民共和国化学工业部1991-12-27批准 1992-07-01实施

4.2 理化性能

理化性能应符合表 2 和表 3 的规定。

表 2 PR1 理化性能

项目			PR 1-90			PR 1-100			PR 1-110			PR 1-120			PR 1-130			PR 1-140		
			优等品	一等品	合格品	优等品	一等品	合格品	优等品	一等品	合格品	优等品	一等品	合格品	优等品	一等品	合格品	优等品	一等品	合格品
软化点，℃			>80～90			>90～100			>100～110			>110～120			>120～130			>130～140		
颜色号	试样：甲苯＝1：1	≤	10	11	12	10	11	12	10	11	12	11	12	14	11	12	14	11	12	14
	试样：甲苯＝1：8.5	≤	6	7	8	6	7	8	6	7	8	7	8	10	7	8	10	7	8	10
酸值，mgKOH/g		≤	0.1	0.5	1.0	0.1	0.5	1.0	0.1	0.5	1.0	0.1	0.5	1.0	0.1	0.5	1.0	0.1	0.5	1.0
灰分，%		≤	0.1																	
溴值，g Br/100g			根据用户需要协商确定																	

表 3 PR2 理化性能

项目			PR 2-90		PR 2-100		PR 2-110		PR 2-120		PR 2-130	
			一等品	合格品	一等品	合格品	一等品	合格品	一等品	合格品	一等品	合格品
软化点，℃			>80～90		>90～100		>100～110		>110～120		>120～130	
颜色号	树脂：甲苯＝1：1	≤	17	—	17	—	17	—	17	—	17	—
	树脂：甲苯＝1：8.5	≤	12	—	12	—	12	—	12	—	12	—
酸碱度(pH)			6～8									
灰分，%		≤	0.1	0.5	0.1	0.5	0.1	0.5	0.1	0.5	0.1	0.5

5 试验方法

5.1 外观的测定

目视。

5.2 软化点的测定

采用 GB 2294 中规定的方法进行测定。

5.3 颜色的测定

采用 GB 12007.1 中规定的方法进行测定，将树脂溶解在甲苯中配成均匀溶液；试样与甲苯质量比为 1：1 或 1：8.5。仲裁时应采用试样与甲苯质量比为 1：1。

5.4 酸值的测定

采用 GB 2895 中规定的方法进行测定。

5.5 灰分的测定

采用 GB 2295 中规定的方法进行测定。

5.6 酸碱度的测定

采用 GB 4318 中规定的方法进行测定。

5.7 溴值的测定

采用本标准附录 A 中规定的方法进行测定。

6 检验规则

6.1 由同一条生产线，在相同的原料配比和相同工艺条件下，连续法生产经混合均匀的产品为一批，每批不大于 15t；间歇法生产以每釜为一批。

6.2 取样单元采用 GB 6678 中的规定，取样方法采用 GB 6679 中的规定进行。每批产品取样量不得少于 1kg。

6.3 每批产品必须由生产厂的质量检验部门进行检验，并保证出厂的所有产品达到本标准规定的各项技术要求。

6.4 本标准中软化点、颜色、酸值、酸碱度(pH)为出厂检验项目；灰分、溴值为抽检项目，每三批抽检一次。型式检验按 GB 1.3 中 6.6.1 规定进行。

6.5 使用单位如需对所收到的产品进行检验，应按本标准规定进行。验收检验应在收到产品三个月内进行。

6.6 若某项检验结果不符合本标准规定时，应重新自该批产品两倍量的包装件中取样，对不合格项目进行复验，以复验结果定等级。

6.7 当供需双方对产品质量发生异议时，由双方协商解决或由法定质量检测部门进行仲裁。

7 标志、包装、运输、贮存

7.1 标志

每批产品应有质量检验报告单。每一包装件应有清晰、牢固的标志，标明产品名称、商标、型号、等级、净重及生产单位。

7.2 包装

本产品应包装在内衬塑料袋的编织袋中，每袋净重 25kg、40kg、50kg。每一包装件应附有合格证，标明批号、生产日期及本标准编号。

7.3 运输

本产品运输过程中要防止日晒、雨淋。

本产品为非危险品。

7.4 贮存

本产品应贮存在通风、阴凉、干燥处，贮存期为 1 年。超过贮存期，可按本标准规定进行复验，若复验结果符合本标准要求，仍可使用。

附 录 A
石油树脂(PR)溴值试验方法
(补充件)

本附录参照采用国际标准 ISO 3839—78《石油产品和商品脂肪烯烃类—溴值的测定—电位滴定法》。

A1 术语

溴值—— 在一定试验条件下,与 100g 试样反应的、以克表示的溴的质量。

A2 方法提要

将试样溶解在四氯化碳中,在室温下加入冰乙酸和过量的溴标准滴定溶液,用碘化钾还原过量的溴,然后用硫代硫酸钠标准滴定溶液滴定游离的碘,计算出和试样反应的溴的量。

A3 试剂和溶液

A3.1 四氯化碳(GB 688)。

A3.2 冰乙酸(GB 676)。

A3.3 溴标准滴定溶液：$c(1/6KBrO_3)=0.5$mol/L。采用 GB 601 规定的方法进行配制和标定。

A3.4 硫代硫酸钠标准滴定溶液:$c(Na_2S_2O_3)=0.1$mol/L,采用 GB 601 规定的方法进行配制和标定。

A3.5 碘化钾溶液:将 15.0g 碘化钾溶解在水中,稀释至 1L。

A3.6 淀粉指示液:5g/L 淀粉水溶液,采用 GB 603 规定的方法进行配制。

A4 仪器

A4.1 三角瓶:50mL。

A4.2 碘量瓶:500mL。

A4.3 量筒:50mL,100mL。

A4.4 滴定管:50mL,10mL。

A4.5 分析天平:感量 0.1mg。

A4.6 架盘天平:感量 0.1g。

A5 分析步骤

A5.1 称取约 0.4g 粉末试样,精确至 0.000 1g,放入 500mL 碘量瓶内,加 10mL 四氯化碳使之溶解,再加 50mL 冰乙酸在避免阳光照射下置入 25±1℃的水浴中,边摇动边以每秒 1～2 滴的速度滴入 6～7mL 溴标准滴定溶液,滴加完毕后迅速盖上瓶塞,并用 2mL 碘化钾溶液封闭瓶塞,在水浴中振荡 40～50s 后松动瓶塞,使碘化钾溶液流入瓶内,再用 3mL 碘化钾溶液冲洗瓶塞,盖紧瓶塞激烈振荡 1min 之后,用 100mL 水冲洗瓶塞、瓶口及内壁,然后用硫代硫酸钠标准滴定溶液进行回滴,接近终点时加入 1mL 淀粉指示液继续滴定,以颜色消失并在 1min 之内不回色为滴定终点。记录硫代硫酸钠标准滴定溶液的用量。

A6 分析结果的表述

试样溴值按式(A1)进行计算:

$$X=\frac{(c_1V_1-c_2V_2)\times 0.079\,92}{m}\times 100 \qquad \text{(A1)}$$

式中：X——试样的溴值，gBr/100g；

c_1——溴标准滴定溶液的实际浓度，mol/L；

V_1——溴标准滴定溶液的用量，mL；

c_2——硫代硫酸钠标准滴定溶液的实际浓度，mol/L；

V_2——硫代硫酸钠标准滴定溶液的用量，mL；

m——试样的质量，g；

0.079 92——与1.00mL硫代硫酸钠标准滴定溶液〔$c(Na_2S_2O_3)=1.000$mol/L〕相当的、以克表示的溴的质量。

两个平行测定结果之差不超过2gBr/100g，结果以算术平均值表示，并保留至小数点后一位数字。

附加说明：

本标准由中华人民共和国化学工业部科技司提出。

本标准由全国塑料标准化技术委员会塑料树脂产品分会(SC 4)归口。

本标准由鞍山化工一厂、青岛琴波化工厂负责起草。

本标准主要起草人曹风新、宫相勤、赵廷恕、袁玉恕、张云、张可智、吴晓斌、刘杰。

前　　言

本标准是根据英国标准 BS 5131：1.1.1—1978《鞋用胶粘剂耐热性试验(蠕变法)》进行制定的，在主要技术内容和编写格式上均与之等效。

根据我国情况本标准对恒温试验箱的气流速度不作规定，加荷方式由箱外改为箱内。

本标准由中华人民共和国化学工业部技术监督司提出。

本标准由上海橡胶制品研究所归口。

本标准由上海橡胶制品研究所负责起草。

本标准委托全国胶粘剂标准化技术委员会解释。

本标准主要起草人：居隐翰。

中华人民共和国化工行业标准

HG/T 2815—1996

鞋用胶粘剂耐热性试验方法 蠕变法

1 范围

本标准规定在一定温度下用蠕变试验测定鞋用胶粘剂耐热性的方法。

本标准规定了测定鞋用胶粘剂耐热性的原理、被粘物、试件、预处理和粘接、试验装置、停放条件、试件切割、试验步骤、试验结果和试验报告。

本标准适用于鞋用胶粘剂的耐热性测定。

2 引用标准

下列标准所包含的条文，通过在本标准中引用而构成为本标准的条文。本标准出版时，所示版本均为有效。所有标准都会被修订，使用本标准的各方应探讨使用下列标准最新版本的可能性。

HG/T 2493—93 鞋用氯丁橡胶胶粘剂

3 原理

试件是在规定条件的实验室中制备。在恒温试验箱中对试样施加恒定的剥离力，间隔一定时间，测定试样的剥离长度和破坏类型，或记录试样完全剥离经历的时间。

4 被粘物

尽可能选择下列鞋用材料作为被粘物。

4.1 PVC 人造革

布基的 PVC 人造革，厚度为 1.2 mm±0.2 mm。

4.2 鞋面革

鞋面革厚度为 1.5 mm±0.2 mm，用砂轮打磨至起绒。

4.3 合成橡胶底

合成橡胶底的硬度为(95±2)IRHD，厚度为 3.5 mm±0.5 mm。

注：如果需要也可以采用其他被粘材料。

5 试件

5.1 胶粘剂试验

检验胶粘剂时，按下列建议制备试件。

5.1.1 聚氨酯胶粘剂

试件通常由 PVC 人造革和合成橡胶底组成。

5.1.2 氯丁橡胶胶粘剂

试件通常由鞋面革和合成橡胶底组成。

5.1.3 其他胶粘剂

中华人民共和国化学工业部 1996-06-28 批准　　　　1997-01-01 实施

试件通常由胶粘剂所适用的被粘材料组成。

5.2 试件数量

制造8片试件,尺寸为100 mm×70 mm。

6 预处理和胶接

被粘物的预处理和试件的胶接均按HG/T 2493的附录A进行。如需要也可按胶粘剂的使用要求进行。

胶接长度为60 mm。为了便于试验时非胶接部位分离,可在60 mm处的被粘物间,插入约15 mm宽的隔离纸或隔离带。

7 试验装置

7.1 环境调节的温度为20℃±2℃,相对湿度为(65±5)%。

7.2 蠕变试验箱为具有鼓风装置的恒温箱[1)],试验区的温度为60℃±1℃。恒温箱开门30 s再关门后,应在1 min内回复到试验温度。箱内有吊挂试样的装置。夹持试样的下夹具和吊挂砝码的钩子总质量不超过50 g。一套砝码为五个,砝码加下夹具和钩子的总质量,分别为0.5 kg、1.0 kg、1.5 kg、2.0 kg、2.5 kg。误差不大于±1%。

8 放置条件

试件胶接后不能立即切割,需按7.1的条件放置。除了另有规定,放置时间最好采用(24±4)h、(7±1)d、或(21±2)d。

9 试件切割

100 mm×70 mm的粘接试件需切割成100 mm×30 mm试样2个。切割时粘接试件较长的两边各去除约5 mm的边条。切割试件用尖刀或圆片旋刀,不要用冲压裁刀。每种胶粘剂制备15个试样。

10 试验步骤

10.1 将试样中未胶接的部位分开,用圆珠笔在较硬的被粘物的起始胶接处划一条横的标记线。(如果需要,未胶接的部位可缩短至约15 mm)。

10.2 当试验箱的温度达到试验温度时,将三个试样放入试验箱。较硬的被粘物与上夹具相连接,较软的被粘物与下夹具相连接。保温1 h,在下夹具的钩子上挂上砝码,使试样的胶接部位承受0.5 kg荷重。应在30 s内挂好砝码,关闭试验箱箱门。

10.3 关箱时开始计时,试验10 min,打开试验箱。用圆珠笔在试样的较硬被粘物的剥离处再划一条横的标记线。

10.4 卸下砝码,从试验箱中取出试样。测量二条标记线间的距离,精确至1 mm。如果在试验的10 min内,试样完全剥离,则记录完全剥离时间。

10.5 按10.1至10.4的试验步骤,在每种荷重条件下试验。五种荷重试验五次,共15个试样。

10.6 从同一试件切取的试样,不采用同一种荷重试验。

11 试验步骤说明

11.1 为了检验几种胶粘剂,一种试验温度不能区分试验结果时,可以采用60℃以外的其他试验温度,

采用说明:

1) BS 5131规定使用气流速度为0.7~1.0 m/s的试验箱,箱外加荷。

如 50℃或 70℃。

11.2 一般需用五种砝码各测定三个试样，共 15 个试样。对某些胶粘剂的耐热等级试验，也可减少砝码的种数。

12 试验结果

12.1 以每种砝码测得三个试样的平均值表示试验结果。可以毫米为单位的平均剥离长度表示，也可以分为单位的完全剥离时间的平均值表示。

12.2 如发生有一个或二个试样在 10 min 内完全剥离，试验结果以个别试样的完全剥离时间和其余每个试样的剥离长度表示。

13 试验报告

试验报告应包括下述内容：

a. 按第 12 章表示的试验结果；

b. 粘接破坏的类型；

注：只有胶粘剂的内聚破坏，才能真实反映胶粘剂的耐热性。否则，尽管试验数据很小，也不能真实反映胶粘剂的耐热性。

c. 被粘物的说明和制备方法；

d. 胶粘剂的型号、使用方法和涂胶次数；

e. 胶粘剂的干燥条件和晾置时间；

f. 胶粘剂胶接时的活化方法；

g. 试件放置说明；

h. 试验温度；

i. 试验日期。

ICS 83.180
G 39
备案号:10947—2002

中华人民共和国化工行业标准

HG/T 3318—2002
代替 HG/T 3318—1978

修补用天然橡胶胶粘剂

Natural rubber adhesive for repairing

2002-09-28 发布　　2003-06-01 实施

中华人民共和国国家经济贸易委员会　发布

前言

本标准代替推荐性化工行业标准 HG/T 3318—1978《天然橡胶胶粘剂》。

本标准与 HG/T 3318—1978 的主要差异如下：

——标准名称由《天然橡胶胶粘剂》修改为《修补用天然橡胶胶粘剂》。

——胶粘剂粘度测定采用旋转粘度计法代替落球法。

本标准由原国家石油和化学工业局政策法规司提出。

本标准由全国胶粘剂标准化技术委员会归口。

本标准起草单位：上海橡胶制品研究所。

本标准主要起草人：李宪权、潘国栋、许宁。

本标准所代替标准的历次版本发布情况为：

——HG/T 3318—1978。

本标准委托全国胶粘剂标准化技术委员会负责解释。

修补用天然橡胶胶粘剂

1 范围

本标准规定了修补用天然橡胶胶粘剂的技术要求、试验方法、检验规则、包装、标志、运输和贮存。

本标准适用于天然橡胶和配合剂溶解于有机溶剂而制成的胶粘剂。修补用天然橡胶胶粘剂主要用于天然橡胶涂覆织物制品的修补和加工、力车内胎的修补。

2 规范性引用文件

下列文件中的条款通过本标准的引用而成为本标准的条款。凡是注日期的引用文件,其随后所有的修改单(不包括勘误的内容)或修订版均不适用于本标准,然而,鼓励根据本标准达成协议的各方研究是否可使用这些文件的最新版本。凡是不注日期的引用文件,其最新版本适用于本标准。

GB/T 532—1997 硫化橡胶或塑性橡胶与织物粘合强度的测定

GB/T 2793—1995 胶粘剂不挥发物含量的测定

GB/T 2794—1995 胶粘剂粘度的测定

HG/T 3075 胶粘剂产品包装、标志、运输和贮存的规定

3 技术要求

产品性能应符合表1的规定。

表1 产品性能指标

项 目	技术指标
外观	浅黄色液体。无杂质、沉淀、凝胶
剥离强度/(kN/m) ≥	1.66
粘度/(Pa·s)	0.40～2.5
不挥发物含量/%	3～8
自然挥发率/%	每月不超过0.5

4 试验方法

4.1 外观

目测。

4.2 粘度

按GB/T 2794的规定进行,采用旋转粘度计法。试验温度为23℃±0.5℃。

4.3 剥离强度

4.3.1 试样制备

4.3.1.1 试片

橡胶试片为长方形条,有效粘合长度应为100 mm,宽度为25 mm,厚度为2 mm。

试片的胶料为力车胎内胎配方,具体配方见表2。试片的硫化条件为:148℃,7 min。

表 2 力车胎内胎配方

材 料 名 称	质 量 配 比
天然橡胶	100
氧化锌	5
硬脂酸	1.5
石蜡	0.8
促进剂 M	0.4
促进剂 DZ	0.2
促进剂 CZ	0.7
防老剂 A	0.5
防老剂 D	1
硫黄	2.1
机油	1.7
碳酸钙	50.3
锌钡白	10
TG 大红	0.8
合计	175

为了防止测试时橡胶试片部分变形，影响剥离强度性能测量准确性，试片模压时，在非粘接面贴一层细布。

试片粘接面在 80 号砂轮，1 420 r/min 砂轮机上打毛(或接近此砂轮规格和转速)。并用干净的毛刷刷去表面打磨微粒。

4.3.1.2 涂胶

在粘合面上涂覆二遍胶液。涂胶间隔约为 15 min。胶层应薄而均匀、不漏空白。第二次涂层应干燥 15 min 或直至涂层成为干燥状才能粘合。

4.3.1.3 固化

将两片涂胶试片相互叠合置于坚硬的平台上，用铁辊轮尽力来回滚压三次。在 23℃±2℃ 温度下停放 24 h，试样数量为 3 个。

4.3.2 剥离强度的测定

按 GB/T 532 规定进行。

试验结果以剥离强度的算术平均值表示，取三位有效数字。

4.4 不挥发物含量

按 GB/T 2793 的规定进行。

4.5 自然挥发率

自然挥发率是在规定的贮存条件上，包装容器内的胶粘剂贮存规定时间后的质量损失率，以“%”表示。

抽取三个包装件测试，用感量为 0.01 g 的称量器具测量并计算胶粘剂单包装的质量变化率。试验结果以算术平均值表示，取一位有效数字。

5 检验规则

5.1 检验分类

产品须经企业质检部门按本标准检验合格后方能出厂，并附有产品合格证。产品检验分出厂检验和型式检验两类。

5.2 出厂检验

5.2.1 出厂检验项目

a. 外观。

b. 剥离强度。

5.2.2 抽样和判定规则

每批产品在包装前应抽样(一釜一次为一批)，并注明名称、批号。

检验结果如果有一项不符合本标准，应加倍抽取试样对该项目进行复检。如仍不合格，则该批产品判定为不合格。

5.3 型式检验

5.3.1 有下列情况之一时，应进行型式检验：

a. 正常生产一年后，或配方、工艺有较大改变可能影响质量时。

b. 停产半年以上恢复生产时。

c. 国家质量监督机构或用户提出要求时。

5.3.2 型式检验项目为第3章技术条件的全部内容。

6 标志、包装、运输和贮存

6.1 标志

6.1.1 内包装标志

a. 名称、牌号、商标。

b. 生产厂名和地址。

c. 生产批号和生产日期。

d. 净含量。

e. 使用说明。

f. 易燃标记。

g. 贮存期。

6.1.2 包装箱标志

a. 生产厂厂名、地址。

b. 数量、净含量。

c. 防火等标志。

d. 产品合格证。

6.2 包装

包装材料不应与本胶粘剂发生物理和化学作用而影响产品和包装的质量。容器应密闭和牢固。

6.3 运输

产品在运输过程中须轻放轻拿、远离明火和热源。避免横放、倒置、挤压，防止阳光暴晒。

6.4 贮存

产品在阴凉、通风、干燥的条件下，按HG/T 3075的规定贮存，贮存期一年。一年后复验合格仍可使用。

ICS 83.180
G 39

中华人民共和国林业行业标准

LY/T 1206—2008
代替 LY/T 1206—1997

木工用氯丁橡胶胶粘剂

Chloroprene rubber adhesive for wood working

2008-03-31 发布 2008-05-01 实施

国家林业局 发布

前　言

本标准代替 LY/T 1206—1997《木工用氯丁橡胶胶粘剂》。

本标准与 LY/T 1206—1997 相比主要技术变化如下：

——增加了“术语和定义”。

——增加了有害物质含量的技术要求。

——增加了有害物质的测定方法。

——对原标准中不挥发物含量、拉伸剪切强度、初粘强度的指标值进行了修改：其不挥发物含量从20%改为22%；其拉伸剪切强度从 1.56 MPa 改为 2.2 MPa；其初粘强度从 0.7 MPa 改为 1.2 MPa。

——对原标准中标志、包装、运输和贮存的内容进行了修改。

本标准的附录 A 为资料性附录。

本标准由全国人造板标准化技术委员会提出并归口。

本标准负责起草单位：华南农业大学。

本标准参加起草单位：广东龙马化学有限公司、广州市广和粘和剂有限公司。

本标准主要起草人：高振忠、卢文书、王晓波、苏鸿彬、蔡楚兴、陈建、寿江。

本标准于 1997 年首次发布，本次为第一次修订。

木工用氯丁橡胶胶粘剂

1 范围

本标准规定了木工用溶剂型氯丁橡胶胶粘剂的术语和定义、技术要求、试验方法、检验规则及标志、包装、运输和贮存等。

本标准适用于以氯丁橡胶为基料，填加改性剂、助剂和溶剂制造而成的溶剂型氯丁橡胶胶粘剂。本产品主要用于室内木质材料或木质材料与其他材料的粘接。

2 规范性引用文件

下列文件中的条款通过本标准的引用而成为本标准的条款。凡是注日期的引用文件，其随后所有的修改单(不包括勘误的内容)或修订版均不适用于本标准。然而，鼓励根据本标准达成协议的各方研究是否可使用这些文件的最新版本。凡是不注日期的引用文件，其最新版本适用于本标准。

GB/T 2794—1995 胶粘剂粘度的测定

GB/T 3723—1999 工业用化学产品采样安全通则

GB/T 6678 化工产品采样总则

GB/T 6680 液体化工产品采样通则

GB 18583—2001 室内装饰装修材料 胶粘剂中有害物质限量

HG/T 3075—2003 胶粘剂产品包装、标志、运输和贮存的规定

LY/T 1280—2008 木材工业胶粘剂术语

3 术语和定义

LY/T 1280—2008 中确立的以及下列术语和定义适用于本标准。

3.1

木工用氯丁橡胶胶粘剂 chloroprene rubber adhesive for wood working

以氯丁橡胶为主要基料，添加改性剂、助剂和溶剂等制作而成的胶粘剂。

4 技术要求

技术要求及指标应符合表1规定。

表1 技术要求

项　　目	单位	指标要求
外观	—	黄色或棕褐色均匀粘稠液体，无悬浮物，无可见机械杂质，无相分离现象
拉伸剪切强度	MPa	≥2.2
不挥发物含量	%	≥22
粘度	Pa·s	2～8
初粘强度	MPa	≥1.2
耐干热性能	—	120℃无鼓泡，无开胶现象

表 1(续)

<table>
<tr><th colspan="2">项　目</th><th>单位</th><th>指标要求</th></tr>
<tr><td rowspan="4">有害物质含量</td><td>游离甲醛</td><td>g/kg</td><td>≤0.5</td></tr>
<tr><td>苯</td><td>g/kg</td><td>≤5</td></tr>
<tr><td>甲苯+二甲苯</td><td>g/kg</td><td>≤200</td></tr>
<tr><td>总挥发性有机物</td><td>g/L</td><td>≤750</td></tr>
<tr><td colspan="4">注 1：苯不能作为溶剂使用。作为杂质，其最高含量不得大于表中的规定。
注 2：粘度指标也可由供需双方自行商定。</td></tr>
</table>

5 试验方法

5.1 外观的测定

5.1.1 观察项目

a) 颜色；

b) 相分离现象；

c) 机械杂质；

d) 悬浮凝聚物。

5.1.2 仪器

a) 25 mL 比色管；

b) 玻璃棒。

5.1.3 操作步骤

将胶样约 20 mL 倒入干燥洁净的比色管内，用眼睛在自然散射光或日光灯下对光观察胶液的颜色，胶样静置 48 h 后观察相分离现象。记录胶液含机械杂质及悬浮物情况。

5.2 不挥发物含量测定

5.2.1 仪器和设备

a) 恒温烘箱，应能保持试验温度并可使测试温度波动在±1℃之内；

b) 分析天平，分度值为 0.1 mg；

c) 不锈钢表面皿或用铝箔制成的容器，直径(60±5) mm；

d) 装有适量干燥剂的干燥器。

5.2.2 取样

取样按 GB/T 6678 和 GB/T 6680 规定进行。

取样时将试样搅拌均匀，保证样品的代表性。各单元被抽取数量应基本相同，总抽取样品数量不少于三次检验所需的量；若需保留样品则应再增加保留样品数量。

5.2.3 试验步骤

将容器放入烘箱中，在温度(105±1)℃下干燥 30 min；取出容器，放在干燥器内冷却 15 min。称容器的质量，精确到 0.1 mg，记录为 m_1；将容器置于天平上称取样品 1 g，精确到 0.1 mg，记为 m_2；将称重后的样品放入烘箱中在(105±1)℃温度下干燥(120±1) min；取出容器并在干燥器中冷却 15 min，称重，精确到 0.1 mg，记为 m_3。

5.2.4 结果表示

每个试样的不挥发物含量按式(1)计算：

$$C_1 = \frac{m_3 - m_1}{m_2 - m_1} \times 100\% \qquad \cdots\cdots(1)$$

式中：

C_1——树脂固体含量，%；

m_1——容器质量,单位为克(g);

m_2——容器与干燥前树脂的质量,单位为克(g);

m_3——容器与干燥后树脂的质量,单位为克(g)。

平行测定三次,结果之差不大于0.5%;否则应按5.2.2和5.2.3规定步骤重新测定。取三次有效测定结果算术平均值,精确到0.1%。

5.3 粘度的测定

按GB/T 2794—1995执行。

5.4 拉伸剪切强度的测定

5.4.1 试验仪器和设备

a) 拉力试验机,载荷读数精度为5 N;

b) 带鼓风的防爆烘箱(0～150)℃,精度±2℃;

c) 玻璃干燥器;

d) 游标卡尺,精度为0.02 mm;

e) 0号砂布。

5.4.2 被粘物及其处理

被粘物采用三层结构的山毛榉或桦木,其尺寸长×宽×厚为(70±1) mm×(20±0.5) mm×(3.0±0.2) mm,长度方向为顺纹理方向。

所裁取的胶合板边缘应平滑、无毛刺,剪断面内不应含有影响胶合强度的材质缺陷或加工缺陷,邻边应互相垂直,表面应平整,不应有鼓泡、翘曲等缺陷,涂胶前含水率应小于12%。涂胶面用0号砂布轻轻打磨,并除去表面粉尘。被粘物在涂胶前的含水率要求在12%或以下。如高于12%时,应在(50±2)℃温度下干燥30 min,取出后置于玻璃干燥器内冷却备用。

5.4.3 试件的形状和尺寸

见图1。为使试验保持力平衡,在试件两端的夹持面上加贴等宽等厚的胶合板。

单位为毫米

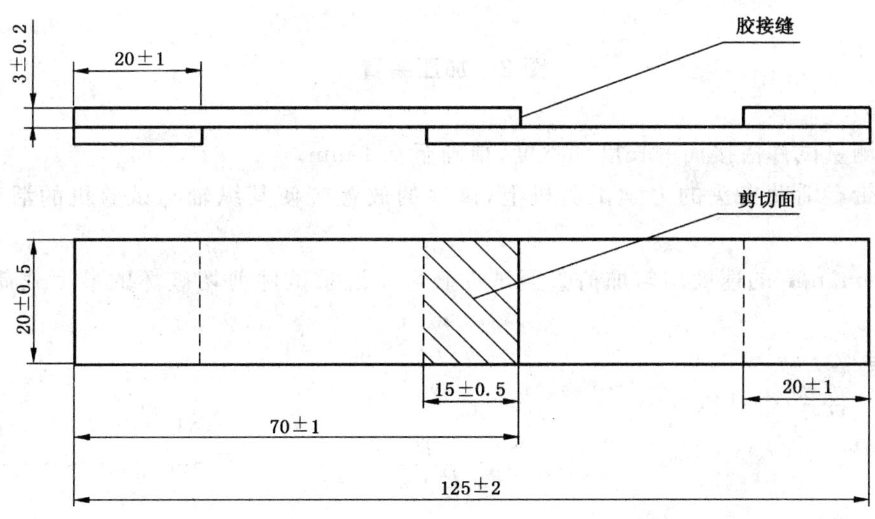

图1 试件的形状和尺寸

5.4.4 试件数量

常规试验不应少于5个;仲裁试验不应少于10个。

5.4.5 试件制备

胶样用玻璃棒搅拌均匀后,分别涂刷于两个基材被粘面上,各涂两遍,总涂胶量为200 g/m^2～

250 g/m²。涂胶后的被粘物放在烘箱中干燥，干燥温度为(50±2)℃，每涂一遍干燥时间 5 min～7 min。此时，胶层应呈干膜状，用手指触及不粘指，如未达指干，可适当延长干燥时间，然后将被粘物按搭接尺寸要求平行顺纹互相胶接。

将胶接后的一组试件 5 个(或以上)叠放在一起，用专用加压装置以 0.4 MPa 的压力加压 5 min。专用加压装置见图 2。卸压后试件应在温度为(23±5)℃、相对湿度为 55%～75%的环境中放置 48 h 再进行拉伸剪切强度测试。

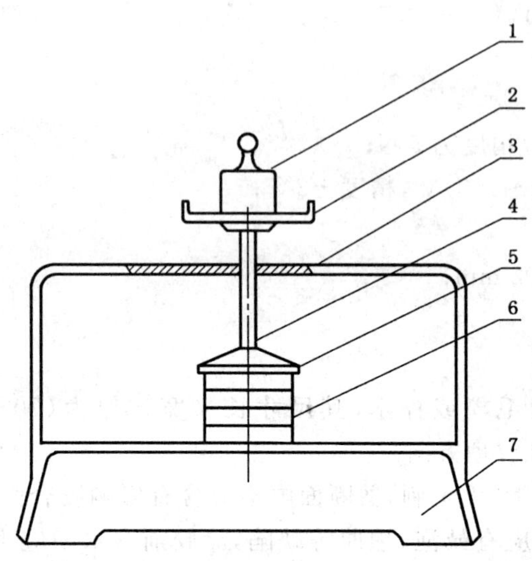

1——砝码；

2——托盘；

3——铁支架；

4——导杆；

5——垫块；

6——试件；

7——底座。

图 2 加压装置

5.4.6 试验步骤

用游标卡尺测量试件搭接面的长度和宽度，精确至 0.1 mm。

将试件夹在带有活动夹头的力学试验机上，试件的放置应使其纵轴与试验机的活动夹头的轴线一致。

以(50±5) mm/min 的速度均匀加荷直至试件破坏。记录试件剪切破坏的最大载荷，读数精确至 5 N。

5.4.7 试验结果

拉伸剪切强度按式(2)计算：

$$\tau = \frac{P}{B \cdot L} \qquad \cdots\cdots (2)$$

式中：

τ——试件的拉伸剪切强度，单位为兆帕(MPa)；

P——试件剪切破坏时的最大载荷，单位为牛顿(N)；

B——试件搭接面宽度，单位为毫米(mm)；

L——试件搭接面长度，单位为毫米(mm)。

试验结果以剪切强度的算术平均值表示，精确至 0.01 MPa。

5.5 初粘强度的测定

初粘强度测定同 5.4,但 5.4.5 中所规定试件卸压后至测试前的时间间隔为 30 min。初粘强度用"τ_0"表示。

5.6 耐干热性能的测定

5.6.1 仪器及工具

a) 铜质油锅:外径(87±1) mm,壁厚 1 mm,底厚(2.5+0.5) mm,总高度为(150±5) mm。锅外用石棉线缠满,锅底应平整清洁;

b) 方形铁块:长度(100±2) mm,宽度(100±2) mm,高度(64±0.5) mm,重约 5 kg;

c) 水银温度计:0℃～250℃,分度值 1℃;

d) 衬垫板:厚度 15 mm～19 mm,边长为(200±5) mm 的正方形普通胶合板或刨花板;

e) 盖板:在中心和距离中心 30 mm 处各钻有一孔,厚度 3 mm～5 mm,边长(100±5) mm 的正方形普通胶合板;

f) 加热源(如电炉或煤气炉等);

g) 计时器(如秒表)。

5.6.2 试件制备

5.6.2.1 选用厚度(3.0±0.2) mm 的三层结构榉木或桦木胶合板为被粘物。其尺寸为[(100±2) mm×(100±2) mm](长×宽)。涂胶面分别用 1 号和 3 号砂布轻轻打磨,并除去表面粉尘。

5.6.2.2 试件数量为 1 个。

5.6.2.3 胶样用玻璃棒搅拌均匀后,分别涂刷于两个基材被粘面上,各涂两遍,总涂胶量为 200 g/m²～250 g/m²。涂胶后的被粘物放在烘箱中干燥,干燥温度为(50±2)℃,每涂一遍干燥时间 5 min～7 min。此时,胶膜应呈干膜状,用手指触及不粘指,如未达指干,可适当延长干燥时间,然后将被粘物互相胶接。胶接后的试件用专用加压装置以 0.4 MPa 的压力作用于搭接面上,见图 2,加压时间为 5 min。卸压后将试件在室温下(不低于 20℃)放置 48 h,方可进行耐干热性能试验。

5.6.3 试验步骤

5.6.3.1 衬垫板水平放置在台面上,将试件放在衬垫板上面。

5.6.3.2 将(350±10) mL 高温油(甘油或蓖麻油)装入铜质油锅中。

5.6.3.3 在盖板中心孔插入温度计,另一孔放入搅拌棒。

5.6.3.4 将盛有高温油的铜锅加热到(120±1)℃(注意搅拌,保证底部和上部油温基本一致),立即将其置于试件表面中心处,取出温度计和搅拌棒,将 5 kg 重的铁块置于其上,开始记录时间。

5.6.3.5 20 min 后取出试件,此时高温油的温度应不得低于 80℃。

5.6.3.6 试件在室温下放置 30 min,观察试件变化情况。

5.6.4 试验结果

观察试件有无鼓泡、开胶等情况。

5.7 游离甲醛含量的测定

按 GB 18583—2001 附录 A 规定进行。

5.8 苯含量的测定

按 GB 18583—2001 的附录 B 规定进行。

5.9 甲苯、二甲苯含量的测定

按 GB 18583—2001 附录 C 规定进行。

5.10 总挥发性有机物含量的测定

按 GB 18583—2001 附录 E 规定进行。

5.11 耐寒性测定

如需要进行耐寒性的测定,可参见附录 A。

6 检验规则

6.1 检验分类

检验分出厂检验和型式检验。

6.1.1 出厂检验

出厂检验项目:外观、有害物质限量、不挥发物含量、粘度。

6.1.2 型式检验

型式检验项目:拉伸剪切强度、初粘强度、耐干热性能。

有下列情形之一时,应进行型式检验:

a) 若产品结构材料、工艺有较大变化,可能影响产品质量时;

b) 停产1个月以上恢复生产时;

c) 出厂检验结果与上次型式检验有较大差异时。

型式检验每年不少于1次。

6.2 抽样与组批规则

6.2.1 组批规则:一个生产或销售单元为一批。

6.2.2 产品每批均应按本标准技术指标的项目进行检测。

6.2.3 抽样数量按表2规定进行。

表2 抽样方案

单位为桶

样本数量	抽样数量	样本数量	抽样数量
2～8	2	217～343	7
9～27	3	344～512	8
28～64	4	513～729	9
65～125	5	730～1 000	10
126～216	6	1 000 以上	11

6.2.4 取样总量不少于1.5 kg,经均匀混合后即组成试验用平均试样。将平均试样存放于有磨口盖的瓶内保存。

6.2.5 取样按GB/T 3723—1999的有关规定进行。

6.3 检验结果的判定

所有项目的检验结果均符合表1规定时判为合格。如有任何不符合表1规定,应从产品中加倍取样,对不合格项目进行复检。复检后仍未达到技术指标要求时,则判为该批产品不合格。

7 标志、包装、运输和贮存

7.1 标志

7.1.1 内包装标志:

a) 不挥发物含量;

b) 使用方法;

c) 贮存期;

d) 产品名称、商标;

e) 生产厂厂名和地址;

f) 生产批号和生产日期;

g) 安全标识;

h) 净重;

i) 产品合格证。

7.1.2 包装箱标志：

a) 产品名称；

b) 生产厂厂名、地址；

c) 数量、毛重；

d) 安全标识；

e) 有害物质含量；

f) 安全使用方法。

7.2 包装

7.2.1 包装材料不应与胶粘剂发生物理和化学作用，不应影响产品和包装质量。

7.2.2 容器应密闭和牢固。

7.3 运输

产品在运输过程中应轻拿轻放，远离明火和热源。避免横放、倒置、挤压，防止阳光暴晒。

7.4 贮存

产品在阴凉、通风、干燥的条件下，按 HG/T 3075—2003 的规定贮存，贮存期为一年。超过贮存期的成品应按本标准的规定进行所有项目的检验，检验合格方可使用。

附　录　A
（资料性附录）
耐寒性的测定

A.1　仪器和设备

人工气候箱。

A.2　试件制备

见本标准 5.4.2～5.4.5 的规定。

A.3　试件预处理

所有的试件在人工气候箱中以相对湿度(50±2)%，温度(23±1)℃的条件预处理(168±1) h。预处理温湿度变化记录应保存。

A.4　标准样测试

立即取 5 个(或以上)预处理件，按照 5.4 规定的测试步骤测定剪切胶合强度，测定结果取平均值。此值为标准件的强度值。

A.5　冷冻处理

立即取 5 个(或以上)预处理件，在人工气候箱中以表 A.1 的三种条件对试件进行冷冻处理，相对湿度非控，处理时间为 24 h±15 min。处理温湿度变化记录应保存。

表 A.1　冷冻处理条件

寒冻处理编号	温度/℃	湿度条件
1	−57±1	非控
2	−34±1	非控
3	0±1	非控

A.6　处理件测试

在冷冻处理过程的最后阶段，采用如下方法中的其中一种对处理件进行测试：

a)　在冷冻条件下，对处理件进行测试；

b)　将人工气候箱温度调至(23±1)℃，相对湿度为(50±2)%，处理 4 h，按照 5.5 规定的测试步骤测出结果，取平均值。此值为测试件的强度值；

c)　将人工气候箱温度调至(23±1)℃，相对湿度为(50±2)%，处理 7 天，按照拉伸剪切强度的测定的测试步骤测出结果，取平均值。此值为测试件的强度值。

A.7　计算结果

耐寒性指标按式(A.1)计算。

$$C = \tau_e / \tau_c \times 100\% \quad \cdots\cdots(A.1)$$

式中：

C——耐寒性指标，%；

τ_e——处理件的拉伸剪切强度指标，单位为兆帕(MPa)；

τ_c——未处理件的拉伸剪切强度指标，单位为兆帕(MPa)。

参考文献

[1] ASTM D 1151—2000 Standard Practice for Effect of Moisture and Temperature on Adhesive Bonds(潮气和温度对胶粘剂粘接能力影响的标准方法)

三、骨架材料

中华人民共和国国家标准

棉帘子布

Cotton cord fabrics

GB/T 330—94

代替 GB 330～331—81
GB 2434～2437—81

1 主题内容与适用范围

本标准规定了棉帘子布的产品品种、规格、技术要求、布面疵点评分、试验方法、检验规则、标志、包装、运输、贮存。

本标准适用于鉴定汽车、力车等各种轮胎用棉帘子布的品质。

2 引用标准

GB 398 本色棉纱线技术要求

GB 406 附件 本色棉布技术条件制订规定

GB/T 2435 棉帘子布试验方法

3 名词术语

棉帘子布按经密多少分内、外、缓冲层三种织物：

内层帘子布 经密在 88 根/10 cm 及以上。

外层帘子布 经密在 68 根/10 cm 及以上。

缓冲层帘子布 经密在 46 根/10 cm 及以下。

4 产品品种、规格

棉帘子布品种、规格分类见表 1。

表 1

品种编号	产品名称
特 10□□	特胎棉帘子布
10□□	大胎棉帘子布
90□□	中胎棉帘子布
85□□	小胎棉帘子布
72□□□	力胎棉帘子布
55□□□	力胎棉帘子布
35□□□	力胎棉帘子布

品种编号第三、四、五位数以产品经向 10 cm 内密度(根)表示。

国家技术监督局 1994-05-05 批准　　　　1994-11-01 实施

5 技术要求

5.1 技术要求项目

棉帘子布的技术要求包括幅宽、匹长、经帘线特数、纬纱特数、密度、断裂强力、断裂伸长率、强力不匀率、伸长不匀率、帘线直径、初拈拈度、复拈拈度十二项。

5.2 分等规定

5.2.1 棉帘子布的品等分为一等品、合格品，低于合格品为不合格品。

a. 表2中1～7项指标全部合格者为一等品；

b. 表2中5～7项指标中存一项不符合者，降为合格品；

c. 表2中1～4项指标中有一项不符合者，或5～7项指标中有二项不符合者，降为不合格品；

d. 表2中1～7项指标中存一项经初试不符合者，得对该不符合品等项目取双倍试样进行复试，以复试结果定等。

5.2.2 棉帘子布布面疵点，按卷检验评分定等，每卷帘子布评分总和低于标准分的为一等品，达到标准分为合格品，超过标准分为不合格。

5.2.3 棉帘子布的评等以卷为单位，幅宽、匹长、密度、布面疵点四项按卷评等，断裂强力、断裂伸长、强力不匀率、伸长不匀率、帘线直径、初拈拈度、复拈拈度七项物理性能指标按批评等。并以上述规定最低的品等作为该卷布的品等。

5.2.4 棉帘子布的代表性品种技术条件见表2。

表 2

品种编号		特 1088	特 1068	特 1040	1098	1070	1046	9098	9070	9046	8598	8570	8546	8592	72102	72106	55106	35130
经帘线	tex×股×股	27×5×3	27×5×3	27×5×3	27×5×3	27×5×3	27×5×3	27×5×3	27×5×3	27×5×3	27×5×3	27×5×3	27×5×3	27×5×3	27×4×3	27×4×3	27×3×3	27×2×3
	捻向	ZZS	ZZS	ZZS	ZZS	ZZS	ZZS	ZZS	ZZS	ZZS	ZZS	ZZS	ZZS	ZZS	ZZS	ZZS	ZZS	ZZS
	初捻捻度 捻/m	800 以上	800 以上	800 以上	700 以上	700 以上	700 以上	700 以上	700 以上	700 以上	700 以上	700 以上	700 以上	700 以上	700 以上	700 以上	740 以上	800 以上
	复捻捻度 捻/m	400 以上	400 以上	400 以上	350 以上	350 以上	350 以上	350 以上	350 以上	350 以上	350 以上	350 以上	350 以上	350 以上	350 以上	350 以上	370 以上	400 以上
纬纱 tex		27 或 28	27 或 28	27 或 28	27 或 28	27 或 28	27 或 28	27 或 28	27 或 28	27 或 28	27 或 28	27 或 28	27 或 28	27 或 28	27 或 28	27 或 28	27 或 28	27 或 28
幅宽 cm		91.5 130 140 147 $^{+3}_{-1}$	91.5 130 140 147 $^{+3}_{-1}$	91.5 130 140 147 $^{+3}_{-1}$	91.5 130 140 147 $^{+3}_{-1}$	91.5 130 140 147 $^{+3}_{-1}$	91.5 130 140 147 $^{+3}_{-1}$	91.5 130 140 147 $^{+3}_{-1}$	91.5 130 140 147 $^{+3}_{-1}$	91.5 130 140 147 $^{+3}_{-1}$	91.5 130 140 147 $^{+3}_{-1}$	91.5 130 140 147 $^{+3}_{-1}$	91.5 130 140 147 $^{+3}_{-1}$	91.5 130 $^{+3}_{-1}$	91.5 130 $^{+3}_{-1}$	91.5 130 $^{+3}_{-1}$	91.5 130 $^{+3}_{-1}$	91.5 130 $^{+3}_{-1}$
卷长 m		180±2	180±2	180±2	180±2	180±2	180±2	180±2	180±2	180±2	180±2	180±2	180±2	180±2	180±2	180±2	180±2	180±2
总经数 根		806 1 144 1 232 1 294 ±2	622 884 952 1 000 ±2	366 520 560 588 ±2	898 1 274 1 372 1 442 ±2	642 910 980 1 030 ±2	422 598 644 676 ±2	898 1 274 1 372 1 442 ±2	642 910 980 1 030 ±2	422 598 644 676 ±2	898 1 274 1 372 1 442 ±2	642 910 980 1 030 ±2	422 598 644 676 ±2	842 1 196 ±2	934 1 326 ±2	970 1 378 ±2	970 1 378 ±2	1 190 1 690 ±2
密度	经向 根/10 cm	88 $^{+1}_{-2}$	68 $^{+1}_{-2}$	40 $^{+1}_{-2}$	98 $^{+1}_{-2}$	70 $^{+1}_{-2}$	46 $^{+1}_{-2}$	98 $^{+1}_{-2}$	70 $^{+1}_{-2}$	46 $^{+1}_{-2}$	98 $^{+1}_{-2}$	70 $^{+1}_{-2}$	46 $^{+1}_{-2}$	92 $^{+1}_{-2}$	102 $^{+1}_{-2}$	106 $^{+1}_{-2}$	106 $^{+1}_{-2}$	130 $^{+1}_{-2}$
	纬向 根/10 cm	8±1	16±1	30±1	6 8 ±1	8 10 ±1	12 16 ±1	6 8 ±1	8 10 ±1	12 16 ±1	6 8 ±1	8 10 ±1	12 16 ±1	6 8 ±1	8±1	8±1	8±1	12±1

续表 2

	品种编号	特 1088	特 1068	特 1040	1098	1070	1046	9098	9070	9046	8598	8570	8546	8592	72102	72106	55106	35130
1 项	断裂强力 N/根 不小于	98	98	98	98	98	98	88	88	88	83.4	83.4	83.4	83.4	70.6	70.6	54	34
2 项	断裂伸长率 %	14.0 ±1.5	14.0 ±1.5	14.0 ±1.5	14.0 ±1.5	14.0 ±1.5	14.0 ±1.5	14.0 ±1.5	14.0 ±1.5	14.0 ±1.5	14.0 ±1.5	14.0 ±1.5	14.0 ±1.5	14.0 ±1.5	12.0 ±2.0	12.0 ±2.0	10.0 ±2.0	9.0 ±2.0
3 项	强力不匀率 % 不大于	4.0	4.0	4.0	4.0	4.0	4.0	4.5	4.5	4.5	4.5	4.5	4.5	4.5	5.0	5.0	5.5	6.5
4 项	伸长不匀率 % 不大于	6.0	6.0	6.0	6.0	6.0	6.0	6.0	6.0	6.0	6.0	6.0	6.0	6.0	7.0	7.0	7.0	8.0
5 项	帘线直径 mm	0.80 ±0.04	0.80 ±0.04	0.80 ±0.04	0.81 ±0.04	0.81 ±0.04	0.81 ±0.04	0.81 ±0.04	0.81 ±0.04	0.81 ±0.04	0.81 ±0.04	0.81 ±0.04	0.81 ±0.04	0.81 ±0.04	0.71 ±0.04	0.71 ±0.04	0.60 ±0.04	0.50 ±0.04

注：幅宽特殊规格由生产与使用双方协商决定。

6 布面疵点的评分

6.1 布面疵点检验条件

布面疵点检验必须符合以下规定：

a. 检验时的照明光度为 400±100 lx；

b. 验布机的线速度为 10 m/min；

c. 棉帘子布布面疵点的检验，均以验布机上检验为准。

6.2 布面疵点评分

布面疵点按表 3 评分。

表 3

编号	疵点名称	疵点程度	评分	说明
1	跳经	单根连续跳经长 30.1～50.0 cm	3	①连续跳经系指整根经线未被纬纱交织，经线浮于布面或沉于底下。 ②测量方法：以跳起首末一根纬纱之间测量。如中间有一根纬纱交织时，不算连续跳经，应分别测量。 ③多根跳经分别评分
		单根连续跳经长 50.1 cm 及以上	标准分	
2	经线松弛	重叠到相邻经线上一根	1	在机头半米内(木棍处)造成的重叠不评分
		重叠到相邻经线上二根	3	
		重叠到相邻经线上三根及以上	标准分	
3	经线起圈、弹簧线	扭曲成圈	1	①经线连续有二个及以上的起圈，按弹簧线评分。 ②机头半米内(木棍处)造成的扭曲不评分
		扭曲成圈叠到相邻经线一根	3	
		扭曲成圈叠到相邻经线二根及以上	标准分	
		弹簧线	标准分	
4	经线结头集中与大结头	布面 10 cm×10 cm 内三股劈叉结头满 6 只及以上	5	
		复捻线未分三股劈叉的大结头	标准分	①复拈线中的两股初捻线对接者。 ②经线的死扣、活扣都算大结头
5	断经、脱结	经线中一股初拈线断裂或脱结	5	
		经线断裂两股及以上初拈线或两股及以上初捻线脱结	标准分	①一根经线三股劈叉结头有两股及以上脱结。 ②一根经线断裂单纱根数在同一处达 2/3 及以上

续表 3

编号	疵点名称	疵点程度	评分	说　明
6	飞花、回丝、杂物	粗于一根 27×5×3tex 经线长 1.5 cm	0.3	当粗度与长度两者都达到时，作为评分起点
		经线上拈入飞花、回丝或杂物大于经线大结头者	7	①大于经线大结头系指它的粗度或宽度，用 27×5×3tex 粗度的经线三根并列在任意方向量都超过者(按"米"形测量四个方向)。 ②浮于布面的飞花、回丝、杂物同样评分。 ③凡在验布机检验面上能看出来的疵点(该疵点有部分遮藏在帘子布内)均需按实物大小评定
7	多、少股(包括单纱根数多、少)	多、少一根单纱累计每长 10 m	1	50 cm 为累计起点，不足者不予累计(适用于 27×5×3、27×4×3tex 帘子布)
		多、少二根单纱累计每长 5 m	1	25 cm 为累计起点，不足者不予累计(适用于 27×5×3tex、27×4×3tex 帘子布)
		经线多或缺股长 10～20 cm 及以下	5	①27×5×3tex 帘子布多、少股为 15±3 根单纱及以上。 ②27×4×3tex 帘子布多、少股为 12±3 根单纱及以上。 ③27×3×3tex 帘子布多、少股为 9±2 根单纱及以上。 ④27×2×3tex 帘子布多、少股为 6±1 根单纱及以上。 ⑤属于回丝拈入和脱结者达到多、少股程度，亦按此评分
		经线多或缺股长 20.1～50.0 cm	7	
		经线多或缺股长 50.1 cm 以上	标准分	
8	油污、油经	油经每长 1 cm	0.1	①铜绿线、铁锈线和油花线等一律按油经评分。 ②测量方法：经纬向量其最宽×最长处。 ③经向和纬向，达到三根经线并列宽度时按油污论。 ④经向连续油污能截然分为两处者分别评分。 ⑤油经或油污未洗或未洗净都评分。洗至不再变色为洗净
		油污在 1 cm^2 及以下，每处	2	
		油污面积大于 1 cm^2，每处	5	
9	纬纱歪斜(弯曲)	经向最大距离 5.1～7.0 cm	5	①在同一根纬纱上，以其最高点与最低点垂直距离测量。 ②机头 1 m 内(木棍处)造成的纬斜不评分
		经向最大距离 7.1～10.0 cm	7	
		经向最大距离 10.1 及以上	标准分	

续表 3

<table>
<tr><th>编号</th><th>疵点名称</th><th colspan="2">疵点程度</th><th>评分</th><th>说　　明</th></tr>
<tr><td>10</td><td>接头尾长</td><td colspan="2">初捻线结头的尾长超过 0.7 cm,每只</td><td>0.1</td><td>①指浮于布面的初捻线结头尾巴。
②露在布面的结头都应用手轻扶起测量。
③一只初捻线结头尾巴其中单纱半数以上超过 0.7 cm 者</td></tr>
<tr><td rowspan="2">11</td><td rowspan="2">小辫子</td><td colspan="2">初捻线起扭成小辫子长 0.7～1.5 cm,每只</td><td>0.5</td><td rowspan="2">测量时以小辫子实际长度为准</td></tr>
<tr><td colspan="2">初捻线起扭成小辫子长 1.5 cm 以上,每只</td><td>1</td></tr>
<tr><td rowspan="2">12</td><td rowspan="2">纬缩</td><td colspan="2">纬缩浮于布面长于 0.7 cm,每只</td><td>0.1</td><td rowspan="2">①织入布内者不算。
②布边纬纱成圈,按纬缩评分。测量时成自然状态。
③边纱未织入计算相同</td></tr>
<tr><td colspan="2">布面拖纱长于 2 cm,每根</td><td>0.1</td></tr>
<tr><td rowspan="2">13</td><td rowspan="2">螺旋捻</td><td colspan="2">经线轻度螺旋捻累计每长 5 m</td><td rowspan="2">1</td><td>①轻螺旋捻俗称小背股,形态为经线表面呈轻微凹凸状。
②累计计算的起点长 50 cm,不足不予计算。</td></tr>
<tr><td colspan="2">经线严重螺旋捻累计每长 10 cm</td><td>①严重螺旋捻俗称大背股,经线中有一股或两股无捻、少捻或特粗、特细以及有一般初捻线未捻入整根经线中,而呈藤状线或经线表面凹凸不平者。
②严重螺旋捻中间有轻螺旋捻应分别计算。累计计算起点长为 10 cm,不足不予计算。
③单纱粗节而造成严重螺旋捻(指未达到评分的飞花粗节)每长 10 cm 评 1 分。
④三股结头造成的螺旋捻或其他结头不良每个评 1 分</td></tr>
<tr><td>14</td><td>强弱捻</td><td colspan="2">经线捻度过多或不足累计每长 5 m</td><td>1</td><td>①经线捻度过多或不足系指比工艺设计规定捻度±20%以上者。
②累计起点为 30 cm</td></tr>
<tr><td rowspan="2">15</td><td rowspan="2">错经</td><td colspan="2">同股数累计每长 10 m</td><td>1</td><td rowspan="2">①错 tex、错股、错纤维、错品种。
②累计起点长为 5 cm,不足不予计算</td></tr>
<tr><td colspan="2">不同股数累计每长 5 m</td><td>1</td></tr>
<tr><td rowspan="4">16</td><td rowspan="4">布边经线重叠</td><td colspan="2">每一交叉点</td><td>0.1</td><td rowspan="4">①布边经线松弛,重叠到布身经线起算(边线按每边两根计算)。
②凹边(俗称勒边)一梭为一处</td></tr>
<tr><td colspan="2">布边过紧每长 50 cm</td><td>1</td></tr>
<tr><td colspan="2">凹边一处</td><td>1</td></tr>
<tr><td colspan="2">布边经线重叠经向每长 1 m</td><td>1</td></tr>
<tr><td rowspan="3">17</td><td rowspan="3">布边经线过密</td><td rowspan="3">25 mm 内超过三根</td><td>内层帘子布每长 1 m</td><td>0.1</td><td rowspan="3">帘子布两端机头各 15 m 内不评分</td></tr>
<tr><td>外层帘子布每长 1 m</td><td>0.3</td></tr>
<tr><td>缓冲层帘子布每长 1 m</td><td>0.5</td></tr>
</table>

续表 3

编号	疵点名称	疵点程度	评分	说　明
18	稀缝	布面经向有明显稀缝，每处长 5 cm	0.5	①经密 88 根/10 cm 及以上，两根经线距离在 0.1 cm 及以上者。 ②经密 68 根/10 cm 及以上，两根经线距离在 0.2 cm 及以上者。 ③经密 46 根/10 cm 及以下者，两根经线距离在 0.3 cm 及以上者。 ④帘子布两端各 2 m 内不评分
19	经向成裂口	经向断纬长 5 cm	1	①纬纱断裂成裂口是指规定长度内纬纱全部断裂。 ②长 15 cm 以上，每长 5 cm 加评 2 分
		经向断纬长 10 cm	2	
		经向断纬长 15 cm 及以上	5	
20	缺纬	经向长于 3 cm 以上	1	缺纬从 1/4 幅起算
		经向长于 5 cm 以上	5	
		经向长于 10 cm 以上	标准分	
21	松坠成兜	布的边缘或中间松坠成兜 2.5 cm 及以上	标准分	在验布机上以最低处与帘子布平面垂直距离计算
22	布卷成形不良	布卷两端布边参差不齐，凹凸超过 2.5 cm	标准分	①紧靠木轴 0.5 cm 厚度内不予计算。 ②掉边宽度超过 2.5 cm 成喇叭形布的按此评分

注：一个疵点，如果适合几条评分标准，轻重又难于分别时则按其严重的规定评分。

6.3　布面疵点评分数

每卷布允许评标准分数按式(1)、(2)、(3)计算：

$$\text{内层帘子布}\quad \text{标准分}/\text{m}^2 = \frac{\text{幅宽(m)} \times \text{布长(m)}}{15} \qquad \cdots\cdots\cdots\cdots(1)$$

$$\text{外层帘子布}\quad \text{标准分}/\text{m}^2 = \frac{\text{幅宽(m)} \times \text{布长(m)}}{15} \times 80\% \qquad \cdots\cdots\cdots(2)$$

$$\text{缓冲层帘子布}\quad \text{标准分}/\text{m}^2 = \frac{\text{幅宽(m)} \times \text{布长(m)}}{15} \times 60\% \qquad \cdots\cdots\cdots(3)$$

计算至小数一位，四舍五入取整数(式中“15”为常数)。

7　试验方法

按 GB/T 2435 执行。

8　检验规则

8.1　棉帘子布的验收和复验应按本标准规定和 GB/T 2435 试验方法规定的内容进行。

8.2　棉帘子布的布面疵点抽验数量，不少于总产量的 20%。

8.3　生产厂根据品质检验结果定等，在交货时，收货方应在货到后一个月内，对棉帘子布物理性能进行验收。

8.4　收货方发现棉帘子布有质量问题时，应立即通知生产厂派员前往，并保留该批产品，会同进行复验。

8.5　复验数量、取样部位

复验应任意抽取该产品的5%,不得少于三卷帘子布。从抽取帘子布上取双倍试样(即按试验方法规定的试样数加倍),取样部位距布头不小于2 m,距布边不小于200 mm,对不符合品等项目分别进行复试。

8.6 复试结果处理

按复试结果判定该批帘子布的品等。

8.7 组织规格和布面质量的验收期,可延长到六个月。

8.8 棉帘子布的经密、纬密、幅宽、匹长、总经根数超过允许公差时,由帘子布生产厂与收货方协商解决。

9 标志、包装、运输、贮存

9.1 标志

9.1.1 标志应明显、清楚,便于识别。

标志内容应符合表4规定:

表 4

厂名		商标	
品种、编号		毛重	
幅宽		净重	
匹长		生产日期及批号	
质量等级		每卷布的顺序号	
备注		切勿受潮	

9.1.2 每批帘子布必须附有质量说明书,其内容如下:

a. 厂名;

b. 品种编号;

c. 制造日期;

d. 帘子布物理性能试验结果;

e. 质量等级标志。

9.2 包装

9.2.1 棉帘子布以卷为单位进行包装,内附产品标志卡一张,木棍应干燥并包裹防潮纸或塑料布一层。

9.2.2 供应近地者,棉帘子布外衬防潮纸或塑料布一层,外包装可用布包裹。

9.2.3 供应外地者,棉帘子布外衬防潮纸或塑料布一层,外包装材料应保证棉帘子布品质不受损伤,并适于运输。

9.3 运输

9.3.1 运输装卸时应做到轻拿轻放,以免损伤棉帘子布,影响质量。

9.3.2 运输车箱应保持清洁、干燥,切忌与各种油类混装,以免沾污棉帘子布。

9.4 贮存

9.4.1 对棉帘子布贮存的要求:

a. 贮存场所:贮存棉帘子布的仓库应通风良好,防止过热过湿,以保证棉帘子布不霉烂变质,棉帘子布存放时间不得超过半年。

b. 贮存要求:棉帘子布不得在地上直接堆放,不能与其他药料、油料混放在一个仓库内。

9.4.2 在使用前不得将包装材料任意打开。

附 录 A
断裂强力 44 N 时定荷伸长率
（参考件）

断裂强力 44 N 时定荷伸长率，作为生产厂内控项目的参考指标，见表 A1：

表 A1

品种编号	44 N 定荷伸长率，%	品种编号	44 N 定荷伸长率，%
1098	7.0±1	9046	7.5±1
1070	7.0±1	8598	8.0±1
1046	7.0±1	8570	8.0±1
9098	7.5±1	8546	8.0±1
9070	7.5±1	8592	8.0±1

附加说明：

本标准由纺织工业部科技发展司提出，由上海纺织标准计量研究所归口。

本标准由青岛市纺织工业总公司负责起草。

本标准主要起草人叶家琛、彭剑带、潘家标。

本标准参考日本工业标准 JIS L3101—78《自行车用棉帘子布标准》。

一等品相当于国际一般水平。

中华人民共和国国家标准

GB/T 2435—94

棉帘子布试验方法

代替 GB 2435—81

Methods of testing cotton cord fabrics

1 主题内容与适用范围

本标准规定了棉帘子布幅宽、卷长、经帘线、纬纱特数、密度、扯断强力、扯断伸长率、强力不匀率、伸长不匀率、帘线直径、初拈拈度、复拈拈度的测定。

本标准适用于棉帘子布织物的试验。

2 引用标准

GB 2543 纱线拈度试验方法

3 标准大气

试验用标准大气为温度 20±2℃；相对湿度 65%±2%。

4 帘子布织物的幅度、匹长、密度的测定

4.1 帘子布幅宽的测定

4.1.1 定义

织物的总幅宽是织物最大的两边经纱间与织物长度方向垂直的距离。

4.1.2 测量原理

用钢尺在织物不同点测量宽度。

4.1.3 测量程序

在验布机上退绕帘子布的过程中，距布头不小于 2 m，用钢尺垂直于布边测量帘子布的宽度，均匀测量 5 次。

4.1.4 测量结果

以各次测量得的数字算术平均值即为该卷布的幅宽，数字精确至 0.1 cm 。

4.2 帘子布长度的测定

以织布机上计数器记录为准，精确至 0.25 m，四舍五入取整数。

4.3 帘子布密度的测定

4.3.1 定义

密度是指在织物经向或纬向单位长度中所含有的纱线根数。

4.3.2 测量程序

4.3.2.1 经线密度的测定，应在验布机上退绕帘子布的过程中，距布头不小于 2 m，距布边不小于 10 cm的同一纬向左、中、右 3 处，点数 10 cm 的经线根数，精确至 0.5 根。

4.3.2.2 帘子布边线每边按两根计算。

4.3.2.3 纬纱密度的测定，应在验布机上退绕帘子布的过程中，距布头不小于 2 m 的经向 5 处(各测定

国家技术监督局1994-05-05批准 1994-11-01实施

点间的距离大致相等),点数 10 cm 内纬纱根数。

4.3.3 测量结果

以各次测量得的数字算术平均值表示,计算至小数二位,第二位四舍五入。

5 帘线的断裂强力、伸长率、拈度测定

5.1 帘线的断裂强力、伸长率测定

5.1.1 定义

5.1.1.1 断裂强力

在试样被拉伸至断裂的试验中所测得的最大拉伸力,以牛顿(N)表示。

5.1.1.2 断裂伸长率

在拉伸试验中试样拉伸至断裂时长度的增加值,以名义夹持长度的百分率表示。

5.1.2 测定原理

由适宜的机械方法,给予试样逐步增加的拉力,使其伸长,直至产生断裂,并指示出断裂时的最大拉力和伸长。

5.1.3 试样调湿

试验前试样应在标准大气条件下调湿 24 h。

5.1.4 试验程序

5.1.4.1 每批帘子布的试验数量为 100 根帘线,要两端对接,防止拈度走失。

5.1.4.2 试验仪器采用单摆式强力试验机,上、下夹头距离为 250 mm,下夹头的下降速度为每分钟 300±5 mm。

5.1.4.3 帘线预加张力,见表 1。

表 1

帘线 tex×股×股	预加张力 g
27×5×3	100
27×4×3	80
27×3×3	60
27×2×3	40

5.1.4.4 断裂强力试验程序

5.1.4.4.1 一份试样的实测扯断强力由该份试样的全部试验值(试验时滑脱或在靠近夹头处断裂者剔除)的算术平均数表示,算术平均数计算至小数三位,第三位四舍五入。

5.1.4.4.2 在进行断裂强力试验前和试验后,分别把试样称重,求得试样两次称量的平均重量,作为烘前重量。

5.1.4.4.3 试样实际回潮率在 5%～7%范围内时,帘线实测平均断裂强力按式(1)修正:

$$P = P_s \times \frac{100 + 3.5 \times 6.5}{100 + 3.5 \times W_s} \quad \cdots\cdots(1)$$

式中:P——帘线在 6.5%回潮率时的断裂强力,N;

P_s——帘线实测平均断裂强力,N;

W_s——试样实际回潮率,%。

计算至小数两位,第二位四舍五入。

5.1.4.5 断裂伸长率试验程序

5.1.4.5.1 帘线断裂伸长率试验和断裂强力试验同时进行;

5.1.4.5.2 采用强力试验机上的自动记录仪记录帘线负荷伸长曲线图，从负荷伸长曲线得实测断裂伸长；

5.1.4.5.3 帘线的实测断裂伸长由全部试验值的算术平均数表示。帘线的实测断裂伸长率按式(2)计算：

$$E = \frac{L_1}{L} \times 100 \qquad \cdots\cdots(2)$$

式中：E——帘线实测断裂伸长率，%；

L_1——帘线实测断裂伸长，mm；

L——试样原来长度，mm。

试样原来长度 L 为 250 mm 时：

$$E = 0.4 \times L_1 \qquad \cdots\cdots(3)$$

计算至小数二位，第二位四舍五入。

5.1.4.6 帘线强力不匀率和断裂伸长不匀率按式(4)计算：

$$H = \frac{2(\overline{X} - \overline{x})n}{\overline{X}N} \times 100 \qquad \cdots\cdots(4)$$

式中：H——不匀率，%；

$\overline{X}$——全部试验值的算术平均数；

$\overline{x}$——平均以下各试验值的算术平均数；

N——试验总次数；

n——平均以下试验值的次数。

试验值中有与平均数 $\overline{X}$ 相等者，不作为平均以下试验值计算，上式计算至小数二位，第二位四舍五入。

5.2 帘线的捻度测定

5.2.1 定义

a. 捻度

纱线在一定张力下单位长度的捻数(捻/m)。

b. 捻向

纱线捻回形成的螺线倾斜方向，以大写字母 S、Z 表示。帘线捻向的表示方法是第一个字母表示单纱的捻向，第二个字母表示初捻捻向，第三个字母表示复捻捻向。

5.2.2 试样

每批帘子布试验数量 20 根。

5.2.3 试验仪器

捻度试验在 Y-331 型捻度机上进行，捻度机的夹距为 250 mm，速度为 1 500±50 r/min。

5.2.4 捻向、捻度测定程序

a. 捻向的测定：取长约 200 mm 的试样，垂直放置，检查捻回螺线倾斜方向，与字母“S”中间部分一致的，为 S 捻，与字母“Z”中间部分一致的为 Z 捻。

b. 捻度的预加张力：帘线的预加张力按强力试验的规定，初捻线的预加张力，见表 2。

表 2

初捻线 tex×股	预加张力 g
27×5	30
27×4	30

续表 2

初捻线 tex×股	预加张力 g
27×3	20
27×2	15

c. 捻度的测定：先测定帘线的复捻捻度，然后剪去两根初捻线，测定留下的一根初捻线的捻度，并按测定前的初捻线实际长度修正为每米捻度。帘线的初复捻捻度取整数，计算至小数一位，四舍五入取整数。

6 帘线的直径测定

6.1 定义

二次曲线的一族平行弦的中点的轨迹是一条直线称为“直径”。

6.2 试样

每批帘子布试验数量为 20 根帘线。

6.3 试验仪器

用厚度计(暂以 0～10 mm 一级精度百分表改制)进行测定，厚度计夹持盘直径为 30 mm，E、F 夹持盘应密合，上夹持盘对帘线的加压重量为 18.0 g。

6.4 测定程序

a. 帘线应轻轻拉直，不在破籽及棉结处测定；

b. 用手将厚度计上杠杆按下后立即松开，缓冲器使上夹持盘缓缓落下，如无缓冲器，上夹持盘应从试样的 5 mm 高度缓缓放下，使帘线不受任何冲击；

c. 该数应精确至 1/100 mm，不足 1/100 mm 者不计。

6.5 测定结果

帘线直径以一份试样全部测定值的算术平均数表示，计算至小数三位，第三位四舍五入。

7 帘线的回潮率测定

7.1 试验仪器

用八篮烘箱测定回潮率，烘箱内控温范围为 105～100℃，试样在烘箱内烘至不变重量(不变重量指每隔 10 min 的两次称重的重量变化不超过 0.025%)。

7.2 计算公式

$$W_s = \frac{G_1 - G_2}{G_2} \times 100 \quad \cdots\cdots\cdots\cdots (5)$$

式中：W_s——帘线实际回潮率，%；

G_1——试样烘前重量，g，称重精确至 0.01 g；

G_2——试样烘后不变重量，g，称重精确至 0.01 g。

计算至小数三位，第三位四舍五入。

8 44 N 定荷伸长率的测定

在强伸图上于 44 N 强力时测其定荷伸长，计算方法同第 5.1.4.5 条。

附 录 A
物理试验分批规定和取样
（补充件）

A1 帘子布物理性能试验，由生产厂根据产量进行分批，每批帘子布必须同一品种、同一质量说明书交货验收。

A2 每批帘子布试样必须在两台或两台以上织机上随机抽样。取样部位在前一匹布织机头后和后一匹布织机头前，距布边不小于 200 mm 的地方，试样长度不短于 500 mm。

A3 取样时应防止拈度走失，取样不得挑选，但有严重疵点的线应剔除。

附 录 B
非仲裁性常规测定
（补充件）

B1 工厂定等试验、内部质量控制试验，可采用在一般温湿度条件下，快速测定帘线物理性能，然后按式(1)换算修正试样的断裂强力。

B2 快速试验的试样应先在盛有干燥剂的吸湿缸中放置一定时间或电热烘箱低温（不大于 50℃）去湿，使试样回潮率达到 5%～7%范围内时进行试验。

附加说明：

本标准由纺织工业部科技发展司提出，由上海纺织标准计量研究所归口。

本标准由青岛市纺织工业总公司负责起草。

本标准主要起草人叶家琛、彭剑带、潘家标。

本标准参考日本工业标准 JIS L3101—78《自行车用棉帘子布标准》。

一等品相当于国际一般水平。

中华人民共和国国家标准

橡胶工业用棉帆布

Cotton canvas for rubber industry

GB/T 2909—94

代替 GB 2909—82

1 主题内容与适用范围

本标准规定了橡胶工业用棉帆布的产品品种、规格、技术要求、布面疵点的评分、试验方法、标志、包装、贮存和运输。

本标准适用于鉴定有梭和无梭织机生产的橡胶工业用棉帆布的品质。

2 引用标准

GB 398 本色棉纱线技术要求

GB 406 附件 本色棉布技术条件制订规定

FZ/T 10003 帆布织物试验方法

ZB W04 006.2 温度与回潮率对棉及化纤纯纺、混纺制品断裂强力的修正方法 本色布断裂强力的修正方法

3 产品品种、规格

根据用户需要由生产部门制订。

4 技术要求

4.1 技术要求项目

橡胶工业用棉帆布的技术要求包括幅宽、密度、断裂强力、断裂伸长率、平方米干燥重量、布面疵点六项。

4.2 分等规定

4.2.1 橡胶工业用棉帆布的品等分为优等品、一等品、合格品，低于合格品的为不合格品。

4.2.2 橡胶工业用棉帆布的评等以匹为单位，幅宽、密度、布面疵点按匹评等，断裂强力、断裂伸长率、平方米干燥重量按批评等，并以六项中最低的品等为该匹布的品等。

4.2.3 分等规定如表1。

国家技术监督局1994-05-05批准　　1994-11-01实施

表 1

<table>
<tr><th colspan="2" rowspan="2">项 目</th><th rowspan="2">标 准</th><th colspan="2">允 许 偏 差</th></tr>
<tr><th>一等品</th><th>合格品</th></tr>
<tr><td rowspan="2">幅宽
cm</td><td>100 以下</td><td rowspan="2">按产品规格</td><td>±1.2%</td><td>±1.2%以上～±1.4%</td></tr>
<tr><td>100 及以上</td><td>±1.0%</td><td>±1.0%以上～±1.2%</td></tr>
<tr><td rowspan="2">密度,根/10 cm</td><td>经向</td><td rowspan="2">按产品规格</td><td>±2.5%</td><td>±2.5%以上</td></tr>
<tr><td>纬向</td><td>±3.5%</td><td>±3.5%以上</td></tr>
<tr><td rowspan="2">断裂强力,N</td><td>经向</td><td rowspan="2">按设计规定</td><td>符合规定</td><td>−1.5%</td></tr>
<tr><td>纬向</td><td>符合规定</td><td>−1.5%</td></tr>
<tr><td rowspan="2">断裂伸长率,%</td><td>重型</td><td rowspan="2">按设计规定</td><td>±3.5</td><td>±3.5 以上～±4.5</td></tr>
<tr><td>轻型</td><td>±3.0</td><td>±3.0 以上～±4.0</td></tr>
<tr><td rowspan="2">平方米干燥重量,g/cm²</td><td>重型</td><td rowspan="2">按设计规定</td><td>±40</td><td>±40 以上</td></tr>
<tr><td>轻型</td><td>±20</td><td>±20 以上</td></tr>
<tr><td colspan="2">布面疵点评分(平均),分/m
不大于</td><td><table><tr><th>品等 / 评分限度 / 幅宽,cm</th><th>一等品</th><th>合格品</th></tr><tr><td>100 及以下</td><td>0.25</td><td>0.50</td></tr><tr><td>100 以上</td><td>0.30</td><td>0.60</td></tr></table></td><td>符合一等品规定</td><td>符合合格品规定</td></tr>
</table>

4.2.4 在达到一等品各项条件的基础上,符合下列条件评为优等品:

a. 经向强力 重型 +10.0%
轻型 +8.0%

b. 布面疵点平均每米分数不大于以下规定:
每米允许分数 幅宽 100 cm 及以下 0.05
幅宽 100 cm 以上 0.10

c. 不允许有松紧边。

5 布面疵点评分

5.1 布面疵点检验条件

布面疵点检验必须符合以下规定:

a. 检验时的照度为 400±100 lx;

b. 验布机的线速度不大于 20 m/min。

5.2 布面疵点评分

布面疵点按表 2 评分:

表 2

<table>
<tr><td rowspan="2" colspan="2">疵点类别</td><td colspan="4">评 分 分 数</td><td rowspan="2">补 充 说 明</td></tr>
<tr><td>1</td><td>3</td><td>5</td><td>10</td></tr>
<tr><td colspan="2">经向明显疵点</td><td>5～10 cm</td><td>10 以上～30 cm</td><td>30 以上～50 cm</td><td>50 以上～100 cm</td><td>① 单根断经、松经、紧经 50 cm 以上减半评分。多根松经、紧经划条评分。
② 错经±$\frac{1}{2}$股及以上按断经减半评分，±$\frac{1}{2}$股以下 10 m 评 1 分。
③ 轧梭分股结头 2 个或 3 个作一个计，大结头每个评 3 分。
④ 烂边 1～3 cm 以下评 5 分，3 cm 及以上评 10 分。脱结、断单纱形成疙瘩每只评 1 分。
⑤ 凹边深 0.5～1 cm 评 1 分。1 cm 以上评 10 分。
⑥ 松紧边 1 m 评 1 分。
⑦ 1 cm 以上的深油渍、锈渍划条评分；分散的油疵 50 cm 内有 10 只评 1 分，浅油线、油渍不评分。
⑧ 拖纱 2 cm 以下不评分。布边拖纱 3 cm 以上要评分(连续二根作一根计)</td></tr>
<tr><td colspan="2">纬向明显疵点</td><td>5～10 cm</td><td>10 以上～30 cm</td><td>30 以上～半幅</td><td>半幅以上</td><td>① 双纬 10 cm 以上评 1 分。
② 脱纬一梭口内有 3 根及以上 5 cm 长评 5 分。
③ 毛边 10 cm 内有 5 根及以上评 1 分。
④ 错纬：28 tex 的纬纱经向长 1 cm：8 股及以上±3 股、8 股以下±2 股、3 股±1 股评 1 分，原线±$\frac{1}{2}$股以上评 5 分。
⑤ 杂物(包括 5 cm 以下的脱纬)达到 3 根纬纱粗度评 3 分。
⑥ 纬缩经向 50 cm 有 6 个评 1 分。
⑦ 开车印半幅以上评 1 分，经缩浪纹(4 楞)按不明显横档评分</td></tr>
<tr><td rowspan="2">横档</td><td>不明显</td><td>半幅及以下</td><td>半幅以上</td><td></td><td></td><td rowspan="2"></td></tr>
<tr><td>明显</td><td></td><td></td><td>半幅及以下</td><td>半幅以上</td></tr>
<tr><td colspan="2">严重疵点</td><td></td><td></td><td></td><td></td><td>跳花 1 cm 以下评 3 分</td></tr>
</table>

5.3 允许评分数的规定

5.3.1 每匹布允许评分数按下式计算：

每匹布允许总评分＝每米允许评分数(分/m)×匹长(m)

每匹布允许总评分有小数时，取舍成整数。

5.3.2 1 m 中累计评分最多评 10 分。

5.4 疵点检验的规定

5.4.1 评分以布的正面为准。

5.4.2 距布边 1 cm 以内的疵点。断经(沉纱)、错径、松紧经 50 cm 评 1 分，其他疵点仍按规定评分。

5.4.3 区别横档明显不明显的规定：

5.4.3.1 横档疵点以最稀或最密处检验。

5.4.3.2 横档疵点区别明显不明显按表 3 规定。

表 3

横档疵点 \ 25cm内纬密差，根 \ 标准纬密，根		36～80	81～110	110 以上
不明显	密路	+2.0	+2.5	+3.0
	稀纬	−1.5	−2.0	−2.5
明　显	密路	+3.0 以上	+3.5 以上	+4.0 以上
	稀纬	−2.5 以上	−3.0 以上	−3.5 以上

5.4.4 不同名称、不同程度的疵点混在一起时，应分别评分加合计算。但在同一梭口或同一纱线上的疵点，应按严重一项评分。

5.4.5 布面上如出现在疵点分类中没有包括的疵点，可参照相似条文评分。

5.5 疵点的量计

5.5.1 测量疵点长度以经向或纬向最大长度量计。

5.5.2 经向疵点及严重疵点，长度超过 1 m 的，其超过部分按表 2 再行评分。

5.5.3 划条评分的疵点，宽度以 0.5 cm 为一条，超过 0.5 cm 的每 0.5 cm 为一条，其不足 0.5 cm 的按一条计。

5.6 对部分疵点数量的限制

一等品中不允许有评 10 分的疵点存在。

5.7 疵点的修织要求

5.7.1 金属杂物织入，必须在织布厂剔除。

5.7.2 凡在织布厂能修织好的疵点，应一律修好后出厂。

5.7.3 帆布一律不得用水洗，否则作降等处理。

5.8 对疵点实行假开剪的规定。

5.8.1 帆布的假开剪，由供需双方协商决定。

5.8.2 少 5 根及以上的大稀弄、5 根及以上的破洞、豁边和跳花、不对接轧梭、3 cm 以上的烂边六个疵点，必须在织布厂剪去。

6 试验方法

按 FZ/T 10003 执行。

7 检验规则

7.1 橡胶工业用棉帆布的验收和复验应按本标准规定内容进行。

7.2 橡胶工业用棉帆布的公定回潮率为 8%。

7.3 生产厂根据品质检验结果定等。在交货时，收货方应及时进行验收，如不验收，应即按付货方检验结果收货。

7.4 验收部门发现帆布的质量问题时，应及时通知生产厂，并保留该批产品，以便按标准规定共同复验。

7.5 复验数量

7.5.1 物理指标不得少于3匹。

7.5.2 布面疵点和长度不得少于交货总数量的15%。

7.6 复验结果处理

7.6.1 物理指标不符合品等，即判定该批产品全部数量不符合品等。

7.6.2 布面疵点不符合品等率在4%及以内，按查出的实际匹数补偿差价。不符合品等率超过4%以上，按复验实际降等百分率折合全部数量计算，补偿品等差价。

7.6.3 长度数量不符合，多退少补。

7.7 短码布的数量，不得超过交货总数的5%，或由供需双方协商处理。

7.8 帆布在橡胶厂加工过程中，如发现质量问题，由供需双方协商处理。

7.9 生产厂交货后，因运输、贮存、保管不良，使产品质量受到影响或发生变质，应由收货方负责。如原因不明时，由供需双方共同分析，查清原因，分清责任，由责任方负责。

8 标志、包装、贮存和运输

8.1 标志应明显、清楚，便于识别。

8.2 帆布的包装，应保证质量不受影响，并适于运输。销售近段地区的帆布，包装要求可由供需双方协商确定。

8.3 贮存帆布的仓库，应干燥、通风，并注意做到先进先用，避免由于贮存时间过长而霉烂变质。

8.4 每匹帆布的首端应盖章或附标签。

标签内容符合以下规定(见表4)：

表4

<table>
<tr><td>厂　　名</td><td colspan="3"></td></tr>
<tr><td>品　　名</td><td></td><td>经纬密度</td><td></td></tr>
<tr><td>幅　　宽</td><td></td><td>长　　度</td><td></td></tr>
<tr><td>品　　等</td><td></td><td>生产日期或批号</td><td></td></tr>
</table>

8.5 帆布包装上应刷有标志(见表5)。

表5

<table>
<tr><td>厂　　名</td><td colspan="2"></td><td colspan="2">商　　标</td><td colspan="2"></td></tr>
<tr><td>品　　名</td><td></td><td colspan="2">经纬密度</td><td></td><td>总长度</td><td></td></tr>
<tr><td>重　　量</td><td colspan="2"></td><td colspan="2">体　　积</td><td colspan="2"></td></tr>
<tr><td>品　　等</td><td colspan="2"></td><td colspan="2">生产日期及批号</td><td colspan="2"></td></tr>
<tr><td>备　　注</td><td colspan="2"></td><td colspan="2">切勿受潮</td><td colspan="2"></td></tr>
</table>

8.6 每批帆布必须附有质量说明书(见表6)。

表 6

厂　　名			
品　　名		经纬密度	
经纬向断裂强力		经纬向断裂伸长率	
1 m^2 干燥重量		回潮率	
品　　等		生产日期及批号	

附 录 A
各类布面疵点的具体内容
（补充件）

A1 经向明显疵点

断经、错经、松紧经、拖纱、大结头、凹边、烂边、秃边、松紧边、油经、油渍、锈渍、修整不良。

A2 纬向明显疵点

双纬、脱纬、错纬、纬缩、杂物、油纬、锈纬、毛边、开车印、经缩浪纹。

A3 横档

稀纬、密路。

A4 严重疵点

破洞、豁边、跳花、3 cm 及以上的烂边、经向 5 cm 整幅中有 15 个以上的轧梭结头、损伤布底的修整不良、霉斑、金属杂物织入。

附 录 B
对布面疵点的说明
（补充件）

B1 破洞
3 根及以上经纬纱共断或单断经纬纱，包括隔开 1～2 根好纱。

B2 豁边
边组织内 3 根及以上经纬纱共断或单断经纱，包括隔开 1～2 根好纱。

B3 跳花
3 根及以上经、纬纱相互脱离组织，包括隔开一个完全组织。

B4 断经
织物表面经纱断缺。

B5 错经
错纤维、纱特用错、多股或少股的经线织入布内。

B6 松紧经
单纱加拈成股线时张力不匀，造成经纱松紧不匀。

B7 拖纱
未剪去的纱头，拖在布面或布边上。

B8 大结头（结头包括正反面脱结、拈结、不结）
28tex10 股以上、58tex5 股以上的经线未分股打结的结头。

B9 毛边
边部被拉断或割断的纬纱织入布内（包括剑杆织机断续性脱套和喷气织布纬纱未喷入）。

B10 凹边
纬纱张力过大，布边凹陷深 0.5 cm。

B11 烂边

边组织内单断纬纱(指纬纱连续被割断)。

B12 秃边

钢丝织边帆布连续性脱套。

B13 松紧边

指布边长度与布身长度平均每米相差 1.5 cm 及以上的布边(每匹布平均测量 5～8 处。平均达到 1.5 cm 以上的要降等)。

B14 油经

沾上油污的经纱。

B15 油纬

沾上油污的纬纱。

B16 油渍

织物沾上油污后留下的痕迹。

B17 锈经

沾上锈污的经纱。

B18 锈纬

沾上锈污的纬纱。

B19 锈渍

织物沾上锈污后留下的痕迹。

B20 双纬

一梭口内有 2 根纬纱织入布内。

B21 脱纬

一梭口内有 3 根及以上的纬纱织入布内。

B22 错纬

错纤维、纱特用错、多股或少股的纬纱织入布内。

B23 纬缩

纬纱扭结织入布内。

B24 多根松经

多根经纱张力松弛织入布内。

B25 经缩浪纹

部分经纱受到意外张力后松弛,使织物表面呈现块状或条状的起伏不平。

B26 稀纬

纬密少于工艺标准规定。

B27 密路

纬密多于工艺标准规定。

B28 轧梭结头

轧梭后对接的结头。

B29 修整不良

布面被刮起毛、起皱不平。

B30 杂物织入

成团回丝、飞花、木质等杂物织入。

B31 霉斑

织物上有霉点。

附 录 C
用于常温测定织物断裂强力的温度、回潮率修正
（补充件）

工厂定等试验，内部质量控制试验。可采用在一般温湿度条件下快速测定，然后用标准温度和回潮率换算的办法，以修正试样的强力，但试验地点的温湿度必须保持稳定。

C1 断裂强力修正公式

修正后的断裂强力(N)＝实测断裂强力(N)×断裂强力修正系数 …………（C1）

C2 断裂强力修正系数

按 ZB W04 006.2 执行。

附 录 D
代表性品种技术条件表
（补充件）

表 D1

编号	幅 宽 cm	匹长 m	纱特×股 （英制支数/股）		密 度 根/10 cm		断裂强力 N/5 cm×20 cm(kgf/5cm×20cm) 不小于		断裂伸长率 %		厚 度 mm	1 m² 干燥重量 g/m²	回潮率 %
			经 线	纬 线	经向	纬向	经 向	纬 向	经向	纬向			
102	81、91.5、100、120、132	100±3	58×9(10/9)	58×8(10/8)	102	56	3 530(360)	1 860(190)	32	11	1.75±0.10	850	8.0
103-A	81、91.5、100、120、132	100±3	28×18(21/18)	28×12(21/12)	98	62	3 530(360)	1 615(165)	32	11	1.70±0.10	790	8.0
103-B	81、91.5、100、120、132	100±3	28×18(21/18)	58×8(10/8)	98	56	3 530(360)	1 665(170)	32	11	1.70±0.10	790	8.0
104	81、91.5、100、120、132	100±3	58×9(10/9)	58×6(10/6)	100	62	3 430(350)	1 570(160)	32	11	1.70±0.10	790	8.0
105	81、91.5、100、120、132	100±5	28×12(21/12)	28×12(21/12)	85	90	2 055(210)	2 255(230)	31	15	1.25±0.10	640	8.0
106	81、91.5、100、120、132	100±5	28×10(21/10)	28×10(21/10)	132	92	2 450(250)	2 255(230)	30	12	1.20±0.10	700	8.0
107	81、91.5、100、120、132	100±5	28×10(21/10)	28×10(21/10)	93	86	1 960(200)	1 960(200)	30	12	1.20±0.10	670	8.0
108	81、91.5、100、120、132	100±5	29×10(20/10)	29×10(20/10)	132	90	2 450(250)	2 255(230)	30	12	1.25±0.07	695	8.0
201	81、91.5、100、120、132	100±5	28×8(21/8)	28×8(21/8)	70	70	880(90)	930(95)	27	14	0.82±0.10	300	8.0
202	81、91.5、100、120、132	100±5	28×8(21/8)	28×8(21/8)	138	110	1 910(195)	1 570(160)	30	14	1.10±0.10	560	8.0
203-A	81、91.5、100、120、132	100±5	28×8(21/8)	28×8(21/8)	100	105	1 570(160)	1 765(180)	34	14	1.05±0.10	490	8.0
203-B	81、91.5、100、120、132	100±5	28×8(21/8)	28×8(21/8)	98	102	1 470(150)	1 665(170)	20	14	1.02±0.10	480	8.0

续表 D1

编号	幅宽 cm	匹长 m	纱特×股（英制支数/股）		密度 根/10 cm		断裂强力 N/5 cm×20 cm(kgf/5cm×20cm) 不小于		断裂伸长率 %		厚度 mm	1 m² 干燥重量 g/m²	回潮率 %
			经线	纬线	经向	纬向	经向	纬向	经向	纬向			
203-C	81、91.5、100、120、132	100±5	29×8(20/8)	29×8(20/8)	98	102	1 470(150)	1 665(170)	28	14	1.02±0.10	480	8.0
204	81、91.5、100、120、132	100±5	28×8(21/8)	28×8(21/8)	110	106	1 665(170)	1 765(180)	31	14	1.05±0.10	520	8.0
205	81、91.5、100、120、132	100±5	28×8(21/8)	28×8(21/8)	88	88	1 275(130)	1 370(140)	28	14	1.05±0.10	420	8.0
206-A	81、91.5、100、120、132	100±5	28×6(21/6)	28×6(21/6)	115	120	1 370(140)	1 520(155)	31	16	0.92±0.09	420	8.0
206-B	81、91.5、100、120、132	100±5	28×6(21/6)	28×6(21/6)	115	110	1 370(140)	1 420(145)	31	16	0.95±0.10	406	8.0
206-C	81、91.5、100、120、132	100±5	28×6(21/6)	28×6(21/6)	71	71	830(85)	880(90)	12	11	0.90±0.10	205	8.0
207-A	81、91.5、100、120、132	100±5	28×5(21/5)	28×5(21/5)	116	120	1 075(110)	1 175(120)	30	15	0.82±0.07	340	8.0
207-B	81、91.5、100、120、132	100±5	28×5(21/5)	28×3+3 (21/3+3)	116	92	1 075(110)	1 175(120)	22	11	0.82±0.07	340	8.0
207-C	81、91.5、100、120、132	100±5	28×5(21/5)	28×5(21/5)	115	110	1 030(105)	1 125(115)	21	17	0.85±0.07	325	8.0
208	81、91.5、100、120、132	100±5	28×5(21/5)	28×5(21/5)	114	116	1 030(105)	1 125(115)	27	17	0.80±0.07	320	8.0
209	81、91.5、100、120、132	100±5	58×5(21/5)	28×5(21/5)	105	100	930(95)	980(100)	23	15	0.82±0.07	300	8.0
210	81、91.5、100、120、132	100±5	28×5(21/5)	28×5(21/5)	157	123	1 570(160)	1 370(140)	32	17	0.90±0.09	420	8.0
211	81、91.5、100、120、132	100±5	28×4(21/4)	28×4(21/4)	134	126	980(100)	1 030(105)	26	16	0.75±0.07	320	8.0
212	81、91.5、100、120、132	100±5	28×4(21/4)	28×4(21/4)	122	132	880(90)	1 075(110)	24	15	0.75±0.07	270	8.0
213	81、91.5、100、120、132	100±5	28×4(21/4)	29×4(20/4)	155	135	1 175(120)	1 075(110)	28	15	0.75±0.07	325	8.0

续表 D1

编号	幅宽 cm	匹长 m	纱特×股 (英制支数/股)		密度 根/10 cm		断裂强力 N/5 cm×20 cm(kgf/5cm×20cm) 不小于		断裂伸长率 %		厚度 mm	1 m² 干燥重量 g/m²	回潮率 %
			经线	纬线	经向	纬向	经向	纬向	经向	纬向			
214	81、91.5、100、120、132	100±5	28×3(21/3)	28×3(21/3)	169	161	880(90)	930(95)	28	15	0.70±0.05	300	8.0
215	81、91.5、100、120、132	100±5	28×3(21/3)	28×3(21/3)	150	160	830(85)	880(90)	25	14	0.68±0.05	265	8.0
216	81、91.5、100、120、132	100±5	28×3(21/3)	28×3(21/3)	136	126	635(65)	685(70)	17	13	0.65±0.05	220	8.0
217	81、91.5、100、120、132	100±5	28×2(21/2)	28×2(21/2)	163	170	490(50)	585(60)	14	13	0.50±0.05	185	8.0
218	81、91.5、100、120、132	100±5	28×2(21/2)	28×2(21/2)	152	150	450(46)	510(52)	12	12	0.50±0.05	170	8.0
219	100、132、135	100±5	28×3(21/3)	28×4(21/4)	260	98	1 470(150)	880(90)	30	10	0.90±0.10	364	8.0
220	81、91.5、100、120、132	100±5	28×3(21/3)	28×3(21/3)	155	157.5	830(85)	880(90)	25	14	0.68±0.05	265	8.0
221	156、162、170	100±5	28×2(21/2)	28×2(21/2)	196.5	157.5	685(70)	585(60)	17	10	0.50±0.05	195	8.0

注：① 编号用三位数字表示，第一位数字表示品种类别：1—重型帆布；2—轻型帆布，第二、三位数字表示顺序号。

② 匹长、幅宽和断裂伸长率标准值也可根据用途要求，供需双方另行商定。

附加说明：

本标准由纺织工业部科技发展司提出，由上海纺织标准计量研究所归口。

本标准由上海纺织工业局和青岛纺织工业总公司负责起草。

本标准主要起草人薛苇、叶家琛、王德英、周仲篪。

本标准是参考原苏联国家标准 ГОСТ 161《棉织物、混纺织物和化纤织物等级的评定》、日本纺绩检查协会《棉织品(整理后)出口检查标准》、法国 C. R. T. M(米罗兹纺织研究中心)《最后疵点的检验方法》标准制定的。

优等品相当于国际先进水平，一等品相当于国际一般水平。

前　言

本标准是对GB/T 9101—1988《锦纶66浸胶帘子布》的修订。修订时参考了引进先进国家成套设备合同中有关条款和近几年来进出口帘子布质量合同等。本标准优等品为国际先进水平，一等品为国际水平。

本标准中的物理性能指标都是在试验大气状态（温度24℃±2℃，相对湿度55%±3%）条件下测试的。

本标准在GB/T 9101—1988的基础上，增加930 dtex/2V_3，1 870 dtex/2V_2（加密），2 100 dtex/2V_1、V_2，1 400 dtex/3V_1、V_2等6个规格，修订了部分指标，干热收缩率试验方法采用了先进的测试仪器——热收缩仪，使得本标准更先进合理。

本标准自实施之日起，同时代替GB/T 9101—1988。

本标准由原国家纺织工业局提出。

本标准由上海化学纤维（集团）有限公司归口。

本标准起草单位：中国神马集团有限责任公司。

本标准主要起草人：任德范、朱瑞瑛、李磊。

中华人民共和国国家标准

GB/T 9101—2002

代替 GB/T 9101—1988

锦纶66浸胶帘子布

Nylon 66 dipped tyre cord fabric

1 范围

本标准规定了锦纶66浸胶帘子布的产品分类、要求、试验方法、检验规则、标志、标签和包装、运输、贮存。

本标准适用于锦纶66浸胶帘子布品质的鉴定和验收。

2 引用标准

下列标准所包含的条文，通过在本标准中引用而构成为本标准的条文。本标准出版时，所示版本均为有效。所有标准都会被修订，使用本标准的各方应探讨使用下列标准最新版本的可能性。

GB/T 8170—1987 数值修约规则

3 产品分类

锦纶66浸胶帘子布根据其帘子线的线密度和股数分为930 dtex/2、1 400 dtex/2、1 870 dtex/2、2 100 dtex/2和1 400 dtex/3等5个品种、11个规格，见表1。

4 要求

4.1 锦纶66浸胶帘子布物理性能指标见表2。

中华人民共和国国家质量监督检验检疫总局2002-05-29批准　　2003-01-01实施

表 1　锦纶 66 浸胶帘子布的组织规格

序号	项目	单位	规格										
			930 dtex/2	1 400 dtex/2			1 870 dtex/2			2 100 dtex/2		1 400 dtex/3	
			V_3	V_1	V_2	V_3	V_1	V_2(加密)	V_2	V_1	V_2	V_1	V_2
1	经密	根/10 cm	60	100	74	52	88	74	68.4	88	74	88	74
2	边经密	根/10 cm	≤63	≤105	≤78	≤55	≤92	≤78	≤72	≤92	≤78	≤92	≤78
3	纬密	根/10 cm	14	8	10	14	9	9	9	9	9	8	10
4	纬纱规格(棉)	tex	28～30	28～30	28～30	28～30	28～30	28～30	28～30	28～30	28～30	28～30	28～30
5	接头布长度	cm	10	10	10	10	10	10	10	10	10	10	10
6	幅宽	cm	145±3	145±3	145±3	145±3	145±3	145±3	145±3	145±3	145±3	145±3	145±3
7	布长	m	$L \geqslant 500$										

注

1　L 等于各品种规定长度，如需方有特殊长度要求，可按其要求长度生产。

2　930 dtex/2——V_3，1 400 dtex/2——V_1、V_2、V_3，L 均为 1 160 m。

3　1 870 dtex/2——V_1，1 870 dtex/2——V_2(加密)，L 均为 900 m。

4　1 870 dtex/2——V_2，L 为 1 360 m。

5　2 100 dtex/2——V_1、V_2，1 400 dtex/3——V_1、V_2，L 均为 770 m。

6　除 930 dtex/2——V_3 外，其余品种的 L 均有 580 m 匹长。

7　布长 $L \geqslant 500$ m 适用于一等以上品级。

表 2 锦纶 66 浸胶帘子布物理性能指标

序号	项目	单位	规格														
			930 dtex/2			1 400 dtex/2			1 870 dtex/2			2 100 dtex/2			1 400 dtex/3		
			优等品	一等品	合格品	优等品	一等品	合格品	优等品	一等品	合格品	优等品	一等品	合格品	优等品	一等品	合格品
1	断裂强力	N/根	≥137.2	≥132.3	≥127.4	≥215.6	≥211.7	≥205.8	≥284.2	≥274.4	≥264.6	≥313.6	≥303.8	≥294.0	≥313.6	≥303.8	≥294.0
2	定负荷伸长率 44.1 N (4.5 kgf)	%	8.5±0.6	8.5±0.8	8.5±1.0												
	定负荷伸长率 66.6 N (6.8 kgf)					8.5±0.6	8.5±0.8	8.5±1.0									
	定负荷伸长率 88.2 N (9.0 kgf)								8.7±0.6	8.7±0.8	8.7±1.0						
	定负荷伸长率 100 N (10.2 kgf)											9.0±0.6	9.0±0.8	9.0±1.0	9.0±0.8	9.0±1.0	9.0±1.2
3	粘着强度（H 抽出法）	N/cm	≥107.8	≥98.0	≥98.0	≥137.2	≥127.4	≥117.6	≥156.8	≥137.2	≥127.4	≥156.8	≥147.0	≥137.2	≥156.8	≥147.0	≥137.2
4	断裂强力不匀率	%	≤3	≤4	≤5	≤3	≤4	≤5	≤3	≤4	≤5	≤3	≤4	≤5	≤3	≤4	≤5
5	断裂伸长不匀率		≤5	≤6	≤7	≤5	≤6	≤7	≤5	≤6	≤7	≤5	≤6	≤7	≤5	≤6	≤7
6	附胶量		5.0±0.9	5.0±1.2	5.0±1.5	5.0±0.9	5.0±1.2	5.0±1.5	5.0±0.9	5.0±1.2	5.0±1.5	4.5±1.0			4.0±0.5		
7	断裂伸长率		20.5±2			21.5±2			22±2			22±2			22±2		
8	直径	mm	0.53±0.05			0.65±0.05			0.74±0.05			0.78±0.05			0.78±0.05		
9	捻度 初捻(Z)	捻/10 cm	46.0±1.5			39.0±1.5			32.0±1.5			32.0±2.0			32.0±2.0		
	捻度 复捻(S)		46.0±1.5			37.0±1.5			32.0±1.5			32.0±2.0			32.0±2.0		
10	干热收缩率	%	≤5			≤5			≤5			≤5.5			≤5.5		

4.2 锦纶66浸胶帘子布外观质量要求见表3。

表3 锦纶66浸胶帘子布外观质量要求

序号	项目	优等品	一等品	合格品
1	断经/(根/卷)	不允许	≤3	≤5
2	浆斑/(个/卷)	不允许	≤5	≤10
3	劈缝/m	不允许	≤1	≤3
4	经线连续粘并/m	不允许	≤30 累计不超过5处	≤50 累计不超过5处

注

1 卷长以580 m计，布面平整，卷装整齐，不允许有油污疵点。

2 浆斑系指面积4～10 cm^2。

3 1 cm^2 以下的浆点，一等品允许有80个/卷～160个/卷；
1～4 cm^2 的浆点，一等品允许有25个/卷～50个/卷。

4 外观质量如有特殊情况，影响轮胎厂压延质量时，双方协商解决。

5 试验方法

锦纶66浸胶帘子布试验室内的大气条件为：温度(24±2)℃，相对湿度(55±3)%。

5.1 断裂强力、断裂伸长率、定负荷伸长率的测定

5.1.1 装置

电子拉力试验机(CRE型或CRT型)应满足下列要求：

a) 应附有绘图装置或数据处理、打印装置；

b) 强力的指示允许误差为满量程的1%；

c) 夹持长度误差不超过0.2 mm；

d) 试验机量程的确定，应使断裂强力落在满刻度的20%～75%范围。

5.1.2 试验条件

a) 试样夹持长度为(250±0.2)mm；

b) 强力机下夹具下降速度为(300±5)mm/min；

c) 测定强力的预加张力为(0.5±0.05)cN/tex，按名义线密度计算；

d) 试验根数为10根；

e) 强力机气动夹头压力为0.3 MPa～0.35 MPa(3 kg/cm^2～3.5 kg/cm^2)。

5.1.3 试验步骤

5.1.3.1 校正试验机下夹具的下降速度为300 mm/min。

5.1.3.2 调整试验机的指针使其指示为零位。

5.1.3.3 将试样的一端夹入上夹持器，另一端施加5.1.2c)规定的预张力，旋紧下夹具后进行试验操作。

5.1.3.4 从横向记录纸上或直接从数据处理机上读出断裂强力值。

5.1.3.5 从纵向记录纸上读出定负荷伸长率值，断裂伸长率以断裂时该点的颈部为指示值(纵向记录纸上)。

5.1.4 结果计算

以10根试样测定值的算术平均值表示该批产品的最终测定结果。

不匀率按式(1)计算：

$$不匀率(\%) = \frac{2(\overline{X} - \overline{X}_1) \times N_1}{N \times \overline{X}} \times 100 \quad \cdots\cdots(1)$$

式中：N——测定总次数；

N_1——平均值以下的次数；

$\overline{X}$——平均值；

$\overline{X}_1$——平均值以下的平均值。

小数位数要求见表 2。数值修约按 GB/T 8170 规定。

5.1.5 注意事项

a）测定时注意防止试样打滑；

b）当试样打滑或断裂在距钳口边缘 5 mm 内时，其数值应剔除；

c）仲裁时使用 CRE 型。

5.2 粘着强度（H 抽出法）试验

5.2.1 试剂与材料

a）天然橡胶（烟片胶）；

b）半补强炭黑；

c）氧化锌；

d）硫磺；

e）促进剂 M；

f）硬脂酸；

g）松焦油；

h）防老剂 A；

i）防老剂 D。

5.2.2 装置

a）双滚筒炼胶机 XK160 型 ϕ160 mm×320 mm；

b）电热式或蒸汽式平板硫化机；

c）硫化模具等。

5.2.3 试样的制备和保存

5.2.3.1 H 抽出试样规格见图 1。

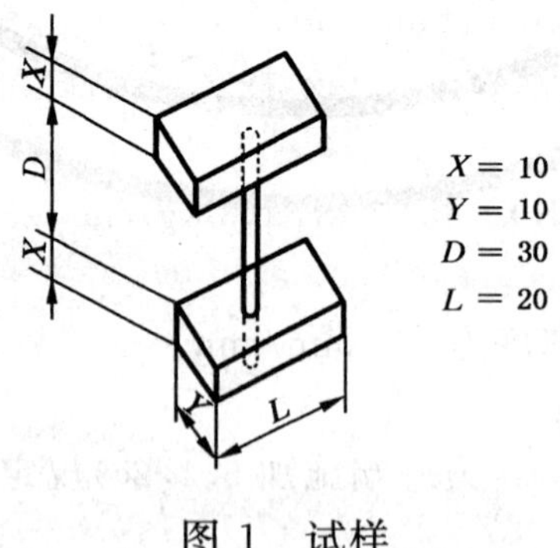

图 1 试样

5.2.3.2 试样的制备与保存

5.2.3.2.1 胶料配方（单位：g）

天然橡胶（烟片胶）	100
半补强炭黑	40
氧化锌	4
硫磺	2.5

促进剂 M	0.8
硬脂酸	2
松焦油	3
防老剂 A	0.75
防老剂 D	0.75
	计 153.8

5.2.3.2.2 胶料存放

胶料炼后停放 4 h 回炼后方可使用,胶片表面保持清洁,不能沾有灰尘及油污之类,存放期最长不得超过一个月;胶料回炼时辊温为 50～60℃,回炼均匀则可。

5.2.3.2.3 硫化条件

硫化温度 (136±2)℃

硫化时间 50 min

硫化压力 模具压力 2.1 MPa～3 MPa

5.2.3.2.4 试样制备

a) 将模具在 136℃下预热 15 min～20 min。

b) 将回炼过的胶料按规格要求剪成胶条。

c) 将胶条放入模具沟中,再将帘线试样放入与胶条垂直的小沟中固定上端,下端挂上规定的张力,然后再在帘线上覆上胶条,盖一层赛璐璐纸,盖上模具盖,放入硫化机内,加上 5.2.3.2.3 规定压力硫化。

d) 硫化后试样在试验室的条件下放置 4 h 以上,再将其修成规定的"H"型,帘线周围的多余胶料应剪去。

5.2.4 试验步骤

5.2.4.1 调整好拉力试验机下夹持器下降速度。

5.2.4.2 试样装入夹持器,并使帘线通过两夹持器的缝隙,进行试验。

5.2.4.3 记录帘线从橡胶中抽出时的最大负荷值。

5.2.5 结果计算

每批 H 抽出试样不少于 10 个,结果取算术平均值表示(单位:N/cm),有效数值取至小数点后一位。按 GB/T 8170 规定修约。

在发生帘线尚未抽出而先断裂时,如其结果在平均值以上者可算入平均值,反之则剔除,经取舍后,数值个数不得少于原个数的 70%。

5.3 附胶量测定

5.3.1 试剂

甲酸:化学纯,浓度 85%以上。

5.3.2 装置

a) 自动恒温烘箱:允许误差±2℃;

b) 天平:最小分度值 0.1 mg;

c) 称量瓶;

d) M-50 装卸式过滤器;

e) 磁性搅拌器;

f) 水流泵或真空泵;

g) 烧杯、剪刀等。

5.3.3 试验步骤

5.3.3.1 将 15 根帘线剪成长 3～5 mm 约 2 g,放入恒重的称量瓶中在(105±2)℃的烘箱中烘至恒重,盖上盖，取出放入干燥器内冷却 30 min。

5.3.3.2 用减量法在天平上称 1 g 试样，移入 100 mL 烧杯中，同时称好经烘干冷却的滤纸质量。

5.3.3.3 将 50 mL 甲酸慢慢地倒入试样烧杯中溶解 30 min，再在磁性搅拌器上搅拌 5～10 min，将帘线全部溶解后取下烧杯，钳出磁棒(用少量甲酸将其冲洗净)。

5.3.3.4 将溶解后的试样溶液沿玻璃棒慢慢地倒入过滤器中滤取树脂，再用 50 mL 的甲酸分 2 次冲洗烧杯、玻璃棒、漏斗上的树脂，最后用 100 mL 低纯水分两次冲洗。

5.3.3.5 将滤有树脂残渣的滤纸放入(105±2)℃的烘箱内烘至恒重(约 2～3 h)，取出放在干燥器内冷却 30 min 称其质量。

5.3.4 结果计算

$$G = \frac{m_1}{m - m_1} \times 100 \qquad \cdots\cdots(2)$$

式中：G——附胶量，%；

m_1——残渣质量，g；

m——试样质量，g。

5.4 浸胶帘子布干热收缩率测定

5.4.1 装置

热收缩测定仪或能达到试验条件的装置。

5.4.2 试验条件

a）热处理温度：160℃；

b）热处理时间：2 min；

c）预加张力：(0.5±0.05)cN/tex；

d）试验根数：5 根。

5.4.3 试验步骤

5.4.3.1 接通电源，检查仪器设定状态和测试条件：

T=160℃，t=2 min，分度值=7%。

5.4.3.2 将已平衡后的试样(试样长约 60 cm)的一端夹入滑板右上边的夹具内，另一端在绕线架中心下面约 10 cm 的地方系上 0.5 cN/tex 的砝码。

5.4.3.3 试样在绕线轮上适当的位置放好后，转动绕线轮使显示屏右端数字示值为零或接近零。

5.4.3.4 慢慢将滑板向里推到最大限度，打印机随之开始工作。

5.4.3.5 待时间指示灯报警，显示屏幕上时间显示为 0 时，记录初始干热收缩率。

5.4.3.6 重复上述操作 5 根，按平均值读取键记录热收缩率的平均值。

5.4.4 结果计算

以 5 根试样测定值的算术平均值表示测定结果，取整数位，数值修约按 GB/T 8170 规定进行。

5.4.5 注意事项

a）放进加热炉内的试样部分不要用手触摸。

b）试样在绕线轮放好后，要使显示屏右端数字示值为零或接近零。

5.4.6 说明

如用户要求采用烘箱法测试，烘箱法试验条件为温度 150℃、热处理时间 30 min。其方法如下：

a）将已平衡后的试样一端夹入测长器夹具内固定，另一端施加张力后记录其长度。

b）将已量好的 1 m 长度的试样放入(150±2)℃的烘箱内烘 30 min，在恒温室内放置 1 h 后再用测长器量其长度。

c）按式(3)计算结果，有效数值为小数点后一位，按 GB/T 8170 规定进行数值修约。

$$热收缩率(\%) = \frac{L - L_1}{L} \times 100 \qquad \cdots\cdots(3)$$

5.5 捻度测定

5.5.1 装置

捻度仪。

5.5.2 试验条件

a) 夹持距离:25 cm;

b) 预加张力:(0.5±0.05)cN/tex;

c) 试验根数:5 根。

5.5.3 试验步骤

5.5.3.1 调整捻度仪两夹持器间距为 25 cm,校正刻度盘指针为零位。

5.5.3.2 将一根平衡后的试样的一端夹入夹持器内(并对试样施加规定的张力),调整好夹持器位置,将试样的另一端夹入右夹持器内。

5.5.3.3 使帘线捻数退尽,记录其复捻的捻数,并换算成 10 cm 内的捻度。

5.5.3.4 测定初捻时,将上述已退捻的帘线剪去其中的一股线,同时减少一半预加张力再退捻,直至退尽,记录其初捻捻数,并换算至 10 cm 内的捻度。

5.5.3.5 测定试样根数为 5 根。

5.5.4 结果计算

复捻和初捻均以试验值的算术平均值表示,其有效数值为小数点后一位。按 GB/T 8170 规定进行数值修约。

1 400 dtex/3 浸胶帘子布捻数修正值为:初捻捻数=实测值×0.97。

5.6 直径测定

5.6.1 装置

压盘式直径测定仪:

测定范围:0.01×10 mm;

最小刻度:0.01 mm;

上压盘直径:9.5 mm,对帘线压力(170±3)g;

下压盘落下高度:6.5 mm。

5.6.2 试验步骤

5.6.2.1 调整直径测定仪的指针为零位。

5.6.2.2 将 4 根帘线平放进测定仪的测试部位。

5.6.2.3 使上夹持器从大约 6.5 mm 的高度缓缓落下,待指针静止后读取数值,精确至 0.01 mm。

5.6.2.4 按上述方法将此 4 根帘线测试 10 个部位。

5.6.3 结果计算

每批帘线的直径以所测数据的算术平均值表示,其有效数值为小数点后两位。按 GB/T 8170 规定进行数值修约。

6 检验规则

6.1 检验项目

要求中的所有项目都是交收检验项目,按本标准规定的方法进行检验。

6.2 分批规定

6.2.1 以同一架经线筒子所生产的帘子布作为一批。

6.2.2 同一批帘子布采用不同工艺生产或不是连续浸胶的均应另行分批。

6.3 分等规定

6.3.1 物理指标分为优等品、一等品和合格品。

6.3.2 外观质量分为优等品、一等品和合格品。

6.4 取样方法

浸胶帘子布的试样，由捻织车间每个筒子架织一个 1 m 长的试验片，经过浸胶后从布卷上剪下，迅速装入试样袋或取样筒内送恒温、恒湿室。每批试样的抽取应从距布边 20 cm 处开始等距离的六个部位均匀抽取。混匀后取出数根供测粘着强度；取出 20 根测捻度和直径；15 根供测附胶量用。其余挂在调样架上平衡(24±2)h，供测强伸性能和干热收缩率用。

6.5 定等规则

6.5.1 物理指标分批试验，按下列规定定等。

6.5.1.1 表 2 各项物理指标中，1～3 项为主要指标，有一项不符合者即降等。

6.5.1.2 表 2 各项物理指标中，4～6 项为次要指标，其中有两项不符合者即降等。

6.5.1.3 物理指标的最后定等按主要指标与次要指标的最低等级定等。

6.5.1.4 表 2 各项物理指标中，7～10 项为控制指标。

6.5.2 外观质量逐卷检验，按表 3 规定定等。其中有一项不符合者即降等。

6.5.3 以物理指标最终定的等级和外观指标等级中的最低等级定为该产品的等级。

6.5.4 物理指标测定，以一次测定值为准。只有当测试人员发现操作或仪器异常时，应在采取措施之后从原样中取样复试一次，并以复试结果为测定结果。

6.6 帘子布商业质量结算

6.6.1 以绝干帘子布质量加公定回潮率计算。

6.6.2 锦纶 66 的公定回潮率为 4.5%。

6.6.3 在确定帘子布商业结算质量时，应对白坯帘子布进行回潮率试验，然后按式(4)计算：

$$W = W_1 \times \frac{1+A}{1+B} \quad \cdots\cdots\cdots\cdots(4)$$

式中：W——帘子布商业结算质量，kg；

W_1——白坯帘子布实际质量，kg；

A——公定回潮率，%；

B——白坯帘子布实际回潮率，%。

6.7 复验规则

6.7.1 需方可按本标准各项规定验收锦纶 66 浸胶帘子布的质量。

6.7.2 需方取样时，可随机在布卷的任何部位剪取 1 m 的试验片。

6.7.3 供需双方任一方对验收结果有异议时，可提请双方同意的仲裁机构取样复验，复验结果为最终结果。复验费用由责任方负担。

6.7.4 物理指标中的粘着强度有效期为出厂日起六个月。

7 标志、标签

7.1 浸胶帘子布的标签上应注明生产厂名、厂址、品名、品种、规格、质量等级、浸胶批号、质量、浸胶日期和使用的标准号、商标。标志应明确清楚，便于识别，保证和实物相符。

7.2 每批浸胶帘子布应附有质量检验单。

7.3 浸胶帘子布包装上应有防潮、禁止用钩等标志。

8 包装、运输、贮存

8.1 包装

8.1.1 浸胶帘子布的包装,应保证品质不受损伤并适于贮存和运输。

8.1.2 浸胶帘子布以卷为单位进行包装。

8.1.3 浸胶帘子布用木轴成卷,木轴应干燥,浸胶布从里到外的包装材料为一层筒状黑色聚乙烯薄膜,一层加厚防潮纸;两侧加防潮剂、薄纸法兰、硬纸法兰。外用低密高弹聚乙烯透明拉伸膜用新型打包机缠绕加固成型,最后用编织布包装并固定。

8.2 运输

8.2.1 浸胶帘子布装卸运输时应轻搬轻放,以免损伤帘子布。

8.2.2 运输时要求有防潮措施。

8.2.3 运输车辆应保持清洁,切忌与各种油类混装、混运,以免沾污。

8.3 贮存

8.3.1 浸胶帘子布的贮存仓库应通风良好,防止过热、过湿和阳光照射,不得在地面堆放,不得与其他油类、化工原料混放在同一仓库内。

8.3.2 浸胶帘子布的存放应做到先进先出。使用前不得破坏其密封性能。

ICS 59.080.30
W 59

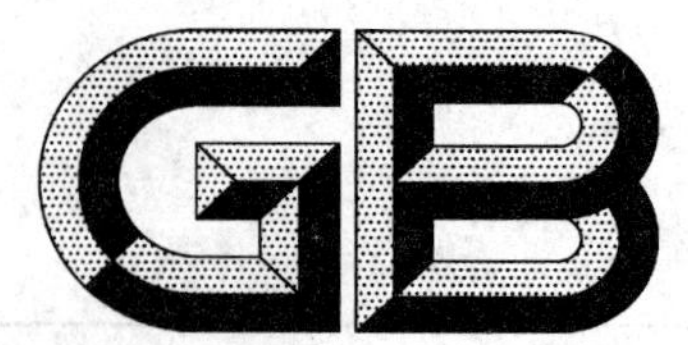

中华人民共和国国家标准

GB/T 9102—2003
代替 GB/T 9102—1988

锦纶 6 轮胎浸胶帘子布

Nylon 6 dipped tyre cord fabric

2003-11-10 发布　　2004-05-01 实施

中华人民共和国国家质量监督检验检疫总局　发布

前　言

本标准的调湿和试验用标准大气等同采用 ISO 139:1973《纺织品——调湿和试验用标准大气》。由于 ISO 139 已被 GB 6529—1986《纺织品的调湿和试验用标准大气》所采用，故本标准直接引用 GB 6529。本标准的拉伸性能、附胶量、捻度、干热收缩率（烘箱法）等试验方法修改采用 BISFA《锦纶长丝纱试验方法》（1995 年版）；粘合强度（H 抽出）试验方法等同采用 ISO 4647:1982《硫化橡胶与纤维帘子布静态粘合性能的测试——H 抽出》，由于 ISO 4647 已被 GB/T 2942—1991《硫化橡胶与纤维帘子布粘合性能的测试　H 抽出法》所等效采用，故本标准直接引用 GB/T 2942，并规定了埋线深度，增加了胶料配方和硫化条件；干热收缩率（仪器法）参照 ASTM D 4974—1999《用热收缩仪测试长丝及帘子布的干热收缩率标准试验方法》。

本标准与上述标准的主要差异如下：

——对 BISFA（1995）标准中的试验数量进行了修改；

——对 ASTM D4974—1999 标准中的热收缩温度和标准预加张力进行了修改。

本标准代替 GB/T 9102—1988《锦纶 6 浸胶帘子布》。本次修定除采用上述标准外，还将 GB/T 9102—1988 的有关内容纳入本标准。

本标准与 GB/T 9102—1988 相比主要变化如下：

a）标题名称作了修改，范围增加了其他组织规格的产品可以参照使用（见第 1 章）。

b）增加了部分定义（见第 3 章）。

c）产品分类部分：

——增加了产品分类和 2100/2V1、2100/2V2、1400/3V1、1400/3V2 组织规格的产品（见 1988 年版的表 1；本版的第 4 章）。

d）技术要求部分：

——将物理指标修改为性能指标，并调整了部分性能项目的指标值（见 1988 年版的表 2；本版的表 2）：

- 将调湿条件修改后，对定负荷伸长率和断裂伸长率指标值作了相应的调整；
- 部分粘合强度指标值提高，个别捻度指标值调整；
- 断裂强力和断裂伸长率不匀率改用变异系数表示，指标值作相应调整；
- 干热收缩率指标值略有提高。

——外观增加了结头数量的规定；卷长调整为 540 m（见 1988 年版的表 3；本版的表 3）。

e）试验方法部分：

——试样的调湿条件修改为试样在试验用温带标准大气 2 级标准下调湿平衡 24 h 后试验（见 1988 年版的 2.1.1；本版的 6.1.1、6.1.3.2）；

——增加了组织规格检验方法（见 6.2）；

——拉伸性能试验规定采用 CRE 拉伸仪和 CRT 拉伸仪，以附录 A 的形式给出了 CRT 拉伸仪的拉伸试验，并增加了变异系数的计算式（见 1988 年版的 2.3；本版的 6.3、附录 A）；

——粘合强度试验保留了胶料配方、硫化条件和埋线深度，其余试验方法按 GB/T 2942 执行（见 1988 年版的 2.7；本版的 6.4）；

——附胶量试验中参数相应变动（见 1988 年版的 2.8.2；本版的 6.5.5）；

——捻度试验增加了计算式（见 6.7.5）；

——干热收缩率试验增加了干热收缩仪测量法（见 6.8.2）；

——增加了含水率试验方法(见 6.9);

——增加了外观检验方法(见 6.10)。

f) 检验规则部分:

——增加检验分类,对检验规则、复验规则和仲裁内容作了划分和编排。复验时,对干燥器内调湿与调湿用标准大气引起拉伸性能试验值的差异,以附录 B 的形式给出推荐用修正表(见 1988 年版的第 4 章;本版的第 7 章、附录 B);

——对取样方法的规定作了补充(见 1988 年版的 2.2.1;本版的 7.4);

——将出厂和生产厂内部控制的检验项目,根据不同的要求分为出厂检验和型式检验项目,相应的指标为出厂检验指标和型式检验指标(见 1988 年版的 1.6.2;本版的 7.2、7.5)。

g) 商业质量的结算方法修改为按浸胶帘子布净质量直接称量结算(见 1988 年版的第 3 章;本版的第 8 章)。

h) 增加了包装标志的内容,对包装要求和材料进行了相应的修改(见 1988 年版的 5.1、5.2;本版的第 9、10 章)。

本标准的附录 A、附录 B 为资料性附录。

本标准由中国纺织工业协会提出。

本标准由上海化学纤维(集团)有限公司归口。

本标准负责起草单位:中国化纤工业协会化纤产品检测中心、北京橡胶工业研究设计院、宁波锦轮股份有限公司、骏马化纤股份有限公司、江苏群发化工有限公司。

本标准主要起草人:陈敏、高称意、邬良灿、蒋建坪、董乃伦。

本标准于 1988 年首次发布,本次为第一次修订。

锦纶 6 轮胎浸胶帘子布

1 范围

本标准规定了轮胎级锦纶 6 浸胶帘子布的定义、产品分类、技术要求、试验方法、检验规则、商业质量结算方法、标签、包装、运输、贮存。

本标准适用于帘子布经线线密度和合股数为 2 100 dtex/2、1 870 dtex/2、1 400 dtex/3、1 400 dtex/2、930 dtex/2 等规格织成的锦纶 6 浸胶帘子布。其他组织规格的锦纶 6 浸胶帘子布也可参照使用。

2 规范性引用文件

下列文件中的条款通过本标准的引用而成为本标准的条款。凡是注日期的引用文件，其随后所有的修改单(不包括勘误的内容)或修订版均不适用于本标准，然而，鼓励根据本标准达成协议的各方研究是否可使用这些文件的最新版本。凡是不注日期的引用文件，其最新版本适用于本标准。

GB/T 1250—1989 极限数值的表示方法和判定方法

GB/T 2942—1991 硫化橡胶与纤维帘子线粘合性能的测试 H 抽出法

GB/T 3291.1—1997 纺织 纺织材料性能和试验术语 第 1 部分:纤维和纱线

GB/T 3291.2—1997 纺织 纺织材料性能和试验术语 第 2 部分:织物

GB/T 3291.3—1997 纺织 纺织材料性能和试验术语 第 3 部分:通用

GB/T 4667—1995 机织物幅宽的测定

GB/T 4668—1995 机织物密度的测定

GB 6529—1986 纺织品的调湿和试验用标准大气

GB/T 6682 分析实验室用水规格和试验方法

GB/T 8170 数值修约规则

GB/T 14343—2003 合成纤维长丝线密度试验方法

3 术语和定义

GB/T 3291.1～3291.3—1997 中确立的以及下列术语和定义适用于本标准。

3.1

粘合强度(H-抽出) H-test adhesive strength

帘子线从 H 形橡胶-帘子线试验片中拉出时所需的力，以 N/cm 表示。

3.2

附胶量 dip pick-up

浸胶帘子线中的胶质量与白坯帘子线质量之比，以%表示。

3.3

定负荷伸长率 elongation at specified load

帘子线在规定的负荷下产生的伸长率，以%表示。

3.4

试验布 the tabby samples

试验布是在布卷的末端织约 1 m 长度的布，在开始部位织一段密纬区段后，以正常的纬纱及纬纱间距织一段长约 1 m 的试验片，再在布的终止处织一段密纬区段。

4 产品分类

以白坯帘子布经线线密度和合股数分为 2 100 dtex/2、1 870 dtex/2、1 400 dtex/3、1 400 dtex/2、930 dtex/2 五个大类，再按帘子布经密分为 V_1、V_2、V_3 等 12 个组织规格的产品。

5 技术要求

5.1 产品分等

锦纶 6 轮胎浸胶帘子布分为优等品、一等品和合格品三个等级，低于合格品为等外品。

5.2 组织规格

锦纶 6 轮胎浸胶帘子布组织规格见表 1。

表 1 锦纶 6 轮胎浸胶帘子布组织规格

序号	项目		单位	规格/(dtex/股)											
				2100/2		1870/2		1400/3		1400/2			930/2		
				V_1	V_2	V_1	V_2	V_1	V_2	V_1	V_2	V_3	V_1	V_2	V_3
1	经密		根/10 cm	88	74	88	74	88	74	100	74	52	126	94	60
2	边经密			92	78	92	78	92	78	105	78	55	130	98	64
3	纬密			8	10	8	10	8	10	8	10	16	10	12	14
4	纬纱线密度		tex	28～30(棉纱或其他收缩率较小的纱线)											
5	布长		m	$L^a \pm 2\%$											
6	幅宽		m	145±3											
7	布头	纬纱股数	股	2～10(28 tex～30 tex 的棉纱或其他收缩率较小的纱线)											
		纬密	根/10 cm	42～45											
		长度	cm	10											
注：需方对经、纬密规格有特殊要求，可由供需双方协商确定。															
a 布长 L 为 180 m 的倍数或视设备而定，需方如有特殊要求，由供需双方协商确定。															

5.3 性能指标

锦纶 6 轮胎浸胶帘子布中帘子线性能项目与指标值见表 2。

表 2　锦纶 6 轮胎浸胶帘子布中帘子线性能项目和指标

序号	项　　目			单位	规　格　与　指　标														
				dtex/股	2100/2			1870/2			1400/3			1400/2			930/2		
				等级	优	一	合	优	一	合	优	一	合	优	一	合	优	一	合
1	断裂强力		≥	N/根	313.6	303.8	294.0	279.3	269.5	259.7	313.6	303.8	294.0	215.6	205.8	196.0	137.2	132.3	127.4
2	100 N	定负荷伸长率		%	9.5±0.5	9.5±0.8	9.5±1.0				9.5±0.5	9.5±0.8	9.5±1.0						
	88.2 N							9.5±0.5	9.5±0.8	9.5±1.0									
	66.6 N													9.5±0.5	9.5±0.8	9.5±1.0			
	44.1 N																9.5±0.5	9.5±0.8	9.5±1.0
3	粘合强度		≥	N/cm	176.4	166.6	156.8	166.6	156.8	147.0	176.4	166.6	156.8	147.0	137.2	127.4	117.6	107.8	98.0
4	断裂强力变异系数		≤	%	3.8	5.0	6.3	3.8	5.0	6.3	3.8	5.0	6.3	3.8	5.0	6.3	3.8	5.0	6.3
5	断裂伸长率变异系数		≤	%	6.3	7.5	8.8	6.3	7.5	8.8	6.3	7.5	8.8	6.3	7.5	8.8	6.3	7.5	8.8
6	附胶量			%	4.5±1.0	4.5±1.0	4.5±1.0	4.5±1.0	4.5±1.0	4.5±1.0	4.5±1.0	4.5±1.0	4.5±1.0	4.5±1.0	4.5±1.0	4.5±1.0	4.5±1.0	4.5±1.0	4.5±1.0
7	断裂伸长率			%	23.0±2.0	23.0±2.0	23.0±2.0	23.0±2.0	23.0±2.0	23.0±2.0	23.0±2.0	23.0±2.0	23.0±2.0	23.0±2.0	23.0±2.0	23.0±2.0	22.0±2.0	22.0±2.0	22.0±2.0
8	直径			mm	0.78±0.03	0.78±0.04	0.78±0.05	0.75±0.03	0.75±0.04	0.75±0.05	0.78±0.03	0.78±0.04	0.78±0.05	0.65±0.03	0.65±0.04	0.65±0.05	0.55±0.03	0.55±0.04	0.55±0.05
9	捻度	初捻(Z)		T/m	320±15	320±15	320±15	330±15	330±15	330±15	320±15	320±15	320±15	370±15	370±15	370±15	460±15	460±15	460±15
		复捻(S)			320±15	320±15	320±15	330±15	330±15	330±15	320±15	320±15	320±15	370±15	370±15	370±15	460±15	460±15	460±15
10	干热收缩率		≤	%	6.0	6.5	7.5	6.0	6.5	7.5	6.0	6.5	7.5	6.0	6.5	7.5	6.0	6.5	7.5
11	含水率		≤	%	1.0	1.0	1.0	1.0	1.0	1.0	1.0	1.0	1.0	1.0	1.0	1.0	1.0	1.0	1.0

5.4 外观指标

要求布面平整，每米不超过3个结头，无油污疵点，卷装整齐。锦纶6轮胎浸胶帘子布外观项目与指标见表3。

表3 锦纶6轮胎浸胶帘子布外观项目与指标

序号	项目		单位	优等品	一等品	合格品
1	断经		根/卷[a]	0	≤3	≤5
2	浆斑	4 cm^2～10 cm^2	个/卷	0	≤5	≤10
		1 cm^2～4 cm^2		<25	25～50	—
		≤1 cm^2		<80	80～160	>160
3	劈缝		m/卷	0	≤1(累计)	≤2(累计)
4	经线连续粘并		m	0	≤30 (累计不超过5处)	≤50 (累计不超过5处)
注1：劈缝是相邻两根经线因纬线连续断裂而造成在≥4 cm长度内没有纬线连接。 注2：经线连续粘并是相邻两根经线由固化了的浸胶液粘连在一起的缺陷。						
a 卷以540 m的布长计算。						

6 试验方法

6.1 试验通则

6.1.1 标准大气条件

按GB 6529—1986中规定的试验用温带标准大气二级标准，即在温度(20±2)℃，相对湿度62%～68%的条件下对试样进行调湿和试验。

6.1.2 标准预张力

按名义线密度计算，试样的标准预张力为：(0.50±0.05) cN/tex。

6.1.3 试样的制备和调湿

6.1.3.1 戴上汗布手套，在距试验布边20 cm等距离的六个部位抽取长度为500 mm～600 mm的帘子线束(除去纬纱)，将试样混和均匀。

6.1.3.2 取出含水率试样应立即试验；取出粘合强度、附胶量、直径、捻度项目的试样待试；其余性能项目的试样在6.1.1规定的条件下调湿平衡24 h。

6.2 组织规格检验

6.2.1 布长、布头长度采用在线计量长度。

6.2.2 幅宽按GB/T 4667—1995规定中的方法1执行。

6.2.3 经密、边经密、纬密、布头纬密按GB/T 4668—1995规定中的方法A执行。

6.2.4 纬纱线密度按GB/T 14343—2003规定中的单根法执行。

6.2.5 布头纬纱股数用拆分法检验。

6.3 拉伸性能试验

本方法推荐采用等速伸长型(CRE)拉伸试验仪。当采用等速牵引型(CRT)拉伸试验仪时参见附录A。当对拉伸试验结果有争议时，以CRE拉伸仪的试验结果为准。

6.3.1 原理

在规定条件下，将试样夹持在拉伸试验仪的夹持器中，以恒速伸长进行拉伸直至断脱，从强力-伸长曲线中得到试样的断裂强力、断裂伸长、定负荷伸长值等拉伸性能的测定值。

6.3.2 **装置**

6.3.2.1 CRE 拉伸试验仪，附：

a) 电子测力装置

——能绘出强力-伸长曲线的自动记录仪或数据收集系统；

——数据收集系统的数据采集速率必须足够高，使实际强力和指示强力之间的最大允许差异小于实际强力的 1%，实际伸长与指示伸长之间的最大允许差异小于 0.5 mm。

b) 夹持器

夹持器标准型的钳口应是平面无衬垫的，但如果不能防止试样的滑移，根据协议可以使用其他形式的夹持器。例如，有衬垫夹面的夹持器或缆柱型夹持器。

——夹持器应在规定的夹持长度处夹住试样；

——夹持器夹持长度可以设定到至少 250 mm；

——动夹持器以恒定的速度移动，速度变异小于 4%；

——在连续试验期间，动夹持器回复到不同起始位置的最大允许差异小于 0.25 mm；

——试样在夹持器的钳口处无滑移或断裂。

注：由于夹持器的型式对试样的断裂伸长率可能会产生一定的影响，有关各方应使用同类型的夹持器。

6.3.2.2 试样架。

6.3.3 **试验条件**

——夹持长度：(250±1) mm；

——拉伸速度：(300±5) mm/min；

——强力量程：使断裂强力落在所选满量程的 20%～90%范围内；

——伸长量程：使断裂伸长落在所选满量程的 20%～90%范围内；

——试验数：30 次。

6.3.4 **程序**

6.3.4.1 从 6.1.3.2 中取出试样，转移到试样架(小心不使其退捻)。

6.3.4.2 取出一根试样，将其一端夹入上夹持器后闭合，另一端经下夹持器加上 6.1.2 规定的标准预张力，闭合下夹持器。

6.3.4.3 开始拉伸直至断脱。

6.3.4.4 重复 6.3.4.1～6.3.4.3 步骤，直至规定的试验数。

6.3.5 **计算方法和统计**

记录试样的定负荷伸长值、峰值断裂强力和峰值断裂伸长值，并计算平均断裂强力及其变异系数、平均定负荷伸长率、平均断裂伸长率及其变异系数。

6.3.5.1 平均断裂强力按式(1)计算。

$$F = \frac{\sum F_i}{n} \qquad \cdots\cdots(1)$$

式中：

F——平均断裂强力，单位为牛顿(N)；

F_i——单个断裂强力试验值，单位为牛顿(N)；

n——试验数。

6.3.5.2 定负荷伸长率、断裂伸长率按式(2)计算。

$$\varepsilon = \frac{\sum \varepsilon_i}{L \times n} \times 100 \qquad \cdots\cdots(2)$$

式中：

ε——平均负荷伸长率或断裂伸长值率，用百分数(%)表示；

ε_i——单个定负荷伸长值或峰值断裂伸长值,单位为毫米(mm);

L——夹持长度,单位为毫米(mm)。

6.3.5.3 标准偏差按式(3)计算。

$$s = \sqrt{\frac{\sum_{i=1}^{n}(x_i - \overline{x})^2}{n-1}} \quad \cdots\cdots(3)$$

式中:

x_i——单个试验值;

$\overline{x}$——试验值的算术平均值。

6.3.5.4 变异系数按式(4)计算。

$$CV = \frac{s}{\overline{x}} \times 100 \quad \cdots\cdots(4)$$

式中:

CV——变异系数,用百分数(%)表示;

s——标准偏差。

6.3.5.5 计算各项到两位小数,按 GB/T 8170 修约到一位小数。

6.4 粘合强度试验

按 GB/T 2942—1991 规定。其中:

a) 胶料配方:

——埋线深度采用 10 mm。

——胶料配方

	质量份
天然橡胶	100
半补强炭黑	40
氧化锌	4
硫磺	2.5
促进剂 M	0.8
硬脂酸	2
松焦油	3
防老剂 4010 或 4020	1
总计	153.3

b) 硫化条件:

温度:136℃±2℃;

时间:50 min;

硫化时模具压强:3 MPa;

预加张力:1.96 N/根。

6.5 附胶量试验

6.5.1 原理

利用胶不溶于甲酸而锦纶帘子线溶于甲酸这一原理,分离出胶的质量和白坯帘子线的质量,计算得到附胶量。

6.5.2 试剂和材料

——甲酸(化学纯,浓度 85%以上);

——试验用水:符合 GB/T 6682 中三级水的规定。

6.5.3 仪器和工具

——烘箱:温度可控制在(105±3)℃;

——天平：合适的称量范围，最小分度值为 0.1 mg；

——磁性搅拌器；

——砂芯漏斗：蒲氏 150 mL、2 号滤孔，质量已知；

——干燥器、烧杯等；

——称量瓶：质量已知；

——抽滤装置、剪刀等。

6.5.4 试验条件

——烘干温度：(105±3)℃；

——烘干时间：30 min。

6.5.5 程序

6.5.5.1 从 6.1.3.2 中取出试样。剪成 1 mm～2 mm 的长度放入称量瓶中，将带有试样的称量瓶放入 105℃的烘箱烘至恒重，然后取出放入干燥器中冷却。

6.5.5.2 用减量法在天平上称取 2.5 g 试样两份各放入烧杯中，同时称取砂芯漏斗的质量。

6.5.5.3 将 120 mL 的甲酸加入带试样的烧杯中(同时放入一粒磁棒)，放在磁性搅拌器上，搅拌 15 min，待试样完全溶解后，取出磁棒(用少量甲酸淋洗)。

6.5.5.4 将烧杯里的溶液转移至砂芯漏斗过滤(烧杯用过滤液洗涤)，残渣用 50 mL 的甲酸分两次洗涤，再用水冲洗，直至中性为止。

6.5.5.5 把留有残渣的砂芯漏斗放入 105℃的烘箱中烘至恒重，取出放入干燥器中冷却至室温，然后称量(精确至 0.01%)。

6.5.6 计算和结果

附胶量按式(5)计算。

$$a(\%) = \frac{m_r}{m_a - m_r} \times 100 \quad \cdots\cdots(5)$$

式中：

a——附胶量，用百分率(%)表示；

m_r——残渣(胶)质量，单位为克(g)；

m_a——试样质量，单位为克(g)。

计算到三位小数(试验的平行误差不超过 0.02%)，按 GB/T 8170 修约到两位小数。

6.6 直径测量

6.6.1 测量设备

a) 直径测试仪：

——百分表：测量范围 0 mm～10 mm，最小分度值 0.01 mm；

——上测盘：直径(9.5±0.3) mm 或(10±0.3) mm，对帘线压力(170±3) cN，提升高度 6.5 mm；

——试样台。

b) 试样架。

6.6.2 测量条件

测量数：10 根试样。每根两个测量点，每测量点沿试样轴线旋转 90°各测一次。

6.6.3 测量步骤

6.6.3.1 从 6.1.3.2 中取出试样。转移到试样架(小心不使其退捻)。

6.6.3.2 调整百分表的零位，提起上测盘锁定。

6.6.3.3 从试样架上取出一根试样，将一端夹入夹持器，通过试样台，加上 6.1.2 规定的标准预张力，然后把试样的另一端夹入另一个夹持器中。

6.6.3.4 使上测盘从高处缓缓落下，待指针静止后读数。记录直径，并精确至 0.01 mm。

6.6.4 **计算和统计**

计算各部位直径的算术平均值到三位小数，按 GB/T 8170 修约到两位小数。

6.7 **捻度试验**

6.7.1 **原理**

在规定的预张力下固定试样的一端，旋转另一端，退除规定夹持长度内的股线捻度，直至股线中的各组分达到平行，计数退捻转数，计算捻度值。

6.7.2 **装置和工具**

6.7.2.1 捻度仪，附：

a) 两个夹持器，其中一个可以 Z/S 两个方向旋转，可调整规定起始长度位置的夹持器；

b) 旋转计数器，其转数应精确至最接近的 1 转；

c) 捻向指示器；

d) 测量退捻前后的量尺，精度为±1.0 mm；

e) 给试样施加标准预张力的装置。

6.7.2.2 辅助工具：

试样架、分析针。

6.7.3 **试验条件**

——夹持距离：(250±1) mm；

——试验数：10 根。

6.7.4 **程序**

6.7.4.1 从 6.1.3.2 中取出试样，转移到试样架(小心不使其退捻)。

6.7.4.2 从试样架上取一试样，将其一端夹入固定夹持器，经施加张力装置加上 6.1.2 规定的标准预张力后，把试样的另一端夹入旋转夹持器中。退除试样捻度直至股线各组分平行或用分析针从固定夹持器一端的试样通到旋转夹持器的试样端，得到试样复捻退捻转数。

6.7.4.3 改变仪器 Z/S 向，保留股线中的一根，将其余的股线剪断，再按上一步的方法测定留存试样的初捻退捻转数(此时标准预张力将因拆股后线密度的改变而需重新计算)，按测定前初捻实际长度修正至 250 mm 的转数。

6.7.4.4 重复 6.7.4.1～6.7.4.3 步骤，直至规定的试验数，分别记录复捻和初捻的退捻转数。

6.7.5 **计算和统计**

按式(6)计算并精确至最接近的整转数。

$$T = \frac{\sum r_i}{L \times n} \times 10^3 \qquad \cdots\cdots(6)$$

式中：

T——平均捻度，单位为转数每米(T/m)；

r_i——单个退捻转数；

L——夹持距离，单位为毫米(mm)；

n——试验数。

分别计算复捻和初捻试验值的算术平均值到一位小数，按 GB/T 8170 修约到整数。

6.8 **干热收缩率试验**

本试验提供两种试验方法，当对试验结果有争议时，以干热收缩率仪测量法试验结果为准。

6.8.1 **测量原理**

已知长度的试样在规定的张力和规定温度的热空气中放置规定时间，在此过程中测定试样收缩后的长度值，计算得到热收缩率。

6.8.2 干热收缩仪测量法

6.8.2.1 测量设备

a) 干热收缩测量仪,附:

——加热区:温度(250±2)℃;

——滑动试样台:一边有固定夹持器,另一边有导线轴;

——预张力重锤;

——计时器。

b) 试样架。

6.8.2.2 测量条件

——处理温度:(160±2)℃;

——处理时间:2 min;

——测量长度:(250±1) mm;

——测量数:5 根。

6.8.2.3 测量步骤

6.8.2.3.1 从 6.1.3.2 中取出试样,转移到试样架(小心不使其退捻)。

6.8.2.3.2 从试样架上取一试样,将其一端夹入固定夹持器,经滑动试样台,沿导向滑轮在距离导向滑轮中心 10 cm 处试样的另一端,悬挂 6.1.2 规定的预加张力重锤。

6.8.2.3.3 旋转导向滑轮,调节仪器的处理前长度值或相对值(%)为零。

6.8.2.3.4 缓缓推入滑动试样台至仪器加热区,并立即落下挡风板,处理规定的时间后,读出处理后长度并记录。拉出滑动试样台。

6.8.2.3.5 重复 6.8.2.3.1～6.8.2.3.4 步骤直至规定的试验数,并记录试验值。

6.8.2.4 测量结果和统计结果

计算各次测量值的算术平均值到两位小数,按 GB/T 8170 修约到一位小数。

6.8.3 烘箱测量法

6.8.3.1 测量设备

——烘箱:温度可控制在(150±2)℃,箱体内可放置测量架;

——测量架:带标尺(分度值为 1 mm)、可施加预张力的装置。

6.8.3.2 测量条件

——处理温度:(150±2)℃;

——处理时间:30 min;

——测量距离:≥200 mm;

——测量数:5 根。

6.8.3.3 测量步骤

6.8.3.3.1 从 6.1.3.2 中取出试样,转移到试样架(小心不使其退捻)。

6.8.3.3.2 从试样架取出五根试样,分别将试样上端夹入测量架的固定夹持器内,下端施加 6.1.2 规定的标准预张力重锤,在试样上做好标记,测量处理前长度并记录。

6.8.3.3.3 将测量架放入规定温度的烘箱,处理规定的时间后热态下测量长度并记录。

6.8.4 计算

按式(7)计算干热收缩率。

$$S = \frac{L - L_1}{L} \times 100 \qquad \cdots\cdots(7)$$

式中:

S——干热收缩率,用百分率(%)表示;

L——处理前长度,单位为毫米(mm);

L_1——处理后长度,单位为毫米(mm)。

计算各次测量值的算术平均值到两位小数,按 GB/T 8170 修约到一位小数。

6.9 含水率试验

6.9.1 装置、工具

——天平:适宜的称量范围,最小分度值为 0.001 g;

——通风式烘箱:温度可恒定控制在(105±3)℃;

——密闭容器:烘干质量已知;

——干燥器、剪刀。

6.9.2 程序

6.9.2.1 从 6.1.3.2 中抽取约 20 g 的帘子线放入密闭容器后,快速称量精确到 0.1%。

6.9.2.2 将称量后带试样的密闭容器放入(105±3)℃的烘箱内烘至恒重(烘时打开盒盖)。

6.9.2.3 取出带试样的密闭容器放入干燥器冷却至室温,称量后减去密闭容器的质量,即为烘后试样质量,精确称量至 0.1%。

6.9.3 计算

按式(8)计算含水率。

$$M_c = \frac{m_0 - m_1}{m_0} \times 100 \qquad \cdots\cdots (8)$$

式中:

M_c——试样的含水率,用百分率(%)表示;

m_0——烘前试样质量,单位为克(g);

m_1——烘后试样质量,单位为克(g)。

计算到两位小数(试验的平行误差不超过 0.05%),按 GB/T 8170 修约到一位小数。

6.10 外观检验

在线动态目测检验外观,并按表 3 要求的检验项目逐一记录。

6.11 试验报告

试验报告应包括以下内容:

a) 样品的名称和组织规格;

b) 被选作实验室样品的包装件的号码标识;

c) 样品的批量;

d) 使用仪器的型号;

e) 各项目的试验方法和试验条件;

f) 经商定对试验程序的任何修改;

g) 结果的表示。

7 检验规则

7.1 检验分类

7.1.1 浸胶帘子布的检验分为出厂检验和型式检验。

7.1.2 出厂检验在产品交货时必须进行。

7.1.3 在下列情况下须进行型式检验:

a) 规定的周期性检验时;

b) 当生产设计、工艺、原料有变化,可能影响产品质量时;

c) 出厂检验的结果与上次型式检验有较大差异时;

d) 国家质量监督检验机构要求进行该项的检验时。

7.2 检验项目

7.2.1 型式检验项目

技术要求中的所有项目均为型式检验项目,按第6章规定的试验方法进行试验。

7.2.2 出厂检验项目

7.2.2.1 表2中的1、2、3、4、5、6、10、11性能项目为出厂检验项目,按第6章规定的试验方法进行试验。

7.2.2.2 表3中的外观项目均为出厂检验项目,按第6章规定的检验方法进行检验。

7.3 组批规定

7.3.1 同一个经线筒子织成的若干卷帘子布作为一个货批。

7.3.2 虽为同一批帘子布,但不是采用连续浸胶工艺的均应另行分批。

7.4 取样方法

7.4.1 性能项目为抽样检验:

a) 每个货批至少制备一个试验布,即为实验室样品。若买卖双方同意也可按180 m的倍数抽取一个样品的比例,制备试验布。

b) 型式和出厂检验时,剪下试验布迅速装入黑色样袋;复验时随机开包取样后迅速装入黑色样袋。

7.4.2 外观项目为全数检验。

7.5 检验结果的评定

7.5.1 型式检验的评定

检验中,若所有样品的试验结果均符合表1和表2和表3的规定,则认为型式检验合格。

7.5.2 出厂检验的评定

7.5.2.1 性能试验项目的判定

出厂检验项目计算结果用GB/T 1250—1989中修约值比较法对照表2给出的指标值判定,评定等级。

7.5.2.2 外观检验项目的判定

外观检验的记录按表3给出的指标值判定,逐项评定等级。

7.5.2.3 出厂检验综合评定

产品的分等按出厂检验项目的性能指标和外观指标中的最低项等级,定为该批的等级。

7.6 复验规则

7.6.1 收方在收到货物后一个月内进行验收。

7.6.2 对于不合格项的复验,可在原批中加倍重新取样(抽取两卷,即两份试样),如两卷复验结果符合本标准,则判合格。否则判不合格。

7.6.3 若采用干燥器法进行调湿时,所获得的拉伸性能测试值,可按附录B修正后,再对照表2给出的指标值判定。

7.6.4 外观检验如有特殊情况影响需方压延工序产品的质量时,双方协商解决。

7.7 仲裁

交收双方如对同一批号复验结果仍有争议时,可按本标准商请仲裁检验,仲裁结果为最终判定依据。

8 商业质量的结算方法

称取锦纶6轮胎浸胶帘子布净质量作为商业质量。

9 标签、包装标志、质量保证书

9.1 标签

根据产品和使用的要求，产品的标签要标明如下内容：

——产品名称、产品标准编号、商标、认证标志；

——生产企业名称、详细地址、产品原产地；

——产品组织规格、产品质量等级、净质量；

——浸胶批号、浸胶日期、生产批号。

9.2 包装标志

浸胶帘子布包装标志应标明如下的内容：

储运作业图示标志——防潮、禁止用钩等。

9.3 质量保证书

每批货批应附有本标准要求的质量保证值(或质量检验单)。

10 包装、运输、贮存

10.1 包装

10.1.1 浸胶帘子布以卷为单位进行包装。

10.1.2 帘子布中心用木棍成轴，木棍应干燥，外包聚乙烯薄膜。帘子布外包黑色防潮包装材料；布卷两端要求放防潮剂后密封，并要求用纸质挡板，再用打包机缠绕加固成型。外层用编织布或其他具有同等作用的材料包装并固定。

10.2 运输

10.2.1 装卸、运输时要轻搬轻放，以免损伤帘子布。

10.2.2 运输时要有遮篷设施，防止雨淋。

10.2.3 运输车辆要保持清洁，切忌与各种油类混装、混运，以免沾污。

10.3 贮存

10.3.1 帘子布应为库存。库存的仓库应通风良好，防止过热、过湿和阳光照射。不应与油类、化工原料混放同一仓库内。

10.3.2 可以堆放，但不要直接堆放在地面上。

10.3.3 贮存期限按产品浸胶日期起算一般为半年，使用前不得破坏其包装的密封性能。

附　录　A
（资料性附录）
拉伸性能试验——CRT拉伸试验仪法

A.1　原理

在规定条件下，将试样夹持在拉伸试验仪的夹持器中，以等速牵引对试样进行拉伸直至断脱，从强力-伸长曲线图中得到试样的断裂强力、断裂伸长、定负荷伸长等拉伸性能的测定值。

A.2　装置

等速牵引型(CRT)试验仪应满足以下要求：

——能绘出强力-伸长曲线的记录仪；

——力的指示误差不超过平均断裂强力的1%；

——伸长的指示误差不超过0.1 mm；

——夹持长度的误差不超过1 mm；

——试验开始1 s后，下夹持器速度变化不超过规定速度的5%。

A.3　试验方法

A.3.1　试验条件

——夹持长度：(250±1) mm；

——拉伸速度：(300±5) mm/min；

——强力量程在满量程的20%～90%范围内；

——伸长量程在满量程的20%～90%范围内；

——标准预张力：(0.50±0.05) cN/tex(按试样的名义线密度计算)；

——试验数：30次。

A.3.2　程序

A.3.2.1　检查试验仪是否符合A.2的要求。上下夹持器是否相互对齐和平行。

A.3.2.2　从6.1.3.2中取出试样，转移到试样架(小心不使其退捻)。

A.3.2.3　取出一根试样，将其一端夹入上夹持器后拧紧，另一端经下夹持器加上标准预张力，拧紧下夹持器。

A.3.2.4　开始拉伸直至断脱。

A.3.2.5　重复A.3.2.1～A.3.2.4步骤，直至规定的试验数。

注：废弃因打滑或在离夹持器边缘10 mm以内断裂的所有测定值，如果废弃次数超过总次数的10%，应检修或调换夹持器，并重新进行试验。

A.3.3　计算和统计

按6.3.5规定记录试样的峰值断裂强力、定负荷伸长值和峰值伸长值并计算和统计。

附 录 B
(资料性附录)
干燥器内调湿的拉伸性能试验值修正方法

B.1 适用范围

将试样放在干燥器内调湿平衡后,得到的拉伸性能试验结果,可用本方法推荐的修正值修正到6.1.1条件下的试验值。

B.2 程序

B.2.1 按6.1.3.1取出样品立即放入黑色塑料袋内,再放入干燥器内调湿平衡20 h~24 h。
B.2.2 按6.3,在温度(20±2)℃,相对湿度62%~68%的条件下对试样进行拉伸试验。

B.3 计算和统计

按6.3.5计算和统计得到定负荷伸长率和断裂伸长率试验值。

B.4 修正

拉伸性能试验值的修正按表B.1进行。

表B.1 干燥器调湿下拉伸性能试验值修正表

规格/(dtex/股)	修正后断裂伸长率/(%)	修正后定负荷伸长率/(%)
930/2	—	试验值+1.5
1400/2	试验值+1.0	试验值+1.5
1870/2	试验值+1.0	试验值+1.5
1400/3或2100/2	试验值+1.0	试验值+1.5

注:如遇气候的原因,修正后的拉伸性能测试值仍低于指标值时,建议将试样预调湿(即在温度50℃的烘箱内预烘30 min)后,再放入干燥器内调湿,重新进行拉伸试验。

ICS 77.140.65
H 49

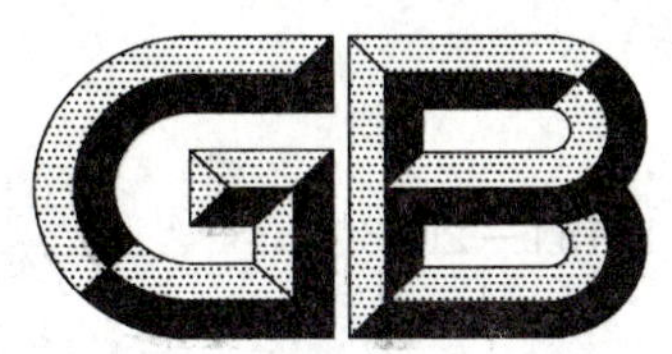

中华人民共和国国家标准

GB/T 11181—2003
代替 GB/T 11181—1989

子午线轮胎用钢帘线

Steel cord for radial tyre

2003-03-03 发布　　　　2003-08-01 实施

中华人民共和国国家质量监督检验检疫总局 发布

前　言

本标准代替 GB/T 11181—1989《子午轮胎用钢丝帘线》。

本标准此次修订对下列章条进行了修改：

——原 2.1 术语及定义(新增 17 个定义)；

——原 3 产品分类(增加按结构特性分类，钢帘线品种由 38 种增加到 72 种)；

——原 4.1 材料(明确了原料的组分、非金属夹杂物)；

——原 4.3 黄铜镀层(保留普通镀层、低铜镀层分类、取消薄镀层分类)；

——原附录 C 试验方法(增加了部分试验方法)。

本标准的附录 A～附录 C 是规范性附录。

本标准的附录 D 是资料性附录。

本标准由原国家冶金工业局提出。

本标准由全国钢标准化技术委员会归口。

本标准起草单位：江苏兴达钢帘线股份有限公司。

本标准主要起草人：刘锦兰、蒋日勤、胡自明。

本标准于 1989 年首次发布。

子午线轮胎用钢帘线

1 范围

本标准规定了子午线轮胎用镀黄铜钢丝帘线的定义、分类、代号、标记方法、尺寸、重量、技术要求、试验方法、检验规则、包装、标志、贮存和质量证明书。

本标准适用于子午线结构的轮胎的胎体和带束层用镀黄铜钢丝帘线。

2 规范性引用文件

下列文件中的条款通过本标准的引用而成为本标准的条款。凡是注日期的引用文件，其随后所有的修改单(不包括勘误的内容)或修订版均不适用于本标准，然而，鼓励根据本标准达成协议的各方研究是否可使用这些文件的最新版本。凡是不注日期的引用文件，其最新版本适用于本标准。

GB/T 2104　钢丝绳包装、标志及质量证明书的一般规定

GB/T 10561　钢中非金属夹杂物显微评定方法

YB/T 135　镀铜钢丝镀层重量及其组分试验方法

YB/T 170.2　制丝用非合金钢盘条　第2部分　一般用途盘条

3 术语和定义

下列术语和定义适用于本标准。

3.1

单丝　steel filament

在股或钢帘线中作为单独元件的钢丝。

3.2

外缠丝　wrap

以螺旋形式缠绕在钢帘线上的一根单丝。

3.3

股　strand

由一组单丝捻合在一起，捻成一层或多层螺旋状而形成的结构。

3.4

芯　core

作为伸展的轴线使其他单元可缠绕其上的一根或几根单丝或股。

3.5

钢帘线　steel cord

由两根或两根以上单丝、或者由股与单丝、或者由股与股捻成的各种结构的产品。

3.6

开放型钢帘线　open cord

单丝间有周期性的间隙，使橡胶得以渗入其中的一种钢帘线。

3.7

密集型钢帘线　compact cord

由一组单丝按相同捻向和相同捻距捻制而成且具有最小横断面积的一种钢帘线。

3.8

高伸长钢帘线 high elongation cord

捻距相对较小，股间相对较松，伸长率相对较高的一种钢帘线。

3.9

捻向 direction of lay

钢帘线中的单丝、股的螺旋绕向。当股或钢帘线呈垂直状态时，螺旋绕向与字母 S(或 Z)中心部分倾斜方向相同则称为“S”捻或左手捻(“Z”捻或右手捻)。

3.10

捻距 length of lay

钢帘线中的股(单丝)或股中的单丝绕其中心旋转 360°的轴向距离。

3.11

钢帘线粗度 cord thickness

钢帘线横截面外接圆的直径。

3.12

线密度 linear density

单丝、股或钢帘线单位长度的重量。

3.13

破断力 breaking force

在规定条件下给试样施加负荷直至破断，试样所能承受的最大拉力。

3.14

破断伸长率 elongation at rupture

拉伸试验中，试样断裂时长度增量占初始长度的百分数。

3.15

在规定力之间的伸长率 elongation between defined forces

试样在两个规定力作用下所引起的长度增量占初始长度的百分数。

3.16

残余扭转 residual torsion

规定长度的钢帘线，当其一端保持固定，另一端任其自由旋转时，所旋转的转数。

3.17

平直度 straightness

规定长度的钢帘线，在特定的距离内不偏离其中心轴的特性。

3.18

松散度 flare

切断钢帘线时，其末端的散开程度。

3.19

弹性 elasticity

在去除外加的变形力后，钢帘线依靠自身的力量趋于立即恢复原始尺寸和形状的性能。

3.20

刚度 stiffness

弯曲阻力，在给定条件下产生弯曲变形所需要的弯矩来表示。

3.21

背丝(背股) ridging

一根单丝(或股)与另一根单丝(或股)不适当地重叠在一起的现象。

3.22

冒芯　outshoot

当剪断钢帘线时，芯股冒出1 mm以上的现象。

3.23

跳芯　reveal

钢帘线中芯股局部拱出外层丝（股）的现象。

3.24

起泡　bubble

沿钢帘线轴向间断出现外层丝（或股）隆起灯笼状的现象。

3.25

弹簧圈　sping loop

钢帘线在无张力状态下，呈弹簧状的现象。

3.26

波浪　wave

钢帘线在无张力状态下，沿钢帘线轴向出现波纹状曲折的现象。

4　分类、代号、标记方法

4.1　分类、代号

4.1.1　钢帘线按其强度等级划分，类别和代号为：

普通强度钢帘线　　NT（可不标注）

高强度钢帘线　　HT

4.1.2　钢帘线按其结构特性划分，类别和代号为：

普通结构钢帘线

开放型钢帘线　　OC

密集型钢帘线　　CC

高伸长型钢帘线　　HE

4.2　标记方法

4.2.1　钢帘线结构的标记方法：

$$(N\times F)\times D+(N\times F)\times D+(N\times F)\times D+F\times D$$

最内层　＋　中间层　＋　最外层　＋　外缠层

其中：

N——股数；

F——单丝根数；

D——单丝公称直径，以mm表示。

4.2.2　钢帘线标记的一般规则：

4.2.2.1　从最内层部分逐层向外数。

4.2.2.2　各层之间用加号（＋）表示；各层之间捻距、捻向相同但单丝直径不同用斜杠（/）表示。

4.2.2.3　括号是用来划分每一层的，各层由一个以上的部件组成，各层的中心不等于帘线的中心。

4.2.2.4　当N或$F=1$时，可省掉格式中的N或F，则得到简写的命名。如1×5×0.25可简写成5×0.25。

4.2.2.5　如果两层以上的单丝直径相同，只要在最后一层注上单丝直径，其余单丝直径可以省略不写，在螺旋外缠层之前最后一部分的单丝直径必须标出，螺旋外缠层的单丝直径必须标明。

如：(1×3)×0.175＋9×0.175＋15×0.175＋1×0.15

可简写成 3+9+15×0.175+0.15。

4.2.2.6 捻距和捻向可随同钢帘线结构一起标明，也是由里层逐层往外数。

如：3+9+15×0.175+0.15

5/10/15/3.5

S/S/Z/S

4.2.2.7 开放型、密集型、高强度、高伸长钢帘线在结构表示式后分别标注 OC、CC、HT、HE。

如：4×0.25 开放型钢帘线标注为 4×0.25OC；

0.25+18×0.22 密集型钢帘线标注为 0.25+18×0.22CC；

2×0.30 高强度钢帘线标注为 2×0.30HT；

3×7×0.20 高伸长钢帘线标注为 3×7×0.20HE。

5 尺寸、重量及允许偏差

5.1 粗度

钢帘线粗度应符合表 3～表 5 的规定。

5.2 长度及其允许偏差

钢帘线应按表 3～表 5 规定的长度供货，长度允许偏差应符合表 1 的规定。

表 1

单位为米

长 度 范 围	允 许 偏 差
≤2 000	±1%
>2 000～4 000	±0.75%
>4 000	±0.5%

5.3 重量

钢帘线的近似重量用线密度(g/m)表示，其允许偏差应符合表 3～表 5 的规定。

6 技术要求

6.1 材料

6.1.1 钢帘线采用 YB/T 170.2 中规定的或其他相应牌号的盘条制造。盘条的化学成分应符合表 2 的规定。

表 2

钢帘线强度级别	化学成分(质量分数)/%				
	C	Si	Mn	P	S
NT	0.70～0.75	0.15～0.30	0.40～0.60	≤0.020	≤0.020
HT	0.80～0.85	0.15～0.30	0.40～0.60	≤0.020	≤0.020

6.1.2 盘条的非金属夹杂物按 GB/T 10561 评级，A 类、C 类≤1 级，B 类、D 类≤0.5 级。

6.2 外观

6.2.1 钢帘线的单丝外表应为色泽均匀的黄铜镀层，且无伤痕、油污、锈蚀和其他杂质。

6.2.2 允许对钢帘线整绳焊接。但每一线轴上钢帘线的焊点数不能超过 3 个；焊点间距不小于 200 m，焊点处破断力应不小于钢帘线最小破断力的 40%，焊点处的粗度应不大于钢帘线公称粗度的 120%，焊点长度小于 2 mm。

6.3 力学性能

6.3.1 钢帘线的破断力应符合表 3～表 5 的规定。

6.3.2 钢帘线的破断伸长率应符合表5的规定。

6.3.3 钢帘线在规定力之间的伸长率可根据需方要求，经供需双方协商确定，并在订货合同中注明。

6.4 工艺性能

6.4.1 钢帘线捻制均匀，不得出现背丝、冒芯、跳芯、起泡、弹簧圈、波浪等缺陷。

6.4.2 平直度：6 m长钢帘线置于距离为75 mm的两根平行线的平面上，钢帘线应不与任一平行线相碰。

6.4.3 残余扭转：

6.4.3.1 高伸长钢帘线残余扭转为：±0～5转/6 m；每批钢帘线残余扭转代数和平均值的绝对值不大于1转/6 m。

6.4.3.2 其他结构钢帘线残余扭转为：±0～3转/6 m；每批钢帘线残余扭转代数和平均值的绝对值不大于0.5转/6 m。

6.4.4 松散度：钢帘线垂直切断后端部松散长度应小于一倍捻距。

6.4.5 弹性：根据需方要求，经供需双方协商确定，并在订货合同中注明。

6.4.6 刚度：根据需方要求，经供需双方协商确定，并在订货合同中注明。

6.5 黄铜镀层

6.5.1 单丝表面应镀有连续、均匀的黄铜层，不应有漏镀或明显的色差存在。

6.5.2 钢帘线可按下列镀层交货：普通镀层、低铜镀层。镀层的质量、组分应符合表6的规定。

6.5.3 用户要求的镀层应在合同中注明。

6.6 钢帘线与橡胶粘合力

根据需方要求并提供胶料，经供、需双方协议（并在合同中注明），可进行粘合力试验。

表3

钢帘线结构	捻距（±5%）/mm	捻向	粗度（±5%）/mm	破断力/N 最小	线密度（±5%）/(g/m)	定长（BS40/BS60）/m
2+1×0.28	∞/16	—S	0.700	470	1.470	13 000
2+1×0.30	∞/16	—S	0.750	520	1.680	10 000
4×0.25OC	14	S	0.640	520	1.560	13 000
2+2×0.25	∞/14	—S	0.650	520	1.550	12 500
2+2×0.28	∞/16	—S	0.730	625	1.940	10 000
2+2×0.30	∞/16	—S	0.780	700	2.230	8 000
2+2×0.38	∞/16	—S	1.000	1 055	3.600	5 000
5×0.25	10	S	0.670	660	1.950	10 000
3×0.15+6×0.27	9/10	SZ	0.850	1 000	3.170	6 400
3×0.20+6×0.35	10/18	SZ	1.130	1 590	5.340	3 500
2+7×0.22	6.3/12.5	SS	0.830	920	2.740	7 200
2+7×0.22+0.15	6.3/12.5/5	SSZ	1.080	920	2.900	5 200
2+7×0.28	8/16	SS	1.060	1 370	4.450	4 300
2+7×0.28+0.15	8/16/3.5	SSZ	1.330	1 370	4.640	3 300
12×0.22+0.15CC	12.5/3.5	SZ	1.180	1 200	3.840	4 000

表 3（续）

钢帘线结构	捻距（±5%）/mm	捻向	粗度（±5%）/mm	破断力/N 最小	线密度（±5%）/(g/m)	定　长（BS40/BS60）/m
12×0.22CC	12.5	S	0.910	1 200	3.640	5 800
3×0.20/9×0.175CC	10	S	0.750	840	2.490	8 000
3×0.20/9×0.175+0.15CC	10/5	SZ	1.020	840	2.650	6 000
3×0.22/9×0.20CC	12.5	S	0.880	1 060	3.170	7 000
3×0.22/9×0.20+0.15CC	12.5/5	SZ	1.110	1 060	3.330	5 000
3+9×0.175+0.15	5/10/3.5	SSZ	1.000	780	2.490	6 000
3+9×0.22	6.3/12.5	SS	0.920	1 200	3.650	5 000
3+9×0.22+0.15	6.3/12.5/3.5	SSZ	1.170	1 200	3.850	4 000
0.20+18×0.175CC	10	Z	0.900	1 250	3.730	6 000
0.20+18×0.175CC	12.5	Z	0.900	1 250	3.710	6 000
0.22+18×0.20CC	12.5	Z	1.020	1 620	4.840	4 700
0.25+18×0.22CC	16	Z	1.130	1 960	5.850	4 000
3+9+15×0.175	5/10/16	SSZ	1.070	1 720	5.200	4 000
3+9+15×0.175+0.15	5/10/16/3.5	SSZS	1.340	1 720	5.420	3 100
3+9+15×0.22	6.3/12.5/18	SSZ	1.350	2 700	8.240	2 700
3+9+15×0.22+0.15	6.3/12.5/18/3.5	SSZS	1.620	2 700	8.500	2 000

表 4

钢帘线结构	捻距（±5%）/mm	捻向	粗度（±5%）/mm	破断力/N 最小	线密度（±5%）/(g/m)	定　长（BS40/BS60）/m
2×0.30HT	14	S	0.600	405	1.120	16 300
2+1×0.28HT	∞/16	—S	0.700	535	1.470	13 000
2+1 ×0.30HT	∞/16	—S	0.750	605	1.680	10 000
2+2×0.25HT	∞/14	—S	0.650	590	1.550	12 500
2+2×0.28HT	∞/16	—S	0.730	710	1.940	10 000
2+2×0.30HT	∞/16	—S	0.780	800	2.230	8 100
2+2×0.32HT	∞/16	—S	0.830	900	2.570	7 000
2+2×0.35HT	∞/16	—S	0.940	1 050	3.030	6 000
3+2×0.30HT	∞/16	—S	0.900	1 000	2.790	6 000
3+2×0.35HT	∞/18	—S	1.070	1 310	3.820	4 800
3×0.20+6×0.35HT	10/18	SZ	1.130	1 820	5.340	3 500
2+7×0.20HT	5.6/11.2	SS	0.760	870	2.260	8 200
2+7×0.20+0.15HT	5.6/11.2/3.5	SSZ	1.030	870	2.440	5 900

表 4（续）

钢帘线结构	捻距（±5%）/mm	捻向	粗度（±5%）/mm	破断力/N 最小	线密度（±5%）/(g/m)	定 长（BS40/BS60）/m
2+7×0.22HT	6.3/12.5	SS	0.830	1 060	2.740	7 200
2+7×0.22+0.15HT	6.3/12.5/5	SSZ	1.080	1 060	2.900	5 200
2+7×0.28HT	8/16	SS	1.060	1 560	4.450	4 300
2+7×0.28+0.15HT	8/16/3.5	SSZ	1.330	1 560	4.640	3 200
2+7×0.35HT	9/18	SS	1.330	2 300	6.940	2 800
12×0.22HT	12.5	S	0.910	1 410	3.640	5 800
12×0.22+0.15CC HT	12.5/5	SZ	1.180	1 410	3.810	4 000
3×0.20/9×0.175CC HT	10	S	0.750	960	2.490	8 000
3×0.20/9×0.175+0.15CC HT	10/5	SZ	1.020	960	2.650	6 000
3×0.22/9×0.20CC HT	12.5	S	0.880	1 220	3.170	7 000
3×0.22/9×0.20+0.15CC HT	12.5/5	SZ	1.110	1 220	3.330	5 000
3×0.27/9×0.25+0.15CC HT	14/5	SZ	1.290	1 800	5.080	3 600
3×0.32/9×0.30+0.15CC HT	18/5	SZ	1.490	2 410	7.190	2 600
3×0.35/9×0.32+0.15CC HT	18/5	SZ	1.660	2 730	8.300	2 000
3+9×0.175+0.15 HT	5/10/3.5	SSZ	1.000	890	2.490	6 000
3+9×0.22+0.15 HT	6.3/12.5/3.5	SSZ	1.170	1 410	3.850	4 000
3+9×0.25 HT	7/14.5	SS	1.020	1 750	4.710	4 600
3+9×0.25+0.15 HT	7/14.5/5	SSZ	1.310	1 750	4.890	3 500
3+8×0.33 HT	10/18	SS	1.38	2 530	7.55	2 600
0.20+18×0.175CC HT	10	Z	0.900	1 440	3.730	6 000
0.22+18×0.20CC HT	12.5	Z	1.020	1 860	4.840	4 700

表 5

钢帘线结构	捻距（±5%）/mm	捻向	粗度（±5%）/mm	破断力/N 最小	破断伸长率/%	线密度（±5%）/(g/m)	定 长（BS40/BS60）/m
3×4×0.22 HE	3.15/6.3	SS	1.180	940	5.5+/−1.5	3.950	4 100
4×4×0.22 HE	3.5/5	SS	1.320	1 260	5.5+/−1.5	5.400	3 100
3×6×0.22 HE	3.5/6.3	SS	1.500	1 410	6.5+/−1.5	6.050	2 450
3×7×0.20 HE	3.9/6.3	SS	1.390	1 360	6.5+/−1.5	5.850	2 800
3×7×0.22 HE	4.5/8	SS	1.520	1 650	6.5+/−1.5	6.950	2 400
3×2×0.35	3.9/10	SS	1.420	1 030	5+/−1.5	4.890	2 700
4×2×0.35	3.9/10	SS	1.590	1 370	5+/−1.5	6.500	2 100

表 6

镀层类型	单丝直径 d/mm	组分 Cu 的质量分数/%	镀层厚度 T/μm	每千克钢丝的镀层重量 W/(g/kg)
普通镀层	<0.20 0.20～0.30 >0.30	67.5±2.5 67.5±2.5 67.5±2.5	0.20±0.06 0.24±0.06 0.30±0.06	$W=\frac{T}{0.235d}$
低铜镀层	<0.20 0.20～0.30 >0.30	63.5±2.5 63.5±2.5 63.5±2.5	0.20±0.06 0.24±0.06 0.30±0.06	

7 试验方法

7.1 钢帘线的外观质量采用目测检验。

7.2 钢帘线黄铜镀层重量及化学成分试验方法按 YB/T 135 执行,其他按附录 A 的规定执行。

7.3 取样方法

7.3.1 交货的包装箱不多于 5 个时,所有的包装箱都要取样。

7.3.2 交货的包装箱为 6 个或 6 个以上,任选 5 个包装箱取样。

7.4 每个包装箱中取样的线轴数及每个线轴上取样的数目见表 7 规定。

表 7

序号	试验项目	每个包装箱中取样的线轴数	每个线轴上的取样数目	试验方法
1	粗度	2	1	A.1
2	捻向捻距	2	1	A.2
3	破断力、破断伸长率	2	1	A.3
4	在规定力之间的伸长率	供需双方商定	1	A.4
5	线密度	2	1	A.5
6	松散度	2	1	A.6
7	残余扭转	10	1	A.7
8	平直度	10	1	A.8
9	弹性	供需双方商定	1	A.9
10	刚度	供需双方商定	1	A.10
11	镀层重量及组分	2	1	YB/T 135

8 检验规则

8.1 检验

钢帘线的检验由供方技术监督部门进行。

8.2 组批规则

钢帘线应按批验收,每批应由同一结构、规格、公称强度、镀层的钢帘线组成。

8.3 复验与判定规则

试验结果如有一个试样一个项目不合格时,则应重新取两倍数量的试样对该不合格项目进行复验,重新测试。复验的两个试样合格,则可认为该批产品为合格,若其中一个试样仍不合格,则该批产品为不合格，但允许钢帘线生产厂逐盘检验，重新组批交货。

9 包装、标志、贮存和质量证明书

9.1 包装

钢帘线应均匀、平整地缠绕在线轴上(线轴的规格由供需双方商定)，放在有塑料袋的包装箱内。塑料袋内放防潮剂(防潮剂不能直接与钢帘线接触)，并将塑料袋封口。包装箱应有良好的防渗、防水性能。

注：用户对包装有特殊要求时，应在合同中注明。

9.2 标志

在每个线轴上标明生产日期(年、月、日)、钢帘线结构表示式、残余扭转、长度和工号，在包装箱上应标明制造厂、生产日期(年、月、日)、钢帘线结构表示式、长度、净重和毛重，并有明显的防潮、防撞击标志。

9.3 质量保证期

从生产日算起，在没有打开包装箱的情况下，钢帘线的质量保证期为半年。

9.4 质量证明书

交货钢帘线的质量证明书应符合 GB/T 2104 的规定。

附 录 A
（规范性附录）
试 验 方 法

A.1 粗度的测定

A.1.1 普通钢帘线粗度的测定

使用精度为0.001 mm带有微调的千分尺。千分尺的测量头应是平整、相互平行的，测量面的直径应大于钢帘线的一个捻距。

熔取一段试样，长度为150 mm±10 mm。试样必须平直，用于测量部分不能弯曲或扭折、解捻。

先检验千分尺测量面合拢时示值是否为0.000 mm，然后将试样置于千分尺的测量面中间。在反复测量中，沿轴向旋转试样，以探测直径的最大值和最小值。

以直径的最大值和最小值的算术平均值来确定钢帘线的粗度，结果精确到0.001 mm。

A.1.2 开放型钢帘线粗度的测定

A.1.2.1 原理

将钢帘线试样陆续放在光学显微镜下，钢帘线的轮廓投影在屏幕上，通过测量轮廓的最大和最小宽度确定帘线的粗度，钢帘线粗度是观测值的平均值。

A.1.2.2 器具

轮廓投影仪：放大能力为10倍，测微器载物台分辨能力为0.001 μm。

试样保持器：一个装有两块磁铁的框架，磁铁是为了使试样定位。

熔焊装置。

A.1.2.3 试验程序

将试样保持器放在测微器载物台上，使通过两块磁铁中心的假想线与轮廓投影仪屏幕的水平线（*X*轴）平行，并使试样保持器固定。

从尽可能平直的样品上熔断一段长为150 mm±10 mm的试样（弃掉线轴端头1 m帘线）。

仔细地将试样放在试样保持器上。试样不要有任何变形，并通过两块磁铁的中心。从此时起不要触动试样。

移动测微器载物台，以使试样中间部分的轮廓投影到屏幕上。

测量投影轮廓的最大和最小宽度如下（图A.1）。

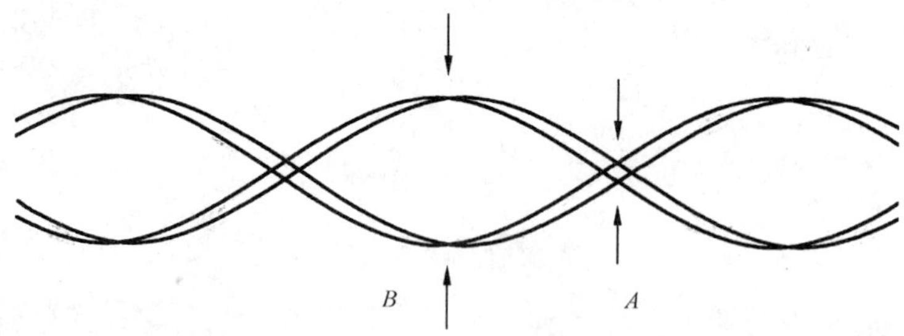

B——最大宽度；

A——最小宽度。

图 A.1

(1) 考察投影的最大宽度（最开放部分）。

(2) 将屏幕水平线与轮廓波浪的最大凸点相接触。

(3) 将测微器重新调至零。

(4) 移动水平线并且在对面找出波浪的最大凸点。

(5) 读取并记录测微器的位移，精确到 0.001 mm。观察投影轮廓的最小宽度（最紧密部分），并重复(2)～(5)的操作。

(6) 从同一样品中进一步取 2 个试样，重复以上试验程序。

A.1.2.4 计算

所有的观测值（6 个）的算术平均值（精确到 0.001 mm），给出一个样品的钢帘线粗度。

A.2 捻向和捻距的测定

对钢帘线、股或外缠丝的捻向均采用直接观察法，记录下“S”捻或“Z”捻。

捻距的测定可用痕迹法和解捻法。

A.2.1 痕迹法

将白纸放在钢帘线上，对钢帘线施加约 10 N 的张力，用铅笔在纸上涂出捻迹（起伏的压痕），以 mm 为单位测定 10 倍捻距的长度，将该数值除以 10 作为捻距，精确到 0.1 mm 加以记录。为了使捻迹更为清晰，也可在钢帘线上放一张复写纸，再加一张白纸，用一光滑硬杆在纸上涂出捻迹。

A.2.2 解捻法

解捻法是将钢帘线或股的试样，进行解捻，直到被测定的股或丝全部解开。解捻机左端有一个可平移的夹持器，右端有一个可回转的夹持器。从线轴上直接取下相应长度的试样，置于两夹持器中，先将右端夹紧使之不能有任何滑动，使钢帘线平直并施加张力（一般不超过 20 N，可借助砣来调节），将两个夹口之间的距离调节到规定长度，一般为 500 mm±1 mm，然后将左端夹紧。钢帘线上有外缠丝时，应将外缠丝剪断并去掉。将计数器调至零位，通过转动可旋转的右夹持器进行解捻，直至试样外层的股（或丝）完全解捻为止。解捻时用针或刮刀把这些股或单丝分开（从右夹头处开始移向左夹头），避免它们相互缠绕并确认捻已解开，记录转数（n_1）。

将右夹持器逆向旋转，转数与 n_1 相同，转向相反，使留下待测的里层股（或芯股）恢复到初始捻距，此时尽管长度有变化也忽略不计。然后重复钢帘线解捻时操作，直至里层股完全解捻，记录转数（n_2）。则：

$$外层股捻距=500/n_1 \qquad (A.1)$$

$$里层股捻距=500/n_2 \qquad (A.2)$$

按 0.1 mm 修约后的数值作为捻距记录。

此法不能用来测定外缠丝的捻距，外缠丝的捻距只能用痕迹法测定。

A.3 破断力和破断伸长率的测定

A.3.1 原理

在一定预张力下，将钢帘线样品夹持在拉力试验机上，以恒定的速度进行拉伸直至断裂。

从拉伸曲线或系统数据中可以读出断裂时破断力和破断伸长率，破断伸长率以百分数表示，它是破断时的伸长除以试样长度乘以 100。

A.3.2 器具（见 A.2）

拉力试验机

拉伸所用的拉力试验机应该是具有恒定拉伸速度的测力计，装备有：

a) 一套电子测力装置；

b) 一个记录应力-应变曲线的自动记录仪或一套数据收集系统。

操作所用设备应使可移动夹具有恒定的速度，同时包括可以在不同恒定速度下进行操作的装置。

气动夹具：夹具采用渐开线形式，试验时，在夹头内的钢帘线试样不应产生滑动。

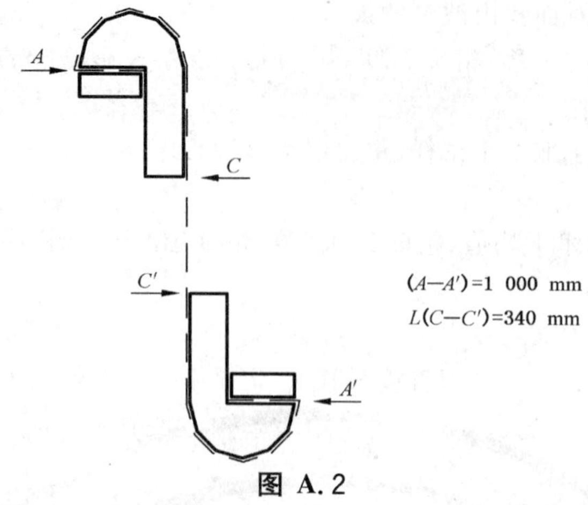

图 A.2

A.3.3 试样的准备

截取一段长度不少于 1 100 mm 的钢帘线试样，并将两端熔断焊住。

如果有外缠丝，将外缠丝退掉。

A.3.4 试验程序

原始标距：1 000 mm

预张力：将试样在上下夹具中夹紧之后，将拉力机调零，再施加 5 N 的预张力。

拉伸速度：100 mm/min

起动拉力试验机，直至试样断裂，记下最大力。

当试样在钳口内或距离夹紧点 C 或 C'10 mm 之内断裂，结果无效，并重新进行试验。

A.3.5 计算

破断力在 1 000 N 以内的，精确到 1 N。破断力大于 1 000 N 的，精确到 5 N。

破断伸长率应精确到 0.01%。

A.4 在规定力之间伸长率(EDF)的测定

A.4.1 原理

将试样安置在拉伸试验机的夹具之间(通常用规定的预张力)，然后进行拉伸直至作用于试样上的力达到给定值，所测力的变化是拉伸试验机夹具间距增量的函数，从而确定应力-应变拉伸曲线，两规定力之间的伸长量可以从曲线上直接读出，或由电子装置确定，或使用在线计算机测定，在规定力(EDF)之间的伸长率可用百分数表示，即两点间的伸长除以试样标距乘以 100。

A.4.2 器具

拉力试验机：建议使用具有恒定拉伸速率，低拉伸速度(5 mm/min)且装备有力-伸长曲线自动记录仪，有数字显示或自动数据记录仪的拉力试验机。

夹具：任何能防止滑动并不能引起试样断裂的平口夹具。

A.4.3 试样的准备

熔取长度不少于 1 500 mm 的样品，取样时不要使钢帘线受到任何张力、旋转或剧弯。

如果所试钢帘线包括外缠丝，则不要去掉外缠丝。

A.4.4 试验程序

原始标距：500 mm

夹持钢帘线时手施加张力：小于 1 N

规定力 F_1、F_2：供需双方商定

拉伸速度：5 mm/min

试验时，样品产生滑动，试验无效，用新的试样重新试验。

A.4.5 计算

每组样品5个试样，计算EDF平均值，用百分数表示，精确到0.01%。

A.5 线密度的测定

A.5.1 量具

使用最小值为1 mm的刻度尺和最小值为1 mg的天平。

A.5.2 测定方法

直接从线轴上拉出足够长度的钢帘线，在10 N张力下截取长度为1 000 mm的一段，精确到1 mm。对这段样品进行称重，精确到0.001 g。

A.5.3 记录

质量以g为单位，长度以m为单位，将质量除以长度表示线密度(g/m)，数值修约至小数点以后3位进行记录。

A.6 松散度的测定

A.6.1 剪切口

能获取整齐的直角切口的剪切口。

A.6.2 测定方法

直接从线轴上取样。握紧靠近剪切区的钢帘线，垂直于钢帘线轴线剪断(不少于100 mm)，注意不要打乱切口末端，测量最大散开长度，当松散长度大于股或钢帘线的捻距时，应从同一线轴上另取两个试样进行复试，如果三个试样松散长度均大于股或钢帘线的捻距，则认为该钢帘线松散，否则为不松散。

松散度精确到1 mm。

A.7 残余扭转的测定

A.7.1 用具

使用一个光滑、平整的矩形板，至少6 m长，0.4 m宽，在板的全长上画两条平行线，平行线的距离按供需双方协商确定(多以75 mm为标准)。板的一端有一个安放线轴的装置，能使线轴在水平轴上自由旋转。

A.7.2 测定方法

残余扭转：从悬挂的线轴上沿切线方向拉出钢帘线至少3 m，紧握住以防回转，剪下并弃之。把线轴上的钢帘线在末端大约50 mm处弯成一个直角，紧握住弯头不使钢帘线回转，轻轻拉出6 m长。然后将钢帘线的自由端放开，在没有张力，摩擦力的情况下允许它回转，测定其转数。

A.7.3 记录

残余扭转：记录钢帘线末端的旋转数，要精确到±1/2转。钢帘线末端旋转的方向与钢帘线的捻向(不考虑外缠丝捻向)相同用“+”表示，反之用“−”表示。

A.8 平直度的测定

A.8.1 平行线法测平直度

用测定残余扭转的同一样品(6 m长)，不必从线轴上剪断，将试样放在矩形板的两条平行直线的中央，钢帘线不与任一直线相碰，便认为是平直的。钢帘线的自由端与一条直线相交在500 mm以内时，可以忽略不计。

A.8.2 弧高法测平直度

从线轴上放出端部钢帘线2 m，剪掉并弃之，然后仔细的剪取长度为400 mm±10 mm的样品，避免产生任何改变产品平直特征的情况。

将 400 mm 的样品，置于一个呈 15°倾角的斜面上（斜面上使用滑石粉），用手轻轻敲击使样品下滑，读出刻度上弧的高度值。

弧高以 mm 表示。

A.9 弹性的测定

从线轴上无张力地小心放出钢帘线样品，熔断并截取至少 1 m 长的钢帘线。打圈时，直径至少 200 mm。在画有 ϕ200 mm 的圆和刻度尺的仪器上，将试样圈成 ϕ200 mm 的圆与仪器上的圆重合，在其顶端用手指以约 20 mm/s 速度均匀下压，压至底部保持压缩状态 10 s，然后以约 20 mm/s 的速度将其均匀松开，在仪器上读出恢复后圆圈直径的变化。

弹性以%表示，精确到一位数字。

钢帘线的弹性也可以使用刚度仪测定。

A.10 Taber 刚度的测定

A.10.1 器具

Taber V5 刚度仪。

A.10.2 试样的准备

从要测试的线轴上截取 2 m 的钢帘线，从 2 m 帘线中截取 90 mm 试样 5 根，并用熔焊机熔焊端头。对于带外绕丝的钢帘线，如果外绕丝没有焊住，则必须重新制备试样。

A.10.3 试验程序

调整刚度仪，使摆的中心线、传动盘与刻度盘的零线三者对准重合。

将试样装在摆上，根据试样的刚度范围选择砝码，加在砝码座上。调节夹头及夹辊螺丝使摆处于平衡位置。

轻压运行开关使摆先向左偏转。当摆的中心线与传动盘上右面 15°标志线重合时松开运行开关，记录下该重合线对应于刻度盘上的读数，设它为 m_{L}。然后使传动盘反转，当摆的中心线刚与传动盘的零线重合时，记下对应于刻度盘上的读数，设它为 m_{L_0}。继续转动传动盘，至摆的中心线与传动盘右面 15°标志线重合时，记下对应于传动盘上的读数，设它为 m_{R}。最后，再反转传动盘，至摆的中心线再次与传动盘零线重合，记下对应于刻度盘上的读数，设它为 m_{R_0}。

通过对同段钢帘线上 5 个试样的依次测量，计算出刚度与弹性的平均值。

A.10.4 计算

$$\text{Taber 刚度} = \frac{\sum_{i=1}^{5} m_{\mathrm{L}_i} + \sum_{i=1}^{5} m_{\mathrm{R}_i}}{5+5} \quad \cdots\cdots (\text{A.3})$$

Taber 刚度以 T. S. U 为单位（1T. S. U＝97. 974 mN/mm），精确到 0.1T. S. U。

$$\text{左面弹性} = \frac{m_{\mathrm{L}} - m_{\mathrm{L}_0}}{m_{\mathrm{L}}} \times 100\% \quad \cdots\cdots (\text{A.4})$$

$$\text{右面弹性} = \frac{m_{\mathrm{R}} - m_{\mathrm{R}_0}}{m_{\mathrm{R}}} \times 100\% \quad \cdots\cdots (\text{A.5})$$

$$\text{左、右平均弹性} = \frac{\text{左面弹性} + \text{右面弹性}}{2} \quad \cdots\cdots (\text{A.6})$$

弹性以%表示，精确到一位数字。

附 录 B
（规范性附录）
缠绕钢帘线用线轴

缠绕钢帘线用线轴示意图见图B.1：

图 B.1

缠绕钢帘线用线轴尺寸见表B.1：

表 B.1

单位为毫米

代 号	线 轴 类 型			
	B40	B60	B80/17	B80/33
A	152	152	315	315
B	166	166	329	329
C	118	118	118	118
D	255	255	255	255
E	110	110	110	110
F	11	3	11	3
G	17	33	17	33
H	86	86	86	86
I	62	62	62	62
J	13	13	13	13
K	10	10	10	10

附　录　C
（规范性附录）
建议采用的结构图

说明：如用图形表示钢帘线结构可参照本附录中的图形。

C.1　由2～5根单丝组成的钢帘线，每根单丝为实心圆（见图C.1）。

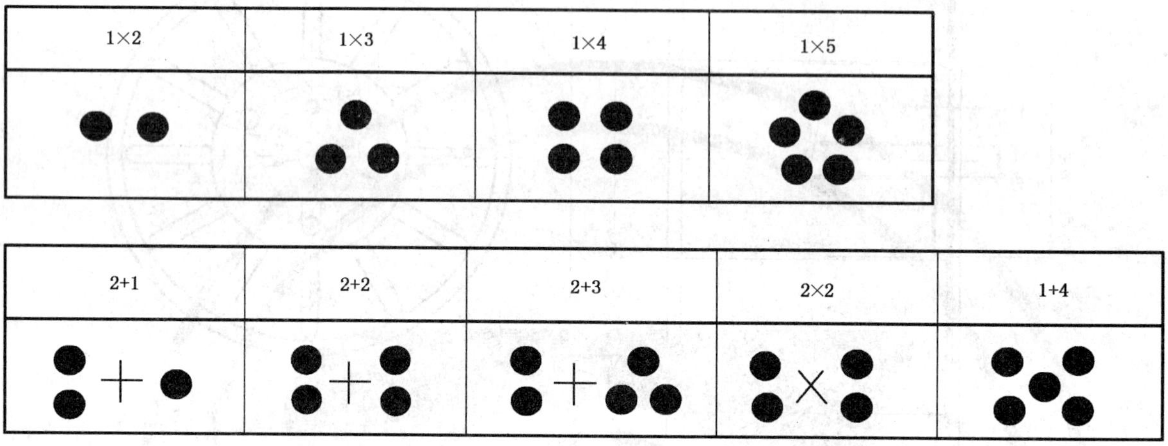

1×2	1×3	1×4	1×5

2+1	2+2	2+3	2×2	1+4

图 C.1

C.2　由5根以上单丝制成的钢帘线：

C.2.1　如果用于钢帘线中的股，每种类型的芯为一个实心图形（见图C.2）。

C.2.2　如果作为钢帘线，当一层中单丝多于6根时，用一个圆来表示，在圆周上标明单丝数量。如果是具有相同捻距和捻向的钢帘线，用一个实心圆表示，在圆的中心，标明单丝数（见图C.3～图C.4）。

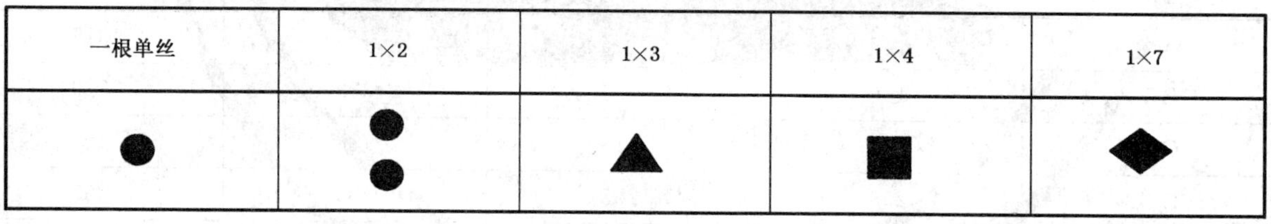

一根单丝	1×2	1×3	1×4	1×7

图 C.2

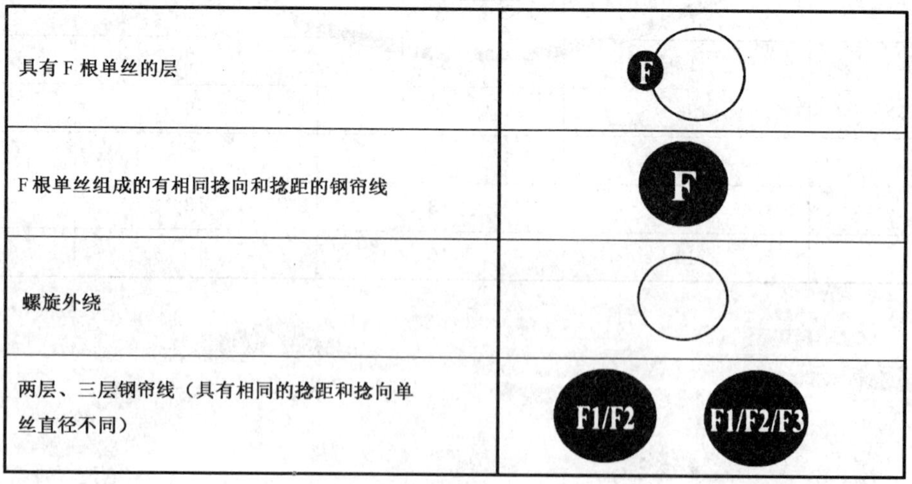

具有F根单丝的层	F
F根单丝组成的有相同捻向和捻距的钢帘线	F
螺旋外绕	
两层、三层钢帘线（具有相同的捻距和捻向单丝直径不同）	F1/F2　F1/F2/F3

图 C.3

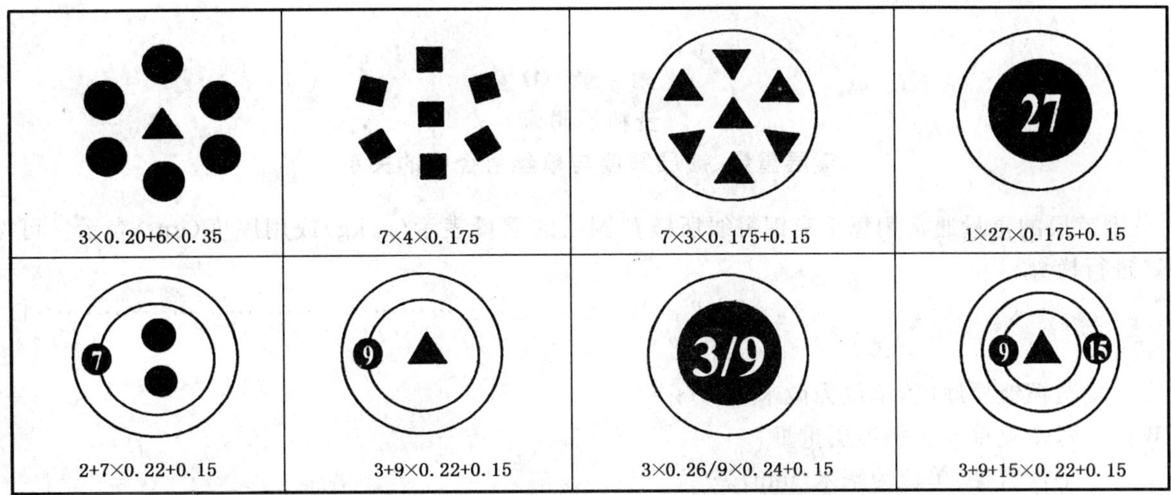

图 C.4

C.3 图形中根据单丝的直径不同一般采用下列颜色，但可以不受限制：

绿	0～0.160 mm
黑	0.165 mm～0.185 mm
粉红	0.190 mm～0.210 mm
蓝	0.215 mm～0.235 mm
黄	0.240 mm～0.260 mm
褐	0.265 mm～0.285 mm
红	0.290 mm～0.310 mm
灰	0.315 mm～0.335 mm
桔红	0.340 mm～0.360 mm
紫	0.365 mm～0.400 mm

如果钢帘线具有相同捻距和相同捻向，而单丝直径不同，则用数目最多的单丝颜色表示。

附 录 D
（资料性附录）
镀层重量、镀层厚度与单丝直径间的关系

黄铜镀层的重量通常用每千克钢帘线所镀黄铜层的重量表示(g/kg)或用厚度(μm)表示。可按式(D.1)进行换算。

$$T = W \cdot d \times 0.235 \qquad (D.1)$$

式中：

T——黄铜镀层厚度，单位为微米(μm)；

W——每千克单丝黄铜镀层重量；

d——单丝直径，单位为毫米(mm)。

镀层重量、镀层厚度与单丝直径间的关系遵循图 D.1 规律。

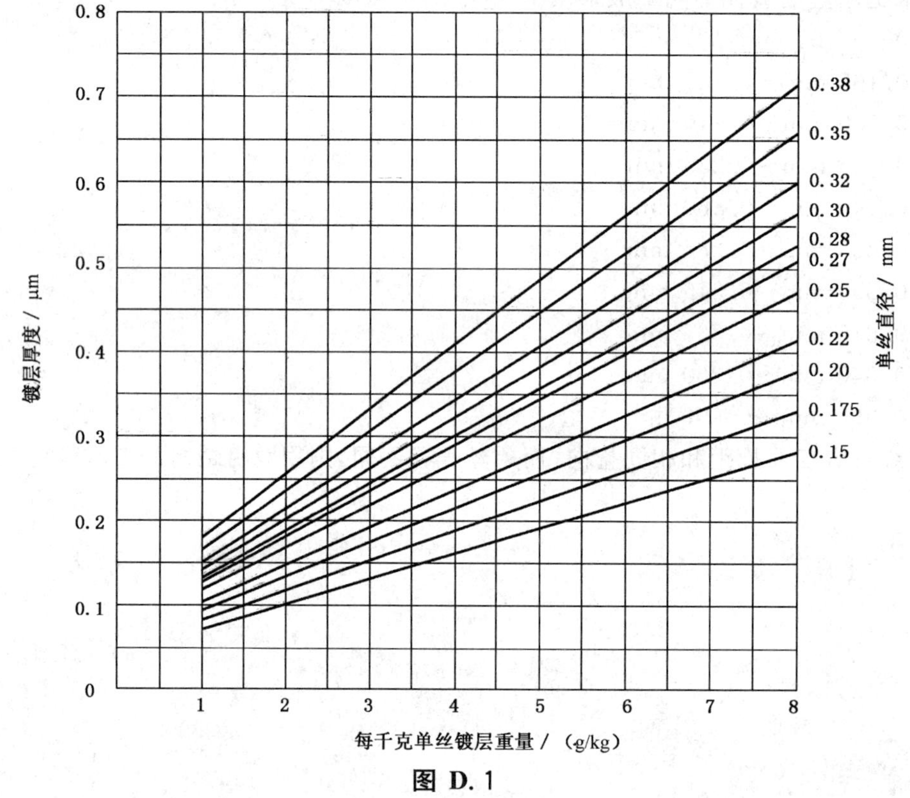

图 D.1

ICS 77.140.60
H 49

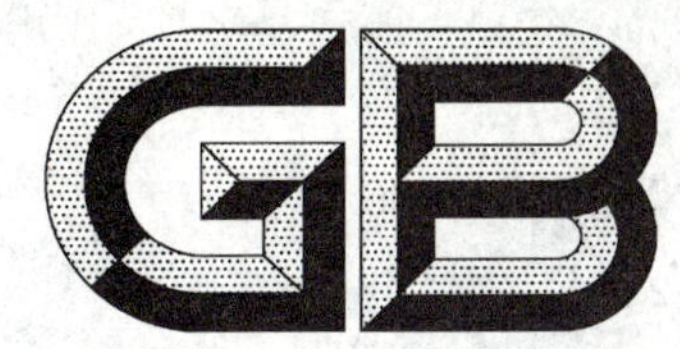

中华人民共和国国家标准

GB/T 11182—2006
代替 GB/T 11182—1989

橡胶软管增强用钢丝

Steel wire for rubber hose reinforcement

2006-02-05 发布　　　　2006-08-01 实施

中华人民共和国国家质量监督检验检疫总局
中国国家标准化管理委员会　发布

前　言

本标准代替 GB/T 11182—1989《橡胶软管增强用钢丝》。

本标准与 GB/T 11182—1989 相比主要变化如下：

——适用范围扩大，钢丝直径扩大至 2.40 mm（见第 1 章）。

——增加订货内容（见第 3 章）。

——钢丝直径规格增加了一些常用产品（1989 年版 3.2.1；本版的 4.2.2）。

——钢丝抗拉强度范围指标提高，且抗拉强度单位由 N/mm^2 改为 MPa（1989 年版 3.2.1；本版的 4.2.2）。

——对 0.20 mm～0.80 mm 直径的某些相同规格钢丝扭转试验最小值有较大提高，分别提高了 20 次～27 次（1989 年版的 3.2.1；本版的 4.2.2）。

——对 0.20 mm 至 0.50 mm 直径钢丝规定了反复弯曲次数最小值，同时也给出了打结强度率（1989 年版的 3.2.1；本版的 4.2.2）。

——对钢丝给出的强度级别进行了归类，以便于供需双方标记方便（见本版 4.2.6）。

——对新增规格钢丝规定了上黄铜镀层质量最小值（见本版 4.2.7）。

——对不同直径钢丝测量规定使用不同分度值的千分尺（见本版 5.1）。

——规定抗拉强度按钢丝实际直径计算（1989 版 4.2.1；本版的 5.2.1）。

本标准的附录 A、附录 B 为规范性附录。

本标准由中国钢铁工业协会、中国石油和化学工业协会共同提出。

本标准由全国钢标准化技术委员会归口。

本标准负责起草单位：河北金宝集团、中橡集团沈阳橡胶研究设计院、南通贝斯特钢丝有限公司、江阴华胜特钢制品厂、巩义市恒星金属制品厂、江阴鑫鑫钢丝制品厂。

本标准主要起草人：赵志新、刘宝华、吕士清、陶荣、王首领、吴镇国、杨银新、胡强、胡美艳。

本标准 1989 年 3 月首次发布。

橡胶软管增强用钢丝

1 范围

本标准规定了橡胶软管增强用钢丝的技术要求、试验方法、检验规则和包装、标志、运输、贮存及质量证明书等要求。

本标准适用于橡胶软管增强用镀黄铜钢丝，钢丝直径范围为0.20 mm～2.40 mm。

2 规范性引用文件

下列文件中的条款通过本标准的引用而成为本标准的条款。凡是注日期的引用文件，其随后所有的修改单(不包括勘误的内容)或修订版均不适用于本标准，然而，鼓励根据本标准达成协议的各方研究是否可使用这些文件的最新版本。凡是不注日期的引用文件，其最新版本适用于本标准。

GB/T 228 金属拉伸试验方法(GB/T 228—2002,EQV ISO 6892:1998)

GB/T 238 金属材料 线材 反复弯曲试验方法(GB/T 238—2002,IDT ISO 7801:1984)

GB/T 239 金属线材扭转试验方法(GB/T 239—1999,EQV ISO 7800:1984 ISO 9649:1990)

GB/T 601 化学试剂 标准滴定溶液的制备

GB/T 4354 优质碳素钢热轧盘条(GB/T 4354—1994,NEQ ISO 8457-2:1989)

3 订货内容

按本标准订货的合同可包括以下内容：

a) 标准号及年代号；

b) 产品规格、数量；

c) 强度级；

d) 需方提出的其他特殊要求。

4 技术要求

4.1 原料

生产钢丝用盘条，其技术要求应符合GB/T 4354标准的规定，钢的化学成分(熔炼分析)应符合表1的规定。

表 1

元素	最小值(质量分数)/%	最大值(质量分数)/%
C	0.57	0.90
Si	0.17	0.30
Mn	0.40	0.80
P	—	0.030
S	—	0.030

4.2 钢丝性能要求

4.2.1 钢丝经最终淬火热处理后应镀黄铜，然后将镀层钢丝拉至规定尺寸。

4.2.2 钢丝直径和性能要求应符合表2规定。

4.2.3 供需双方协商也可供应其他所需规格，其各项性能指标应按照相邻较大规格钢丝的性能指标执行。

4.2.4 钢丝的不圆度应不超过直径公差之半。

4.2.5 钢丝断裂总伸长率应不小于 2.0%，亦可由供需双方协商确定。

4.2.6 在表 2 中直径 0.20 mm～0.80 mm 部分钢丝给出了四个强度级，其应按下列方法归类：

a) 低强度 LT：2 150 MPa～2 450 MPa；

b) 标准强度 ST：2 450 MPa～2 750 MPa；

c) 高强度 HT：2 750 MPa～3 050 MPa；

d) 超高强度 SHT：3 050 MPa～3 350 MPa。

表 2

公称直径/mm	允许偏差/mm	抗拉强度/MPa	扭转(最小值)/次	反复弯曲(最小值)/次	打结强度率(最小值)/%
0.20	±0.010	2 150～2 450	70	125	58
		2 450～2 750	70		
		2 750～3 050	65		
		3 050～3 350	60		
0.25		2 150～2 450	70	125	
		2 450～2 750	70	125	
		2 750～3 050	65	105	
		3 050～3 350	60	75	
0.30		2 150～2 450	65	105	
		2 450～2 750	60	95	
		2 750～3 050	60	85	
		3 050～3 350	50	60	
0.35	±0.015	2 150～2 450	65	60	
		2 450～2 750	60	60	
		2 750～3 050	60	55	
		3 050～3 350	50	50	
0.40		2 150～2 450	65	55	
		2 450～2 750	60	55	
		2 750～3 050	60	50	
		3 050～3 350	50	45	
0.42		2 150～2 450	60	50	
		2 450～2 750	60	50	
		2 750～3 050	50	45	
0.46		2 150～2 450	60	45	
		2 450～2 750	60	45	
		2 750～3 050	50	40	
0.50		2 150～2 450	60	40	50
		2 450～2 750	60	35	
		2 750～3 050	50	30	

表 2(续)

公称直径/mm	允许偏差/mm	抗拉强度/MPa	扭转(最小值)/次	反复弯曲(最小值)/次	打结强度率(最小值)/%
0.56	±0.015	2 150～2 450	60	35	50
		2 450～2 750	60	30	
		2 750～3 050	50	25	
0.60		2 150～2 450	60	30	
		2 450～2 750	50	25	
0.65		2 150～2 450	55	25	
		2 450～2 750	50	20	
0.70		2 150～2 450	50	20	
		2 450～2 750	50	20	
0.75	±0.020	2 150～2 450	50	20	
		2 450～2 750	50	20	
0.78		2 150～2 450	40	15	
0.80		2 150～2 450	40	15	
1.00	±0.02	1 770～1 860	28	14	—
		1 860～1 950	25		
		1 950～2 150	23		
1.20		1 770～1 860	25	14	
		1 860～1 950	24		
		1 950～2 150	23		
1.40		1 770～1 860	24	14	
		1 860～1 950	23		
		1 950～2 150	22		
1.60		1 770～1 860	23	13	
		1 860～1 950	20		
		1 950～2 150	19		
1.80		1 770～1 860	22	12	
		1 860～1 950	20		
		1 950～2 150	19		
2.00		1 770～1 860	20	10	
		1 860～1 950	20		
		1 950～2 150	19		
2.20		1 770～1 860	18	10	
		1 860～1 950	18		
		1 950～2 150	17		
2.40		1 770～1 860	18	10	
		1 860～1 950	18		
		1 950～2 150	17		

在表 2 中直径 1.00 mm～2.40 mm 部分钢丝给出了三个强度级，其应按下列方法归类：

a） 低强度 LT：1 770 MPa～1 860 MPa

b） 标准强度 ST：1 860 MPa～1 950 MPa

c） 高强度 HT：1 950 MPa～2 150 MPa

4.2.7 钢丝表面所镀黄铜层成分应由铜和锌元素组成，其中铜的质量分数为(68±4)%，黄铜层量应符合表 3 规定。以每千克无镀层钢丝上所镀黄铜量(g)表示。

表 3

公称直径 *d*/ mm	千克钢丝上黄铜镀层量 (最小值)/(g/kg)
<0.35	3.0
≥0.35～0.80	2.0
>0.80～1.40	1.85
>1.40～2.40	1.50

4.3 成品钢丝外观质量

4.3.1 钢丝表面应清洁无油污、无锈斑以及无目视所能见到的镀层脱落。

4.3.2 钢丝不应出现波浪形、扭曲或打折、人工打结、断点等现象。

4.3.3 直径 0.20 mm～0.80 mm 钢丝必须整齐地缠绕在 B60 线轴上并成圈形。从线轴上取 1 m 长的钢丝放在无约束力的光滑平面上，自然成圈，其圈径应不小于 120 mm。从切口端到平面的垂直高度不大于 50 mm。

直径大于 0.80 mm 的钢丝应整齐地缠绕在线轴上或成圈形钢丝盘。从线轴(盘)(钢丝盘，下同)上取 1 圈钢丝放在无约束力的光滑平面上，自然成圈，其圈径应不小于 450 mm。从切口端到平面的垂直高度不大于 90 mm。

4.4 成品钢丝焊接

4.4.1 允许对成品钢丝进行焊接，但应满足 4.4.2～4.4.4 的规定。

4.4.2 在任何一批产品中，含有焊接点的钢丝线轴(盘)数不得超过该批产品的总钢丝线轴(盘)数的 10%。每线轴(盘)钢丝的焊接点不应超过二个，并应注明焊接点数。

4.4.3 在相同条件下测定，直径不小于 0.30 mm 的钢丝，焊接处的抗拉强度应不小于原抗拉强度的 40%；直径小于 0.30 mm 的钢丝，其焊接处的抗拉强度不小于原抗拉强度的 35%。

4.4.4 焊接点的直径按 4.1 测量，其值不应超过公称直径的 20%。

5 试验方法

5.1 钢丝直径和不圆度

从线轴(盘)上取长度不小于 250 mm 钢丝，用下面 a、b 规定的千分尺，在钢丝长度方向上间隔测量三点，每点必须互相垂直测量二次，用六次测量的平均值作为该钢丝的直径；同一截面测量的最大与最小值之差为不圆度。

a） 直径小于等于 0.80 mm 钢丝用分度值为 0.002 mm 的千分尺测量。

b） 直径大于 0.80 mm 钢丝用分度值为 0.01 mm 的千分尺测量。

5.2 力学和工艺性能试验

5.2.1 抗拉强度和断裂总伸长率按 GB/T 228 规定进行。断裂总伸长率的预张力应小于 10%破断力。试样原始标距为 250 mm。

抗拉强度按钢丝实际直径计算。

打结强度按 GB/T 228 规定进行，试样应取于做抗拉强度试样的邻近部位。

5.2.2 反复弯曲试验按 GB/T 238，直径 0.20 mm～1.00 mm 钢丝，试验时弯曲圆弧半径为 2.5 mm；直径 1.20 mm～2.40 mm 钢丝，试验时弯曲圆弧半径按 GB/T 238 中规定执行。

5.2.3 扭转试验按 GB/T 239，直径 0.20 mm～1.00 mm 钢丝试验时两夹头间标距长度为 $200d$。直径 1.20 mm～2.40 mm 钢丝，试验时两夹头间标距长度按 GB/T 239 中规定执行。

5.3 镀层试验

黄铜层成分和镀铜量试验遵照附录 A 的规定，同时可遵照附录 B 的规定，仲裁试验时，按附录 A。

6 检验规则

6.1 取样要求

6.1.1 应抽取包装完整、包装箱(桶)无破损、没有受潮的钢丝线轴(盘)。

6.1.2 从线轴(盘)的外侧端头处抽取不少于 10m 长的钢丝，然后截取足够长的钢丝做各项性能试验。

6.2 取样数量

6.2.1 每批交货的包装箱(桶)少于或等于 5 个时，应对全部包装箱(桶)进行抽样；多于 5 个时，应在其中任选至少 5 个包装箱(桶)进行抽样。

6.2.2 从每个包装箱中抽取样品数应符合表 4 规定，镀层试验取样数量为每批 2 个。

表 4

试验项目	直径及不圆度	圈径	抗拉强度	断裂总伸长率
抽取样品数/盘	10	10	4	4
取试样次数/(次/盘)	1	1	2	2
试验项目	打结强度	扭转	反复弯曲	镀层试验
抽取样品数/盘	4	4	4	2
取试样次数/(次/盘)	2	2	2	1

6.3 复验

6.3.1 在试验中，任何一根钢丝有一项或更多项试验结果不合格，应从原线轴(盘)上截取双倍试样进行不合格项目的重复试验，这二根试样中仍有一根钢丝一项或更多项试验不合格，则认为该线轴(盘)钢丝为不合格品。

6.3.2 如在整批钢丝中，有 10％或更多的钢丝不符合标准要求，则认为该批钢丝为不合格品。

7 包装、标志、运输、贮存及质量证明书

7.1 包装

成品钢丝的包装形式分线轴包装和钢丝盘包装两种，外侧钢丝应固定且容易认定。钢丝盘应用软钢丝捆扎不少于三处，并均匀地分布在线盘的圆圈上。钢丝圈外表应采用防潮纸和塑料薄膜包装。线轴包装钢丝，防潮纸和塑料膜的宽度要和线轴的二法兰盘之间距离相当。包装好的钢丝线轴(盘)应合理地存放在内有塑料袋的包装箱(桶)里。塑料袋中应放有防潮剂，防潮剂不能直接与钢丝接触并将塑料袋封口。

7.2 标志

在每个线轴(盘)上应标明制造厂名、生产日期(年、月、日)、公称直径、强度等级、实测直径、实测抗拉强度、焊接点数、净重。包装箱(桶)上要标明制造厂名、接受单位、出厂日期(年、月、日)、公称直径、强度等级，并有明显的防潮标志。

7.3 运输

凡待运的钢丝线轴(盘)不得露天堆放。在运输过程中要有防雨、防潮措施。

7.4 贮存

从出厂日算起，在没有打开包装箱(桶)条件下，钢丝质量保证期为半年。

7.5 质量证明书

软管增强用钢丝应由制造厂质量检验部门进行检查并随货附有质量证明书，内容包括：制造厂名、合同编号、生产日期、公称直径、镀层质量、各项技术参数、抽检数量、各项检测数据、该批货的线轴(盘)数量以及该批货的净重。

附 录 A
(规范性附录)
单位钢丝上黄铜镀层质量及成分测定 原子吸收分光光度法

A.1 原理

借助于黄铜层溶解于氨和过氧化氢中而将其自钢丝上剥离下来。这里铜和锌被氧化成二价,而铁则不受影响,将溶液煮沸除去过氧化氢之后,使用原子吸收分光光度法测定铜和锌。

A.2 仪器

原子吸收分光光度计应满足下列要求:

a) 仪器所显示精度为1%;

b) 所选用的铜波长为32.475 mm,锌波长为21.386 mm;

c) 所使用的混合气体为空气-乙炔。

A.3 试剂和溶液

A.3.1 氨溶液:将一份体积的 $c(NH_3)=13$ mol/L 的氨气与二份体积的蒸馏水混合;

A.3.2 过氧化氢的质量分数:30%;

A.3.3 盐酸;

A.3.4 标准铜溶液:1 000 μg/mL,把500 mg 电解铜溶解在10 mL 的 $c(HNO_3)=7$ mol/L 硝酸中,用蒸馏水稀释、煮沸,以驱尽氮氧化合物烟雾,放至室温,移入500 mg 容量中,用蒸馏水稀释至刻度。

A.3.5 标准锌溶液:1 000 μg/mL,通过加热将500 mg 锌粒(基准试剂,质量分数为99.98%或更高)溶液在10 mL 盐酸的 $c(HCl)=6$ mol/L 中,冷却后在容量瓶中用蒸馏水稀释到500 mL。

注1:标准金属溶液应储存在聚乙烯瓶中,可以保存几个月。

注2:标准金属溶液,尽管供应渠道不一,但都是通用的。

A.4 测定步骤

A.4.1 试样的准备

取约2 g 左右试样,然后切成约30 mm 长的小段,将切下来的小段收集于150 mL 的烧杯内,用汽油漂洗掉表面的油腻物,在105℃的恒温箱中干燥10 min,取出后置于一干燥器中冷却至室温。

A.4.2 操作条件

对仪器说明书中所介绍的每一条操作条件都应当遵守。

A.4.3 待测试样溶液的制备

取约1 g 重的试样,准确称量为mg(精确到0.1 mg),放入150 mL 烧杯中。加入15 mL 氨溶液(见A3.1),然后逐滴加入1 mL 的质量分数为30%过氧化氢,分四次加入。将溶液定量地倒入第二只150 mL烧杯。煮沸该溶液,直至出现混浊为止。冷至室温再加入1 mL 盐酸溶液见(A3.3),将溶液移入100 mL 的容量瓶中,用蒸馏水稀释至刻度并摇匀。再用移液管取5 mL 该溶液转移到另一只100 mL的容量瓶,用蒸馏水稀释至刻度并摇匀。

空白试剂的制备也应严格地按同样方法进行,但不加试样。这样制备的溶液只能使用一天。

A.4.4 标准溶液的制备

将10 mL 标准铜溶液(A3.4)和5 mL 标准锌溶液(A3.5)移入一只150 mL 的烧杯中,加入15 mL 的氨溶液(见A3.1),然后逐滴加入2 mL 的质量分数为30%过氧化氢,分四次加入。煮沸该溶液,直至出现混浊为止。冷至室温再加入 1 mL 盐酸溶液(A3.3),将溶液移入 100 mL 的容量瓶,加蒸馏水稀释至刻度并摇匀。这样制备的溶液只能使用一天。

A.4.5　铜和锌的测定

A.4.5.1　标准曲线的绘制

按浓度递增的顺序将标准溶液和空白试剂放入仪器中,并记录铜吸收率读数,再重复测定一次,计算出每个值的平均值,然后绘出用空白吸收率校准过的平均吸收率与铜浓度关系的标准曲线。用同样方法绘制出锌浓度的标准曲线。

A.4.5.2　待测试样的测定

按 A4.5.1 同样测定的待测试样(按 A4.3 制备试液)的铜、锌吸收率。经空白吸收率校准过的平均吸收率,分别从标准曲线中读出待测试样的铜、锌浓度。

注:仪器在吸入标准溶液和待测试样溶液之后,还必须吸入几毫升蒸馏水。

A.5　结果计算

A.5.1　黄铜层单位质量计算

A.5.1.1　黄铜层单位质量按下式计算:

$$m = \frac{2(x+y)}{p-2(x+y)} \qquad \text{(A.1)}$$

式中:

m——每千克钢丝上黄铜镀层质量,用黄铜镀层质量/钢丝质量(g/kg)表示;

p——所取试样质量见(A.4.3),单位为克(g);

x——每毫升试样溶液中所含铜,单位为毫克(mg);

y——每毫升试样溶液中所含锌,单位为毫克(mg);

2——常数。

A.5.1.2　在试验报告中黄铜层单位质量应精确到 0.1 g/kg。

A.5.2　黄铜成分的计算

A.5.2.1　铜的质量分数按下式计算:

$$w_{Cu} = \frac{x}{x+y} \times 100\% \qquad \text{(A.2)}$$

式中:

w_{Cu}——被测试样中铜的质量分数。

A.5.2.2　锌的质量分数按下式计算:

$$w_{Zn} = \frac{y}{x+y} \times 100\% \qquad \text{(A.3)}$$

式中:

w_{Zn}——被测试样中锌的质量分数,%。

A.5.2.3　在试验报告中铜、锌的质量分数应精确到 0.1%。

附　录　B
（规范性附录）
单位钢丝上黄铜镀层质量及成分的测定　化学容量法

B.1　方法原理

本法借助于黄铜溶解于氨和过硫酸铵中而自钢丝上剥离下来，而二价铁则不受影响，然后用乙二胺四乙酸二钠络合滴定法测定黄铜层的质量和成分。

B.2　试剂和溶液

B.2.1　一般要求：所使用的试剂均应为分析纯。
B.2.2　氨-过硫酸铵溶液：80 g 过硫酸铵加 150 mL 的氨加蒸馏水配制成 1L；
B.2.3　硫酸：质量分数为 98%硫酸。
B.2.4　抗坏血酸；
B.2.5　氰化钠溶液：质量分数为 10%氰化钠溶液；
B.2.6　甲醛溶液：1∶4 甲醛溶液；
B.2.7　pH6 缓冲溶液：240 g 乙酸铵加 10 mL 乙酸加蒸馏水配制成 1 L；
B.2.8　pH10 缓冲溶液：54 g 氯化铵加 200 mL 蒸馏水溶解加 350 mL 氨水，用蒸馏水配制成 1 L；
B.2.9　乙醇：体积分数为 95%乙醇；
B.2.10　EDTA 标准溶液：c(EDTA)＝0.01 mol/L，按 GB/T 601 配制及标定；
B.2.11　PAN 指示剂：0.2 g PAN 指示剂溶解于 100 mL 乙醇中；
B.2.12　铬黑 T 指示剂：0.5 g 铬黑 T 指示剂溶解于 50 mL 乙醇中加 50 mL 三乙醇胺。

B.3　测定步骤

B.3.1　取约 6 m 长的钢丝，绕成圈形或切成约 30 mm 长的小段置于汽油中漂洗烘干，然后把钢丝放于 250 mL 的高型烧杯中，加入约 10 mL 氨-过硫酸铵溶液(B2.2)，至黄铜溶解后，取出钢丝，用蒸馏水冲洗后收集于烧杯中，然后置于烘箱中烘干并于干燥器中放冷，准确称量为 p(精确到 0.1 mg)。
B.3.2　在上述被溶解的黄铜溶液中加入约 2 mL 硫酸(B2.3)至铜铵络离子特有蓝色褪去，于通风橱内灼干，驱尽白烟，冷却，加少量蒸馏水溶解，然后加抗坏血酸(B2.4)约 0.2 g，放至室温。
B.3.3　把该溶液与经三次冲洗液一并移入 50 mL 容量瓶中，加蒸馏水至刻度并摇匀，然后用 10 mL 移液管移取 10 mL 该溶液于锥形瓶中，加 pH 为 6 缓冲溶液 10 mL 及 5 mL 乙醇，加热至 60℃左右，滴加 PAN 指示剂(B2.11)3～5 滴，用 EDTA 标准滴定溶液(B2.10)滴至红色转变为黄色，记下耗用数 V_1。
B.3.4　用同样方法再从 50 mL 容量瓶中移取 10 mL 试液于另一只锥形瓶中，然后加 pH 为 10 缓冲溶液(B2.8)10 mL，加 2 mL 氰化钠溶液(B2.5)，滴铬黑 T 指示剂(B2.12)2～3 滴，加 2 mL 的甲醛溶液(B2.6)，用 EDTA 标准滴定溶液滴至红色转变到蓝色，记下耗用数 V_2。

B.4　结果计算

B.4.1　黄铜层单位质量计算

B.4.1.1　滴定铜耗用 EDTA 标准溶液体积按下式计算：

$$V = V_1 - V_2 \qquad \text{(B.1)}$$

式中：

V——EDTA 标准滴定溶液滴定铜耗用量，单位为毫升(mL)；

V_1——EDTA 标准滴定溶液滴定铜锌耗用量，单位为毫升(mL)；

V_2——EDTA 标准滴定溶液滴定锌耗用量，单位为毫升(mL)。

B.4.1.2 黄铜层单位质量用下式计算：

$$w = \frac{5(0.0654c \cdot V_2 + 0.0635c \cdot V}{p} \quad \cdots\cdots (B.2)$$

式中：

w——每千克钢丝上镀层质量,用黄铜镀层质量/钢丝质量(g/kg)表示；

p——试样褪掉黄铜层后称重(见 B.3),g；

0.065 4——与 1.00 mL EDTA 标准滴定溶液[c(EDTA)=1.000 mol/L]相当的、以克表示的锌的质量；

0.063 5——与 1.00 mL EDTA 标准滴定溶液[c(EDTA)=1.000 mol/L]相当的、以克表示的锌的质量；

c——EDTA 标准滴定溶液浓度，mol/L。

B.4.2 黄铜成分计算

B.4.2.1 铜的质量分数按下式计算：

$$w_{Cu} = \frac{63.5c \cdot V}{65.4c \cdot V_2 + 63.5c \cdot V} \times 100\% \quad \cdots\cdots (B.3)$$

式中：

w_{Cu}——被测试样中铜的质量分数，%；

c、V、V_2——同式 B.1、式 B.2。

B.4.2.2 锌的质量分数按下式计算：

$$w_{Zn} = \frac{65.4c \cdot V_2}{65.4c \cdot V_2 + 63.5c \cdot V} \times 100\% \quad \cdots\cdots (B.4)$$

式中：

w_{Zn}——被测试样中锌的质量分数，%；

c、V、V_2——同式(B.1)、式(B.2)。

B.4.2.3 在试验报告中铜、锌的质量分数应精确到 0.1%。

ICS 77.140.65
H 49

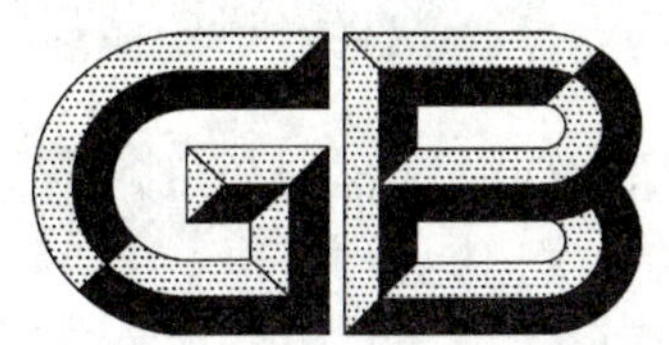

中华人民共和国国家标准

GB/T 12753—2008
代替 GB/T 12753—2002

2008-08-19 发布　　2009-04-01 实施

中华人民共和国国家质量监督检验检疫总局
中国国家标准化管理委员会　发布

前言

本标准代替 GB/T 12753—2002《输送带用钢丝绳》，本标准与 GB/T 12753—2002 相比作了如下修改：

——修改了钢丝绳的结构表示方法；

——取消了原 6×7+IWS、6×19+IWS 和 6×19W+IWS 标准式结构。增加了经供需双方协商，也可供应其他结构的钢丝绳规定；

——增加了钢丝绳直径，6×7-WSC 结构的直径范围改为 2.5 mm～5.9 mm，6×19-WSC 范围改为 4.5 mm～15.0 mm，6×19W-WSC 范围改为 5.0 mm～15.0 mm，钢丝绳公称直径用“D”表示；

——钢丝绳的抗拉强度级调整为普通强度级、高强度级和特高强度级三种；

——增加了 H 级（80×d）的钢丝锌层重量级别，钢丝直径用“d”表示；

——将钢丝绳按捻法分类改为按捻向分类，分为右捻(Z)和左捻(S)二种；

——增加了组成钢丝绳的同种钢丝直径的最大值和最小值之差的规定；

——取消了标记示例；

——钢丝绳用盘条的规定作了调整；

——钢丝绳中的钢丝打结拉伸规定做了适当调整；

——增加了钢丝电接的规定；

——增加了中心股钢丝和外层股中心钢丝的直径应适当加大的规定；

——股外层钢丝的捻距改为应不大于股径的 17 倍；

——增加了有其他特殊要求（如钢丝绳与橡胶的粘合强度）的试验项目，由供需双方协商的规定；

——增加了钢丝绳与橡胶的粘合强度的测定方法标准；

——取消了中心股钢丝和外层股中心钢丝不作锌层重量试验的规定；

——增加了工字轮盘面应有放线方向箭头标志的规定；

——取消了钢桶包装方式；

——增加了放置干燥剂的规定；

——增加了工字轮外缠绕塑料薄膜的方式；

——缠绕输送带用钢丝绳的工字轮尺寸做了调整。

本标准附录 A 为资料性附录。

本标准由中国钢铁工业协会提出。

本标准由全国钢标准化技术委员会归口。

本标准起草单位：法尔胜集团公司、冶金工业信息标准研究院。

本标准主要起草人：周江、唐福如、王玲君、邵永清、冯平、朱维军、张春雷、戴石锋。

本标准所代替标准的历次版本发布情况为：

——GB/T 12753—1991、GB/T 12753—2002。

输送带用钢丝绳

1 范围

本标准规定了输送带用钢丝绳的分类、订货内容、技术要求、试验方法、检验规则、包装、标志及质量证明书。

本标准适用于钢丝绳芯输送带骨架增强材料用镀锌钢丝绳(以下简称钢丝绳)。

2 规范性引用文件

下列文件中的条款通过本标准的引用而成为本标准的条款。凡是注日期的引用文件,其随后所有的修改单(不包括勘误的内容)或修订版均不适用于本标准。然而,鼓励根据本标准达成协议的各方研究是否可使用这些文件的最新版本。凡是不注日期的引用文件,其新版本适用本标准。

GB/T 228 金属材料 室温拉伸试验方法(GB/T 228—2002,eqv ISO 6892:1998)

GB/T 239 金属线材扭转试验方法(GB/T 239—1999,eqv ISO 7800:1984、ISO 9649:1990)

GB/T 2104 钢丝绳包装、标志及质量证明书的一般规定

GB/T 1839 钢产品镀锌层质量试验方法(GB/T 1839—2003,ISO 1460:1992,MOD)

GB/T 4354 优质碳素钢热轧盘条

GB/T 5755 钢丝绳芯输送带钢丝绳粘合强度的测定(GB/T 5755—2000,eqv ISO 7623:1996)

GB/T 8358 钢丝绳破断拉伸试验方法(GB/T 8358—2006,ISO 3108:1974,NEQ)

3 定义

下列术语和定义适用于本标准。

3.1

开放式结构钢丝绳 open type steel wire ropes

股中同一层钢丝之间及绳中外层股之间有一定均匀间隙结构的钢丝绳。

4 钢丝绳订货内容

按本标准订货的合同应包括以下主要内容:

a) 本标准号;

b) 产品名称;

c) 结构(标记代号);

d) 公称直径;

e) 数量(长度);

f) 钢丝绳的抗拉强度级别;

g) 捻向;

h) 锌层重量级别;

i) 工字轮型号和包装方式;

j) 需方提出的其他特殊要求,如钢丝绳与橡胶的粘合强度的试验。

5 分类

5.1 钢丝绳均为开放式结构,按其结构分为 6×7-WSC、6×19-WSC 和 6×19W-WSC 三种,见表 6~

表 8。经供需双方协商，也可供应其他结构的钢丝绳。

5.2 钢丝绳按抗拉强度分为普通强度级、高强度级和特高强度级三种。

5.3 钢丝绳按钢丝锌层重量级分为 H 级、A 级和 B 级三种，见表 1。供应 H 级和 A 级锌层钢丝绳时，需经供需双方协议并在合同中注明。

表 1 最小锌层重量

钢丝公称直径 d/mm	最小锌层重量/(g/m^2)		
	H 级	A 级	B 级
0.20～1.30	$80\times d$	$60\times d$	$30\times d$

5.4 钢丝绳按捻向分为右捻(Z)和左捻(S)二种。交货时一般应按左、右捻各半，也可根据用户订货需求。钢丝绳的捻法为交互捻。

6 尺寸、外形、重量

6.1 组成钢丝绳的同种钢丝直径的最大值和最小值之差、钢丝不圆度应符合表 2 的规定。

表 2 钢丝直径及不圆度

单位为毫米

钢丝公称直径 d	不圆度 不大于	最大值和最小值之差 不大于
0.20～0.50	0.01	0.02
>0.50～0.95	0.02	0.04
>0.95～1.30	0.03	0.06

6.2 钢丝绳的截面形状见表 6 图、表 7 图、表 8 图。

6.3 钢丝绳公称直径 D 及允许偏差应符合表 6～表 8 中的规定。经供需双方协商，也可以供应其他公称直径的钢丝绳。

6.4 表中所列的每 100 m 长度的理论重量仅供参考，计算钢丝绳理论重量时钢的密度为 7.85 kg/dm^3。

6.5 钢丝绳的长度及允许偏差应符合表 3 的规定。在每 50 盘交货的钢丝绳中允许有 1 盘钢丝绳用胶布连接成定尺长度。每个工字轮上只允许一个接头，其单根钢丝绳的最小长度要大于 70 m。在缠绕该钢丝绳的工字轮上应注明标记。

表 3 钢丝绳的长度

单位为米

钢丝绳的长度	长度允许偏差
≤1 000	+10
>1 000～2 000	+15
>2 000	+20

7 技术要求

7.1 钢丝绳中钢丝

7.1.1 材料

钢丝用盘条应符合 GB/T 4354 的规定，牌号由制造厂选择，但其硫、磷含量各不应大于 0.030%。

7.1.2 抗拉强度

钢丝的公称抗拉强度分为 1 960 MPa、2 060 MPa、2 160 MPa、2 260 MPa、2 360 MPa 和 2 460 MPa

六种。

钢丝绳应使用表 4 中规定的公称抗拉强度级的钢丝捻制。钢丝实测抗拉强度应不低于公称抗拉强度的 95%。

表 4 钢丝绳中钢丝的公称抗拉强度级

钢丝直径 d/mm	钢丝公称抗拉强度/MPa		
	普通强度级	高强度级	特高强度级
0.20～0.40	2 260	2 360	2 460
>0.40～0.60	2 160	2 260	2 360
>0.60～0.95	2 060	2 160	2 260
>0.95～1.30	1 960	2 060	2 160

7.1.3 扭转

直径大于或等于 0.50 mm 的钢丝应做扭转试验，钢丝的最小扭转次数应符合表 5 的规定。

表 5 钢丝的最小扭转次数

钢丝直径 d/mm	最小扭转次数(次/360°,$L_0=100d$)		
	普通强度级	高强度级	特高强度级
$0.50\leqslant d<0.60$	29	28	27
$0.60\leqslant d<0.70$	28	27	26
$0.70\leqslant d<0.80$	27	26	25
$0.80\leqslant d<0.90$	26	25	24
$0.90\leqslant d<0.95$	25	24	23
$0.95\leqslant d<1.30$	24	23	22

7.1.4 打结拉伸试验

对于公称直径小于 0.50 mm 的钢丝，用打结拉伸试验代替扭转试验。钢丝进行打结拉伸试验时，结应打在试样中间，所能承受的拉力应不低于其公称破断力的 55%。

7.1.5 锌层

7.1.5.1 锌层重量

钢丝绳应用同一锌层重量级别的钢丝捻制，钢丝的锌层重量应符合表 1 的规定。

7.1.5.2 锌层质量

钢丝镀锌层应牢固、连续、均匀，无裂纹和剥落现象。但锌层表面允许有少量不影响与橡胶粘合的闪光点及白色薄层。

7.1.6 表面质量

钢丝表面应无油、无水、无污，并不得有裂纹、竹节、起刺、锈蚀和伤痕。

7.2 钢丝绳

7.2.1 捻制质量

7.2.1.1 钢丝绳应平直、柔顺，残余扭转小。

7.2.1.2 绳中各股及股中各钢丝均应松紧一致，不应有叠痕、折断及压伤的钢丝。钢丝绳的中心股钢丝和外层股中心钢丝的直径应适当加大。

7.2.1.3 钢丝绳中不允许有单股接头,钢丝的接头也应尽量减少。在捻制中不应不连接钢丝时,钢丝允许插接或电接。插接的钢丝端头应密封在绳股内部,不允许露在外面。插接处的钢丝允许有局部交叉。同一股中钢丝接头间距应不小于 100 m。

7.2.1.4 钢丝绳中股的捻距和股中钢丝的捻距,在其全长上应均匀。钢丝绳的捻距应为绳径的 6.5 倍～8.5 倍,股外层钢丝的捻距应不大于股径的 17 倍。

7.2.1.5 钢丝绳应预变形良好、不松散。

7.2.2 钢丝绳的最小破断拉力应符合表 6～表 8 中的规定。

7.2.3 钢丝绳的表面应无油、无水、无污和其他杂质,钢丝不得有刮伤、压扁、硬弯和锈蚀等缺陷。

7.2.4 经供需双方协商,可进行钢丝绳与橡胶的粘合性能试验。有其他特殊要求的试验项目,由供需双方协商。

8 试验方法

8.1 钢丝试验

8.1.1 外观质量用手感和目测检查。

8.1.2 钢丝直径:在试样上不少于 3 处,每处相互垂直方向用千分尺各测量 1 次,分别取平均值,以其最小平均值作为钢丝直径,其最大值和最小值之差、不圆度应符合表 2 的规定。

8.1.3 拉伸试验按 GB/T 228 的规定进行。

8.1.4 锌层重量按 GB/T 1839 的规定进行,仲裁试验时应采用重量法。

8.1.5 扭转试验按 GB/T 239 的规定进行。

8.2 钢丝绳试验

8.2.1 外观质量用手感和目测检查。

8.2.2 最小破断拉力试验按 GB/T 8358 的规定进行。

8.2.3 钢丝绳的直径应用千分尺或游标卡尺进行测量。测量应在无张力情况下,距钢丝绳端头至少 1.5 m 外的直线部位上进行,在相距至少 1 m 两个截面上,并在同一截面相互垂直的方向上各测量一个直径。钳口的宽度要足以跨越两个相邻的股。四次测量结果的平均值作为钢丝绳的实测直径,实测直径应符合表 6～表 8 规定的允许偏差。

8.2.4 将钢丝绳的任一端分别解开相对的两个股,约有两个捻距长。当这两个股重新恢复原位后,不自行散开,即为钢丝绳不松散。

8.2.5 去掉绳头 1 000 mm～2 000 mm 后,在距绳头约 50 mm 处弯成一个约 90°角,紧捏住此弯头以避免在拉出 6 000 mm 长(不从盘上剪断)的样品时钢丝绳旋转。然后将钢丝绳自由段放开,让其在没有张力的情况下自由旋转,其旋转数不得超过 4 转(r),即为钢丝绳残余扭转小。

8.2.6 在不施加张力的情况下,将 6 m 长的钢丝绳(不从盘上剪断),放置在距离为 75 mm 的两根平行直线之间的平面上,除绳端 500 mm 外,钢丝绳不与任何一根平行直线相碰,即为钢丝绳平直。

8.2.7 钢丝绳与橡胶的粘合强度的测定方法参考 GB/T 5755 的规定进行。

9 检验规则

9.1 检查和验收

钢丝绳的检查和验收由供方质量技术监督部门进行。

9.2 组批规则

钢丝绳应按批验收,每批应由同一结构、同一直径、同一强度级、同一锌层重量级的钢丝绳组成。

9.3 取样数量

9.3.1 每盘钢丝绳都应进行外观、结构、直径、捻法和捻制质量的检查。

9.3.2 在按本标准 9.3.1 检查合格的盘中,每 20 盘或不足 20 盘抽取 1 盘,从该盘上截取 2 根试样进行下列试验。

9.3.2.1 一根试样做钢丝绳的最小破断拉力试验。

9.3.2.2 从另一根试样中任拆 3 股分别做钢丝直径测量、锌层重量试验、拉伸试验和扭转试验,其中中心股钢丝和外层股中心钢丝不作力学性能试验。

9.3.3 当一条钢丝绳截成数条交货时,其数条亦作为一盘按 9.3.1 及 9.3.2 进行检测。

9.3.4 钢丝绳与橡胶的粘合强度的试验每批任取一根试样进行试验。

9.4 复验

经过试验的钢丝绳,如果其中某项试验不合格时,则该盘判为不合格产品。另从该批剩余盘中抽取双倍数量的盘截取试样,复试其中不合格项目。若复试仍不合格,该批判为不合格产品。

10 包装、质量保证期、运输、贮存、标志和质量证明书

10.1 包装

10.1.1 缠绕钢丝绳用工字轮应用优质、耐用的材料制成,型号应在合同中注明。盘面应有放线方向箭头标志。主要型号的工字轮尺寸见附录 A。

10.1.2 卷绳前,轮芯和内侧应衬一层中性防潮纸或塑料薄膜。卷绳时,钢丝绳应均匀平整地缠绕在工字轮上。卷绳后,应将绳头用胶布缠绕固定好,然后在外层钢丝绳上包上一层中性防潮纸,并用胶布紧贴封闭。

10.1.3 外包装

10.1.3.1 铝塑复合包装袋

在钢丝绳中性防潮纸外周围放置适量干燥剂袋,并用塑料薄膜将工字轮两盘之间缠绕密封起来。包装好的钢丝绳工字轮排列叠放在铝塑复合包装袋内,抽气封口后用打包带将工字轮和包装袋紧固于木托架上。

10.1.3.2 塑料薄膜缠绕包装

在钢丝绳中性防潮纸外周围放置适量干燥剂袋,并用塑料薄膜将工字轮整个缠绕密封起来。包装好的钢丝绳工字轮排列叠放在木托架上,再用打包带将工字轮紧固于木托架上。

10.2 质量保证期

从出厂之日算起,在没有打开完好包装的情况下,钢丝绳的质量保证期为 1 年。

10.3 贮存

钢丝绳应贮存在干燥通风的室内。

10.4 运输

在运输过程中应防止钢丝绳包装件被撞击损坏,并加盖防雨油布扎紧运输。

10.5 标志和质量证明书

钢丝绳的标志和质量证明书应符合 GB/T 2104 中的要求。外包装的表面还应注有明显的防雨、防潮、防撞击标记。

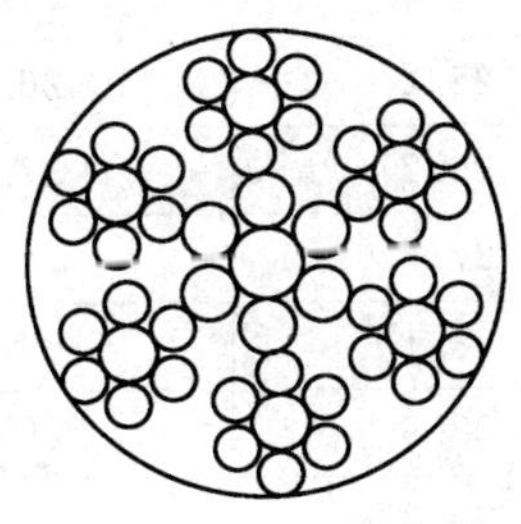

表 6 结构图

钢丝绳结构:6×7-WSC

表 6　力学性能

钢丝绳直径		钢丝绳最小破断拉力/kN			参考重量/(kg/100 m)
公称直径 D/mm	允许偏差/%	普通强度级	高强度级	特高强度级	
2.50	+5 −2	5.3	5.5	5.8	2.4
2.60		5.5	6.0	6.5	2.7
2.70		6.4	6.7	7.0	2.9
2.80		6.8	7.2	7.6	3.2
2.90		7.5	7.7	8.0	3.4
3.00		8.0	8.5	9.0	3.7
3.10		8.8	9.5	10.0	3.9
3.20		9.5	10.0	10.5	4.1
3.30		10.3	10.8	11.4	4.4
3.40		10.6	11.1	12.0	4.6
3.50		11.4	12.0	12.8	4.9
3.60		12.0	12.7	13.2	5.3
3.70		12.7	13.2	14.2	5.5
3.80		13.7	14.3	15.0	6.0
3.90		14.0	14.8	15.8	6.3
4.00		14.5	15.2	16.3	6.5
4.10		15.3	16.2	17.4	6.8
4.20		15.9	16.6	17.8	7.1
4.30		16.8	17.8	19.0	7.5
4.40		17.5	18.5	19.7	7.7
4.50		18.2	19.3	20.7	8.1
4.60		19.2	20.1	21.3	8.4
4.70		19.6	20.8	22.5	8.7
4.80		20.4	21.5	23.2	9.2
4.90		21.5	22.7	24.1	9.5
5.00		22.2	23.3	24.9	9.8
5.10		23.4	24.2	25.7	10.4
5.20		24.5	25.6	26.7	10.6
5.30		25.2	26.1	27.5	11.1
5.40		26.2	27.5	28.7	11.5
5.50		27.5	28.5	29.7	12.1
5.60		28.1	29.0	30.1	12.5
5.70		28.5	29.6	30.8	13.0
5.80		29.2	30.7	31.3	13.4
5.90		30.0	31.7	32.5	14.1

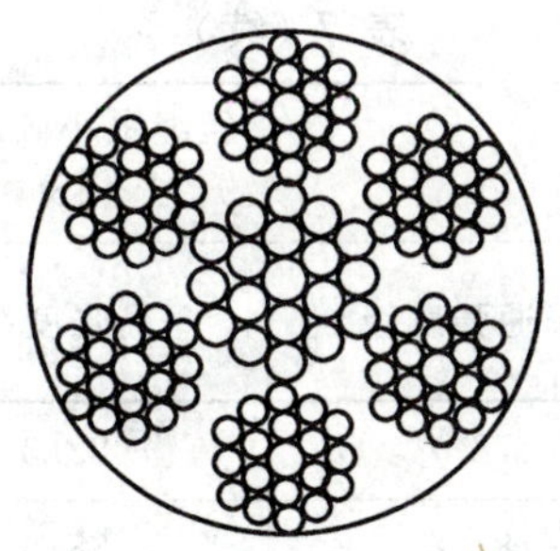

表 7 结构图

钢丝绳结构:6×19-WSC

表 7 力学性能

钢丝绳直径		钢丝绳最小破断拉力/kN			参考重量/(kg/100 m)
公称直径 D/mm	允许偏差/%	普通强度级	高强度级	特高强度级	
4.5	$^{+5}_{-2}$	18.2	18.6	19.3	7.8
4.8		20.0	20.7	21.2	8.7
5.0		22.5	23.2	23.9	9.8
5.4		25.2	26.1	27.0	11.2
5.6		27.5	28.7	29.9	12.1
5.8		29.6	31.0	31.6	13.2
6.0		31.0	32.3	33.3	13.9
6.2		33.1	34.4	35.7	14.8
6.4		34.5	36.2	37.4	15.7
6.8		39.3	41.0	42.7	18.0
7.2		43.0	45.0	47.1	19.9
7.6		48.8	51.0	53.0	22.5
8.0		53.2	55.3	57.2	24.4
8.4		56.4	59.0	62.4	26.7
8.8		63.2	66.2	68.3	29.4
9.0		65.0	68.0	71.0	30.8
9.2		67.8	71.1	73.9	32.1
9.6		73.6	77.2	79.7	34.8

表 7（续）

钢丝绳直径		钢丝绳最小破断拉力/kN			参考重量/(kg/100 m)
公称直径 D/mm	允许偏差/%	普通强度级	高强度级	特高强度级	
10.0	+4 −2	78.7	82.3	86.3	37.8
10.4		84.8	88.6	92.5	40.5
10.8		90.0	94.0	97.7	43.1
11.2		98.3	101	104	46.4
11.6		104	108	112	50.8
12.0		110	114	118	53.4
12.2		112	116	121	54.0
12.4		116	121	126	55.9
12.6		121	125	130	58.1
12.8		124	129	135	58.9
13.0		128	133	139	62.0
13.2		132	137	143	64.0
13.4		135	140	146	65.5
13.6		141	146	152	68.0
13.8		145	150	155	70.0
14.0		148	154	160	71.5
14.5		156	162	168	76.1
15.0		165	172	180	81.3

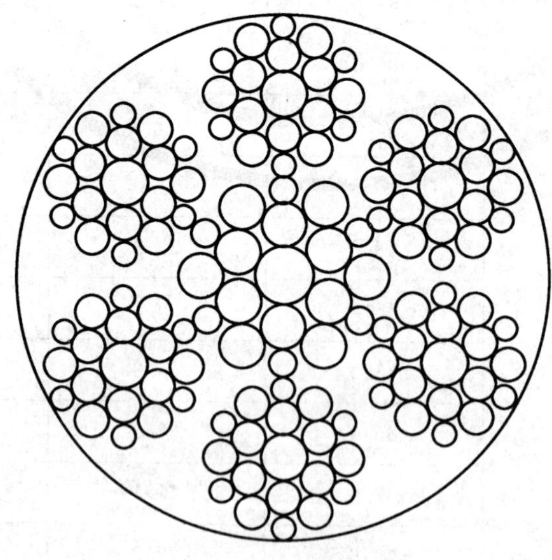

表 8 结构图

钢丝绳结构:6×19W-WSC

表 8 力学性能

钢丝绳直径		钢丝绳最小破断拉力/kN			参考重量/(kg/100 m)
公称直径 D/mm	允许偏差/%	普通强度级	高强度级	特高强度级	
5.0	+5 −2	23.0	23.7	24.5	10.3
5.6		30.0	30.8	31.5	13.3
6.0		33.2	34.3	34.8	14.9
6.6		39.6	41.2	41.8	17.7
7.0		44.7	46.5	47.0	19.9
7.2		47.2	49.1	49.5	20.8
7.6		52.8	55.0	55.5	23.6
8.0		57.2	59.3	60.0	26.7
8.3		60.0	62.3	63.0	28.4
8.7		66.3	69.0	70.0	31.0
9.1		73.0	76.3	77.0	33.7
10.0		84.0	87.5	88.3	38.9
10.5	+4 −2	91.5	95.2	96.5	42.9
11.0		101	104	106	47.1
11.5		105	109	112	51.5
12.0		114	118	120	56.1
12.5		122	127	132	60.2
13.0		131	138	143	65.3
13.5		140	146	154	70.2
14.0		150	157	164	73.9
14.5		154	162	170	79.5
15.0		167	175	184	86.0

附 录 A
（资料性附录）
缠绕输送带用钢丝绳的工字轮

A.1 缠绕输送带用钢丝绳的工字轮示意图。图A.1中的代号所表示的内容见表A.1。

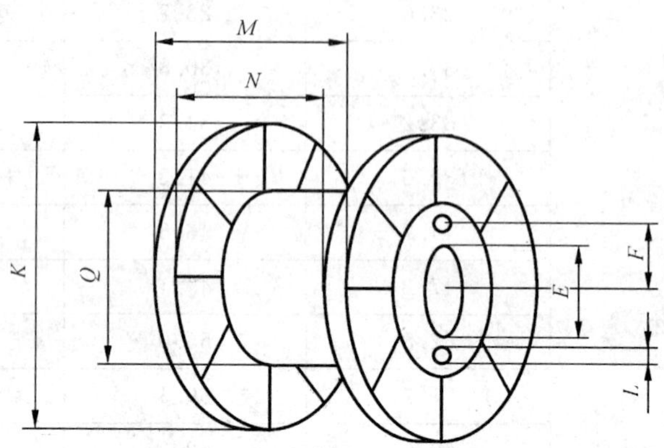

图 A.1 工字轮示意图

A.2 缠绕输送带用钢丝绳的工字轮型号及各部分尺寸见表A.1。

表 A.1 工字轮型号及尺寸

代号	各部分名称	工字轮型号/mm			
		JG-A 型	JD-A 型	JG-B 型	JD-B 型
K	工字轮外径	550	550	550	550
Q	工字轮内径	230	230	270	270
M	工字轮外宽	260	390	260	390
N	工字轮内宽	220	350	220	350
E	工字轮轮芯孔径	55	55	55	55
F	定位孔和芯孔间的中心距	70	70	115	115
L	定位孔直径(mm)×个数	35×2	35×2	35×2	35×2
空工字轮参考重量/kg		10	12	11	13
注：工字轮外径尺寸 *K* 可根据钢丝绳的长度进行放大或缩小，其他尺寸保持不变。					

中华人民共和国国家标准

胶管用钢丝绳

Steel wire ropes for rubber hose

GB/T 12756—91

1 主题内容与适用范围

本标准规定了胶管用钢丝绳的分类、代号、尺寸外形、技术要求、试验方法、检验规则、包装、标志、质量证明书、质量保证期和运输。

本标准适用于胶管骨架增强材料用镀锌钢丝绳(以下简称钢丝绳)。

2 引用标准

GB 228 金属拉伸试验方法

GB 238 金属线材反复弯曲试验方法

GB 239 金属线材扭转试验方法

GB 699 优质碳素结构钢技术条件

GB 2104 钢丝绳包装、标志及质量证明书的一般规定

GB 2973 镀锌钢丝锌层重量试验方法

GB 8358 钢丝绳破断拉伸试验方法

GB 8707 钢丝绳标记代号

3 分类、代号

3.1 钢丝绳按结构分为:1×7 和 1×19 二类,见图 1、图 2。

3.2 钢丝绳的捻制方向为同向捻。交货时左同向捻和右同向捻各半。但也可按需方要求交货。

3.3 钢丝绳的标记代号按 GB 8707 的规定。

国家技术监督局1991-03-26批准 1991-11-01实施

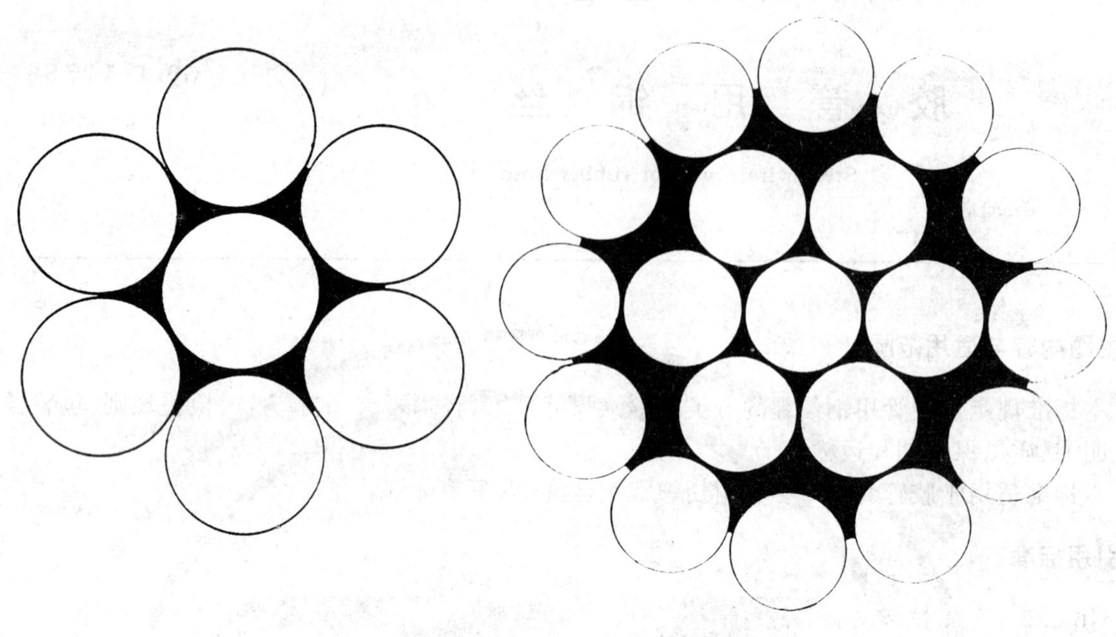

图 1　1×7 钢丝绳　　　　图 2　1×19 钢丝绳

4　尺寸、外形和重量

4.1　制绳用钢丝

4.1.1　钢丝公称直径按表 1 中的规定。

4.1.2　钢丝直径的允许偏差应为$^{+0.02}_{-0.01}$mm，椭圆度不得超过直径公差之半。

4.2　钢丝绳

4.2.1　钢丝绳的公称直径及允许偏差应符合表 2 中的规定。

4.2.2　钢丝绳的最短长度应符合表 1 中的要求。

4.2.3　钢丝绳近似重量见表 2。

4.2.4　标记示例：

结构为：1×19，公称直径 3.5 mm 的右同向捻钢绳的标记为：3.5Z1×19ZZ

表 1

钢丝绳直径，mm	每根钢丝绳的最短长度，m
2.1	1 500
3.5、4.0	800

表 2

结构	钢丝绳		钢丝公称直径 mm	钢丝总横断面积(参考) mm^2	钢丝绳最小破断拉力 kN	钢丝绳百米参考重量 kg/100m
	公称直径 mm	允许偏差 mm				
1×7	2.1	+0.20 0	0.7	2.79	4.67	2.27
1×19	3.5	+0.20 −0.05	0.7	7.41	12.40	6.02
	4.0	+0.20 −0.05	0.8	9.66	16.17	7.85

5 技术要求

5.1 制绳用钢丝

5.1.1 牌号

制绳钢丝用钢应符合 GB 699 标准中的规定，牌号由供方选择。但其硫、磷含量应各不得大于 0.030%。

5.1.2 抗拉强度

根据需方要求，可供应其他结构和绳径的钢丝绳。

钢丝的抗拉强度按表 3 规定。

表 3

钢丝直径 mm	抗拉强度 MPa	弯曲圆弧半径 mm	最小反复弯曲次数	最小扭转次数
0.7	1 860	1.75	8	28
0.8	1 860	2.5	13	28

5.1.3 扭转

钢丝应做扭转试验，其扭转次数应符合表 3 中的规定。

5.1.4 反复弯曲

钢丝应做反复弯曲试验，其反复弯曲次数应符合表 3 中的规定。

5.1.5 锌层

5.1.5.1 锌层重量

钢丝的锌层重量应不小于 10 g/m²。

5.1.5.2 钢丝表面镀锌层应均匀连续、无裂纹和剥落现象。但锌层表面允许有少量闪光点及白色薄层。

5.1.6 表面质量

钢丝表面应无油、无水、无污，并不得有裂纹、竹节、起刺、锈蚀和伤痕。

5.2 钢丝绳

5.2.1 捻制质量

5.2.1.1 钢丝绳应平直、柔软、残余应力小。

5.2.1.2 钢丝绳的每根钢丝均应松紧一致。不得有折断、压扁、刮伤和硬弯的钢丝。

5.2.1.3 钢丝绳中钢丝的接头应尽量减少，在捻制过程中不得不连接时，钢丝可用插接连接。插接的钢丝端头应密封在绳股内部，不得露在外面。接头处的钢丝允许有局部交叉。钢丝接头间的距离不得小于

10 m。

5.2.1.4 钢丝绳的捻距,在其全长上应均匀,并不得大于绳径的 13 倍,下捻捻距应不大于上捻捻距的 60%。

5.2.1.5 钢丝绳应制成不松散的。中心钢丝应适当加粗,直径加大量应为 0.05～0.10 mm。

5.2.2 力学性能

钢丝绳的最小破断拉力应符合表 2 中的规定。

5.2.3 表面质量

钢丝绳表面必须无油、无污、无水和无锈蚀。但锌层表面允许有少量闪光点及白色薄层。

5.3 对从钢丝绳中拆出钢丝的要求

从钢丝绳试样中拆取的钢丝应进行直径、抗拉强度、扭转、反复弯曲和锌层重量检验。此时,应按公称直径和公称抗拉强度考核钢丝各项试验结果,并应符合以下规定。

5.3.1 实测直径

钢丝实测直径应符合本标准中 4.1 条的规定。

5.3.2 抗拉强度

钢丝的实测抗拉强度应不小于 1 670 MPa。

5.3.3 扭转

钢丝应进行扭转试验,扭转次数允许比表 3 中规定的低 2 次。

5.3.4 反复弯曲

钢丝应进行反复弯曲试验,反复弯曲次数允许比表 3 中规定的低 1 次。

5.3.5 锌层重量

钢丝应进行锌层重量试验,锌层重量应符合本标准中 5.1.5.1 条的要求。

6 试验方法

6.1 表面质量

钢丝绳表面质量用肉眼检查。

6.2 直径测量

钢丝绳直径应用精度为 0.01 mm 的量具测量。

测量应在无张力情况下,于钢丝绳直线部位上进行。在距绳端 2 m 外的相距至少 1 m 的两点,并在每个点的相互垂直方向上各测量一个直径值。

四次测量的平均值作为钢丝绳的实际直径,并应符合表 2 中的规定。

6.3 力学性能和锌层重量试验

6.3.1 钢丝的拉伸试验按 GB 228 的规定进行。

6.3.2 钢丝的反复弯曲试验按 GB 238 的规定进行。

6.3.3 钢丝的扭转试验按 GB 239 的规定进行。

6.3.4 镀锌钢丝的锌层重量试验按 GB 2973 的规定进行。仲裁试验时应采用重量法。

6.3.5 钢丝绳的最小破断拉力试验按 GB 8358 的规定进行。

6.4 钢丝绳的不松散检查

在钢丝绳任意处截断后,钢丝不自行散开,即为钢丝绳不松散。

6.5 钢丝绳残余应力的检查

从钢丝绳端部截去 2 m 长度的钢丝绳后,抽出 2.5 m 长的钢丝绳弯成圈,悬空不绞成“∞”字形,即为钢丝绳无应力。

7 检验规则

7.1 检查和验收

钢丝绳的检查和验收应由供方技术监督部门进行。

7.2 组批规则

钢丝绳应按批验收。每批应由同一结构、同一直径的钢丝绳组成。

7.3 取样数量

7.3.1 每条钢丝绳均应进行外观、直径、结构、捻向和捻制质量的检查。

7.3.2 将按本标准中的7.3.1条检查合格后的盘，每20盘或不足20盘抽取1个盘，从这个盘上截取2根试样进行下列试验。

7.3.2.1 一根试样按本标准中的6.5条方法检查残余应力之后，作钢丝绳最小破断拉力试验。

7.3.2.2 另一根试样按本标准中的6.4条方法检查钢丝绳不松散之后，作拆股试验。取3根钢丝作锌层重量试验，其余作力学性能试验(中心钢丝不作试验)。

7.4 复验与判定规则

经过试验后的钢丝绳，如果其中某项试验不合格时，则该盘报废。另从该批剩余盘中抽取双倍数量的盘截取试样，复验其中不合格项目。若复验仍不合格，该批判为不合格品。但允许逐盘检验，合格者予以交货。

8 包装、标志、质量保证期、运输、贮存和质量证明书

8.1 包装

8.1.1 钢丝绳采用工字轮包装，每一个工字轮上允许缠绕的钢丝绳不超过两条。但应注明钢丝绳的长度和作好接头标记。

8.1.2 卷绳前、轮芯和内侧应衬一层中性防潮纸或塑料薄膜。卷绳时，钢丝绳应均匀平整地缠绕在工字轮上。卷绳后，应将绳头用胶布相扣固定好，然后在外层钢丝绳上包上一层中性防潮纸和塑料薄膜，并用胶布紧贴封闭。

包装好的工字轮应穿入铁管吊杆，装入放有塑料袋的铁桶内，塑料袋内放入干燥剂，密封好塑料袋后，将铁桶封闭严实。

8.2 标志

8.2.1 铁桶外部涂上果绿色。果绿色上的黑体字表示右同向捻(ZZ)；白体字表示左同向捻(SS)。

8.2.2 在每个工字轮上应注明生产日期、钢丝绳结构、捻向、长度和操作工号。在铁桶表面应注明制造厂名称、生产日期、产品名称、捻向、规格、长度、净重和毛重。并有明显的防雨、防潮和防撞击标记。

8.3 质量保证期

从出厂日期算起，在没有打开包装铁桶的情况下，钢丝绳的质量保证期为1年。

8.4 运输

在运输过程中应防止铁桶撞击损坏，各种运输工具装运的铁桶上都必须盖上防雨油布，扎紧运输。

8.5 贮存

钢丝绳应贮存在干燥通风的室内。

8.6 质量证明书

钢丝绳的质量证明书应符合GB 2104的规定。

附加说明：

本标准由中华人民共和国冶金工业部提出。

本标准由江阴钢绳厂和冶金工业部情报标准研究总所共同起草。

本标准主要起草人张炳南、王志荣、张琴娣、封文华。

ICS 77.140.65
H 49

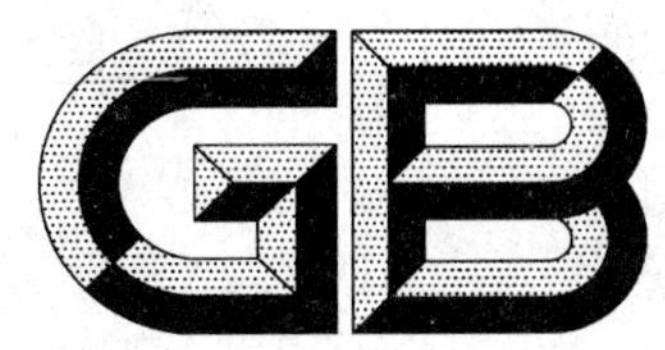

中华人民共和国国家标准

GB/T 14450—2008
代替 GB/T 14450—2004

胎 圈 用 钢 丝

Bead wire

（ISO 16650:2004,MOD）

2008-05-13 发布　　2008-11-01 实施

中华人民共和国国家质量监督检验检疫总局
中国国家标准化管理委员会　发布

前　言

本标准修改采用 ISO 16650:2004《胎圈用钢丝》(英文版)。附录 B 中列出了本国家标准章条编号与 ISO 16650 章条编号的对照一览表,附录 C 中给出了本标准与 ISO 16650:2004《胎圈用钢丝》(英文版)技术性差异及其原因的对照一览表。

本标准代替 GB/T 14450—2004《胎圈用钢丝》。本标准与 GB/T 14450—2004《胎圈用钢丝》标准相比,主要技术差异如下:

——取消了标记示例;

——取消了表 2;

——修改了钢丝强度级别的分类及抗拉强度值;

——修改了钢丝屈强比;

——取消了表 5 中的紫铜部分;

——表 6 中修改了青铜镀层厚度及增加了参考重量;

——不推荐使用紫铜。

本标准的附录 A 是规范性附录,附录 B、附录 C 为资料性附录。

本标准由中国钢铁工业协会提出。

本标准由全国钢标准化技术委员会归口。

本标准主要起草单位:浙江天伦钢丝集团有限公司、贵州钢绳股份有限公司、山东诸城大业金属制品有限责任公司、天懋集团山东天轮钢丝股份有限公司、冶金工业信息标准研究院、张家港港达金属制品有限公司。

本标准主要起草人:胡建林、王金武、王玲君、陈永军、杨红英、曾国镇、戴石锋。

本标准 1993 年首次发布,2004 年第一次修订。

胎圈用钢丝

1 范围

本标准规定了轮胎胎圈用回火钢丝的分类代号、尺寸、外形、重量及允许偏差、订货内容、技术要求、试验方法、检验规则、包装、标志和质量证明书。

本标准适用于轮胎胎圈钢丝束所用的碳素圆钢丝(以下简称钢丝)。

2 规范性引用文件

下列文件中的条款通过本标准的引用而成为本标准的条款。凡是注日期的引用文件,其随后所有的修改单(不包括勘误的内容)或修订版均不适用于本标准,然而,鼓励根据本标准达成协议的各方研究是否可使用这些文件的最新版本。凡是不注日期的引用文件,其最新版本适用于本标准。

GB/T 228 金属材料 室温拉伸试验方法(GB/T 228—2002, eqv ISO 6892:1998)

GB/T 239 金属线材扭转试验方法(GB/T 239—1999, eqv ISO 7800:1984,ISO 9649:1990)

GB/T 2103—1988 钢丝验收、包装、标志及质量证明书的一般规定

YB/T 135 镀铜钢丝镀层重量及其组分试验方法

YB/T 170.1 制丝用非合金钢盘条 第1部分:一般要求

YB/T 170.2 制丝用非合金钢盘条 第2部分:一般用途盘条

YB/T 170.4 制丝用非合金钢盘条 第4部分:特殊用途盘条

3 分类及代号

3.1 钢丝按强度级别分为两类:

a) 普通强度 NT;

b) 高强度 HT。

3.2 交货钢丝的强度级别应在订货合同中注明。

4 尺寸、外形、重量及允许偏差

4.1 尺寸

钢丝的公称直径及允许偏差和不圆度应符合表1的规定。

表1 钢丝公称直径及允许偏差

单位为毫米

公称直径	允许偏差	不圆度
$d \leqslant 1.65$	±0.02	≤0.02
$d > 1.65$	±0.03	≤0.03

4.2 外形

4.2.1 钢丝应缠绕整齐,每盘由一根钢丝组成,线盘中应用明显的标志标出钢丝头的位置和缠绕方向。

4.2.2 钢丝每盘中允许有电焊接头存在,但每盘钢丝中的接头不得超过二个,焊接点要对正磨光,并符合表1的规定,接头处的抗拉强度不得低于表2相应规格最小抗拉强度的50%(供方若能保证指标,可不做试验)。

4.3 重量

钢丝每盘重量为300 kg~500 kg。

5 订货内容

需方订货时应提供下列信息：

a) 交货重量；

b) 产品类型(强度级别)；

c) 尺寸；

d) 本标准编号；

e) 表面状态(镀层)；

f) 钢丝与橡胶粘合力(如有要求，见 6.5)；

g) 其他要求。

6 技术要求

6.1 原料及化学成分

制造钢丝用盘条应按 YB/T 170.1 的规定，其化学成分应按 YB/T 170.2、YB/T 170.4 中相应牌号的规定。供需双方也可协议规定其他化学成分的钢。

6.2 力学性能

6.2.1 钢丝的抗拉强度应符合表 2 的规定。

表 2 钢丝抗拉强度

钢丝公称直径 d/mm	R_m/MPa，不小于	
	NT	HT
$0.78 \leqslant d < 0.95$	1 900	2 150
$0.95 \leqslant d < 1.25$	1 850	2 050
$1.25 \leqslant d < 1.70$	1 750	
$1.70 \leqslant d \leqslant 2.10$	1 500	
注：抗拉强度按公称直径计算。		

6.2.2 根据双方协议，可规定不同的抗拉强度。

6.2.3 同一交货批产品抗拉强度的变化范围不能超过 300 MPa

6.2.4 断裂总伸长率

钢丝的最小断裂总伸长率为 5%。

6.2.5 屈强比

钢丝屈服强度与抗拉强度之比，NT 应大于 80%，HT 应大于 85%。

6.2.6 扭转试验

钢丝应能够承受表 3 中规定的最少扭转次数而不断裂。

表 3 钢丝最少扭转次数

强度级别	公称直径 d/mm	扭转次数/(次/360°)	试样标距/mm
NT	$d < 1.00$	50	$L=200d$
	$1.00 \leqslant d < 1.30$	25	$L=100d$
	$1.30 \leqslant d < 1.42$	22	
	$d \geqslant 1.42$	20	

表 3（续）

强度级别	公称直径 d/mm	扭转次数/(次/360°)	试样标距/mm
HT	$d<1.00$	50	$L=200d$
	$1.00\leqslant d<1.82$	20	$L=100d$
	$d\geqslant 1.82$	15	

6.3 工艺性能

6.3.1 平直性：3 m 长的钢丝应在两条相距 600 mm 平行线内（如图 1 所示）保持平整，不得呈“S”形。

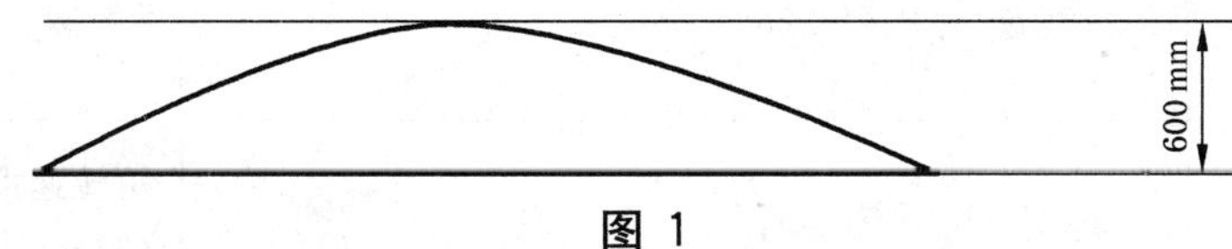

图 1

6.3.2 残余扭转

钢丝在 9 m 的长度上围绕自身轴线旋转角度不大于 360°。

6.4 金属镀层

6.4.1 表面质量

钢丝表面应镀有连续、均匀的铜层，不应有漏镀或明显的色差存在。钢丝表面应光滑，不得有锈蚀、油渍或其他残留物。

6.4.2 镀层成分

钢丝可按下列镀层交货：黄铜、低锡青铜、高锡青铜或紫铜，不推荐使用紫铜。

黄铜、青铜镀层的化学成分应符合表 4 的规定，紫铜镀层的化学成分双方协议。

表 4 镀层化学成分

镀层类别	化学成分（质量分数）/%		
	Cu	Sn	Zn
黄铜	67.0～77.0	—	23.0～33.0
低锡青铜	≥97.0	0.3～3.0	—
高锡青铜	80.0～<97.0	>3.0～20.0	—

6.4.3 钢丝镀层厚度及允许偏差应符合表 5 的规定。

表 5 镀层厚度及允许偏差

镀层类别	铜层厚度/μm	镀层参考重量/(g/kg)
黄铜	0.15±0.05	$(0.685\pm0.228)/d$
紫铜	0.12±0.05	$(0.548\pm0.228)/d$
青铜	0.12±0.07	$(0.548\pm0.320)/d$
注：d 为钢丝公称直径，单位 mm。		

6.5 钢丝与橡胶粘合力

根据需方要求，经供需双方协商并在订货合同中注明，可进行粘合力试验。公称直径 1.00 mm 钢丝按附录 A 方法测定，粘合力指标不小于 685N，其他尺寸粘合力指标由供需双方协议确定。

7 试验方法

7.1 钢丝的检验项目、试验方法及取样要求应符合表 6 的规定。

表 6 钢丝的检验项目、试验方法及取样要求

序号	检验项目	取样部位	取样数量	试验方法	其他说明
1	尺寸	任意一点	逐盘	用精度值为 0.01 mm 的千分尺测量	
2	表面质量	整盘观察	逐盘	目视	
3	拉伸试验	钢丝盘一端取样	逐盘	GB/T 228	拉伸试验标距长度为 200 mm，其他标距长度试验由双方协商
4	屈强比	钢丝盘一端取样	每批两盘	GB/T 228	
5	扭转试验	钢丝盘一端取样	逐盘	GB/T 239	扭转速度 (60～90)次/min
6	平直性	钢丝盘一端取样	逐盘	将钢丝在距光滑的试验平台上方 0.5 m 的位置上落下，使钢丝自然伸开，测量平直性	
7	残余扭转	钢丝盘一端取样	逐盘	将收线工字轮一端的钢丝，拿住钢丝端头，剪掉 4～5 圈并将钢丝端头弯成 90°，转动工字轮，放出 9 m 长的钢丝，放开端头，观察钢丝的旋转角度	钢丝在检验过程中，不应与任何物体相摩擦
8	镀层成分	钢丝盘一端取样	每批两盘	YB/T 135	
9	镀层厚度	钢丝盘一端取样	每批两盘	YB/T 135	铜密度按 8.9 g/cm³ 计算
10	钢丝与橡胶粘合力	见附录 A 或有关双方协定			
注：需方有其他要求，双方协商确定。					

8 检验规则

8.1 检查与验收

钢丝的质量检查与验收由供方技术监督部门进行。必要时，需方有权按本标准规定进行检查与验收。

8.2 组批规则

每批钢丝应由同一强度级别、同一表面状态、同一尺寸规格的钢丝组成。

8.3 检验、复验与判定规则

8.3.1 钢丝的检验项目、取样数量和取样方法应符合表 6 规定。

8.3.2 逐盘提交验收的项目，其试验结果如有不合格，允许进行不合格项目的复验，合格者交货；组批提交验收的项目，试验结果如有一个试样不合格，允许在该批钢丝中抽取双倍试样进行复验。如果复验结果仍有试样不合格，则该批钢丝应逐盘进行试验，合格者交货。

9 包装、标志和质量证明书

9.1 包装

钢丝应成盘或绕工字轮交货。包装方法应符合 GB/T 2103—1988 中Ⅱ、Ⅴ类规定或根据供、需双方协议，采用其他的包装方法。

9.2 标志和质量证明书

钢丝的标志和质量证明书应符合 GB/T 2103 中的规定。

10 异议

产品交货后出现质量异议，需方应在钢丝出厂后 3 个月内向供方提出。

附　录　A
（规范性附录）
胎圈用钢丝粘合力试验方法

A.1　本试验方法是测定胎圈用钢丝从橡胶中抽出时钢丝与橡胶的粘合力。

A.2　鉴定配方和混炼工艺条件

A.2.1　鉴定配方(配比)：

2 号烟片胶(两段塑炼)	100.0
1 级氧化锌	25.0
硫黄	6.0
松焦油	5.0
促进剂 DM	1.0
半补强炭黑	60.0
轻体碳酸钙	150.0
三氧化二铁	10.0
合计	357.0

A.2.2　混炼工艺条件

用 6in 炼胶机，辊温 45℃±5℃，生胶 400 g，加药顺序和时间如下：

生胶 $\xrightarrow{2\ \text{min}}$ DM $\xrightarrow{1\ \text{min}}$ 氧化 $\xrightarrow{2\ \text{min}}$ 碳酸钙 $\xrightarrow{10\ \text{min}}$ 松焦油 $\xrightarrow{3\ \text{min}}$ 1/2 炭黑 $\xrightarrow{2\ \text{min}}$ 三氧化二铁 $\xrightarrow{1\ \text{min}}$ 1/2 炭黑 $\xrightarrow{2\ \text{min}}$ 硫黄 $\xrightarrow{3\ \text{min}}$ 薄通五次 $\xrightarrow{4\ \text{min}}$ 下片

合计 30 min

A.2.3　胶料停放时间 2 h 以上。

A.3　试验用拉力机、试样形状及夹具

A.3.1　试验按不同规格选用相应量程拉力试验机进行。

A.3.2　试样的形状、尺寸和夹具示例如图 A.1 所示，依据不同的钢丝尺寸选用适宜的夹具。

A.4　试样制作

A.4.1　取样

每批钢丝取样不少于 3 盘。

A.4.2　将清洁的胶片和钢丝按试样尺寸 90 mm×50 mm×20 mm 装于模具内(勿用手摸，戴手套操作)。

A.4.3　硫化条件为：硫化温度 142℃，硫化时间 40 min 或 60 min。

A.4.4　平板压力为 196 N/cm^2 以上。试样停放 4 h 以后进行粘合力抽出试验。

A.5　试验条件和步骤

A.5.1　试验条件

A.5.1.1　室温 18℃～26℃ 。

A.5.1.2　拉力机下夹持器下降速度为(200±10)mm/min 。

A.5.2　试验步骤

A.5.2.1　调拉力机指针为零。

A.5.2.2　剪掉试样底面钢丝和上面钢丝附胶。

A.5.2.3　试样放在上夹具内，下夹持器夹紧钢丝。开动机器使下夹持器下降，直到钢丝抽出为止。记录最大负荷。

单位为毫米

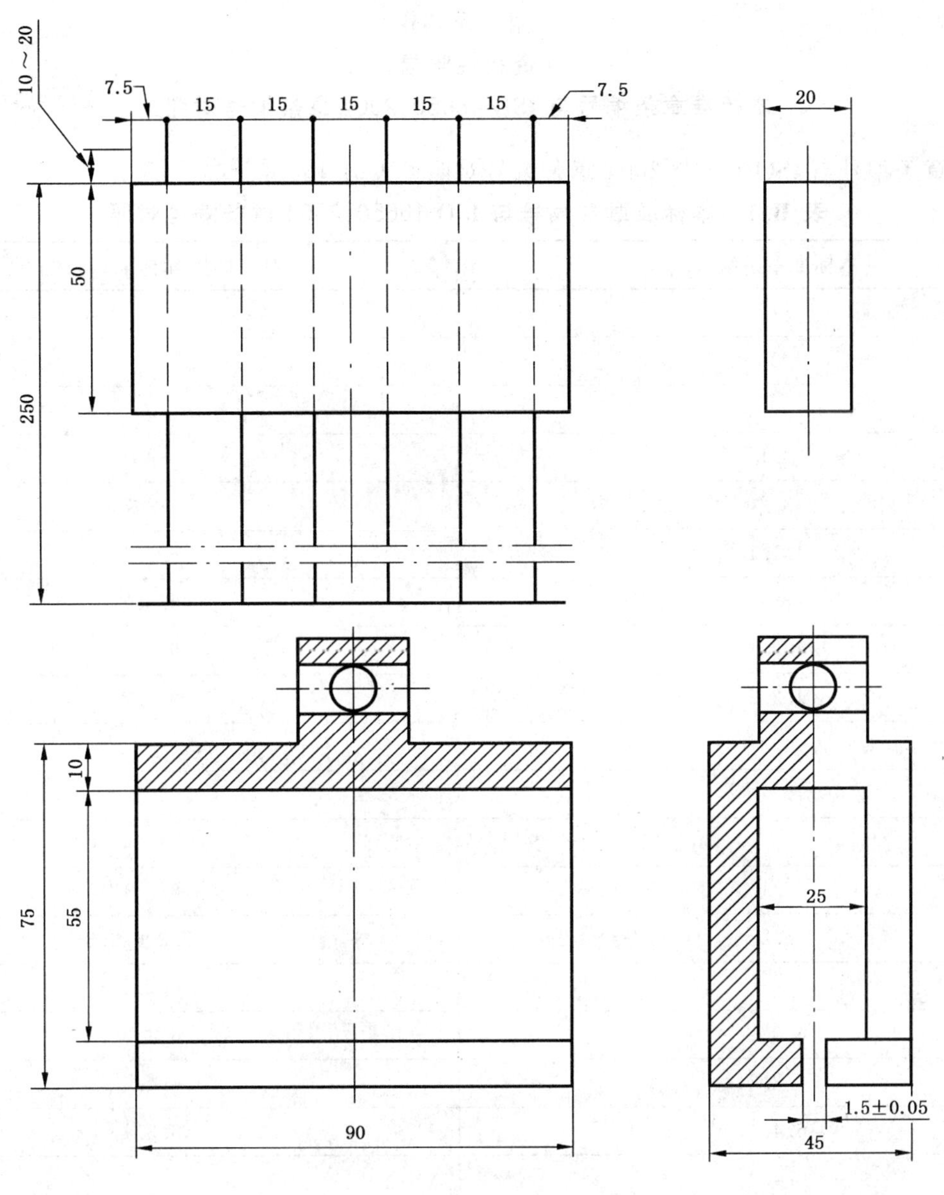

图 A.1

A.6 试验结果

A.6.1 每个试样抽出6根钢丝，以它们的算术平均值表示试验结果。

A.6.2 两个硫化点的试验结果中有一个达到指标，则该项指标即为合格。如不合格则重取样品复试。复试结果合格则该批钢丝粘合力为合格。

A.7 鉴定配方胶料物理机械性能

鉴定配方胶料物理机械性能见表A.1(供参考)。

表 A.1 胶料物理机械性能

硫化条件，137℃	30 min
扯断强度/MPa	≥6
伸长度/%	≥300
硬　度，邵氏A	80±5

附　录　B
（资料性附录）
本标准章条编号与 ISO 16650:2004 章条编号对照

本标准章条编号与 ISO 16650:2004 章条编号对照见表 B.1。

表 B.1　本标准章条编号与 ISO 16650:2004 章条编号对照

本标准章条编号	对应的国际标准章条编号
1	1
2	2
—	3
3.1	4
3.2	—
4.1.1	6.5.1
表 1	6.5.2
4.2.1	6.4.1
4.2.2	6.4.2
4.3	—
—	5.1
5	5.2
6.1	6.1.1
6.2	6.2.2、6.2.3
—	6.2.1
6.3.1	6.4.3
6.3.2	6.4.4
6.4.1	6.3.1
6.4.2	6.1.2
6.4.3	6.3.2
6.5	6.5.3
7.1	7.1
—	7.3.1
表 7 第 1 项	7.3.4
表 7 第 2 项	—
表 7 第 3、4 项	7.3.2
表 7 第 5 项	7.3.3
表 7 第 6 项	7.3.5
表 7 第 7 项	7.3.6
表 7 第 8、9 项	—

表 B.1（续）

本标准章条编号	对应的国际标准章条编号
表 7 第 10 项	7.3.7
8.1	7.2
8.2	—
8.3.1	7.3
8.3.2	7.4
9	8
10	—
附录 A	附录 A

附　录　C
（资料性附录）
本标准与 ISO 16650:2004 的技术差异及原因

本标准与 ISO 16650:2004 的技术差异及原因见表 C.1。

表 C.1　本标准与 ISO 16650:2004 的技术差异及原因

本标准的章条编号	技术性差异		
	本标准	ISO 16650:2004	原因
1	只规定碳素圆钢丝	圆形和扁钢丝	适合我国国情
2	引用标准为我国的相关标准	引用标准为 ISO 系列的相关标准	适合我国国情
表 1	允许偏差加严		考虑我国国情和使用条件
4.2.2	焊接接头处的强度不低于最小抗拉强度的 50%	焊接和热影响区的抗拉强度值至少为表 3 中抗拉强度值的 40%	用户需求
4.3	钢丝线盘重量为 300 kg～500 kg	未规定具体的数值	用户需求
6.1	只规定材料的牌号	NT:C 含量范围 0.60～0.76 Si 含量范围 0.15～0.30 Mn 含量范围 0.40～0.70 普通强度级别(NT)的 Zn、S 含量为 0.035。 HT:C 含量范围 0.77～0.90 Si 含量范围 0.15～0.30 Mn 含量范围 0.40～0.80 S 含量为<0.026, Zn 含量范围<0.020	根据我国实际情况，由于已制订行业标准，在此直接加以引用
表 2	钢丝直径 d/mm　　R_m/MPa,不小于 　　　　　　　　　NT　　HT $0.78 \leqslant d < 0.95$　1 900　2 150 $0.95 \leqslant d < 1.25$　1 850 $1.25 \leqslant d \leqslant 1.70$　1 750　2 050 $1.70 \leqslant d \leqslant 2.10$　1 500	NT N/mm^2　HT N/mm^2 1 900～2 300　2 150～2 600 1 850～2 250　2 050～2 400 1 750～2 150　2 050～2 400 1 500～1 800　2 050～2 400	考虑我国国情和使用条件
表 3	钢丝的最少扭转次数按普通强度和高强度区分: 普通强度钢丝 直径　扭转次数 $d < 1.00$　50 $1.00 \leqslant d < 1.30$　25 $1.30 \leqslant d < 1.42$　22 $d \geqslant 1.42$　20 高强度钢丝 直径　扭转次数 $d < 1.00$　50 $1.00 \leqslant d < 1.82$　20 $d \geqslant 1.82$　15	普通强度和高强度钢丝的最少扭转次数规定一样: 钢丝直径　扭转次数 $d < 1.00$　50 $1.00 \leqslant d < 1.25$　25 $1.25 \leqslant d < 1.50$　22 $d \geqslant 1.50$　20	根据目前我国原料生产状况，及用户的使用情况所确定

表 C.1(续)

本标准的章条编号	技术性差异		
	本标准	ISO 16650:2004	原因
6.3.1	不得呈"S"型	无要求	满足用户的工艺要求
6.4.1	钢丝表面应镀有连续、均匀铜层,不应有漏镀或明显的色差存在	无要求	保证产品质量的稳定性
表 4	黄铜镀层: Cu 含量为 67.0%~77.0% Zn 含量为 23.0%~33.0% 低 Sn 青铜 Sn 含量 0.3%~3.0%	黄铜镀层: Cu 含量为 60.0%~77.0% Zn 含量为 23.0%~40.0% 低 Sn 青铜 Sn 含量≤3%	用户需求
表 5	黄铜镀层厚度减小为 0.15 μm; 紫铜厚度加大为 0.12 μm; 所有厚度允许偏差加严为±0.05 μm 镀层参考重量: (0.685±0.228)/d (0.548±0.228)/d (0.457±0.228)/d (0.776±0.228)/d	黄铜镀层厚度为 0.20 μm; 紫铜厚度加大为 0.10 μm; 厚度允许偏差为±0.10 μm 和±0.07 μm 镀层参考重量:无	用户需求
6.5	直径 1.00 mm 钢丝的粘合力指标不小于 685 N,其他尺寸供需双方协议	未规定钢丝的粘合力指标	用户需求
8.3.2	逐盘提交验收的项目,其试验结果如有不合格,允许进行不合格项目的复验,合格者交货;组批提交验收的项目,试验结果如有一个试样不合格,允许在该批钢丝中抽取双倍试样进行复验。如果复验结果仍有试样不合格,则该批钢丝应逐盘进行试验,合格者交货	复检应按 ISO 404 进行	考虑供需双方的利益及实际操作的可行性
10	异议	无此条款	维护供需双方的合法权益
附录 A	规定了详细的试验方法	按照 ASTMD 1871:1994 的方法	根据国情

ICS 59.100.99
G 41

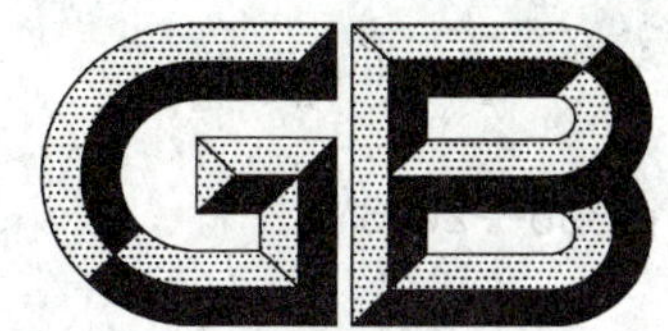

中华人民共和国国家标准

GB/T 19390—2003

轮胎用聚酯浸胶帘子布

Dipped polyester cord fabric for tyres

2003-11-10 发布　　　　　　　　　　　2004-06-01 实施

中华人民共和国
国家质量监督检验检疫总局　发布

前　言

本标准中产品理化性能试验方法、试验条件等部分对应于国际纤维标准局标准 BISFA 1995 年版《涤纶长丝纱国际商定试验方法》(英文版)标准,本标准与国际纤维标准局标准 BISFA 1995 年版《涤纶长丝纱国际商定试验方法》(英文版)标准的一致性程度为非等效。

本标准根据轮胎帘子布产品的特点和行业惯例,在采用 BISFA 1995 标准时,本标准增加了四项条款,对一些不完全适用于轮胎帘子布的条款做了一些技术性修改,删除了那些完全不适用于轮胎帘子布的条款。有关技术性差异已编入正文中并在它们所涉及的条款的页边用垂直单线标识。为了便于比较,在附录 A 和附录 B 中列出了本标准条款和国际标准条款对照和这些技术性差异及其原因的一览表以供参考。

本标准中产品部分参照国外发达国家同种产品技术指标,结合国内多年来积累的相关数据、企业标准中产品技术指标和轮胎对纤维骨架材料的要求制定。

本标准的附录 A、附录 B 和附录 C 为资料性附录。

本标准由中国石油和化学工业协会提出。

本标准由全国轮胎轮辋标准化技术委员会技术归口。

本标准由全国轮胎轮辋标准化技术委员会负责解释。

本标准负责起草单位:北京橡胶工业研究设计院、辽阳运迪新材股份有限公司、潍坊大龙化纤有限公司。

本标准主要起草人:高称意、唐威、周立民。

轮胎用聚酯浸胶帘子布

1 范围

本标准规定了轮胎用聚酯浸胶帘子布的术语和定义、产品分类及规格、技术要求、试验条件、产品分批规定及试样制备方法、理化性能试验方法、组织规格和外观品质检验方法、商业结算质量和检验规则及包装、标志、品质保证书、运输和贮存等要求。

本标准适用于轮胎用聚酯浸胶帘子布品质的鉴定和验收。

2 规范性引用文件

下列文件中的条款通过本标准的引用而成为本标准的条款。凡是注日期的引用文件，其随后所有的修改单(不包括勘误的内容)或修订版均不适用于本标准，然而，鼓励根据本标准达成协议的各方研究是否可使用这些文件的最新版本。凡是不注日期的引用文件，其最新版本适用于本标准。

GB/T 2942 硫化橡胶与织物帘线粘合强度的测定 H抽出法(GB/T 2942—1991，eqv ISO 4647：1982)

GB/T 3291.1～3291.3 纺织 纺织材料性能和试验术语

GB/T 4667—1995 机织物幅宽的测定(eqv ISO 3932：1976)

GB/T 4668—1995 机织物密度的测定(neq ISO 7211-2：1984)

GB 6529 纺织品的调湿和试验用标准大气(GB 6529—1986，neq ISO 139：1973)

GB/T 8170 数值修约规则

GB/T 14343—2003 合成纤维长丝线密度试验方法

3 术语和定义

GB/T 3291.1～3291.3 中确立的以及下列术语和定义适用于本标准。

3.1

H-抽出粘合强度 H-test adhesive strength

帘子线从H形橡胶-帘线试片中沿与橡胶块垂直方向拉出单位长度所需的力，以N/cm表示。

3.2

附胶量 dip pick-up

将浸胶帘子线的浸胶组分物质与白坯帘子线通过化学方法分离并烘干至恒重，浸胶物质恒重质量与白坯帘子线恒重质量之比，以%表示。

3.3

定负荷伸长率 elongation at specified load

帘线在给定负荷下的应变，以%表示。

3.4

干热收缩率 hot air thermal shrinkage

帘线因受一定温度干热空气的作用而产生的长度减量与原长度之比，以%表示。

3.5

边经线密度 warp count within specified width from each edge

帘子布经向两侧距布边一定长度内经线的根数，以根/10 cm表示。

3.6

下机磅见净质量　net weight seen on scales of cord fabric just leave dipping equipment

离开浸胶机时帘子布布卷质量扣除所有包装物质量所得的浸胶帘子布净质量。

4　产品分类及规格

4.1　聚酯浸胶帘子布根据理化性能(主要是尺寸稳定性)分为普通型和尺寸稳定型(高模量、低收缩)。

4.2　普通型聚酯浸胶帘子布根据经线密度和股数分为：

1100dtex/2、1100dtex/3、1440dtex/2、1440dtex/3、1670dtex/2、1670dtex/3、2200dtex/2、2500dtex/2 共 8 个规格。

4.3　尺寸稳定型聚酯浸胶帘子布根据经线密度和股数分为：

1100dtex/2、1100dtex/3、1440dtex/2、1670dtex/2、2200dtex/2 共 5 个规格。

4.4　每一种规格的聚酯浸胶帘子布根据经线密度的不同，分为 1～3 种组织结构(见表 1)。普通型和尺寸稳定型聚酯浸胶帘子布分别有 16 种和 13 种组织规格。

表 1　聚酯浸胶帘子布组织规格

项　目		单　位	组　织　规　格								
			1100dtex/2			1100dtex/3			1440dtex/2		
			E1	E2	E3	E1	E2	E3	E1	E2	E3
经线密度		根/10cm	100	74	52	100	74	52	100	74	52
边经线密度		根/10cm	104	78	55	104	78	55	104	78	55
纬线密度		根/10cm	8	10	14	8	10	14	8	10	14
纬线材料及线密度(弹力纬纱)		tex	28～40								
织物布卷长度		m	1 080±20								
织物布卷幅宽		cm	145±2								
接头布	纬线密度	根/10cm	42～45								
	长度	cm	≈10								

项　目		单　位	组　织　规　格							
			1440dtex/3		1670dtex/2			1670dtex/3	2200dtex/2	2500dtex/2
			E1	E2	E1	E2	E3	E1	E1	E1
经线密度		根/10cm	90	74	100	74	52	90	90	90
边经线密度		根/10cm	94	78	104	78	55	94	94	94
纬线密度		根/10cm	8	10	8	10	14	8	8	8
纬线材料及线密度(弹力纬纱)		tex	28～40							
织物布卷长度		m	1 080±20							
织物布卷幅宽		cm	145±2							
接头布	纬线密度	根/10cm	42～45							
	长度	cm	≈10							

注 1：织物布卷长度也可根据用户要求调节，生产布卷长度为 180 m 整倍数的帘子布。

注 2：纬线以(5～10)股线密度(28～30)tex 棉纱或其他收缩率较低的纱线作纬线。

5 技术要求

5.1 理化性能

5.1.1 普通型聚酯浸胶帘子布理化性能指标见表2。

5.1.2 尺寸稳定型聚酯浸胶帘子布理化性能指标见表3。

5.1.3 聚酯浸胶帘子布纬线为弹力纬纱,弹力纬纱主要技术指标见表4。

表2 普通型聚酯浸胶帘子布的理化性能

项目		单位	帘线规格			
			1100dtex/2	1100dtex/3	1440dtex/2	1440dtex/3
断裂强力		N/根	≥140.0	≥205.0	≥180.0	≥260.0
44.4N定负荷伸长率		%	4.5±1.0			
58.0N定负荷伸长率		%			4.5±1.0	
66.6N定负荷伸长率		%		4.5±1.0		
88.2N定负荷伸长率		%				4.5±1.0
100N定负荷伸长率		%				
断裂伸长率		%	15.0±2.0	15.0±2.0	15.0±2.0	15.0±2.0
粘合强度(H-抽出)		N/10mm	≥125.0	≥140.0	≥130.0	≥147.0
断裂强力变异系数 *CV*		%	≤5.0	≤5.0	≤5.0	≤5.0
断裂伸长率变异系数 *CV*		%	≤6.5	≤6.5	≤6.5	≤6.5
附胶量		%	3.5±1.0	3.5±1.0	3.5±1.0	3.0±1.0
细度	直径	mm	0.56±0.03	0.66±0.03	0.61±0.03	0.74±0.03
	线密度	mg/10m	2 500±20	3 750±30	3 250±30	4 900±40
捻度	初捻(Z向)	T/m	450±15	370±15	400±15	330±15
	复捻(S向)	T/m	450±15	370±15	400±15	330±15
干热收缩率		%	≤3.5	≤3.5	≤3.5	≤3.5
下机回潮率		%	≤0.25	≤0.25	≤0.25	≤0.25
开包回潮率		%	<1.0	<1.0	<1.0	<1.0

项目	单位	帘线规格			
		1670dtex/2	1670dtex/3	2200dtex/2	2500dtex/2
断裂强力	N/根	≥205.0	≥305.0	≥280.0	≥330.0
44.4N定负荷伸长率	%				
58.0N定负荷伸长率	%				
66.6N定负荷伸长率	%	4.5±1.0			
88.2N定负荷伸长率	%			4.5±1.0	
100N定负荷伸长率	%		4.5±1.0		4.5±1.0
断裂伸长率	%	15.0±2.0	15.0±2.0	15.0±2.0	15.0±2.0
粘合强度(H-抽出)	N/10mm	≥140.0	≥180.0	≥170.0	≥180.0

表 2(续)

项目		单位	帘线规格			
			1670dtex/2	1670dtex/3	2200dtex/2	2500dtex/2
断裂强力变异系数 *CV*		%	≤5.0	≤5.0	≤5.0	≤5.0
断裂伸长率变异系数 *CV*		%	≤6.5	≤6.5	≤6.5	≤6.5
附胶量		%	3.5±1.0	3.0±1.0	3.0±1.0	3.0±1.0
细度	直径	mm	0.66±0.03	0.80±0.03	0.75±0.03	0.80±0.03
	线密度	mg/10m	3 750±30	5 600±50	4 900±40	5 550±50
捻度	初捻(Z向)	T/m	370±15	300±15	330±15	300±15
	复捻(S向)	T/m	370±15	300±15	330±15	300±15
干热收缩率		%	≤3.5	≤3.0	≤3.0	≤3.0
下机回潮率		%	≤0.25	≤0.25	≤0.25	≤0.25
开包回潮率		%	<1.0	<1.0	<1.0	<1.0

表 3 尺寸稳定型聚酯浸胶帘子布理化性能

项目		单位	帘线规格				
			1100dtex/2	1100dtex/3	1440dtex/2	1670dtex/2	2200dtex/2
断裂强力		N/根	≥137.0	≥202.0	≥180.0	≥202.0	≥270.0
44.1N 定负荷伸长率		%	4.5±1.0				
58.0N 定负荷伸长率		%			4.5±1.0		
66.6N 定负荷伸长率		%		4.5±1.0		4.5±1.0	
88.2N 定负荷伸长率		%					4.5±1.0
断裂伸长率		%	15.0±2.0	15.0±2.0	15.0±2.0	15.0±2.0	15.0±2.0
粘合强度(H-抽出)		N/10mm	≥125.0	≥140.0	≥130.0	≥140.0	≥170.0
断裂强力变异系数 *CV*		%	≤3.5	≤3.5	≤3.5	≤3.5	≤3.5
断裂伸长率变异系数 *CV*		%	≤5.5	≤5.5	≤5.5	≤5.5	≤5.5
附胶量		%	3.5±1.0	3.5±1.0	3.5±1.0	3.5±1.0	3.0±1.0
细度	直径	mm	0.56±0.03	0.66±0.03	0.61±0.03	0.66±0.03	0.75±0.03
	线密度	mg/10m	2 500±20	3 750±30	3 250±30	3 750±30	5 000±40
捻度	初捻(Z向)	T/m	450±15	370±15	400±15	370±15	330±15
	复捻(S向)	T/m	450±15	370±15	400±15	370±15	330±15
干热收缩率		%	≤2.0	≤2.0	≤2.0	≤2.0	≤2.0
下机回潮率		%	≤0.25	≤0.25	≤0.25	≤0.25	≤0.25
开包回潮率		%	<1.0	<1.0	<1.0	<1.0	<1.0

表 4 弹力纬纱主要技术指标

项　目	芯线线密度/dtex	芯线捻度/(T/m)	成分质量百分比/%	断裂强力/N		断裂伸长率/%		线密度/(g/100m)
				芯　线	外缠线	芯　线	外缠线	
技术指标	220	Z向 700～800	芯线 52， 外缠线 48	2.10～ 3.50	1.10～ 1.90	220～ 360	4.5～ 9.5	2.18～ 2.32
注：芯线材料为锦纶 66。 外缠线材料为棉纱。								

5.2 外观指标

5.2.1 聚酯浸胶帘子布外观品质以卷为单位考核，每卷帘子布长度以 540 m 计，指标见表 5。

5.2.2 聚酯浸胶帘子布应布面平整，不应有油污疵点。布卷两个侧面应卷装整齐。

5.2.3 帘子布出现外观品质不符合表 5 所列指标时，生产厂可将该部分开剪剔除，余下的短码布(不少于 150 m)应在包装外标注实际长度和质量。

表 5 聚酯浸胶帘子布外观指标

项　目	断　　经	浆　　斑		劈　　缝	经线连续粘并
		<1 cm^2	(1～4)cm^2		
要求	≤3 根/卷	≤80 个/卷	≤25 个/卷	累计长度 ≤1 m/卷	一处长度≤10 m， 每卷累计不超过 5 处
		总数不应超过 100 个/卷			

6 试验条件、产品分批规定及试样制备方法

6.1 试验条件

6.1.1 大气条件

聚酯帘子布理化性能试验用标准大气应按 GB/T 6529 中规定的温带标准大气一级标准，即温度(20±2)℃、相对湿度 63%～67%。试样应在具备上述条件的试验室内调湿(24±2) h 后进行试验。

6.1.2 预张力

进行拉伸性能、捻度、干热收缩率、线密度等项试验时，应对试样施加预张力，预张力的强度为(0.05±0.005)cN/dtex，各种规格帘子线的预张力及相应的配重砝码质量见表 6。

表 6 进行理化性能试验时对不同规格帘子线施加预张力值

帘线规格	试　验　项　目			
	初捻捻度		其余试验项目	
	预张力/N	配重砝码质量/g	预张力/N	配重砝码质量/g
1100dtex/2	0.55	55	1.10	110
1100dtex/3	0.55	55	1.65	170
1440dtex/2	0.72	75	1.44	150
1440dtex/3	0.72	75	2.16	225
1670dtex/2	0.84	85	1.67	170
1670dtex/3	0.84	85	2.50	255
2200dtex/2	1.10	110	2.20	220
2500dtex/2	1.25	130	2.50	255

6.2 产品分批规定及试样制备方法

6.2.1 以同一架经线筒子生产的若干卷帘子布作为一个货物批次，但采用不同工艺生产或不是连续浸胶的，应按同一生产工艺或每次连续浸胶另行分批。

6.2.2 每批帘子布应在某一卷帘子布的末端织一块长1 m的试验布作为试验室样品，试验布与产品布之间应织一段长约10 cm的与布头组织结构相同的加密纬线段。浸胶后从布卷上剪下试验布并抽取适当数量帘线立即测试下机回潮率，把剩余的试验布沿中线剪下半幅迅速装进黑色塑料袋送试验室调湿后试验，另半幅随产品发给买方供试验用。若买卖双方同意，也可按180 m整数倍长的帘子布抽取一个样品的比例制备试验布。

6.2.3 从距试验布布边20 cm处开始等距离的六个部位均匀抽取长度500 mm～600 mm的帘子线，去除纬纱并掺混后作为该批帘子布的试样，取出足够数量的试样供粘合强度、直径和附胶量等项试验用，其余的试样挂在试样架上调湿，平衡后供拉伸性能、捻度、线密度和干热收缩率等项试验用。应随机抽取试样，但应将有严重疵点的帘线去除。

6.2.4 买方可不用卖方提供的试验布，另从该批货物中随机取样进行理化性能品质检验。买卖双方对检验结果发生争议时，以对随机抽取试样共同认可的检验结果为准。

7 理化性能试验方法

7.1 拉伸性能试验

7.1.1 原理

在规定条件下，将帘线试样夹固在CRE型电子拉力试验机的两个夹具间，以规定的拉伸速度将试样拉伸至断裂，从强力-伸长曲线或数据显示器上直接确定试样的断裂强力、定负荷伸长和断裂伸长，经计算得出试样的定负荷伸长率、断裂伸长率、断裂强力变异系数和断裂伸长率变异系数。对于配备了数据处理和打印装置的拉力试验机，可通过设定试验程序在试验结束后自动打印出各项拉伸性能的测试值。

7.1.2 试验仪器

本标准推荐采用CRE型拉力试验机，当采用CRT型拉力试验机时参见附录C。对拉伸试验结果发生争议时，以CRE型拉力试验机的试验结果为准。

CRE型电子拉力试验机应满足下列技术要求：

——有绘图装置或数据处理、打印装置；

——拉力显示值误差为不超过满量程负荷的±0.5%；

——伸长率显示值误差为不超过伸长记录值的±1%；

——有不同的拉力量程，使试样的断裂强力处在某量程20%～90%的范围内；

——配备可给试样压力补偿的气动夹具。气动夹具的钳口应是无衬垫的钢质平面，钳口压力应保证试样在钳口内不应打滑，也不能损伤试样而造成在钳口处断裂。

7.1.3 试样数量

20根。

7.1.4 试验条件

隔距：(250±1) mm；

拉伸速度：(300±5) mm/min。

7.1.5 操作程序

7.1.5.1 校正拉力试验机夹具隔距和拉伸速度，使分别达到7.1.4规定的要求。

7.1.5.2 调节拉力试验机拉力、伸长显示装置，使拉力试验机在非工作稳定状态时拉力、伸长的显示值均为零。

7.1.5.3 对配备了记录仪的拉力试验机，调节记录笔头位置，使拉力机在非工作稳定状态时记录笔头正对记录纸的基线。

7.1.5.4 根据试样规格选定适当的拉力量程，设定各项要求打印的数据内容。

7.1.5.5 将 6.2.3 中试样架上的试样取下一根，一端放入固定夹具内，另一端放入可动夹具内并夹牢试样，按表 6 的规定对试样施加预张力。

7.1.5.6 启动夹具、记录仪和数据处理机进行试验，记录仪绘制出试验的应力-应变曲线。

7.1.5.7 对每一根试样重复上述操作至规定的试样数量后打印出试验数据。

7.1.5.8 应采取措施防止试样在夹具内打滑，出现试样打滑或在距夹具钳口边缘 5 mm 以内断裂时，该试样的试验结果无效。

7.1.6 **计算**

使用没有配备试验数据自动处理装置的试验机，由试样的应力-应变曲线上读出并记录每一根试样的断裂强力、断裂伸长和定负荷伸长，以应力-应变曲线应力方向的端点对应的应力、应变为试样的断裂强力和断裂伸长。用 20 根试样断裂强力的算术平均值表示每批帘子布的断裂强力，用公式(1)～公式(2)分别计算 20 根试样定负荷伸长率和断裂伸长率的算术平均值以表示每批帘子布的定负荷伸长率和断裂伸长率，用公式(3)分别计算 20 根试样断裂强力和断裂伸长率的变异系数。断裂强力、定负荷伸长率、断裂伸长率、断裂强力变异系数和断裂伸长率变异系数的计算结果数值按 GB/T 8170 修约到小数点后一位有效数字。

$$\varepsilon_s = \Sigma E_{si}/nL_0 \quad \cdots\cdots(1)$$

$$\varepsilon_b = \Sigma E_{bi}/nL_0 \quad \cdots\cdots(2)$$

$$CV = 100\{[\Sigma(x_i - x)^2]/(n-1)\}^{1/2}/x \quad \cdots\cdots(3)$$

式中：

ε_s——平均定负荷伸长率，%；

ΣE_{si}——各试样在给定负荷下的伸长之和，单位为毫米(mm)；

n——试样数量；

L_0——隔距，单位为毫米(mm)；

ε_b——平均断裂伸长率，%；

ΣE_{bi}——各试样断裂伸长之和，单位为毫米(mm)；

CV——试样断裂强力或断裂伸长率变异系数，%；

x_i——单根试样的断裂强力或断裂伸长率。$i=1,2,3\cdots\cdots20$；

x——20 根试样断裂强力或断裂伸长率的算术平均值。

7.2 **粘合强度试验**

按 GB/T 2942《硫化橡胶与织物帘线粘合性能的测定 H 抽出法》规定。其中：

a) H 试片的尺寸为 25 mm×10 mm×10 mm。

b) 胶料配方(质量份)

天然橡胶(1#天然胶)	90.0
丁苯橡胶(1500)	10.0
硬脂酸(200 型，一级)	2.0
促进剂 DM(优等品)	1.2
促进剂 TT(优等品)	0.03
间接法氧化锌(一级)	8.0
N330 炭黑	35.0
硫磺	2.5
粘合剂 A	0.8
粘合剂 RS	0.96
总计	150.49

c) 硫化条件

温度：(138±2)℃；

时间：50 min；

对模具施加压力：3 MPa。

7.3 附胶量试验

7.3.1 原理

利用 7.3.4.1 中的混合溶剂只能溶解聚酯纤维、不能溶解橡胶胶料的特性，将已测得恒重质量的浸胶帘线上的浸胶膜与白坯帘线分离，测出浸胶膜的恒重质量，该恒重质量与白坯帘线的恒重质量之比即为浸胶帘线的附胶量。

7.3.2 试验仪器与溶剂

——温度控制精度±3℃的恒温烘箱。

——最小分度值 0.1 mg 的分析天平。

——称量瓶。

——G2 砂芯漏斗。

——磁力搅拌器、磁棒。

——抽滤器或真空泵，抽滤瓶。

——250 mL 烧杯、表面皿（直径大于烧杯的口径）、剪刀等。

——化学纯的二氯甲烷(CH_2Cl_2)、三氯乙酸(CCl_3COOH)。

7.3.3 试样数量

两份，每份约 2 g。

7.3.4 操作程序

7.3.4.1 将 300 g 三氯乙酸溶解在 1 000 mL 的二氯甲烷中即成为聚酯纤维的溶剂。

7.3.4.2 将试样帘线剪成长约 2 mm～3 mm 的碎段，分别放入两个称量瓶中，每个称量瓶中试样碎段的质量约 2 g。把两个称量瓶放入温度为(105±3)℃的烘箱内烘干至恒重，即每间隔 30 min 从烘箱内取出称量瓶并盖紧瓶盖后立即放入干燥器内，待温度降至室温后称重。直至相邻两次称重的质量损失小于 0.1 mg 即认为已达到恒重。

7.3.4.3 把称量瓶内的试样碎段分别倒入两个烧杯内，立即称取称量瓶的质量，该质量与称量瓶和试样碎段质量的差即为试样的质量。向每个烧杯内加入约 75 mL 的聚酯纤维溶剂，放入搅拌棒，盖上表面皿。

7.3.4.4 把烧杯放在磁力搅拌器上，开动搅拌器以加快溶解速度（若无搅拌器可每隔几分钟手持烧杯摇荡以加快溶解速度），至聚酯纤维完全溶解后（约 20 min～30 min）停止搅拌，夹出搅拌棒并用溶剂冲洗干净。

7.3.4.5 把砂芯漏斗放入温度为(105±3)℃的烘箱内烘干至恒重。

7.3.4.6 把两个烧杯内的混合液分别倒入两个已恒重并通过抽滤器或真空泵联接上抽滤瓶的砂芯漏斗内，开动抽滤器或真空泵过滤掉聚酯溶液，漏斗内剩余的是浸胶膜残渣。分三次、每次用约 25 mL 聚酯纤维溶剂冲洗烧杯并倒入砂芯漏斗内抽滤。

7.3.4.7 把抽滤掉溶液的砂芯漏斗放入温度为(105±3)℃的烘箱内烘干至恒重，该质量与砂芯漏斗的恒重质量差为浸胶膜残渣的恒重质量。

7.3.5 计算

用公式(4)分别计算两份试样的附胶量并以算术平均值表示每批帘布的附胶量，计算结果数值按 GB/T 8170 修约到小数点后一位数字。

$$DPU = 100\ M_{or}/(M_o - M_{or}) \qquad \cdots\cdots(4)$$

式中：

DPU——试样的附胶量，%；

M_{or}——浸胶膜残渣的恒重质量,单位为克(g);

M_o——试样碎段的恒重质量,单位为克(g)。

7.4 干热收缩率试验

7.4.1 干热收缩仪试验方法

7.4.1.1 原理

将经过调湿平衡的帘线试样在规定的张力下,放置于规定温度的干热空气中一定的时间,在试样仍处于热和张力作用的状态下,可直接从仪器的标尺或显示器上读出试样的干热收缩率。对于配备了数据收集、处理及打印装置的热收缩仪,可在试验开始时设定好试验条件,至试验结束仪器可自动打印出试样的热收缩率。

7.4.1.2 试验仪器

由加热能力可达 250℃、温度控制精度±2℃、长度不小于 250 mm 的试样加热腔、试样夹具和自动测试、计算及结果输出显示或打印装置组成的热收缩仪。试样干热收缩率的测试和显示精度应达到 0.1%。仪器应具有自动计时功能,或配备计时器。

7.4.1.3 试样数量

5 根。

7.4.1.4 试验条件

温度:(177±2)℃;

热处理时间:2 min。

7.4.1.5 操作程序

先设定试验条件,之后将一根经过调湿平衡试样的一端用试样夹具夹牢,另一端穿过导向滑轮后系上配重砝码以对试样施加表 6 规定的预张力并应防止试样退捻,将试样框推入加热腔内并立即落下通风挡板同时启动试验程序,试验结束后自动打印出试验结果。若仪器没有配备自动计时及打印装置,应在落下通风挡板的同时启动计时器,到规定的试验时间时从试验结果显示器上读取并记录试验结果。对每根试样重复上述操作。

7.4.1.6 计算

以从平均值读取键读出 5 根试样干热收缩率的算术平均值表示每批帘布的干热收缩率,若仪器没有自动计算一组数据算术平均值的功能,计算 5 根试样干热收缩率的算术平均值,计算结果数值按 GB/T 8170 修约到小数点后一位数字。

7.4.1.7 注意事项

操作人员不可用手触及加热腔,不可离开已夹好试样的仪器。

7.4.2 热烘箱试验方法

允许使用烘箱法测试帘线的干热收缩率,但在出现质量纠纷进行仲裁时,以自动热收缩仪的测试结果为最终结果。

7.4.2.1 原理

将经过调湿平衡的试样在一定的张力作用下,在规定的温度的热空气中放置规定时间,测试试验前后试样标距变化,计算出试样的热收缩率。

7.4.2.2 试验仪器

恒温烘箱:加热能力达到 200℃,温度控制精度±2℃。烘箱内净高度应能放入标尺和框架,框架上将标距不小于 250 mm 的帘线试样的一端固定,试样另一端悬挂用于施加预张力的砝码。

标尺及框架。

7.4.2.3 试样数量

5 根。

7.4.2.4 试验条件

温度：(177+2)℃；

热处理时间：2 min。

7.4.2.5 **操作程序**

把五根试样放在标尺框架上，试样的上端固定在标尺零刻度位置，对每根试样施加按表 6 规定的预张力，在每根试样的下端做出标记并使试样标距不小于 250 mm，记录每根试样的初始长度，把标尺框架放入烘箱，在规定的试验条件下进行试验。到试验结束，在热态下读出每根试样试验后长度并记录。

7.4.2.6 **计算**

用公式(5)计算每根试样的干热收缩率并计算算术平均值以表示每批帘布的干热收缩率，计算结果数值按 GB/T 8170 修约到小数点后一位数字。

$$S = 100(L_0 - L_f)/L_0 \qquad \cdots\cdots(5)$$

式中：

S——干热收缩率，%；

L_0——试样的初始标距，单位为毫米(mm)；

L_f——试验后试样标距，单位为毫米(mm)。

7.4.2.7 **注意事项**

试验时应先将烘箱加热至试验温度再放入标尺框架并应动作迅速以防止箱内温度大幅度下降，试验结束应在标尺框架未从烘箱取出、未中断加热的状态下读数，之后才能切断电源、取出标尺框架；整个操作过程应确保试样不退捻。

7.5 **捻度试验**

7.5.1 **原理**

在规定的预张力下将帘线试样两端夹在试验机两个夹具间，试验时因两个夹具中只有一个夹具可以旋转，可旋转夹具每旋转一周，即把试样或试样的一股初捻线退除一捻，直至将试样帘线各股初捻线或组成初捻线的所有束丝捻数退尽呈现彼此平行状态时，可旋转夹具旋转的周数即为试样的复捻捻度或初捻捻度。

7.5.2 **试验仪器**

捻度仪，应有下列装置：

——两个夹具，其中联在试验机电机轴上的夹具应可以正、反两个方向旋转但不能移动，另一个夹具不能旋转，但可移动，使夹具间距达到试验规定的夹具间距；

——转数计数器，记录或显示值精确到整数；

——捻向调节装置；

——给试样施加预张力的装置。

7.5.3 **试样数量**

10 根。

7.5.4 **操作程序**

7.5.4.1 调整捻度试验机可动夹具位置，使两个夹具的隔距为(250±1) mm。

7.5.4.2 将经过调湿平衡的一根试样的一端夹入可动夹具内并按表 6 规定对试样施加预张力，将试样的另一端通过固定夹具并拉动试样使捻伸、捻缩刻度盘使指针正对零位。

7.5.4.3 在试验机的控制器上设定好退捻捻向、退捻机转速等条件参数，将退捻捻数显示器的显示值置零，启动试验机开始退复捻。待复捻退尽，使试验机停止工作并记录复捻捻数，换算成 1 m 的捻数。

7.5.4.4 将上述已退尽复捻的试样剪去其中的一股或两股初捻线，使只剩下一股初捻线并根据初捻线的线密度按表 6 调整预张力，拉动初捻线使捻伸、捻缩刻度盘指针正对零位。重新设定退捻捻向，将退捻捻数显示器的显示值置零，启动试验机开始退初捻。待初捻退尽，使试验机停止工作并记录初捻捻数，换算成 1 m 的捻数。

7.5.4.5 对每一根试样重复上述操作。

7.5.5 **计算**

以10根试样的初、复捻捻数的算术平均值表示每批帘子布的初、复捻捻度，以T/m为单位，数值按GB/T 8170修约到整数。

7.6 **细度试验**

7.6.1 **直径试验**

7.6.1.1 **试验仪器**

测厚仪，其技术指标：

a) 测量范围：0～10 mm，最小分度值0.01 mm；

b) 上压盘：直径(9.5±0.1) mm，对帘线压力：(167±3)cN，落下高度6.5 mm。

7.6.1.2 **试样数量**

10根。

7.6.1.3 **操作程序**

校正测厚计使指针指零，将试样平放在测厚计底盘上，压盘从距底盘约6.5 mm的高度缓缓下落，待压盘接触到试样至指针静止后读取数值并记录，精确至0.01 mm。对每根试样都要在同一被测试部位沿帘子线轴向旋转至相差90°的两个位置各测试一次。

7.6.1.4 **计算**

以测试结果的算术平均值表示每批帘布的直径，以mm为单位，结果数值按GB/T 8170修约到小数点后两位数字。

7.6.2 **线密度试验**

7.6.2.1 **试验仪器**

天平：最小分度值1 mg；

米尺。

7.6.2.2 **试样数量**

五组，每组总长度至少10 m。

7.6.2.3 **操作程序**

将经过调湿处理的试样按7.6.2.2要求取足数量，在表6规定预张力下逐根测量每根试样长度并计算每组试样的总长度，单根试样长度精确到0.001 m，放入温度为(105±3)℃的烘箱内烘干至恒重，即每间隔30 min从烘箱内取出称量瓶并盖紧瓶盖后立即放入干燥器内，待温度降至室温后称重。到相临两次称重的质量损失小于0.1 mg即认为已达到恒重。用天平称每组试样的质量并以mg为单位记录。

7.6.2.4 **计算及修正**

用公式(6)分别计算5组试样的线密度并计算算术平均值，该值为绝干浸胶帘线的线密度。本标准中帘线线密度为公定回潮率下白坯帘线的名义线密度，应用修正公式(7)对前面的计算结果进行修正，以修正后的线密度的算术平均值表示每批帘布的线密度。计算结果按GB/T 8170修约到整数。

$$LD_d = (10\,000 \times M_c)/L_0 \qquad (6)$$

式中：

LD_d——绝干浸胶帘线的线密度，单位为分特克斯(dtex)；

M_c——绝干试样的质量，单位为克(g)；

L_0——试样长度，单位为米(m)。

$$LD_g = (LD_d \times 1.004)/(1 + DPU) \qquad (7)$$

式中：

LD_g——白坯帘线的线密度，单位为分特克斯(dtex)；

LD_d——浸胶帘线的线密度，单位为分特克斯(dtex)；

1.004——公定回潮率下的聚酯质量修正系数；

DPU——浸胶帘线的附胶量。

7.7 回潮率试验

7.7.1 原理

取样后立即称出试样的质量，之后将试样烘干至恒重，取样时试样质量与恒重质量之差即为取样时试样所含水分的质量。计算得出试样的回潮率。

7.7.2 试验仪器

——可对箱内处于循环状态的空气加热到(105±3)℃、每小时与外界新鲜空气交换量(20～50)倍烘箱容积的烘箱。

——最小分度值 0.01 g 的天平。

——称量瓶。

7.7.3 试样数量

一份，至少 10 g。

7.7.4 操作程序

称取至少 10 g 的试样(若用户企业测试帘子布开包回潮率，应在开包后立即从包内帘子布取试样；生产企业测下机回潮率，应从浸胶下机帘子布试样中立即取样)，放入温度(105±3)℃的烘箱内烘干至恒重，即每间隔 30 min 从烘箱内取出试样后立即放入称量瓶并盖紧瓶盖后放进干燥器内，待温度降至室温后称重。到相临两次称重的质量损失小于试样取样时质量的 0.1%即认为已达到恒重。每次称重应精确到 0.01 g 并做好记录。

7.7.5 计算

用公式(8)计算每批帘子布的回潮率，结果数值按 GB/T 8170 修约到小数后两位数字。

$$M_R = 100(W - D)/D \qquad (8)$$

式中：

M_R——回潮率，%；

W——取样时试样质量，单位为克(g)；

D——试样恒重质量，单位为克(g)。

注：本试验可与线密度试验同时进行，试样质量取两项试验的试样质量中较高的一项。

7.7.6 注意事项

7.7.6.1 计算结果应注明下机回潮率或开包回潮率。

7.7.6.2 为防止试样回潮率在试验过程中发生变化，操作者应双手带棉纱手套，将试样放在干燥、密封的容器内并尽快称重。

7.7.6.3 试样在烘箱内应处于松散状态，避免直接受热源辐射，每根试样应受热均匀。

8 组织规格和外观品质检验方法

8.1 组织规格检验方法

8.1.1 布卷长度检验方法

采用在浸胶生产线(制造方)或压延生产线(使用方)在线以码表计量的方式进行，以 m 为单位，检验结果数值按 GB/T 8170 修约到整数。

8.1.2 帘子布幅宽检验方法

按 GB/T 4667—1995 规定的操作方法 1 执行，以 cm 为单位，检验结果数值按 GB/T 8170 修约到整数。

8.1.3 经线密度、边经线密度、纬线密度、布头纬线密度检验方法

按 GB/T 4668—1995 规定的操作方法 A 执行，以根/10 cm 为单位，检验结果数值按 GB/T 8170

修约到整数。

8.1.4 **纬纱线密度检验方法**

按 GB/T 14343—2002 中的 6.2 规定的单根法执行。以 dtex 为单位，检验结果数值按 GB/T 8170 修约到整数。

8.1.5 **布头纬纱股数检验方法**

将布头纬线拆分后目视检验。

8.2 **外观品质检验方法**

制造方在浸胶生产线上采用在线目测方法检验并按表 4 要求的项目做好记录。使用方在压延生产线上采用在线目测方法复验。

9 商业结算质量和检验规则

9.1 商业结算质量

聚酯浸胶帘子布以制造企业下浸胶机磅见净质量为商业结算质量。

9.2 检验规则

9.2.1 理化性能指标为抽样检验，抽样方法按 6.2.1、6.2.2 规定执行。按第 7 章规定的试验方法进行检验，有一项不合格为该产品不合格。

9.2.2 外观指标为全数检验，表 5 中的检验项目均为考核项目，按第 8.2 规定的检验方法进行检验，有一项不合格为该产品不合格。

9.2.3 买方可自产品浸胶之后六个月内按本标准各项规定对制造方提供的产品进行检验。逾期不进行检验，视为买方已认可卖方出具的品质保证书标明的检验结果。

9.2.4 买卖双方中任何一方对另一方的检验结果提出异议，可提请双方同意的仲裁机构或第三方加倍取样复验，即从有异议的那批帘子布中随机抽取两卷帘子布取样复验，复验结果为最终结果，复验费用由责任方支付。

10 包装、标志、品质保证书、运输和贮存

10.1 包装

10.1.1 聚酯浸胶帘子布以卷为单位包装，应保证产品品质不受损伤并适于贮存与运输。

10.1.2 聚酯浸胶帘子布采用整卷密封包装。帘子布卷装在干净、干燥、外套聚乙烯薄膜的木轴上，成卷的帘子布由里向外依次包上牛皮纸并在木轴两端套上贴有干燥剂的纸质法兰、黑色聚乙烯楞纸，之后在木轴两端把聚乙烯薄膜和黑色聚乙烯薄膜折向布卷两端并用胶粘带将接口处粘牢密封。用覆膜包装机将整卷帘子布用聚乙烯薄膜严密包装，最后在布卷的最外面包上聚丙烯编织布并在两端木轴处收紧、捆扎牢固。

10.2 标志

10.2.1 每卷浸胶聚酯帘子布应在布卷两端贴上产品标签。标签上应注明以下内容：

10.2.1.1 产品名称、产品标准编号和商标；

10.2.1.2 生产企业名称、详细地址和产品原产地；

10.2.1.3 产品组织规格、检验标记和商业结算质量；

10.2.1.4 浸胶批号、浸胶日期；生产批号。

10.2.2 聚酯浸胶帘子布包装标志应标明如下内容：

10.2.2.1 收发货标志：产品名称、产品组织规格、生产企业名称；产品的长度、毛质量；发货地址、收货地址；收货单位。

10.2.2.2 储运作业图示标志：每卷帘子布包装的外面应有明显的注意防潮、禁止用钩、禁止踩踏及最多允许码放层数等标志。

10.3 品质保证书

每批帘子布应附品质保证书(或品质检验单)一份,同批帘子布发往两家或多家企业时,应给每家企业提供产品品质保证书一份。品质保证书应包括下列内容：

a) 采用本标准的名称和代号；

b) 帘子布的规格、批号、数量、生产企业及产地；

c) 各项理化性能试验结果,外观质量评价结论；

d) 试验日期；

e) 试验者。

10.4 运输

10.4.1 聚酯浸胶帘子布在装卸及运输过程中应做到轻搬轻放,不使用钩叉一类的利器,避免因包装被破坏造成帘子布受损。运输时应有篷盖设施,防止雨淋受潮。

10.4.2 运输车辆应保持清洁,切忌将聚酯浸胶帘子布与各种油类及其他化工产品混装、混运,避免帘子布因受到污染而导致品质下降。

10.5 贮存

10.5.1 聚酯浸胶帘子布的贮存仓库应通风良好、保持干燥,避免过热、过潮和阳光照射。帘子布应码放于与地面隔离的货架上,码放层数不得超过最多允许码放层数。

10.5.2 聚酯浸胶帘子布不得与油类及化工品等其他原材料混放在同一仓库内。

10.5.3 聚酯浸胶帘子布的贮存期不宜超过六个月,使用前不得破坏其包装的密封性。

附 录 A
（资料性附录）
本标准与 BISFA 1995 标准对照

表 A.1 给出了本标准章条编号与 BISFA 1995 标准章条编号对照。

表 A.1 本标准章条编号与 BISFA 1995 标准章条编号对照

本标准章条编号	对应的 BISFA 1995 标准章条编号
前言	引言、前言
1	范围
2	—
3	2
4	—
5	—
6	2、3
6.1.1	第 2 章 1 条～3 条
6.1.2	第 2 章 59、69 条
6.2	7.4.2
7	5、6、7、8、10、11、13
7.1	7
7.1.1	7.2
7.1.2	7.3
7.1.3	—
7.1.4	7.5.1 b)、f)
7.1.5	7.5 c)～e)、7.5.6
7.1.6	7.5.8、7.6.1、7.6.2、13.6、13.7
7.2	—
7.3	8
7.3.1	8.2
7.3.2	8.3.1
7.3.3	—
7.3.4	8.4
7.3.5	8.4.5、8.5
7.4	10、11
7.4.1	—
7.4.2	10、11
7.4.2.1	11.2
7.4.2.2	11.3

表 A.1(续)

本标准章条编号	对应的 BISFA 1995 标准章条编号
7.4.2.3	11.4.6
7.4.2.4	11.4.1 b)～c)
7.4.2.5	11.4.3～11.4.4
7.4.2.6	10.5、11.5
7.4.2.7	—
7.5	5
7.5.1	5.2
7.5.2	5.3.1、5.3.2
7.5.3	5.4.2
7.5.4	5.4.2、5.5
7.5.5	5.6
7.6	6
7.6.1	—
7.6.2	6
7.7	—
8	—
9	1.4
9.1	4
9.2	1
10	—
附录 A～附录 C	—
—	附录Ⅰ和附录Ⅱ
—	12

附 录 B
（资料性附录）
本标准与 BISFA 1995 标准主要技术性差异

表 B.1 给出了本标准与 BISFA 1995 技术性差异及其原因的一览表。

表 B.1　本标准与 BISFA 1995 标准技术性差异及其原因

本标准章条编号	技术性差异	原　　因
引言、前言	删除 BISFA 1995 中引言和前言，重新编写前言内容。	根据 GB/T 1.1—2000、GB/T 20000.2—2001 要求。
1	删除 BISFA 1995 中范围的内容，按聚酯帘子布有关内容重新编写。	为适合国情。
2	增加了引用采用标准。	为适合国情。强调与 GB/T 1.1 的一致性。
3	对 BISFA 1995 第 2 章内容有所增减。	强调与我国 GB/T 3291.1～3291.3 国家标准的一致性，提高本标准的应用性。
4	增加了产品分类及规格。	本标准内容所涉及的范围包括了产品技术性能，BISFA 标准只是试验方法标准，无此项内容。
5	增加了技术要求内容。	本标准内容所涉及的范围包括了产品技术性能，BISFA 标准只是试验方法标准，无此项内容。
6	编写格式和部分内容与 BISFA 1995 不同。删除 BISFA 1995 中不适用于帘子布的内容。	根据我国帘子布产品通行做法编写。
6.1.2	预张力数值与 BISFA 1995 相同，本标准增加了表 5 内容。	提高本标准的应用性。
6.2	编写内容及格式均与 BISFA 1995 不同。删除 BISFA 1995 中不适用于帘子布的内容。对应 BISFA 1995 中 7.4.2 条，更明确细致的规定了试样制备的数量。	根据帘子布产品我国通行做法编写。
7	修改 BISFA 1995 第 5、6、7、8、10、11、13 章，保留了适用于帘子布的相关内容。	根据本标准适用范围编写。
7.1	修改 BISFA 1995 第 7 章内容。	根据帘子布产品国际通行方法编写。
7.1.1	修改 BISFA 1995 编写结构。	编写结构不同，适合国情。
7.1.2	修改 BISFA 1995 编写结构。	编写结构不同，适合国情。
7.1.3	增加了试样数量。	有利于企业横向间试验结果的比较。
7.1.4	将 BISFA 1995 第 7.5.1 条中隔距：500 mm 改为 250 mm；将 BISFA 1995 拉伸速度 500 mm/min 改为 300 mm/mim	为与我国现行尼龙浸胶帘子布国家标准相关内容一致。
7.1.5	将 BISFA1995 第 7.5.6 条中距夹持器边缘 10 mm 改为 5 mm，删除了一些帘子布产品的内容。	与我国现行尼龙浸胶帘子布国家标准相关内容一致。

表 B.1 （续）

本标准章条编号	技术性差异	原　　因
7.1.6	将 BISFA 1995 中有关拉伸性能的计算方法及公式重新组织编写。	适合国情，与我国现行尼龙浸胶帘子布国家标准相关内容一致。
7.2	增加该条。	由于粘合强度是浸胶帘子布的一项重要指标，本标准增加此项指标。部分采用 GB/T 2942—1991
7.3	本标准采用二氯甲烷与三氯乙酸混合溶剂代替 BISFA 1995 第 8.3.2 条中的 8M 的热 KOH 溶液，相应的溶剂用量：本标准采用每份 75 mL 代替 BISFA 1995 第 8.4.4 条中每份 100 mL。	由于 8M 的热 KOH 溶液的腐蚀性较强，本标准对该实验方法做了修改。与 ASTM D 885:1998 一致。
7.3.1	按帘子布行业通行做法，从化学原理上定义附胶量。	与本标准的使用范围一致，有针对性。
7.3.2	将 BISFA 1995 中的缕纱测长仪删除，挤压机改为抽滤瓶；天平精度由 0.5 mg 改为0.1 mg。	与行业帘子布附较量试验仪器规定统一，便于生产、用户双方操作。
7.3.3	将 BISFA 1995 中每份试样约重 2.5 g 改为约重 2 g。	与 ASTM D 885:1998 一致，与国内聚酯浸胶帘子布行业现行做法一致。
7.3.4	按所选用溶剂重新组织编写。	与 ASTM D 885:1998 一致，与国内聚酯浸胶帘子布行业现行做法一致。
7.3.5	重新组织编写。	为适合我国标准编写方法和符合行业做法。
7.4	重新组织编写。	为适合我国标准编写方法和符合行业做法。
7.4.1	明确了隔距≥250 mm、试验时间为 2 min；试验温度由(180±2)℃改为(177±2)℃；试样数量由 3 根改为 5 根；采用热收缩仪。保留烘箱法作为非仲裁法，但取消了从烘箱内取出试样的测试方法。	根据我国国情等同采用了 ASTM D 4974:1999，采用新型仪器。
7.4.2 7.4.2.1～7.4.2.6	修改 BISFA 1995 第 10、11 章的内容和格式。	根据帘子布产品国际通行方法编写。
7.4.2.7	增加该条。	为增加试验结果的准确性和统一本标准的编写格式。
7.5	试样数量由 BISFA 1995 第 5 章 5 根改为 10 根；隔距统一确定为 250 mm。	试样数量增加到 10 根以提高实验结果的置信度。隔距不与试样线密度挂钩。
7.5.1～7.5.5	修改 BISFA 1995 第 5、5.2、5.3.1、5.3.2、5.4.2、5.5、5.6 条的内容和格式。	根据帘子布产品国际通行方法编写。
7.6.1	增加该条。	根据帘子布产品国际通行方法修改采用 ASTM D 885:1998。
7.6	修改 BISFA 1995 第 6 章的内容和格式。	根据帘子布产品国际通行方法编写。

表 B.1 （续）

本标准章条编号	技术性差异	原　　因
7.6.2	明确了试样数量：将 BISFA 1995 第 6.4.2 条每份试样长度因线密度而异：≤2 000 dtex，50 m；>2 000 dtex，10 m。改为 5 组试样，每组总长度不少于 10 m。	BISFA 1995 标准测线密度实验方法试样数量不明确，试样长度与线密度挂钩。
7.7	增加该条。	应轮胎企业要求，本标准增加回潮率试验方法。
8	增加该条。	本标准包括产品内容，按有关国标编写
9	修改 BISFA 1995 第 1.4 条的内容和格式。	根据帘子布产品国际通行方法编写。
9.1	删除 BISFA 1995 第 4 章进行重新编写。	按本行业现行做法编写。
9.2	增加 9.2.1 条～9.2.2 条，修改 BISFA 1995 第 1 章。	因本标准包括产品内容，按本行业通行做法编写。
10	增加该条。	本标准包括产品内容，按本行业通行做法编写
附录 A～附录 C	删除 BISFA 1995 附录Ⅰ、Ⅱ内容，重新编写。	按 GB/T 1.1—2000、GB/T 20000.2—2001 要求。
	删除第 12 章。	不适用于本标准的非帘子布产品内容。
	删除附录Ⅰ。	与帘子布产品性能试验方法无关。
	删除附录Ⅱ。	试验室相对湿度现由湿度计直接测定，不必通过于湿球温度计示值差数换算。

附 录 C
（资料性附录）
拉伸性能试验方法——CRT拉力试验机法

C.1 原理

在规定条件下，将试样夹固在拉力试验机的夹具内，以等速牵引的方式对试样拉伸直至断裂，从强力-伸长曲线或数据显示装置上得到试样的断裂强力、断裂伸长、定负荷伸长等拉伸性能的测定值。通过计算得到试样的断裂伸长率、定负荷伸长率。

C.2 试验仪器

满足以下要求的CRT型试验机：

a） 能绘出强力-伸长的记录仪；

b） 力值显示误差不大于显示值的1%；

c） 伸长的显示误差不大于0.1 mm；

d） 隔距的误差不大于1 mm；

e） 试验开始1 s后，下夹具运行速度变化不超过设定速度的5%。

C.3 试验条件

C.3.1 隔距：(250±1) mm；

C.3.2 下夹具运行速度：(300±5) mm/min；

C.3.3 标准预张力：预张力强度(0.050±0.005) cN/dtex，对不同规格帘线施加的预张力及相应的配重砝码质量见本标准表6。

C.4 试样数量

20根。

C.5 操作程序

C.5.1 检查拉力试验机是否符合C.2的要求，选择适当的拉力量程，使试样的断裂强力处于某量程20%～90%的范围内；

C.5.2 将6.2.3中试样架上的试样取下一根，一端放入固定夹具并夹牢试样，另一端放入可动夹具内并对试样施加表6规定的预张力后夹牢试样；

C.5.3 启动下夹具，对试样进行拉伸直至断裂。记录仪应绘出整个拉伸过程中试样的强力-伸长曲线；

C.5.4 对每一根试样重复上述操作至规定的试样数量；

C.5.5 从试样的强力-伸长曲线上读取每根试样的断裂强力(即拉力峰值)及与之对应的断裂伸长、定负荷伸长。如果拉力试验机配备了数据显示装置，从该装置上读取每根试样的断裂强力(即拉力峰值)及与之对应的断裂伸长(率)、定负荷伸长(率)。

C.6 计算

根据由C.5.5得出的数据，按7.1.6条公式(1)～公式(3)计算出该批试样的断裂强力、断裂伸长率、定负荷伸长率、断裂强力变异系数、断裂伸长率变异系数。

注：废弃因试样打滑或断裂在距夹具钳口边缘 10 mm 内的试样的测定值，如果废弃次数超过试样数量的 10%，应对夹具进行检修或调换并重新进行试验。

ICS 83.140.99
G 47
备案号:13234—2004

中华人民共和国化工行业标准

HG/T 2015—2003
代替 HG/T 2015—1991

橡胶海绵地毯衬垫

Spongy carpet cushions made of rubber

2004-01-09 发布　　2004-05-01 实施

中华人民共和国国家发展和改革委员会　发布

前　言

本标准非等效于美国材料和试验协会标准 ASTM D 3676—1996《地毯背用微孔橡胶衬层》。

本标准代替 HG/T 2015—1991《橡胶海绵地毯衬垫》。

本标准与 HG/T 2015—1991 相比主要变化如下：

——扩大了适用范围。

——取消拉伸强度指标，物性指标不再划分等级。

——热空气老化温度定为 100℃，非平板型衬垫热空气老化采用成品检验。

——增加了地毯衬垫有害物质释放限量的规定。

本标准由中国石油和化学工业协会提出。

本标准由全国橡胶制品标准化技术委员会橡胶杂品分会归口。

本标准起草单位：全国橡胶制品标准化技术委员会橡胶杂品分会。

本标准主要起草人：曾濛。

本标准所代替标准的历次版本发布情况为：

——HG/T 2015—1991

橡胶海绵地毯衬垫

1 范围

本标准规定了橡胶海绵地毯衬垫(以下简称衬垫)的结构、规格尺寸、技术要求、检验方法、检验规则以及标志、包装运输与贮存。

本标准适用于橡胶及橡胶与无纺布骨架材料制成的衬垫。

2 规范性引用文件

下列文件中的条款通过本标准的引用而成为本标准的条款。凡是注日期的引用文件,其随后所有的修改单(不包括勘误的内容)或修订版均不适用于本标准,然而,鼓励根据本标准达成协议的各方研究是否可使用这些文件的最新版本。凡是不注日期的引用文件,其最新版本适用于本标准。

GB/T 528 硫化橡胶或热塑性橡胶拉伸性能的测定(eqv ISO 37:1994)

GB/T 6669 软质泡沫聚合材料 压缩永久变形的测定(idt ISO 1856:1980)

GB 18587 室内装饰装修材料 地毯、地毯衬垫及地毯胶黏剂有害物质释放限量

3 产品结构、分类与规格尺寸

3.1 结构

衬垫的结构形式很多,主要有平板型和非平板型。

注:特殊结构由供需双方协商。

3.2 分类

衬垫按性能可分为A类和B类。

A类:用于中等通行量的区域。例如:家庭、起居室、餐厅、公寓、管理型居住单元室、游艺室。

B类:用于通行量较高的公共场所。例如:公寓和管理型设施的前厅和走廊、入口、楼梯和电梯。

3.3 规格尺寸

衬垫的具体规格尺寸应由供需双方协议规定。厚度应大于3 mm(非平板型衬垫厚度包括花纹高度)。宽度偏差不超过±20 mm。

4 技术要求

4.1 表面质量

衬垫的表面质量应符合表1的规定。

表1

缺陷名称	表面质量
欠硫	不允许
扁泡	每处面积不大于100cm^2,每3m^2内允许有2处
接头	每卷少于2个,对接平整,不允许脱层开缝
边缘不齐	每5 m长度内,每侧不得偏离边缘基准线±1 cm

4.2 衬垫的物理机械性能

衬垫的物理机械性能应符合表2的规定。

表 2

项　　目		指　　标	
		A类	B类
单位面积质量，kg/m^2	≥	1.3	1.6
密度[a]，kg/m^3	≥	270	320
压缩应力，kPa	≥	21	31
压缩永久变形，%	≤	20	20
热空气老化(100℃×24 h)		弯曲后不折断，允许有轻微龟裂或细小裂纹	弯曲后不折断，允许有轻微龟裂或细小裂纹
[a]非平板型衬垫不做密度检验。			

4.3　衬垫有害物质释放限量

应符合 GB 18587 中规定。

5　试验方法

5.1　衬垫的表面质量

用目测和量具进行检验。

5.2　衬垫的取样及试样制备

5.2.1　从提交检查批中随机抽取一卷样品。

5.2.2　从样品端部选取质量均匀的部分裁取宽度为 200 mm(或根据需要裁取更宽)的长条，其长度为该卷样品的幅宽。

5.2.3　在距幅宽(即垂直压延)方向的两侧边缘各 150 mm 处画线，去掉线外部分。在这两条线内将该部分三等分。

5.2.4　分别从上述 3 个区域中各裁取两个 100 mm×100 mm 的试片，或根据需要裁取适当规格的正方形试片。

5.2.5　从剩余的试样上裁取 3 个 50 mm×100 mm 的试片。

5.3　衬垫的规格尺寸

5.3.1　衬垫的宽度、长度用卷尺测量，精度为 1 mm。

5.3.2　厚度的测量是将 6 个 100 mm×100 mm 的试样分别测定(精确到 0.02mm)。

在一个具有 650 mm^2 的圆形压力底座上加 1.5 kPa 的压力，作用力要缓慢施加，不冲击试样，然后立即读数，并计算这 6 个读数的平均值。

5.4　衬垫物理机械性能

5.4.1　单位面积衬垫质量

用天平分别称量 6 个 100 mm×100 mm 的试样，并记录其质量(精确到 0.01 g)。计算 6 个试样的质量平均值，用千克表示，再除以单个试样的面积，即 0.01m^2，得到每平方米衬垫质量，以 kg/m^2 为单位。

5.4.2　密度

分别称量 6 个 100 mm×100 mm 的试样质量(精确到 0.01 g)。再逐个测量其厚度(精确到 0.02 mm)。

按式(1)计算每个试样的密度，取 6 个数据的平均值。

$$\rho=100\frac{m}{t} \qquad (1)$$

式中：

ρ——密度的数值，单位为千克每立方米（kg/m^3）；

m——试样的质量的数值，单位为克（g）；

t——试样的厚度的数值，单位为毫米（mm）。

5.4.3 压缩应力

用海绵硬度试验机进行试验。

将每个100 mm×100 mm的试样切成四个50 mm×50 mm或仪器所规定的试样。将足够的试样叠放成近似25 mm厚的两组试片，切去余边。将叠层试样放在试验机的一个比试样表面积更大的压力底座上，施加3.0 kPa的压力，测量叠层试样的总厚度。压缩叠层试样至原厚度的（75±1）%，立即记录将叠层试样压缩至此厚度所需的压力。

按式（2）计算压缩应力。取两个试验结果的平均值。

$$C_R=\frac{F}{A}-D \qquad (2)$$

式中：

C_R——压缩应力，单位为千帕（kPa）；

F——压缩叠层试样的压力，单位为千牛（kN）；

A——试样面积，单位为平方米（m^2）；

D——施加叠层试样上3.0kPa的压力。

5.4.4 压缩永久变形

压缩试样至试样厚度的（50±1）%，不采用玻璃片隔层，试样按上、下面相接依次叠放，恢复时间为4～6 h，其他测试条件按GB/T 6669的规定执行。测试采用方法A。

5.4.5 热空气老化

将3个50 mm×100 mm的试样在100℃的循环空气老化箱中放置24h。取出后，待试样冷却至室温后，弯曲180°至试样两端相接触。检查弯曲处，允许有轻微龟裂或细小裂纹，但不允许整个断裂。

5.5 衬垫有害物质释放限量测定

按GB 18587的测试方法执行。

6 检验规则

6.1 出厂检验

组批：衬垫检验以一个订单的需求量为一批。

衬垫表面质量、规格尺寸100%进行检测。

上述各项检验项目如有一项不合格，则该卷衬垫为不合格品。

6.2 型式检验

6.2.1 衬垫在下列情况之一时应进行型式检验：

a）新产品或老产品转厂生产的试制定型鉴定。

b）正式生产后，如结构、材料、工艺有较大改变，可能影响产品性能时。

c）正式生产时，定期或积累一定产量后，半年进行一次检验。

d）产品长期停产后，恢复生产时。

e）出厂检验结果与上次型式检验有较大差异时。

f）国家质量监督机构提出进行型式检验要求时。

本标准所列全部技术要求为型式检验项目。

6.2.2 衬垫的厚度、单位面积质量、密度、压缩应力、压缩永久变形、热空气老化、衬垫有害物质释放限量按批抽样进行检验。如有一项不合格，应另取双倍试样进行不合格项目复试，仍不合格，则该批衬垫为不合格品。

7 标志、包装、运输与贮存

7.1 每卷衬垫包装袋上应有下列标志：

a）产品名称。

b）产品标准号。

c）规格。

d）商标。

e）制造单位。

f）制造日期。

产品还应附有质量合格证，内容包括产品名称、产品标准号、规格、生产日期、检查员工号及使用说明等。

7.2 衬垫的包装由供需双方协商。

7.3 衬垫在装运过程中，应避免风、雨、雪的侵蚀及日晒；装卸时严禁使用铁钩，以防损坏包装袋及产品。衬垫不得与酸、碱、油类及有机溶剂等物质接触，避免产品污染变质。

7.4 衬垫应贮存在通风良好的仓库内，库房温度宜保持在－15℃～35℃，相对湿度不大于85％。

7.5 衬垫不能重压，垛高不能超过1.5 m，置放时高于地面20 mm以上，距热源1.5 m以外，避免阳光直射，每两个月倒垛一次。

7.6 衬垫自生产之日起，在不超过半年贮存期内，产品质量应符合本标准规定。

前　　言

目前，锦纶、涤锦帆布是输送带的主要骨架材料之一，国内外需求量很大，国内生产厂家也不少，但因尚无国标或行标，各自均按企业标准进行生产或销售。这使产品的发展和应用受到一定影响。为促进橡胶工业和纺织工业的发展，扩大化学纤维的应用范围，满足国内外市场的需求，我们制订了“输送带用锦纶和涤锦浸胶帆布”行业标准(以下简称本标准)。

本标准非等效采用了九十年代日本标准，其中干热收缩率指标达到或超过日本标准，并增加了干热收缩率不匀率指标。关于浸胶帆布的断裂强度，优等品达到日本标准；一等品和合格品是结合我国国情制定的，属国内先进水平，锦纶和涤锦浸胶帆布平方米干重偏高，其他均达到日本标准要求。

关于试验方法，我们等效采用了日本标准 JIS L 1096—1990《普通织物试验方法》，并根据我国与日本技术交流资料及我国已发布实施的相关国家标准加以补充。其中粘合强度试验用贴胶配方是在附录A 中规定。

本标准的附录 A 是标准的附录。

本标准由中华人民共和国化学工业部技术监督司提出。

本标准由青岛橡胶工业研究所归口。

本标准起草单位：青岛第六橡胶厂、安丘涤纶帘帆布厂。

本标准主要起草人：孙连生、周家村、孙秀敏、刘玉栋、周立民。

中华人民共和国化工行业标准

HG/T 2820—1996

输送带用锦纶和涤锦浸胶帆布

1 范围

本标准规定了输送带用锦纶和涤锦浸胶帆布(以下简称为输送带用浸胶帆布)的品种、规格、技术要求、外观质量、试验方法及抽样贮存、运输、包装、标志等。

2 引用标准

下列标准所包含的条文,通过在本标准中引用而构成为本标准的条文,本标准出版时,所示版本均为有效。所有标准都会被修订,使用本标准的各方应探讨使用下列标准最新版本的可能性。

GB/T 6759—1986 输送带的层间粘合强度测定方法

GB/T 2909—1994 橡胶工业用棉帆布

3 产品分类

3.1 品种

a) 锦纶浸胶帆布,代号为"NN"其经向和纬向均为锦纶 6 纤维。

b) 涤锦浸胶帆布,代号"EP",其经向为(聚酯)纤维,纬向为锦纶 66 纤维。

3.2 规格

a) 按经向断裂强度,输送带用浸胶帆布分为 80、100、125、150、200、250、300、350、400、500、600、630N/mm 等规格。

b) 按宽度,输送带用浸胶帆布分为 800、1 000、1 200、1 400 mm 等规格。

3.3 品种、规格、标记

输送带用帆布的品种规格标记包括下列各项内容:

a) 品种代号;

b) 断裂强度规格;

c) 宽度规格。

标记示例:

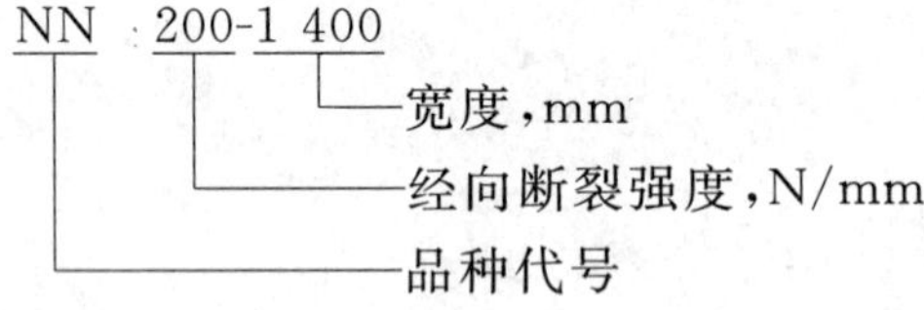

4 技术要求

4.1 物理性能

4.1.1 锦纶浸胶帆布的物理性能应符合表 1 的要求。

4.1.2 涤锦浸胶帆布的物理性能应符合表 2 的要求。

中华人民共和国化学工业部 1996-06-28 批准 1997-01-01 实施

表 1　NN 浸胶帆布规格及性能指标

序号	项目		NN 80						NN 100					
			优等品		一等品		合格品		优等品		一等品		合格品	
			经向	纬向	经向	纬向	经向	纬向	经向	纬向	经向	纬向	经向	纬向
1	结构,dtex		930×1	930×1	930×1	930×1	930×1	930×1	1 400×1	930×1	1 400×1	930×1	1 400×1	930×1
2	密度,根/10 cm		175±2	86±2	175±2	86±2	175±2	86±2	130±2	76±2	130±2	76±2	130±2	76±2
3	断裂强度平均值,N/mm	不小于	110	50	105	45	100	45	131	50	126	50	126	50
	断裂强度最低值,N/mm	不小于	95	40	95	40	92	40	116	44	110	40	110	40
4	10%定负荷伸长率,%	不大于	2.5		2.5		2.5		2.5		2.5		2.5	
5	断裂伸长率,%	不大于	20	60	20	60	20	60	20	60	20	60	20	60
6	干热收缩率 (150℃×30 min),%	不大于	5.5	0.5	5.5	0.5	5.5	0.5	5.5	0.5	5.5	0.5	5.5	0.5
7	干热收缩率不匀率,%	不大于	10		10		10		10		10		10	
8	粘合强度,N/mm	不小于	7.8		7.8		7.8		7.8		7.8		7.8	
9	平方米干重,g/m²		270±15		280±15		290±15		310±15		320±15		330±15	
10	厚度,mm		0.45±0.05						0.50±0.05					
11	宽度,mm		800～1 200±10						800～1 300±10					
12	长度,m/卷		800^{+10}_{0}						800^{+10}_{0}					

表 1(续)

序号	项目		NN 125						NN 150					
			优等品		一等品		合格品		优等品		一等品		合格品	
			经向	纬向	经向	纬向	经向	纬向	经向	纬向	经向	纬向	经向	纬向
1	结构,dtex		1 400×1	1 400×1	1 400×1	1 400×1	1 400×1	1 400×1	1 870×1	1 400×1	1 870×1	1 400×1	1 870×1	1 400×1
2	密度,根/10 cm		150±2	78±2	150±2	78±2	150±2	78±2	135±2	68±2	135±2	68±2	135±2	68±2
3	断裂强度平均值,N/mm	不小于	155	65	150	60	145	60	178	68	175	65	175	60
	断裂强度最低值,N/mm	不小于	120	50	115	45	115	45	150	60	155	55	155	55
4	10%定负荷伸长率,%	不大于	2.5		2.5		2.5		2.5		2.5		2.5	
5	断裂伸长率,%	不大于	20	55	20	55	20	55	20	50	20	50	20	50
6	干热收缩率 (150℃×30 min),%	不大于	5.5	0.5	5.5	0.5	5.5	0.5	5.5	0.5	5.5	0.5	5.5	0.5
7	干热收缩率不匀率,%	不大于	10		10		10		10		10		10	
8	粘合强度,N/mm	不小于	7.8		7.8		7.8		7.8		7.8		7.8	
9	平方米干重,g/m²		335±20		340±20		345±20		410±20		420±20		430±20	
10	厚度,mm		0.60±0.05						0.65±0.06					
11	宽度,mm		800～1 400±10						800～1 400±10					
12	长度,m/卷		800^{+10}_{0}						800^{+10}_{0}					

表 1(续)

序号	项目		NN 200						NN 250					
			优等品		一等品		合格品		优等品		一等品		合格品	
			经向	纬向	经向	纬向	经向	纬向	经向	纬向	经向	纬向	经向	纬向
1	结构,dtex		1 400×2	1 870×1	1 400×2	1 870×1	1 400×2	1 870×1	1 870×2	1 870×1	1 870×2	1 870×1	1 870×2	1 870×1
2	密度,根/10 cm		120±2	60±2	120±2	60±2	120±2	60±2	110±2	60±2	110±2	60±2	110±2	60±2
3	断裂强度平均值,N/mm	不小于	230	80	226	75	223	70	285	80	280	78	275	75
	断裂强度最低值,N/mm	不小于	215	70	208	65	205	62	251	70	246	68	242	65
4	10%定负荷伸长率,%	不大于	2.5		2.5		2.5		2.5		2.5		2.5	
5	断裂伸长率,%	不大于	25	40	25	40	25	40	25	40	25	40	25	40
6	干热收缩率 (150℃×30 min),%	不大于	5.5	0.5	5.5	0.5	5.5	0.5	5.5	0.5	5.5	0.5	5.5	0.5
7	干热收缩率不匀率,%	不大于	10		10		10		10		10		10	
8	粘合强度,N/mm	不小于	7.8		7.8		7.8		7.8		7.8		7.8	
9	平方米干重,g/m^2		500±20		520±20		525±20		560±30		590±30		620±30	
10	厚度,mm		0.85±0.05						1.10±0.10					
11	宽度,mm		800～1 500±10						800～1 500±10					
12	长度,m/卷		400^{+10}_{0}						400^{+10}_{0}					

表 1(续)

序号	项目		NN 300						NN 400					
			优等品		一等品		合格品		优等品		一等品		合格品	
			经向	纬向	经向	纬向	经向	纬向	经向	纬向	经向	纬向	经向	纬向
1	结构,dtex		1 400×3	1 400×3	1 400×3	1 400×3	1 400×3	1 400×3	1 870×3	1 400×2	1 870×3	1 400×2	1 870×3	1 400×2
2	密度,根/10 cm		122±2	44±2	122±2	32±2	122±2	32±2	120±2	54±2	120±2	36±2	120±2	36±2
3	断裂强度平均值,N/mm	不小于	378	87	345	85	332	80	470	72	445	70	440	70
	断裂强度最低值,N/mm	不小于	334	76	320	72	310	68	415	62	412	60	410	60
4	10%定负荷伸长率,%	不大于	2.5		2.5		2.5		3.0		3.0		3.0	
5	断裂伸长率,%	不大于	25	40	25	40	25	40	25	40	25	40	25	40
6	干热收缩率 (150℃×30 min),%	不大于	5.5	0.5	5.5	0.5	5.5	0.5	6.0	0.5	6.0	0.5	6.0	0.5
7	干热收缩率不匀率,%	不大于	10		10		10		10		10		10	
8	粘合强度,N/mm	不小于	7.8		7.8		7.8		7.8		7.8		7.8	
9	平方米干重,g/m^2		680±30		700±30		710±20		830±40		860±40		880±40	
10	厚度,mm		1.30±0.10						1.35±0.12					
11	宽度,mm		800～1 500±10						800～1 500±10					
12	长度,m/卷		400^{+10}_{0}						400^{+10}_{0}					

表 1(完)

序号	项目	NN 500						NN 630					
		优等品		一等品		合格品		优等品		一等品		合格品	
		经向	纬向	经向	纬向	经向	纬向	经向	纬向	经向	纬向	经向	纬向
1	结构,dtex	1 870×4	1 870×2	1 870×4	1 870×2	1 870×4	1 870×2	1 870/4/2	1 870×2	1 870/4/2	1 870×2	1 870/4/2	1 870×2
2	密度,根/10 cm	120±2	32±2	120±2	32±2	120±2	32±2	80±2	36±2	80±2	36±2	80±2	36±2
3	断裂强度平均值,N/mm 不小于	566	106	555	100	545	35	755	107	730	100	710	96
	断裂强度最低值,N/mm 不小于	510	90	505	86	505	32	666	95	660	90	655	85
4	10%定负荷伸长率,% 不大于	3.0		3.0		3.0		3.0		3.0		3.0	
5	断裂伸长率,% 不大于	25	40	25	40	25	40	25	50	25	50	25	50
6	干热收缩率 (150℃×30 min),% 不大于	6.0	0.5	6.0	0.5	6.0	0.5	6.0	0.5	6.0	0.5	6.0	0.5
7	干热收缩率不匀率,% 不大于	10		10		10		10		10		10	
8	粘合强度,N/mm 不小于	7.8		7.8		7.8		7.8		7.8		7.8	
9	平方米干重,g/m^2	1 200±50		1 250±50		1 300±50		1 450±55		1 500±55		1 550±55	
10	厚度,mm	1.40±0.14						1.56±0.15					
11	宽度,mm	800～1 500±10						800～1 600±10					
12	长度,m/卷	200^{+10}_{0}						200^{+10}_{0}					

表 2　EP 浸胶帆布规格及性能指标

序号	项目		EP 80						EP 100					
			优等品		一等品		合格品		优等品		一等品		合格品	
			经向	纬向	经向	纬向	经向	纬向	经向	纬向	经向	纬向	经向	纬向
1	结构，dtex		1 100×1	930×1	1 100×1	930×1	1 100×1	930×1	1 670×1	1 400×1	1 670×1	1 400×1	1 670×1	1 400×1
2	密度，根/10 cm		170±2	86±2	170±2	86±2	170±2	86±2	140±2	68±2	140±2	68±2	140±2	68±2
3	断裂强度平均值，N/mm	不小于	110	60	105	55	100	50	137	78	132	68	128	60
	断裂强度最低值，N/mm	不小于	95	50	90	45	85	40	118	68	110	58	105	50
4	10%定负荷伸长率，%	不大于	1.5		1.5		1.5		1.5		1.5		1.5	
5	断裂伸长率，%		≥14	≤45	≥14	≤45	≥14	≤45	≥14	≤45	≥14	≤45	≥14	≤45
6	干热收缩率 (150℃×30 min)，%	不大于	5.0	0.5	5.0	0.5	5.0	0.5	5.0	0.5	5.0	0.5	5.0	0.5
7	干热收缩率不匀率，%	不大于	10		10		10		10		10		10	
8	粘合强度，N/mm	不小于	7.8		7.8		7.8		7.8		7.8		7.8	
9	平方米干重，g/m^2		320±20		330±20		330±20		380±20		390±20		400±20	
10	厚度，mm		0.50±0.05						0.60±0.05					
11	宽度，mm		800～1 400±10						800～1 400±10					
12	长度，m/卷		800^{+10}_{0}						800^{+10}_{0}					

表 2(续)

序号	项目		EP 125						EP 150					
			优等品		一等品		合格品		优等品		一等品		合格品	
			经向	纬向	经向	纬向	经向	纬向	经向	纬向	经向	纬向	经向	纬向
1	结构,dtex		1 670×1	1 400×1	1 670×1	1 400×1	1 670×1	1 400×1	1 100×2	1 870×1	1 100×2	1 870×1	1 100×2	1 870×1
2	密度,根/10 cm		170±2	72±2	170±2	72±2	170±2	72±2	166±2	60±2	166±2	60±2	166±2	60±2
3	断裂强度平均值,N/mm	不小于	165	78	160	70	150	62	206	78	200	70	185	70
	断裂强度最低值,N/mm	不小于	141	68	132	55	127	52	176	68	170	60	165	60
4	10%定负荷伸长率,%	不大于	1.5		1.5		1.5		1.5		1.5		1.5	
5	断裂伸长率,%		≥14	≤45	≥14	≤45	≥14	≤45	≥14	≤45	≥14	≤45	≥14	≤45
6	干热收缩率 (150℃×30 min),%	不大于	5.0	0.5	5.0	0.5	5.0	0.5	5.0	0.5	5.0	0.5	5.0	0.5
7	干热收缩率不匀率,%	不大于	10		10		10		10		10		10	
8	粘合强度,N/mm	不小于	7.8		7.8		7.8		7.8		7.8		7.8	
9	平方米干重,g/m²		425±20		435±20		445±20		530±20		540±20		550±20	
10	厚度,mm		0.60±0.05						0.70±0.05					
11	宽度,mm		800～1 500±10						800～1 500±10					
12	长度,m/卷		800^{+10}_{0}						800^{+10}_{0}					

表 2(续)

序号	项目		EP 200						EP 250					
			优等品		一等品		合格品		优等品		一等品		合格品	
			经向	纬向	经向	纬向	经向	纬向	经向	纬向	经向	纬向	经向	纬向
1	结构,dtex		1 670×2	1 400×2	1 670×2	1 400×2	1 670×2	1 400×2	1 100×4	1 870×2	1 100×4	1 870×2	1 100×4	1 870×2
2	密度,根/10 cm		130±2	55±2	130±2	55±2	130±2	55±2	120±2	38±2	120±2	38±2	120±2	38±2
3	断裂强度平均值,N/mm	不小于	246	88	240	80	230	75	330	105	310	90	295	85
	断裂强度最低值,N/mm	不小于	220	77	216	72	210	70	282	92	265	85	255	80
4	10%定负荷伸长率,%	不大于	1.5		1.5		1.5		1.5		1.5		1.5	
5	断裂伸长率,%		≥14	≤45	≥14	≤45	≥14	≤45	≥14	≤45	≥14	≤45	≥14	≤45
6	干热收缩率 (150℃×30 min),%	不大于	5.0	0.5	5.0	0.5	5.0	0.5	5.0	0.5	5.0	0.5	5.0	0.5
7	干热收缩率不匀率,%	不大于	10		10		10		10		10		10	
8	粘合强度,N/mm	不小于	7.8		7.8		7.8		7.8		7.8		7.8	
9	平方米干重,g/m²		650±25		660±25		670±25		780±30		790±30		800±30	
10	厚度,mm		0.85±0.05						1.07±0.10					
11	宽度,mm		800~1 500±10						800~1 500±10					
12	长度,m/卷		400^{+10}_{0}						400^{+10}_{0}					

表 2(续)

序号	项目		EP 300						EP 350					
			优等品		一等品		合格品		优等品		一等品		合格品	
			经向	纬向	经向	纬向	经向	纬向	经向	纬向	经向	纬向	经向	纬向
1	结构,dtex		1 100×4	1 400×2	1 100×4	1 400×2	1 100×4	1 400×2	1 670×3	1 400×2	1 670×3	1 400×2	1 670×3	1 400×2
2	密度,根/10 cm		146±2	40±2	146±2	38±2	146±2	38±2	145±2	41±2	145±2	40±2	145±2	40±2
3	断裂强度平均值,N/mm	不小于	343	80	340	80	332	75	400	81	390	75	385	75
	断裂强度最低值,N/mm	不小于	320	70	320	70	315	65	372	70	365	65	360	65
4	10%定负荷伸长率,%	不大于	1.5		1.5		1.5		1.5		1.5		1.5	
5	断裂伸长率,%		≥14	≤35	≥14	≤35	≥14	≤35	≥14	≤35	≥14	≤35	≥14	≤35
6	干热收缩率 (150℃×30 min),%	不大于	5.0	0.5	5.0	0.5	5.0	0.5	5.0	0.5	5.0	0.5	5.0	0.5
7	干热收缩率不匀率,%	不大于	10		10		10		10		10		10	
8	粘合强度,N/mm	不小于	7.8		7.8		7.8		7.8		7.8		7.8	
9	平方米干重,g/m²		760±30		770±30		780±30		900±35		920±35		930±35	
10	厚度,mm		1.20±0.10						1.26±0.12					
11	宽度,mm		800～1 500±10						800～1 450±10					
12	长度,m/卷		800^{+10}_{0}						400^{+10}_{0}					

表 2(续)

序号	项目		EP 400						EP 500					
			优等品		一等品		合格品		优等品		一等品		合格品	
			经向	纬向	经向	纬向	经向	纬向	经向	纬向	经向	纬向	经向	纬向
1	结构,dtex		1 670×4	1 870×2	1 670×4	1 870×2	1 670×4	1 870×2	1 670×6	1 870×2	1 670×6	1 870×2	1 670×6	1 870×2
2	密度,根/10 cm		125±2	40±2	125±2	40±2	125±2	40±2	104±2	54±2	104±2	54±2	104±2	54±2
3	断裂强度平均值,N/mm	不小于	455	105	450	95	440	90	536	133	532	125	532	120
	断裂强度最低值,N/mm	不小于	426	92	420	85	410	80	520	116	515	106	515	106
4	10%定负荷伸长率,%	不大于	2.0		2.0		2.0		2.5		2.5		2.5	
5	断裂伸长率,%		≥14	≤40	≥14	≤40	≥14	≤40	≥14	≤40	≥14	≤40	≥14	≤40
6	干热收缩率 (150℃×30 min),%	不大于	6.0	0.5	6.0	0.5	6.0	0.5	6.0	0.5	6.0	0.5	6.0	0.5
7	干热收缩率不匀率,%	不大于	10		10		10		10		10		10	
8	粘合强度,N/mm	不小于	7.8		7.8		7.8		7.8		7.8		7.8	
9	平方米干重,g/m²		1 120±40		1 130±40		1 140±40		1 250±50		1 260±50		1 270±50	
10	厚度,mm		1.40±0.10						1.50±0.14					
11	宽度,mm		800~1 600±10						800~1 600±10					
12	长度,m/卷		400^{+10}_{0}						400^{+10}_{0}					

表 2(完)

序号	项目		EP 600					
			优等品		一等品		合格品	
			经向	纬向	经向	纬向	经向	纬向
1	结构,dtex		1 670/4/2	1 870×2	1 670/4/2	1 870×2	1 670/4/2	1 870×2
2	密度,根/10 cm		76±2	54±2	76±2	54±2	76±2	54±2
3	断裂强度平均值,N/mm	不小于	646	134	640	128	640	120
	断裂强度最低值,N/mm	不小于	610	118	605	110	605	105
4	10%定负荷伸长率,%	不大于	2.5		2.5		2.5	
5	断裂伸长率,%		≥14	≤40	≥14	≤40	≥14	≤40
6	干热收缩率 (150℃×30 min),%	不大于	6.0	0.5	6.0	0.5	6.0	0.5
7	干热收缩率不匀率,%	不大于	10		10		10	
8	粘合强度,N/mm	不小于	7.8		7.8		7.8	
9	平方米干重,g/m^2		1 500±60		1 510±60		1 520±60	
10	厚度,mm		1.64±0.16					
11	宽度,mm		800～1 600±10					
12	长度,m/卷		400^{+10}_{0}					

4.1.3 本标准表1、表2中输送带用浸胶帆布物理性能中第4、5、6、7、8、9项指标为主要性能指标，其中有一项不符合要求应降等级。

4.2 外观质量

输送带用浸胶帆布外观质量应符合表3要求。

表3 锦纶和涤锦浸胶帆布外观质量要求

疵点名称	优等品	一等品	合格品
损伤性疵点	破洞和撕裂及磨损均不允许有		a) 破洞和撕裂均不允许有： b) 磨损：面积1～4 cm^2 者每卷不得超过5个
浆斑疵点	a) 面积小于1 cm^2 者，每卷不得超过20个； b) 面积为1～4 cm^2 者，每卷不得超过10个	a) 面积小于1 cm^2 者，每卷不得超过30个； b) 面积为1～4 cm^2 者，每卷不得超过15个	a) 面积小于1 cm^2 者，每卷不得超过40个； b) 面积为1～4 cm^2 者，每卷不得超过20个
浆色不匀	不允许有	每卷不得超过3 m	每卷不得超过10 m
打　裥	不允许有	每卷不得超过2 m	每卷不得超过5 m
缺　纬	不允许有	缺纬1根线，每卷不得超过2次	缺纬1根线，每卷不得超过5次
油经	不允许有	小于0.5 cm且可擦除者，每卷累计长度不得超过0.5 m	小于0.5 cm且可擦除者，每卷累计长度不得超过1 m
油污	不允许有	面积小于1 cm^2 且可擦除者，每卷不得超过10处	面积小于1 cm^2 且可擦除者，每卷不得超过20处
毛边	长度不得超过4 mm		长度不得超过6 mm
布面不平	a) 布面应平整，不得出现两边紧中间松或一边紧的现象； b) 经线和纬线应保持垂直成90°角		
卷取不平	a) 布卷端面单侧凹凸不得超过20 mm； b) 布卷端面双侧凹凸不得超过10 mm	a) 布卷端面单侧凹凸不得超过25 mm； b) 布卷端面双侧凹凸不得超过15 mm	a) 布卷端面单侧凹凸不得超过30 mm； b) 布卷端面双侧凹凸不得超过20 mm

5 试验方法

5.1 帆布密度测量

按GB/T 2909规定执行。

5.2 宽度测量

按GB/T 2909规定执行。

5.3 厚度测量

在断裂强度试样上没有接头和杂质的部位任选5点，在其上用厚度计测量帆布厚度。测量过程中厚度计上压板对试样施加23.5 kPa的压力，当指针稳定10 s±1 s时读数，测量结果以5点的算术平均值表示(精确至小数点后2位)。

5.4 断裂强度、断裂伸长率及定负荷伸长率试验

5.4.1 试样尺寸及数量

经向和纬向试样数量均为三个、试样毛坯宽度约 70 mm,长度为 900 mm。试样有效宽度为 50 mm,用来测量伸长率的试样标距为 200 mm。

5.4.2 试样制备

采用扯边法或剪口法将试样毛坯制备成试样。

5.4.2.1 扯边法

从试样毛坯两纵向边缘扯下根数大致相等的纱线,使试样有效宽度符合 5.4.1 要求(允许两边各保留四～六根保护线)。

5.4.2.2 剪口法(切条法)

用剪刀在试样毛坯每一纵向边缘(距纵向中心 200 mm 处)各剪一个斜口,使试样有效宽度符合 5.4.1的要求。

注:当某种规格浸胶帆布不适于采用剪口法试验时,才采用扯边法进行试验。

5.4.3 试验仪器

试验仪器宜采用非惯性拉力试验机。

预加张力:规定为标称断裂强度的 1%±0.25%,试样标称强度超过 200 N 者预加张力为 14.7 N～24.5 N。

5.4.4 试验程序

在试验机上设定相当于试样纵向标称断裂强度的 10%的定负荷,将试样夹持于拉力试验机的上下夹持器上,以(300±10)mm/min 的速度对试样进行拉伸,测定试样在定负荷下和试样断裂时的两标线距离(精确至 0.1 mm),并记录试样断裂过程中的最大拉力(精确至 N)。

注

1 由于织物与夹持器之间可能存在滑移,因此,允许在夹持器和试样之间垫以摩擦系数大的垫衬物。

2 试验中发生打滑时,应另制试样补作试验,如试样断裂点到夹持器边缘的距离少于或等于 10 mm 时,也应补作试验。

3 为防止试样在夹持器内滑移,预加张力时应使试样纵向轴线与夹持器运动方向平行。

5.4.5 计算公式

10%定负荷伸长率和断裂伸长率分别按式(1)、式(2)计算:

$$\varepsilon_{10}=\frac{L_1-L_0}{L_0}\times 100 \qquad (1)$$

$$\varepsilon_b=\frac{L_2-L_0}{L_0}\times 100 \qquad (2)$$

式中:ε_{10}——10%定负荷伸长率,%;

ε_b——断裂伸长率,%;

L_1——试样在 10%负荷下的两标线距离,mm;

L_2——试样断裂时的两标线距离,mm;

L_0——试样初始标距,mm。

5.5 粘合强度试验

5.5.1 试样毛坯的制备

将浸胶帆布制成 230 mm×150 mm(经×纬)的矩形,在四层或三层帆布的每两层之间夹以厚度符合表 4 要求的贴胶胶片,然后在外层帆布的外面贴上上下覆盖层、胶片。贴合时胶片的压延方向应与帆布的经向平行。将贴合好的试样毛坯在标准温度(23℃±2℃)下停放 2 h 以上,然后置于硫化模具中(模腔厚度 9.5 mm,压缩比 10%～15%)进行硫化,硫化条件为 150℃×25 min,硫化平板压力为(2.5±0.05) MPa。

表 4　浸胶帆布粘合试样贴胶厚度

帆布断裂强度,N/mm	贴胶厚度,mm
200 以下	0.6±0.02
250	0.7±0.02
300	0.9±0.02
350	1.0±0.02
400	1.2±0.02
500	1.4±0.02
600～630	1.6±0.02

注

1　NN 浸胶帆布贴胶配方按本标准附录 A 表 A1 执行。

2　EP 浸胶帆布贴胶配方按本标准附录 A 表 A2 执行。

5.5.2　试样的制备

将硫化后的试样毛坯置于标准温度(23℃±2℃)下停放至少 12 h 以后,沿其纵向裁取三个宽 25 mm±0.5 mm、长 200 mm 的矩形试样,并在试样一端帆布层间剥开 30 mm 长的裂口便于夹持。

5.5.3　其余程序按 GB/T 6759 执行。

5.6　干热收缩率和干热收缩率不匀率试验

5.6.1　仪器

a) 恒温烘箱:温度可调为 150℃±2℃;

b) 钢板尺:精度 0.5 mm。

5.6.2　试验程序

制取 10 块 150 mm×150 mm 的正方形试样,在试样上距四边各 25 mm 处沿经向和纬向画出 100 mm×100 mm的正方形线框(见图 1),然后将其置于 150℃烘箱内加热 30 min。取出试样让其在标准室温下冷却 20 min,在正方形线框的经向边线上取均布的五点,在五点处测量线框的纬向宽度,以 10 块试样的共 50 处测量值的平均值作为烘后线框的宽度。采用类似的方法测量烘后线框经向宽度。

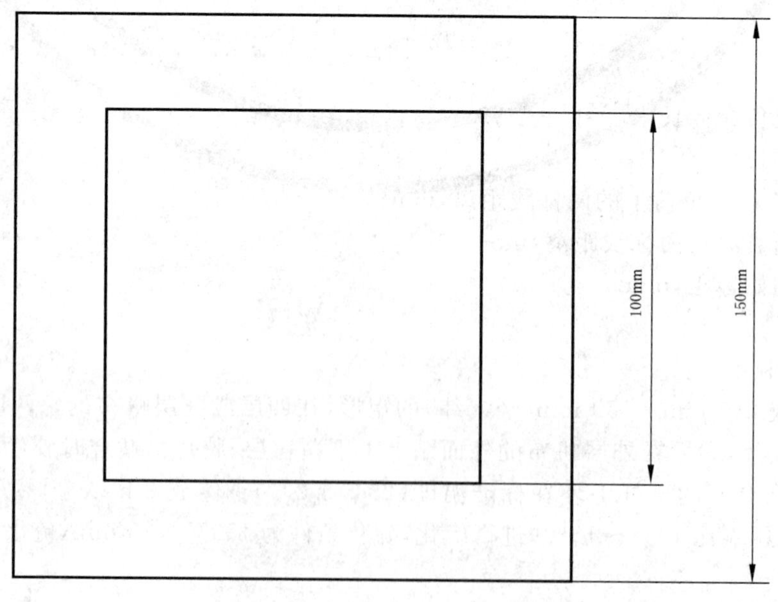

图 1

5.6.3 结果表示

a) 干热收缩率按式(3)计算(精确到小数点后一位):

$$S=\frac{L_1-L}{L}\times 100 \qquad (3)$$

式中:S——干热收缩率,%;

L——试样的烘前线框宽度,mm;

L_1——试样的烘后线框宽度,mm。

经向和纬向干热收缩率应分别计算。

b) 干热收缩率不匀率按式(4)计算(精确到小数点后一位):

$$\Delta S=\frac{2(x_1-\bar{x})_n}{\bar{x}\cdot N}\times 100 \qquad (4)$$

式中:ΔS——干热收缩率不均率,%;

x_1——大于平均值的干热收缩率测定值的平均值,%;

$\bar{x}$——全部试样干热收缩率测定值的平均值,%;

n——大于平均值的干热收缩率测定值个数;

N——试样总数。

5.7 平方米干重

5.7.1 试验仪器

a) 大平:量程 100 g,精度 0.001 g;

b) 钢板尺:精度 0.5 mm。

5.7.2 试样尺寸及数量

试样为边长 250 mm±5 mm 的正方形,数量为三个。

5.7.3 试验程序

将试样置于温度为 105℃±2℃的恒温箱中加热 60 min 后,取出放在干燥器内冷却 10 min,称取其重量即得试样干重 G_{25}(精确至 0.01 g)。

浸胶帆布的平方米干重,按式(5)计算:

$$G_{100}=G_{25}\times 16 \qquad (5)$$

式中:G_{100}——浸胶帆布平方米干重,g;

G_{25}——试样干重,g。

5.8 试验条件

5.8.1 试验环境为温度 20℃±2℃,相对湿度 65%±2%。

5.8.2 浸胶帆布的断裂强度、断裂伸长率、10%定负荷伸长率、干热收缩率、平方米干重试验的样品需在 5.8.1 环境中进行 12 h~20 h 的状态调节,其他各项试验可不进行这种状态调节。

6 抽样

6.1 生产厂按本标准对输送带用浸胶帆布进行出厂检验,并保证所有出厂的产品符合本标准的技术要求,每批产品应附有质量合格证书和检验单。

6.2 输送带用浸胶帆布以小于或等于 2 000 m 为一批,每批按卷数的 4%进行抽样,但样品卷数不得少于三卷,对每卷样品检验本标准的各项技术要求。其中,外观质量也可在工艺过程中验收。若某项指标不合格,应取双倍试样对不合格项目进行复试。若复试中仍有一个结果不合格,则该批产品为不合格品。

7 包装、标志、贮存和运输

7.1 包装

7.1.1 输送带用浸胶帆布的包装材料和包装方式应保证其质量并宜于贮存和运输。

7.1.2 输送带用浸胶帆布应采用木轴进行卷取，木轴应干燥且无油污。并按下列顺序由内向外进行包装。

a）用牛皮纸及瓦棱堵头，包裹，其两端应放 2～4 包干燥剂，每包 30 g；

b）用黑色塑料布包裹；

c）用聚丙烯编织布包裹；

d）加木堵头，并用聚丙烯带捆扎。

7.2 标志

每卷输送带用浸胶帆布在外包装上应有下列标志：

a）生产厂家及商标；

b）品种规格标记；

c）生产日期及批号；

d）卷中帆布长度。

7.3 标签

每卷输送带用浸胶帆布中应附有包含以下主要内容的标签；

a）产品名称；

b）品种规格标记；

c）生产日期；

d）批号；

e）制造单位及商标；

f）产品性能、用途及注意事项。

7.4 运输和贮存

7.4.1 运输中应做到轻装、轻卸，以免损伤帆布。

7.4.2 运输和贮存中帆布应保持清洁干燥，不得与各种化工原料及油类混放，也不得直接受雨水浸淋。

7.4.3 贮存中库房应保持通风，避免帆布过热、过潮，库房温度应为 0～30℃，相对湿度应为 30%～45%。帆布不得直接在地面上或室外存放。

7.4.4 帆布在使用前不得随意开启包装材料，必要时开启后应立即包装好。保质贮存期为 6 个月。

附 录 A
（标准的附录）
输送带用浸胶帆布与橡胶粘合强度试验用贴胶配方

表 A1 锦纶浸胶帆布贴胶配方

原 料	配比，质量份
20 号天然生胶	100
N 726 炭黑	40
氧化锌	4.0
硫磺	2.5
硫化促进剂 M	0.8
硬脂酸	2.0
松焦油	3.0
防老剂 A	0.75
防老剂 RD	0.75
合 计	153.8

表 A2 涤锦浸胶帆布贴胶配方

原 料	配比，质量份
20 号天然生胶	90.0
丁苯橡胶 SBR 1 500	10.0
硬脂酸	2.0
硫化促进剂 DM	1.2
硫化促进剂 TMTD	0.03
氧化锌	8.0
松焦油	3.0
N326 炭黑	5.0
N660 炭黑	30.0
硫磺	2.5
粘合剂 A	0.8
粘合剂 RS	0.66
防老剂 RD	2.0
合 计	155.19

ICS 53.040.20
W 58
备案号：23735—2008

中华人民共和国化工行业标准

HG/T 2821—2008
代替 HG/T 2821—1996

V 带和多楔带用浸胶聚酯线绳

Dipped polyester cable cord for V-belts and V-ribbed Belts

2008-04-23 发布　　2008-10-01 实施

中华人民共和国国家发展和改革委员会　发布

前言

本标准代替 HG/T 2821—1996《V 带和多楔带用浸胶聚酯线绳》。

本标准与 HG/T 2821—1996 相比主要变化如下：

——删除聚酯软线绳和聚酯硬线绳物理性能合格品表，取消优等品定义，以合格品和不合格品代替（1996 年版的 3.3.3 和 3.3.4，本版的 3.2.3.2）；

——聚酯软线绳和聚酯硬线绳物理性能指标普遍提高，聚酯软线绳增加热油收缩率，聚酯硬线绳增加热油收缩率和热油收缩力。聚酯硬线绳增加规格（1996 年版的 3.3.1 和 3.3.2，本版的 3.2.1和 3.2.2）；

——聚酯线绳抽样做出具体规定（1996 年版的 4，本版的 4.1）；

——增加聚酯线绳油热收缩率和热油收缩力测量方法（本版的附录 D）；

——增加了聚酯线绳捻度测量方法（本版的附录 F）。

本标准的附录 A、附录 B、附录 C、附录 D、附录 E、附录 F、附录 G 为规范性附录。

本标准中国石油和化学工业协会提出。

本标准由化学工业胶带标准化技术归口单位归口。

本标准起草单位：米勒工程线绳（苏州）有限公司、浙江海之门橡塑有限公司、青岛橡胶工业研究所。

本标准主要起草人：王彦、余智梅、沈民亮、韩德深、许喆。

本标准于 1996 年 6 月首次发布。

V 带和多楔带用浸胶聚酯线绳

1 范围

本标准规定了 V 带和多楔带带芯用浸胶聚酯线绳(简称聚酯线绳)的产品分类、要求、试验方法、检验规则及标识、包装、贮存规则。

本标准适用于作为汽车用传动带和工业传动带,包括普通 V 带、窄 V 带、宽 V 带、农机 V 带、变速带和多楔带产品的带芯材料使用的通用浸胶聚酯线绳。

2 分类

2.1 型式

V 带和多楔带浸胶聚酯线绳分为以下两种型式:

a) 聚酯硬线绳:用于切割式 V 带、多楔带。

b) 聚酯软线绳:用于包布式 V 带。

2.2 规格

按线绳用纤维的纤度和线绳结构分为:

1 100 dtex1×3,1 100 dtex 2×3,1 100 dtex 3×3,1 100 dtex 2×5,1 100 dtex 4×3,1 100 dtex 5×3,1 100 dtex 6×3,1 100 dtex 8×3,1 100 dtex 9×3,1 100 dtex 12×3,1 100 dtex 6×5 等。

2.3 品名结构

品名结构示例如下:

聚酯软线绳 1 100 dtex 2 × 3 Z S
① ② ③ ④ ⑤ ⑥

① 表示线绳的品名。

② dtex 为纤度代号,表示用 1 100 dtex 工业长丝生产。

③、④表示线绳结构,初捻股数为 2 股,复捻为 3 股。

⑤、⑥表示捻向捻度的方向分 Z 捻与 S 捻两种,线绳捻回的方向是顺时针的,称为 S 捻;加捻方向为逆时针的,称为 Z 捻;如图 1 所示。

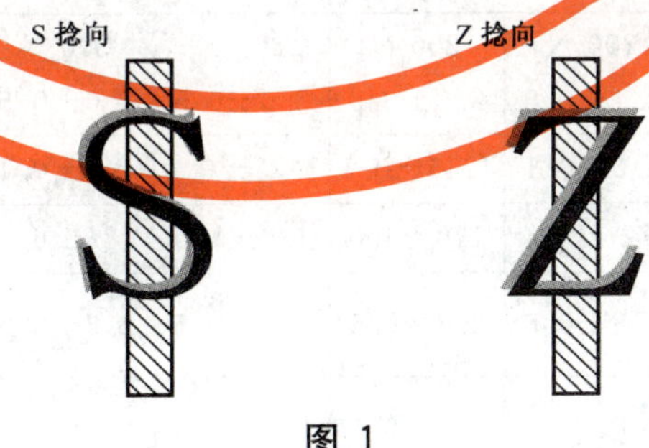

图 1

3 性能要求

3.1 材料和结构

聚酯线绳采用聚酯工业长丝经合股加捻成绳、表面浸胶、热处理定型而制成,成品应卷取成筒或线盘。

3.2 物理机械性能

3.2.1 聚酯软线绳物理性能指标见表1。

表1

测试项目	单位	线绳结构								
		1 100 dtex 2×3	1 100 dtex 3×3	1 100 dtex 2×5	1 100 dtex 4×3	1 100 dtex 5×3	1 100 dtex 6×3	1 100 dtex 8×3	1 100 dtex 9×3	1 100 dtex 12×3
断裂强度	N	>440	>640	>740	>850	>1 070	>1 280	>1 700	>1 900	>2 500
断裂伸长率	%	11±1.3	11.5±1.5	11.5±1.5	11.5±1.5	11.5±1.5	11.5±1.5	11.5±1.5	11.5±2.0	11.5±2.0
定负荷伸长率	%	150 N 2.9±0.5	200 N 2.5±0.5	200 N 2.3±0.5	300 N 2.8±0.6	300 N 2.4±0.6	400 N 2.5±0.6	500 N 2.6±0.6	500 N 2.3±0.6	500 N 1.7±0.6
直径	mm	0.90±0.1	1.2±0.1	1.24±0.1	1.36±0.1	1.55±0.1	1.65±0.1	1.95±0.15	2.10±0.15	2.40±0.15
质量	g/100 m	73±3.0	110±4.0	121±4.0	145±5.0	185±6.0	217±7.0	287±10.0	320±10.0	426±10.0
干热收缩率 150 ℃×3 min	%	3.8±0.5	3.8±0.5	3.8±0.6	3.8±0.6	3.8±0.5	3.8±0.6	3.8±0.6	3.8±0.6	3.8±0.6
油热收缩率 150 ℃×3 min	%	4.0±0.5	4.2±0.5	4.2±0.6	4.2±0.6	4.4±0.5	4.4±0.6	4.4±0.6	4.5±0.6	4.5±0.6
粘合力 橡胶(NR)	N/cm	≥220	≥240	≥260	≥280	≥300	≥330	≥400	≥420	≥480

注1：油热收缩率预加砝码:0.2 cN/tex,热介质为硅油。

注2：干热收缩率为参考指标,预加砝码:0.2 cN/tex,热介质为空气。

3.2.2 聚酯硬线绳物理性能指标见表2。

表2

测试项目	单位	线绳结构							
		1 100 dtex 1×3	1 100 dtex 2×3	1 100 dtex 3×3	1 100 dtex 2×5	1 100 dtex 3×5	1 100 dtex 4×3	1 100 dtex 6×3	1 100 dtex 6×5
断裂强度	N	>200	>400	>600	>650	>950	>850	>1 200	>2 000
断裂伸长率	%	9.5±1.5	9.5±1.5	9.5±1.5	9.5±1.5	9.5±1.5	9.5±1.5	9.5±1.5	10.0±2.0
定负荷伸长率	%	100 N 3.6±0.5	200 N 3.1±0.5	200 N 2.0±0.5	200 N 2.0±0.5	300 N 2.0±0.5	300 N 2.2±0.6	400 N 2.2±0.5	500 N 1.8±0.5
直径	mm	0.68±0.1	1.0±0.1	1.15±0.1	1.27±0.1	1.6±0.1	1.40±0.1	1.7±0.1	2.2±0.15
质量	g/100 m	38±3.0	72±4.0	110±4.0	123±4.0	185±6.0	145±5.0	227±7.0	365±10.0
干热收缩率 150 ℃×3 min	%	2.6±0.5	2.8±0.5	2.7±0.5	2.7±0.5	2.6±0.5	2.3±0.5	2.1±0.5	2.0±0.5
油热收缩率 150 ℃×3 min	%	2.6±0.5	2.8±0.5	2.8±0.5	2.8±0.6	2.8±0.5	2.5±0.5	2.4±0.5	2.4±0.5
油热收缩力 150 ℃×3 min	N	9.0±3.0	24±5.0	36±6.0	38±6.0	50±8.0	40±8.0	50±8.0	85±10
粘合力 橡胶(NR)	N/cm	≥150	≥260	≥300	≥320	≥380	≥350	≥400	≥500

注1：油热收缩率预加砝码:0.2 cN/tex,热介质为硅油。

注2：干热收缩率为参考指标,预加砝码:0.2 cN/tex,热介质为空气。

3.2.3 聚酯软线绳和硬线绳根据物理性能指标划分合格品和不合格品。

聚酯软线绳和硬线绳的物理性能指标，满足表1、表2的要求判定为合格品，不满足表1、表2的要求，判定为不合格品。

3.3 外观质量

3.3.1 聚酯线绳应无结子、缺(多)股、背股、捻度不均、油污染及其他污染，严重色差等疵点。

3.3.2 聚酯线绳应附胶均匀，不得附有杂质、脱浆、毛丝、表面擦伤等现象。

3.3.3 聚酯软线绳的成品使用纸管卷绕成型，外观要求成型平整，整齐。

聚酯硬线绳的产品用塑料线盘或木线盘卷绕成型。

3.3.4 单个线筒(线盘)用黑色聚乙烯薄膜袋包装，塑料袋严密封口。

4 抽样

4.1 聚酯线绳按批次车次抽样进行物理性能检验。

批次定义：以采用同一原丝，在同一次浸胶和热处理中生产的同一规格聚酯线绳为一批。

车次定义：浸胶机完成一个单线筒长度(不同厂家浸胶线头数不同)为一车次。

常规抽样：一筒/一车次；放宽抽样：一筒/二车次；加严抽样：二筒/一车次。

少于5个车次的，车次全数抽样，随机抽取五筒。

4.2 测试用样品分别装入黑色聚乙烯薄膜袋中(防止光线照射)备检，装袋后只允许在检验时短时间从袋内取出。

4.3 取样和制样时必须戴手套，并防止线绳被污染。

4.4 在对线绳样品的各项性能进行测试均要在试验室环境温度(23±3)℃、相对湿度60%～75%的条件下，进行至少4 h的状态调节。

4.5 当某个项目试验结果不合格时，应根据加严抽样要求，对该项目进行重复测试。如果复检项目仍有一个结果不合格，则判定该批产品为不合格。

5 试验方法

5.1 聚酯线绳直径，使用压盘式直径测定仪，按附录A进行测量。

5.2 聚酯线绳定长度重量，使用长度测量仪和分析天平，按附录B进行测量。

5.3 聚酯线绳断裂强力和断裂伸长率，使用拉力试验机，按附录C进行。

5.4 聚酯线绳油热收缩率和油热收缩力，使用油热收缩率检验仪，按附录D进行试验。

5.5 聚酯线绳干热收缩率，使用干热收缩率检验仪或自动恒温烘箱，按附录E进行试验。

5.6 聚酯线绳捻度，使用捻度试验仪，按附录F进行试验。

5.7 聚酯线绳粘合强度，使用硫化机、测厚仪和拉力试验机，按附录G进行试验。

6 标志、标签、包装、贮运

6.1 标志

外包装箱上必须有明显标志，标志中应包含以下内容：

a) 产品品名；

b) 制造单位；

c) 商标；

d) 防护标志。

6.2 标识

外箱标识应包含以下事项：

a) 产品品名；

b） 规格；

c） 等级；

d） 箱内线绳数量；

e） 线绳净重；

f） 生产日期。

6.3 包装

根据聚酯线绳筒的长度、直径、数量、体积和质量，采用适当的包装材料进行外包装。内包装必须用黑色聚乙烯袋密封，硬线绳附有内标识。

6.4 贮存和运输

6.4.1 聚酯线绳在贮存和运输过程中，应避免阳光直射，防灰尘，防水、防潮防止与酸、油或对其有害的其他溶剂接触。

6.4.2 贮存时库房温度应保持在＋5 ℃～＋40 ℃。聚酯软线绳和聚酯硬线绳的保质期为六个月。

6.4.3 贮存期间聚酯线绳要离开热源 1 m 以上，并避免因聚酯线绳承受过大压力而变形。最好使聚酯线绳筒在包装箱内竖立，然后将包装箱放在货架上。

附 录 A
（规范性附录）
聚酯线绳直径测量方法

A.1 装置

聚酯线绳直径采用测定范围为 0.01 mm～10 mm 的压盘式直径测定仪进行测定。其上压盘直径为 25.22 mm，下落高度为 4 mm，并应能对线绳试样施加 1.7 N 的压力。

A.2 样本

选取任何一个样本时，至少要拉掉线筒（盘）外层 10 m～20 m，从中截取长 500 m 以上的样本一个。每两个样本筒检测一个数值。

A.3 程序

对每个试样在相距 100 mm 以上的两个部位按以下方法测定其直径。

调整直径测定仪的指针使其指示归零，将线绳平放在测定仪的下压盘上，然后使上压盘从大约 4 mm的高度缓缓落下，待指针静止后读出数值。在线绳同一部位旋转 90°后再测一次。每个测定值保留到小数点后两位。

A.4 结果的表述

记录所测得的数值及计算总算术平均值。

附　录　B
（规范性附录）
聚酯线绳定长度重量测量方法

B.1　装置

采用图 B.1 所示的定张力测长仪和分析天平进行测量。

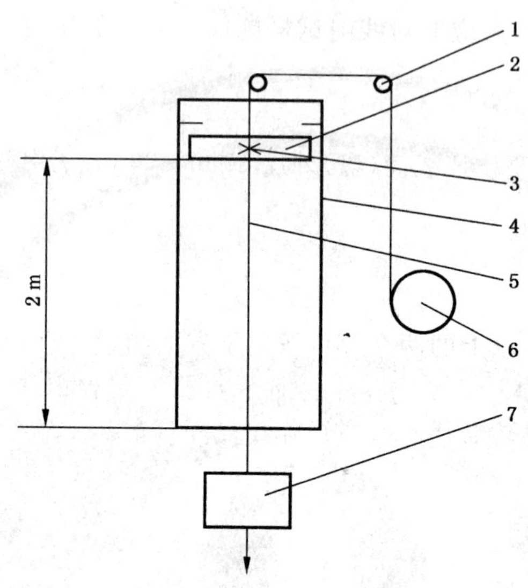

1——滑轮；

2——滑块；

3——压线绳螺丝；

4——框架；

5——待测线绳；

6——手轮（滑块升降用）；

7——砝码（张紧力）。

图 B.1　定张力测长度示意

B.2　样本

选取任何一个样本时，至少要拉掉线筒（盘）外层 10 m～20 m，从样本中，截取长 2 m 以上的样本长度，每两个样本筒检测一个数值。

B.3　程序

B.3.1　将试样夹在滑块内，利用砝码对试样施加张紧力，张紧力的大小按式（B.1）计算：

$$F = 0.5fn \qquad \cdots\cdots\cdots\cdots\cdots\cdots\cdots\cdots\cdots\cdots (B.1)$$

式中：

F——张紧力，单位为厘牛（cN）；

f——线绳单丝细度，单位为特克斯（tex）；

n——线绳单丝总股数。

B.3.2　线绳拉紧后，将线绳在长度测量计下方标记处剪断，降下活动滑动块将线绳在长度测量计的上方标记处剪断，按上述程序制备 2 m 样本。

B.3.3 将试样分别称重并记下数值。各测定值均保留到小数点后三位。

B.4 结果的表达

按式(B.2)计算定长度质量：

$$G_{100} = 50G_2 \tag{B.2}$$

式中：

G_{100}——定长度质量，单位为克每100米(g/100 m)；

G_2——B.3.3中的测定值，单位为克每2米(g/2 m)。

记录所测得的定长度质量值及它们的算术平均值。

附　录　C
（规范性附录）
聚酯线绳断裂强力和伸长率测量方法

C.1　装置

采用测定范围合适的拉力实验机，夹具 2714-010。

C.2　样本

选取任何一个样本时，至少要拉掉线筒（盘）外层 10 m～20 m，从样本中，各截取长度能保证两夹具之间夹紧长度为 802 mm（硬线绳为 800 mm）的一段线绳样本两个，单个样本筒检测两个数值。

C.3　程序

C.3.1　根据样本测试的需要调整以下测试项目，如：断裂强力（N）、断裂伸长率（%）、定负荷伸长率（%）、定伸长负荷（N），同时对每种方法设置好相应的试样长度和速度。

C.3.2　样本被测试的标准长度，是两个有效夹持点。夹具 2714-010（不同的夹具，对实验结果有影响）的标准测试长度是（800±2）mm。测试时拉伸速度为 200 mm/min，预加张力为 0.5 cN/tex，根据实际的线绳结构计算所需要的预加张力，气压夹具的压力通常在 0.4 MPa～0.6 MPa。

C.3.3　检查强力机是否在正确的位置。

C.3.4　样本夹具上下位置，应保证两个有效的夹持点的样本长度为（800±2）mm。把样本的一头装在上面的夹具上，同时关闭夹具，夹紧样本，把样本的另一头装在下面的夹具上，关闭夹具的同时，施加预加张力 0.5 cN/tex，夹紧样本。

C.3.5　按下开始测试操作，直到样本断裂，绘制如图 C.1 所示的拉力-应变区曲线。

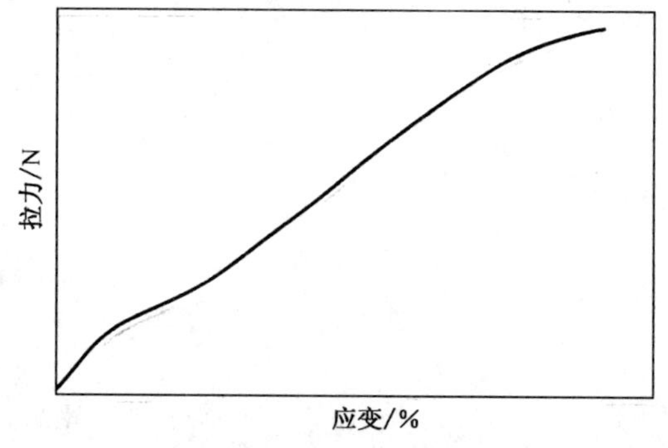

图 C.1　拉力-应变

C.3.6　测试时应避免样本扭结或样本的滑移，防止样本捻度的改变。如发生线绳在夹具附近（10 mm 以内）断裂的情况，应重复试验，并在检验报告原始记录上记录这一现象，在求平均值时，不应将此值考虑进去。

C.4　结果的表述

根据拉力-应变曲线，记录样本的断裂强力、断裂伸长率和定负荷伸长率的测定值及它们的算术平均值。有效数字取至小数点一位。

附 录 D
（规范性附录）
聚酯线绳油热收缩率和油热收缩力测量方法

D.1 装置

采用图D.1所示的油热收缩检验仪进行测量，热介质为硅油。

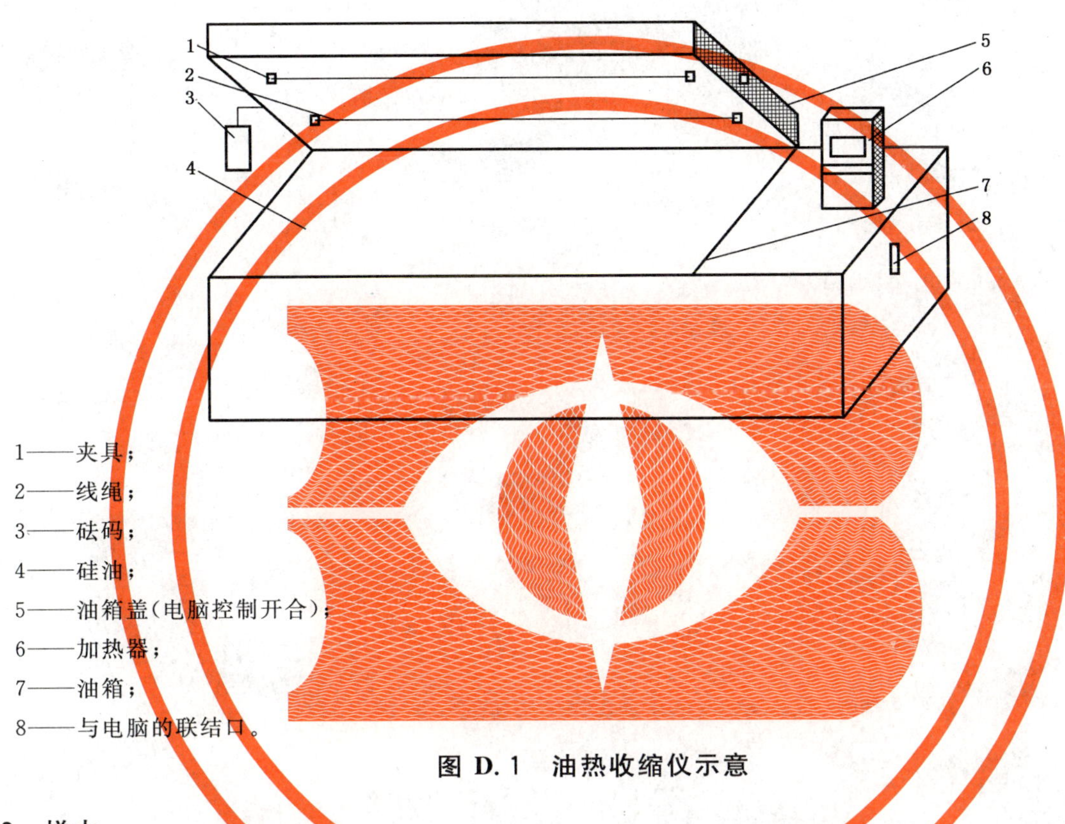

1——夹具；
2——线绳；
3——砝码；
4——硅油；
5——油箱盖（电脑控制开合）；
6——加热器；
7——油箱；
8——与电脑的联结口。

图D.1 油热收缩仪示意

D.2 样本

选取任何一个样本时，至少要拉掉线筒（盘）外层10 m～20 m，从样品中，各截取500 mm以上的试样两个，单个样本筒检测两个数值。

D.3 程序

采用油热收缩率检验仪进行试验。

D.3.1 试验条件为150 ℃ 3 min，预加砝码为0.2 cN/tex。

D.3.2 至少在试验前60 min打开油热收缩仪电源开关及电脑、显示器电源。进入热收缩测试窗口。将油热控制仪控制器上的两个旋钮分别旋至3 min和自动，油热收缩仪会自动加热至设定值(150±1)℃，测试时间设定为3 min。

D.3.3 根据样本规格选择测试窗口。

D.3.4 实验仪器箱盖内有两组气动夹具，一组测油热收缩率，一组测油热收缩力。先放热收缩率样本，用气动夹具夹紧样本，同时根据样本规格加上一定的预加砝码，同样再放人另一样本，用气动夹具加紧，根据样本规格加上一定的预加张力。

D.3.5 点击开始按钮，样本自动浸入油浴，实验开始。

D.3.6 试验时间一到，油热收缩仪的盖板自动掀起，实验结束。

D.3.7 从测试窗口可以读出热油收缩率和热油收缩力的数值。

D.4 结果的表述

计算结果有效数字均取至小数点后两位。

附　录　E
（规范性附录）
聚酯线绳干热收缩率测量方法

E.1　装置

采用干热收缩率检验仪或采用自动恒温烘箱及辅助工具进行测量。

E.2　样本

选取任何一个样本时，至少要拉掉线筒（盘）外层 10 m～20 m，从样品中，各截取 500 mm 以上的样本 1 个，单个样本筒检测一个数值。

E.3　程序

E.3.1　干热收缩率检验仪法

采用干热收缩率检验仪进行试验时，试验按下述程序进行：

E.3.1.1　实验条件为 150 ℃ 3 min，预加砝码为 0.2 cN/tex。

E.3.1.2　至少在实验前 30 min 打开仪器升温。将试验温度调为（150±1）℃，将加热时间调为 3 min。

E.3.1.3　将样本一端夹紧在支架上的夹具内，另一端通过转轮挂上一定的预加砝码（0.2 cN/tex）。

E.3.1.4　把仪器上的指针调为零，把装有试样的支架放入加热箱，当其推到位时将自动启动加热开关和计时器，达到设定时间后自动停止加热并报警，读出此时的收缩率（%）数值，并把支架拉出。

E.3.2　自动恒温烘箱法

采用自动恒温烘箱及辅助工具进行试验时，试验按下述程序进行。

E.3.2.1　将样本一端夹入有长度标记的夹具内，另一端根据样本规格加上一定的预加砝码，在离夹头 200 mm 处作出标记。

E.3.2.2　将样本放入（150±1）℃的烘箱内，在保持张力不变的情况下恒温加热 3 min。

E.3.2.3　加热 3 min 完成后，在继续加热的情况下，测量样本长度 L。在整个试验过程中应保持线绳不退捻。

E.4　结果的表达

E.4.1　当采用干热收缩率检验仪时，可直接读出样本的干热收缩率和算术平均值。

E.4.2　当采用自动恒温烘箱时，按式（E.1）计算样本的干热收缩率。

$$S=[(200-L)/200]\times 100 \qquad \text{(E.1)}$$

式中：

S——干热收缩率，单位为百分数（%）；

L——样本受热后测量长度，单位为毫米（mm）。

计算样本干热收缩率的算术平均值。

E.4.3　计算中有效数字均取至小数点后两位。

附 录 F
（规范性附录）
聚酯线绳捻度测量方法

F.1 装置

采用捻度试验仪进行测量。捻度试验仪装有一对夹钳，其中一个夹钳位置固定，可以朝正反两个方向旋转，并与一个回转计数器连接，另一个夹钳其位置可以移动，使样本长度可以在一定范围内调节。

F.2 样本

选取任何一个样本时，至少要拉掉线筒（盘）外层 10 m～20 m，从中截取 800 mm 以上的样本一个，每两个样本筒检测一个数值。

F.3 程序

F.3.1 试验前检查仪器各部分是否正常（包括机身水平），调节好夹钳距离 500 mm，预加砝码为 0.5 cN/tex。

F.3.2 将样本的一端夹在夹钳内，再将另一端引入另一只夹钳的中心位置，使样本受到预张力后拉直到指针标尺零位，夹紧夹钳，剪掉多余的样本，同时使计数器归零。

F.3.3 转动摇柄进行反向退捻，直到样本内股线全部平行，记录刻度盘上指针所对应样本的复捻的捻数 M_1，并按计数器上所显示的方向核实捻向。

F.3.4 检验初捻时，只留一股捻线，其他剪掉，预加砝码不变。

F.3.5 计数器复零，选择退捻方向，摇动摇柄，直到股线内所有的丝线平行为止，读出计数器上初捻捻数 M_2（T/m）。

F.4 结果的表述

$1M$ 样本的复捻捻度为 $2M_1$（T/m），$1M$ 样本的初捻捻度为 $2M_2$（T/m），计算结果有效数字均为整数。

附　录　G
（规范性附录）
聚酯线绳粘合强度测量方法(T 抽出法)

G.1　装置

试验包括平板硫化机、拉力试验机和厚度测试仪。

G.2　样本

选取任何一个样本时，至少要拉掉线筒(盘)外层 10 m～20 m，每一个样本筒检测两个数值，做 T-抽出时，一般选取 10 个样本，可得到 20 个数值。

G.3　程序

G.3.1　按线绳粘合强度试验用配方 1(见表 G.1)或配方 2(见表 G.2)制备混炼胶，两种配方根据线绳使用情况选用，试验所用的橡胶的储存环境为实验室标准环境[温度(23±3)℃；湿度 60%～75%]，橡胶要求表面干净，无杂物，保质期为两周。

表 G.1　线绳粘合强度试验用配方 1

配　合　剂	质　量　份
20 号天然生胶	70
苯乙烯-丁二烯橡胶(SBR)1500	30
氧化锌	5
工业硬脂酸	2
硫化促进剂 DM	1.2
硫化促进剂 TMTD	0.03
沉淀水合二氧化硅	15
N762 炭黑	25
N330 炭黑	15
松焦油	3
橡胶用粘合剂 A	2.5
橡胶用粘合剂 RS	3.5
工业硫磺	2.2
合计	175.43

表 G.2　线绳粘合强度试验用配方 2

配　合　剂	质　量　份
氯丁橡胶 CR1212	100
丁二烯橡胶(BR)9000	3
工业氧化镁	4
工业硬脂酸	1

表 G.2(续)

配合剂	质量份
N762 炭黑	25
N330 炭黑	15
沉淀水合二氧化硅	15
橡胶用粘合剂 A	2.5
橡胶用粘合剂 RS	3.5
氧化锌	5
合计	174.0

G.3.2 橡胶的选取

按待测线绳的种类选用相应的橡胶,并按模具的尺寸(长 155 mm,宽 10 mm)用切刀将橡胶切成条状。所需的条状橡胶要求长:155 mm,宽:10 mm,厚:单层橡胶的厚度约 2.0 mm。

G.3.3 模块的制作

G.3.3.1 按待测线绳的规格选用对应的模具,安装好模具后再将切好的橡胶条填进下层模具内,并使最上面的橡胶条的表面高出模具表面 1 mm 左右。

G.3.3.2 清洁橡胶表面(要求跟线绳接触的四条橡胶条的四个表面须用浸有汽油的纱布擦拭使之表面呈浆状,且要避免纱布的线头残留,待汽油完全挥发后再进行下一步的操作),待汽油完全挥发后再将待测线绳放进模具中的槽内,并加上预加张力(线绳两端各加 200 g 预加砝码),再取清洁过的两条橡胶条分别压实固定线绳。

G.3.3.3 再放上上层模具,再用橡胶条填满上层模具,并使最上面的橡胶条的表面高出上层模具表面 10 mm 左右,最后盖上盖板,准备硫化。(注意事项:在模具内的待测线绳要避免受污染,尽可能避免任何接触,尤其是出汗的手。)

G.3.4 模块的硫化

把模具放进预先加热的硫化机中硫化。两种橡胶的硫化条件相同为(150±1)℃、30 min、压力 4.4 kg/cm^2,硫化后完成后取出橡胶模块。

G.3.5 强力的测试

G.3.5.1 取出的橡胶模块在室温下至少稳定 8 h 后,再将其加工成规定的 T 形,要求剪去周围多余的胶料,且 T 形模块上部的线绳尾部要切平使之与模块的外表面相平。然后,用厚度仪测量线绳被抽出方向胶块的厚度,胶块厚度约为 10 mm,测试值精确到小数点后两位。

G.3.5.2 再将模块放入测试夹具(见图 G.1)中,挂在拉力试验机的上端,用来夹线绳的弧形夹具挂在下端。以 500 mm/min 的夹持器移动速度将线绳抽出时的力,即为 T-抽出力 F。在安装测试过程中要保持每根线绳垂直拉出,另对于因线绳的硫化过程中受到挤压变形而导致在测试中断裂的非正常数据应给予剔除。

G.3.6 结果的表述

G.3.6.1 上述试验测试结果只是静态测试数据,只具有对比,参考意义,并不能反映出线绳在加工成 V 带后的动态使用性能。

G.3.6.2 记录每个样本的线绳抽出力。有效数字取至小数点后一位。

G.3.6.3 抽出力 F 与线绳抽出方向橡胶厚度测定值之比即为粘合强度,单位为 N/cm。

G.3.6.4 计算 20 个样本粘合度的算术平均值。有效数字取至整数位。

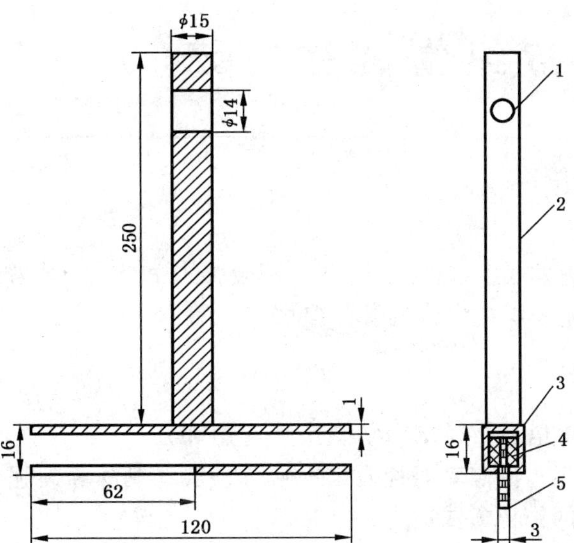

1——连接销孔；

2——与拉力试验机上夹具连接的连杆；

3——方杆；

4——试样的橡胶部分；

5——线绳。

图 G.1 测试夹具示意

中华人民共和国纺织行业标准

FZ/T 10003—92

帆布织物试验方法

1 主题内容与适用范围

本标准规定了帆布织物的长度、幅宽、密度、断裂强力和断裂伸长率以及1 m^2干燥重量的测定。

本标准适用于有梭和无梭织机织造的帆布织物的试验。

2 引用标准

GB 3291 纺织名词术语(纺织材料、纺织产品通用部分)

ZB W04 006.2 温度与回潮率对棉及化纤纯纺、混纺制品断裂强力的修正方法 本色布断裂强力的修正方法

3 标准大气

试验用标准大气为温度20±2℃;相对湿度65%±2%。

4 帆布织物长度的测定

4.1 定义

机织物的长度是一段织物两端最外边,保持整幅纬纱线间的距离。

4.2 测定原理

整段织物上标出用带刻度的钢尺连续量出的片段,然后从各片段的长度得出织物的总长。

4.3 测量程序

帆布检验,一般在叠好的布匹上进行(或在验布机上直接测量)。一段布上的每页折幅全部测量,余下不足折幅的,用钢尺测量,精确至0.1cm,不足0.1cm的不计。

4.4 测量结果的计算

匹长(m)=实际折幅长(m)×折数+不足实际折幅的长度(m)……(1)

5 帆布织物幅宽的测定

5.1 定义

织物的总幅宽是织物最外的两边经纱间与织物长度方向垂直的距离。

5.2 测定原理

用钢尺在织物不同点测量宽度。

5.3 测量程序

帆布幅宽每匹检验,一般在折叠的布匹上进行(或在验布机上测量)。将布摊在平台上,用钢板尺均衡地测量5~10处(匹长50m以下测量5处,匹长50~100m测量8处,匹长100m以上测量10处)。测量处须距布的头尾至少5m。

5.4 测量结果的计算

以各次测量值的算术平均值为该匹布的幅宽。数字精确至0.01cm,舍入至0.1cm。

6 帆布织物密度的测定

6.1 定义

中华人民共和国纺织工业部1992-12-09批准 1993-04-01实施

密度是指在织物经向或纬向单位长度中所含有的纱线根数。

6.2 测量程序

6.2.1 帆布的经、纬密度在取样的三匹布上进行检验。

6.2.2 帆布的经、纬线密度用10cm内纱线的根数表示，检验密度时，一般可点数5cm内的经线或纬线根数，将测得的数字乘2即得。但密度在100根以下时，仍应点数10cm内的经线或纬线根数。

6.2.3 经密检验一般在布匹（距布的头尾不少于5cm）的中间部位进行，在布匹全幅上同一纬向不同位置检验三处，其中两处应在距布边5cm处进行，纬密必须在不同的位置检验5～10处。匹长50m以下检验5处，匹长50～100m检验8处，匹长100m以上检验10处，各测定点距离应大致相等。

6.2.4 密度检验，应精确至0.25根，起讫点均以两根线孔隙中间为标准，如讫点至线的左侧则最后一根线作0.25根，至线的中心则最后一根线作0.5根，至线的右侧则最后一根线作0.75根。凡不足0.25根的不计，超过0.25根作0.5根计，超过0.75根作1根计，如图1。

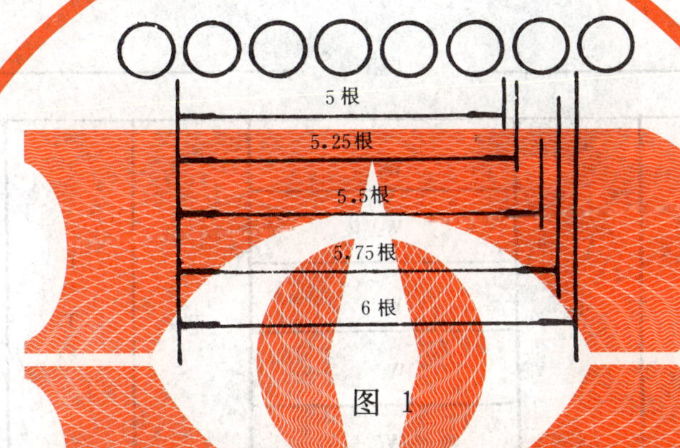

图 1

6.3 测量结果的计算

每匹帆布的经线和纬线密度以测定值的算术平均值表示。计算精确至0.01根，舍入为0.1根。

7 帆布织物断裂强力和断裂伸长率的测定

7.1 定义

7.1.1 断裂强力

在试样被拉伸至断裂的试验中所测得的最大拉伸力，以牛顿表示。

7.1.2 断裂伸长率

拉伸试验中试样拉伸至断裂时长度的增加值，以名义夹持长度的百分率表示。

7.2 测定原理

用适宜的机械方法，对试样给予逐步增加的拉力，使其伸长，直至发生断裂，并指示出断裂时的最大拉力和伸长。

7.3 试样调湿

试验前试样应在标准大气条件下调湿24h。

7.4 样品和试样

7.4.1 样品

7.4.1.1 试验样品要具有代表性，要求布面平整，不能有影响试验结果的疵点。每次随机抽取三匹帆布，每匹剪取一块样品，即长度约40cm的整幅布样（不能在上了机布上取样）。

7.4.1.2 样品的调湿平衡

试验前将样品充分暴露在标准试验大气中，直至达到含湿平衡。通常指其称量时，每隔2h称得重量的递变量不超过0.25%。

7.4.2 试样

7.4.2.1 每块样布裁剪经向试样T和纬向试样W至少各5条，各试样的长度方向平行于织物的经纱或纬纱。幅宽小于100cm的，经向距布边1/10幅宽处裁取。试样裁剪尺寸见表1。一般织物的试样长度应满足名义夹持长度达到20cm。试样裁剪如图2。

表 1

试验项目	一份样布布条数		一块布条的裁剪尺寸 cm
	经向	纬向	
断裂强度	3	4	6.5×33～38
回潮率	1		33～38×13～38

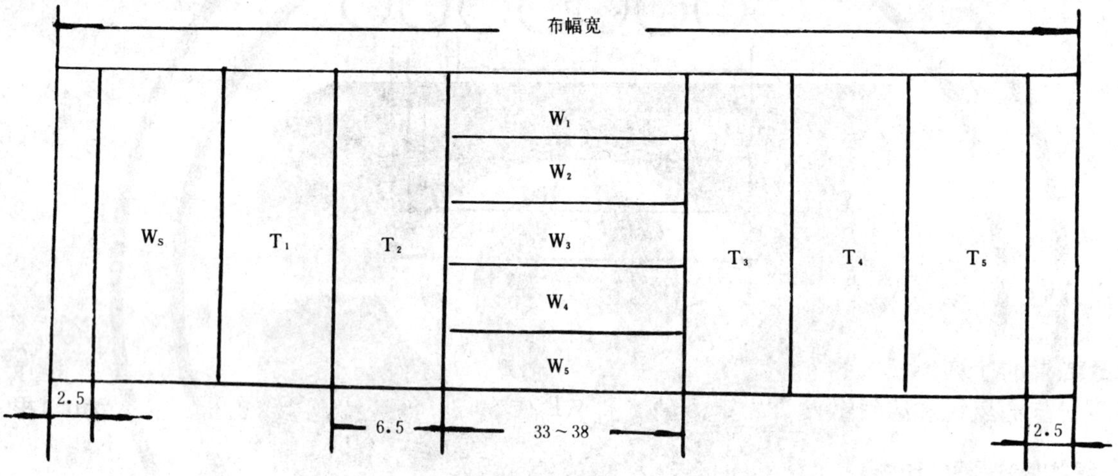

图 2

7.4.2.2 试样裁剪的宽度，应根据织物留有毛边的宽度而定，一般在织物二边留有5 mm毛边。

7.4.2.3 拉去边纱后的试样宽度为50mm，5股以上经线的帆布在试验前拆除试验经向强力布条两侧的纱线，使布条的两侧各比5 cm多4根纱线（不被夹钳夹住），如图3。

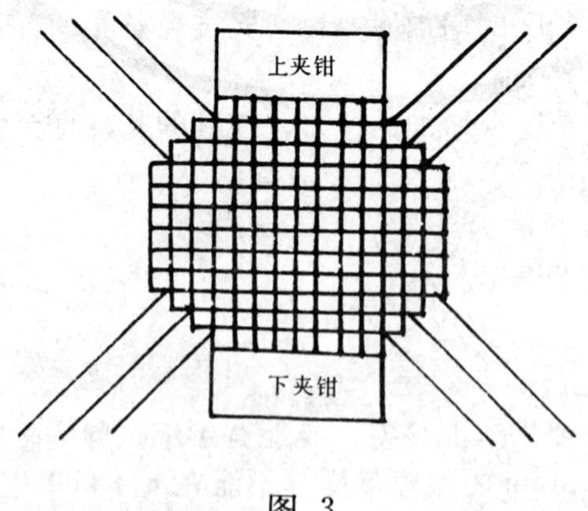

图 3

7.5 试验步骤

7.5.1 仪器校正

7.5.1.1 试验前校正强力试验机的零位。

7.5.1.2 校正强力机上下夹距之间距离为20cm（精确至1 mm）。并使夹钳相互对齐和平行，确保试样受力后不产生歪斜。

7.5.1.3 强力机下夹钳下降速度为10～11cm/min。

7.5.1.4 选择适宜的载荷重锤，并使强力指示读数落在刻度盘的20%～75%范围内，内圈不适用时使用外圈。超过75%范围时，可采用25mm的布条代替，但须将测得的强力乘以系数（经向为2.05，纬向为1.95）。

7.5.2 预加张力

根据试样断裂负荷大小，决定预加张力大小，见表2。

表 2

断裂负荷 N	预加张力 kg
4 905以上	3
2 941～4 905	2
1 970～2 940	1
1 970以下	0.5

7.5.3 试样的夹持

在夹钳中心位置夹持试样，使试样在预加张力作用下，其纵向轴线与夹钳的钳口线互成直角。夹持试验时则应关闭上夹钳制动器。将试样一端置入上夹钳的中间位置，稍加拧紧，再将试样的另一端置入下夹钳内，悬挂预加张力重锤，使试验全幅纱线在预加张力作用下达到均匀挺直，然后拧紧上夹钳，松开上夹钳制动器，检查刻度盘上的指针是否恰为悬挂重量的刻度，然后拧紧下夹钳，取下张力重锤，开启马达进行测定。

7.5.4 测定强力时，可在夹钳内垫放衬物，以免布条滑移。如仍有滑移现象时，应在试验前沿夹钳的上下夹持线用细笔在布条上划一界线，当布条断裂时，再沿夹钳的上下夹持线用细笔划界线。然后将布条拿下，测量滑移长度，在计算伸长时予以扣除。断裂伸长的计算公式：

$$E=\frac{L_1}{L_2}\times 100 \qquad (2)$$

式中：E—— 帆布实测断裂伸长率，%；

L_1—— 实际断裂伸长，cm；

L_2—— 上下夹钳距离，20cm。

7.5.5 试验中，布条如沿夹钳的夹持线或在夹钳内断裂，试验得出的数字无效，应另换预备布条再行试验。

7.5.6 试验人员读数的视线应与刻度盘在同一水平线上，如有必要可按试验人员的身高在试验机前放置垫木，以免影响读数的正确性。

7.6 测定结果的计算

7.6.1 单位

断裂强力以牛顿表示，断裂伸长以毫米表示。

7.6.2 平均断裂强力和断裂伸长率的计算公式：

a. 平均断裂强力

$$F=\frac{\sum F_i}{n} \quad\cdots\cdots(3)$$

式中：F——平均断裂强力，N；

$\sum F_i$——各试样断裂强力值的总和，N；

n——测定次数。

计算要求精确至小数后二位，舍入为一位。

b. 平均断裂伸长

$$e=\frac{\sum\Delta L}{n} \quad\cdots\cdots(4)$$

式中：e——平均断裂伸长，mm；

$\sum\Delta L$——各个试样断裂伸长值的总和，mm；

n——测定次数。

c. 各个试样断裂伸长率

$$E_1=\frac{100\Delta L}{L} \quad\cdots\cdots(5)$$

式中：E_1——各个试样断裂伸长率，%；

ΔL——各个试样断裂伸长的值，mm；

L——试样名义夹持长度，mm。

d. 平均断裂伸长率

$$E=\frac{\sum E_1}{n} \quad\cdots\cdots(6)$$

式中：E——平均断裂伸长率，%；

$\sum E_1$——各个试样断裂伸长率总和；

n——测定次数。

计算要求精确至小数后二位，舍入为一位。

8 1m^{2}干燥重量的测定

8.1 原理

试验用样品放在标准大气中调湿后，按规定尺寸从样品上裁取试样称量，计算单位面积的重量。

8.2 测定程序

8.2.1 试样裁剪

将试验布样二边沿划线正确地剪去各2.5cm左右，并修剪平齐。

8.2.2 将试样置于平板上，取试样中心及二边测量其长度和宽度（二边距布边10cm处），精确至0.1cm。

8.2.3 在布样上裁取试验回潮的布条，四边各拉去边线数根，夹在大块布中一起称重，精确至0.01g，作为布样的烘前重量。

8.2.4 将试样中试验回潮率的布称重，然后放入自动控温烘箱。

8.2.5 烘至不变重量时，称出其干燥重量。

8.3 测定结果的计算

$$G=\frac{G_1\times 1000000\times g_2}{L\times B\times g_1} \quad\cdots\cdots(7)$$

式中：G——1 m^{2}干燥重量，g/m^2；

G_1——试验布样烘前重量，g；

g_1——回潮布条烘前重量，g；

g_2—— 回潮布条干燥重量，g；

L—— 试验布样长度，mm；

B—— 试验布样宽度，mm。

9 试验报告

试验报告应包括以下内容：

a. 试样名称和规格；

b. 试验日期；

c. 试验条件；

d. 说明任何偏离本标准试验方法的细节。

附 录 A
物理试验分批规定和试验周期
（补充件）

A1 物理试验以成品车间一昼夜产量为一批，若质量稳定时，可以延长试验周期，但每周至少试验一次。

A2 试验结果如不符合技术要求项目规定，对不符合要求的项目必须进行复试，以一次复试结果为准。仍达不到要求时，则对一昼夜产品予以降等，再连续试验三批合格后，方得恢复原定试验周期，如连续不合格，则应连续降等。

附 录 B
非仲裁性常规测定
（补充件）

B1 试验用标准大气可以采用温度20±3℃，相对湿度65%±3%。

B2 若在工厂内部定等、质量控制试验等，可采用一般温湿度条件下进行试验，根据实测回潮率W_S，然后以温度和标准回潮率换算的办法，修正试样的断裂强力，但试验地点的温湿度必须保持稳定。

附加说明：

本标准由纺织工业部科技发展司提出。

本标准由上海纺织标准计量研究所归口。

本标准由上海市纺织工业局、青岛纺织工业总公司负责起草。

本标准主要起草人薛苇、叶家琛。

ICS 59.080.20
W 13

中华人民共和国纺织行业标准

FZ/T 13002—2005
代替 FZ/T 13002—1992,FZ/T 13003—1992

棉 本 色 帆 布

Grey canvas of cotton

2005-05-18 发布 2006-01-01 实施

中华人民共和国国家发展和改革委员会 发布

前言

本标准根据WTO/TBT协议中关于标准制定的原则，按产品性能及应用中的实际需要制定。

本标准代替FZ/T 13002—1992《服装用棉本色帆布》和FZ/T 13003—1992《鞋用棉本色帆布》。

本标准与FZ/T 13002—1992、FZ/T 13003—1992相比主要变化如下：

——将1992版两项标准内容合并修订；

——扩大了适用范围，适用于服装用、鞋用等棉本色帆布；

——取消"本标准不适用于鉴定三股以上棉本色帆布的品质"；

——分等规定中优等品增加棉结考核指标；

——分等规定中增加了优等品考核指标；

——布面疵点评分中幅宽分为三档。

本标准在修订中非等效采用了美国范友生公司《梭织物的范友生疵点分等规定》。本标准中优等品接近国际先进水平，一等品相当于国际一般水平。

本标准的附录A、附录B、附录C是规范性附录，附录D是资料性附录。

本标准由中国纺织工业协会提出。

本标准由全国纺织品标准化技术委员会棉纺织印染分会归口。

本标准起草单位：上海市纺织工业技术监督所。

本标准主要起草人：邵蓓华、徐佩芳。

本标准所代替标准的历次版本发布情况为：

——FZ/T 13002—1992；

——FZ/T 13003—1992。

棉 本 色 帆 布

1 范围

本标准规定了棉本色帆布的分类、要求、布面疵点检验评分、试验方法、检验规则、标志、包装、运输及贮存。

本标准适用于鉴定服装用、鞋用棉本色帆布的品质。

2 规范性引用文件

下列文件中的条款通过本标准的引用而成为本标准的条款。凡是注日期的引用文件，其随后所有的修改单(不包括勘误的内容)或修订版均不适用于本标准，然而，鼓励根据本标准达成协议的各方研究是否可使用这些文件的最新版本。凡是不注日期的引用文件，其最新版本适用于本标准。

GB/T 3923.1 纺织品 织物拉伸性能 第1部分:断裂强力和断裂伸长的测定 条样法

GB/T 4666 机织物长度的测定

GB/T 4667 机织物幅宽的测定

GB/T 4668 机织物密度的测定

FZ/T 10004 棉及化纤纯纺、混纺本色布检验规则

FZ/T 10006 棉及化纤纯纺、混纺本色布棉结杂质疵点格率检验

FZ/T 10009 棉及化纤纯纺、混纺本色布标志与包装

FZ/T 10013.2 温度与回潮率对棉及化纤纯纺、混纺制品断裂强力的修正方法 本色布断裂强力的修正方法

3 分类

棉本色帆布的品种、规格分类，根据用户需要，由生产部门制定。

4 要求

4.1 棉本色帆布要求分为内在质量和外观质量两个方面，内在质量包括织物组织、幅宽、密度、断裂强力、棉结杂质疵点格率等五项，外观质量为布面疵点一项。

4.2 棉本色帆布的品等分为优等品、一等品、二等品、三等品，低于三等品的为等外品。

4.3 棉本色帆布的评等以匹为单位，织物组织、幅宽、布面疵点按匹评等，密度、断裂强力、棉结杂质疵点格率按批评等，并以其中最低的品等为该匹布的品等。

4.4 分等规定如表1、表2。

表1 分等规定

项目		标准	允许偏差			
			优等品	一等品	二等品	三等品
织物组织		按设计规定	符合设计要求	符合设计要求	符合设计要求	符合设计要求
幅宽/cm		按产品规格	+1.5% −0.6%	+2.0% −1.2%	+2.5% −1.6%	超过+2.5% −1.6%
密度/(根/10 cm)	经纱	按产品规格	−1.5%	−1.5%	超过−2.0%	—
	纬纱		−1.0%	−1.0%	超过−1.0%	

表 1（续）

项　目	标　准		允　许　偏　差			
			优等品	一等品	二等品	三等品
断裂强力/N	按附录 C 断裂强力标准计算公式计算		－6.0％	－8.0％	超过－8.0％	—
棉结杂质疵点格率/(％) 不大于	织物总紧度/(％)	90 以下	43	48	不符合一等品标准规定	—
			其中棉结 22			
		90 及以上	47	52	不符合一等品标准规定	—
			其中棉结 24			
注：棉结疵点格率超过规定降到二等为止。						

表 2　布面疵点评分限定

单位为平均分每米

幅宽/cm	评分限定 不大于			
	优等品	一等品	二等品	三等品
110 及以下	0.2	0.3	0.5	1.0
110～150	0.3	0.4	0.6	1.5
150 及以上	0.4	0.5	0.7	2.0

4.5　长度、幅宽、经纬向密度必须保证成包后符合标准要求。

4.6　每匹布允许总评分按式(1)计算：

$$A = a \cdot L \qquad \cdots\cdots(1)$$

式中：

A——每匹允许总评分，单位为分每匹(分/匹)；

a——每米允许评分数，单位为分每米(分/m)；

L——匹长，单位为米(m)。

计算至一位小数，四舍五入成整数。

5　布面疵点的评分

5.1　布面疵点的检验

5.1.1　检验时布面上的照明光度为 400 lx±100 lx；

5.1.2　评分以布的正面为准，平纹织物以交班印一面为正面。

5.1.3　检验时，应将布平放在工作台上，检验人员站在工作台旁，以能清楚看出的为明显疵点。

5.2　布面疵点的评分

见表 3。

表 3　布面疵点评分

<table>
<tr><td colspan="2">疵点分类</td><td>1</td><td>2</td><td>3</td><td>4</td><td>补 充 说 明</td></tr>
<tr><td colspan="2">经向明显疵点/条</td><td>8 cm 及以下</td><td>8 cm 以上～16 cm</td><td>16 cm 以上～24 cm</td><td>24 cm 以上～100 cm</td><td>—</td></tr>
<tr><td colspan="2">纬向明显疵点/条</td><td>8 cm 及以下</td><td>8 cm 以上～16 cm</td><td>16 cm 以上～半幅</td><td>半幅以上</td><td>单根的双纬、错纬，半幅以下评 1 分，半幅及以上评 2 分。</td></tr>
<tr><td rowspan="2">横档</td><td>不明显</td><td>半幅以下</td><td>半幅以上</td><td>—</td><td>—</td><td rowspan="2">—</td></tr>
<tr><td>明显</td><td>—</td><td>—</td><td>半幅及以下</td><td>半幅以上</td></tr>
<tr><td rowspan="2">严重疵点</td><td>根数评分</td><td>—</td><td>—</td><td>3 根～4 根</td><td>5 根及以上</td><td rowspan="2">0.5 cm 以下的跳花、断 2 根经纱的豁边、2 cm 以下的浪纹评 2 分。</td></tr>
<tr><td>长度评分</td><td></td><td></td><td>1 cm 以下</td><td>1 cm 及以上</td></tr>
<tr><td colspan="7">注 1：半幅以上作为一条。
注 2：严重疵点在根数和长度评分矛盾时，从严评分。</td></tr>
</table>

5.3　1 m 内累计评分

最多评 4 分。

5.4　疵点的量计

5.4.1　疵点的长度以经向或纬向最大长度量计。

5.4.2　经(纬)向疵点，在纬(经)向宽 1 cm 及以内的按一条评分，宽度超过 1 cm 的，每 1 cm 为一条，其不足 1 cm 的按一条计。

5.4.3　经向明显疵点及严重疵点，长度超过 1 m 的，其超过部分按表 3 再行评分。

5.4.4　在一条内断续发生的疵点，在经(纬)向长 8 cm 内有两个及以上的，则按连续长度量计评分。

5.4.5　在一条内有两个及以上经(纬)向明显疵点(包括不同名称的疵点)断续发生时，按程度重的全部量或分别量从轻评分。

5.5　疵点评分的说明

5.5.1　下列疵点评分时，区别明显与不明显的规定

5.5.1.1　竹节、粗经、粗纬、经缩、拆痕、修正不良、油疵七个疵点，达到标样程度的为明显。

5.5.1.2　稀纬、密路在最严重处测量经向 1 cm 内的纬纱根数，纬纱根数少 10％的为明显稀纬，纬纱根数多 15％的为明显密路。

5.5.1.3　横向一直条经缩波纹 1 楞～2 楞每条评 1 分，经缩浪纹 1 楞～2 楞每条评 1 分。

5.5.1.4　1 cm 以上的深色油渍、锈渍加倍评分。

5.5.2　下列疵点的评分规定

距布边 1 cm 内的疵点不评分，但破洞、豁边、布面拖纱、烂边、边不良、凹边要评分。

5.5.3　加工坯中不评分的疵点(不包括优等品)

5.5.3.1　漂白坯中的污渍、水渍、流印、筘路、筘穿错、拖纱、花经、花纬不评分。

5.5.3.2　印花坯中的针路、筘路、筘穿错、条干不匀、轻微云织、双经、双纬、花经、花纬不评分。

5.5.3.3　上述疵点如用户另有要求时，按协议执行。

5.5.4　对部分疵点数量的限制

5.5.4.1　一等品每两联匹允许 1 个评为 4 分的疵点(不包括严重疵点)。

5.5.4.2　优等品不允许有单个评为 4 分的疵点。

5.5.4.3　优等品不明显横档每匹最多允许 4 条。

5.5.5　对疵点处理的规定

5.5.5.1　凡在织厂能修织好的疵点，应一律修好后出厂。

5.5.5.2 金属硬性杂物织入，必须在织厂剔除。

5.5.5.3 0.5 cm以上的豁边，1 cm的破洞、烂边、稀弄、不对接轧梭，2 cm以上的跳花疵点，必须在织厂剪去。

5.5.6 假开剪和拼件的规定

按协议规定执行。

6 试验方法

6.1 断裂强力测定按GB/T 3923.1执行。

6.2 长度测定按GB/T 4666执行。

6.3 幅宽测定按GB/T 4667执行。

6.4 密度测定按GB/T 4668执行。

6.5 棉结检验按FZ/T 10006执行。

7 检验规则

按FZ/T 10004执行。

8 标志、包装、运输和贮存

按FZ/T 10009执行。

9 其他

用户对产品有特殊要求，可由供需双方另订协议。

附 录 A
（规范性附录）
各类布面疵点的具体内容

A.1 经向明显疵点

断经、断疵、跳纱、沉纱、吊经、松经、紧经、错经、经缩波纹、筘路、筘穿错、综穿错、针路、边撑疵、油经、不褪色的色线、拖纱、棉球、竹节、结头、花经、烂边、凹边、修整不良、油渍、锈渍、水渍、油花纱、松紧边。

A.2 纬向明显疵点

双纬、脱纬、错纬、花纬、纬缩（包括扭结纬缩、起圈纬缩、松纬缩）、油纬、毛边、云织、条干不匀、杂物织入。

A.3 横档

稀纬、密路、拆痕。

A.4 严重疵点

破洞、跳花、豁边、错纤维、连续 1 cm 以上的烂边、霉斑、损伤布底的修正不良、稀弄、经向 8 cm 内满 10 只的结头、经缩浪纹、金属及粗 0.3 cm 的杂物织入。

A.5 经向疵点及纬向疵点中，有些疵点是这二类共同性的，在分类中只列入了经向明显疵点一类，这些疵点如在纬向出现时，则按纬向明显疵点评分。

A.6 布面上出现上述分类中没有包括的疵点，只要符合评分条件，也应评分。

A.7 经向明显疵点及纬向明显疵点中，有些同名称疵点，根据检验规定可分为明显及不明显，不明显的不评分。有争议时，按印染经合理工艺加工后，印染布是否评为明显疵点，坯布也作相应的评定。

附 录 B
（规范性附录）
疵点名称的说明

B.1 跳花：3根及以上经纬纱相互脱离组织，包括隔开一个完全组织。

B.2 破洞：3根及以上经纬纱共断或单断经、纬纱，包括隔开1根～2根好纱。

B.3 豁边：边组织内3根及以上经纬纱共断或单断经纱，包括隔开一个完全组织（双边纱2根作1根计）。

B.4 烂边：边组织内单断纬纱，且有一处连续断3根及以上的(隔1根纬纱断1根的为连续)。

B.5 修正不良：布面被刮起毛、经纬纱交叉不匀、起皱不平。

B.6 稀弄：布面上缺纬而形成明显的空档疵点。

B.7 毛边：边部纬纱不正常地织入布内，或纬纱并列露出边外成须状。

B.8 边撑疵：边撑不良使织物中纱线被轧断。

B.9 开车印：织造中布面起楞的印痕。

B.10 跳纱：1根～2根经纱或纬纱跳过1个及以上的完全组织。

B.11 沉纱：经纱脱离组织沉浮在布面上。

B.12 断疵：经纱断头后，纱尾被织入布内。

B.13 紧经：捻度过大的经纱。

B.14 吊经：张力过大的经纱。

B.15 松经：张力松弛的经纱。

B.16 经缩：经纱受到意外张力后，使织物表面呈现块状或条状的起伏不平，按其严重程度分为经缩浪纹和经缩波纹（浪纹必须三楞起算）。

B.17 凹边：纬纱张力过大，把布边拉成凹陷缺口。

B.18 条干不匀：前后都能与正常纬纱划分得开的较差的纬纱条干。

B.19 云织：纬纱密度稀密相间呈规律性的段稀段密。

B.20 拆痕：拆布后布面上留下的起毛痕迹。

B.21 脱纬：一梭口内有3根及以上的纬纱织入布内。

B.22 花纬：由于不同的配棉成分或陈旧纬纱，使布面呈现色泽不同，且有1条～2条分界线。

B.23 杂物：飞花、回丝、木质、皮质等杂物织入。

B.24 错经（纬）：包括错特克斯、错纤维、错股数。

B.25 松紧边：经向1 m长，布边与布中间相差2 cm以上为松紧边（在距边1 cm处量计）。

附　录　C
（规范性附录）
断裂强力计算

C.1　断裂强力标准计算公式

断裂强力标准按式(C.1)计算：

$$Q = \frac{P_0 \cdot N \cdot K \cdot \rho}{2 \times 100} \quad \cdots\cdots\cdots\cdots(C.1)$$

式中：

Q——织物断裂强力，单位为牛(N)；

P_0——单根纱线一等品断裂强度，单位为厘牛每特(cN/tex)；

N——织物中纱线标准密度，单位为根每10厘米(根/10 cm)；

K——织物中纱线强力的利用系数；

ρ——织物纱线的线密度，单位为特克斯(tex)。

计算的小数不计，取整数。

C.2　织物中纱线强力的利用系数 *K* 值

织物中纱线强力的利用系数 K 值如表C.1、表C.2。

表 C.1

经向紧度,%	50	51	52	53	54	55	56
$K_{经}$	0.850	0.853	0.856	0.858	0.861	0.864	0.867
经向紧度,%	57	58	59	60	61	62	63
$K_{经}$	0.869	0.872	0.875	0.878	0.880	0.883	0.886
经向紧度,%	64	65	66	67	68	69	70
$K_{经}$	0.889	0.892	0.894	0.897	0.900	0.903	0.906
注：紧度每相差±1%，$K_{经}$ 则相差±0.002 77。							

表 C.2

纬向紧度/(%)	36～48	49～60
$K_{纬}$	0.900～0.950	0.954～1.000
注：紧度每相差±1%，$K_{纬}$ 则相差±0.004 17。		

附 录 D
（资料性附录）
用于常温测定织物断裂强力的修正

工厂定等试验、内部质量控制试验，可采用一般温湿度条件下进行快速试验，然后用标准温度和回潮率换算的办法，以修正试样的断裂强力，但试验地点的温湿度必须保持稳定。

D.1 断裂强力修正公式

$$\text{修正后的断裂强力(N)} = \text{实测断裂强力(N)} \times \text{强力修正系数} \tag{D.1}$$

D.2 强力修正系数

按 FZ/T 10013.2 执行。

前　　言

橡胶工业用合成纤维帆布是在棉帆布的基础上，以合成纤维原料代替棉纤维的产品，作为输送带的骨架材料，在断裂强力和断裂伸长率方面实用性更好。随着新原料、新工艺的不断开发，促进了合成纤维帆布生产的大力发展，不少新型企业引进了国外先进设备后不仅拥有了生产本色帆布的能力，而且具备了浸胶加工设备。故本标准内容包括橡胶工业用合成纤维本色帆布和浸胶帆布两个部分，并以不同纤维成分分为涤锦帆布（代号为“EP”）和锦纶帆布（代号为“NN”）两大类为主要内容。

本标准浸胶帆布中的物理指标参考日本帝人公司技术交流资料结合我国生产实际应用情况确定，技术指标上具有一定的先进性。试验方法采用日本标准 JISL 1096—1990《普通织物试验方法》内容。

本标准的附录都是标准的附录。

本标准由中国纺织总会提出。

本标准由上海市纺织工业技术监督所归口。

本标准由上海市纺织工业技术监督所、安丘帘帆布厂负责起草。

中华人民共和国纺织行业标准

橡胶工业用合成纤维帆布

FZ/T 13010—1998

Synthetic fibres canvas for rubber industry

1 范围

本标准规定了橡胶工业用合成纤维帆布的产品品种、规格、技术要求、外观质量要求、试验方法、标志、包装、贮存和运输。

本标准适用于鉴定机织生产橡胶工业用合成纤维本色帆布和浸胶帆布的品质。

2 引用标准

下列标准所包含的条文,通过在本标准中引用而构成为本标准的条文。本标准出版时,所示版本均为有效。所有标准都会被修订,使用本标准的各方应探讨使用下列标准最新版本的可能性。

GB/T 3820—1997 纺织品和纺织制品厚度的测定

GB/T 6759—86 输送带的层间粘合强度测定方法

FZ/T 10003—92 帆布织物的试验方法

3 产品品种、规格

3.1 橡胶工业用合成纤维帆布包括橡胶工业用合成纤维本色帆布和浸胶帆布两个部分。

3.2 橡胶工业用合成纤维帆布按其纤维种类分为以下两个品种:

a)涤锦帆布 其经向为聚酯(涤纶)纤维,纬向为锦纶66,代号为"EP"。

b)锦纶帆布 其经向和纬向均为锦纶6,代号为"NN"。

3.3 合成纤维本色帆布与其浸胶帆布对应品种规格均以输送带的经向强力分为80、100、125、150、200、250、300、350、400、500、600 N/mm等11种规格,以输送带宽度划分则根据用户需要确定。

4 技术要求

4.1 技术要求项目

橡胶工业用合成纤维本色帆布的技术要求包括织物结构、幅宽、密度、厚度、断裂强度、断裂伸长率、平方米干重。浸胶帆布技术要求除上述各项外,再加上粘合强度、10%定负荷伸长率、干热收缩率、干热收缩率不匀率四项。

4.2 分等规定

4.2.1 橡胶工业用合成纤维帆布以匹(或卷)为单位检验,由物理指标及外观疵点的品等结合评定。分为优等品、一等品、合格品,达不到合格品要求的为不合格品。

4.2.2 当物理指标与外观疵点品等不同时,按最低品等评定。

4.2.3 物理指标中本色帆布的断裂强力,浸胶帆布的断裂强力和粘合强度为主要指标,有一项不符合标准规定就为不合格品。

4.2.4 物理指标分批试验,按批评等。分批规定如下:

a)本色帆布以同一只经线筒子生产的帆布作为一批;

国家纺织工业局1998-06-29批准 1999-01-01实施

b）浸胶帆布的分批，若不是连续浸胶或不同工艺生产的均应另行分批。

4.3 橡胶工业用合成纤维本色帆布代表性品种技术要求见表 1、表 2。

4.4 橡胶工业用合成纤维浸胶帆布代表性品种技术要求见表 3、表 4。

表 1 EP 本色帆布技术要求

序号	规格 项目		单位	EP-80						EP-100					
				优等品		一等品		合格品		优等品		一等品		合格品	
				经向	纬向	经向	纬向	经向	纬向	经向	纬向	经向	纬向	经向	纬向
1	结构		dtex	1100×1	930×1	1100×1	930×1	1100×1	930×1	1100×1	930×1	1100×1	930×1	1100×1	930×1
2	密度		根/10 cm	120±2	76±2	120±2	76±2	120±2	76±2	160±2	86±2	160±2	86±2	160±2	86±2
3	断裂强度 ≥	平均值	N/mm	95	55	90	50	90	45	125	60	120	55	115	50
		最低值		85	50	80	45	75	40	110	55	105	50	100	45
4	断裂伸长率		%	≥18	≤25	≥18	≤25	≥18	≤25	≥18	≤25	≥18	≤25	≥18	≤25
5	平方米干重		g/m^2	230±10		240±10		250+10		280±10		290±10		300±10	
6	厚度		mm	0.55±0.05						0.55±0.10					
7	宽度		mm	$900_{-20}^{0}\sim1750_{-20}^{0}$						$900_{-20}^{0}\sim1750_{-20}^{0}$					
8	长度		m/卷	810_{0}^{+10}						810_{0}^{+10}					
序号	规格 项目		单位	EP-125						EP-150					
				优等品		一等品		合格品		优等品		一等品		合格品	
				经向	纬向	经向	纬向	经向	纬向	经向	纬向	经向	纬向	经向	纬向
1	结构		dtex	1670×1	1400×1	1670×1	1400×1	1670×1	1400×1	1100×2	1870×2	1100×1	1870×1	1100×2	1400×2
2	密度		根/10 cm	145±2	72±2	145±2	72±2	145±2	72±2	148±2	54±2	148±2	54±2	148±2	54±2
3	断裂强度 ≥	平均值	N/mm	170	78	165	75	160	70	255	80	215	75	205	75
		最低值		155	70	150	65	145	60	200	75	190	70	180	65
4	断裂伸长率		%	≥18	≤30	≥18	≤30	≥18	≤30	≥18	≤30	≥18	≤30	≥18	≤30
5	平方米干重		g/m^2	350±15		360±15		370±15		440±15		450±15		460±15	
6	厚度		mm	0.75±0.10						0.80±0.10					
7	宽度		mm	$900_{-20}^{0}\sim1750_{-20}^{0}$						$900_{-20}^{0}\sim1750_{-20}^{0}$					
8	长度		m/卷	810_{0}^{+10}						810_{0}^{+10}					

表 1(续)

序号	项目＼规格	单位	EP-200						EP-250					
			优等品		一等品		合格品		优等品		一等品		合格品	
			经向	纬向	经向	纬向	经向	纬向	经向	纬向	经向	纬向	经向	纬向
1	结构	dtex	1100×2	1400×2	1100×2	1400×2	1100×2	1400×2	1100×4	1870×2	1100×4	1870×2	1100×4	1100×2
2	密度	根/10 cm	162±2	44±2	162±2	44±2	162±2	44±2	102±2	38±2	102±2	38±2	102±2	38±2
3	断裂强度≥ 平均值	N/mm	250	95	245	90	235	85	325	110	315	100	305	95
	断裂强度≥ 最低值	N/mm	225	85	220	80	210	75	300	100	290	85	280	80
4	断裂伸长率	%	≥18	≤30	≥18	≤30	≥18	≤30	≥18	≤30	≥18	≤30	≥18	≤30
5	平方米干重	g/m²	520±15		530±15		540±15		650±15		660±20		670±20	
6	厚度	mm	0.90±0.15						1.25±0.15					
7	宽度	mm	900_{-20}^{0}~1750_{-20}^{0}						900_{-20}^{0}~1750_{-20}^{0}					
8	长度	m/卷	405_{0}^{+10}						405_{0}^{+10}					

序号	项目＼规格	单位	EP-300						EP-350					
			优等品		一等品		合格品		优等品		一等品		合格品	
			经向	纬向	经向	纬向	经向	纬向	经向	纬向	经向	纬向	经向	纬向
1	结构	dtex	1100×4	1870×2	1100×4	1870×2	1100×4	1870×2	1670×3	1870×2	1670×3	1870×2	1670×3	1870×2
2	密度	根/10 cm	130±2	38±2	130±2	38±2	130±2	38±2	132±2	38±2	132±2	38±2	132±2	38±2
3	断裂强度≥ 平均值	N/mm	390	110	380	100	370	95	450	110	440	100	430	95
	断裂强度≥ 最低值	N/mm	375	100	365	85	355	80	425	100	415	90	405	85
4	断裂伸长率	%	≥18	≤30	≥18	≤30	≥18	≤30	≥18	≤30	≥18	≤30	≥18	≤30
5	平方米干重	g/m²	750±20		760±20		770±20		830±20		840±30		850±30	
6	厚度	mm	1.4±0.10						1.45±0.20					
7	宽度	mm	900_{-20}^{0}~1750_{-20}^{0}						900_{-20}^{0}~1750_{-20}^{0}					
8	长度	m/卷	405_{0}^{+10}						405_{0}^{+10}					

表 1(完)

序号	项目＼规格		单位	EP-400						EP-500					
				优等品		一等品		合格品		优等品		一等品		合格品	
				经向	纬向	经向	纬向	经向	纬向	经向	纬向	经向	纬向	经向	纬向
1	结构		dtex	1670×4	1870×2	1670×4	1870×2	1670×4	1870×2	1670×6	1400×3	1670×6	1400×3	1670×6	1400×3
2	密度		根/10 cm	114±2	38±2	114±2	38±2	114±2	38±2	80±2	45±2	80±2	45±2	80±2	45±2
3	断裂强度 ≥	平均值	N/mm	530	110	520	100	510	95	580	135	570	125	560	115
		最低值		505	100	495	90	485	85	560	120	550	110	540	100
4	断裂伸长率		%	≥18	≤30	≥18	≤30	≥18	≤30	≥18	≤30	≥18	≤30	≥18	≤30
5	平方米干重		g/m²	990±30		1000±30		1010±30		1140±40		1150±40		1160±40	
6	厚度		mm	1.70±0.20						1.80±0.25					
7	宽度		mm	900_{-20}^{0}～1750_{-20}^{0}						900_{-20}^{0}～1750_{-20}^{0}					
8	长度		m/卷	405_{0}^{+10}						405_{0}^{+10}					

表 2 NN 本色帆布技术要求

序号	项目＼规格		单位	NN-80						NN-100					
				优等品		一等品		合格品		优等品		一等品		合格品	
				经向	纬向	经向	纬向	经向	纬向	经向	纬向	经向	纬向	经向	纬向
1	结构		dtex	930×1	930×1	930×1	930×1	930×1	930×1	930×1	930×1	930×1	930×1	930×1	930×1
2	密度		根/10 cm	148±2	70±2	148±2	70±2	148±2	70±2	170±2	78±2	170±2	78±2	170±2	78±2
3	断裂强度 ≥	平均值	N/mm	95	55	90	50	85	45	110	55	105	55	100	50
		最低值		85	50	80	45	75	40	90	50	85	50	80	40
4	断裂伸长率 ≤		%	25	25	25	25	25	25	25	25	25	25	25	25
5	平方米干重		g/m²	200±10		210±10		220±10		240±10		250±10		260±10	
6	厚度		mm	0.55±0.10						0.55±0.10					
7	宽度		mm	900_{-20}^{0}～1750_{-20}^{0}						900_{-20}^{0}～1750_{-20}^{0}					
8	长度		m/卷	800_{0}^{+10}						800_{0}^{+10}					

表 2(续)

序号	项目 \ 规格	单位	NN-125						NN-150					
			优等品		一等品		合格品		优等品		一等品		合格品	
			经向	纬向	经向	纬向	经向	纬向	经向	纬向	经向	纬向	经向	纬向
1	结构	dtex	1400×1	1400×1	1400×1	1400×1	1400×1	1400×1	1870×1	1870×1	1870×1	1870×1	1870×1	1870×1
2	密度	根/10 cm	122±2	60±2	122±2	60±2	122±2	60±2	108±2	56±2	108±2	56±2	108±2	56±2
3	断裂强度 ≥ 平均值	N/mm	125	65	120	60	115	55	150	80	145	75	140	70
	断裂强度 ≥ 最低值		115	60	110	55	105	45	130	70	125	65	120	60
4	断裂伸长率	%	25	30	25	30	25	30	25	30	25	30	25	30
5	平方米干重	g/m^2	260±15		270±15		280±15		310±15		320±15		330±15	
6	厚度	mm	0.70±0.10						0.90±0.10					
7	宽度	mm	$900_{-20}^{0}\sim1750_{-20}^{0}$						$900_{-20}^{0}\sim1750_{-20}^{0}$					
8	长度	m/卷	800_{0}^{+10}						800_{0}^{+10}					

序号	项目 \ 规格	单位	NN-200						NN-250					
			优等品		一等品		合格品		优等品		一等品		合格品	
			经向	纬向	经向	纬向	经向	纬向	经向	纬向	经向	纬向	经向	纬向
1	结构	dtex	1870×1	1870×1	1870×1	1870×1	1870×1	1870×1	1400×2	1870×1	1400×2	1870×1	1400×2	1870×1
2	密度	根/10 cm	162±2	60±2	162±2	60±2	160±2	60±2	126±2	60±2	126±2	60±2	126±2	60±2
3	断裂强度 ≥ 平均值	N/mm	220	88	215	85	210	80	260	95	255	90	250	85
	断裂强度 ≥ 最低值		200	80	195	75	190	70	245	85	240	80	235	75
4	断裂伸长率 ≤	%	35	30	35	30	35	30	35	30	35	30	35	30
5	平方米干重	g/m^2	380±20		400±20		410±20		480±20		490±20		500±20	
6	厚度	mm	0.90±0.15						0.95±0.15					
7	宽度	mm	$900_{-20}^{0}\sim1750_{-20}^{0}$						$900_{-20}^{0}\sim1750_{-20}^{0}$					
8	长度	m/卷	400_{0}^{+10}						400_{0}^{+10}					

表 2(完)

序号	项目 \ 规格	单位	NN-300						NN-400					
			优等品		一等品		合格品		优等品		一等品		合格品	
			经向	纬向	经向	纬向	经向	纬向	经向	纬向	经向	纬向	经向	纬向
1	结构	dtex	1870×2	1400×2	1870×2	1400×2	1870×2	1400×2	1870×3	1870×2	1870×3	1870×2	1870×3	1870×2
2	密度	根/10 cm	120±2	44±2	120±2	44±2	120±2	44±2	110±2	36±2	110±2	36±2	110±2	36±2
3	断裂强度≥ 平均值	N/mm	335	95	325	95	315	90	430	110	410	105	390	100
	断裂强度≥ 最低值	N/mm	305	90	295	85	285	80	400	100	380	95	360	90
4	断裂伸长率≤	%	35	30	35	30	35	30	40	30	40	30	40	30
5	平方米干重	g/m²	600±25		615±25		630±25		760±30		780±30		800±30	
6	厚度	mm	1.35±0.20						1.70±0.20					
7	宽度	mm	900_{-20}^{0}～1750_{-20}^{0}						900_{-20}^{0}～1750_{-20}^{0}					
8	长度	m/卷	400_{0}^{+10}						400_{0}^{+10}					

序号	项目 \ 规格	单位	NN-500					
			优等品		一等品		合格品	
			经向	纬向	经向	纬向	经向	纬向
1	结构	dtex	1870×4	1870×2	1870×4	1870×2	1870×4	1870×2
2	密度	根/10 cm	112±2	38±2	112±2	38±2	112±2	38±2
3	断裂强度≥ 平均值	N/mm	540	115	530	105	520	100
	断裂强度≥ 最低值	N/mm	510	105	500	95	485	90
4	断裂伸长率≤	%	40	30	40	30	40	30
5	平方米干重	g/m²	1120±50		1170±50		1300±60	
6	厚度	mm	1.80±0.30					
7	宽度	mm	900_{-20}^{0}～1750_{-20}^{0}					
8	长度	m/卷	400_{0}^{+10}					

表 3　EP 浸胶帆布技术要求

序号	项目＼规格	单位	EP-80						EP-100					
			优等品		一等品		合格品		优等品		一等品		合格品	
			经向	纬向	经向	纬向	经向	纬向	经向	纬向	经向	纬向	经向	纬向
1	结构	dtex	1100×1	930×1	1100×1	930×1	1100×1	930×1	1100×1	930×1	1100×1	930×1	1100×1	930×1
2	密度	根/10 cm	155±2	76±2	155±2	76±2	155±2	76±2	194±2	86±2	194±2	86±2	194±2	86±2
3	断裂强度≥ 平均值	N/mm	110	50	105	45	100	40	137	55	132	50	128	45
	断裂强度≥ 最低值	N/mm	95	45	90	40	85	35	118	50	110	45	105	40
4	10%定负荷伸长率≤	%	1.5		1.5		1.5		1.5		1.5		1.5	
5	断裂伸长率	%	≥14	≤45	≥14	≤45	≥14	≤45	≥14	≤45	≥14	≤45	≥14	≤45
6	干热收缩率(150℃×30 min)	%	5.0	0.5	5.0	0.5	5.0	0.5	5.0	0.5	5.0	0.5	5.0	0.5
7	干热收缩率不匀率≤	%	10		10		10		10		10		10	
8	粘合强度≥	N/mm	7.8		7.8		7.5		7.8		7.8		7.5	
9	平方米干重	g/m²	300±10		310±10		320±10		340±15		350±15		360±15	
10	厚度	mm	0.55±0.05						0.55±0.05					
11	宽度	mm	$800_{-20}^{\ 0}$～$1400_{-20}^{\ 0}$						$800_{-20}^{\ 0}$～$1500_{-20}^{\ 0}$					
12	长度	m/卷	800_{0}^{+10}						800_{0}^{+10}					

序号	项目＼规格	单位	EP-125						EP-150					
			优等品		一等品		合格品		优等品		一等品		合格品	
			经向	纬向	经向	纬向	经向	纬向	经向	纬向	经向	纬向	经向	纬向
1	结构	dtex	1670×1	1400×1	1670×1	1400×1	1670×1	1400×1	1100×2	1870×1	1100×2	1870×1	1100×2	1870×1
2	密度	根/10 cm	170±2	72±2	170±2	72±2	170±2	72±2	166±2	56±2	166±2	56±2	166±2	56±2
3	断裂强度≥ 平均值	N/mm	165	70	160	65	150	60	206	75	200	70	185	65
	断裂强度≥ 最低值	N/mm	145	60	140	55	130	50	176	68	170	60	155	55
4	10%定负荷伸长率≤	%	1.5		1.5		1.5		1.5		1.5		1.5	
5	断裂伸长率	%	≥14	≤45	≥14	≤45	≥14	≤45	≥14	≤45	≥14	≤45	≥14	≤45
6	干热收缩率(150℃×30 min)	%	5.0	0.5	5.0	0.5	5.0	0.5	5.0	0.5	5.0	0.5	5.0	0.5
7	干热收缩率不匀率≤	%	10		10		10		10		10		10	
8	粘合强度≥	N/mm	7.8		7.8		7.5		7.8		7.8		7.5	
9	平方米干重	g/m²	425±20		435±20		445±20		530±20		540±20		550±20	
10	厚度	mm	0.60±0.05						0.70±0.05					
11	宽度	mm	$800_{-20}^{\ 0}$～$1500_{-20}^{\ 0}$						$800_{-20}^{\ 0}$～$1550_{-20}^{\ 0}$					
12	长度	m/卷	800_{0}^{+10}						800_{0}^{+10}					

表 3(续)

序号	规格 项目		单位	EP-200						EP-250					
				优等品		一等品		合格品		优等品		一等品		合格品	
				经向	纬向	经向	纬向	经向	纬向	经向	纬向	经向	纬向	经向	纬向
1	结构		dtex	1100×2	1400×2	1100×2	1400×2	1100×2	1400×2	1100×4	1870×2	1100×4	1870×2	1100×4	1870×2
2	密度		根/10 cm	186±2	44±2	186±2	44±2	186±2	44±2	120±2	38±2	120±2	38±2	120±2	38±2
3	断裂强度 ≥	平均值	N/mm	246	85	240	80	230	75	330	105	310	90	295	85
		最低值		220	75	215	70	205	65	290	95	270	80	255	75
4	10%定负荷伸长率 ≤		%	1.5		1.5		1.5		1.5		1.5		1.5	
5	断裂伸长率		%	≥15	≤45	≥15	≤45	≥15	≤45	≥15	≤45	≥15	≤45	≥15	≤45
6	干热收缩率(150℃×30 min)		%	5.0	0.5	5.0	0.5	5.0	0.5	5.0	0.5	5.0	0.5	5.0	0.5
7	干热收缩率不匀率 ≤		%	10		10		10		10		10		10	
8	粘合强度 ≥		N/mm	7.8		7.8		7.5		7.8		7.8		7.5	
9	平方米干重		g/m²	600±20		630±20		650±20		780±30		790±30		800±30	
10	厚度		mm	0.80±0.05						1.07±0.10					
11	宽度		mm	800_{-20}^{0}～1600_{-20}^{0}						800_{-20}^{0}～1600_{-20}^{0}					
12	长度		m/卷	800_{0}^{+10}						800_{0}^{+10}					

序号	规格 项目		单位	EP-300						EP-350					
				优等品		一等品		合格品		优等品		一等品		合格品	
				经向	纬向	经向	纬向	经向	纬向	经向	纬向	经向	纬向	经向	纬向
1	结构		dtex	1100×4	1870×2	1100×4	1870×2	1100×4	1870×2	1670×3	1870×2	1670×3	1870×2	1670×3	1870×2
2	密度		根/10 cm	146±2	38±2	146±2	38±2	146±2	38±2	150±2	38±2	150±2	38±2	150±2	38±2
3	断裂强度 ≥	平均值	N/mm	350	105	340	90	335	85	400	105	390	90	380	85
		最低值		320	95	310	80	305	75	370	95	360	80	350	75
4	10%定负荷伸长率 ≤		%	1.5		1.5		1.5		1.5		1.5		1.5	
5	断裂伸长率		%	≥15	≤45	≥15	≤45	≥15	≤45	≥15	≤45	≥15	≤45	≥15	≤45
6	干热收缩率(150℃×30 min)		%	5.0	0.5	5.0	0.5	5.0	0.5	5.0	0.5	5.0	0.5	5.0	0.5
7	干热收缩率不匀率 ≤		%	10		10		10		10		10		10	
8	粘合强度 ≥		N/mm	7.8		7.8		7.5		7.8		7.8		7.5	
9	平方米干重		g/m²	860±30		870±30		880±30		1000±35		1010±35		1020±35	
10	厚度		mm	1.20±0.10						1.26±0.10					
11	宽度		mm	800_{-20}^{0}～1600_{-20}^{0}						800_{-20}^{0}～1600_{-20}^{0}					
12	长度		m/卷	400_{0}^{+10}						400_{0}^{+10}					

表 3(完)

序号	项目 \ 规格	单位	EP-400						EP-500					
			优等品		一等品		合格品		优等品		一等品		合格品	
			经向	纬向	经向	纬向	经向	纬向	经向	纬向	经向	纬向	经向	纬向
1	结构	dtex	1670×4	1870×2	1670×4	1870×2	1670×4	1870×2	1670×6	1400×3	1670×6	1400×3	1670×6	1400×3
2	密度	根/10 cm	125±2	38±2	125±2	38±2	125±2	38±2	104±2	45±2	104±2	45±2	104±2	45±2
3	断裂强度≥ 平均值	N/mm	465	105	455	95	450	90	570	125	560	115	550	110
	断裂强度≥ 最低值	N/mm	425	95	415	85	410	80	520	116	515	106	515	106
4	10%定负荷伸长率≤	%	1.5		1.5		1.5		2.5		2.5		2.5	
5	断裂伸长率	%	≥15	≤45	≥15	≤45	≥15	≤45	≥15	≤40	≥15	≤40	≥15	≤40
6	干热收缩率(150℃×30 min)	%	6.0	0.5	6.0	0.5	6.0	0.5	6.0	0.5	6.0	0.5	6.0	0.5
7	干热收缩率不匀率≤	%	10		10		10		10		10		10	
8	粘合强度≥	N/mm	7.8		7.8		7.5		7.8		7.8		7.5	
9	平方米干重	g/m²	1040±40		1050±40		1060±40		1300±50		1310±50		1320±50	
10	厚度	mm	1.40±0.10						1.50±0.14					
11	宽度	mm	800_{-20}^{0}～1600_{-20}^{0}						800_{-20}^{0}～1600_{-20}^{0}					
12	长度	m/卷	400_{0}^{+10}						400_{0}^{+10}					

表 4 NN 浸胶帆布技术要求

序号	项目 \ 规格	单位	EP-80						EP-100					
			优等品		一等品		合格品		优等品		一等品		合格品	
			经向	纬向	经向	纬向	经向	纬向	经向	纬向	经向	纬向	经向	纬向
1	结构	dtex	930×1	930×1	930×1	930×1	930×1	930×1	930×1	930×1	930×1	930×1	930×1	930×1
2	密度	根/10 cm	175±2	70±2	175±2	70±2	175±2	70±2	196±2	78±2	196±2	78±2	196±2	78±2
3	断裂强度≥ 平均值	N/mm	110	50	105	45	100	40	130	50	125	50	125	45
	断裂强度≥ 最低值	N/mm	100	45	95	40	90	35	115	45	110	45	105	40
4	10%定负荷伸长率≤	%	2.5		2.5		2.5		2.5		2.5		2.5	
5	断裂伸长率≤	%	20	60	20	60	20	60	20	60	20	60	20	60
6	干热收缩率(150℃×30 min)	%	5.5	0.5	5.5	0.5	5.5	0.5	5.5	0.5	5.5	0.5	5.5	0.5
7	干热收缩率不匀率≤	%	10		10		10		10		10		10	
8	粘合强度≥	N/mm	7.8		7.8		7.5		7.8		7.8		7.5	
9	平方米干重	g/m²	260±10		270±10		280±10		290±12		300±12		310±12	
10	厚度	mm	0.45±0.05						0.50±0.05					
11	宽度	mm	800_{-20}^{0}～1400_{-20}^{0}						800_{-20}^{0}～1400_{-20}^{0}					
12	长度	m/卷	800_{0}^{+10}						800_{0}^{+10}					

表 4(续)

序号	项目	单位	NN-125						NN-150					
			优等品		一等品		合格品		优等品		一等品		合格品	
			经向	纬向	经向	纬向	经向	纬向	经向	纬向	经向	纬向	经向	纬向
1	结构	dtex	1400×1	1400×1	1400×1	1400×1	1400×1	1400×1	1870×1	1400×1	1870×1	1400×1	1870×1	1400×1
2	密度	根/10 cm	150±2	60±2	150±2	60±2	150±2	60±2	135±2	68±2	135±2	68±2	135±2	68±2
3	断裂强度≥ 平均值	N/mm	155	60	150	55	145	50	178	68	175	65	175	60
	断裂强度≥ 最低值	N/mm	135	50	130	45	125	40	160	60	155	55	155	50
4	10%定负荷伸长率≤	%	2.5		2.5		2.5		2.5		2.5		2.5	
5	断裂伸长率≤	%	20	60	20	60	20	60	20	50	20	50	20	50
6	干热收缩率(150℃×30 min)	%	5.5	0.5	5.5	0.5	5.5	0.5	5.5	0.5	5.5	0.5	5.5	0.5
7	干热收缩率不匀率≤	%	10		10		10		10		10		10	
8	粘合强度≥	N/mm	7.8		7.8		7.5		7.8		7.8		7.5	
9	平方米干重	g/m^2	330±15		340±15		350±15		390±20		410±20		420±20	
10	厚度	mm	0.55±0.05						0.65±0.05					
11	宽度	mm	800$_{-20}^{0}$～1400$_{-20}^{0}$						800$_{-20}^{0}$～1400$_{-20}^{0}$					
12	长度	m/卷	800$^{+10}_{0}$						800$^{+10}_{0}$					

序号	项目	单位	NN-200						NN-250					
			优等品		一等品		合格品		优等品		一等品		合格品	
			经向	纬向	经向	纬向	经向	纬向	经向	纬向	经向	纬向	经向	纬向
1	结构	dtex	1870×1	1870×1	1870×1	1870×1	1870×1	1870×1	1400×2	1870×1	1400×2	1870×1	1400×2	1870×1
2	密度	根/10 cm	176±2	60±2	176±2	60±2	176±2	70±2	145±2	60±2	145±2	60±2	145±2	60±2
3	断裂强度≥ 平均值	N/mm	230	80	225	75	225	70	285	80	280	75	275	70
	断裂强度≥ 最低值	N/mm	215	70	210	65	205	60	260	70	255	65	250	60
4	10%定负荷伸长率≤	%	2.5		2.5		2.5		2.5		2.5		2.5	
5	断裂伸长率≤	%	25	40	25	40	25	40	25	40	25	40	25	40
6	干热收缩率(150℃×30 min)	%	5.5	0.5	5.5	0.5	5.5	0.5	5.5	0.5	5.5	0.5	5.5	0.5
7	干热收缩率不匀率≤	%	10		10		10		10		10		10	
8	粘合强度≥	N/mm	7.8		7.8		7.5		7.8		7.8		7.5	
9	平方米干重	g/m^2	490±20		510±20		520±20		560±25		590±25		620±25	
10	厚度	mm	0.80±0.05						0.90±0.10					
11	宽度	mm	800$_{-20}^{0}$～1600$_{-20}^{0}$						800$_{-20}^{0}$～1600$_{-20}^{0}$					
12	长度	m/卷	400$^{+10}_{0}$						400$^{+10}_{0}$					

表 4(完)

序号	项目＼规格	单位	NN-300						NN-400					
			优等品		一等品		合格品		优等品		一等品		合格品	
			经向	纬向	经向	纬向	经向	纬向	经向	纬向	经向	纬向	经向	纬向
1	结构	dtex	1870×2	1400×2	1870×2	1400×2	1870×2	1400×2	1870×3	1870×2	1870×3	1870×2	1870×3	1870×2
2	密度	根/10 cm	136±2	44±2	136±2	44±2	136±2	44±2	120±2	36±2	120±2	36±2	120±2	36±2
3	断裂强度≥ 平均值	N/mm	375	90	345	85	330	80	470	90	445	85	440	80
	断裂强度≥ 最低值	N/mm	350	80	320	75	305	70	440	80	415	75	410	70
4	10%定负荷伸长率≤	%	2.5		2.5		2.5		3.0		3.0		3.0	
5	断裂伸长率≤	%	25	40	25	40	25	40	25	40	25	40	25	40
6	干热收缩率(150℃×30 min)	%	5.5	0.5	5.5	0.5	5.5	0.5	6.0	0.5	6.0	0.5	6.0	0.5
7	干热收缩率不匀率≤	%	10		10		10		10		10		10	
8	粘合强度≥	N/mm	7.8		7.8		7.5		7.8		7.8		7.5	
9	平方米干重	g/m²	690±30		710±30		720±30		830±35		860±35		880±35	
10	厚度	mm	1.2±0.10						1.35±0.12					
11	宽度	mm	800_{-20}^{0}～1600_{-20}^{0}						800_{-20}^{0}～1600_{-20}^{0}					
12	长度	m/卷	400_{0}^{+10}						400_{0}^{+10}					

序号	项目＼规格	单位	NN-500					
			优等品		一等品		合格品	
			经向	纬向	经向	纬向	经向	纬向
1	结构	dtex	1870×4	1870×2	1870×4	1870×2	1870×4	1870×2
2	密度	根/10 cm	120±2	38±2	120±2	38±2	120±2	38±2
3	断裂强度≥ 平均值	N/mm	565	105	555	100	545	95
	断裂强度≥ 最低值	N/mm	520	90	515	85	505	80
4	10%定负荷伸长率≤	%	3.0		3.0		3.0	
5	断裂伸长率≤	%	25	40	25	40	25	40
6	干热收缩率(150℃×30 min)	%	6.0	0.5	6.0	0.5	6.0	0.5
7	干热收缩率不匀率≤	%	10		10		10	
8	粘合强度≥	%	7.8		7.8		7.5	
9	平方米干重	g/m²	1200±50		1250±50		1300±50	
10	厚度	mm	1.40±0.14					
11	宽度	mm	800_{-20}^{0}～1600_{-20}^{0}					
12	长度	m/卷	200_{0}^{+10}					

5 外观质量要求

5.1 外观质量检验条件

检验时照明度为(400±100) lx。

5.2 外观质量要求

5.2.1 橡胶工业用合成纤维本色帆布外观质量要求见表5。

5.2.2 橡胶工业用合成纤维浸胶帆布外观质量要求见表6。

表5 合成纤维本色帆布外观质量要求

疵点名称		优等品	一等品	合格品
1. 损伤性疵点		布面不允许有破洞、撕裂或磨损疵点	布面不允许有破洞、撕裂或磨损疵点	布面不允许有破洞、撕裂或磨损疵点
2. 布面油污疵点 A	处(>1cm²)/卷	不允许	≤2	$2<A<5$
	个(<1 cm²)/卷	不允许	<10	≥10
3. 油经 L	cm/卷长	≤5	$5\leqslant L<10$	<20
4. 松边		不允许	不允许	≤1/4 匹长
5. 大结头		不允许	不允许	不允许
6. 跳纱		不允许	不允许	不允许
7. 缺纬		不允许	不允许	缺1纬每匹不超过2次，每卷不超过5次
8. 毛边长度，mm		≤4	≤4	≤5
9. 布面平整度		布面平整，二边与中间松紧一致	布面平整，二边与中间松紧一致	布面平整，二边与中间松紧一致

表6 合成纤维浸胶帆布外观质量要求

疵点名称	优等品	一等品	合格品
1. 损伤性疵点	布面不允许有破洞、撕裂磨损疵点	布面不允许有破洞、撕裂磨损疵点	(1) 布面不允许有破洞、撕裂疵点； (2) 磨损疵点 1～4 cm² 每卷不超过5点，每卷指200 m
2. 浆斑疵点	(1) <1 cm² 时每卷不得超过30个； (2) 1～4 cm² 时，每卷不得超过10个	(1) <1 cm² 时每卷不得超过30个； (2) 1～4 cm² 时，每卷不得超过15个	(1) <1 cm² 时每卷不得超过45个； (2) 1～4 cm² 时，每卷不得超过25个
3. 明显浆色不匀	均匀	基本均匀	基本均匀
4. 打裥印	不允许	不允许	打裥长度每卷印痕不得超过5 m
5. 缺纬	不允许	不允许	缺1根纬线每卷不得超过5次

表 6(完)

疵 点 名 称	优 等 品	一 等 品	合 格 品
6.油渍(油经、油污)	不允许	(1) 布面明显可擦除的油经5 cm及以下时,每卷累计长度不得超过1 m; (2) 布面可擦除的油污<1 cm^2 时,每卷不得超过10个	(1) 布面明显可擦除的油经5 cm及以下时,每卷累计长度不得超过3 m; (2) 布面可擦除的油污<1 cm^2 时,每卷不得超过20个
7.毛边长度,mm	≤3	≤3	≤4
8.布面平整度	布面应平衡,不允许有二边紧,中间松或一边松一边紧	布面应平整,不允许有二边紧,中间松或一边松一边紧	布面应平整,不允许有二边紧,中间松或一边松一边紧
9.卷取	(1) 布卷单侧凹凸不得超过20 mm; (2) 布卷双侧凹凸不得超过10 mm	(1) 布卷单侧凹凸不得超过25 mm; (2) 布卷双侧凹凸不得超过15 mm	(1) 布卷单侧凹凸不得超过30 mm; (2) 布卷双侧凹凸不得超过20 mm

6 试验方法

6.1 橡胶工业用合成纤维本色帆布的试验按FZ/T 10003执行。

6.2 橡胶工业用合成纤维浸胶帆布的试验按以下规定执行。

6.2.1 密度测定按附录A执行。

6.2.2 厚度测定按GB/T 3820执行。

6.2.3 宽度测定按附录B执行。

6.2.4 断裂强度、10%定负荷伸长率的测定按附录C执行。

6.2.5 粘合强度的测定按附录D执行。

6.2.6 干热收缩率和干热收缩率不匀率按附录E执行。

6.2.7 平方米干重的测定按附录F执行。

6.2.8 抽样按附录G执行。

7 检验规则

7.1 橡胶工业用合成纤维帆布的验布和复验应按本标准规定内容进行。

7.2 生产厂根据品质检验结果定等。在交货时,收货方应及时进行验收,如不验收应即按付货方检验结果收货。

7.3 验收部门发现帆布质量问题时,应及时通知生产厂,并保留该批产品,以便按标准共同复验。

7.4 复验数量

7.4.1 物理指标不得少于3匹。

7.4.2 外观质量和长度不得少于交货总数量的15%。

7.5 复验结果处理

7.5.1 物理指标不符合品等,即判定该批产品全批数量不符合品等。

7.5.2 布面疵点不符合品等率超过4%及以内,按查出的实际数补偿差价,不符合品等率超过4%以上,按复验实际降等百分率折合全部数量补偿品等差价。

7.5.3 长度不符合,多退少补。

7.6 短码布的数量,不得超过交货总数的5%,或由供需双方协商处理。

7.7 帆布在浸胶或橡胶加工过程中，如发现质量问题，由供需双方协商处理。

7.8 生产厂交货后，因运输、贮存、保管不良，使产品质量受到损伤或变质，应由收货方负责。如原因不明时，由供需双方共同分析，分清责任，由责任方负责。

8 标志、包装、贮存和运输

8.1 标志应明显、清楚，便于识别。

8.2 本色帆布外包装上标志：厂名、商标、品名、总长度、重量(毛重、净重)、幅宽、体积、品等、生产日期及批号。

8.3 浸胶帆布外包装上标志：标准代号、厂名或商标、品种规格、生产日期、批号。

8.4 标签

8.4.1 本色帆布每匹的首端应盖章或附标签：厂名、品名、幅宽、经纬密度、长度、品等、生产日期或批号。

8.4.2 浸胶帆布标签内容：产品名称、规格、型号、商标、生产日期、批号、制造单位、长度和净重、幅宽。

8.5 帆布的包装，应保证质量不受影响，并适于贮存和运输。

8.5.1 浸胶帆布应采用木轴进行卷取，木轴应干燥且无油污。

8.5.2 浸胶帆布由内向外按以下顺序进行包装：

a) 用牛皮纸及瓦楞纸堵头捆扎，其两端放 2～4 包干燥剂，每包 30 g；

b) 黑塑料纸捆扎；

c) 瓦楞纸捆扎；

d) 聚丙烯编织袋捆扎；

e) 加木堵头，最后用铁打包带根据幅宽不同，用横三纵三或横三纵四捆扎。

8.6 贮存和运输

8.6.1 贮存帆布的仓库，应干燥、通风、防热、防潮、防晒，库房温度应为 0～30℃，相对湿度为 30%～65%，不得直接在地面上或室外存放。

8.6.2 运输和贮存中不得与各种化工原料及油类混放，并不得直接受雨水浸淋。

8.6.3 浸胶帆布在使用前不得随意启开包装材料，必要时启开后应立即包装好，其贮存保质期为 6 个月。

附 录 A
（标准的附录）
密度的测定

A1 仪器

TC-1 密度镜（放大 10 倍以上）。

A2 方法

将试样置于平台上（或玻璃板上），消去它的折皱及张力，密度以 50 mm 内的根数表示之，在整块试样帆布上应使用密度镜正确数出 50 mm 内线的根数，读数应精确至 0.25 根，起点在二根线的中间为标准，起点如在线的中心，则最后一根以 0.5 根计算，如起点在半根之间，则最后一根为 0.25 根者不读数，超过 0.25 根者作 0.5 根计算，超过 0.75 根者作一根计算。任选 5 点数清，结果以 5 个数的算术平均值表示。

附 录 B
（标准的附录）
宽度的测定

B1 仪器

钢卷尺，精确到 1 mm。

B2 方法

将 NN 浸胶帆布或 EP 浸胶帆布置于平台上，消去它的折皱和张力，用卷尺分别测量五处两边间的距离（不包括毛边）。测量时卷尺应与帆布边成 90°角，结果以 5 处的算术平均值表示（精确至小数点后一位）。

附 录 C
（标准的附录）
强伸性能的测定

C1 试验仪器

DY-25 型电子拉力试验机或其他型号的拉力试验机，预加张力：规定为概率断裂强度的 1%±0.25%，当试样平均断裂强度超过 196 N/mm 者，张力为 14.7～24.5 N。

C2 取样

C2.1 应从布匹整个宽度上剪取 1 m 左右长度的试验室样品，且样品不得有明显缺陷或损伤（剪取时应沿纬线方向，防止歪斜）。

C2.2 剪取试样距离布边至少 100 mm。

C2.3 试样的制备详见图 C1、C2。

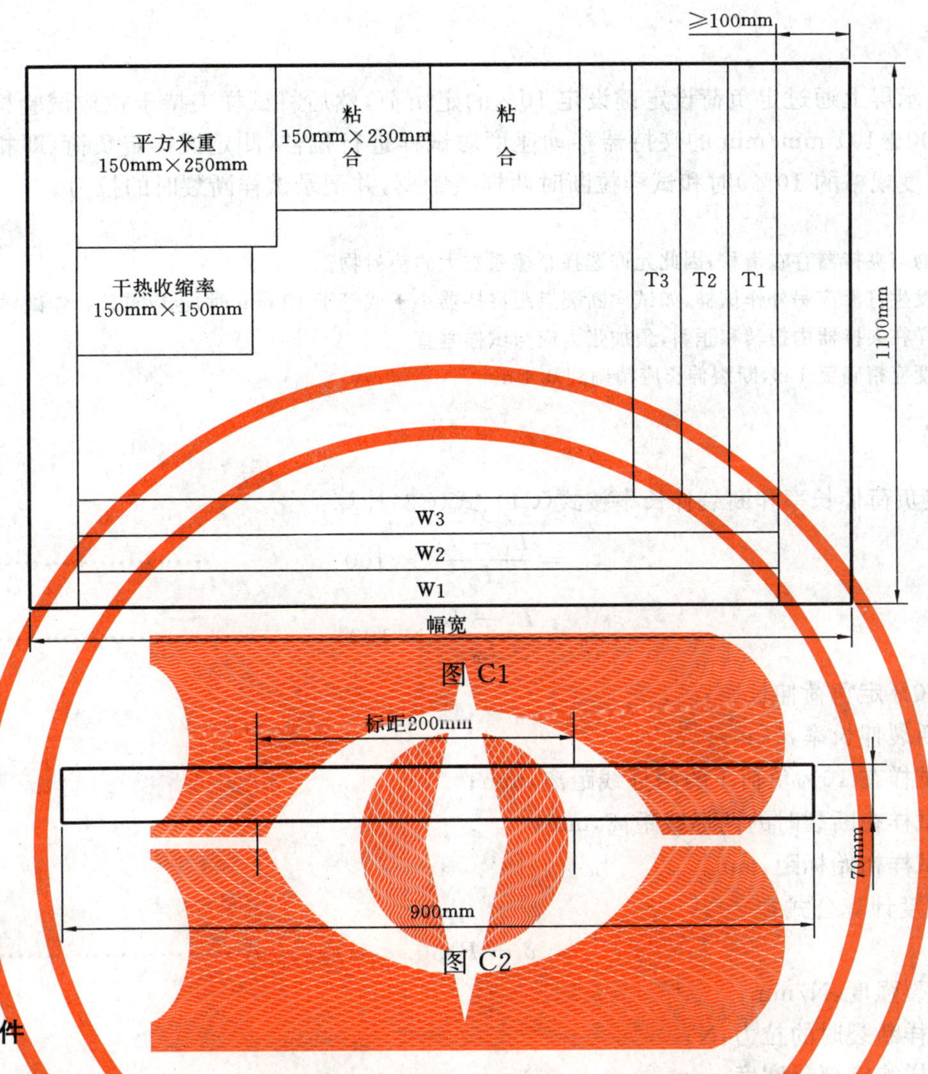

图 C1

标距200mm

70mm

900mm

图 C2

C3 试验条件

C3.1 试验环境温度(20±2)℃,相对湿度(65±2)%。

C3.2 试验在标准大气条件下平衡 12~24 h。

C4 试样尺寸及数量

经向和纬向试样数量均为 3 个,试样毛坯宽度约 70 mm,试样有效宽度为 50 mm,用来测量伸长率的试样标距为 200 mm。

C5 试样制备

按图 C1 要求裁取试样,图 C1 中 T1~T3 为经向强伸试样,W1~W3 为纬向强伸试样。

C5.1 扯边去

从试样毛坯两纵向边缘扯下根数大致相等的纱线,使试样有效宽度符合图 C2 要求(有效宽度为 50 mm,允许两边各拉出 4 根保护线)。

C5.2 切条法(剪口法)

用剪刀在试样毛坯两纵向边缘各剪两个切口(距纵向中心 200 mm 处),使试样有效宽度符合图 C2 要求(有效宽度为 50 mm)。

C5.3 本标准规定仲裁试验时必须用扯边法,有些试验不能采用扯边法试验时,可以采用切条法,用切条法时剪刀一定不要损伤试样的每根线。

C6 试验程序

首先在显示屏上通过定负荷设定键设定10%的定负荷，然后将试样夹持于拉边试验机的上下夹持器之间，以(300±10) mm/min 的夹持器移动速度对试样进行拉伸，测定试样定负荷(即相当于浸胶帆布标称断裂强度规格的10%)时和试样拉断时两标线距离，并记录试样断裂时的拉力。

注

1 由于织物与夹持器存在滑移，因此允许选择摩擦系数大的垫衬物。

2 试验时发生打滑应另外作试样，如试样断裂点距夹持器小于或等于 10 mm 时，也应重新补作试样。

3 防止试样在夹持器内扭转和歪斜，预加张力应与试样垂直。

4 断裂强度应精确至 1 N，断裂伸长应精确到 0.1 mm。

C7 计算公式

C7.1 10%定负荷伸长率和断裂伸长率按式(C1)、式(C2)计算：

$$\varepsilon_{10} = \frac{L_1 - L_0}{L_0} \times 100 \qquad \cdots\cdots(C1)$$

$$\varepsilon_b = \frac{L_2 - L_0}{L_0} \times 100 \qquad \cdots\cdots(C2)$$

式中：ε_{10}——10%定负荷伸长率，%；

ε_b——断裂伸长率，%；

L_1——试样在10%负荷下的两标线距离，mm；

L_2——试样在断裂时的两标线距离，mm；

L_0——试样初始标距，mm。

C7.2 断裂强度计算公式：

$$\delta = F/50 \qquad \cdots\cdots(C3)$$

式中：δ——断裂强度，N/mm；

F——试样断裂时的拉力，N；

50——试样测定部分宽度，mm。

C7.3 数据处理：

$$实际强度 = 测试强度 \times \frac{实际密度/50\ mm}{测试根数/50\ mm} \qquad \cdots\cdots(C4)$$

注：|实际密度/50 mm－测试根数/50 mm|≤1。

附 录 D

(标准的附录)

粘合强度的测定

D1 试样毛坯的制备

D1.1 将浸胶帆布剪成 230 mm×150 mm(经向×纬向)的矩形试样两块，再准备三块贴胶片，每块尺寸也是 230 mm×150 mm 的矩形(胶片的厚度应符合下列帆布规格)。将帆布试样放到橡胶片上，再将一块橡胶片放到试样上，最后再贴上上下衬帆布，帆布外再贴上上下覆盖胶(贴合时胶片的压延方向应与帆布的经向平行)。在标准温度下停放 2 h 以上，然后置于硫化模具中(压缩比 10%～15%)硫化。硫化条件为(150±2)℃×30 min，硫化平板压力为 3.5 MPa。硫化后试样厚度达到(7.0±0.5) mm。

D1.2 浸胶帆布粘合试样贴胶厚度规定如下：

帆布断裂强度,N/mm	贴胶厚度,mm
200 以下	0.6±0.02
250	0.7±0.02
300	0.9±0.02
350	1.0±0.02
400	1.2±0.02
500	1.4±0.02
600～630	1.6±0.02

D1.3 粘合试样构成顺序如图 D1。

图 D1

D2 试样尺寸及数量

硫化后的试样毛坯在标准温度(20±2)℃下停放 12 h 以后,沿纵向裁取 3 个(25±0.5) mm×200 mm(宽×长)的矩形试样,并在试样一端帆布间剥开 30 mm 长的口子便于夹持。

D3 其余程序

按 GB/T 6759 执行。

附 录 E

(标准的附录)

干热收缩率和干热收缩率不匀率的测定

E1 仪器

a) 温度可调为(150±2)℃的恒温烘箱;

b) 钢板尺,精度 0.5 mm。

E2 试验程序

在不同卷中制取 10 块 150 mm×150 mm 的正方形试样,在每块试样上距四边各 25 mm 处沿经向、纬向分别测量出 100 mm×100 mm 的正方形,如图 E1 所示,然后将其置于 150℃烘箱内加热 30 min,取出试样在标准温度下冷却 20 min,再测量经向和纬向各五个点的长度。

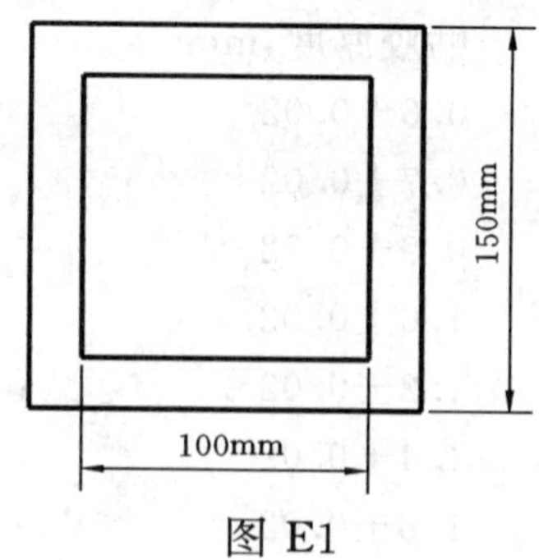

图 E1

E3 结果表示

E3.1 干热收缩率按式(E1)计算(精确到小数点后一位):

$$S = \frac{L - L_1}{L} \times 100 \quad \cdots\cdots (E1)$$

式中:S——干热收缩率,%;

L——试样烘前长度,mm;

L_1——试样烘后长度,mm。

E3.2 干热收缩率不匀率,按式(E2)计算(精确到小数点后一位):

$$\Delta S = \frac{2(X - X_1)n}{X \cdot N} \times 100 \quad \cdots\cdots (E2)$$

式中:X——全部试样干热收缩率测定值的算术平均值,%;

X_1——大于平均值的干热收缩率测定值的平均值,%;

n——大于平均值的干热收缩率测定值个数;

N——试样总数。

附 录 F

(标准的附录)

平方米干重的测定

F1 试验器具

a) 钢板尺,精度 0.5 mm;

b) 天平,量程 100 g,精度 0.001 g。

F2 试样尺寸及数量

试样为边长(250±5) mm 的正方形,数量为 3 个。

F3 试验程序

将试样置于温度为(105±2)℃恒温烘箱中加热 60 min 后,取出在干燥器内平衡 20 min,称取重量即得试样干重 G_{25}(精确至 0.01 g)。

浸胶帆布的平方米干重按式(F1)计算:

$$G_{100} = G_{25} \times 16 \quad \cdots\cdots (F1)$$

式中:G_{100}——浸胶帆布平方米干重,g;

G_{25}——试样干重,g。

附 录 G
（标准的附录）
抽 样

G1 生产厂按本标准对橡胶工业用合成纤维浸胶帆布进行出厂检验，并保证所有出厂的产品符合本标准的技术要求，每批产品应附有质量合格证书和检验单。

G2 橡胶工业用合成纤维浸胶帆布小于或等于20 000 m长为一批，每批按卷数的4%进行抽样并检验本标准的全项技术要求，其中外观质量也可在工艺过程中验收。若有某项不合格时应取双倍试样对不合格项目进行复试。若复试样中仍有一个不合格时，则该批产品为不合格品。

ICS 59.080.30
W 71

中华人民共和国纺织行业标准

FZ/T 14001—2005
代替 FZ/T 14001—1992,FZ/T 14002—1992

棉 印 染 帆 布

Dyed or printed canvas of cotton

2005-05-18 发布 2006-01-01 实施

中华人民共和国国家发展和改革委员会 发布

前　言

本标准根据 WTO/TBT 协定中关于标准制定的原则，按产品性能及应用中的实际需要制定。

本标准代替 FZ/T 14001—1992《服装用棉印染帆布》和 FZ/T 14002—1992《鞋用棉印染帆布》。

本标准是参考美国范友生公司的《梭织物的疵点分等标准》和日本纺织检查协会《纺织品（整理后）出口检查标准》制定的。

本标准与 FZ/T 14001—1992 和 FZ/T 14002—1992 相比主要改变如下：

——将 1992 版两个标准合并为一个标准；

——将产品品种规格改为分类；

——断裂强力设定为最低值；

——水洗尺寸变化率指标有提高；

——色牢度不再按染料分别考核，而设统一值，并增加耐汗渍色牢度的考核；

——增加优等品的各项指标考核；

——外观质量将局部性疵点与散布性疵点结合评定改为以最低等级评定，局部性疵点评分起点收紧；

——取消了原鞋用帆布焙烘泛黄、白度值的考核。

本标准技术标准水平优等品接近国际先进水平，一等品相当于国际一般水平。

本标准的附录 A 是规范性附录。

本标准由中国纺织工业协会提出。

本标准由全国纺织品标准化技术委员会棉纺织印染分会归口。

本标准由上海市纺织工业技术监督所负责起草。

本标准主要起草人：贺美娣。

本标准由全国纺织品标准化技术委员会棉纺织印染分会负责解释。

本标准所代替标准的历次版本发布情况为：

——FZ/T 14001—1992；

——FZ/T 14002—1992。

棉 印 染 帆 布

1 范围

本标准规定了棉印染帆布的分类、要求、试验和检验方法、标志和包装、检验规则等。

本标准适用于鉴定服装、鞋用棉漂白、染色和印花帆布的品质。

2 规范性引用文件

下列文件中的条款通过本标准的引用而成为本标准的条款。凡是注日期的引用文件，其随后所有的修改单(不包括勘误的内容)或修订版均不适用于本标准，然而，鼓励根据本标准达成协议的各方研究是否可使用这些文件的最新版本。凡是不注日期的引用文件，其最新版本适用于本标准。

GB 250 评定变色用灰色样卡

GB/T 420 纺织品耐刷洗色牢度试验方法

GB/T 3920 纺织品 色牢度试验 耐摩擦色牢度

GB/T 3921.1 纺织品 色牢度试验 耐洗色牢度:试验 1

GB/T 3921.3 纺织品 色牢度试验 耐洗色牢度:试验 3

GB/T 3922 纺织品耐汗渍色牢度试验方法

GB/T 3923.1 纺织品 织物拉伸性能 第 1 部分:断裂强力和断裂伸长率的测定 条样法

GB/T 4667 机织物幅宽的测定

GB/T 4668 机织物密度的测定

GB 5296.4 消费品使用说明 纺织品和服装使用说明

GB/T 6152—1997 纺织品 色牢度试验 耐热压色牢度

GB/T 8170 数值修约规则

GB/T 8427—1998 纺织品 色牢度试验 耐人造光色牢度:氙弧

GB/T 8628 纺织品 测定尺寸变化的试验中织物试样和服装的装备、标记及测量

GB/T 8629—2001 纺织品 试验用家庭洗涤和干燥程序

GB/T 8630 纺织品 洗涤和干燥后尺寸变化的测定

GB/T 8631 纺织品 织物因冷水浸渍而引起的尺寸变化的测定

FZ/T 10005 棉及化纤纯纺、混纺印染布检验规则

FZ/T 10010 棉及化纤纯纺、混纺印染布标志与包装

3 术语和定义

下列术语和定义适用于本标准。

3.1

线状

沿经向或纬向延伸，宽度不超过 0.2 cm 的疵点。

3.2

条状

沿经向或纬向延伸，宽度超过 0.2 cm 的疵点。

3.3

稀密路

沿纬向延伸稀密不匀的横档疵点。

3.4

条花

沿经向延伸或断续散布，色泽有深有浅，两边又无明显界限的疵点。

3.5

同类布样

与生产实样属相同纤维原料及相同织物组织的布样。

3.6

参考样

与生产实样不相同纤维原料或不相同织物组织的布样。

4 分类

根据用户需要及棉本色帆布的分类标准结合印染工艺设计分别制定。

5 要求

要求分为内在质量和外观质量两个方面。内在质量包括纬纱密度、断裂强力、水洗尺寸变化率、染色牢度四项指标；外观质量包括局部性疵点和散布性疵点两类。

5.1 内在质量

5.1.1 纬纱密度根据棉本色帆布的分类标准结合印染工艺设计，按规定的加工系数计算。加工系数及计算方法见附录A。

5.1.2 断裂强力规定指标见表1。

表1 断裂强力指标

单位为牛顿

用　途	服装用（不低于）		鞋用（不低于）	
	经向	纬向	经向	纬向
漂白、染色、印花	200	200	300	300

5.1.3 水洗尺寸变化率规定指标见表2。

表2 水洗尺寸变化率指标

%

等　级	水洗尺寸变化率	
	经向	纬向
优　等	－5.0～＋1.5	－3.0～＋1.5
一　等	－5.0～＋1.5	－4.0～＋1.5

5.1.4 染色牢度规定指标见表3。

表3 染色牢度指标

单位为级

等　级	项　目								
	耐光	耐洗		耐摩擦		耐刷洗	耐汗渍（酸、碱）		耐热压湿沾色
		变色	沾色	干摩	湿摩		变色	沾色	
优等	5	3—4	4	3—4	2—3	3	3	3	2—3
一等	4	3	3	3	2	2—3	3	3	2
注：按规定指标允许低两个半级（优等品及原指标为2级的除外）。									

5.1.5 各项技术要求评等规定见表 4。

表 4 技术要求评等规定

项 目	标 准	允许偏差			
		优等	一等	二等	三等
纬密/(根/10 cm)	按设计规定	−4.0%及以内	−5.0%及以内	低于一等品标准	—
断裂强力/N	按规定指标	符合标准			
水洗尺寸变化率/(%)	按规定指标	符合标准	符合标准	低于一等品标准	—
染色牢度/级	按规定指标	符合标准	符合标准	低于一等品标准	—

5.1.6 断裂强力低于规定指标值为等外品。

5.1.7 安全性技术指标按国家强制性标准执行。

5.2 外观质量

5.2.1 局部性疵点平均每米允许最高评分

见表 5。

表 5 局部性疵点平均每米允许最高评分 单位为分

布幅范围	每米允许评分数			
	优等品	一等品	二等品	三等品
100 cm 及以下	0.2	0.3	0.6	1.0
100 cm 以上	0.4	0.5	1.0	1.5

5.2.2 局部性疵点允许总分计算规定

5.2.2.1 每段布的局部性布面疵点允许总分数，根据每米允许评分数和段长决定，见式(1)。

$$A = L \times a \tag{1}$$

式中：

A——每段布的局部性布面疵点允许总分数；

L——段长，单位为米(m)；

a——每米允许评分数。

5.2.2.2 段长和总分均计算精确至小数一位，按 GB/T 8170 执行。

5.2.3 局部性疵点评分

5.2.3.1 局部性疵点评分见表 6。

表 6 局部性疵点评分

<table>
<tr><td colspan="3" rowspan="2">疵点名称和程度</td><td colspan="4">疵点评分数</td><td rowspan="2">降等限度</td></tr>
<tr><td>1 分</td><td>2 分</td><td>3 分</td><td>4 分</td></tr>
<tr><td rowspan="4">经向疵点</td><td rowspan="2">线状</td><td>轻微</td><td>0.5 cm～50.0 cm</td><td>50.1 cm～100.0 cm</td><td>—</td><td>—</td><td>二等品</td></tr>
<tr><td>明显</td><td>0.2 cm～10.0 cm</td><td>10.1 cm～15.0 cm</td><td>15.1 cm～25.0 cm</td><td>25.1 cm ～100.0 cm</td><td>三等品</td></tr>
<tr><td rowspan="2">条状</td><td>轻微</td><td>0.2 cm～10.0 cm</td><td>10.1cm～15.0 cm</td><td>15.1 cm～25.0 cm</td><td>25.1 cm～100.0 cm</td><td>三等品</td></tr>
<tr><td>明显</td><td>0.2 cm 及以内</td><td>0.3 cm～4.0 cm</td><td>4.1 cm～10.0 cm</td><td>10.1 cm～100.0 cm</td><td>等外品</td></tr>
</table>

表 6（续）

<table>
<tr><th colspan="3" rowspan="2">疵点名称和程度</th><th colspan="4">疵点评分数</th><th rowspan="2">降等限度</th></tr>
<tr><th>1 分</th><th>2 分</th><th>3 分</th><th>4 分</th></tr>
<tr><td rowspan="6">纬向疵点</td><td rowspan="2">线状</td><td>轻微</td><td>2.0 cm～半幅</td><td>超过半幅</td><td>—</td><td>—</td><td>二等品</td></tr>
<tr><td>明显</td><td>0.5 cm～10.0 cm</td><td>10.1 cm～15.0 cm</td><td>15.1 cm～半幅</td><td>超过半幅</td><td>三等品</td></tr>
<tr><td rowspan="2">条状</td><td>轻微</td><td>0.5 cm～10.0 cm</td><td>10.1 cm～15.0 cm</td><td>15.1 cm～25.0 cm</td><td>25.1 cm～全幅</td><td>三等品</td></tr>
<tr><td>明显</td><td>0.5 cm 及以内</td><td>0.6 cm～4.0 cm</td><td>4.1 cm～10.0 cm</td><td>10.1 cm～全幅</td><td>等外品</td></tr>
<tr><td rowspan="2">稀密路</td><td>轻微</td><td>10.0 cm～半幅</td><td>超过半幅</td><td>—</td><td>—</td><td>二等品</td></tr>
<tr><td>明显</td><td>—</td><td>—</td><td>10.0 cm～半幅</td><td>超过半幅</td><td>等外品</td></tr>
<tr><td rowspan="3">破损</td><td>破边</td><td>距边 2.0 cm 及以内</td><td>每 5.0 cm</td><td>—</td><td>—</td><td>—</td><td>三等品</td></tr>
<tr><td colspan="2" rowspan="2">破洞</td><td>经纬共断 1 根</td><td>经纬共断 2 根</td><td>—</td><td>—</td><td>三等品</td></tr>
<tr><td>—</td><td>—</td><td>—</td><td>经纬共断 3 根～2.0 cm 及以内</td><td>等外品</td></tr>
<tr><td rowspan="3">边疵</td><td rowspan="2">深浅边</td><td>深入 0.5 cm ～1.2 cm</td><td>每 1.0 m</td><td>—</td><td>—</td><td>—</td><td>二等品</td></tr>
<tr><td>深入 1.3 cm～2.0 cm</td><td>每 20.0 cm</td><td>—</td><td>—</td><td>—</td><td>三等品</td></tr>
<tr><td>荷叶边</td><td>深入 0.5 cm 以上</td><td>20.0 cm 及以内，每处</td><td>—</td><td>—</td><td>20.1 cm～100.0 cm，每处</td><td>三等品</td></tr>
</table>

5.2.3.2　破损包括破洞、破边、豁边、跳花。

5.2.3.3　距边 2 cm 及以内的破洞按破边评分，距边 2 cm 以上的破边按破洞评分。

5.2.4　局部性疵点量计规定

5.2.4.1　疵点长度按经向或纬向疵点的最大长度量计。若疵点长度超过评分起点时，不再计评分起点，应从 0.1 cm 开始量计。

5.2.4.2　在同一布段内，同时存在几种疵点时，应分别量计，累计评分，其最大评分数不超过 4 分。

5.2.5　局部性疵点评分说明

5.2.5.1　局部性疵点轻微与明显程度的区别，按 GB 250 检验评定。4 级为轻微，3—4 级及以下为明显，4 级以上不评分。

5.2.5.2　重叠的局部性疵点，按评分多的一项评定。未列入本标准的疵点，按其形态，参照相似疵点评定。

5.2.5.3　除破损和边疵外，距边 1.0 cm 及以内的其他局部性疵点不评分；距边 1.1 cm～2.0 cm 的疵点，按表 6 有关疵点减半评分，降等限度为二等品。

5.2.5.4　一处评 4 分的疵点，优等品和一等品内不允许存在，应作降等或假开剪处理。

5.2.5.5　难以数清，不易量计的分散疵点，根据疵点程度和分散的最大长度按经纬向疵点评定。

5.2.5.6　印花布的布面疵点，应根据对花布总体效果的影响程度评定。

5.2.5.7　0.5 cm 及以内的破边，一等品中允许存在经向长 3 cm 及以内的二处。三处以上假开剪处理。

5.2.5.8　影响外观、不到评分起点的明显疵点，经向 50 cm 内，每满 6 只评 1 分。

5.2.5.9　一项局部性疵点已达到降等限度，而同时存在其他局部性疵点需累计评分时，可按已降等等级的起点分数加其他需累计的局部性疵点的评分，作为该段布的总分。

5.2.5.10 布面疵点评分时，均以布段正面为准，若反面有连续的明显疵点时，须降一个等。

5.2.5.11 所有影响外观的纱织疵，如粗经、错纬、竹节纱、经缩、断经等按其疵点影响外观的最大长度评分，不影响外观的不评分。

5.2.6 散布性疵点评等规定

见表7。

表7 散布性疵点技术要求

项目			检验方法	优等品	一等品	二等品	三等品
色差/级	不合色样	漂、色布	与同类布样比较	4以上	3—4	低于3	—
			与参考样比较	3以上	3	低于2—3	—
		印花布	与同类布样比较	3	2—3	低于2—3	—
			与参考样比较	2—3	2	低于2	—
	左中右色差	漂、色布	逐段检验	4—5及以上	4—5	4	3—4
		印花布	逐段检验	4及以上	3—4	3	2—3
	前后色差		逐段检验	4及以上	3—4	3	2—3
	正反面色差		逐段检验	3—4及以上	3	2—3	—
纬斜、花斜、格斜/(%)			标准幅宽	≤3.0	3.1～5.0	5.1～8.0	>8.0
幅宽/cm	按设计规定	100及以内		−0.5～+1.5	≤+2.0 ≥−1.0	+2.1～+3.0 −1.1～−2.0	>+3.0 <−2.0
		100以上		−0.5～+2.0	≤+2.5 ≥−1.5	+2.6～+3.5 −1.6～−2.0	>+3.5 <−2.0

5.3 分等规定

5.3.1 在同一布段内，内在质量以最低一项评等；外观的局部性疵点采用有限度的每米允许评分的办法评定等级；散布性疵点按严重一项评等。

5.3.2 在同一布段内，外观质量的等级由局部性疵点和散布性疵点的最低等级评定。

5.3.3 产品的内在质量按批评等，外观质量按段评等，成品的等级由内在质量与外观质量中最低等级评定分为优等品、一等品、二等品、三等品。低于三等品者为等外品。

6 试验和检验方法

6.1 试验方法

6.1.1 幅宽：按GB/T 4667执行。

6.1.2 纬纱密度：按GB/T 4668执行。

6.1.3 断裂强力：按GB/T 3923.1执行。

6.1.4 水洗尺寸变化率：按GB/T 8628、GB/T 8629—2001（其中洗涤用2A，干燥用F）、GB/T 8630，鞋用帆布按GB/T 8631执行。

6.1.5 耐光色牢度：按GB/T 8427—1998中方法3执行。

6.1.6 耐洗色牢度：服装用帆布按GB/T 3921.3执行；鞋用帆布按GB/T 3921.1执行。

6.1.7 耐摩擦染色牢度：按GB/T 3920执行。

6.1.8 耐刷洗色牢度：按GB/T 420执行，刷洗50次。

6.1.9 耐汗渍色牢度：按GB/T 3922执行。

6.1.10 耐热压色牢度:按 GB/T 6152—1997 中使用温度(150±2)℃执行。

6.1.11 色差:按 GB 250 执行。

6.2 外观质量检验方法

6.2.1 采用灯光检验时,以 40 W 加罩青光日光灯 3 支~4 支,照度不低于 750 lx 为准。光源与布面距离为 1.0 m~1.2 m。

6.2.2 验布机上验布的角度为 45°,布行速度最高为 40 m/min。布段的定等检验,按验布工做出的疵点标记,评分定等。

6.2.3 布段的复验、验收应平摊桌面上按纬向展开,检验人员的视线正视布面,眼与布的距离为 55 cm~60 cm。

6.2.4 假开剪规定

6.2.4.1 在优等品中不允许假开剪。

6.2.4.2 在一等品中,凡是达到降等程度和不允许存在的局部性疵点,允许假开剪,但必须做出明显标记。

6.2.4.3 段长 15 m 及以上允许假开剪一次,每增加 10 m 允许增加假开剪一次。一等品假开剪应距布端 5 m 及以上,间距 10 m。

6.2.4.4 假开剪的加放长度,以 10 cm 为量计单位,如果疵点长度超过 10 cm 的按实际长度加放。

7 标志和包装

标志和包装按 FZ/T 10010 执行,内包装的标志按 GB 5296.4 执行。

8 检验规则

检验规则按 FZ/T 10005 执行。

9 其他

特殊品种及用户对产品有特殊要求的,由供需双方另订协议。

附 录 A
（规范性附录）
棉印染帆布加工系数

A.1 幅宽、密度的加工系数

根据棉本色帆布的分类、结合印染工艺设计，按规定的加工系数计算。加工系数见表 A.1。

表 A.1 加工系数

类 别	幅宽加工系数 b		密度加工系数 c			
	服用	鞋用	服用		鞋用	
			经 纱	纬 纱	经 纱	纬 纱
漂白或经漂白染色	0.89	0.94	1.12	0.89	1.06	0.94
印 染	0.90	0.93	1.11	0.90	1.07	0.93

A.2 计算方法

A.2.1 标准幅宽

$$W = w \times b \qquad \text{(A.1)}$$

式中：

W——标准幅宽；

w——棉本色帆布标准幅宽；

b——服装用（鞋用）幅宽加工系数。

A.2.2 标准经、纬纱密度

$$D_{t,w} = d \times c \qquad \text{(A.2)}$$

式中：

$D_{t,w}$——标准经、纬纱密度；

d——棉本色帆布标准经、纬纱密度；

c——服用（鞋用）经、纬纱密度加工系数。

中华人民共和国专业标准

ZB W59 001—90

锦纶6浸胶力胎帘子布

1 主题内容及适用范围

本标准规定了锦纶 6 浸胶力胎帘子布的产品组织规格、技术要求、试验方法、验收规则及标志、包装、运输和贮存。

本标准适用于制造力车胎、摩托车胎所使用的锦纶 6 浸胶帘子布品质的鉴定和验收。

2 引用标准

GB 6529 纺织品的调湿和试验用标准大气

GB 8170 数值修约规则

GB 9102 锦纶 6 浸胶帘子布

3 技术条件

3.1 浸胶帘子布组织规格（见表 1）

表 1

序号	项目 \ 线密度和规格		930dtex×1 (840D/1) A1 96133	930dtex×1 (840D/1) A1 106133	930dtex×1 (840D/1) A1 116133	930dtex×1×2 (840D/1×2) A2 80133	930dtex×1×2 (840D/1×2) A2 90133
1	经密	根/10cm	96±1.5	106±1.5	116±1.5	80±1.5	90±1.5
2	纬密	根/10cm	10±1	10±1	10±1	10±1	10±1
3	纬纱（棉）	tex	28～30	28～30	28～30	28～30	28～30
4	幅宽，cm		133±2	133±2	133±2	133±2	133±2
5	卷长，m		L（1±1%）	L（1±1%）	L（1±1%）	L（1±1%）	L（1±1%）
6	布头	股数（5～7股）	玻璃纤维、棉纱（或收缩率小的纤维）				
		纬密，根/10cm	45～55				
		长度，cm	15～20				

序号	项目 \ 线密度和规格		1400dtex×1 (1260D/1) B 76133	1400dtex×1 (1260D/1) B 86133	1400dtex×1 (1260D/1) B 96133	1870dtex×1 (1680D/1) C 80133	1870dtex×1 (1680D/1) C 90133
1	经密	根/10cm	76±1.5	86±1.5	96±1.5	80±1.5	90±1.5
2	纬密	根/10cm	10±1	10±1	10±1	10±1	10±1
3	纬纱（棉）	tex	28～30	28～30	28～30	28～30	28～30
4	幅宽，cm		133±2	133±2	133±2	133±2	133±2
5	卷长，m		L（1±1%）	L（1±1%）	L（1±1%）	L（1±1%）	L（1±1%）
6	布头	股数（5～7股）	玻璃纤维、棉纱（或收缩率小的纤维）				
		纬密，根/10cm	45～55				
		长度，cm	15～20				

中华人民共和国纺织工业部1990-04-25批准 1991-01-01实施

注：① *L* 表示浸胶布卷长，三联匹时540 m，四联匹时720 m或供需双方协商确定的卷长。

② 帘子布代号规格中的"A 1"代表经线线密度930 dtex×1，"A 2"代表930 dtex×1×2，"B"代表1 400 dtex×1，"C"代表1870 dtex×1。规格代号中的数字代表经密和幅宽。

3.1.1 每卷帘子布中，每隔180 m处根据用户要求可设有一标志作为用户分匹时用。

3.1.2 其他组织规格，可由生产厂和使用厂（双方）协商确定。

3.2 浸胶帘子布物理指标（见表 2）

表 2

项目及单位 \ 等级 \ 公称线密度			930dtex×1(840D/1)			930dtex×1×2(840D/1×2)		
			优等品	一等品	合格品	优等品	一等品	合格品
1	断裂强力	N/根	≥69	≥67	≥65	≥137	≥132	≥127
2	44N (4.5kgf) 定荷伸长率	%	—	—	—	8±0.8	8±1.0	8±1.0
	33N (3.4kgf) 定荷伸长率		—	—	—	—	—	—
	22.6N (2.3kgf) 定荷伸长率		7.5±0.8	7.5±1.0	7.5±1.0	—	—	—
3	粘着强度	N/cm	≥54	≥49	≥44	≥98	≥93	≥88
4	附胶量	%	4.20±1.00	4.20±1.20	4.20±1.20	4.20±1.00	4.20±1.20	4.20±1.20
5	断裂强力不匀率	%	≤4.0	≤4.5	≤5.0	≤3.5	≤4.0	≤5.0
6	断裂伸长不匀率	%	≤6.0	≤6.5	≤7.0	≤5.5	≤6.0	≤7.0
7	断裂伸长率	%	20.0±2.0	20.0±2.0	20.0±2.0	22.0±2.0	22.0±2.0	22.0±2.0
8	含水率	%	≤0.8	≤0.8	≤0.8	≤0.8	≤0.8	≤0.8
9	捻度 初捻	捻/m	210±15	210±15	210±15	280±15	280±15	280±15
	捻度 复捻					280±15	280±15	280±15
10	直径	mm	0.32±0.03	0.32±0.03	0.32±0.03	0.52±0.03	0.52±0.03	0.52±0.03
11	干热收缩率	%	≤4.0	≤4.0	≤4.0	≤4.0	≤4.0	≤4.0

续表 2

项目及单位			1 400dtex×1(1 260D/1) 优等品	1 400dtex×1(1 260D/1) 一等品	1 400dtex×1(1 260D/1) 合格品	1 870dtex×1(1 680D/1) 优等品	1 870dtex×1(1 680D/1) 一等品	1 870dtex×1(1 680D/1) 合格品
1	断裂强力	N/根	≥103	≥98	≥93	≥132	≥127	≥123
2	44 N (4.5 kgf) 定荷伸长率	%	—	—	—	8±0.8	8±1.0	8±1.0
	33 N (3.4 kgf) 定荷伸长率		7±0.8	7±1.0	7±1.0	—	—	—
	22.6 N(2.3 kgf) 定荷伸长率%		—	—	—	—	—	—
3	粘着强度	N/cm	≥69	≥64	≥59	≥83	≥78	≥74
4	附胶量	%	4.20±1.00	4.20±1.20	4.20±1.20	4.20±1.00	4.20±1.20	4.20±1.20
5	断裂强力不匀率	%	≤3.5	≤4.0	≤5.0	≤3.5	≤4.0	≤5.0
6	断裂伸长不匀率	%	≤5.5	≤6.0	≤7.0	≤5.5	≤6.0	≤7.0
7	断裂伸长率	%	20.0±2.0	20.0±2.0	20.0±2.0	20.0±2.0	20.0±2.0	20.0±2.0
8	含水率	%	≤0.8	≤0.8	≤0.8	≤0.8	≤0.8	≤0.8
9	捻度 初捻 / 复捻	捻/m	190±10	190±10	190±10	160±10	160±10	160±10
10	直径	mm	0.43±0.03	0.43±0.03	0.43±0.03	0.50±0.03	0.50±0.03	0.50±0.03
11	干热收缩率	%	≤4.0	≤4.0	≤4.0	≤4.0	≤4.0	≤4.0

3.2.1 物理指标分批试验，按批评等，以同一经线筒子所生产的帘子布作为一批。

3.2.2 含水率以生产厂浸胶下机试验值为准（用户厂在拆包时含水率不大于 2 %）。

3.2.3 经线线密度930 dtex(840 D）以上控制±33 dtex（±30D）；930 dtex（840 D）及以下控制±22 dtex（±20D）。

3.2.4 经线公称捻度如有特殊要求可由供需双方协商确定。

3.3 物理指标评等规定

3.3.1 表2中1～3项有一项不符合者降低到相应等级。

3.3.2 表2中4～6项有二项不符合者降低到相应等级。

3.3.3 表2中7～11项为生产厂内控指标。

3.4 外观质量评等标准（见表3）

表3

项目单位及范围 \ 数值 \ 等级			优等品	一等品	合格品
1	浆斑 只/卷	面积0.5 cm^2以上至1 cm^2	0～40	41～80	81～100
		1 cm^2以上至4 cm^2	0～10	11～20	21～30
		4 cm^2以上至8 cm^2	无	1～5	6～10
2	粘并、浆膜，米/卷（大于10根经线起算）		0～10	11～30	31～50
3	脱结、断经，只/卷		0～3	4～5	6～7
4	单根经线松紧，米/卷		0～10	11～20	21～30
5	局部经线起圈重叠，次/卷（大于5根起算）		0～10	11～20	21～30
6	劈缝，米/卷（大于50 cm起算）		无	0.6～2	2.1～5
7	稀缝，米/卷 经线之间宽度	大于1.5 mm 小于3 mm	0～40	41～80	81～120
8	布卷平整度，cm		双边小于1 cm	双边小于2 cm	单边小于4 cm 双边大于2 cm

3.5 外观质量评等规定

3.5.1 外观评等以每卷长540 m为单位，不分阔狭布幅，不足或超过者按长度折算。

3.5.2 为提高帘子布利用率，凡帘布一端或中间出现上述外观降等者，生产厂可将疵点开剪剔除，余下短码布（不少于150 m）注明长度、重量，按实际评等。

3.5.3 布面上不允许有明显油污。

3.5.4 外观质量评等起点见标样样照。

3.5.5 用户在使用过程中，由于帘布边紧、边松、松兜而影响质量时，可通过双方协商解决。

3.6 综合质量评等规定

物理指标和外观布面质量品等不相同时，则按两者中最低品等定等。

4 试验方法

4.1 试验室标准大气条件

温度：20±2℃。

相对湿度：62%～68%。

4.2 试样的制备

4.2.1 每批帘子布抽取试样一份。在样布上均匀取下六束帘线，从六束帘线中分出六根作粘着强度，二十根作捻度、直径试验，余下留作断裂强力、断裂伸长率、定荷伸长率、干热收缩、附胶量和含水试验用。

4.2.2 取样长度600～650mm，取样部位必须距布边不小于200mm。

4.2.3 取样时须戴纱手套，并防止帘线退捻，剪下试样要立即放入黑色塑料袋内密封。做断裂强力、断裂伸长率、定荷伸长率、干热收缩试验用试样须放入干燥器内平衡20～24h。

4.3 断裂强力、定荷伸长率、断裂伸长率试验

4.3.1 仪器：YG 021-50型单纱强力试验机或其他类似试验机，上下夹距250mm，下降速度：300±5mm/min。断裂强力的读数应在刻度尺的20%～75%范围内，记录强力读数应精确至1N。

4.3.2 试验仪器的检查：

4.3.2.1 强力机必须校正水平。

4.3.2.2 对准强伸刻度尺零位，与图纸数字进行比较。

4.3.3 方法

将帘线由下而上的夹入夹头内，并加上预张力，夹紧上下夹头。每次试验不得少于30根，帘线断裂在钳口处或打滑都应剔除。预加张力见表5。

4.3.4 计算

4.3.4.1 定荷伸长率与断裂伸长率，由伸长曲线上求得，各试验值都以算术平均值表示。

4.3.4.2 断裂强力不匀率及断裂伸长不匀率的计算，按式（1）计算：

$$\text{不匀率}(\%)=\frac{2(\overline{X}-\overline{X}_{\mathrm{I}})\cdot N_{\mathrm{I}}}{M\cdot\overline{X}}\times 100 \quad\cdots\cdots(1)$$

式中：$\overline{X}$——试验平均值；

M——试验总次数；

$\overline{X}_{\mathrm{I}}$——平均值以下平均；

N_{I}——平均值以下次数。

4.4 含水率和回潮率试验

4.4.1 仪器：Y802A八篮恒温烘箱（温度允许误差±2℃），快速天平KS-016A。

4.4.2 方法

回潮率的试验试样量为20～40g（作为坯布修正重量用），含水率试验试样量为6～10g（浸胶帘布下机取样用）。从车间取来之试样应立即进行本项试验，试验用快速天平称重后，即放入105±2℃的烘箱内烘1.5h，取出称重。

4.4.3 计算

$$\text{回潮率}(\%)=\frac{A-B}{B}\times 100 \quad\cdots\cdots(2)$$

$$\text{含水率}(\%)=\frac{A-B}{A}\times 100 \quad\cdots\cdots(3)$$

式中：A——烘前湿重，g；

B——烘后干重，g。

4.5 干热收缩率试验

4.5.1 仪器：干热收缩测试仪（滑轮式干热收缩仪）、恒温烘箱（150±2℃）。

4.5.2 方法

将帘线穿入上面二只孔的左面一只孔，并用短锥形销塞紧，将帘线穿入滑轮槽孔，再穿入右面一只孔，用左手拉帘子线，使预加重锤升高，当提升到标尺上的零位与红色指示线相平时把长锥形销塞入左孔，试样长度500mm，将试样放入已调到150℃的烘箱中烘置30min，在热态下观测其在烘箱内收缩率（箱内收缩率按式（4）计算）。

4.5.3 计算

$$干热收缩率（\%）=\frac{L-L_1}{L}\times 100 \quad \cdots\cdots（4）$$

式中：L——帘线原长，mm；

L_1——热收缩后长度，mm。

4.6 附胶量试验

4.6.1 仪器

分析天平（感量千分之一克）、6B1型磁性搅拌器、DZ60型真空烘箱、电热恒温烘箱、干燥玻璃器皿、砂芯漏斗。

4.6.2 方法

4.6.2.1 将试样帘线并列剪成1～2mm左右长度，重量约为1g，放入称量器中。

4.6.2.2 开盖将试样放入105±2℃烘箱中烘燥2h，或放入真空烘箱中烘燥50min后取出在干燥器中停放冷却。

4.6.2.3 用减量法在天平上称1g左右，上述帘线移入100mL烧杯中，同时称砂芯漏斗备用。

4.6.2.4 在放有帘线的烧杯内先放进一根磁性拌棒，然后倒入50mL甲酸（浓度85%），将有试样的烧杯放在磁性搅拌器上，加热搅拌10～15min，试样完全溶解后将烧杯取下，钳出磁性拌棒，用少许甲酸洗净。

4.6.2.5 将溶解好的试样用已知重量的砂芯漏斗过滤，用50mL甲酸分二次洗涤，再用足量的无离子水冲洗过滤（小喷壶亦可），直至无白点为止。

4.6.2.6 把存有残渣的砂芯漏斗放入105±2℃烘箱中烘至恒重，取出放入干燥器中停放冷却30min，然后正确称重。

4.6.3 计算

$$附胶量（\%）=\frac{W_1}{W-W_1}\times 100 \quad \cdots\cdots（5）$$

式中：W——总重量，g；

W_1——残渣重量（胶），g。

4.7 粘着强度（H抽出力）试验

4.7.1 仪器

JJC-752型双辊筒炼胶机（160×320）。

25t平板硫化机。

YG 021-50型单纱强力试验机或其他类似强力试验机。

4.7.2 胶料配方（单位：g）：

天然橡胶	100	硬脂酸	2	半补强炭黑	40
松焦油	3	氧化锌	4	防老剂A	0.75
硫磺	2.5	防老剂RD	0.75	促进剂M	0.8
				共计	153.8

4.7.3 胶料存放

炼胶后存放4h，回炼后即可使用，胶料要保持清洁新鲜，不能沾有灰尘、油污。

4.7.4 方法

4.7.4.1 开启硫化机电源，将硫化机模具放在平板内预热，升温至136±2℃，稳定15min。

4.7.4.2 将胶料称160～190g，均匀剪成宽狭胶条各六根。

4.7.4.3 取出硫化模具，擦上少量润滑剂（硅油）。

4.7.4.4 先把六条狭的胶料放在槽内，然后把吊上重锤的帘线埋入未硫化胶料中，再覆上胶料条盖上模盖，对齐四角。

4.7.4.5 将模具放入硫化机的平板内，关紧油泵阀，按动电钮加压至9.8MPa（100kgf/cm²）。

4.7.4.6 硫化50min后，放开油泵阀，戴手套取出模具启盖，取出橡胶块。

4.7.4.7 试片在试验室中停放4h，修成"H"形，剪去多余胶料。

4.7.4.8 在强力试验机上进行粘着强度试验。

4.7.4.9 "H"试片有缺胶、气泡、帘线压扁等缺陷应在试验前删除。

4.7.4.10 发现帘线未抽出就断裂，如数值在算术平均数以上者可算入，反之剔除。

4.7.5 "H"试样规格

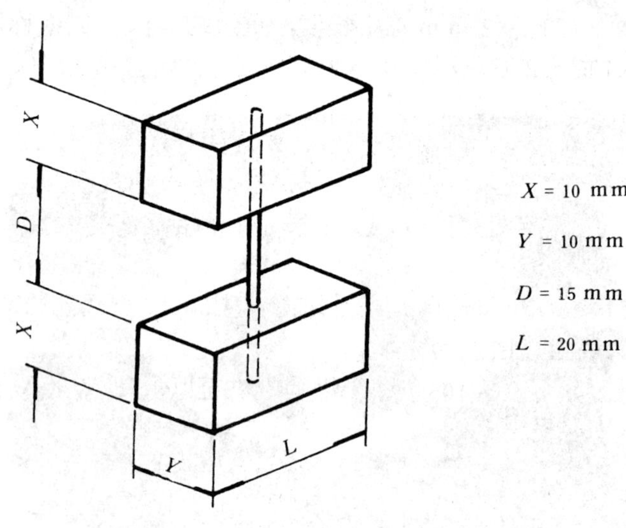

试样

4.7.6 计算

$$粘着强度=\frac{\Sigma T}{N} \quad \cdots\cdots (6)$$

式中：ΣT——测定值总和；

N——测定次数（N定为16）。

4.8 直径试验

4.8.1 仪器

直径测试仪上测头直径9.5mm，上下夹持盘应密合，帘线压力为170±2cN。

4.8.2 方法

在测定时首先检查重锤吊钩与缓冲槽是否脱开（不允许相碰）和测试仪指针调整至零位，抬起高度不超过6±0.5mm，下落时间3±0.3s。帘线平直移入测盘居中位置，然后放下，待指针静止后读出数值，每次试样不得少于10根帘线，20次，不在浆斑或结头处测试。

4.9 捻度试验

4.9.1 仪器

Y331型捻度仪，夹距为250mm。

4.9.2 试验方法

先检验仪器是否正常，夹纱距校正为250mm，加预张力（见表5）。试验时先将帘线一端在夹持器中夹紧，随即拉动帘线另一端，待指针在标尺“0”位时，再夹紧右夹持器，剪去帘线两端多余部分，注意捻向，启动电源，使帘线退捻，直至退尽为止。从读数盘上读出整数值。试验复捻、初捻捻度时，先测定复捻捻度，然后剪去一根初捻线取下预加张力的一半，再测定留下一根的初捻捻度，按测定前初捻实际长度修正至250mm捻度。

$$捻度（捻/m）=\frac{\Sigma T}{N}\times 4 \qquad (7)$$

式中：ΣT——测定值总和；

N——测定次数。

4.10 线密度试验

4.10.1 重旦牵伸丝线密度试验在捻度机上进行，定长为500mm，预加张力见表5。

4.10.2 试样从重旦牵伸丝筒子上引出，夹入捻度机左右夹头内，使其捻度退尽后，量出500mm长度，用刀片齐二夹头边切断，每次测20根。

4.10.3 将试样放入试样盒内，在千分之一克感量的工业天平上称重，然后放入105±2℃的恒温烘箱内烘1.5h，取出后放入干燥器内平衡15min后称得试样的绝干质量，然后按式（8）、（9）计算到标准线密度（计算到整数位）。

$$标准线密度（D）=\frac{W\times 9\,000\times(1+RC)}{L} \qquad (8)$$

$$标准线密度（tex）=\frac{W\times 1\,000\times(1+RC)}{L} \qquad (9)$$

式中：W——试样的绝干质量，g；

RC——公定回潮率，%，锦纶为4.5%；

L——试样长度，m。

4.11 各项试验结果的计算精度

以下各项试验结果的计算精度按表4执行。

表 4

项　　目	小数点后有效位数
断裂强力	整数
断裂强力不匀率，%	1
断裂伸长不匀率，%	1
断裂伸长率，%	1
定荷伸长率，%	1
含水率、回潮率，%	1
干热收缩率，%	1
附胶量，%	2
粘着强度（H抽出力）	整数
直径	2
线密度	整数
捻度	整数

注：保留数值执行GB 8170数值修约规则。

4.12 强伸性能、捻度、干热收缩试验预加张力规定

浸胶帘子线强伸性能、捻度、干热收缩试验预加张力为纤度（dtex）的1/20cN数。10cN以下的数四舍五入（见表5）。

表 5

线 密 度	预张力，cN
930dtex×1(840D/1)	40
930dtex×1×2(840D/1×2)	80
1400dtex×1(1260D/1)	60
1870dtex×1(1680D/1)	80

4.13 粘着强度试验吊锤重量规定（见表6）

表 6

线 密 度	预张力，cN
930dtex×1(840D/1)	170
930dtex×1×2(840D/1×2)	340
1400dtex×1(1260D/1)	250
1870dtex×1(1680D/1)	340

4.14 各项物理指标测试次数（见表7）

表 7

测 试 项 目	测 试 次 数
断裂强力、定荷伸长率、断裂伸长率	每批不少于30次
含水率和回潮率	含水：1次/班；回潮：3～4次/班
干热收缩率	不少于2次/周
附胶量	1次/批
粘着强度（H抽出力）	16次/批
直径	10次/批
捻度	20次/批
线密度	4～5组/天（每组不少于20根）

5 验收规则

5.1 浸胶帘子布的验收、复验和仲裁均以本标准规定的各项条款为依据。

5.2 浸胶帘子布的收货方应在到货后一个月内，对帘子布的物理性能进行验收，如有不合格者，应立即通知帘子布生产厂会同复验。复验应任意抽取该批产品的总卷数5%范围，不少于三卷帘布，从抽取的帘布上取双倍试样（即按试验方法规定的试样根数加倍），取样部位应距布机头不小于2 m，距布边不小于0.2 m。

5.3 任何一方对复验结果有异议时，可请双方同意的仲裁机构加倍取样复验，其结果即为最终结果。复验费用由责任方负担。

5.4 粘着强度和外观质量有效期为浸胶日起六个月。

5.5 重量结算按未浸胶帘子布之干重加公定回潮率4.5%计算。

6 标志、包装、运输和贮存

6.1 浸胶帘子布的包装应保障品质不受损伤，并适于运输。标志应明确、清楚，便于认别，并保证标志和实物的一致性。

6.2 运销本市产品包装：木棍外包聚乙烯薄膜，帘子布外包牛皮纸、黑色聚乙烯薄膜或其他具有同等作用的材料，布卷两端放入无水防潮剂，要求密封，外面用布包扎，再用绳子扎牢。

6.3 运销外地产品包装：木棍外包聚乙烯薄膜，帘子布外包牛皮纸、黑色聚乙烯薄膜或其他具有同等作用的材料，布卷两端放入无水防潮剂，要求密封。外面用硬质瓦楞纸板和聚丙烯包布包扎牢，布卷两端装上硬质板或塑料板，最后用塑料带扎紧。

6.4 浸胶帘子布的标签上注明帘布品种规格、等级、生产厂名、重量、浸胶日期等，包外标明“防潮”、“禁止用钩”等标志。

6.5 每批帘子布应附有质量检验单。

6.6 帘子布装卸运输时应做到轻装轻卸，以免损伤帘布。

6.7 运输帘子布的车辆或车厢应保持清洁和干燥，切忌与各种油类混装，以免沾污。

6.8 贮放帘子布的仓库应通风良好，帘布防止过热、过湿和日光照射，不得在地面上直接堆放，或与其他油类、化工原料堆放在同一仓库内，帘布堆高不得超过8只，应依批堆放。

6.9 浸胶帘子布存放期不宜超过半年，并应做到先进先用，帘子布在使用前不得破坏其包装。

附加说明：

本标准由纺织工业部科技发展司提出。

本标准由上海化学纤维公司归口。

本标准由上海第十四化学纤维厂负责起草。

本标准主要起草人陈乾元、乔黎云、李绍旭。

本标准中试验方法参照采用日本工业标准J I S L 1017—1978《化学纤维轮胎帘子线试验方法》。

四、其　他

中华人民共和国国家标准

UDC 665.52
:543.06

石油产品水溶性酸及碱测定法

GB/T 259—88
(2004年确认)
代替 GB 259—77

Petroleum products—Determination of water-soluble acids and alkalis

本方法适用于测定液体石油产品、添加剂、润滑脂、石蜡、地蜡及含蜡组分的水溶性酸或水溶性碱。

1 方法概要

用蒸馏水或乙醇水溶液抽提试样中的水溶性酸或碱，然后，分别用甲基橙或酚酞指示剂检查抽出液颜色的变化情况，或用酸度计测定抽提物的pH值，以判断有无水溶性酸或碱的存在。

2 仪器

2.1 分液漏斗：250或500 mL。

2.2 试管：直径为15～20 mm，高度为140～150 mm，用无色玻璃制成。

2.3 漏斗：普通玻璃漏斗。

2.4 量筒：25，50和100 mL。

2.5 锥形烧瓶：100和250 mL。

2.6 瓷蒸发皿。

2.7 电热板及水浴。

2.8 酸度计：具有玻璃-氯化银电极（或玻璃-甘汞电极），精度为pH≤0.01pH。

3 试剂与材料

3.1 试剂

3.1.1 甲基橙：配成0.02%甲基橙水溶液。

3.1.2 酚酞：配成1%酚酞乙醇溶液。

3.1.3 95%乙醇：分析纯。

3.2 材料

3.2.1 滤纸：工业滤纸。

3.2.2 溶剂油：符合SH 0004橡胶工业用溶剂油规定。

3.2.3 蒸馏水：符合GB/T 6682《分析实验室用水规格和试验方法》中三级水规定。

4 准备工作

4.1 试样的准备：

4.1.1 将试样置入玻璃瓶中，不超过其容积的四分之三，摇动5 min。粘稠的或石蜡试样应预先加热至50～60℃再摇动。

4.1.2 当试样为润滑脂时，用刮刀将试样的表层（3～5 mm）刮掉，然后，至少在不靠近容器壁的三处，取约等量的试样置入瓷蒸发皿，并小心地用玻璃棒搅匀。

4.2 95%乙醇必须用甲基橙和酚酞指示剂，或酸度计检验呈中性后，方可使用。

中国石油化工总公司1988-03-14批准　　1989-03-01实施

5 试验步骤

5.1 当试验液体石油产品时，将50 mL 试样和50 mL 蒸馏水放入分液漏斗，加热至50～60℃。轻质石油产品，如汽油和溶剂油等均不加热。

对50℃运动粘度大于75 mm^2/s 的石油产品，应预先在室温下与50 mL 汽油混合，然后，加入50 mL加热至50～60℃的蒸馏水。

将分液漏斗中的试验溶液，轻轻地摇动5 min，不允许乳化。放出澄清后下部的水层，经滤纸过滤后，滤入锥形烧瓶中。

5.2 当试验润滑脂、石蜡、地蜡和含蜡组分时，取50 g 预先熔化好的试样，称准至0.01 g。将其置于瓷蒸发皿或锥形烧瓶中，然后，注入50 mL 蒸馏水，并煮沸至完全熔化。

冷却至室温后，小心地将下部水层倒入有滤纸的漏斗中，滤入锥形烧瓶。对已凝固的产品(如石蜡和地蜡等)，则事先用玻璃棒刺破蜡层。

5.3 当试验添加剂产品时，向分液漏斗中注入10 mL 试样和40 mL 溶剂油，再加入50 mL 加热至50～60℃蒸馏水。将分液漏斗摇动5 min，澄清后分出下部水层，经有滤纸的漏斗，滤入锥形烧瓶。

5.4 若当石油产品用水混合，即用水抽提水溶性酸或碱，产生乳化时，则用50～60℃的1∶1 95％乙醇水溶液代替蒸馏水处理，以后的步骤按5.1条或5.3条进行。

注：试验柴油、碱洗润滑油、含添加剂润滑油和粗制的残留石油产品时，遇到试样的水抽出液对酚酞呈现碱性反应(可能由于皂化物发生水解作用引起)时，也可按本条步骤进行试验。

5.5 将5.1,5.2,5.3条或5.4条试验所得抽提物，用酸度计或指示剂测定水溶性酸或碱。

5.5.1 用酸度计测定水溶性酸或碱

向烧杯中注入30～50 mL 抽提物，电极浸入深度为10～12 mm，按酸度计使用要求测定 pH 值。根据下表确定试样抽提物水溶液或乙醇水溶液中有无水溶性酸或碱。

石油产品水(或乙醇水溶液)抽提物特性	pH 值
酸　性	＜4.5
弱酸性	4.5～5.0
无水溶性酸或碱	＞5.0～9.0
弱碱性	＞9.0～10.0
碱　性	＞10.0

5.5.2 用指示剂测定水溶性酸或碱

向两个试管中分别放1～2 mL 抽提物，在第一支试管中，加入2滴甲基橙溶液，并将它与装有相同体积蒸馏水和甲基橙溶液的第三支试管相比较。如果抽提物呈玫瑰色，则表示所试石油产品里有水溶性酸存在。

在第二支盛有抽提物的试管中加入3滴酚酞溶液。如果溶液呈玫瑰色或红色时，则表示有水溶性碱存在。

当抽提物用甲基橙或酚酞为指示剂，没有呈现玫瑰色或红色时，则认为没有水溶性酸或碱。

5.5.3 当对石油产品质量评价出现不一致时，则水溶性酸或碱的仲裁试验按5.5.1进行。

6 精密度

6.1 本精密度规定仅适用于酸度计法。

6.2 同一操作者所提出的两个结果之差，不应大于0.05 pH。

7 报告

取重复测定两个 pH 值的算术平均值作为试验结果。

附加说明：

本标准由石油化工科学研究院技术归口。

本标准由石油化工科学研究院负责起草。

本标准参照采用苏联国家标准 ГОСТ6307—75《石油产品水溶性酸和碱测定法》。

本标准首次发布于1964年4月4日。

中华人民共和国国家标准

GB/T 260—77
(2004年确认)
代替 GB 260—64

石油产品水分测定法

Petroleum products—Determination of water

本方法适用于测定石油产品中的水含量，用百分数表示。

1 方法概要

一定量的试样与无水溶剂混合，进行蒸馏测定其水分含量并以百分数表示。

2 仪器

水分测定器（图1）：包括圆底玻璃烧瓶1容量为500毫升，接受器2（图2）和直管式冷凝管3长度为250～300毫米。

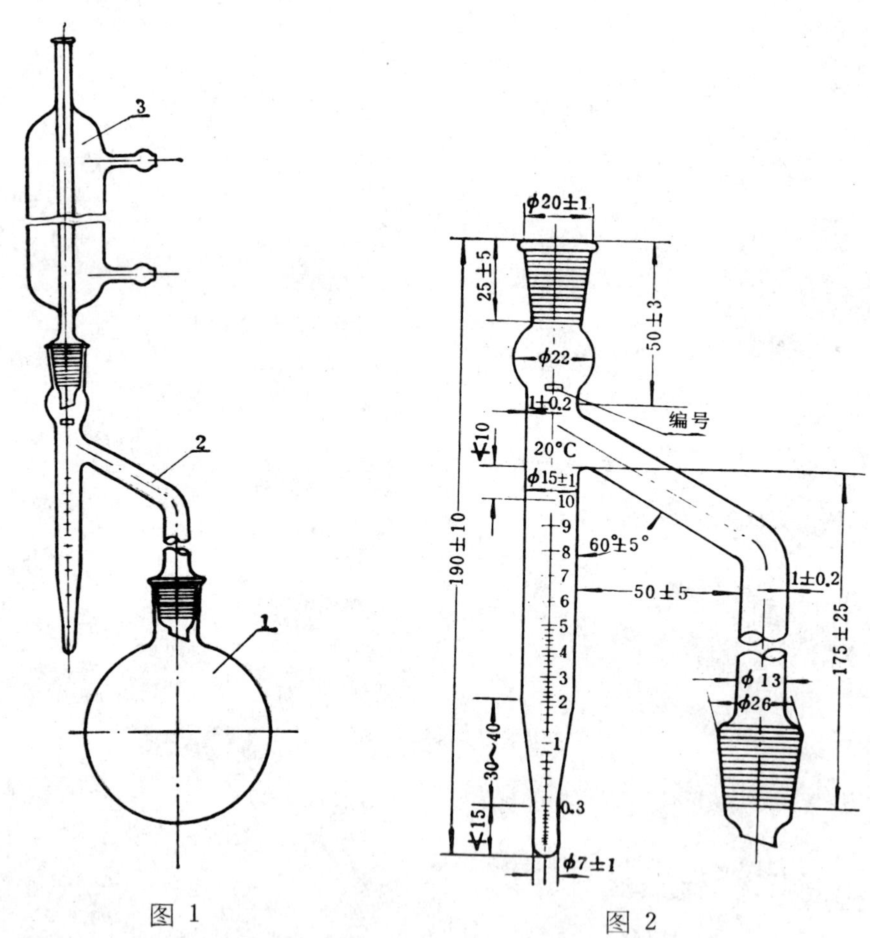

图 1

1—圆底烧瓶；2—接受器；3—冷凝管

图 2

水分测定器的各部分连接处，可以用磨口塞或软木塞连接（仲裁试验时必须用磨口塞连接）。接受器的刻度在0.3毫升以下设有十等分的刻线；0.3～1.0毫升之间设有七等分的刻线；1.0～10毫升之间每分度为0.2毫升。

国家标准计量局1977-11-08发布　　1978-01-01实施

3 材料

3.1 溶剂：工业溶剂油或直馏汽油在 80℃以上的馏分，溶剂在使用前必须脱水和过滤。

3.2 无釉瓷片、浮石、或一端封闭的玻璃毛细管，在使用前必须经过烘干。

4 试验步骤

4.1 将装入量不超过瓶内容积 3/4 的试样摇动 5 分钟，要混合均匀。粘稠的或含石蜡的石油产品应预先加热至 40～50℃，才进行摇匀。

4.2 向预先洗净并烘干的圆底烧瓶 1 称入摇匀的试样 100 克，称准至 0.1 克。

用量筒取 100 毫升溶剂，注入圆底烧瓶中。将圆底烧瓶中的混合物仔细摇匀后，投入一些无釉瓷片、浮石或毛细管。

注：① 粘度小的试样可以用量筒量取 100 毫升，注入圆底烧瓶中，再用这只未经洗涤的量筒量出 100 毫升的溶剂。圆底烧瓶中的试样重量，等于试样的密度乘 100 所得之积。

② 试样的水分超过 10%时，试样的重量应酌量减少，要求蒸出的水不超过 10 毫升。

4.3 洗净并烘干的接受器 2 要用它的支管紧密地安装在圆底烧瓶 1 上，使支管的斜口进入圆底烧瓶 15～20 毫米。然后在接受器上连接直管式冷凝管 3。冷凝管的内壁要预先用棉花擦干。安装时，冷凝管与接受器的轴心线要互相重合，冷凝管下端的斜口切面要与接受器的支管管口相对。为了避免蒸气逸出，应在塞子缝隙上涂抹火棉胶。进入冷凝管的水温与室温相差较大时，应在冷凝管的上端用棉花塞住，以免空气中的水蒸气进入冷凝管凝结。

注：允许在冷凝管的上端，外接一个干燥管，以免空气中的水蒸气进入冷凝管凝结。

4.4 用电炉、酒精灯或调成小火焰的煤气灯加热圆底烧瓶，并控制回流速度，使冷凝管的斜口每秒滴下 2～4 滴液体。

4.5 蒸馏将近完毕时，如果冷凝管内壁沾有水滴，应使圆底烧瓶中的混合物在短时间内进行剧烈沸腾，利用冷凝的溶剂将水滴尽量洗入接受器中。

4.6 接受器中收集的水体积不再增加，而且溶剂的上层完全透明时，应停止加热。回流的时间不应超过 1 小时。

停止加热后，如果冷凝管内壁仍沾有水滴，应从冷凝管上端倒入 3.1 条所规定的溶剂，把水滴冲进接受器。如果溶剂冲洗依然无效，就用金属丝或细玻璃棒带有橡皮或塑料头的一端，把冷凝器内壁的水滴刮进接受器中。

4.7 圆底烧瓶冷却后，将仪器拆卸，读出接受器中收集水的体积。

当接受器中的溶剂呈现浑浊，而且管底收集的水不超过 0.3 毫升时，将接受器放入热水中浸 20～30 分钟，使溶剂澄清，再将接受器冷却到室温，才读出管底收集水的体积。

5 计算

5.1 试样的水分重量百分含量 X 按式(1)计算：

$$X=\frac{V}{G}\times 100 \qquad (1)$$

式中：V——在接受器中收集水的体积，毫升；

G——试样的重量，克。

注：水在室温的密度可以视为 1，因此用水的毫升数作为水的克数。试样的重量为 100±1 克时，在接受器中收集水的毫升数，可以作为试样的水分重量含量测定结果。

5.2 试样的水分体积百分含量 Y 按式(2)计算：

$$Y=\frac{V\cdot\rho}{G}\times 100 \quad\cdots\cdots\cdots\cdots\cdots\cdots\cdots\cdots\cdots\cdots\cdots\cdots\cdots\cdots\cdots\cdots\quad(2)$$

式中：V——接受器中收集水的体积，毫升；

ρ——注入烧瓶时的试样的密度，克/毫升；

G——试样的重量，克。

注：量取100毫升试样时，在接受器中收集水的毫升数，可以作为试样的水分体积百分含量测定结果。

6 精密度

在两次测定中，收集水的体积差数，不应超过接受器的一个刻度。

7 报告

7.1 取两次测定的两个结果的算术平均值，作为试样的水分。

7.2 试样的水分少于0.03%，认为是痕迹。在仪器拆卸后接受器中没有水存在，认为试样无水。

附加说明：

本标准由中华人民共和国石油工业部提出。

本标准由石油化工科学研究院综合研究所起草。

ICS 75.080
E 30

中华人民共和国国家标准

GB/T 261—2008
代替 GB/T 261—1983

闪点的测定　宾斯基-马丁闭口杯法

Determination of flash point—Pensky-Martens closed cup method

(ISO 2719:2002,MOD)

2008-08-25 发布　　2009-02-01 实施

中华人民共和国国家质量监督检验检疫总局
中国国家标准化管理委员会　发布

前　　言

本标准修改采用国际标准 ISO 2719:2002《闪点测定法　宾斯基-马丁闭口杯法》(英文版)。

本标准根据 ISO 2719:2002 重新起草。

为了适合我国国情,本标准在采用 ISO 2719:2002 时进行了修改。本标准与 ISO 2719:2002 的主要技术差异如下:

——本标准范围中以注的形式增加了闪点在 40 ℃以下的喷气燃料也可使用本标准进行测定的相关规定;

——本标准的部分引用标准修改为我国相应的国家标准;

——本标准再现性的规定中增加了注"本精密度的再现性不适用于 20 号航空润滑油"。

本标准代替 GB/T 261—1983《石油产品闪点测定法(闭口杯法)》,GB/T 261—1983 是参照采用 ISO 2719:1973 制定的。

本标准与 GB/T 261—1983 相比主要变化如下:

——本标准扩大了适用范围,除了石油产品之外,本标准还适用于表面不成膜的清漆和油漆等化工产品闪点;

——GB/T 261—1983 对不同类型的样品规定了统一的试验步骤,且未明确规定搅拌转速;本标准的试验步骤对不同类型的样品按步骤 A 和步骤 B 分别进行了叙述,且对升温速率和搅拌转速都做了明确规定;

——本标准增加了术语、样品处理和仪器校验的相关内容;

——GB/T 261—1983 规定了两支内标式温度计。本标准规定了三支棒式温度计,可根据样品的预期闪点选用;

——GB/T 261—1983 中规定试样初次出现闪火后,再次点火,仍能继续闪火,试验结果被认为有效。本标准规定试样的观察闪点与最初点火温度的差值应在 18 ℃～28 ℃范围之内;

——本标准增加了自动仪器的使用,但规定仲裁试验以手动试验结果为准;

——本标准增加了结果精确到 0.5 ℃的规定;

——本标准修改了精密度,且按不同类型的样品以步骤 A 和步骤 B 分别给出;

——本标准增加了四个附录,附录 A《仪器校验》、附录 B《宾斯基-马丁闭口闪点试验仪》、附录 C《温度计技术规格》和附录 D《温度计适配器》。

本标准的附录 B 和附录 C 为规范性附录,附录 A 和附录 D 为资料性附录。

本标准由全国石油产品和润滑剂标准化技术委员会提出。

本标准由全国石油产品和润滑剂标准化技术委员会石油燃料和润滑剂分技术委员会归口。

本标准起草单位:中国石油化工股份有限公司石油化工科学研究院。

本标准主要起草人:郭涛、陈洁。

本标准所代替标准的历次版本发布情况为:

——GB 261—1964、GB 261—1977、GB/T 261—1983。

引　言

闪点值能够用于运输、贮存、操作和安全管理等方面，可作为分类参数来定义“易燃物质”和“可燃物质”，其准确定义参见它们各自的特殊法规和相关标准。

闪点值可用于表示在相对非挥发或非可燃性物质中是否存在高挥发性或可燃性物质。闪点试验是对未知组成材料进行其他研究的第一步。

闪点试验不能用于有潜在不稳定的、易分解的或爆炸性的样品，除非事先确认在本标准规定的温度范围内，加热与闪点测定仪金属部件相接触的规定量的此类样品不会产生分解、爆炸或其他不良影响。

对含卤代烃样品得到的闪点试验结果要谨慎分析，因为此类样品可能会产生异常结果。

闪点的测定　宾斯基-马丁闭口杯法

警告：本标准的应用可能涉及到某些有危险性的材料、操作和设备。但并未对与此有关的所有安全问题都提出建议。用户在使用本标准之前有责任制定相应的安全和保护措施，并明确其受限制的适用范围。

1　范围

1.1　本标准规定了用宾斯基-马丁闭口闪点试验仪测定可燃液体、带悬浮颗粒的液体、在试验条件下表面趋于成膜的液体和其他液体闪点的方法。本标准适用于闪点高于 40 ℃的样品。

注 1：煤油的闪点在 40 ℃以上，虽然也可使用本标准，但一般情况下煤油的闪点按照 ISO 13736 进行测定。通常未用过润滑油的闪点按照 GB/T 3536 进行测定。

注 2：闪点在 40 ℃以下的喷气燃料也可使用本标准进行测定，但精密度未经验证。

1.2　本标准的试验步骤包括步骤 A 和步骤 B 两个部分。

1.2.1　步骤 A 适用于表面不成膜的油漆和清漆、未用过润滑油及不包含在步骤 B 之内的其他石油产品。

1.2.2　步骤 B 适用于残渣燃料油、稀释沥青、用过润滑油、表面趋于成膜的液体、带悬浮颗粒的液体及高黏稠材料(例如聚合物溶液和粘合剂)。

注：在监控润滑油系统时，为了进行未用过润滑油与用过润滑油闪点的比较，也可以用步骤 A 来测定用过润滑油的闪点，但本标准的精密度仅适用于步骤 B。

1.3　本标准不适用于含水油漆或含高挥发性材料的液体。

注 1：含水油漆的闪点可用 GB/T 7634 进行测定；含高挥发性材料液体的闪点可用 ISO 1523 或 GB/T 7634 进行测定。

注 2：本标准的精密度数据仅在第 13 章所述的闪点范围内有效。

2　规范性引用文件

下列文件中的条款通过本标准的引用而成为本标准的条款。凡是注日期的引用文件，其随后所有的修改单(不包括勘误的内容)或修订版均不适用于本标准，然而，鼓励根据本标准达成协议的各方研究是否可使用这些文件的最新版本。凡是不注日期的引用文件，其最新版本适用于本标准。

GB/T 3186　色漆、清漆和色漆与清漆用原材料　取样(GB/T 3186—2006，ISO 15528：2000，IDT)

GB/T 3536　石油产品闪点和燃点的测定　克利夫兰开口杯法(GB/T 3536—2008，ISO 2592 2000，MOD)

GB/T 4756　石油液体手工取样法(GB/T 4756—1998，eqv ISO 3170：1988)

GB/T 6683　石油产品试验方法精密度数据确定法(GB/T 6683—1997，neq ISO 4259：1992)

GB/T 7634　石油及有关产品低闪点的测定　快速平衡法

GB/T 15000.3　标准样品工作导则(3)标准样品定值的一般原则和统计方法(GB/T 15000.3—1994，neq ISO 导则 35)

GB/T 15000.7　标准样品工作导则(7)标准样品生产者能力的通用要求(GB/T 15000.7—2001，ISO 导则 34，IDT)

GB/T 15000.8　标准样品工作导则(8)有证标准样品的使用(GB/T 15000.8—2003，ISO 导则 33，IDT)

GB/T 20777　色漆和清漆　试样的检查和制备(GB/T 20777—2006，ISO 1513：1992，IDT)

SY/T 5317　石油液体管线自动取样法(SY/T 5317—2006，ISO 3171：1988，IDT)

ISO 1523 闪点的测定——闭口杯平衡法

ISO 13736 石油产品和其他液体闪点的测定——阿贝闭口杯法

ASTM E1 ASTM玻璃液体温度计技术规格

IP 石油和石油产品试验方法标准年鉴 附录A

3 术语和定义

下列术语和定义适用于本标准。

3.1

闪点 flash point

在规定试验条件下，试验火焰引起试样蒸气着火，并使火焰蔓延至液体表面的最低温度，修正到101.3 kPa大气压下。

4 方法概要

将样品倒入试验杯中，在规定的速率下连续搅拌，并以恒定速率加热样品。以规定的温度间隔，在中断搅拌的情况下，将火源引入试验杯开口处，使样品蒸气发生瞬间闪火，且蔓延至液体表面的最低温度，此温度为环境大气压下的闪点，再用公式修正到标准大气压下的闪点。

5 试剂与材料

5.1 清洗溶剂：用于除去试验杯及试验杯盖上沾有的少量试样。

注：清洗溶剂的选择依据被测试样及其残渣的粘性。低挥发性芳烃（无苯）溶剂可用于除去油的痕迹，混合溶剂如甲苯-丙酮-甲醇可有效除去胶质类的沉积物。

5.2 校准液：详见附录A中的规定。

6 仪器

6.1 宾斯基-马丁闭口闪点试验仪：详见附录B。

6.1.1 如果使用自动仪器，要确保其测定结果能达到本标准规定的精密度，试验杯及试验杯盖的组装应符合附录B规定的尺寸和仪器的机械要求，使用者应确保全部操作按仪器说明书进行。

注：在某些情况下，使用电子火源点火与火焰火源点火的试验结果会有差异，电子火源点火的试验结果可能会不稳定。

6.1.2 在有争议的情况下，除非另有规定，仲裁试验以火焰火源点火的手动试验结果为准。

6.2 温度计：包括低、中和高三个温度范围的温度计，符合附录C的要求。应根据样品的预期闪点选用温度计。

注：也可使用其他类型，但能满足附录C的精度和灵敏度的温度测量设备。

6.3 气压计：精度0.1 kPa，不能使用气象台或机场所用的已预校准至海平面读数的气压计。

6.4 加热浴或烘箱：用于加热样品，要求能将温度控制在±5 ℃之内。可通风且能防止加热样品时产生的可燃蒸气闪火，推荐使用防爆烘箱。

7 仪器准备

7.1 仪器的放置：仪器应安装在无空气流的房间内，并放置在平稳的台面上。

注1：若不能避免空气流，最好用防护屏挡在仪器周围。

注2：若样品产生有毒蒸气，应将仪器放置在能单独控制空气流的通风柜中，通过调节使蒸气可以被抽走，但空气流不能影响试验杯上方的蒸气。

7.2 试验杯的清洗：先用清洗溶剂冲洗试验杯、试验杯盖及其他附件，以除去上次试验留下的所有胶质或残渣痕迹。再用清洁的空气吹干试验杯，确保除去所用溶剂。

7.3 仪器组装:检查试验杯、试验杯盖及其附件,确保无损坏和无样品沉积。然后按照附录B组装好仪器。

7.4 仪器校验

7.4.1 用有证标准样品(CRM)按照步骤A每年至少校验仪器一次。所得结果与CRM给定值之差应小于或等于 $R/\sqrt{2}$,其中 R 是本标准的再现性。推荐使用工作参比样品(SWS)对仪器进行经常性的校验。使用CRM和SWS校验仪器的推荐步骤、以及得到SWS的方法参见附录A。

7.4.2 校验试验所得的结果不能作为方法的偏差,也不能用于后续闪点测定结果的修正。

8 取样

8.1 除非另有规定,取样应按照GB/T 4756、SY/T 5317或GB/T 3186进行。

8.2 将所取样品装入合适的密封容器中。为了安全,样品只能充满容器容积的85%~95%。

8.3 将样品贮存在合适的条件下,以最大限度地减少样品的蒸发损失和压力升高。样品贮存温度避免超过30 ℃。

9 样品处理

9.1 石油产品

9.1.1 分样:在低于预期闪点至少28 ℃下进行分样。如果等分样品是在试验前贮存的,应确保样品充满至容器容积的50%以上。

9.1.2 含未溶解水的样品:如果样品中含有未溶解的水,在样品混匀应将水分离出来,因为水的存在会影响闪点的测定结果。但某些残渣燃料油和润滑剂中的游离水可能会分离不出来。这种情况下,在样品混匀前应用物理方法除去水。

9.1.3 室温下为液体的样品:取样前应先轻轻地摇动混匀样品,再小心地取样,应尽可能避免挥发性组分损失,然后按第10章进行操作。

9.1.4 室温下为固体或半固体的样品:将装有样品的容器放入加热浴或烘箱中,在30 ℃±5 ℃或不超过预期闪点28 ℃的温度下加热(两者选择较高温度)30 min,如果样品未全部液化,再加热30 min。但要避免样品过热造成挥发性组分损失,轻轻摇动混匀样品后,按第10章进行操作。

9.2 油漆和清漆:样品的制备按GB/T 20777进行。

10 试验步骤

10.1 通则

含水较多的残渣燃料油试样应小心操作,因为加热后此类试样会起泡并从试验杯中溢出。

注:试样的体积应大于容器容积的50%,否则会影响闪点的测定结果。

10.2 步骤A

10.2.1 观察气压计,记录试验期间仪器附近的环境大气压。

注:虽然某些气压计会自动修正,但本标准不要求修正到0 ℃下的大气压力。

10.2.2 将试样倒入试验杯至加料线,盖上试验杯盖,然后放入加热室,确保试验杯就位或锁定装置连接好后插入温度计。点燃试验火源,并将火焰直径调节为3 mm~4 mm;或打开电子点火器,按仪器说明书的要求调节电子点火器的强度。在整个试验期间,试样以5 (℃/min)~6 (℃/min)的速率升温,且搅拌速率为90 (r/min)~120 (r/min)。

10.2.3 当试样的预期闪点为不高于110 ℃时,从预期闪点以下23 ℃±5 ℃开始点火,试样每升高1 ℃点火一次,点火时停止搅拌。用试验杯盖上的滑板操作旋钮或点火装置点火,要求火焰在0.5 s内下降至试验杯的蒸气空间内,并在此位置停留1 s,然后迅速升高回至原位置。

10.2.4 当试样的预期闪点高于110 ℃时,从预期闪点以下23 ℃±5 ℃开始点火,试样每升高2 ℃点火一次,点火时停止搅拌。用试验杯盖上的滑板操作旋钮或点火装置点火,要求火焰在0.5 s内下降至试验杯的蒸气空间内，并此位置停留 1 s，然后迅速升高回至原位置。

10.2.5 当测定未知试样的闪点时，在适当起始温度下开始试验。高于起始温度 5 ℃时进行第一次点火，然后按 10.2.3 或 10.2.4 进行。

10.2.6 记录火源引起试验杯内产生明显着火的温度，作为试样的观察闪点，但不要把在真实闪点到达之前，出现在试验火焰周围的淡蓝色光轮与真实闪点相混淆。

10.2.7 如果所记录的观察闪点温度与最初点火温度的差值少于 18 ℃或高于 28 ℃，则认为此结果无效。应更换新试样重新进行试验，调整最初点火温度，直到获得有效的测定结果，即观察闪点与最初点火温度的差值应在 18 ℃～28 ℃范围之内。

10.3 步骤 B

10.3.1 观察气压计，记录试验期间仪器附近的环境大气压(见 10.2.1 注)。

10.3.2 将试样倒入试验杯至加料线，盖上试验杯盖，然后放入加热室，确保试验杯就位或锁定装置连接好后插入温度计。点燃试验火焰，并将火焰直径调节为 3 mm～4 mm；或打开电子点火器，按仪器说明书的要求调节电子点火器的强度。在整个试验期间，试样以 1.0 (℃/min)～1.5 (℃/min)的速率升温，且搅拌速率为 250(r/min)±10(r/min)。

10.3.3 除试样的搅拌和加热速率按 10.3.2 的规定，其他试验步骤均按 10.2.3～10.2.7 规定进行。

11 计算

11.1 大气压读数的转换

如果测得的大气压读数不是以 kPa 为单位的，可用下述等量关系换算到以 kPa 为单位的读数。

以 hPa 为单位的读数×0.1＝以 kPa 为单位的读数

以 mbar 为单位的读数×0.1＝以 kPa 为单位的读数

以 mmHg 为单位的读数×0.133 3＝以 kPa 为单位的读数

11.2 观察闪点的修正

用式(1)将观察闪点修正到标准大气压(101.3 kPa)下的闪点，T_C：

$$T_C = T_O + 0.25(101.3 - p) \qquad \cdots\cdots(1)$$

式中：

T_O——环境大气压下的观察闪点，℃；

p——环境大气压，kPa。

注：本公式仅限大气压在 98.0 kPa～104.7 kPa 范围之内。

12 结果表示

结果报告修正到标准大气压(101.3 kPa)下的闪点，精确至 0.5 ℃。

13 精密度

按下述规定判断试验结果的可靠性(95%的置信水平)。

13.1 重复性，r

在同一实验室，由同一操作者使用同一仪器，按照相同的方法，对同一试样连续测定的两个试验结果之差不能超过表 1 和表 2 中的数值。

表 1 步骤 A 的重复性

材 料	闪点范围/ ℃	r/℃
油漆和清漆	—	1.5
馏分油和未使用过的润滑油	40～250	0.029X
X——两个连续试验结果的平均值。		

表 2 步骤 B 的重复性

材　　料	闪点范围/℃	r/℃
残渣燃料油和稀释沥青	40～110	2.0
用过润滑油	170～210	5[a]
表面趋于成膜的液体、带悬浮颗粒的液体或高黏稠材料	—	5.0
[a] 在 20 个实验室对一个用过柴油发动机油试样测定得到的结果。		

13.2 再现性，*R*

在不同的实验室，由不同操作者使用不同的仪器，按照相同的方法，对同一试样测定的两个单一、独立的试验结果之差不能超过表 3 和表 4 中的数值。

注：本精密度的再现性不适用于 20 号航空润滑油。

表 3 步骤 A 的再现性

材　　料	闪点范围/ ℃	R/℃
油漆和清漆	—	—
馏分油和未使用过的润滑油	40～250	$0.071X$
X——两个独立试验结果的平均值。		

表 4 步骤 B 的再现性

材　　料	闪点范围/ ℃	R/℃
残渣燃料油和稀释沥青	40～110	6.0
用过润滑油	170～210	16[a]
趋向于表面成膜的液体、带悬浮颗粒的液体或高黏稠材料	—	10.0
[a] 在 20 个实验室对一个用过柴油发动机油试样测定得到的结果。		

14 试验报告

试验报告至少应该包括下述内容：

1） 注明执行本标准和所用的试验步骤；
2） 被测产品的类型和完整的标识；
3） 如果可能，报告预加热温度和预加热时间(见 9.1.4)；
4） 仪器附近的环境大气压力(见 10.2.1 和 10.3.1)；
5） 试验结果(见第 12 章)；
6） 注明按协议或其他原因，与规定试验步骤存在的任何差异；
7） 试验日期。

附 录 A
（资料性附录）
仪 器 校 验

A.1 总则

A.1.1 本附录给出了得到工作参比样品（SWS）及使用SWS和有证标准样品（CRM）对仪器进行校准验证的操作步骤。

A.1.2 用根据GB/T 15000.7和GB/T 15000.3得到的CRM，或用根据由A.2.2中规定步骤得到的SWS对仪器（手动和自动）进行校验。仪器的性能也可根据GB/T 15000.8和GB/T 6683进行检定。

A.1.3 对试验结果准确度的评价是基于95%的置信水平。

A.2 校准检验标准

A.2.1 有证标准样品（CRM）：由稳定的纯烃，按照GB/T 15000.7和GB/T 15000.3或者是在指定试验方法的实验室间，确定了本标准闪点的其他稳定的石油产品组成。

A.2.2 工作参比样品（SWS）：由稳定的石油产品、纯烃或用以下两种方法测定出闪点的稳定物质组成。

A.2.2.1 使用已用CRM校验的仪器，对有代表性样品进行至少三次试验，统计分析结果，剔除异常值后，计算结果的算术平均值；

A.2.2.2 通过至少三个实验室参加的实验室间特定方法，对有代表性的样品进行重复试验，闪点的赋值可经过对实验室间统计数据计算后得到。

A.2.3 为保证SWS的完整性，应将SWS保存在避光容器中，SWS的贮存温度应避免超过10 ℃。

A.3 试验步骤

A.3.1 选取CRM或SWS闪点的测定范围应满足表A.1的要求，闪点的参考值见表A.1。为使覆盖的范围尽可能的宽，推荐使用两个CRM或两个SWS。也可使用相同的CRM或SWS进行重复试验。

A.3.2 对于新仪器或一年至少使用一次的在用仪器，应使用CRM按照10.2的规定对仪器进行校准。

A.3.3 日常仪器校验，可使用SWS，按照10.2的规定对仪器进行校准试验。

A.3.4 大气压的校正应按照11.2进行，记录修正试验结果，精确到0.1 ℃。

表 A.1 烃类样品闭口闪点的参考值

烃	标准闪点/℃
癸烷	53
十一烷	68
十二烷	84
十四烷	109
十六烷	134

A.4 结果表示

A.4.1 总则：用CRM的标定值或SWS的给定值比较修正后的试验结果。

假定再现性已根据GB/T 6683得到，CRM的标定值或SWS的给定值是在GB/T 15000.3下建立的，它的不确定度比本标准的标准偏差小，比本标准的再现性也小，其关系式在 A.4.1.1 和 A.4.1.2 中给出。

A.4.1.1 单次试验：对于 CRM 或 SWS 的单次试验，单次结果与 CRM 的标定值或 SWS 的给定值之差应满足式(A.1)的要求：

$$|x-\mu| \leqslant R/\sqrt{2} \quad \cdots\cdots\cdots\cdots(\text{A.1})$$

式中：

x——单次试验结果；

μ——CRM 的标定值或 SWS 的给定值；

R——本标准的再现性。

A.4.1.2 多次试验：对于 CRM 或 SWS 的 n 次重复试验，n 个结果的平均值与 CRM 的标定值或 SWS 的给定值之差应满足式(A.2)的要求：

$$|\bar{x}-\mu| \leqslant R_1/\sqrt{2} \quad \cdots\cdots\cdots\cdots(\text{A.2})$$

式中：

$\bar{x}$——试验结果平均值；

μ——CRM 的标定值或 SWS 的给定值；

R_1——即 $\sqrt{R^2-r^2[1-(1/n)]}$；

R——本标准的再现性；

r——本标准的重复性；

n——用 CRM 或 SWS 进行重复试验的次数。

A.4.2 如果试验结果满足上述规定，对此进行记录。

A.4.3 对于使用 SWS 进行校准验证的，如果试验结果不能满足上述规定，则应用 CRM 重复上述步骤。如果试验结果满足上述规定，对此进行记录，并删除 SWS 的校准结果。

A.4.4 如果试验结果仍然不能满足上述规定，应检查仪器和操作是否符合仪器说明书的要求。如果没有明显的不一致，再用不同的 CRM 进行进一步的校准验证。如果后续试验结果满足上述规定，对此进行记录。如果仍然不能满足上述规定，应将仪器送回生产厂进行仔细检查。

附 录 B
（规范性附录）
宾斯基-马丁闭口闪点试验仪

B.1 通则

本附录描述了手动、气体/电加热和火焰点火式仪器的详细情况。仪器由B.2～B.4所述的试验杯、盖组件和加热室组成。典型气体加热器组装如图B.1所示。

B.2 试验杯

试验杯由黄铜或具有相同导热性能的不锈蚀金属制成，并符合图B.2所示的尺寸要求。试验杯温度计插孔应装配使其在加热室中定位的装置。试验杯最好能安有手柄，但不能太重，以免空试验杯倾倒。

B.3 盖组件

B.3.1 试验杯盖

由黄铜或其他热导性相当的不锈蚀金属制成。试验杯盖四周有向下的垂边，几乎与试验杯的侧翼缘相接触（如图B.3所示），垂边与试验杯外表面在直径方向上的间隙不能超过0.36 mm，且正好配罩在试验杯的外面。试验杯与连接部分应有定位和/或锁住装置。试验杯盖上有三个开口A、B、C（如图B.3所示）。试验杯上部边缘应与整个试验杯盖内表面紧密接触。

B.3.2 滑板

由厚约2.4 mm的黄铜制成。在试验杯盖的上表面操作（如图B.4所示）。滑板的形状和装配应能让它在试验杯盖的水平中心轴的两个停位之间转动。保证滑板转到一个端点位置时，试验杯盖上的开口A、B、C全都关闭，而转到另一端点位置时，三个开口全部打开。机械操作的滑板应是弹簧型的，要保证在不使用滑板时，试验杯盖上的三个开口全部关闭，当操作到另一端点位置时，试验杯盖上的三个开口完全打开，且点火器的尖端应能全部降至试验杯内。

B.3.3 点火器

点火管火焰喷射装置的尖端开口直径约为0.7 mm～0.8 mm（如图B.4所示）。尖端为不锈钢，或其他合适的金属材料。点火器配有机械操作器，当滑板在“开”的位置时，降下尖端，使火焰喷嘴开口孔的中心位于试验杯盖的上下表面平面之间，且通过最大开口A中心半径上的一点（如图B.3所示）。

注：尖端的珠子由合适的材料制成，与火焰尺寸相当（3 mm～4 mm），可以装配在试验杯盖上的明显位置。

B.3.4 自动再点火装置

用于火焰的自动再点火。

B.3.5 搅拌装置

安装在试验杯盖的中心位置（如图B.4所示），带两个双叶片金属桨。下桨面距试验杯盖约为38 mm，两个叶片宽为8 mm，并倾斜45°。上桨面距试验杯盖约为19 mm，两个叶片宽为8 mm，并倾斜45°。两组桨固定在搅拌器的旋转轴上，当从搅拌器的下面观察时，其中一组桨的两个叶片在0°和180°位置，另一组桨的两个叶片在90°和270°位置。

注：搅拌器的旋转轴可用传动软轴或合适的滑轮组结构与电动机相连接。

B.4 加热室和浴套

B.4.1 通过设计成合适的加热室的方式给试验杯提供热量，加热室的效果相当于一个空气浴。加热室应由空气浴和能放置试验杯的浴套组成。

B.4.2 空气浴有筒型内侧，并且符合图B.1所示的要求。空气浴可以是火焰加热型、电加热金属铸件型或电阻元件加热型。空气浴应保证在试验所规定温度下不变形。

B.4.2.1 如果空气浴是火焰加热型或电加热金属铸件型，在实际使用中，其底部和侧壁的温度应保持一致，空气浴的厚度应不小于6 mm。如果空气浴是火焰加热型的，铸件的设计应确保火焰的燃烧产物不能沿试验杯壁上移或进入试验杯。

B.4.2.2 如果空气浴内有电阻元件，要求其表面的所有部件受热均匀。空气浴的壁和底的厚度应不小于6 mm。

B.4.3 浴套由金属制成，并装配成浴套和空气浴之间带空隙。浴套可以用三个螺丝和间隙衬套装在空气浴上。间隙衬套应该有足够的厚度，使空隙为4.8 mm±0.2 mm，其直径应不大于9.5 mm。

单位为毫米

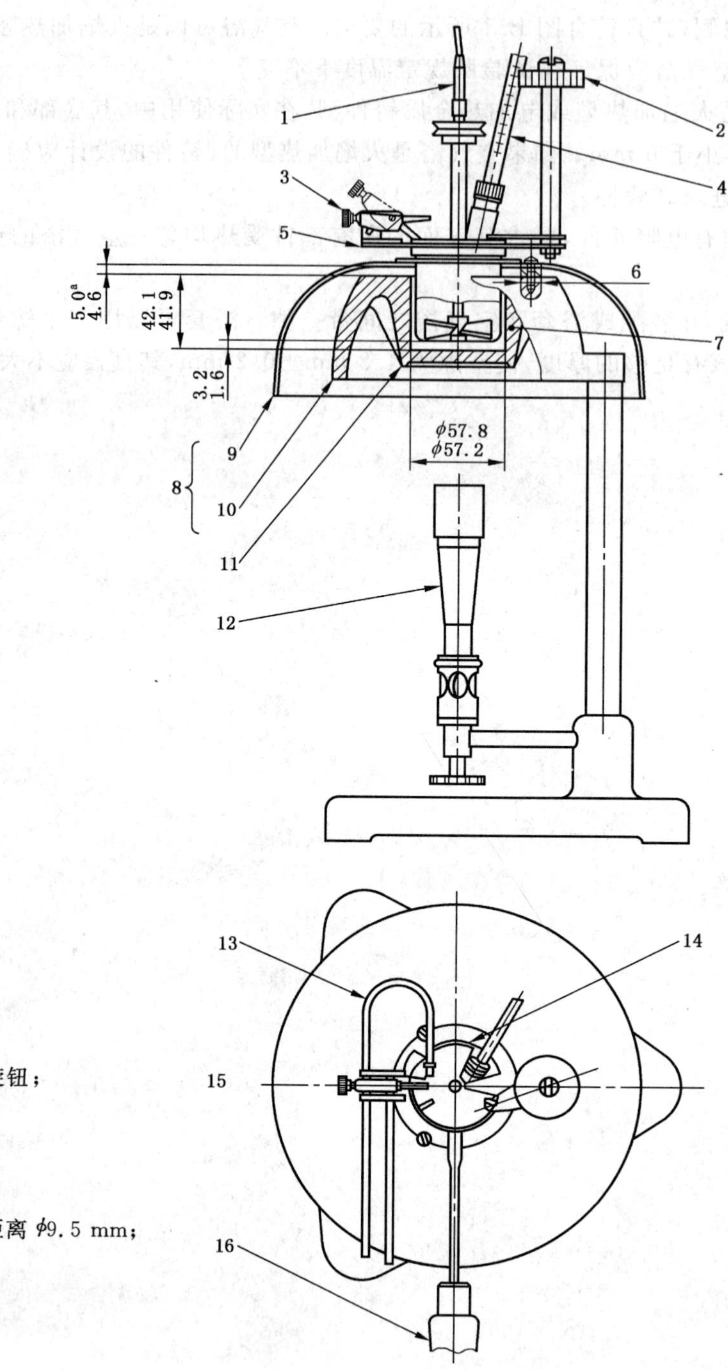

1——柔性轴；

2——快门操作旋钮；

3——点火器；

4——温度计；

5——盖子；

6——片间最大距离 ϕ9.5 mm；

7——试验杯；

8——加热室；

9——顶板；

10——空气浴；

11——杯表面厚度最小 6.5 mm，即杯周围的金属；

12——火焰加热型或电阻元件加热型(图示为火焰加热型)；

13——导向器；

14——快门；

15——表面；

16——手柄(可选择)。

注：盖子的装配可以是左手，也可以是右手。

[a] 为空隙。

图 B.1　宾斯基-马丁闭口闪点试验仪

单位为毫米

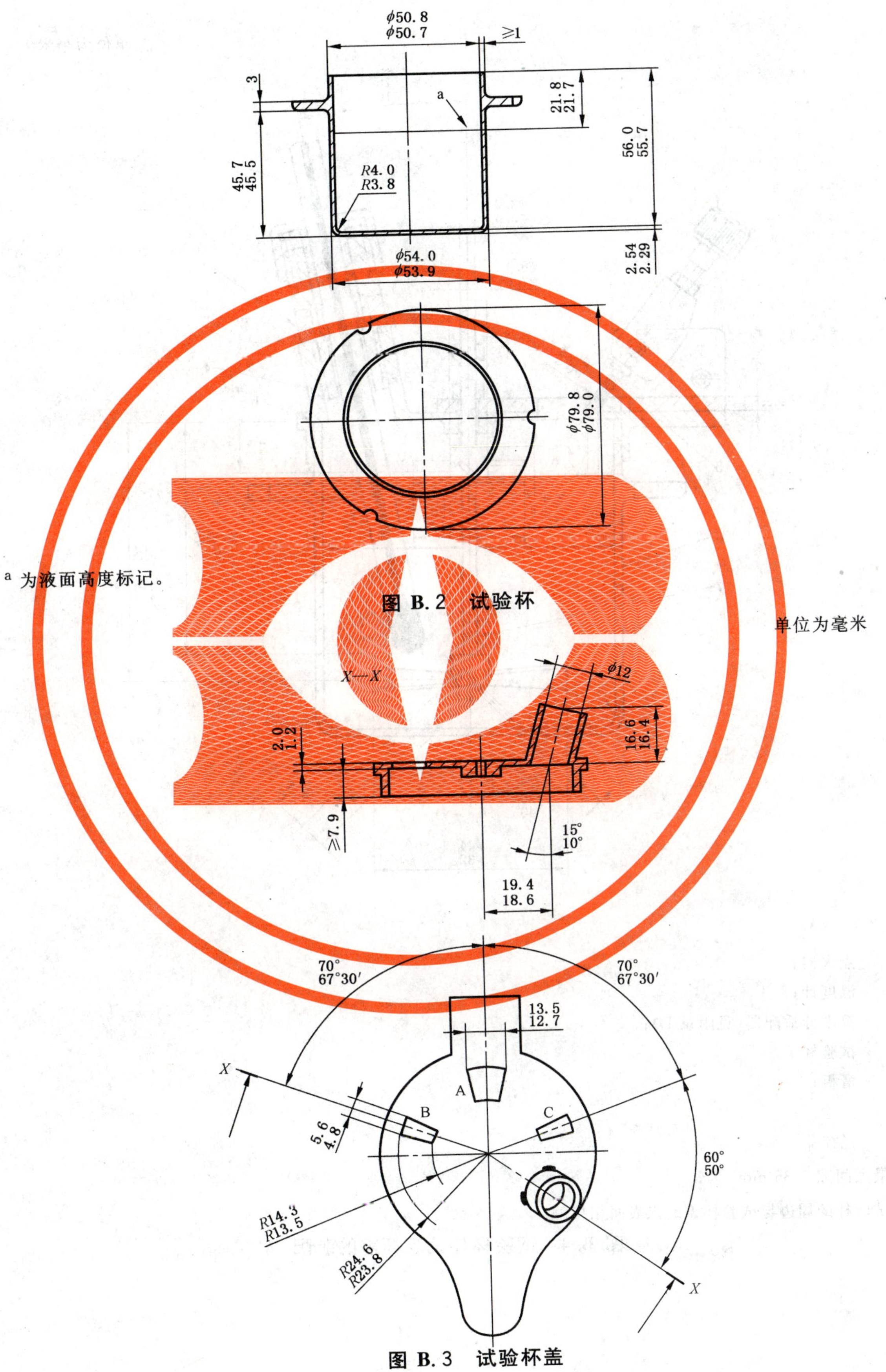

a 为液面高度标记。

图 B.2 试验杯

单位为毫米

图 B.3 试验杯盖

单位为毫米

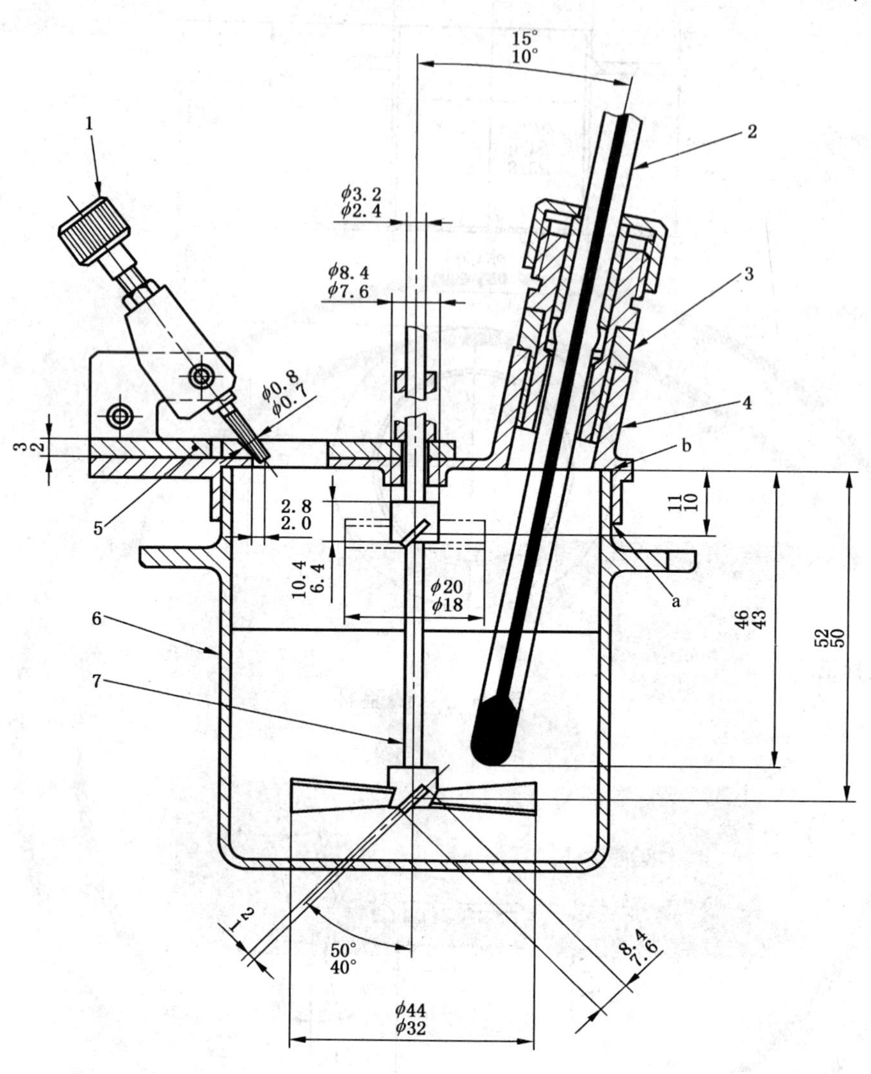

1——点火器；

2——温度计；

3——温度计适配器(见附录 D)；

4——试验杯盖；

5——滑板；

6——试验杯；

7——搅拌器。

[a] 最大间隙 0.36 mm。

[b] 试验杯的周边与试验杯盖的内表面相接触。

图 B.4　试验杯与试验杯盖的装配

附　录　C
（规范性附录）
温度计技术规格

C.1　本标准所使用的温度计应满足表 C.1 中的规定。

表 C.1　温度计技术规格

	低范围	中范围	高范围
温度范围/℃	−5～110	20～150	90～370
浸没深度/mm	57	57	57
刻度标尺：			
分度值/℃	0.5	1	2
长刻线间隔/℃	1～5	5	10
数字标刻间隔/℃	5	5	20
示值允差/℃	0.5	1.0	<260 时：1.0 ≥260 时：2.0
安全泡：			
允许加热至/℃	160	200	370
总长度/mm	282～295	282～295	282～295
棒外径/mm	6.0～7.0	6.0～7.0	6.0～7.0
感温泡长度/mm	9～13	9～13	7～10
感温泡外径/mm	5.5～棒外径	5.5～棒外径	5.5～棒外径
刻线位置：			
感温泡底部至刻线	0 ℃	20 ℃	90 ℃
距离/mm	85～95	85～95	80～90
刻度范围长度/mm	140～175	140～180	145～180
棒扩张部分：			
外径/mm	7.5～8.5	7.5～8.5	7.5～8.5
长度/mm	2.5～5.0	2.5～5.0	2.5～5.0
底部至感温泡底部距离/mm	64～66	64～66	64～66
注 1：IP 15C/ASTM 9C；IP 16C/ASTM 10C；IP 101C 和 ASTM 88C 可满足上述要求。 注 2：对于低范围温度计适配器的描述见附录 D。			

附　录　D
（资料性附录）
温度计适配器

D.1　通则

低范围温度计有时需用金属套筒与用于泰克闪点试验仪的温度计插孔相固定。而宾斯基-马丁闭口闪点试验仪的温度计插孔较大，需要用适配器与之相配合。温度计适配器、套筒和垫圈尺寸见图D.1。

单位为毫米

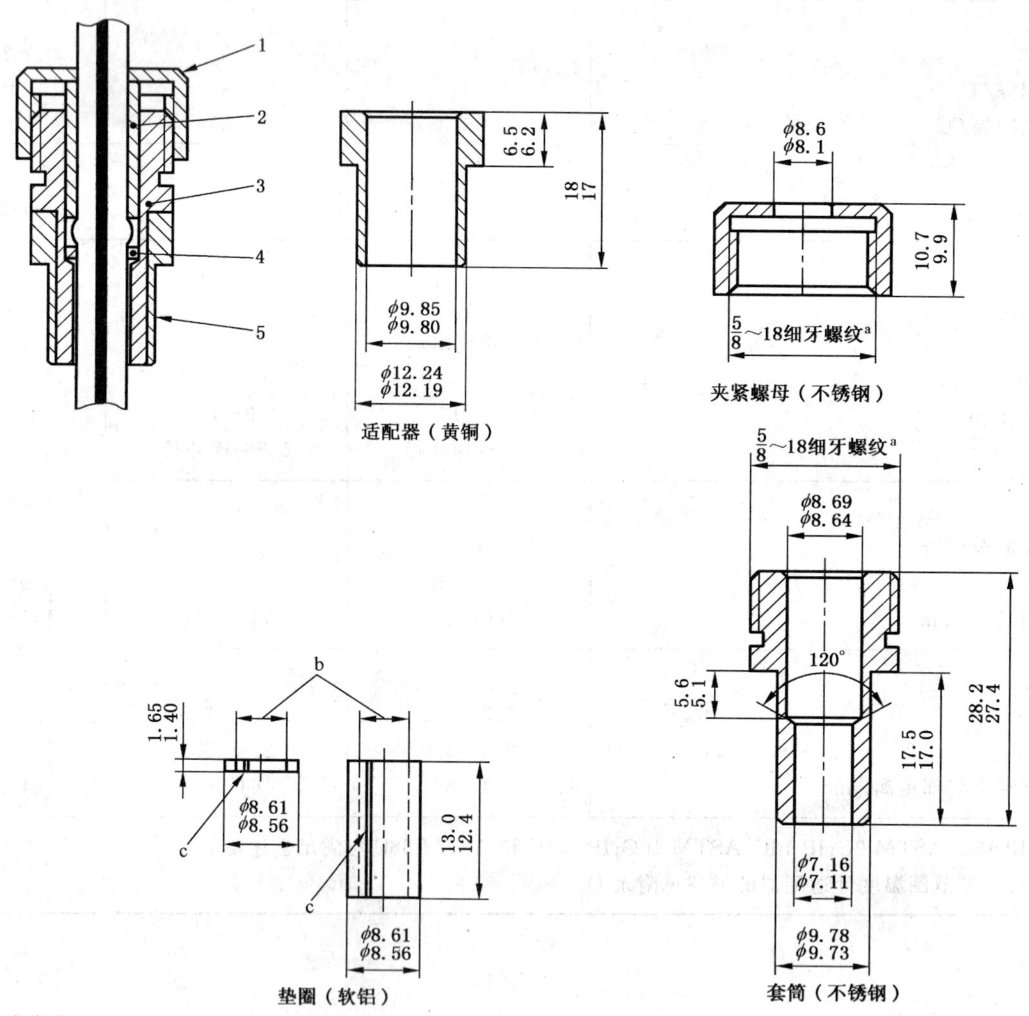

1——夹紧螺母；
2——垫圈；
3——套筒；
4——垫圈；
5——适配器。
[a] 或相当的螺纹。
[b] 与温度计杆相匹配的内孔。
[c] 间隙。

图 D.1　温度计适配器、套筒和垫圈尺寸

D.2 试验量规

温度计棒扩张部分的长度和感温泡底部到棒扩张部分底部的距离可通过如图 D.2 所示的量规来测量。

单位为毫米

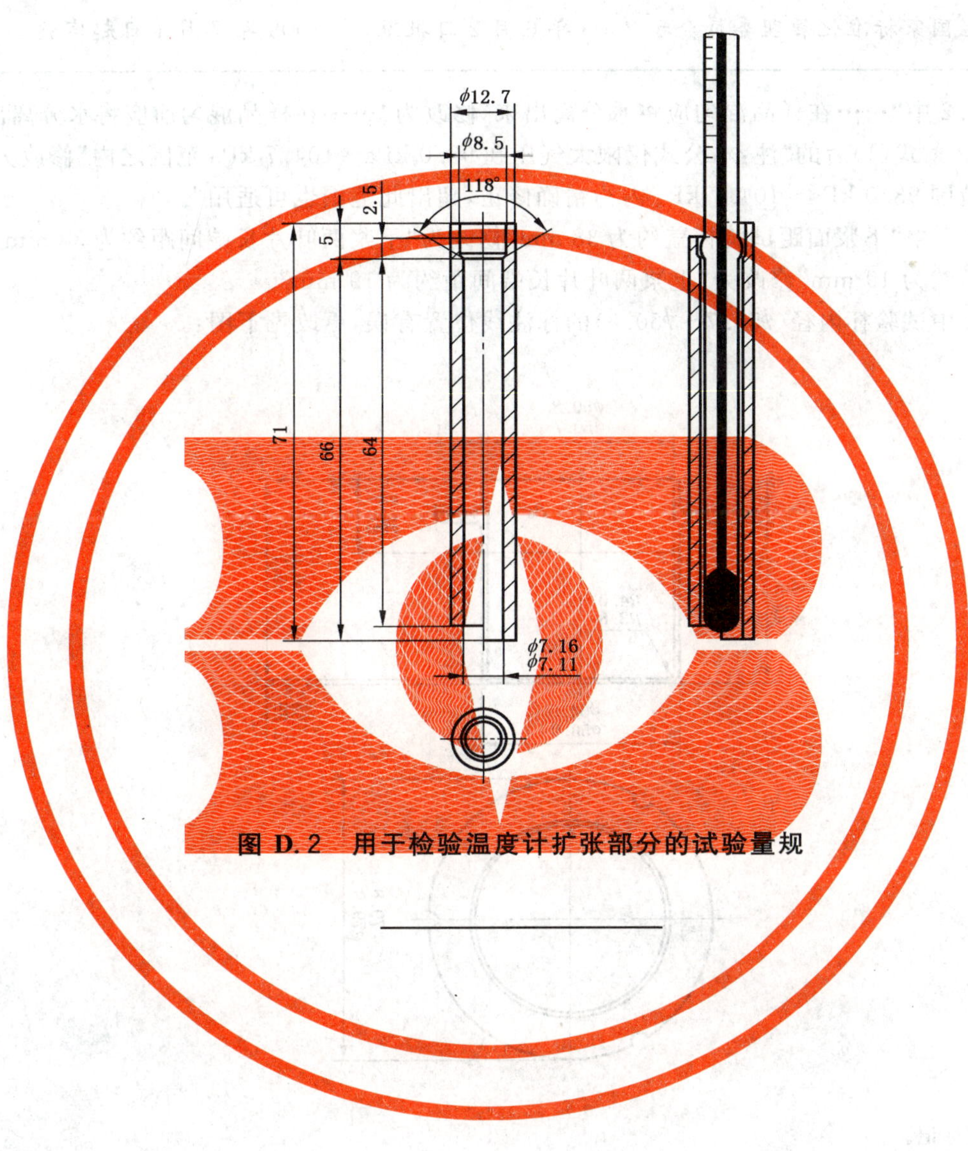

图 D.2 用于检验温度计扩张部分的试验量规

GB/T 261—2008《闪点的测定 宾斯基-马丁闭口杯法》国家标准第 1 号修改单

本修改单经国家标准化管理委员会于 2009 年 6 月 2 日批准，自 2009 年 7 月 1 日起实施。

一、将 9.1.2 中“……在样品混匀应将水分离出来”修改为“……在样品混匀前应将水分离出来”。

二、将 11.2 条式(1)后的“注：本公式仅限大气压在 98.0 kPa～104.7 kPa 范围之内”修改为“注：本公式在大气压范围 98.0 kPa～104.7 kPa 内为精确修正，超出此范围也可适用”。

三、将 B.3.5 中“下浆面距试验杯盖约为 38 mm”修改为“下浆两叶片长端间距约为 38 mm”；将“上浆面距试验杯盖约为 19 mm”修改为“上浆两叶片长端间距约为 19 mm”。

四、图 B.2 中试验杯内径(ϕ50.7～ϕ50.8)的标注线位置有误，更改见下图：

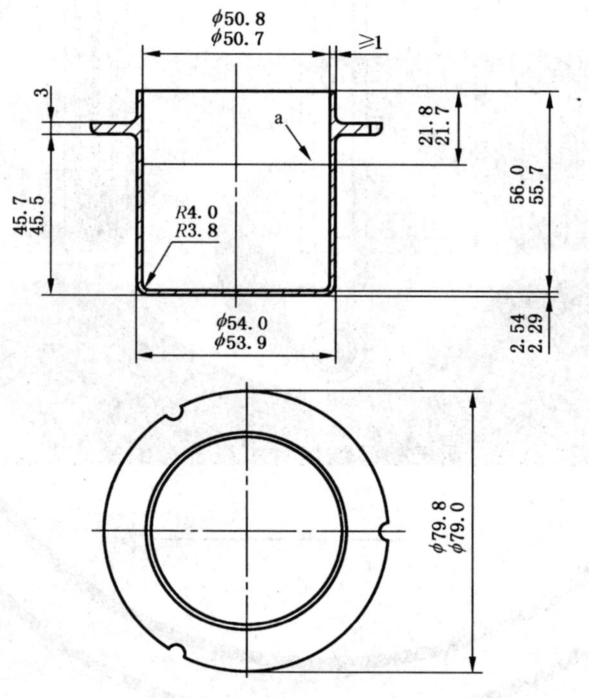

a 为液面高度标记。

图 B.2 试验杯

五、图 B.3 中试验杯盖温度计插孔的内径由“ϕ12”修改为“ϕ12.27～ϕ12.32”，更改见下图：

X—X
ϕ12.32
ϕ12.27
2.0
1.2
16.6
16.4
≥7.9
15°
10°
19.4
18.6
70°
67°30′
70°
67°30′
13.5
12.7
X
A
B
C
5.6
4.8
60°
50°
R14.3
R13.5
R24.6
R23.8
X

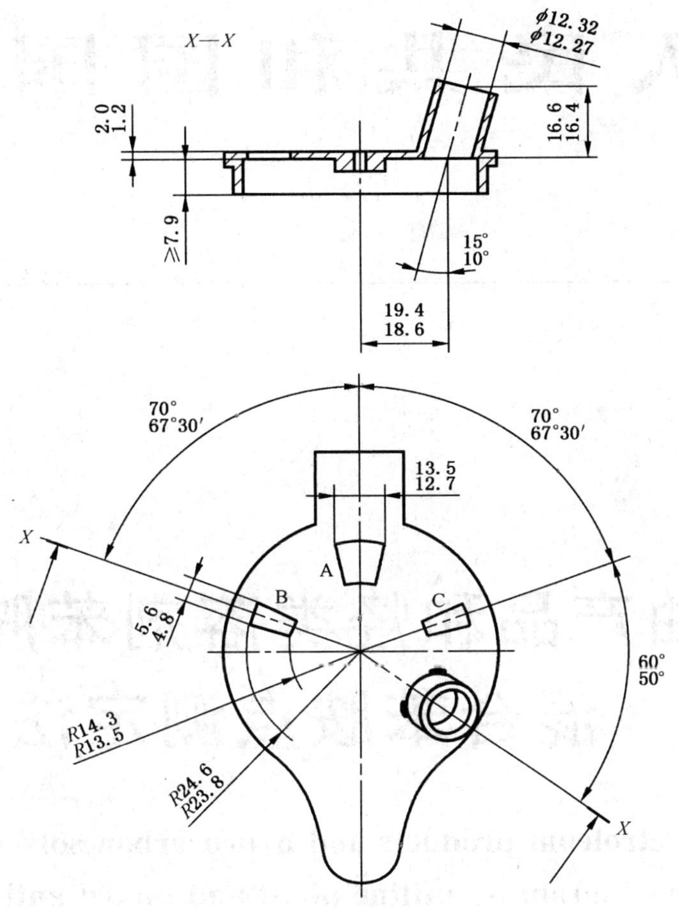

图 B.3 试验杯盖

ICS 75.080
E 30

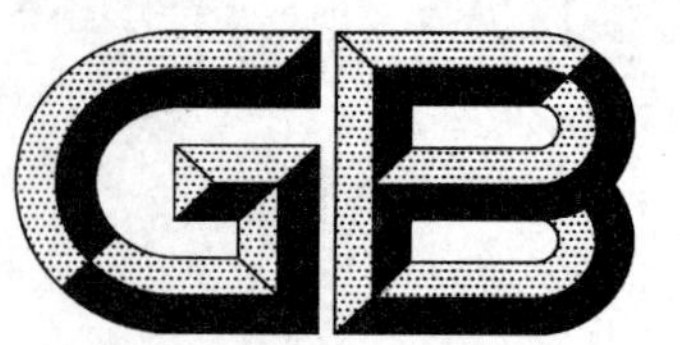

中华人民共和国国家标准

GB/T 262—2010
代替 GB/T 262—1988

石油产品和烃类溶剂苯胺点和混合苯胺点测定法

Petroleum products and hydrocarbon solvents—Determination of aniline point and mixed aniline point

(ISO 2977:1997,MOD)

2011-01-10 发布　　　　2011-05-01 实施

中华人民共和国国家质量监督检验检疫总局
中国国家标准化管理委员会　发布

前　言

本标准修改采用国际标准 ISO 2977:1997《石油产品和烃类溶剂苯胺点和混合苯胺点测定法》(英文版)。

本标准根据 ISO 2977:1997 重新起草。

为了适合我国国情,本标准在采用 ISO 2977:1997 时进行了修改。本标准与 ISO 2977:1997 的结构差异参见附录 A。本标准与 ISO 2977:1997 主要技术差异如下:

——本标准在第 2 章规范性引用文件中增加了对 GB/T 514 温度计技术条件标准的引用,以取代 ISO 2977:1997 中附录 F《温度计规格》,简化方法;

——本标准仅采用了 ISO 2977:1997 中方法一、方法三和方法五,删除了 ISO 2977:1997 方法二测定深色样品的薄膜仪法以及方法四适用于测定少量挥发性样品的内容,因在我国很少使用;

——本标准在 5.4 中增加了氢氧化钾试剂的技术要求,以规范和明确所用试剂的规格;

——本标准对方法一中所用的试管和套管的尺寸增加了公差规定(见 7.2.1),以规范对仪器的加工精度要求;

——本标准删除了 ISO 2977:1997 中附录 F《温度计规格》,相关内容直接引用 GB/T 514 中 GB-75 号、GB-76 号和 GB-77 号温度计的技术要求,以简化方法和规范温度计的使用;

——本标准 10.1 中对苯胺点和混合苯胺点结果报告精度作了修改,ISO 2977:1997 的 9.1 中规定结果报告精确至 0.05 ℃,本标准规定结果报告精确至 0.1 ℃,以与温度计的分度值和试验温度测定要求相协调一致;

——本标准 11.1 中对浅色透明样品的苯胺点和混合苯胺点重复性规定作了修改,ISO 2977:1997 的 10.1 中规定为 0.16 ℃,本标准规定为 0.2 ℃,以与结果表示相一致并方便比较。

本标准代替 GB/T 262—1988《石油产品苯胺点测定法》。

本标准与 GB/T 262—1988 相比主要变化如下:

——将标准名称由《石油产品苯胺点测定法》修改为《石油产品和烃类溶剂苯胺点和混合苯胺点测定法》;

——在第 1 章范围中增加了对烃类溶剂苯胺点以及样品混合苯胺点测定的内容;

——将方法分为三个部分,方法一为测定浅色透明样品的手动方法,增加方法二采用自动仪器测定浅色及深色样品的内容,并增加方法三测定在苯胺点温度时明显挥发样品的内容;

——删除了 GB/T 262—1988 中测定深色样品的 U 型管法;

——在第 3 章术语和定义中增加了混合苯胺点和泡点的术语定义;

——将试剂 5.3 中正庚烷的纯度要求由 GB/T 262—1988 中 6.4 要求的分析纯改为不低于 99.75%;

——将方法中所用的玻璃液体温度计要求(见 7.2.3)由 GB/T 262—1988 中 5.5 中规定符合原 GB/T 514 中熔点用温度计修改为符合现 GB/T 514 中 GB-75 号、GB-76 号和 GB-77 号温度计;

——在第 6 章试样制备中,增加了试样制备处理的详细步骤;

——测定浅色透明样品苯胺点时(见 7.3.1),样品量由 GB/T 262—1988 的 8.1 中规定的 5 mL 苯胺和 5 mL 试样修改为 10 mL 苯胺和 10 mL 试样;

——在测定浅色透明样品时,GB/T 262—1988 中 8.1 规定温度计感温泡位置位于苯胺层和试样层的分界处,本标准方法一修改为温度计的浸没深度线处于苯胺-试样混合物液面的位置(见

7.3.1)；

——对测定浅色透明样品苯胺点试验步骤的叙述更加详细(见 7.3)；

——增加了试样混合苯胺点的测定步骤(见 7.4)；

——增加了结果评价和表示的内容(见第 10 章)；

——精密度中对 GB/T 262—1988 第 9 章深色样品苯胺点测定的重复性规定有所修改，增加了苯胺点测定的再现性规定，并增加了混合苯胺点的测定精密度(见第 11 章)。

本标准的附录 A 为资料性附录。

本标准由全国石油产品和润滑剂标准化技术委员会(SAC/TC 280)提出。

本标准由全国石油产品和润滑剂标准化技术委员会石油燃料和润滑剂分技术委员会(SAC/TC 280/SC 1)归口。

本标准负责起草单位：中国石油化工股份有限公司石油化工科学研究院。

本标准参加起草单位：中国石化销售有限公司华北研究所。

本标准主要起草人：杨婷婷、陈洁、龚冬梅、杨勇。

本标准所代替标准的历次版本发布情况为：

——GB/T 262—1964、GB/T 262—1977、GB/T 262—1988。

石油产品和烃类溶剂苯胺点和混合苯胺点测定法

警告:本标准涉及某些有危险性的材料、操作和设备,但是无意对与此有关的所有安全问题都提出建议。因此,使用者在应用本标准之前应建立适当的安全和防护措施,并确定相关规章限制的适用性。

1 范围

1.1 本标准规定了石油产品和烃类溶剂苯胺点的测定方法,以及当样品苯胺点低于苯胺-试样混合物中苯胺结晶温度时上述产品的混合苯胺点的测定方法。

1.2 本标准方法一适用于测定初馏点高于室温、且苯胺点低于苯胺-试样混合物的泡点、而高于其凝点的透明样品。

1.3 本标准方法二适用于采用自动仪器测定方法一所适用的样品以及方法一无法测定的颜色极深的样品。

1.4 本标准方法三适用于测定在苯胺点温度时会明显挥发的样品,如航空汽油。

注1:苯胺点(或混合苯胺点)对表征纯烃特性和烃类混合物的分析具有辅助作用。芳烃的苯胺点最低,链烷烃最高,环烷烃和烯烃的苯胺点处于芳烃和链烷烃之间。同系物中,苯胺点随烃类相对分子质量的增加而增加。

注2:虽然苯胺点可与烃类的其他物理性质相结合用于相关方法中进行烃类分析,但苯胺点最常用于对烃类混合物中的芳烃含量进行估测。

2 规范性引用文件

下列文件中的条款通过本标准的引用而成为本标准的条款。凡是注日期的引用文件,其随后所有的修改单(不包括勘误的内容)或修订版均不适用于本标准,然而,鼓励根据本标准达成协议的各方研究是否可使用这些文件的最新版本。凡是不注日期的引用文件,其最新版本适用于本标准。

GB/T 514 石油产品试验用玻璃液体温度计技术条件

GB/T 6540 石油产品颜色测定法

3 术语和定义

下列术语和定义适用于本标准。

3.1

苯胺点 aniline point

等体积苯胺与待测样品混合物的最低平衡溶解温度,以"℃"表示。

3.2

混合苯胺点 mixed aniline point

两体积苯胺、一体积待测样品和一体积正庚烷的混合物的最低平衡溶解温度,以"℃"表示。

3.3

泡点 bubble point

在标准条件下加热时,混合物中刚开始出现气泡时的温度,以"℃"表示。

4 方法概要

将规定体积的苯胺与试样或苯胺与试样加正庚烷置于试管中,搅拌混合物。以控制的速度加热混合物,直到混合物中的两相完全混溶。然后按控制的速度将混合物冷却,记录混合物两相分离时的温度，作为试样的苯胺点或混合苯胺点。

5 试剂和材料

5.1 苯胺：分析纯。

警告：苯胺即使很少量也是剧毒品，并通过皮肤被吸收。处理时要特别小心。对所有操作者在直接处理苯胺时，应戴安全防护镜和不渗透苯胺的手套。

5.1.1 将苯胺用氢氧化钾颗粒干燥，在使用的当天进行蒸馏，舍弃最初和最后的10%(体积分数)馏分。这样制得的苯胺按7.3步骤用正庚烷(见5.3)试验时，两次试验测得的正庚烷苯胺点之差不应大于0.1 ℃，其平均值应为69.3 ℃±0.2 ℃。

5.1.2 另一种处理苯胺的方法，可不在使用当天蒸馏苯胺，而是将苯胺按上述方法蒸馏，把蒸馏物收集在安瓿中，然后在真空或干燥氮气下密封安瓿，并贮存在阴冷处备用。

5.1.3 采用上述任一种方法时，都应采取稳妥措施以防止大气中水分对苯胺的污染(见7.2.2)。

注1：经验证明，经5.1.2处理后，苯胺可保存至少六个月不变质。

注2：在常规分析中，只要苯胺符合正庚烷苯胺点试验的要求，并不一定必须蒸馏苯胺。

5.1.4 用自动仪器测得的苯胺-正庚烷的苯胺点，按8.4.1公式修正后应为69.3 ℃±0.2 ℃。

5.2 干燥剂：工业无水硫酸钠或硫酸钙，经煅烧，放入干燥器中冷却。

5.3 正庚烷：纯度不低于99.75%。

5.4 氢氧化钾：化学纯，用于干燥苯胺。

6 试样制备

6.1 将试样与体积分数约10%的干燥剂(见5.2)一同剧烈震荡3 min～5 min以干燥试样。将粘稠或含蜡试样温热到不会引起轻组分损失或干燥剂失水的温度以降低试样粘度。如果试样中存在可见的悬浮水，则先将试样离心脱水，然后再用干燥剂进行最后干燥。

6.2 用离心或过滤的方法除去悬浮的干燥剂。将含有蜡晶体的试样加热至均相，并在离心或过滤操作过程中保持加热状态。

7 方法一

7.1 适用样品选择

本方法可测定透明的、并按GB/T 6540测定其颜色不大于6.5、其初馏点远高于预期苯胺点的石油产品和烃类溶剂样品。

7.2 仪器

7.2.1 浅色透明样品苯胺点测定仪：如图1所示，包括下述组件。

7.2.1.1 试管：直径25 mm±1 mm，长150 mm±3 mm，由耐热玻璃制成。

7.2.1.2 套管：直径40 mm±2 mm，长170 mm±3 mm，由耐热玻璃制成。

7.2.1.3 搅拌器：由软铁丝制成，直径约2 mm，在底部有一直径约19 mm的同心圆环。搅拌器底部到其顶部直角弯曲部分的长度约200 mm，搅拌器的直角弯曲部分长度约55 mm，可使用一个长约65 mm、内径为3 mm的玻璃套管作为搅拌器的导向管。可手动或机械操作搅拌器。

7.2.2 加热浴和冷却浴：包括合适的空气浴，非水、不挥发的透明液体浴，或红外灯(250 W～375 W)，加热浴应装备加热控制装置。

7.2.2.1 由于苯胺易吸水，受潮的苯胺会得到错误的试验结果，因此不能用水作为加热浴或冷却浴的介质。

注：例如，若苯胺中含有体积分数0.1%的水，测得的正庚烷苯胺点会比用干燥苯胺测得的正庚烷苯胺点高约0.5 ℃。

7.2.2.2 如果试样的苯胺点低于大气露点，则要将干燥的惰性气体缓慢地通入苯胺点试管，以覆盖苯胺-试样混合物。

7.2.3 温度计：符合 GB/T 514 中 GB-75 号、GB-76 号和 GB-77 号温度计的技术要求。GB-75 号为低温范围温度计，测温范围－38 ℃～42 ℃，分度值 0.2 ℃；GB-76 号为中温范围温度计，测温范围 25 ℃～105 ℃，分度值 0.2 ℃；GB-77 号为高温范围温度计，测温范围 90 ℃～170 ℃，分度值 0.2 ℃。这三种温度计浸没深度均为 50 mm。

7.2.4 移液管：容量为 5.0 mL 和 10.0 mL。

7.2.5 天平：可称准至 0.01 g，在不便于用移液管移取试样时，用于称量试管和试样。

7.2.6 安全防护镜。

7.2.7 安全手套：不可渗透苯胺。

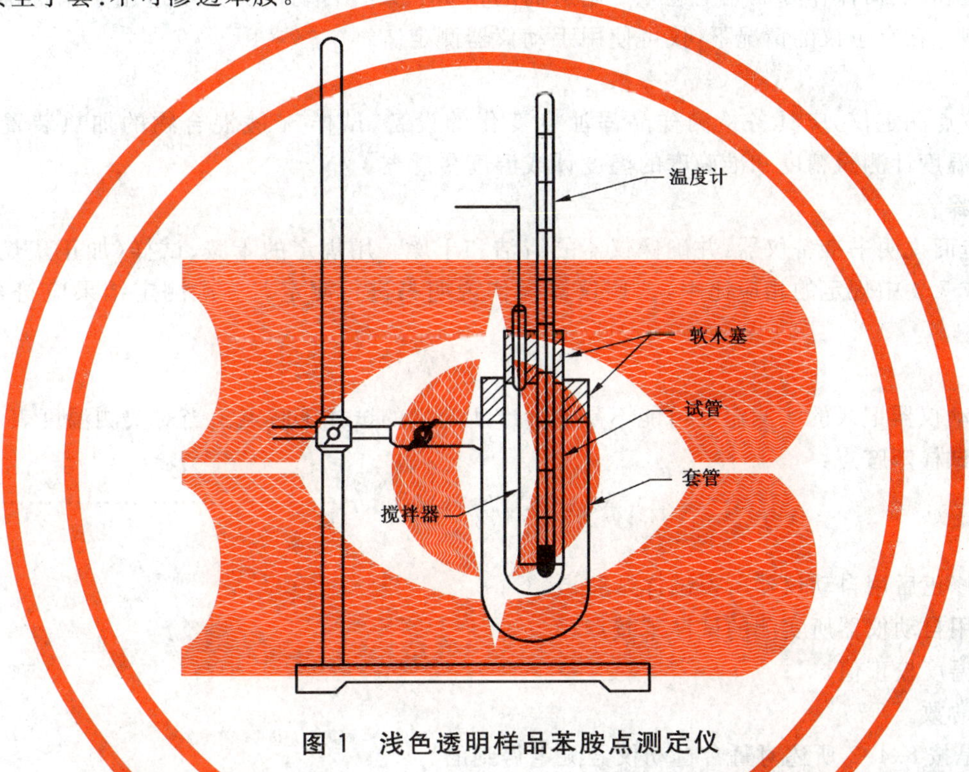

图 1 浅色透明样品苯胺点测定仪

7.3 苯胺点测定步骤

7.3.1 清洗和干燥仪器。移取 10mL 苯胺和 10mL 干燥过的试样放入装有搅拌器和温度计并处于套管内的试管中。如果试样太粘，不便用移液管移取，则可称量相当于室温时 10 mL±0.02 mL 的试样，精确至 0.01 g。用软木塞将温度计固定在试管中，使温度计的浸没深度线处于苯胺-试样混合物液面的位置，并确保温度计感温泡不与试管壁接触。将试管用软木塞固定于套管中心。

7.3.2 如果苯胺-试样混合物在室温下不能完全混溶，用加热浴加热苯胺-试样混合物。以 50 mm 行程，快速搅拌苯胺-试样混合物，但要避免搅起气泡。必要时，可以用约 1 ℃/min～3 ℃/min 的速度直接加热套管，直至混合物完全混溶。如果苯胺-试样混合物在室温下就能完全混溶，则用非水冷却浴代替热源。

7.3.3 将混溶的苯胺-试样混合物在室温空气浴或非水冷却浴中继续搅拌，并使混合物以 0.5 ℃/min～1.0 ℃/min 速度慢慢地冷却，继续冷却到开始出现浑浊的温度以下 1 ℃～2 ℃，记录当混合物突然全部变浑浊时（见注）的温度作为试样的苯胺点，精确到 0.1 ℃。此温度（而不是少量物质分离的温度）为最低平衡溶解温度。

注：真正到达苯胺点的特征是当温度下降时，混合物的浑浊度急剧地增加，其浑浊程度使温度计感温泡在反射光下变得模糊不清。

7.3.4 重复地进行加热和冷却,并重复观测苯胺点的温度,直至能得到10.1规定的结果。

7.4 混合苯胺点测定步骤

对于苯胺点低于苯胺-试样混合物中苯胺结晶温度的样品,移取10 mL苯胺、5 mL试样和5 mL正庚烷(见5.3),放入清洁、干燥的仪器中,按7.3.1～7.3.4所述测定试样的混合苯胺点。

8 方法二

8.1 适用样品选择

8.1.1 本方法使用自动仪器可测定方法一所适用的样品和方法一无法测定的深色样品。

8.1.2 自动苯胺点测定仪可在市场购得,并经验证其测定结果符合本标准的要求。仪器使用者应确保在标准化、修正和仪器操作方面完全遵守了制造商的指示。某些自动仪器并不适用于本标准所涉及的所有样品类型。在有争议的情况下,仅可使用手动仪器测定。

8.2 仪器

自动苯胺点测定仪:应具备检测样品浑浊度变化的设备、试样-苯胺混合物的加热装置以及符合7.2.3所规定温度计测量精度和准确度的温度计或温度传感器。

8.3 试验步骤

按照制造商说明书准备仪器,并确保仪器的清洁和干燥。用规定的苯胺、试样(加正庚烷)总体积,按照7.3.1或7.4中规定的相应比率,按照仪器操作说明书进行测定。三次测定结果应符合10.1中要求。

8.4 修正

8.4.1 用自动仪器记录的实测温度可能不是本标准所定义的试样苯胺点。当对实测温度表示怀疑时,按式(1)修正试样苯胺点:

$$X_{ca}=(X_a-A)/B \quad \cdots\cdots(1)$$

式中:

X_{ca}——修正后用自动仪器所得试样苯胺点,℃;

X_a——用自动仪器所实测的试样苯胺点,℃;

A——温度校正值,℃;

B——常数。

A和B是按8.4.2所述对每台自动仪器测定得到的。

注:通过协作试验证实,用某些自动仪器得到的观测苯胺点低于方法一的测定结果。当采用较高的试样冷却速度时,用自动仪器测定的结果与方法一测定结果的差值会更大,并随苯胺点升高而增大。

8.4.2 用方法一和自动仪器,在苯胺点处于43 ℃～50 ℃、60 ℃～65 ℃和75 ℃～80 ℃的范围内,各取三个或更多试样测定其苯胺点。用最小二乘法,解下述联立方程式,根据式(2)和式(3)计算常数A和B:

$$\sum(X_a)=NA+B\sum(X_c) \quad \cdots\cdots(2)$$

$$\sum(X_aX_c)=A\sum(X_c)+B\sum(X_c^2) \quad \cdots\cdots(3)$$

式中:

$\sum(X_a)$——用自动仪器测得的所有试样的苯胺点总和;

$\sum(X_c)$——用方法一测得的所有试样的苯胺点总和;

$\sum(X_c^2)$——用方法一测得的所有试样苯胺点的平方和;

$\sum(X_aX_c)$——每个试样用自动仪器测得的苯胺点和按方法一测得的苯胺点乘积的总和;

N——试样数目。

注:在五个实验室、对五个苯胺点范围为34 ℃～87 ℃的试样进行协作试验所得的试验结果示例中,经计算求得常数A和B分别为0.79和0.991。虽然本方法规定最少用九个试样进行测定,如果采用更多试样的试验数据,

那么由上述方程得到的常数 A 和 B 其精度可有所提高。

9 方法三

9.1 适用样品选择

本方法可测定透明的、并按 GB/T 6540 测定其颜色不大于 6.5、且因初馏点太低以至于用方法一不能得到正确苯胺点结果的样品。

注：例如，航空汽油可采用本方法进行测定。

9.2 仪器

9.2.1 挥发性样品苯胺点测定仪：包括下述组件。

9.2.1.1 试管：由耐热玻璃制成，形状和尺寸见图 2，内装一个薄壁、底端密封的玻璃温度计管。此管配有一个紧密的、插温度计塞子，此塞由软木塞或其他合适材料制成。将温度计感温泡放在管底的软木圈或圆盘片上，管内盛有足够量的浅色变压器油以覆盖温度计感温泡。温度计管用一个紧密的塞子固定在试管的顶部，并用夹子将塞子位置固定，以防试样蒸气逸出。

注：可以用任何其他合适的装置，例如用带有螺纹的塑料盖插温度计，以防止蒸气从仪器中逸出。在这种情况下，可省去温度计管，并使温度计感温泡浸没在苯胺-试样混合物中。

9.2.1.2 防护装置：坚固的金属网罩，用以围住试管，最好与固定温度计管的夹子连接在一起。

9.2.2 其他仪器见 7.2.2～7.2.7。

单位为毫米

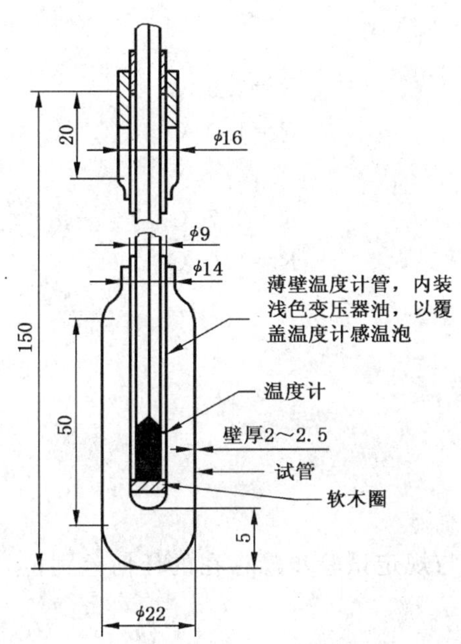

图 2 挥发性样品苯胺点测定仪

9.3 试验步骤

9.3.1 清洗并干燥仪器。移取 5 mL 苯胺和 5 mL 干燥过的试样放入试管中，两者均冷却到测定试样时不会有蒸发损失的温度。用塞子将试管盖紧，将温度计管安装在试管的中心位置，并使其底部距离试管底部 5 mm。用夹子将塞子固定在适当位置，并安上防护装置。

9.3.2 按 7.3.2 和 7.3.3 所述的步骤操作，但试样与苯胺的混合是通过摇动试管进行的。当接近苯胺点时，如果温度变化速度大于 1 ℃/min 时，将试管放在一个预先加热或冷却到合适温度的外套管中。

9.3.3 重复地加热和冷却混合物，并重复观测苯胺点的温度，直至能得到 10.1 规定的结果。

10 结果评价和表示

10.1 如果连续三次观测的苯胺点或混合苯胺点温度变化范围，对浅色透明试样不大于0.1 ℃或对深色试样不大于0.2 ℃，则报告这三次观测温度的平均值，经温度计读数修正后，精确至0.1 ℃，作为试样的苯胺点或混合苯胺点。

10.2 如果经过五次观测后，试样苯胺点或混合苯胺点温度变化范围达不到上述要求，则要用另一份新的苯胺和试样，在清洁、干燥的仪器中重新进行试验；如果连续观测的温度呈递增(减)变化，或观测的温度变化范围，对浅色透明试样大于0.2 ℃或对深色试样大于0.3 ℃，则报告此方法不适用。

11 精密度

11.1 用下述规定判断试验结果的可靠性(95%置信水平)。

11.2 重复性(r)：由同一实验室的同一操作者，使用同一仪器，对同一试样测定所得的两个结果之差，不应大于下述规定值。

苯胺点或混合苯胺点：

——浅色透明样品　　$r=0.2$ ℃

——深色样品　　$r=0.3$ ℃

11.3 再现性(R)：在不同实验室的不同操作者，使用不同仪器，对同一试样测定所得的两个单一和独立结果之差，不应大于下述规定值。

苯胺点：

——浅色透明样品　　$R=0.5$ ℃

——深色样品　　$R=1.0$ ℃

混合苯胺点：

——浅色透明样品　　$R=0.7$ ℃

——深色样品　　$R=1.0$ ℃

12 报告

试验报告至少应包括以下内容：

a) 注明对本标准的引用；

b) 被测样品的类型和标识；

c) 试验结果(见第10章)；

d) 注明按协议或其他原因，与规定试验步骤存在的任何差别；

e) 试验日期。

附　录　A
（资料性附录）
本标准章条编号与 ISO 2977:1997 章条编号对照

本标准的章条编号与 ISO 2977:1997 章条编号对照表见表 A.1。

表 A.1　本标准的章条编号与 ISO 2977:1997 章条编号对照表

本标准章条编号	ISO 2977:1997 章条编号
5.4	—
6	7
—	6.1
—	8.1 第 1 段
7.1	8.1 第 2 段
7.2.1	A.1
7.2.2	6.2
7.2.3	6.3
7.2.4	6.4
7.2.5	6.5
7.2.6	6.6
7.2.7	6.7
7.3	A.2
7.4	8.2
8.1	8.1 第 6 段
8.2～8.4	附录 E
9.1	8.1 第 4 段
9.2～9.3	附录 C
10	9
11	10
12	11
附录 A	—
—	8.1 第 3 段、附录 B
—	8.1 第 5 段、附录 D
—	附录 F
注：表中章条以外的本标准其他章条编号与 ISO 2977:1997 章条编号均相同且内容相对应。	

中华人民共和国国家标准

UDC 665.5：543
.241.5

石油产品酸值测定法

GB/T 264—83
（2004年确认）

Petroleum products—Determination of acid number

代替 GB 264—77

本方法适用于测定石油产品的酸值。

中和1克石油产品所需的氢氧化钾毫克数称为酸值。

1 方法概要

本方法用沸腾乙醇抽出试样中的酸性成分，然后用氢氧化钾乙醇溶液进行滴定。

2 仪器

2.1 锥形烧瓶：250或300毫升。

2.2 球形回流冷凝管：长约300毫米。

2.3 微量滴定管：2毫升，分度为0.02毫升。

2.4 电热板或水浴。

3 试剂

3.1 氢氧化钾：分析纯，配成0.05N氢氧化钾乙醇溶液。

3.2 95%乙醇：分析纯。

3.3 碱性蓝6B：配制溶液时，称取碱性蓝1克，称准至0.01克，然后将它加在50毫升煮沸的95%乙醇中，并在水浴中回流1小时，冷却后过滤。必要时，煮热的澄清滤液要用0.05N氢氧化钾乙醇溶液或0.05N盐酸溶液中和，直至加入1～2滴碱溶液能使指示剂溶液从蓝色变成浅红色而在冷却后又能恢复成为蓝色为止，有些指示剂制品经过这样处理变色才灵敏。

3.4 甲酚红：配制溶液时，称取甲酚红0.1克（称准至0.001克）。研细，溶于100毫升95%乙醇中，并在水浴中煮沸回流5分钟，趁热用0.05N氢氧化钾乙醇溶液滴定至甲酚红溶液由橘红色变为深红色，而在冷却后又能恢复成橘红色为止。

4 试验步骤

4.1 用清洁、干燥的锥形烧瓶称取试样8～10克，称准至0.2克。

4.2 在另一只清洁无水的锥形烧瓶中，加入95%乙醇50毫升，装上回流冷凝管。在不断摇动下，将95%乙醇煮沸5分钟，除去溶解于95%乙醇内的二氧化碳。

在煮沸过的95%乙醇中加入0.5毫升碱性蓝6B（或甲酚红）溶液，趁热用0.05N氢氧化钾乙醇溶液中和，直至溶液由蓝色变成浅红色（或由黄色变成紫红色）为止。对未中和就已呈现浅红色（或紫红色）的乙醇，若要用它测定酸值较小的试样时，可事先用0.05N稀盐酸若干滴，中和乙醇恰好至微酸性，然后再按上述步骤中和直至溶液由蓝色变成浅红色（或由黄色变成紫红色）为止。

4.3 将中和过的95%乙醇注入装有已称好试样的锥形烧瓶中，并装上回流冷凝管。在不断摇动下，将溶液煮沸5分钟。

在煮沸过的混合液中，加入0.5毫升的碱性蓝6B（或甲酚红）溶液，趁热用0.05N氢氧化钾乙醇

国家标准局1983-03-09发布　　　　1983-12-01实施

溶液滴定，直至95%乙醇层由蓝色变成浅红色（或由黄色变成紫红色）为止。

对于在滴定终点不能呈现浅红色（或紫红色）的试样，允许滴定达到混合液的原有颜色开始明显地改变时作为终点。

在每次滴定过程中，自锥形烧瓶停止加热到滴定达到终点所经过的时间不应超过3分钟。

5 计算

5.1 试样的酸值X，用毫克KOH/克的数值表示，按下式计算：

$$X=\frac{V\cdot T}{G}$$

$$T=56.1\times N$$

式中：V——滴定时所消耗氢氧化钾乙醇溶液的体积，毫升；

G——试样的重量，克；

T——氢氧化钾乙醇溶液的滴定度，毫克KOH/毫升；

56.1——氢氧化钾的克当量；

N——氢氧化钾乙醇溶液的当量浓度，N。

6 精密度

用以下规定来判断结果的可靠性（95%置信水平）。

6.1 重复性

同一操作者重复测定两个结果之差不应超过以下数值：

范围，毫克KOH/克	重复性，毫克KOH/克
0.00～0.1	0.02
大于0.1～0.5	0.05
大于0.5～1.0	0.07
大于1.0～2.0	0.10

6.2 再现性

由两个实验室提出的两个结果之差不应超过以下数值：

范围，毫克KOH/克	再现性，毫克KOH/克
0.00～0.1	0.04
大于0.1～0.5	0.10
大于0.5～1.0	平均值的15%
大于1.0～2.0	平均值的15%

注：本精密度是于1980～1981年用6个试样，在13个实验室开展统计试验，并对试验结果进行数据处理和分析得来的。

7 报告

7.1 取重复测定两个结果的算术平均值，作为试样的酸值。

附加说明：

本标准由中华人民共和国石油工业部提出。

本标准由石油化工科学研究院起草。

本标准首次发布于1964年。

GB/T 264—1983《石油产品酸值测定法》第1号修改单

本修改单业经国家技术监督局于1990年6月13日以技监国标发[1990]064号文批准，自1990年7月1日起实行。

一、将前言中的“中和1克石油产品所需的氢氧化钾毫克数称为酸值。”更改为“中和1克石油产品中的酸性物质所需的氢氧化钾毫克数，称为酸值。”

二、将第1章方法概要中的“本方法用沸腾乙醇……进行滴定。”更改为“本方法用沸腾乙醇……进行滴定。通过混合物颜色的变化，判断滴定终点，再计算出试样的酸值。”

中华人民共和国国家标准

UDC 665.52/.59
:532.13

石油产品运动粘度测定法和动力粘度计算法

GB/T 265—88
（2004 年确认）
代替 GB 265—83

Petroleum products—Determination of kinematic viscosity and calculation of dynamic viscosity

本方法适用于测定液体石油产品（指牛顿液体）的运动粘度，其单位为m^2/s；通常在实际中使用为mm^2/s。动力粘度可由测得的运动粘度乘以液体的密度求得。

注：本方法所测之液体认为是剪切应力和剪切速率之比为一常数，也就是粘度与剪切应力和剪切速率无关，这种液体称为牛顿液体。

1 方法概要

本方法是在某一恒定的温度下，测定一定体积的液体在重力下流过一个标定好的玻璃毛细管粘度计的时间，粘度计的毛细管常数与流动时间的乘积，即为该温度下测定液体的运动粘度。在温度t时运动粘度用符号ν_t表示。

该温度下运动粘度和同温度下液体的密度之积为该温度下液体的动力粘度。在温度t时的动力粘度用符号η_t表示。

2 仪器与材料

2.1 仪器

2.1.1 粘度计：

2.1.1.1 玻璃毛细管粘度计应符合 SH/T 0173《玻璃毛细管粘度计技术条件》的要求。也允许采用具有同样精度的自动粘度计。

2.1.1.2 毛细管粘度计一组，毛细管内径为0.4，0.6，0.8，1.0，1.2，1.5，2.0，2.5，3.0，3.5，4.0，5.0和6.0mm（见下图）。

2.1.1.3 每支粘度计必须按JJG 155《工作毛细管粘度计检定规程》进行检定并确定常数。

测定试样的运动粘度时，应根据试验的温度选用适当的粘度计，务使试样的流动时间不少于200s，内径0.4mm的粘度计流动时间不少于350s。

2.1.2 恒温浴：

带有透明壁或装有观察孔的恒温浴，其高度不小于180mm，容积不小于2L，并且附设着自动搅拌装置和一种能够准确地调节温度的电热装置。

在0℃和低于0℃测定运动粘度时，使用筒形开有看窗的透明保温瓶，其尺寸与前述的透明恒温浴相同，并设有搅拌装置。

根据测定的条件，要在恒温浴中注入如表1中列举的一种液体。

2.1.3 玻璃水银温度计：

符合 GB/T 514《石油产品试验用液体温度计技术条件》分格为0.1℃。测定－30℃以下运动粘度时，可以使用同样分格值的玻璃合金温度计或其他玻璃液体温度计。

中国石油化工总公司1988-05-23批准　　　　1989-04-01实施

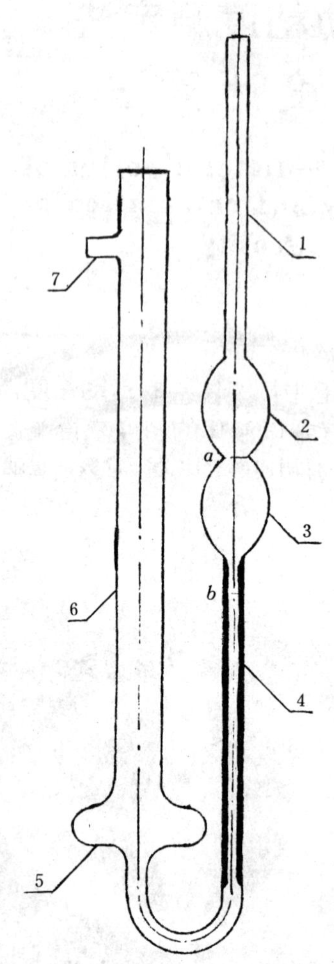

毛细管粘度计图

1,6—管身；2,3,5—扩张部分；4 —毛细管；a、b—标线

2.1.4 秒表：

分格为0.1s。

用于测定粘度的秒表、毛细管粘度计和温度计都必须定期检定。

2.2 材料

2.2.1 溶剂油：符合SH 0004橡胶工业用溶剂油要求，以及可溶的适当溶剂。

2.2.2 铬酸洗液。

3 试剂

3.1 石油醚：60～90℃，分析纯。

3.2 95%乙醇：化学纯。

表 1　在不同温度使用的恒温浴液体

测定的温度，℃	恒　温　浴　液　体
50～100	透明矿物油、丙三醇（甘油）或25％硝酸铵水溶液（该溶液的表面会浮着一层透明的矿物油）
20～50	水
0～20	水与冰的混合物，或乙醇与干冰（固体二氧化碳）的混合物
0～－50	乙醇与干冰的混合物；在无乙醇的情况下，可用无铅汽油代替

注：恒温浴中的矿物油最好加有抗氧化添加剂，延缓氧化，延长使用时间。

4　准备工作

4.1　试样含有水或机械杂质时，在试验前必须经过脱水处理，用滤纸过滤除去机械杂质。

对于粘度大的润滑油，可以用瓷漏斗，利用水流泵或其他真空泵进行吸滤，也可以在加热至50～100℃的温度下进行脱水过滤。

4.2　在测定试样的粘度之前，必须将粘度计用溶剂油或石油醚洗涤，如果粘度计沾有污垢，就用铬酸洗液、水、蒸馏水或95％乙醇依次洗涤。然后放入烘箱中烘干或用通过棉花滤过的热空气吹干。

4.3　测定运动粘度时，在内径符合要求且清洁、干燥的毛细管粘度计内装入试样。在装试样之前，将橡皮管套在支管7上，并用手指堵住管身6的管口，同时倒置粘度计，然后将管身1插入装着试样的容器中；这时利用橡皮球、水流泵或其他真空泵将液体吸到标线b，同时注意不要使管身1，扩张部分2和3中的液体发生气泡和裂隙。当液面达到标线b时，就从容器里提起粘度计，并迅速恢复其正常状态，同时将管身1的管端外壁所沾着的多余试样擦去，并从支管7取下橡皮管套在管身1上。

4.4　将装有试样的粘度计浸入事先准备妥当的恒温浴中，并用夹子将粘度计固定在支架上，在固定位置时，必须把毛细管粘度计的扩张部分2浸入一半。

温度计要利用另一只夹子来固定，务使水银球的位置接近毛细管中央点的水平面，并使温度计上要测温的刻度位于恒温浴的液面上10mm处。

使用全浸式温度计时，如果它的测温刻度露出恒温浴的液面，就依照式（1）计算温度计液柱露出部分的补正数Δt，才能准确地量出液体的温度：

$$\Delta t = k \cdot h(t_1 - t_2) \qquad (1)$$

式中：k——常数，水银温度计采用$k=0.00016$，酒精温度计采用$k=0.001$；

h——露出在浴面上的水银柱或酒精柱高度，用温度计的度数表示；

t_1——测定粘度时的规定温度，℃；

t_2——接近温度计液柱露出部分的空气温度，℃（用另一支温度计测出）。

试验时取t_1减去Δt作为温度计上的温度读数。

5　试验步骤

5.1　将粘度计调整成为垂直状态，要利用铅垂线从两个相互垂直的方向去检查毛细管的垂直情况。将恒温浴调整到规定的温度，把装好试样的粘度计浸在恒温浴内，经恒温如表2规定的时间。试验的温度必须保持恒定到±0.1℃。

表 2　粘度计在恒温浴中的恒温时间

试验温度，℃	恒温时间，min
80，100	20
40，50	15
20	10
0～-50	15

5.2 利用毛细管粘度计管身1口所套着的橡皮管将试样吸入扩张部分3，使试样液面稍高于标线a，并且注意不要让毛细管和扩张部分3的液体产生气泡或裂隙。

5.3 此时观察试样在管身中的流动情况，液面正好到达标线a时，开动秒表；液面正好流到标线b时，停止秒表。

试样的液面在扩张部分3中流动时，注意恒温浴中正在搅拌的液体要保持恒定温度，而且扩张部分中不应出现气泡。

5.4 用秒表记录下来的流动时间，应重复测定至少四次，其中各次流动时间与其算术平均值的差数应符合如下的要求：在温度100～15℃测定粘度时，这个差数不应超过算术平均值的±0.5%；在低于15～-30℃测定粘度时，这个差数不应超过算术平均值的±1.5%；在低于-30℃测定粘度时，这个差数不应超过算术平均值的±2.5%。

然后，取不少于三次的流动时间所得的算术平均值，作为试样的平均流动时间。

6 计算

6.1 在温度t时，试样的运动粘度ν_t（mm^2/s）按式（2）计算：

$$\nu_t = c \cdot \tau_t \qquad (2)$$

式中：c——粘度计常数，mm^2/s^2；

τ_t——试样的平均流动时间，s。

例：粘度计常数为0.4780mm^2/s^2，试样在50℃时的流动时间为318.0，322.4，322.6和321.0s，因此流动时间的算术平均值为

$$\tau_{50} = \frac{318.0 + 322.4 + 322.6 + 321.0}{4} = 321.0\text{s}$$

各次流动时间与平均流动时间的允许差数为$\frac{321.0 \times 0.5}{100} = 1.6\text{s}$

因为318.0s与平均流动时间之差已超过1.6s，所以这个读数应弃去。计算平均流动时间时，只采用322.4，322.6和321.0s的观测读数，它们与算术平均值之差，都没有超过1.6s。

于是平均流动时间为

$$\tau_{50} = \frac{322.4 + 322.6 + 321.0}{3} = 322.0\text{s}$$

试样运动粘度测定结果为

$$\nu_{50} = c \cdot \tau_{50} = 0.4780 \times 322.0 = 154.0\,mm^2/s$$

6.2 在温度t时，试样的动力粘度η_t的计算如下：

6.2.1 按GB/T 1884《石油和液体石油产品密度测定法（密度计法）》和GB/T 1885《石油计量换算表》测定试样在温度t时的密度ρ_t（g/cm^3）。

6.2.2 在温度t时，试样的动力粘度η_t（mPa.s）按式（3）计算：

$$\eta_t = \nu_t \cdot \rho_t \quad \cdots\cdots (3)$$

式中：ν_t——在温度 t 时，试样的运动粘度，mm^2/s；

ρ_t——在温度 t 时，试样的密度，g/cm^3。

7 精密度

用下述规定来判断试验结果的可靠性(95%置信水平)。

7.1 重复性

同一操作者，用同一试样重复测定的两个结果之差，不应超过下列数值：

测定粘度的温度，℃	重复性，%
100～15	算术平均值的1.0
低于15～－30	算术平均值的3.0
低于－30～－60	算术平均值的5.0

7.2 再现性

由不同操作者，在两个实验室提出的两个结果之差，不应超过下列数值：

测定粘度的温度，℃	再现性，%
100～15	算术平均值的2.2

8 报告

8.1 粘度测定结果的数值，取四位有效数字。

8.2 取重复测定两个结果的算术平均值，作为试样的运动粘度或动力粘度。

附 录 A
（参考件）

表 A1 运动粘度与恩氏粘度（条件度）换算表

mm²/s	条件度	mm²/s	条件度	mm²/s	条件度	mm²/s	条件度	mm²/s	条件度	mm²/s	条件度
1.00	1.00	4.00	1.29	7.00	1.57	10.0	1.86	15.0	2.37	21.0	3.07
1.10	1.01	4.10	1.30	7.10	1.58	10.1	1.87	15.2	2.39	21.2	3.09
1.20	1.02	4.20	1.31	7.20	1.59	10.2	1.88	15.4	2.42	21.4	3.12
1.30	1.03	4.30	1.32	7.30	1.60	10.3	1.89	15.6	2.44	21.6	3.14
1.40	1.04	4.40	1.33	7.40	1.61	10.4	1.90	15.8	2.46	21.8	3.17
1.50	1.05	4.50	1.34	7.50	1.62	10.5	1.91	16.0	2.48	22.0	3.19
1.60	1.06	4.60	1.35	7.60	1.63	10.6	1.92	16.2	2.51	22.2	3.22
1.70	1.07	4.70	1.36	7.70	1.64	10.7	1.93	16.4	2.53	22.4	3.24
1.80	1.08	4.80	1.37	7.80	1.65	10.8	1.94	16.6	2.55	22.6	3.27
1.90	1.09	4.90	1.38	7.90	1.66	10.9	1.95	16.8	2.58	22.8	3.29
2.00	1.10	5.00	1.39	8.00	1.67	11.0	1.96	17.0	2.60	23.0	3.31
2.10	1.11	5.10	1.40	8.10	1.68	11.2	1.98	17.2	2.62	23.2	3.34
2.20	1.12	5.20	1.41	8.20	1.69	11.4	2.00	17.4	2.65	23.4	3.36
2.30	1.13	5.30	1.42	8.30	1.70	11.6	2.01	17.6	2.67	23.6	3.39
2.40	1.14	5.40	1.42	8.40	1.71	11.8	2.03	17.8	2.69	23.8	3.41
2.50	1.15	5.50	1.43	8.50	1.72	12.0	2.05	18.0	2.72	24.0	3.43
2.60	1.16	5.60	1.44	8.60	1.73	12.2	2.07	18.2	2.74	24.2	3.46
2.70	1.17	5.70	1.45	8.70	1.73	12.4	2.09	18.4	2.76	24.4	3.48
2.80	1.18	5.80	1.46	8.80	1.74	12.6	2.11	18.6	2.79	24.6	3.51
2.90	1.19	5.90	1.47	8.90	1.75	12.8	2.13	18.8	2.81	24.8	3.53
3.00	1.20	6.00	1.48	9.00	1.76	13.0	2.15	19.0	2.83	25.0	3.56
3.10	1.21	6.10	1.49	9.10	1.77	13.2	2.17	19.2	2.86	25.2	3.58
3.20	1.21	6.20	1.50	9.20	1.78	13.4	2.19	19.4	2.88	25.4	3.61
3.30	1.22	6.30	1.51	9.30	1.79	13.6	2.21	19.6	2.90	25.6	3.63
3.40	1.23	6.40	1.52	9.40	1.80	13.8	2.24	19.8	2.92	25.8	3.65
3.50	1.24	6.50	1.53	9.50	1.81	14.0	2.26	20.0	2.95	26.0	3.68
3.60	1.25	6.60	1.54	9.60	1.82	14.2	2.28	20.2	2.97	26.2	3.70
3.70	1.26	6.70	1.55	9.70	1.83	14.4	2.30	20.4	2.99	26.4	3.73
3.80	1.27	6.80	1.56	9.80	1.84	14.6	2.33	20.6	3.02	26.6	3.76
3.90	1.28	6.90	1.56	9.90	1.85	14.8	2.35	20.8	3.04	26.8	3.78

续表 A1

mm²/s	条件度	mm²/s	条件度	mm²/s	条件度	mm²/s	条件度	mm²/s	条件度	mm²/s	条件度
27.0	3.81	33.0	4.59	39.0	5.37	45.0	6.16	51.0	6.94	57.0	7.73
27.2	3.83	33.2	4.61	39.2	5.39	45.2	6.18	51.2	6.96	57.2	7.75
27.4	3.86	33.4	4.64	39.4	5.42	45.4	6.21	51.4	6.99	57.4	7.78
27.6	3.89	33.6	4.66	39.6	5.44	45.6	6.23	51.6	7.02	57.6	7.81
27.8	3.92	33.8	4.69	39.8	5.47	45.8	6.26	51.8	7.04	57.8	7.83
28.0	3.95	34.0	4.72	40.0	5.50	46.0	6.28	52.0	7.07	58.0	7.86
28.2	3.97	34.2	4.74	40.2	5.52	46.2	6.31	52.2	7.09	58.2	7.88
28.4	4.00	34.4	4.77	40.4	5.54	46.4	6.34	52.4	7.12	58.4	7.91
28.6	4.02	34.6	4.79	40.6	5.57	46.6	6.36	52.6	7.15	58.6	7.94
28.8	4.05	34.8	4.82	40.8	5.60	46.8	6.39	52.8	7.17	58.8	7.97
29.0	4.07	35.0	4.85	41.0	5.63	47.0	6.42	53.0	7.20	59.0	8.00
29.2	4.10	35.2	4.87	41.2	5.65	47.2	6.44	53.2	7.22	59.2	8.02
29.4	4.12	35.4	4.90	41.4	5.68	47.4	6.47	53.4	7.25	59.4	8.05
29.6	4.15	35.6	4.92	41.6	5.70	47.6	6.49	53.6	7.28	59.6	8.08
29.8	4.17	35.8	4.95	41.8	5.73	47.8	6.52	53.8	7.30	59.8	8.10
30.0	4.20	36.0	4.98	42.0	5.76	48.0	6.55	54.0	7.33	60.0	8.13
30.2	4.22	36.2	5.00	42.2	5.78	48.2	6.57	54.2	7.35	60.2	8.15
30.4	4.25	36.4	5.03	42.4	5.81	48.4	6.60	54.4	7.38	60.4	8.18
30.6	4.27	36.6	5.05	42.6	5.84	48.6	6.62	54.6	7.41	60.6	8.21
30.8	4.30	36.8	5.08	42.8	5.86	48.8	6.65	54.8	7.44	60.8	8.23
31.0	4.33	37.0	5.11	43.0	5.89	49.0	6.68	55.0	7.47	61.0	8.26
31.2	4.35	37.2	5.13	43.2	5.92	49.2	6.70	55.2	7.49	61.2	8.28
31.4	4.38	37.4	5.16	43.4	5.95	49.4	6.73	55.4	7.52	61.4	8.31
31.6	4.41	37.6	5.18	43.6	5.97	49.6	6.76	55.6	7.55	61.6	8.34
31.8	4.43	37.8	5.21	43.8	6.00	49.8	6.78	55.8	7.57	61.8	8.37
32.0	4.46	38.0	5.24	44.0	6.02	50.0	6.81	56.0	7.60	62.0	8.40
32.2	4.48	38.2	5.26	44.2	6.05	50.2	6.83	56.2	7.62	62.2	8.42
32.4	4.51	38.4	5.29	44.4	6.08	50.4	6.86	56.4	7.65	62.4	8.45
32.6	4.54	38.6	5.31	44.6	6.10	50.6	6.89	56.6	7.68	62.6	8.48
32.8	4.56	38.8	5.34	44.8	6.13	50.8	6.91	56.8	7.70	62.8	8.50

续表 A1

mm^2/s	条件度	mm^2/s	条件度	mm^2/s	条件度	mm^2/s	条件度	mm^2/s	条件度	mm^2/s	条件度
63.0	8.53	67.0	9.06	71.0	9.61	75.0	10.2	95.0	12.8	115	15.6
63.2	8.55	67.2	9.08	71.2	9.63	76.0	10.3	96.0	13.0	116	15.7
63.4	8.58	67.4	9.11	71.4	9.66	77.0	10.4	97.0	13.1	117	15.8
63.6	8.60	67.6	9.14	71.6	9.69	78.0	10.5	98.0	13.2	118	16.0
63.8	8.63	67.8	9.17	71.8	9.72	79.0	10.7	99.0	13.4	119	16.1
64.0	8.66	68.0	9.20	72.0	9.75	80.0	10.8	100	13.5	120	16.2
64.2	8.68	68.2	9.22	72.2	9.77	81.0	10.9	101	13.6		
64.4	8.71	68.4	9.25	72.4	9.80	82.0	11.1	102	13.8		
64.6	8.74	68.6	9.28	72.6	9.82	83.0	11.2	103	13.9		
64.8	8.77	68.8	9.31	72.8	9.85	84.0	11.4	104	14.1		
65.0	8.80	69.0	9.34	73.0	9.88	85.0	11.5	105	14.2		
65.2	8.82	69.2	9.36	73.2	9.90	86.0	11.6	106	14.3		
65.4	8.85	69.4	9.39	73.4	9.93	87.0	11.8	107	14.5		
65.6	8.87	69.6	9.42	73.6	9.95	88.0	11.9	108	14.6		
65.8	8.90	69.8	9.45	73.8	9.98	89.0	12.0	109	14.7		
66.0	8.93	70.0	9.48	74.0	10.0	90.0	12.2	110	14.9		
66.2	8.95	70.2	9.50	74.2	10.0	91.0	12.3	111	15.0		
66.4	8.98	70.4	9.53	74.4	10.1	92.0	12.4	112	15.1		
66.6	9.00	70.6	9.55	74.6	10.1	93.0	12.6	113	15.3		
66.8	9.03	70.8	9.58	74.8	10.1	94.0	12.7	114	15.4		

注：对于更高的运动粘度（mm^2/s），需按下式换算：

$$E_t = 0.135\nu_t$$

式中：E_t——石油产品在温度t时的恩氏粘度，条件度；

ν_t——石油产品在温度t时的运动粘度，mm^2/s。

附加说明：

本标准由中国石油化工总公司高桥石油化工公司炼油厂提出。

本标准由石油化工科学研究院技术归口。

本标准由高桥石油化工公司炼油厂负责起草。

本标准首次发布于1964年 4 月 4 日。

中华人民共和国国家标准

UDC 665.52
/.54.001.4

石油产品恩氏粘度测定法

Petroleum products—Determination of engler viscosity

GB/T 266—88
（2004年确认）
代替 GB 266—77

1 主题内容与适用范围

本标准规定了用恩氏粘度计测定粘度的方法。

本标准适用于测定石油产品的恩氏粘度。

液体受外力作用移动时，在液体分子间发生的阻力称为粘度。

2 引用标准

GB/T 514 石油产品试验用液体温度计技术条件

SH 0004 橡胶工业用溶剂油

3 方法概要

恩氏粘度是试样在某温度从恩氏粘度计流出200mL所需的时间与蒸馏水在20℃流出相同体积所需的时间（s）（即粘度计的水值）之比。在试验过程中，试样流出应成为连续的线状。温度t时的恩氏粘度，用符号E_t表示，恩氏粘度的单位为条件度，用符号^0E代表。

4 仪器与材料

4.1 仪器

4.1.1 恩氏粘度计（图1）：包括装试样的容器，堵塞流出管用的木塞，金属三脚架。

中国石油化工总公司1988-07-27批准　　　　1989-06-01实施

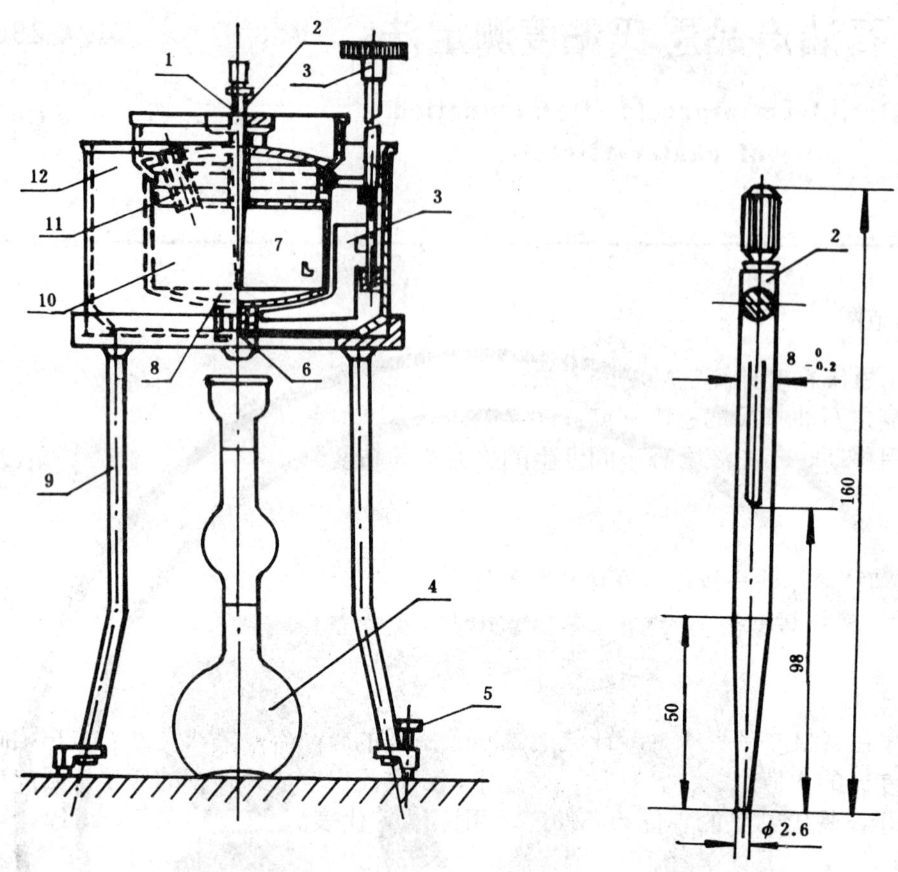

图 1　　　　　　　　　　图 2

1—木塞插孔；2—木塞；3—搅拌器；4—接受瓶；5—水平调节螺钉；
6—流出孔；7—小尖钉；8—球面形底；9—铁三脚架；10—内容器；
11—温度计插孔；12—外容器

盛试样的内容器10是装在作水浴或油浴用的外容器12中。这两个容器都用黄铜制造。内容器的底部8制成球面形，内表面要经过磨光并镀金。内容器设有黄铜制的中空的凸形盖，盖上带有两个孔口1及11，供插入木塞和温度计使用。木塞2（图2）是用来堵塞仪器的流出孔6。

在内容器中，从底部起以等距离在器壁上安装有三个向上弯成直角的小尖钉7，作为控制油面高度和仪器水平的指示器。在外容器中设有搅拌器3和温度计，此温度计利用外容器壁上的夹子来固定。

内容器要用三根支持杆及流出管固定在外容器中。流出管要利用通过盖上中心孔的木塞堵着。这木塞是用硬木（黄杨木及其他）制成，其规格见图2。用来放置仪器的铁三脚架9，是由一圆圈和三条长脚所组成，其中有两条脚要设置水平调节螺钉5。

恩氏粘度计的主要尺寸见下表所示。

恩氏粘度计的主要部位尺寸 mm

零件名称	尺寸	公差
内容器		
内径	106.0	±1.00
底部至扩大部分之间的高度	70.0	±1.00
底部突出部分的深度	7.0	±0.10
扩大部分的内径	115.0	±1.00
扩大部分的高度	30.0	±2.00
从钉尖的水平面至流出管下边缘的距离	52.0	±0.50
流出管		
总长	20.0	±0.10
突出部分的长度	3.0	±0.30
在器底水平面处的内径	2.9	±0.02
下方末端的内径	2.8	±0.02

每件恩氏粘度计应在外容器的表面上注明粘度计名称及生产工厂的厂号或厂标，并注明粘度计的编号。

恩氏粘度计的水值，每四个月至少校正一次。

4.1.2 温度计：共两支，符合GB/T 514 中恩氏粘度用温度计要求。

4.1.3 恩氏粘度计用的接受瓶：接受瓶有两种（图 3），其一瓶颈刻线为100mL；另一为宽口而带有两道刻线的接受瓶，这两道刻线应表示100mL和200mL 。每种接受瓶的最高刻线至瓶口的容量不小于60mL 。接受瓶的刻线必须在20℃时刻划。刻线的位置应在瓶颈细狭部分的中间。瓶颈的内径是 18±2 mm。

每只接受瓶刻上“100mL”或“200mL”、“+20℃”、“恩氏粘度计用”等字样。

4.1.4 电加热装置。

4.1.5 吸量管：5 mL。

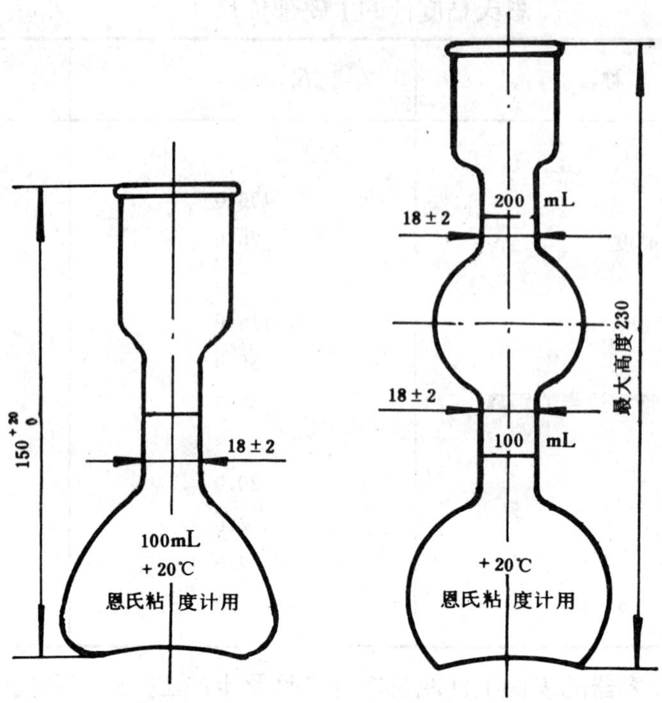

图 3

4.1.6 秒表：分度值为0.2s。

4.2 材料

4.2.1 润滑油：50℃运动粘度为20～60mm^2/s，开口杯法闪点不低于180℃。

4.2.2 溶剂油：符合 SH/T 0004 橡胶工业用溶剂油规格。

5 试剂

5.1 石油醚：30～60℃ 分析纯；或乙醚：化学纯。

5.2 95%乙醇：化学纯。

6 准备工作

6.1 测定粘度计的水值

恩氏粘度计的水值，是蒸馏水在20℃时从粘度计流出200mL所需的时间（s）。

在测定水值前，粘度计的内容器要依次用石油醚（或乙醚）95%乙醇和蒸馏水洗涤，并用空气吹干。然后将粘度计的短腿放入铁三脚架的孔内，用固定螺钉固定。此时，将洁净、干燥的木塞插入流出管的上孔内。

利用预先依次用铬酸洗液，水和蒸馏水仔细洗涤过的接受瓶，将新蒸馏的蒸馏水（20℃）注入粘度计内容器中；直至内容器中的三个尖钉的尖端刚刚露出水面为止。此外，又用相同温度的水装在粘度计的外容器中，直至浸到内容器的扩大部分为止。

旋转铁三脚架的调整螺钉，调整粘度计的位置，使内容器中三个尖钉的尖端都处在同一水平面上。

将未经干燥的空接受瓶放在内容器的流出管下面。稍微提起木塞，使内容器中的水全部放入接受瓶内，但这次不计算水的流出时间。此时流出管内要装满水，并使流出管的底端悬着一大滴水珠。

立即将木塞插入流出管内，重新将接受瓶中的水沿着玻璃棒小心地注入内容器中，切勿溅出。随后，将空接受瓶放在内容器上倒置1～2 min，使瓶中的水完全流出，然后将接受瓶放回流出管下面。

内容器中的水和外容器中的液体都要充分搅拌：首先将插有温度计的盖围绕木塞旋转以便搅拌水；

然后用安装在外容器中的叶片式搅拌器搅拌保温液体。当两个容器中的水和液体温度等于20℃（在5 min内温度差数不超过±0.2 ℃）而且内容器调整为水平状态（三个尖钉的尖端刚好露出水面）时，迅速提起木塞（应能自动卡着并保持提起的状态，不允许拔出木塞），同时开动秒表。此时，观察水从内容器流出的情况，当凹液面的下边缘到接受瓶的200mL环状标线时，立即停住秒表。

蒸馏水流出200mL的时间要连续测定四次。如果各次测定观察结果与其算术平均值的差数不大于0.5s，就用这个算术平均值作为第一次测定的平均流出时间。此外，以同样要求进行另一次平行测定，并计算符合要求的平均流出时间。如果重复测定的平均流出时间之差不大于0.5s，就取这重复测定的两次结果的算术平均值作为仪器的水值，其符号为K_{20}。

标准粘度计的水值应等于51±1 s。如果水值不在此范围内就不允许使用该仪器测定粘度。

6.2 准备试样

测定粘度前，用每一平方厘米有至少576个孔眼的金属滤网过滤试样。如果试样中含水，应加入新煅烧并冷却的食盐、硫酸钠或粒状的无水氯化钙进行摇动，经过静置沉降后才用滤网过滤。

注：试样中含有不易消失的气泡时，允许在试样瓶连接真空泵减压10min来除去。

7 试验步骤

7.1 每次测定粘度前，用滤过的清洁溶剂油仔细洗涤粘度计的内容器及其流出管，然后用空气吹干。内容器不准擦拭，只允许用剪齐边缘的滤纸吸去剩下的液滴。

7.2 测定试样在规定温度的粘度时，先将木塞严密塞住粘度计的流出孔（但不可过分用力压着木塞，以免木塞很快磨坏），然后将预先加热到稍高于规定温度的试样（按第6章准备）注入内容器中，这时试样中不应产生气泡。注入的油面必须稍高于尖钉的尖端。

向粘度计的外容器注入水（测定温度在80℃以下时）或润滑油（测定温度在80～100℃时），该液体应预先加热到稍高于规定温度。为了使试样的温度在试验过程中能保持恒定并能符合规定温度，应使内容器中的试样温度恰好达到规定的温度，此时保持5 min，内容器中试样温度应恒定到±0.2℃。然后记下外容器中液体的温度。在试验过程中要保持外容器的液体温度恒定到±0.2℃（可以用搅拌器搅拌外容器中的液体，必要时可以用电加热装置稍微加热外容器）。

稍微提起木塞，使多余的试样流下，直至三个尖钉的尖端刚好露出油面为止。如果流出的试样过多，就逐滴补添试样满至尖钉的尖端，但油中不要留有气泡。

粘度计加上盖之后，在流出孔下面放置洁净、干燥的接受瓶。然后绕着木塞小心地旋转插有温度计的盖，利用温度计搅拌试样。

试样中的温度计恰好达到规定温度时，再保持5 min（但不进行搅拌），就迅速提起木塞，同时开动秒表。木塞提起的位置应保持与测定水值时相同（也不允许拔出木塞）。当接受瓶中的试样正好达到200mL的标线时（泡沫不予计算），立即停住秒表，并读取试样的流出时间，准确至0.2s。

注：① 仲裁试验时，每次重复试验前都要按7.1清洗仪器，并向内容器注入一份未经试验的试样。

② 燃料油重复测定的两次结果超出精密度的要求时，进行第三次测定前必须按7.1清洗仪器，并向内容器注入一份未经试验的试样。

8 计算

试样在温度t时的恩氏粘度E_t，其单位为条件度，按下式计算：

$$E_t = \frac{\tau_t}{K_{20}}$$

式中：τ_t—— 试样在试验温度t时从粘度计中流出200mL所需的时间，s；

K_{20}—— 粘度计的水值，s。

例：粘度计的水值K_{20} = 51.1s。设燃料油在80℃时从粘度计流出200mL的时间为τ_{80} = 472.8s。

该燃料油在 80 ℃时的恩氏粘度测定结果为

$$E_{80} = \frac{\tau_{80}}{K_{20}} = \frac{472.8}{51.1} = 9.2 \text{ 条件度}$$

9 精密度

重复性：同一操作者重复测定两个流出时间之差不应大于下列数值：

流出时间，s	重复性，s
≤250	1
251～500	3
501～1 000	5
>1 000	10

10 报告

取重复测定两个结果的算术平均值，作为试样的恩氏粘度。

附加说明：

本标准由石油化工科学研究院技术归口。

本标准由石油化工科学研究院负责起草。

本标准首次发布于 1964 年 4 月。

本标准参照采用苏联国家标准 ГОСТ 6258—52《石油产品条件度测定法》。

编者注：本标准中引用标准的标准号和标准名称变动如下：

原标准号	现标准号	现 标 准 名 称
GB/T 514	GB/T 514	石油产品试验用玻璃液体温度计技术条件

中华人民共和国国家标准

UDC 665.52
/.54.001.4

GB/T 267—88
(2004年确认)
代替 GB 267—77

石油产品闪点与燃点测定法
（开 口 杯 法）

Petroleum products—Determination of flash and fire points—Open cup

1 主题内容与适用范围

本标准规定了用开口杯测定闪点和燃点的方法。

本标准适用于测定润滑油和深色石油产品。

2 引用标准

GB/T 514 石油产品试验用液体温度计技术条件

SH/T 0004 橡胶工业用溶剂油

SH/T 0318 开口闪点测定器技术条件

3 方法概要

把试样装入内坩埚中到规定的刻线。首先迅速升高试样的温度，然后缓慢升温，当接近闪点时，恒速升温。在规定的温度间隔，用一个小的点火器火焰按规定通过试样表面，以点火器火焰使试样表面上的蒸气发生闪火的最低温度，作为开口杯法闪点。继续进行试验，直到用点火器火焰使试样发生点燃并至少燃烧 5 s 时的最低温度，作为开口杯法燃点。

4 仪器与材料

4.1 仪器

4.1.1 开口闪点测定器：符合 SH/T 0318 要求。

4.1.2 温度计：符合 GB/T 514 要求。

4.1.3 煤气灯、酒精喷灯或电炉（测定闪点高于200℃试样时，必须使用电炉）。

4.2 材料

溶剂油：符合 SH 0004 要求。

5 准备工作

5.1 试样的水分大于0.1%时，必须脱水。脱水处理是在试样中加入新煅烧并冷却的食盐、硫酸钠或无水氯化钙进行。

闪点低于100℃的试样脱水时不必加热；其他试样允许加热至50～80℃时用脱水剂脱水。

脱水后，取试样的上层澄清部分供试验使用。

5.2 内坩埚用溶剂油洗涤后，放在点燃的煤气灯上加热，除去遗留的溶剂油。待内坩埚冷却至室温时，放入装有细砂（经过煅烧）的外坩埚中，使细砂表面距离内坩埚的口部边缘约12mm，并使内坩埚底部与外坩埚底部之间保持厚度 5 ～ 8 mm的砂层。对闪点在300℃以上的试样进行测定时，两只坩埚底部之间的砂层厚度允许酌量减薄，但在试验时必须保持6.1.1规定的升温速度。

中国石油化工总公司1988-07-27批准　　　　1989-06-01实施

5.3 试样注入内坩埚时，对于闪点在210℃和210℃以下的试样，液面距离坩埚口部边缘为12mm（即内坩埚内的上刻线处）；对于闪点在210℃以上的试样，液面距离口部边缘为18mm（即内坩埚内的下刻线处）。

试样向内坩埚注入时，不应溅出，而且液面以上的坩埚壁不应沾有试样。

5.4 将装好试样的坩埚平稳地放置在支架上的铁环（或电炉）中，再将温度计垂直地固定在温度计夹上，并使温度计的水银球位于内坩埚中央，与坩埚底和试样液面的距离大致相等。

5.5 测定装置应放在避风和较暗的地方并用防护屏围着，使闪点现象能够看得清楚。

6 试验步骤

6.1 闪点

6.1.1 加热坩埚，使试样逐渐升高温度，当试样温度达到预计闪点前60℃时，调整加热速度，使试样温度达到闪点前40℃时能控制升温速度为每分钟升高 4 ± 1 ℃。

6.1.2 试样温度达到预计闪点前10℃时，将点火器的火焰放到距离试样液面10～14mm处，并在该处水平面上沿着坩埚内径作直线移动，从坩埚的一边移至另一边所经过的时间为2～3s。试样温度每升高 2 ℃应重复一次点火试验。

点火器的火焰长度，应预先调整为 3 ～ 4 mm。

6.1.3 试样液面上方最初出现蓝色火焰时，立即从温度计读出温度作为闪点的测定结果，同时记录大气压力。

注：试样蒸气的闪火同点火器火焰的闪光不应混淆。如果闪火现象不明显，必须在试样升高 2 ℃时继续点火证实。

6.2 燃点

6.2.1 测得试样的闪点之后，如果还需要测定燃点，应继续对外坩埚进行加热，使试样的升温速度为每分钟升高 4 ± 1 ℃。然后，按6.1.2所述用点火器的火焰进行点火试验。

6.2.2 试样接触火焰后立即着火并能继续燃烧不少于 5 s，此时立即从温度计读出温度作为燃点的测定结果。

6.3 大气压力对闪点和燃点影响的修正

6.3.1 大气压力低于99.3kPa（745mmHg）时，试验所得的闪点或燃点t_0（℃）按式（1）进行修正（精确到 1 ℃）：

$$t_0 = t + \Delta t \qquad (1)$$

式中：t_0 —— 相当于101.3kPa（760mmHg）大气压力时的闪点或燃点，℃；

t —— 在试验条件下测得的闪点或燃点，℃；

Δt —— 修正数，℃。

6.3.2 大气压力在72.0～101.3kPa（540～760mmHg）范围内，修正数Δt（℃）可按式（2）或式（3）计算：

$$\Delta t = (0.00015t + 0.028)(101.3 - P)\,7.5 \qquad (2)$$

$$\Delta t = (0.00015t + 0.028)(760 - P_1) \qquad (3)$$

式中：P —— 试验条件下的大气压力，kPa；

t —— 在试验条件下测得的闪点或燃点（300℃以上仍按300℃计），℃；

0.00015，0.028 —— 试验常数；

7.5 —— 大气压力单位换算系数；

P_1 —— 试验条件下的大气压力，mmHg。

注：对64.0～71.9kPa（480～539mmHg）大气压力范围，测得闪点或燃点的修正数Δt（℃）也可参照采用式（2）

或式(3)进行计算。

此外,修正数 Δt(℃)还可以从下表查出:

闪点或燃点 ℃	在下列大气压力[kPa(mmHg)]时修正数 Δt,℃										
	72.0 (540)	74.6 (560)	77.3 (580)	80.0 (600)	82.6 (620)	85.3 (640)	88.0 (660)	90.6 (680)	93.3 (700)	96.0 (720)	98.6 (740)
100	9	9	8	7	6	5	4	3	2	2	1
125	10	9	8	8	7	6	5	4	3	2	1
150	11	10	9	8	7	6	5	4	3	2	1
175	12	11	10	9	8	6	5	4	3	2	1
200	13	12	10	9	8	7	6	5	4	2	1
225	14	12	11	10	9	7	6	5	4	2	1
250	14	13	12	11	9	8	7	5	4	3	1
275	15	14	12	11	10	8	7	6	4	3	1
300	16	15	13	12	10	9	7	6	4	3	1

7 精密度

7.1 重复性

7.1.1 同一操作者重复测定的两个闪点结果之差不应大于下列数值:

闪点,℃	重复性,℃
≤150	4
>150	6

7.1.2 同一操作者重复测定的两个燃点结果之差不应大于 6 ℃。

8 报告

8.1 取重复测定两个闪点结果的算术平均值,作为试样的闪点。

8.2 取重复测定两个燃点结果的算术平均值,作为试样的燃点。

附加说明:

本标准由石油化工科学研究院技术归口。

本标准由石油化工科学研究院负责起草。

本标准首次发布于 1964 年 4 月。

本标准参照采用苏联国家标准 ГОСТ 4333—48《润滑油和深色石油产品闪点与燃点开口杯测定法(布林克法)》。

编者注:本标准中引用标准的标准号和标准名称变动如下:

原标准号	现标准号	现 标 准 名 称
GB/T 514	GB/T 514	石油产品试验用玻璃液体温度计技术条件

中华人民共和国国家标准

石油产品残炭测定法
（康氏法）

Petroleum products—Determination of carbon residue—Conradson method

UDC 665.7
:543.8

GB/T 268—87
（2004年确认）

代替 GB 263—77
GB 268—77

本方法用于测定石油产品经蒸发和热解后留下的残炭量，以提供石油产品相对生焦倾向的指标。本方法一般用于在常压蒸馏时易部分分解、相对地不易挥发的石油产品。对含有能生灰组分的石油产品（用GB/T 508《石油产品灰分测定法》测定）则会得到残炭值偏高的结果，误差的大小取决于所生成灰分的量。

注：① 本方法中所用的“残炭”一词，是指石油产品经蒸发和热解后所形成的碳质残余物。它不全部是碳，而是一种会进一步热解变化的焦炭。本方法采用“残炭”这个词，只是顺从习惯的称法。

② 本法广泛应用于多种石油产品。本方法和SH/T 0160《石油产品残炭测定法（兰氏法）》这两种方法所测得的残炭值，不但在数值上不相同，而且它们之间也找不到满意的相互关系。对于一些不容易装入兰氏焦化球的重质残渣燃料油、焦化原料等油料，宜用本方法测定残炭。

燃烧器燃料的残炭值，可用来粗略地估计燃料在蒸发式的釜型和套管型燃烧器中形成沉积物的倾向。同样，不含硝酸戊酯（或如果含有硝酸戊酯，则只要事先测定未加此添加剂基础燃料）的柴油，残炭值大体上与燃烧室的沉积物有对应关系。

测定粗柴油的残炭值，对指导粗柴油造气的生产是有用的，而原油残渣、汽缸油料和重质润滑油料的残炭值，对指导润滑油生产也是有用的。

下述情况应予注意：

a. 发动机油：发动机油的残炭值，曾一度被认为能表示发动机油在发动机的燃烧室中生成碳质沉积物量的指标，但由于许多石油产品中都存在添加剂，所以现在看来这一点是值得怀疑的。例如，有灰分生成的清净添加剂，会增加石油产品的残炭值，但它通常可以减少石油产品生成沉积物的倾向。

b. 柴油：含有硝酸戊酯的柴油的残炭值偏高。但是，如果对不含硝酸戊酯的柴油，或对准备要调入硝酸戊酯的基础燃 料进行试验，则其残炭值与燃烧室沉积物有近似的关系。

c. 含有有灰分生成的添加剂的石油产品：残炭值可能与形成沉积物的倾向无关，而且可能比形成沉积物的相应倾向要高些。

本方法参照采用国际标准ISO 6615—1983《石油产品残炭测定法（康氏法）》。

1 方法概要

把已称重的试样置于坩埚内进行分解蒸馏。残余物经强烈加热一定时间即进行裂化和焦化反应。在规定的加热时间结束后，将盛有碳质残余物的坩埚置于干燥器内冷却并称重，计算残炭值（以原试样的质量百分数表示）。

2 仪器

石油产品康氏残炭测定仪见图1。

中国石油化工总公司1987-05-12批准　　　　1988-05-01实施

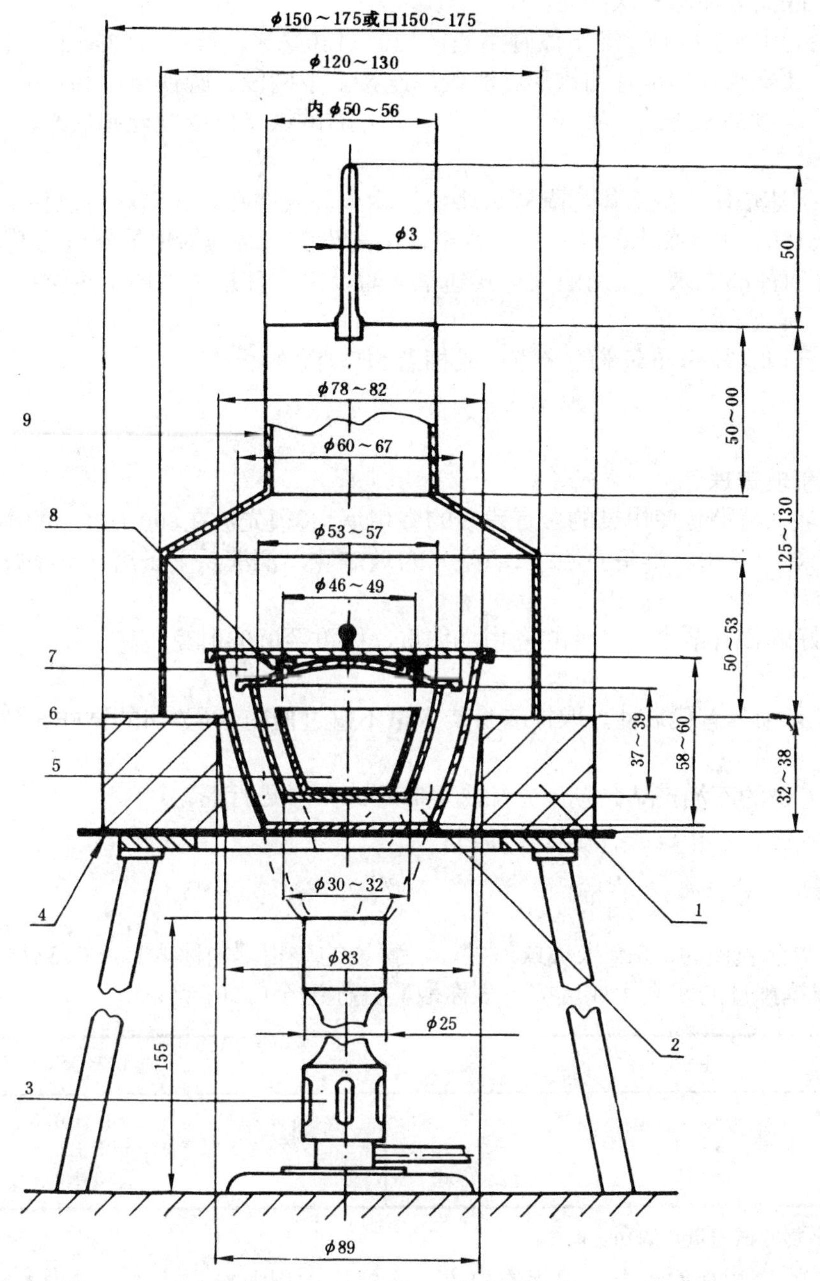

图 1 康氏残炭测定仪

1—遮焰体； 2—干沙子； 3—喷灯； 4—镍铬丝三角架； 5—瓷坩埚；
6—内铁坩埚； 7—外铁坩埚； 8—水平孔； 9—圆铁罩

2.1 瓷坩埚：全部上釉，广口型，口部外缘直径46～49毫米，容量为29～31毫升。

2.2 内铁坩埚：带环形凸缘，容量为65～82毫升，凸缘的内径53～57毫米，外径60～67毫米。坩埚高37～39毫米。带有一个盖子，盖上没有导管而有关闭的垂直孔，盖上水平孔的直径约6.5毫米。此孔必须保持清洁。坩埚的平底外径30～32毫米。

2.3 外铁坩埚：顶部外径78～82毫米，高58～60毫米，壁厚约0.8毫米，还有一个合适的铁盖。每次试验之前，在坩埚的底部平铺一层约25毫升的干沙子，或以放入的沙子量能使内铁坩埚的盖顶几乎碰到外铁坩埚的顶盖为准。

2.4 镍铬丝三角架：用直径2.0～2.3毫米左右的镍铬丝做成。口的大小能支承外铁坩埚的底部，使之与遮焰体的底面处在同一水平面。

2.5 圆铁罩：用薄铁板制成。下段圆筒直径120～130毫米，高50～53毫米。上段是烟囱,内径50～56毫米，高50～60毫米。中部有圆锥形过渡段，连接上下两段。圆铁罩总高125～130毫米。此外，在烟囱的顶部有一高度50毫米的火桥（用直径 3 毫米左右的镍铬丝或铁丝制成），用以控制烟囱上方火焰的高度。

2.6 遮焰体：遮焰体为绝缘体、陶瓷耐热块、耐火环或空心金属盒。可以做成圆形，也可做成方形。直径或边长150～175毫米，高32～38毫米，中间设置有金属衬里的倒锥形孔，上大下小，孔顶直径89毫米，孔底直径83毫米。使用耐火环式遮焰体时，由于环是由硬质耐热材料制成，所以无需金属衬里。

2.7 喷灯：孔口直径约25毫米的米克式或相当的喷灯。

3 准备工作

3.1 瓷坩埚和玻璃珠

3.1.1 瓷坩埚（特别是使用过的含有残炭的瓷坩埚)必须先放在800±20℃的高温炉中煅烧1.5～2小时，然后清洗烘干备用。准备直径约2.5毫米的玻璃珠，清洗烘干备用（准备好的瓷坩埚和玻璃珠应保存于干燥器中）。

3.1.2 将备好的盛有两个玻璃珠的瓷坩埚称重，称准至0.0001克。

3.2 试样

所取的试样必须具有代表性。取样前将装入量不超过瓶内容积3/4的试样充分摇动，使其混合均匀。

粘稠的或含石蜡的石油产品，应预先加热至50～60℃才进行摇匀。

含水的试样应先脱水和过滤，才进行摇匀。

4 试验步骤

4.1 向盛有两个直径约2.5毫米玻璃珠并称过重量的瓷坩埚内称入10±0.5克无水、无悬浮物的试样。试样量需根据预计的残炭生成量按下表称取，并称准至0.005克。

预计残炭，%	试样量，克
＜5	10±0.5
5～15	5±0.5
＞15	3±0.1

注：10％蒸余物的试样量均取10±0.5克。

将盛有试样的瓷坩埚放入内铁坩埚的中央。在外铁坩埚内铺平沙子，将内铁坩埚放在外铁坩埚的正中。盖好内、外铁坩埚的盖子。外铁坩埚要盖得松一些，以便加热时生成的油蒸气容易逸出。

4.2 参照图 1 安装仪器。首先将镍铬三角架放到合适的支架（或支环）上，将遮焰体放在镍铬三角架上，然后将上述准备好的全套坩埚放在镍铬三角架上，必须使外铁坩埚放在遮焰体的正中心（外铁坩埚在遮焰体内不应倾斜）。全套坩埚用圆铁罩罩上，以使反应过程中受热均匀。

4.3 置灯头于外铁坩埚底下约50毫米处，进行强火加热（但不冒烟),使预点火阶段控制在10±1.5分钟内（时间短则可能由于蒸馏开始得过快而容易引起发泡或火焰太高）。当罩顶出现油烟时，立即移动或倾斜喷灯，令火焰触及坩埚的边缘，使油蒸气着火。然后暂时移开喷灯,调节火焰,再将灯放回原处。要使灯调到着火的油蒸气均匀燃烧，火焰高出烟囱，但不超过火桥。如果罩上看不见火焰时，可适当加大喷灯的火焰。油蒸气燃烧阶段应控制在13±1分钟内完成。如果火焰高度和燃烧时间两者不可能同时符合要求时，则控制燃烧时间符合要求更为重要。

注：如果出现试样沸腾溢出，需要首先把试样量减少到 5 克，如果还不行，再次减至 3 克以解决这个困难。

4.4 当试样蒸气停止燃烧，罩上看不见蓝烟时，立即重新增强煤气喷灯的火焰，使之恢复到开始状态，使外铁坩埚的底部和下部呈樱桃红色，并准确保持7分钟。总加热时间（包括预点火和燃烧阶段在内）应控制在30±2分钟内。

4.5 移开煤气喷灯，使仪器冷却到不见烟（约15分钟），然后移去圆铁罩和外、内铁坩埚的盖，用热坩埚钳将瓷坩埚移入干燥器内，冷却40分钟后称重，称准至0.0001克，计算残炭占试样的百分数。

5 残炭值超过5%的试验步骤

本试验步骤适用于重质原油、渣油、重燃料油和重柴油之类的油品。按第4章规定的试验步骤（用10克试样）测得残炭值大于5%时，会因试样沸腾溢出而使试验正常进行有困难。此外，由于重质油品脱水困难也可能遇到麻烦。

5.1 对按4.1规定的试验步骤测得残炭值在5～15%的试样，需称5±0.5克试样重做。若残炭值大于15%，则称3±0.1克试样重做。试样量称准至0.005克。

5.2 当用5或3克试样时，要按4.3规定的时间来控制预点火和燃烧时间是不大可能的。但尽管如此，试验结果仍是可靠的。

6 测定10%蒸余物残炭的试验步骤

6.1 10%蒸余物的制备

10%蒸余物的制备方法有两种：GB/T 6536《石油产品蒸馏测定法》和GB/T 255《石油产品馏程测定法》。制备时可采用两种方法的任何一种，现把两种方法分述如下。

6.1.1 石油产品蒸馏测定法(GB/T 6536)：

6.1.1.1 对要求测定10%蒸余物残炭的试样，用GB/T 6536获得10%蒸余物。蒸馏时使用250毫升蒸馏烧瓶、200毫升量筒和50毫米孔径的石棉垫。

6.1.1.2 将温度为13～18℃的200毫升试样置于蒸馏烧瓶内。冷凝槽温度维持在0～4℃，对某些凝点较高的试样可能需要维持在38～60℃，以防止蜡类物质在冷凝管中凝固。用量过试样的量筒（不要洗）作为接受器，并置于冷凝器出口的下方，不要使出口的尖端与量筒壁接触（为得到较准确的10%蒸余物，应设法使馏出物温度和装样温度一致）。

6.1.1.3 把蒸馏烧瓶匀速加热，使其在加热后10～15分钟内从冷凝器中滴下第1滴。第1滴落下后，移动量筒，使冷凝器出口尖端与筒壁接触。然后按每分钟8～10毫升的均匀蒸馏速度调节加热量。继续蒸馏至馏出物收集到178±1毫升时，停止加热，使冷凝器中馏出物收集在量筒中直到180毫升（蒸馏烧瓶装入量的90%）时为止。

6.1.1.4 立即用小烧瓶代替量筒接收冷凝器中最后馏出物，趁热把留在蒸馏烧瓶内的残余物倒入小烧瓶内，混合均匀。此即为由原试样得到的10%蒸余物。

6.1.2 石油产品馏程测定法(GB/T 255)：

对要求测定10%蒸余物残炭的试样，用GB/T 255获得10%蒸余物，每次试验时进行不少于两次的蒸馏，收集其10%蒸余物作为试样。

6.2 在蒸余物温热能流动的情况下，将10±0.5克蒸余物倒入已称重并用作测定残炭的坩埚内。冷却后称试样的重量，称准至0.005克，并按第4章所述步骤测定残炭值。

7 计算

试样或10%蒸余物的康氏残炭值X〔(%)质量/质量〕按下式计算：

$$X = \frac{m_1}{m_0} \times 100$$

式中：m_1——残炭的质量，克；

m_0——试样的质量，克。

8 精密度

按图 2 数值来判断试验结果的可靠性（95％置信水平）。

8.1 重复性

同一操作者测得的两个结果之差，不应超过图 2 所示的重复性数值。

8.2 再现性

由两个实验室提供的两个结果之差，不应超过图 2 所示的再现性数值。

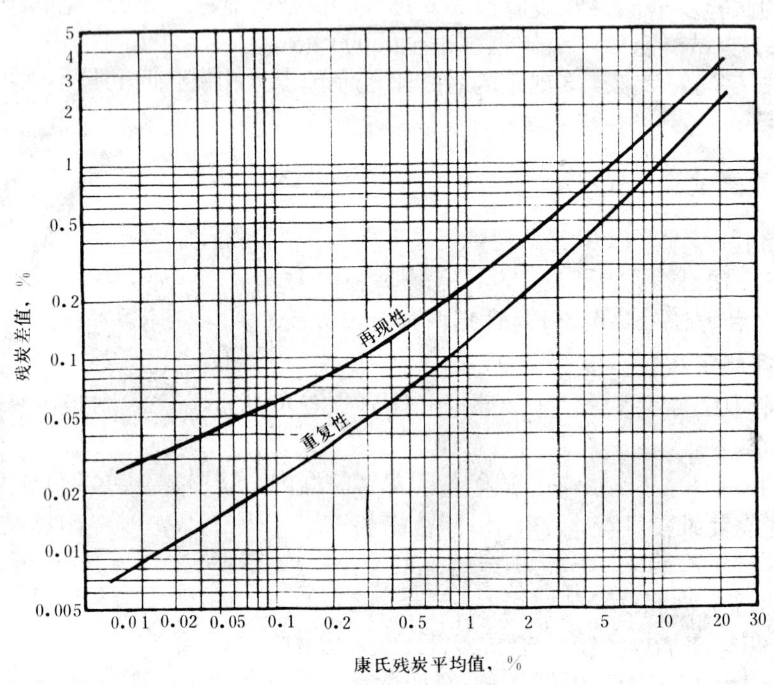

图 2 精密度

9 报告

取重复测定两个结果的算术平均值，作为试样或10％蒸余物的残炭值。

附 录 A
GB/T 268康氏残炭和SH/T 0160兰氏残炭两个方法所测残炭值相互关系
(参考件)

由于康氏残炭和兰氏残炭两种试验方法的条件所限，所以在两种方法测得的结果之间并不存在精确的相互关系。但近似的相互关系（图A）已有人用18个有代表性的石油产品的协作试验结果推导得出，并用约150个样品（没有参加协作试验的样品）的试验数据进行了验证。对于非通用型的石油产品，用两种方法所得的试验结果可能不落在图A相互关系曲线的附近。这个近似的相互关系用于低残炭值试样时应加以注意。

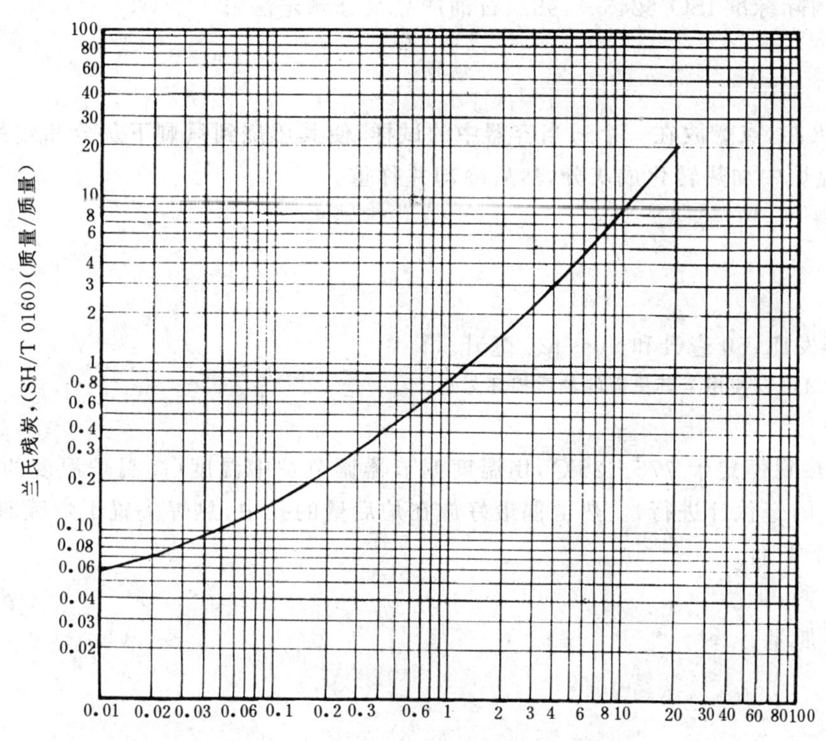

康氏和兰氏残炭值的相互关系图

附加说明：

本标准由石油化工科学研究院技术归口。

本标准由石油化工科学研究院负责起草。

本标准主要起草人李紫峰。

本标准首次发布于1964年。

中华人民共和国国家标准

UDC 535.37:620
.179.1
GB 508—85
(2004 年确认)
代替 GB 508—65

石油产品灰分测定法

Petroleum products—Determination of ash

本方法适用于测定石油产品的灰分。

本方法不适用于含有生灰添加剂(包括某些含磷化合物的添加剂)的石油产品,也不适用于含铅的润滑油和用过的发动机曲轴箱油。

本标准参照采用国际标准 ISO 6245—1982《石油产品灰分测定法》。

1 方法概要

用无灰滤纸作引火芯,点燃放在一个适当容器中的试样,使其燃烧到只剩下灰分和残留的碳。碳质残留物再在 775℃高温炉中加热转化成灰分,然后冷却并称重。

2 仪器与材料

2.1 仪器

2.1.1 瓷坩埚或瓷蒸发皿:50 毫升和 90~120 毫升。

注:瓷坩埚或瓷蒸发皿可以使用至其里面的釉质损坏为止。

2.1.2 电热板或电炉。

2.1.3 高温炉:能加热到恒定于 775±25℃,用温度调节器调节炉中温度(高温炉温度的测量,可用热电偶和刻度为 1 000℃的毫伏计进行)。热电偶最好放在炉后壁的孔中,热焊头置于炉膛的中心处。

2.1.4 干燥器:不装干燥剂。

2.2 材料

定量滤纸:直径 9 厘米。

3 试剂

盐酸:化学纯,配成 1:4 的水溶液。

4 准备工作

4.1 将稀盐酸(1:4)注入所用的瓷坩埚(或瓷蒸发皿)内煮沸几分钟,用蒸馏水洗涤。烘干后放在高温炉中在 775±25℃温度下煅烧至少 10 分钟,取出在空气中冷却 3 分钟,移入干燥器中。冷却至室温后[注],进行称量,称准至 0.000 1 克。

重复进行煅烧、冷却及称量,直至连续两次称量间的差数不大于 0.000 5 克为止。

注:一个干燥器中放一对坩埚为宜。放一对 50 毫升的坩埚,一般冷却 30~45 分钟可达到室温;放一对 100 毫升的坩埚,一般冷却 45 分钟到 1 小时可达到室温。坩埚一经冷却就应进行称量,坩埚在干燥器内停留多长时间,则其后的所有称量都应当让其在干燥器内停留同样长的时间以后才进行。

4.2 取样前将瓶中试样(其量不得多于该瓶容积的 3/4)剧烈摇动均匀,要确保所取试样有真正的代表性。对粘稠的或含蜡的试样需预先加热至 50~60℃,再摇动均匀后进行取样。

国家标准局1985-04-19发布　　1986-01-01实施

5 试验步骤

5.1 将已恒重的坩埚称准至 0.01 克，并以同样的准确度称入试样。所取试样量的多少依试样灰分含量的大小而定，以所取试样能足以生成 20 毫克的灰分为限，但最多不要超过 100 克。如果试样较多，一个坩埚盛不下时，需分两次燃烧试样，这时可用一个合适的试样容器，从其最初重量与最后重量之差来求得试样用量。

注：根据情况，一般可取 25 克试样装在 50 毫升的坩埚内进行试验，但对试验结果有争议时，应按上述的试样量进行试验。

5.2 用一张定量滤纸叠成两折，卷成圆锥状，用剪刀把距尖端 5～10 毫米之顶端部分剪去，放入坩埚内。把卷成圆锥状的滤纸（引火芯）安稳地立插在坩埚内的油中，将大部分试样表面盖住。

5.3 测定含水的试样时，将装有试样和引火芯的坩埚放置电热板上，缓慢加热，使其不溅出，让水慢慢蒸发，直到浸透试样的滤纸可以燃着为止。

引火芯浸透试样后，点火燃烧。试样的燃烧应进行到获得干性碳化残渣时为止。燃烧时，火焰高度维持在 10 厘米左右。

对粘稠的或含蜡的试样，一边燃烧一边在电炉上加热。燃烧开始后，调整加热，使试样不至溅出，亦不从坩埚边缘溢出。

5.4 试样燃烧之后，将盛有残渣的坩埚移入加热到 775±25℃的高温炉中（应注意防止突然爆燃、冲出。可能时，可把坩埚先移入炉中，或于温度较低时移入炉中，其后才升至 775±25℃），在此温度下加热，直到残渣完全成为灰烬（一般保持 1.5～2.0 小时）。

5.5 残渣成灰后，将坩埚放在空气中冷却 3 分钟，然后在干燥器内冷却至室温后进行称量，称准至 0.000 1 克。再移入高温炉中煅烧 20～30 分钟。重复进行煅烧、冷却及称量，直至连续两次称量间的差数不大于 0.000 5 克为止。

6 计算

试样的灰分 X(%)按下式计算：

$$X=\frac{G_1}{G}\times 100$$

式中：G_1——灰分的重量，克；

G——试样的重量，克。

7 精密度

用下列数值来判断结果的可靠性（95%置信水平）。

7.1 重复性

同一操作者测得的两个结果之差不应超过以下数值：

灰分，%	重复性
0.001 以下	0.002
0.001～0.079	0.003
0.080～0.180	0.007
0.180 以上	0.01

7.2 再现性

由两个实验室提供的两个结果之差，不应超过以下数值：

灰分，%	再现性
0.001 以下	未定

0.001～0.079	0.005
0.080～0.180	0.024
0.180 以上	未定

8 报告

取重复测定两个结果的算术平均值，作为试样的灰分。

附加说明：
本标准由中国石油化工总公司提出，由石油化工科学研究院归口。
本标准由石油化工科学研究院起草。
本标准主要起草人李紫峰。

GB/T 508—1985《石油产品灰分测定法》第 1 号修改单

本修改单业经国家技术监督局于 1992 年 9 月 29 日以技监国标发[1992]214 号文批准，自 1993 年 2 月 1 日起实施。

原 5.4 条“……在此温度下保持 1.5～2 小时，直到残渣完全成为灰烬”。

修改为：5.4 条“……在此温度下加热，直到残渣完全成为灰烬(一般保持 1.5～2.0 小时)”。

中华人民共和国国家标准

UDC 665.5
:536.423

石油产品凝点测定法

GB/T 510—83
(2004年确认)
代替 GB 510—77

Petroleum products—Determination of solidification point

本方法适用于测定石油产品的凝点。

润滑油及深色石油产品在试验条件下冷却到液面不移动时的最高温度，称为凝点。

1 方法概要

测定方法是将试样装在规定的试管中，并冷却到预期的温度时，将试管倾斜45度经过1分钟，观察液面是否移动。

2 仪器与材料

2.1 仪器

2.1.1 圆底试管：高度160±10毫米，内径20±1毫米，在距管底30毫米的外壁处有一环形标线。

2.1.2 圆底的玻璃套管：高度130±10毫米，内径40±2毫米。

2.1.3 装冷却剂用的广口保温瓶或筒形容器：高度不少于160毫米，内径不少于120毫米，可以用陶瓷、玻璃、木材，或带有绝缘层的铁片制成。

2.1.4 水银温度计：符合 GB/T 514 《石油产品试验用液体温度计技术条件》的规定，供测定凝点高于－35℃的石油产品使用。

2.1.5 液体温度计：符合 GB/T 514 的规定，供测定凝点低于－35℃的石油产品使用。

2.1.6 任何型式的温度计：供测量冷却剂温度用。

2.1.7 支架：有能固定套管、冷却剂容器和温度计的装置。

2.1.8 水浴。

2.2 材料

2.2.1 冷却剂：试验温度在0℃以上用水和冰；在0～－20℃用盐和碎冰或雪；在－20℃以下用工业乙醇（溶剂汽油、直馏的低凝点汽油或直馏的低凝点煤油）和干冰（固体二氧化碳）。

注：缺乏干冰时，可以使用液态氮气或液态空气或其他适当的冷却剂，也可使用半导体致冷器（当用液态空气时应使它通入旋管金属冷却器并注意安全）。

3 试剂

3.1 无水乙醇：化学纯。

4 准备工作

4.1 制备含有干冰的冷却剂时，在一个装冷却剂用的容器中注入工业乙醇，注满到器内深度的2/3处。然后将细块的干冰放进搅拌着的工业乙醇中，再根据温度要求下降的程度，逐渐增加干冰的用量。每次加入干冰时，应注意搅拌，不使工业乙醇外溅或溢出。冷却剂不再剧烈冒出气体之后，添加工业乙醇达到必要的高度。

注：使用溶剂汽油制备冷却剂时，最好在通风橱中进行。

4.2 无水的试样直接按本方法4.3开始试验。含水的试样试验前需要脱水，但在产品质量验收试验

国家标准局1983－03－09发布　　　　1983－12－01实施

及仲裁试验时，只要试样的水分在产品标准允许范围内，应同样直接按本方法4.3开始试验。

试样的脱水按下述方法进行，但是对于含水多的试样应先经静置，取其澄清部分来进行脱水。

对于容易流动的试样，脱水处理是在试样中加入新煅烧的粉状硫酸钠或小粒状氯化钙，并在10～15分钟内定期摇荡，静置，用干燥的滤纸滤取澄清部分。

对于粘度大的试样，脱水处理是将试样预热到不高于50℃，经食盐层过滤。食盐层的制备是在漏斗中放入金属网或少许棉花，然后在漏斗上铺以新煅烧的粗食盐结晶。试样含水多时需要经过2～3个漏斗的食盐层过滤。

4.3 在干燥、清洁的试管中注入试样，使液面满到环形标线处。用软木塞将温度计固定在试管中央，使水银球距管底8～10毫米。

4.4 装有试样和温度计的试管，垂直地浸在50±1℃的水浴中，直至试样的温度达到50±1℃为止。

5 试验步骤

5.1 从水浴中取出装有试样和温度计的试管，擦干外壁，用软木塞将试管牢固地装在套管中，试管外壁与套管内壁要处处距离相等。

装好的仪器要垂直地固定在支架的夹子上，并放在室温中静置，直至试管中的试样冷却到35±5℃为止。然后将这套仪器浸在装好冷却剂的容器中。冷却剂的温度要比试样的预期凝点低7～8℃。试管（外套管）浸入冷却剂的深度应不少于70毫米。

冷却试样时，冷却剂的温度必须准确到±1℃。当试样温度冷却到预期的凝点时，将浸在冷却剂中的仪器倾斜成为45度，并将这样的倾斜状态保持1分钟，但仪器的试样部分仍要浸没在冷却剂内。

此后，从冷却剂中小心取出仪器，迅速地用工业乙醇擦拭套管外壁，垂直放置仪器并透过套管观察试管里面的液面是否有过移动的迹象。

注：测定低于0℃的凝点时，试验前应在套管底部注入无水乙醇1～2毫升。

5.2 当液面位置有移动时，从套管中取出试管，并将试管重新预热至试样达50±1℃，然后用比上次试验温度低4℃或其他更低的温度重新进行测定，直至某试验温度能使液面位置停止移动为止。

注：试验温度低于-20℃时，重新测定前应将装有试样和温度计的试管放在室温中，待试样温度升到-20℃，才将试管浸在水浴中加热。

5.3 当液面的位置没有移动时，从套管中取出试管，并将试管重新预热至试样达50±1℃，然后用比上次试验温度高4℃或其他更高的温度重新进行测定，直至某试验温度能使液面位置有了移动为止。

5.4 找出凝点的温度范围（液面位置从移动到不移动或从不移动到移动的温度范围）之后，就采用比移动的温度低2℃，或采用比不移动的温度高2℃，重新进行试验。如此重复试验，直至确定某试验温度能使试样的液面停留不动而提高2℃又能使液面移动时，就取使液面不动的温度，作为试样的凝点。

5.5 试样的凝点必须进行重复测定。第二次测定时的开始试验温度，要比第一次所测出的凝点高2℃。

6 精密度

用以下数值来判断结果的可靠性（95%置信水平）。

6.1 重复性

同一操作者重复测定两个结果之差不应超过2.0℃。

6.2 再现性

由两个实验室提出的两个结果之差不应超过4.0℃。

注：本精密度是于1980年用5个试样，在13个实验室开展统计试验，并对试验结果进行数据处理和分析得来的。

7 报告

7.1 取重复测定两个结果的算术平均值，作为试样的凝点。

注：如果需要检查试样的凝点是否符合技术标准，应采用比技术标准所规定的凝点高1℃来进行试验，此时液面的位置如能够移动，就认为凝点合格。

附加说明：

本标准由中华人民共和国石油工业部提出。

本标准由石油化工科学研究院起草。

本标准首次发布于1964年。

中华人民共和国国家标准

GB 535—1995

硫　酸　铵

代替GB 535—83 GB 4097.1～4097.9—83

Ammonium sulphate

1　主题内容与适用范围

本标准规定了硫酸铵的技术要求、试验方法、检验规则以及标志、包装、运输和贮存。

本标准适用于由合成氨与硫酸中和所制得的硫酸铵、炼焦所制得的副产硫酸铵。本标准不适用于火电厂脱硫法或其它烟气脱硫法生产的副产硫酸铵产品。

分子式：$(NH_4)_2SO_4$

相对分子质量：132.141（根据 1989 年国际相对原子质量）

2　引用标准

GB/T 601　化学试剂　滴定分析（容量分析）用标准溶液的制备

GB/T 602　化学试剂　杂质测定用标准溶液的制备

GB/T 603　化学试剂　试验方法中所用制剂及制品的制备

GB/T 611　化学试剂　密度测定通用方法

GB 1250　极限数值的表示方法和判定方法

GB/T 6682　分析实验室用水规格和试验方法

GB 8569　固体化学肥料包装

3　技术要求

3.1　硫酸铵质量应符合表 1 要求：

表 1　　%

项　目	指　标		
	优等品	一等品	合格品
外观	白色结晶，无可见机械杂质	无可见机械杂质	
氮(N)含量(以干基计)　≥	21.0	21.0	20.5
水分(H_2O)　≤	0.2	0.3	1.0
游离酸(H_2SO_4)含量　≤	0.03	0.05	0.20
铁(Fe)含量[1)]　≤	0.007	—	—
砷(As)含量[1)]　≤	0.000 05	—	—
重金属(以 Pb 计)含量[1)]　≤	0.005	—	—
水不溶物含量[1)]　≤	0.01	—	—

注：1）硫酸铵作农业用时可不检验铁、砷、重金属和水不溶物含量等指标。

国家技术监督局 1995-12-20 批准　　1996-08-01 实施

4 试验方法

分析中,除另有说明外,均使用分析纯试剂;所使用的水应符合 GB/T 6682 中三级水(仅测定 pH 值范围和电导率)规格;所有滴定分析用标准溶液按 GB/T 601 配制和标定;所有杂质测定用标准溶液按 GB/T 602 配制;所有试验方法中所用制剂及制品按 GB/T 603 配制。

4.1 外观

目测。

4.2 氮含量的测定 蒸馏后滴定法(仲裁法)。

本方法等效采用 ISO 3332—75《工业用硫酸铵—氨态氮含量的测定—蒸馏后滴定法》。

4.2.1 方法提要

硫酸铵在碱性溶液中蒸馏出的氨,用过量的硫酸标准滴定溶液吸收,在指示剂存在下,以氢氧化钠标准滴定溶液回滴过量的硫酸。

4.2.2 试剂和材料

4.2.2.1 氢氧化钠(GB/T 629),450 g/L 溶液;

4.2.2.2 硫酸(GB/T 625)标准滴定溶液,$c(\frac{1}{2}H_2SO_4)=0.5$ mol/L;

4.2.2.3 氢氧化钠标准滴定溶液,$c(NaOH)=0.5$ mol/L;

4.2.2.4 甲基红-亚甲基蓝混合指示剂;

溶解 0.1 g 甲基红(HG/T 3—958)于 50 mL 乙醇(GB/T 679)中,再加入 0.05 g 亚甲基蓝,溶解后,用相同的乙醇稀释至 100 mL。

4.2.2.5 硅脂或其他不含氮的润滑脂。

4.2.3 仪器、设备

一般实验室仪器和:

4.2.3.1 蒸馏仪器

本方法使用的仪器如图 1 所示:

a. 蒸馏瓶(A):容积为 1 L;

b. 防溅球管(B):平行地插入滴液漏斗(C);

c. 滴液漏斗(C):容积为 50 mL;

d. 直形冷凝管(D):有效长度约 400 mm;

e. 吸收瓶(E):容积为 500 mL,瓶侧连接双连球。

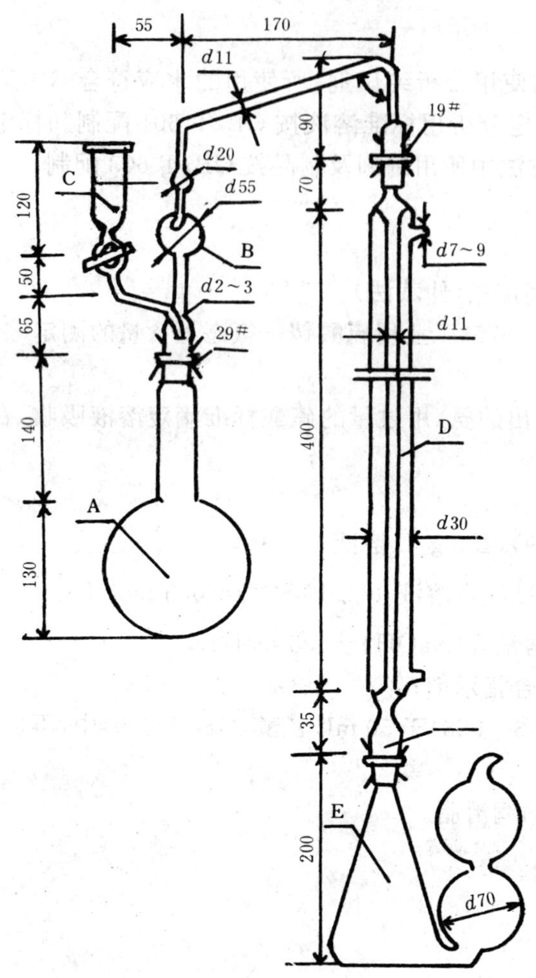

图 1 蒸馏装置

4.2.3.2 防暴沸石或防暴沸装置,后者由一根长 100 mm,直径 5 mm 玻璃棒接上一根长 25 mm 聚乙烯管。

4.2.4 分析步骤

4.2.4.1 试样溶液的制备

称取 10 g 试样,精确至 0.001 g,溶于少量水中,转移至 500 mL 量瓶中,用水稀释至刻度,混匀。

4.2.4.2 蒸馏

从量瓶(4.2.4.1)中吸取 50.0 mL 试液于蒸馏瓶(A)中,加入约 350 mL 水和几粒防暴沸石(或防暴装置:将聚乙烯管接触烧瓶底部)。

用单标线吸管加入 50 mL 硫酸标准滴定溶液于吸收瓶(E)中,并加入 80 mL 水和 5 滴混合指示剂溶液。

用硅脂涂抹仪器接口,按图 1 安装蒸馏仪器,并确保仪器所有部分密封。

通过滴液漏斗(C)往蒸馏瓶(A)中注入氢氧化钠溶液(4.2.2.1)20 mL,注意滴液漏斗中至少留有几毫升溶液。

加热蒸馏,直至吸收瓶(E)中的收集量达到 250~300 mL 时停止加热,打开滴液漏斗(C),拆下防溅球管(B),用水冲洗冷凝管(D),并将洗涤液收集在吸收瓶(E)中,拆下吸收瓶。

4.2.4.3 滴定

将吸收瓶(E)中溶液混匀,用氢氧化钠标准滴定溶液(4.2.2.3)回滴过量的硫酸标准滴定溶液,直至指示剂呈灰绿色为终点。

4.2.4.4 空白试验

在测定的同时，除不加试样外，按4.2.4.1～4.2.4.3完全相同的分析步骤、试剂和用量进行平行操作。

4.2.5 分析结果的表述

氮(N)含量(x_1，以干基计)，以质量百分数(%)表示，按式(1)计算：

$$x_1=\frac{(V_2-V_1)c\times 0.014\,01}{m\times\frac{50}{500}\times\frac{100-x_{H_2O}}{100}}\times 100=\frac{(V_2-V_1)c\times 1\,401}{m(100-x_{H_2O})} \quad\cdots\cdots(1)$$

式中：V_1——测定时使用氢氧化钠标准滴定溶液的体积，mL；

V_2——空白试验使用氢氧化钠标准滴定溶液的体积，mL；

c——氢氧化钠标准滴定溶液实际浓度，mol/L；

m——试样的质量，g；

x_{H_2O}——试样中水的百分含量；

0.014 01——与1.00 mL氢氧化钠标准滴定溶液〔c(NaOH)=1.000 mol/L〕相当的以克表示的氮的质量。

4.2.6 允许差

取平行测定结果的算术平均值为测定结果，平行测定的绝对差值不大于0.06%；

不同实验室测定结果的绝对差值不大于0.12%。

4.3 氮含量的测定 甲醛法

4.3.1 方法提要

在中性溶液中，铵盐与甲醛作用生成六次甲基四胺和相当于铵盐含量的酸，在指示剂存在下，用氢氧化钠标准滴定溶液滴定。

4.3.2 试剂和材料

4.3.2.1 氢氧化钠(GB/T 629)，4 g/L溶液；

4.3.2.2 氢氧化钠标准滴定溶液，c(NaOH)=0.5 mol/L；

4.3.2.3 甲醛，250 g/L溶液；

按附录A配制和测定。

4.3.2.4 甲基红(HG/T 3—958)指示液，1 g/L乙醇(GB/T 678)溶液；

4.3.2.5 酚酞(GB/T 10729)指示液，10 g/L乙醇(GB/T 678)溶液。

4.3.3 分析步骤

4.3.3.1 试样溶液的制备

称取1 g试样，精确至0.001 g，置于250 mL锥形瓶中，加100～120 mL水溶解，再加1滴甲基红指示剂溶液，用氢氧化钠溶液(4.3.2.1)调节至溶液呈橙色。

4.3.3.2 测定

加入15 mL甲醛溶液至试液(4.3.3.1)中，再加入3滴酚酞指示剂溶液，混匀。放置5 min，用氢氧化钠标准滴定溶液(4.3.2.2)滴定至浅红色，经1 min不消失(或滴定至pH计指示pH8.5)为终点。

4.3.3.3 空白试验

在测定的同时，除不加试样外，按4.3.3.1和4.3.3.2完全相同的分析步骤，试剂和用量进行平行操作。

4.3.4 分析结果的表述

氮(N)含量(x_2，以干基计)，以质量百分数(%)表示，按式(2)计算：

$$x_2=\frac{(V_1-V_2)\cdot c\times 0.01401}{m\times\frac{100-x_{H_2O}}{100}}\times 100$$

$$=\frac{(V_1-V_2)\cdot c\times 140.1}{m(100-x_{H_2O})} \quad\cdots\cdots(2)$$

式中：V_1——测定时使用氢氧化钠标准滴定溶液的体积，mL；

V_2——空白试验使用氢氧化钠标准滴定溶液的体积，mL；

c——氢氧化钠标准滴定溶液实际浓度，mol/L；

m——试样的质量，g；

x_{H_2O}——试样中水的百分含量；

0.014 01——与 1.00 mL 氢氧化钠标准滴定溶液〔c(NaOH)=1.000 mol/L〕相当的以克表示的氮的质量。

4.3.5 允许差

取平行测定结果的算术平均值为测定结果，平行测定结果的绝对差值不大于 0.06%；

不同实验室测定结果的绝对差值不大于 0.12%。

4.4 水分的测定 重量法

4.4.1 方法提要

在一定温度的电热恒温干燥箱内，将试样烘干至恒重，然后测定试样减少的质量。本方法适用于所取试样中水分质量不小于 0.001 g。

4.4.2 仪器、设备

一般实验室仪器和：

4.4.2.1 带盖磨口称量瓶，直径 50 mm，高 30 mm；

4.4.2.2 电热恒温干燥箱，能维持温度 105±2℃。

4.4.3 分析步骤

称取 5 g 试样，精确至 0.000 2 g，置于预先在 105±2℃干燥至恒重的称量瓶(4.4.2.1)中，将称量瓶盖子稍微打开，置称量瓶于干燥箱中接近于温度计的水银球水平位置上，在 105±2℃的温度中干燥 30 min 后，取出称量瓶，盖上盖子，在干燥器中冷却至室温称重，重复操作，直至恒重。取最后一次测量值作为测定结果。

4.4.4 分析结果的表述

水分(H_2O)(x_3)，以质量百分数(%)表示，按式(3)计算：

$$x_3=\frac{m_1-m_2}{m}\times 100 \quad\cdots\cdots(3)$$

式中：m_1——称量瓶及试样在干燥前质量，g；

m_2——称量瓶及试样在干燥后质量，g；

m——试样的质量，g。

4.4.5 允许差

取平行测定结果的算术平均值作为测定结果，平行测定结果的绝对差值不大于 0.05%。

4.5 游离酸含量的测定 容量法

本方法等效采用 ISO 2993—74《工业用硫酸铵—游离酸度的测定—滴定法》。

4.5.1 方法提要

试样溶液中的游离酸，在指示剂存在下，用氢氧化钠标准滴定溶液滴定。

4.5.2 试剂和材料

4.5.2.1 氢氧化钠(GB/T 629)标准滴定溶液，c(NaOH)=0.1 mol/L；

4.5.2.2 盐酸(GB/T 622)溶液,$c(HCl)=0.1$ mol/L;

4.5.2.3 甲基红-亚甲基蓝混合指示剂[1]

配制方法同4.2.2.4。

4.5.2.4 分析中用的水

在1 000 mL水中,加2~3滴指示剂溶液(4.5.2.3),如溶液不呈灰绿色,则用氢氧化钠溶液(4.5.2.1)或盐酸溶液(4.5.2.2),调节至溶液呈灰绿色(或酸度计指示在pH5.4~5.6)。

4.5.3 仪器、设备

一般实验室仪器和:

4.5.3.1 微量滴定管,5 mL,分度值0.02 mL;

4.5.3.2 酸度计。

4.5.4 分析步骤

称取10 g试样,精确至0.01 g,置于100 mL烧杯中,加50 mL水(4.5.2.4)溶解,如果溶液混浊,可用中速滤纸过滤,用水(4.5.2.4)洗涤烧杯和滤纸,收集滤液于250 mL的锥形瓶中。

加1~2滴指示剂溶液于滤液中,用氢氧化钠标准滴定溶液滴定至灰绿色为终点。

若试液有色,终点难以观察,也可滴定至酸度计指示pH5.4~5.6为终点。

4.5.5 分析结果的表述

游离酸(H_2SO_4)含量(x_4),以质量百分数(%)表示,按式(4)计算:

$$x_4=\frac{cV\times 0.049\,0}{m}\times 100=\frac{cV\times 4.90}{m} \qquad \cdots\cdots(4)$$

式中:c——氢氧化钠标准滴定溶液实际浓度,mol/L;

V——测定时使用氢氧化钠标准滴定溶液体积,mL;

m——试样的质量,g;

0.049 0——与1.00 mL氢氧化钠标准滴定溶液[$c(NaOH)=1.000$ mol/L]相当的以克表示的硫酸的质量。

4.5.6 允许差

取平行测定结果的算术平均值为测定结果,平行测定结果的绝对差值不大于:

游离酸含量,%	绝对差值,%
≤0.05	0.005
>0.05	0.01

不同实验室测定结果的绝对差值不大于:

游离酸含量,%	绝对差值,%
≤0.05	0.01
>0.05	0.02

4.6 铁含量的测定 邻菲啰啉分光光度法

4.6.1 方法提要

试样中的铁用盐酸溶解后,以抗坏血酸将三价铁还原为二价铁,在缓冲介质(pH2~9)中,二价铁与邻菲啰啉生成橙红色配合物,在最大吸收波长510 nm处,用分光光度计测定其吸光度。本方法适用于测定铁含量在10~100 μg范围内的试液。

4.6.2 试剂和材料

采用说明:

1] ISO 2993—74采用甲基紫(pH5.2~5.6)或其他相同pH值范围的指示剂,本标准采用甲基红-亚甲基蓝混合指示剂(变色点pH5.4)。

4.6.2.1 盐酸(GB/T 622)溶液,$c(HCl)=1$ mol/L;

4.6.2.2 硫酸(GB/T 625);

4.6.2.3 氨水(GB/T 631),1+2溶液;

4.6.2.4 抗坏血酸溶液,100 g/L,该溶液一周内稳定;

4.6.2.5 乙酸(GB/T 676)-乙酸钠(GB/T 693)缓冲溶液,pH≈4.5;

4.6.2.6 邻菲啰啉(GB/T 1293)溶液,1 g/L;

该溶液避光保存,仅能使用无色溶液。

4.6.2.7 铁标准溶液,0.100 g/L;

称取0.863 g硫酸铁铵(GB/T 1279),精确至0.001 g,溶于200 mL水中,加10 mL硫酸(4.6.2.2),定量转移到1 000 mL量瓶中,稀释至刻度,混匀。此溶液1 mL含0.100 mg铁。

4.6.2.8 铁标准溶液,0.010 g/L;

吸取50.0 mL铁标准溶液(4.6.2.7)于500 mL量瓶中,稀释至刻度,混匀。此溶液1 mL含10 μg铁,使用时制备。

4.6.3 仪器、设备

一般实验室仪器和:

4.6.3.1 分光光度计,带有3 cm光路长度的吸收池;

4.6.3.2 广范pH试纸或pH计。

4.6.4 分析步骤

4.6.4.1 标准曲线的绘制

a. 标准比色溶液的制备

按表2所示,在一系列100 mL烧杯中,分别加入给定体积的铁标准溶液(4.6.2.8)。

表2

铁标准溶液(4.6.2.8) mL	相应的铁含量 μg	铁标准溶液(4.6.2.8) mL	相应的铁含量 μg
0	0	6.0	60
1.0	10	8.0	80
2.0	20	10.0	100
4.0	40		

每个烧杯都按下述规定同时同样处理:

加水至30 mL,用盐酸溶液(4.6.2.1)或氨水溶液(4.6.2.3)调节溶液的pH值接近2,定量地将溶液转移到100 mL量瓶中,加1 mL抗坏血酸溶液,20 mL缓冲溶液和10.0 mL邻菲啰啉溶液,用水稀释至刻度,混匀,放置15~30 min。

b. 光度测定

用3 cm吸收池,以铁含量为零的溶液作为参比溶液,在波长510 nm处,用分光光度计测定标准比色溶液(4.6.4.1 a.)的吸光度。

c. 绘制标准曲线

以100 mL标准比色溶液中所含铁的微克数为横坐标,相应的吸光度为纵坐标,作图。

4.6.4.2 测定

a. 试样溶液的制备

称取10 g试样,精确至0.01 g,置于100 mL烧杯中,加少量水溶解后,加入10 mL盐酸溶液(4.6.2.1),加热煮沸2 min,冷却后定量转移到100 mL量瓶中,稀释至刻度,混匀。

b. 显色

吸取 10.0 mL 试液(4.6.4.2a.)于 100 mL 烧杯中,按 4.6.4.1a. 规定的,从"加水至 30 mL……"开始,至"……放置 15～30 min"止,进行显色。

c. 光度测定

与 4.6.4.1b. 规定的步骤相同,测定试液的吸光度。

从标准曲线(4.6.4.1c.)查出试液吸光度对应的铁质量(μg)。

4.6.5 铁(Fe)含量(x_5),以质量百分数(%)表示,按式(5)计算:

$$x_5 = \frac{m_0}{m \times \frac{10}{100} \times 10^6} \times 100 = \frac{m_0}{m \times 10^3} \qquad \cdots\cdots(5)$$

式中:m_0——所取试液中测得的铁(Fe)质量,μg;

m——试样的质量,g。

4.6.6 允许差

取平行测定结果的算术平均值为测定结果,平行测定结果的绝对差值不大于 0.000 5%;

不同实验室测定结果的绝对差值不大于 0.001 0%。

4.7 砷含量的测定 二乙基二硫代氨基甲酸银分光光度法(仲裁法)

本方法等效采用 ISO 5786—78《工业用硫酸铵—砷含量的测定—二乙基二硫代氨基甲酸银分光光度法》。

4.7.1 方法提要

在酸性介质中,碘化钾、氯化亚锡和金属锌将砷还原为砷化氢,与二乙基二硫代氨基甲酸银的吡啶溶液生成紫红色胶态银,在最大吸收波长 540 nm 处,测定其吸光度。本方法适用于测定砷含量在 1～20 μg 范围内的试液。

4.7.2 试剂和材料

4.7.2.1 盐酸(GB/T 622);

4.7.2.2 无砷金属锌粒(GB/T 2304);

4.7.2.3 碘化钾(GB/T 1272)溶液,150 g/L;

4.7.2.4 氯化亚锡(GB/T 638),400 g/L 盐酸溶液;

溶解 40 g 氯化亚锡在 25 mL 水和 75 mL 盐酸(4.7.2.1)的混合液中。

4.7.2.5 二乙基二硫代氨基甲酸银〔简称 Ag(DDTC)〕-吡啶(GB/T 689)溶液,5 g/L;

溶解 1 g Ag(DDTC)于吡啶中,并用同样吡啶稀释至 200 mL。贮于棕色瓶内,该溶液在两周内稳定。

4.7.2.6 砷标准溶液,0.100 g/L;

此溶液 1 mL 含砷 100 μg。

4.7.2.7 砷标准溶液,0.002 5 g/L;

吸取 25.0 mL 砷标准溶液(4.7.2.6)于 1 000 mL 量瓶中,用水稀释至刻度,混匀。此溶液 1 mL 含砷 2.5 μg,使用时制备。

4.7.2.8 乙酸铅(HG/T 3—974)棉花;

4.7.3 仪器、设备

测定砷所用玻璃容器,必须用浓硫酸-重铬酸钾洗液洗涤,再以水清洗干净,干燥备用。

一般实验室仪器和:

4.7.3.1 定砷仪

如图 2 所示,或其他经实验证明,在规定的检验条件下,能给出相同结果的定砷仪。

a. 锥形瓶(A):容积 100 mL,用于砷的释放;

b. 连接管(B):使用前装入乙酸铅棉花;

c. 15 球管吸收器(C):总高度约 250 mm,总体积 14 mL。

4.7.3.2 分光光度计,带有 1 cm 光路长度的吸收池。

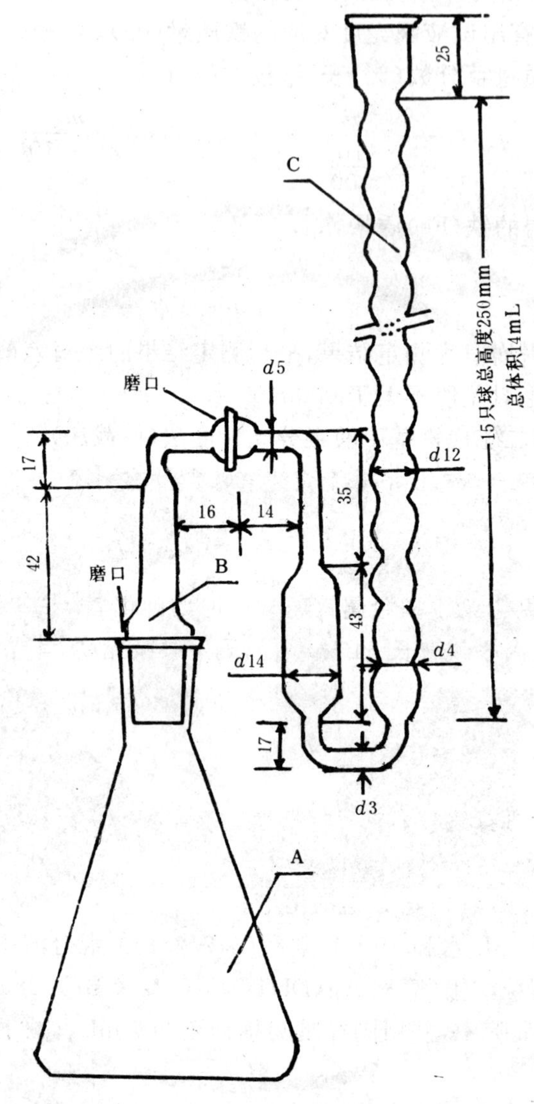

图 2 定砷仪

4.7.4 分析步骤

由于吡啶具有恶臭,操作应在通风橱中进行。

4.7.4.1 标准曲线的绘制

a. 标准比色溶液的制备

按表 3 所示,吸取砷标准溶液(4.7.2.7)分别置于 6 个锥形瓶(A)(4.7.3.1a.)中。

表 3

砷标准溶液(4.7.2.7) mL	相应砷含量 μg	砷标准溶液(4.7.2.7) mL	相应砷含量 μg
0	0	4.0	10.0
1.0	2.5	6.0	15.0
2.0	5.0	8.0	20.0

各锥形瓶(A)用水稀释至 50 mL,加入 15 mL 盐酸(4.7.2.1),然后依次加入2 mL碘化钾溶液和 2 mL氯化亚锡溶液,混匀,放置 15 min。

置少量乙酸铅棉花于连接管(B)(4.7.3.1b.)中,以吸收硫化氢。

吸取 5.0 mL Ag(DDTC)-吡啶溶液到 15 球管吸收器(C)(4.7.3.1c.)中,按图 2 连接仪器,磨口玻璃吻合处在反应过程中应保持密封。

称量 5 g 锌粒加入锥形瓶中,迅速连接好仪器,使反应进行约 45 min,移去吸收器,充分混匀溶液所生成的紫红色胶态银。

b. 光度测定

以砷含量为零的溶液为参比溶液,用 1 cm 吸收池,在波长 540 nm 处,用分光光度计测定标准比色溶液(4.7.4.1a.)的吸光度。

c. 绘制标准曲线

以 5.0 mL Ag(DDTC)-吡啶溶液吸收液(4.7.2.5)中所含砷的微克数为横坐标,相应的吸光度为纵坐标,绘制标准曲线。

4.7.4.2 测定

a. 试样溶液的制备

称取 20 g 试样,精确至 0.001 g,置于锥形瓶(A)中,加水 50 mL,混匀使其完全溶解,加 15 mL 盐酸(4.7.2.1),使所得溶液盐酸的浓度约为 $c(HCl)=3$ mol/L,混匀。

b. 显色与光度测定

在试液(4.7.4.2a.)中,加入 2 mL 碘化钾溶液和 2 mL 氯化亚锡溶液,混匀后放置 15 min。

以下按 4.7.4.1a. 和 4.7.4.1b. 规定的操作步骤,从"置少量乙酸铅棉花于连接管(B)……"开始,直至"……用分光光度计测定溶液的吸光度"为止,完成测定。

从标准曲线(4.7.4.1c.)查出试液吸光度对应的砷质量(μg)。

4.7.5 砷(As)含量(x_6),以质量百分数(%)表示,按式(6)计算:

$$x_6 = \frac{m_0}{m \times 10^6} \times 100 = \frac{m_0}{m \times 10^4} \qquad \cdots\cdots (6)$$

式中:m_0——试液中测得的砷(As)质量,μg;

m——试样的质量,g。

取平行测定结果的算术平均值为测定结果。

4.8 砷含量的测定 砷斑法

4.8.1 方法提要

在酸性介质中,碘化钾、氯化亚锡和金属锌将试液中的砷还原为砷化氢,再与溴化汞试纸接触反应,生成黄色色斑深浅与砷的一系列标准色斑比较,求出试样中砷含量。本方法适用于测定砷含量在 0.5~5 μg 范围内的试液。

4.8.2 试剂和材料

4.8.2.1 盐酸(GB/T 622);

4.8.2.2 无砷金属锌粒(GB/T 2304);

4.8.2.3 碘化钾(GB/T 1272)溶液,150 g/L;

4.8.2.4 氯化亚锡(GB/T 638),400 g/L 盐酸溶液;

配制方法同 4.7.2.4。

4.8.2.5 砷标准溶液,0.100 g/L;

此溶液 1 mL 含砷 100 μg。

4.8.2.6 砷标准溶液,0.002 5 g/L;

吸取 25.0 mL 砷标准溶液(4.8.2.5)于 1 000 mL 量瓶中,用水稀释至刻度,混匀。此溶液 1 mL 含砷 2.5 μg,使用时制备。

4.8.2.7 乙酸铅(HG/T 3—974)棉花;

4.8.2.8 溴化汞(GB/T 1398)试纸;

4.8.3 仪器、设备

测定砷所用玻璃容器,必须用浓硫酸-重铬酸钾洗液洗涤,再以水清洗干净,干燥备用。

一般实验室仪器和:

4.8.3.1 定砷器

如图 3 所示,或其他经实验证明,在规定的检验条件下,能给出相同结果的定砷器。

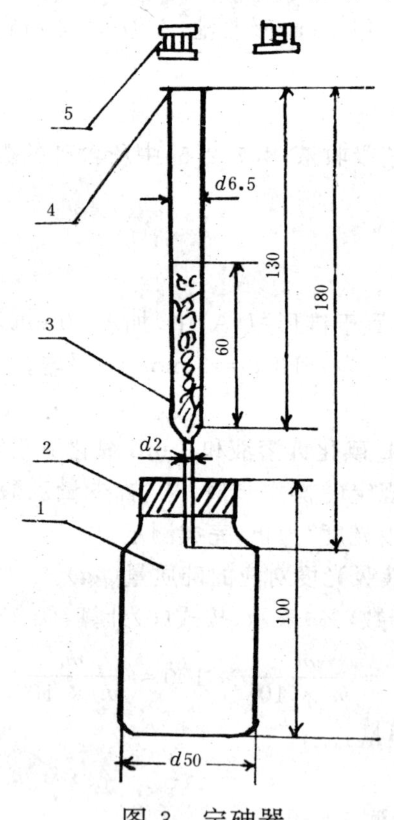

图 3 定砷器

a. 广口瓶或磨口锥形瓶(1):容积 200 mL;

b. 胶塞或磨口塞(2);

c. 玻璃管(3):长 180 mm,上部直径为 6.5 mm,管的末端有一直径约为 2 mm 的孔,使用前玻璃管内装入乙酸铅棉花,高约 60 mm;

d. 玻璃管上端管口(4):上端管口表面磨平,下面有 4 个耳钩,供固定玻璃帽用;

e. 玻璃帽(5):下面磨平,中央有孔与玻璃管相通,孔直径 6.5 mm,上面有弯月形凹槽。

使用时,将溴化汞试纸夹在玻璃管上端管口(4)与玻璃帽(5)中间,用橡皮圈将其固定。

4.8.4 分析步骤

4.8.4.1 试样溶液的制备

称取 10 g 试样，精确至 0.01 g，置于锥形瓶(1)(4.8.3.1a.)中，加水 50 mL，混匀使其完全溶解，加 15 mL 盐酸(4.8.2.1)，混匀。

4.8.4.2 标准色阶的制备

制备试液的同时，按表 4 所示，吸取砷标准溶液(4.8.2.6)分别置于 5 个锥形瓶(1)中，加水至 50 mL，加 15 mL 盐酸(4.8.2.1)，混匀。

4.8.4.3 测定

对各锥形瓶(1)依次加入 2 mL 碘化钾溶液，2 mL 氯化亚锡溶液，混匀后放置 15 min。

表 4

砷标准溶液(4.8.2.6) mL	相应砷含量 μg	砷标准溶液(4.8.2.6) mL	相应砷含量 μg
0	0	1.5	3.75
0.5	1.25	2.0	5.00
1.0	2.50		

置乙酸铅棉花于玻璃管(3)(4.8.3.1c.)内，以吸收硫化氢。

将溴化汞试纸固定，称量 5 g 锌粒置于锥形瓶(1)中，按图 3 装好仪器，使反应在暗处进行 1～1.5 h。取下溴化汞试纸，以试样的溴化汞试纸颜色与砷标准溶液系列色阶比较，求出试样中砷质量。

4.8.5 分析结果的表述

砷(As)含量(x_7)，以质量百分数(%)表示，按式(7)计算：

$$x_7 = \frac{m_0}{m \times 10^6} \times 100 = \frac{m_0}{m \times 10^4} \qquad \cdots\cdots(7)$$

式中：m_0——与标准色阶比较，测得的砷质量，μg；

m——试样的质量，g。

4.9 重金属含量的测定 目视比浊法

4.9.1 方法提要

在弱酸性介质(pH3～4)中，硫化氢水溶液与试液中硫化氢组重金属生成硫化物，再与铅的标准色阶比较，以测定重金属(以 Pb 计)的含量。本方法适用于重金属(以 Pb 计)含量在 15～100 μg 范围内的试液。

4.9.2 试剂和材料

4.9.2.1 乙酸(GB/T 676)溶液，$c(CH_3COOH)=1$ mol/L；

量取 58 mL 乙酸，用水稀释至 1 000 mL。

4.9.2.2 饱和硫化氢水溶液

4.9.2.3 铅标准溶液，0.1 g/L；

此溶液 1 mL 含铅 100 μg。

4.9.2.4 铅标准溶液，0.01 g/L；

吸取 10.0 mL 铅标准溶液(4.9.2.3)于 100 mL 量瓶中，稀释至刻度，混匀。此溶液 1 mL 含铅 10 μg，使用时制备。

4.9.3 仪器、设备

一般实验室仪器和：

4.9.3.1 比色管：50 mL，带有磨口玻璃盖。

4.9.4 分析步骤

4.9.4.1 试样溶液的制备

称取 20 g 试样，精确至 0.1 g，置于 150 mL 烧杯中，加少量水溶解(必要时过滤)，定量转移到 200 mL量瓶中，用水稀释至刻度，混匀。

4.9.4.2 标准色阶的制备

按表 5 所示，吸取铅标准溶液(4.9.2.4)分别置于 6 支比色管(4.9.3.1)中，并于比色管中分别加入 10.0 mL 试液(4.9.4.1)，用水稀释至 30 mL，加 1 mL 乙酸溶液，10 mL 新制备的饱和硫化氢水溶液，用水稀释至 50 mL，混匀，放置 10 min。

表 5

铅标准溶液(4.9.2.4) mL	相应的铅含量 μg	铅标准溶液(4.9.2.4) mL	相应的铅含量 μg
0	0	3.0	30
1.0	10	4.0	40
2.0	20	5.0	50

4.9.4.3 测定

用单标线吸管移取 20 mL 试液(4.9.4.1)于比色管中，加 1 mL 乙酸溶液，10 mL 新制备的饱和硫化氢水溶液，用水稀释至 50 mL，混匀，放置 10 min，与铅标准色阶(4.9.4.2)比较，求出试样中重金属质量。

4.9.5 分析结果的表述

重金属(以 Pb 计)含量(x_8)，以质量百分数(%)表示，按式(8)计算：

$$x_8 = \frac{m_0}{m \times \frac{20-10}{200} \times 10^6} \times 100 = \frac{2m_0}{m \times 10^3} \quad \cdots\cdots (8)$$

式中：m_0——与标准色阶比较测得的重金属(以 Pb 计)质量，μg；

m——试样的质量，g。

4.10 水不溶物含量的测定 重量法

本方法等效采用 ISO 2994—74《工业用硫酸铵—水不溶物含量的测定—重量法》。

4.10.1 方法提要

用水溶解试样，将不溶物滤出，用水洗涤残渣，使之与样品主体完全分离，干燥后称量水不溶物质量。本方法适用于试样中水不溶物含量不小于 0.001 g。

4.10.2 试剂和材料

氯化钡(GB/T 652)溶液，250 g/L；

4.10.3 仪器、设备

用于测定水不溶物的玻璃坩埚式滤器，用毕后，浸入热的硫酸-重铬酸钾洗液中，待水不溶物残渣溶解后，取出用水洗净，干燥备用。

4.10.3.1 玻璃坩埚式滤器，4 号，孔径 4～16 μm，容积 30 mL；

4.10.3.2 电热恒温干燥箱，能维持温度 110±5℃。

4.10.4 分析步骤

4.10.4.1 试样溶液的制备

称取 100 g 试样，精确至 0.1 g，置于 1 000 mL 烧杯中，加入 500 mL 水溶解，保持温度 20～30℃[2]。

4.10.4.2 测定

采用说明：

2] ISO 2994—74 试样溶解温度保持 20～25℃，本标准试样溶解温度保持 20～30℃。

用预先在110±5℃下干燥至恒重的玻璃坩埚式滤器(4.10.3.1)过滤试液(4.10.4.1),用水充分洗涤坩埚及烧杯,直至用氯化钡溶液检验洗涤水中没有白色沉淀为止。

在110±5℃下干燥坩埚和内容物1 h,在干燥器中冷却至室温、称重。重复操作,直至两次连续称量之差不大于0.001 g为止。取最后一次测量值作为测量结果。

4.10.5 分析结果的表述

水不溶物含量(x_9),以质量百分数(%)表示,按式(9)计算:

$$x_9 = \frac{m_1 - m_2}{m} \times 100 \quad \cdots\cdots(9)$$

式中:m_1——水不溶物和坩埚的质量,g;

m_2——坩埚的质量,g;

m——试样的质量,g。

4.10.6 允许差

取平行测定结果的算术平均值为测定结果,平行测定结果的绝对差值不大于0.003%;

不同实验室测定结果的绝对差值不大于0.006%。

5 检验规则

5.1 硫酸铵应由生产厂的质量监督检验部门按本标准的规定进行检验。生产厂应保证每批出厂的硫酸铵符合本标准的要求,每批出厂的硫酸铵都应附有一定格式的质量证明书,证明书包括下列内容:生产厂名称、产品名称、商标、产品等级、批号或生产日期、产品净重和本标准编号。

5.2 使用单位有权按照本标准规定对所收到的硫酸铵进行质量检验,核验其指标是否符合本标准的要求。

5.3 硫酸铵按批检验,每批重量不超过150 t。

5.4 袋装的硫酸铵按表6规定选取采样袋数:

表6

总的包装袋数	采样袋数	总的包装袋数	采样袋数
1~10	全部袋数	182~216	18
11~49	11	217~254	19
50~64	12	255~296	20
65~81	13	297~343	21
82~101	14	344~394	22
102~125	15	395~450	23
126~151	16	451~512	24
152~181	17		

总的包装袋数大于512袋时,按$3\times\sqrt[3]{n}$(n为每批产品总的包装袋数)计算采样袋数,如遇有小数时,则进为整数。

采样时,用采样器从袋口一边斜插至对边袋深的3/4处采取均匀样品,每袋采取样品不少于0.1 kg,所取样品总量不得少于2 kg。

硫酸铵也可以用自动采样器,勺子或其他合适的工具,从皮带运输机上随机的或按一定的时间间隔采取截面样品,每批所取样品不得少于2 kg。

5.5 将所采取的样品合并一起,混匀,用缩分器或四分法,缩分为1 kg的均匀试样,分装于两个清洁、干燥、带磨口的广口瓶、聚乙烯瓶或其它具密封性能的容器中。容器上粘贴标签,注明:生产厂名称、产品名称、批号、采样日期和采样人姓名，一份供检验用，另一份作为保留样品。保留期两个月，以供查验。

5.6 本标准采用 GB 1250 中规定的“修约值比较法”判断检验结果是否符合标准。

5.7 如果检验结果有一项指标不符合本标准要求时，应重新自两倍数量的包装袋中采样进行复验，复验的结果，即使只有一项指标不符合本标准要求，则整批硫酸铵为不合格品。

5.8 当供需双方对产品质量发生异议需仲裁时，应按《中华人民共和国产品质量法》有关规定仲裁。仲裁时按本标准规定进行。

6 包装、标志、运输和贮存

6.1 硫酸铵应用多层袋（外袋塑料编织袋，内袋聚乙烯薄膜袋）或复合塑料编织袋（塑料编织布/膜）包装。包装的技术要求、包装材料应符合 GB 8569 的有关规定。

6.2 每袋净重 50±0.5 kg 或 20±0.2 kg，每批产品的每袋平均净重不得低于 50.0 kg 或 20.0 kg。

6.3 硫酸铵包装袋上应标明生产厂名称、地址、产品名称、商标、净重和本标准编号。

6.4 硫酸铵可用汽车、火车、轮船等交通工具运输，在运输过程中应防潮和防包装袋破损。

6.5 硫酸铵应贮存于平整、阴凉、通风干燥的仓库内，严禁与石灰、水泥等碱性物质接触或同库存放，包装件堆置高度应小于 7 m。

附 录 A
甲醛溶液的配制及含量的测定
（补充件）

A1 用多聚甲醛解聚后配制

称取 280 g 多聚甲醛，加 800 mL 水及 35 mL 氨水(GB/T 631)，加热溶解后趁热过滤或静置两天后取上层清液，按 A3 规定的试验方法测定其甲醛含量，再配制成 250 g/L 甲醛溶液。

A2 用工业甲醛溶液或试剂甲醛溶液蒸馏后配制

取工业甲醛溶液(GB/T 9009)或试剂甲醛溶液(GB/T 685)于蒸馏瓶中，缓慢加热至 96℃左右，蒸馏至甲醛溶液中甲醇含量约 10 g/L(蒸馏至原体积的二分之一)，停止加热，按 A3 规定的试验方法测定母液中甲醛含量和甲醇含量。然后用水将母液稀释成甲醇小于 10 g/L 的 250 g/L 甲醛溶液。

A3 甲醛含量和甲醇含量的测定

A3.1 甲醛含量的测定

A3.1.1 试剂和溶液

a. 无水亚硫酸钠(HG/T 3—1078)溶液，126 g/L；

b. 硫酸(GB/T 625)标准滴定溶液，$c(\frac{1}{2}H_2SO_4)=1$ mol/L；

c. 酚酞(GB/T 10729)，10 g/L 乙醇溶液。

A3.1.2 分析步骤

取 50.0 mL 亚硫酸钠溶液于 250 mL 锥形瓶中，加 3 滴酚酞指示剂，用硫酸标准滴定溶液中和至浅红色，用分度吸管加入 3.0 mL 甲醛溶液(A1)或(A2)，再用硫酸标准滴定溶液滴定至浅红色，经 2 min 不消失为终点。

A3.1.3 分析结果的表述

甲醛(HCHO)含量，以(g/L)表示，按式(A1)计算：

$$\frac{cV\times 0.030\ 03}{3.0}\times 1\ 000 = 10.01\times cV \quad\cdots\cdots(A1)$$

式中：c——硫酸标准滴定溶液实际浓度，mol/L；

V——滴定用去硫酸标准滴定溶液的体积，mL；

0.030 03——与 1.00 mL 硫酸标准滴定溶液〔$c(\frac{1}{2}H_2SO_4)=1.000$ mol/L〕相当的以克表示的甲醛的质量。

A3.2 甲醇含量的测定

按 GB/T 611 的规定，测定 20℃时甲醛溶液的密度 $\rho_{20℃}$

由测得的甲醛溶液在 20℃时的密度及按 A3.1 测得的甲醛溶液中甲醛的含量，查表 A1，即得甲醇含量 g/L。

A4 配制的 250 g/L 甲醛溶液，使用时应以酚酞为指示剂，用 0.5 mol/L 氢氧化钠溶液中和至浅红色。

表 A1　密度-甲醛含量-甲醇含量关系表

F \ M \ ρ_{20}	1.075	1.076	1.077	1.078
246	2			
248	4			
250	7	3		
252	9	5	1	
254	12	8	3	
256	14	10	6	2
258			8	4
260			10	6
262				9
264				12

注：ρ_{20}——20℃时甲醛溶液的密度，g/mL；

M——甲醛溶液中甲醇含量，g/L；

F——甲醛溶液中甲醛含量，g/L。

附加说明：

本标准由中华人民共和国化学工业部提出。

本标准由化学工业部上海化工研究院归口。

本标准由化学工业部上海化工研究院负责起草。

本标准主要起草人钟凤园。

本标准优等品、一等品质量指标等效采用 ГОСТ 9097—82《硫酸铵》和 ГОСТ 10873—73《硫酸铵》。

GB 535—1995《硫酸铵》
第 1 号修改单

本修改单业经国家标准化管理委员会于 2003 年 3 月 5 日以国标委农轻函〔2003〕20 号文批准，自 2003 年 7 月 1 日起实施。

将 1 主题内容适用范围中的“本标准适用于由合成氨与硫酸中和所制得的硫酸铵、炼焦所制得的副产硫酸铵和其他副产硫酸铵。”更改为“本标准适用于由合成氨与硫酸中和所制得的硫酸铵、炼焦所制得的副产硫酸铵，本标准不适用于火电厂脱硫法或其他烟气脱硫法生产的副产硫酸铵产品。”

ICS 71.060.50
G 12

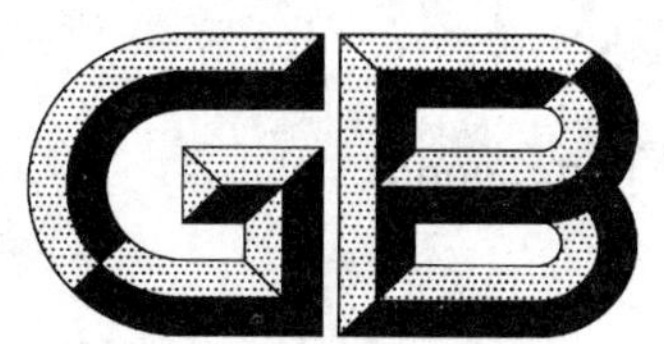

中华人民共和国国家标准

GB/T 537—2009
代替 GB/T 537—1997

工业十水合四硼酸二钠

Disodium tetraborate decahydrate for industrial use

2009-05-18 发布　　2010-02-01 实施

中华人民共和国国家质量监督检验检疫总局
中国国家标准化管理委员会　发布

前　言

本标准修改采用俄罗斯标准 ГОСТ 8429—1977《硼砂技术条件》(俄文版)。

本标准根据俄罗斯标准 ГОСТ 8429—1977《硼砂技术条件》重新起草。

考虑到我国国情,在采用俄罗斯标准 ГОСТ 8429—1977《硼砂技术条件》时,本标准做了一些修改。有关技术性差异已编入正文中并在它们所涉及的条款的页边空白处用垂直单线标识。在附录 A 及附录 B 中给出了这些技术性差异、结构性差异及其原因的一览表以供参考。

本标准代替 GB/T 537—1997《工业十水合四硼酸二钠》。

本标准与 GB/T 537—1997 的主要技术差异如下:

——氯化物的测定和铁含量的测定引用最新版本(1997 年版 5.6 和 5.7,本版 5.7 和 5.8)。

本标准的附录 A 和附录 B 为资料性附录。

本标准由中国石油和化学工业协会提出。

本标准由全国化学标准化技术委员会无机化工分会(SAC/TC 63/SC 1)归口。

本标准起草单位:中海油天津化工研究设计院、辽宁省硼工业协会、凤城化工集团有限公司、辽宁宽甸东方化工公司、大石桥兴鹏复合肥有限公司。

本标准主要起草人:郭凤鑫、曲勃、程恩庆、杜强善、张万庆、张洪辉。

本标准所代替标准的历次版本发布情况:

——GB 537—1979,GB 537—1984,GB/T 537—1997。

工业十水合四硼酸二钠

1 范围

本标准规定了工业十水合四硼酸二钠(硼砂)的要求、试验方法、标志、标签、包装、运输和贮存。

本标准适用于工业十水合四硼酸二钠。该产品主要用于玻璃、陶瓷和搪瓷工业,制取含硼化合物及含硼复混肥的原料等。

2 规范性引用文件

下列文件中的条款通过本标准的引用而成为本标准的条款。凡是注日期的引用文件,其随后所有的修改单(不包括勘误的内容)或修订版本均不适用于本标准,然而,鼓励根据本标准达成协议的各方研究是否可使用这些文件的最新版本。凡是不注日期的引用文件,其最新版本适用于本标准。

GB/T 191—2008 包装储运图示标志(ISO 780:1997,MOD)

GB/T 1250 极限数值的表示方法和判定方法

GB/T 3049—2006 工业用化工产品 铁含量测定的通用方法 1,10-菲啰啉分光光度法(ISO 6685:1982,IDT)

GB/T 3051—2000 无机化工产品中氯化物含量测定的通用方法 汞量法(neq ISO 5790:1979)

GB/T 6678 化工产品采样总则

GB/T 6682—2008 分析实验室用水规格和试验方法(ISO 3696:1987,MOD)

HG/T 3696.1 无机化工产品化学分析用标准滴定溶液的制备

HG/T 3696.2 无机化工产品化学分析用杂质标准溶液的制备

HG/T 3696.3 无机化工产品化学分析用制剂及制品的制备

3 分子式和相对分子质量

分子式:$Na_2B_4O_7 \cdot 10H_2O$

相对分子质量:381.37(按2007年国际相对原子质量)

4 要求

4.1 外观:白色细小结晶体。

4.2 工业十水合四硼酸二钠应符合表1要求。

表1 要求

项目		指标	
		优等品	一等品
主含量($Na_2B_4O_7 \cdot 10H_2O$)w/%	≥	99.5	95.0
碳酸盐(以 CO_2 计)w/%	≤	0.1	0.2
水不溶物 w/%	≤	0.04	0.04
硫酸盐(以 SO_4 计)w/%	≤	0.1	0.2
氯化物(以 Cl 计)w/%	≤	0.03	0.05
铁(Fe)w/%	≤	0.002	0.005

5 试验方法

5.1 安全提示

本试验方法中使用的部分试剂具有腐蚀性，操作者须小心谨慎！如溅到皮肤或眼睛应立即用水冲洗，严重者应立即治疗。

5.2 一般规定

本标准所用试剂和水，在没有注明其他要求时，均指分析纯试剂和 GB/T 6682—2008 中规定的三级水。试验中所需标准滴定溶液、杂质标准溶液、制剂及制品，在没有注明其他要求时，均按 HG/T 3696.1、HG/T 3696.2、HG/T 3696.3 之规定制备。

5.3 外观检验

在自然光下用目视法判定外观。

5.4 主含量和碳酸盐含量的测定

5.4.1 方法提要

用盐酸标准滴定溶液滴定十水合四硼酸二钠试样中的四硼酸二钠和碳酸钠，将四硼酸二钠转化为硼酸，将碳酸钠转化为碳酸。在酸性条件下煮沸以赶掉二氧化碳。然后用甘露醇强化硼酸，再用氢氧化钠标准滴定溶液滴定。

5.4.2 试剂和材料

5.4.2.1 甘露醇：中性；

检验方法：称取 5.0 g 甘露醇，溶解于 50 mL 不含二氧化碳的水中，以酚酞做指示剂，用 c(NaOH) 约为 0.02mol/L 氢氧化钠标准滴定溶液中和时，其用量应不大于 0.3 mL。

5.4.2.2 盐酸标准滴定溶液：c(HCl)≈0.1 mol/L。

5.4.2.3 氢氧化钠标准滴定溶液：c(NaOH)≈0.1 mol/L 和 c(NaOH)≈0.25 mol/L。

5.4.2.4 溴甲酚绿-甲基红-酚酞混合指示液；

溴甲酚绿-甲基红指示液和酚酞指示液(10 g/L)按 1∶1 混合。

5.4.2.5 不含二氧化碳的水。

5.4.3 分析步骤

5.4.3.1 试验溶液的制备

称取约 10 g 试样，精确至 0.000 2 g，置于 500 mL 烧杯中，加入 300 mL 不含二氧化碳的水，加热使之溶解，但应避免沸腾。将溶液冷却至室温，移入 500 mL 容量瓶中，用不含二氧化碳的水稀释至刻度，摇匀。

5.4.3.2 测定

准确移取 25 mL 试验溶液，置于 250 mL 锥形瓶中。加入 0.4 mL 溴甲酚绿-甲基红-酚酞混合指示液，用盐酸标准滴定溶液滴定至暗红色(其变色顺序是：紫→灰→绿→灰→暗红)，记下盐酸标准滴定溶液的用量(V_1)，再过量约 0.1 mL 盐酸标准滴定溶液。加热微沸 2 min～3 min，使二氧化碳逸尽。加盖冷却至室温，用 0.1 mol/L 氢氧化钠标准滴定溶液中和至溶液呈暗红色，然后加入 7 g 甘露醇，用 0.25 mol/L 氢氧化钠标准滴定溶液滴定至灰色(其变色顺序是：暗红→灰→绿→灰)，记下氢氧化钠标准滴定溶液的用量(V_2)。

同时作空白试验。空白试验除不加试样外，其他操作及加入试剂的种类和量(标准滴定溶液除外)与测定试验相同。

5.4.4 结果计算

5.4.4.1 主含量

主含量以十水合四硼酸二钠($Na_2B_4O_7 \cdot 10H_2O$)的质量分数 w_1 计，数值以%表示，按式(1)计算：

$$w_1 = \frac{[(V_2 - V_0)/1\,000]cM}{m(25/500)} \times 100 \quad \cdots\cdots\cdots\cdots(1)$$

式中：

V_2——滴定试验溶液所消耗的氢氧化钠标准滴定溶液体积的数值，单位为毫升(mL)；

V_0——空白试验所消耗的氢氧化钠标准滴定溶液体积的数值，单位为毫升(mL)；

c——氢氧化钠标准滴定溶液浓度的准确数值，单位为摩尔每升(mol/L)；

m——试料质量的数值，单位为克(g)；

M——十水合四硼酸二钠($1/4Na_2B_4O_7 \cdot 10H_2O$)摩尔质量的数值，单位为克每摩尔(g/mol)($M$=95.34)。

取平行测定结果的算术平均值为测定结果，两次平行测定结果的绝对差值不大于0.2%。

5.4.4.2 碳酸盐含量

碳酸盐含量以二氧化碳(CO_2)的质量分数 w_2 计，数值以%表示，按式(2)计算：

$$w_2 = \frac{\left[\left(V_1 c_1 - \frac{1}{2} V_2 c_2\right)/1\,000\right]M}{m(25/500)} \times 100 \quad \cdots\cdots\cdots\cdots(2)$$

式中：

V_1——滴定中所消耗的盐酸标准滴定溶液体积的数值，单位为毫升(mL)；

c_1——盐酸标准滴定溶液浓度的准确数值，单位为摩尔每升(mol/L)；

V_2——滴定中所消耗的氢氧化钠标准滴定溶液体积的数值，单位为毫升(mL)；

c_2——氢氧化钠标准滴定溶液浓度的准确数值，单位为摩尔每升(mol/L)；

m——试料质量的数值，单位为克(g)；

M——二氧化碳($1/2CO_2$)摩尔质量的数值，单位为克每摩尔(g/mol)(M=22.00)。

取平行测定结果的算术平均值为测定结果，两次平行测定结果的绝对差值不大于0.04%。

5.5 水不溶物含量的测定

5.5.1 方法提要

试样溶于热水中，将不溶物过滤、洗涤、干燥并称量。

5.5.2 试剂和材料

5.5.2.1 姜黄试纸；

5.5.2.2 盐酸溶液：2+98；

5.5.2.3 氢氧化钠溶液：10 g /L；

5.5.2.4 酸洗石棉；

取适量酸洗石棉，用5%盐酸溶液浸泡24 h。煮沸20 min，用古氏坩埚过滤并洗涤至中性，再用5%氢氧化钠溶液同样处理后，用水调成稀糊状，备用。

5.5.3 仪器、设备

5.5.3.1 古氏坩埚：25 mL或30 mL；

5.5.3.2 电热恒温干燥箱：能控制温度为105 ℃±2 ℃。

5.5.4 分析步骤

5.5.4.1 准备坩埚

将古氏坩埚置于抽滤瓶上，在筛压板上下各均匀地铺一层石棉(每层约0.2 g干石棉)，加热水洗至滤液不含石棉毛为止。取下坩埚，置于电热恒温干燥箱内，于105 ℃±2 ℃干燥至质量恒定，待用。

5.5.4.2 测定

称取约30 g试样，精确至0.01 g。置于1 000 mL烧杯中，用600 mL热水溶解，并在沸腾的水浴上保持30 min。

用准备好的古氏坩埚进行过滤，用热水洗涤不溶物，直至滤出液无硼离子反应(用姜黄试纸检查)

为止。

注：姜黄试纸检查硼离子，取一滴用盐酸溶液酸化过的滤出液放在一小条(3 mm×7 mm)姜黄试纸上，烘干。此时出现红棕色斑点，当以氢氧化钠溶液处理时，若变为蓝色至绿色，证明有硼离子存在。

将带有不溶物的古氏坩埚置于电热恒温干燥箱内，于 105 ℃±2 ℃干燥至质量恒定。

5.5.4.3 结果计算

水不溶物含量以质量分数 w_3 计，数值以%表示，按式(3)计算：

$$w_3 = \frac{m_2 - m_1}{m} \times 100 \qquad (3)$$

式中：

m_1——古氏坩埚质量的数值，单位为克(g)；

m_2——古氏坩埚和水不溶物质量的数值，单位为克(g)；

m——试料质量的数值，单位为克(g)。

取两次平行测定结果的算术平均值为测定结果，两次平行测定结果的绝对差值不大于 0.005%。

5.6 硫酸盐含量的测定

5.6.1 方法提要

在酸性介质中，氯化钡与溶液中的硫酸根生成硫酸钡沉淀，与硫酸钡标准比浊溶液进行限量比浊。

5.6.2 试剂和材料

5.6.2.1 95%乙醇；

5.6.2.2 盐酸溶液：1+5；

5.6.2.3 氯化钡溶液：200 g/L；

5.6.2.4 硫酸盐标准溶液：1 mL 溶液含有硫酸盐(SO_4^{2-})0.1 mg；

用移液管移取 10 mL 按 HG/T 3696.2 配制的硫酸盐标准溶液，置于 100 mL 容量瓶中，用水稀释至刻度，摇匀。

5.6.2.5 不含二氧化碳的水。

5.6.3 分析步骤

称取 2.00 g±0.01 g 试样，置于 100 mL 烧杯中，加 50 mL 不含二氧化碳的水，小火加热至试样溶解，冷却后转移至 100 mL 容量瓶，用水稀释至刻度，摇匀(如果溶液浑浊，先干过滤)。用移液管移取 10 mL 上述溶液，置于 50 mL 比色管中，加 2 滴酚酞指示液，用盐酸溶液调至红色褪去，加水至约 25 mL，加 5 mL 乙醇，1 mL 盐酸溶液，在不断振摇下滴加 3 mL 氯化钡溶液，稀释至刻度，摇匀，放置 20 min。所呈浊度不得深于标准比浊溶液。

标准比浊溶液是优等品取 2.00 mL，一等品取 4.00 mL 硫酸盐标准溶液，与试验溶液同时同样处理。

5.7 氯化物含量的测定

5.7.1 方法提要

同 GB/T 3051—2000 第 3 章。

5.7.2 试剂

同 GB/T 3051—2000 第 4 章。

5.7.3 仪器、设备

微量滴定管：分度值为 0.01 mL 或 0.02 mL。

5.7.4 分析步骤

称取约 5 g 试样，精确至 0.000 2 g，置于 250 mL 锥形瓶中，加入 100 mL 水使其溶解，加 3 滴溴酚蓝指示液，滴加 1 mol/L 的硝酸溶液至溶液呈黄色，再过量 5 滴。加入 1 mL 二苯偶氮碳酰肼指示液，用硝酸汞标准滴定溶液{$c[1/2Hg(NO_3)_2] \approx 0.05$ mol/L}滴定，溶液由黄色变为紫红色即为终点。

同时作空白试验。空白试验除不加试样外，其他操作及加入试剂的种类和量(标准滴定溶液除外)与测定试验相同。

滴定后的含汞废液参见 GB/T 3051—2000 附录 D 规定的方法进行处理。

5.7.5　结果计算

氯化物含量以氯(Cl)的质量分数 w_4 计，数值以%表示，按式(4)计算：

$$w_4=\frac{[(V-V_0)/1\,000]cM}{m}\times 100 \qquad (4)$$

式中：

V——滴定中所消耗的硝酸汞标准滴定溶液体积的数值，单位为毫升(mL)；

V_0——空白试验所消耗的硝酸汞标准滴定溶液体积的数值，单位为毫升(mL)；

c——硝酸汞标准滴定溶液浓度的准确数值，单位为摩尔每升(mol/L)；

m——试料质量的数值，单位为克(g)；

M——氯(Cl)摩尔质量的数值，单位为克每摩尔(g/mol)(M=35.45)。

取平行测定结果的算术平均值为测定结果，两次平行测定结果的绝对差值不大于 0.005%。

5.8　铁含量的测定

5.8.1　方法提要

同 GB /T 3049—2006 第 3 章。

5.8.2　试剂

同 GB /T 3049—2006 第 4 章。

5.8.3　仪器、设备

分光光度计：配有厚度为 4 cm 吸收池。

5.8.4　分析步骤

5.8.4.1　工作曲线的绘制

按 GB/T 3049—2006 的 6.3 进行，选用 4 cm 吸收池及对应的铁标准溶液用量，绘制工作曲线。

5.8.4.2　试验溶液的制备

称取适量试样(优等品称取约 4 g，一等品称取约 1.5 g)，精确至 0.01 g，置于 400 mL 高型烧杯中，加 40 mL 1+1 盐酸溶液，于电热板上小心地蒸发至恰好干涸(接近干涸时应加盖表面皿)，加 8 mL 3 mol/L 盐酸溶液及 20 mL 水，温热使之溶解，冷却至室温。

5.8.4.3　空白试验溶液的制备

在 400 mL 高型烧杯中，用制备试验溶液的全部试剂和同样用量及相同的操作制备空白试验溶液。

5.8.4.4　测定

将试验溶液和空白试验溶液分别移入 100 mL 容量瓶中，以下按 GB/T 3049—2006 的 6.4，从“加水至 60 mL ……”开始进行操作。

从工作曲线中查出试验溶液和空白试验溶液中铁的质量。

5.8.5　结果计算

铁含量以铁(Fe)的质量分数 w_5 计，数值以%表示，按式(5)计算：

$$w_5=\frac{(m_1-m_0)\times 10^{-3}}{m}\times 100 \qquad (5)$$

式中：

m_1——从工作曲线上查得的试验溶液中铁的质量的数值，单位为毫克(mg)；

m_0——从工作曲线上查得的空白试验溶液中铁的质量的数值，单位为毫克(mg)；

m——试料质量的数值，单位为克(g)。

取平行测定结果的算术平均值为测定结果，两次平行测定结果的绝对差值不大于 0.000 5%。

6 检验规则

6.1 本标准规定的所有指标为出厂检验项目,应逐批检验。

6.2 生产企业用相同材料,基本相同的生产条件,每天连续生产的同一级别的工业十水合四硼酸二钠为一批。

6.3 按 GB/T 6678 的规定确定采样单元数。采样时,将采样器自包装袋的上方斜插入至料层深度的3/4处采样。将采得的样品混匀后,按四分法缩分至不少于 500 g,分装于两个清洁干燥的瓶(袋)中,密封。瓶(袋)上粘贴标签,注明:生产厂名、产品名称、批号、采样日期和采样者姓名。一瓶(袋)作为实验室样品,另一瓶(袋)保存备查,保存时间由生产厂根据实际情况确定。

6.4 工业十水合四硼酸二钠应由生产厂的质量监督检验部门按照本标准的规定进行检验。生产厂应保证每批出厂的工业十水合四硼酸二钠都符合本标准的要求。

6.5 检验结果如有一项指标不符合本标准要求时,应重新自两倍量的包装中采样进行复验,复验结果即使只有一项指标不符合本标准的要求时,则整批产品为不合格。

6.6 采用 GB/T 1250 规定的修约值比较法判定检验结果是否符合标准。

7 标志、标签

7.1 工业十水合四硼酸二钠包装上应有牢固清晰的标志,内容包括:生产厂名、厂址、产品名称、等级、净含量、批号(或生产日期)、本标准编号及 GB/T 191—2008 中规定的“怕雨”标志。

7.2 每批出厂的产品都应附有质量证明书,内容包括:生产厂名、厂址、产品名称、等级、净含量、批号(或生产日期)、产品质量符合本标准的证明和本标准编号。

8 包装、运输、贮存

8.1 工业十水合四硼酸二钠内包装采用聚乙烯塑料薄膜袋,外包装采用塑料编织袋。每袋净含量 50 kg,也可根据用户要求的规格进行包装。

8.2 工业十水合四硼酸二钠的包装内袋采用尼龙绳扎口,或用与其相当的其他方式封口;外包装牢固封口。

8.3 工业十水合四硼酸二钠在运输过程中应有遮盖物,防止雨淋、受潮。不得与酸混运。

8.4 工业十水合四硼酸二钠应贮存在阴凉干燥处,防止雨淋、受潮。不得与酸混贮。

附 录 A
（资料性附录）
本标准与俄罗斯标准技术性差异及其原因一览表

表 A.1 给出了本标准与俄罗斯标准 ГОСТ 8429—1977《硼砂技术条件》（俄文版）技术性差异及其原因。

表 A.1 本标准与俄罗斯标准 ГОСТ 8429—1977 技术性差异及原因

本标准的章条编号	技术性差异	原 因
4.2	本标准未设置重金属和砷含量二项指标	本标准规定的产品为工业品，不用于食品添加剂和医药
	本标准增加了铁和氯化物含量的要求	根据用户的要求进行设置
	俄罗斯国家标准一级品的主含量为不小于 94.0%，本标准一等品主含量为不小于 95.0%	根据用户的要求。
	水不溶物指标优于俄罗斯国家标准的要求	根据用户的要求
5.4	主含量的测定方法作了适当改进	本标准规定的方法与国际标准的方法一致，对俄罗斯标准规定的指示剂作了调整
5.5	水不溶物测定方法采用古氏坩埚重量法	该方法适合国情，测定结果可靠

附 录 B
（资料性附录）
本标准与俄罗斯标准的结构性差异一览表

表B.1给出了本标准与俄罗斯标准ГОСТ 8429—1977《硼砂技术条件》(俄文版)的结构性差异。

表 B.1 本标准与俄罗斯标准 ГОСТ 8429—1977 的结构性差异一览表

本标准		ГОСТ 8429—1977《硼砂技术条件》	
章条号	内 容	章条号	内 容
前言	前言	—	—
1	范围		范围
2	规范性引用文件	—	—
3	分子式和相对分子质量	—	—
4	要求	1	技术要求
4.2	工业十水合四硼酸二钠附合表1和表2要求	1.1	硼砂的物理化学指标应符合表1所列的标准
—	—	2	检收规则
5	试验方法	3	分析方法
6	检验规则	—	—
7	标志、标签	—	—
8	包装、运输、贮存	4	包装、标志、运输和贮存
—	—	5	生产厂的保证

ICS 71.040.30
G 62

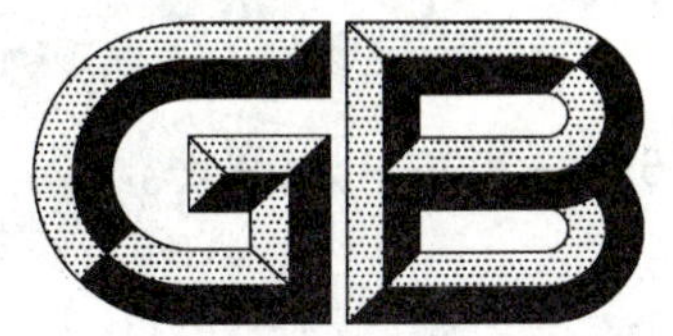

中华人民共和国国家标准

GB/T 658—2006
代替 GB/T 658—1988

化学试剂 氯化铵

Chemical reagent—Ammonium chloride

(ISO 6353-2:1983, Reagents for chemical analysis—Part 2: Specifications—First series, NEQ)

2006-11-03 发布 2007-06-01 实施

中华人民共和国国家质量监督检验检疫总局
中国国家标准化管理委员会 发布

前　言

本标准与 ISO 6353-2:1983《化学分析试剂　第2部分:规格　第1系列》中 R5“氯化铵”的一致性程度为非等效。

本标准代替 GB/T 658—1988《化学试剂　氯化铵》,与 GB/T 658—1988 相比,主要变化如下:

——调整灼烧残渣的取样量(1988 年版的 4.3.3;本版的 5.7);

——铜、铅测定方法由阳极溶出伏安法改为火焰原子吸收光谱法(1988 年版的 4.3.12、4.3.14;本版的 5.16、5.18);

——pH、水不溶物、灼烧残渣、硫酸盐、磷酸盐、铁改用化学试剂通用方法测定(1988 年版的 4.2、4.3.2、4.3.3、4.3.4、4.3.5、4.3.10;本版的 5.4、5.6、5.7、5.8、5.9、5.14)。

本标准由中国石油和化学工业协会提出。

本标准由全国化学标准化技术委员会化学试剂分会(SAC/TC 63/SC 3)归口。

本标准起草单位:广东光华化学厂有限公司。

本标准主要起草人:陈汉昭、张志斌、李道潘。

本标准于 1969 年首次发布,于 1977 年第一次修订、1988 年第二次修订。

化学试剂　氯化铵

分子式：NH_4Cl

相对分子质量：53.49（根据2003年国际相对原子质量）

1　范围

本标准规定了化学试剂氯化铵的性状、规格、试验、检验规则和包装及标志。

本标准适用于化学试剂氯化铵的检验。

2　规范性引用文件

下列文件中的条款通过本标准的引用而成为本标准的条款。凡是注日期的引用文件，其随后所有的修改单（不包括勘误的内容）或修订版均不适用于本标准，然而，鼓励根据本标准达成协议的各方研究是否可使用这些文件的最新版本。凡是不注日期的引用文件，其最新版本适用于本标准。

GB/T 601　化学试剂　标准滴定溶液的制备

GB/T 602　化学试剂　杂质测定用标准溶液的制备（GB/T 602—2002，ISO 6353-1：1982，NEQ）

GB/T 603　化学试剂　试验方法中所用制剂及制品的制备（GB/T 603—2002，ISO 6353-1：1982，NEQ）

GB/T 6682　分析实验室用水规格和试验方法（GB/T 6682—1992，eqv ISO 3696：1987）

GB/T 9723—1988　化学试剂　火焰原子吸收光谱法通则

GB/T 9724　化学试剂　pH值测定通则（GB/T 9724—1988，eqv ISO 6353-1：1982）

GB/T 9727　化学试剂　磷酸盐测定通用方法（GB/T 9727—1988，eqv ISO 6353-1：1982）

GB/T 9728　化学试剂　硫酸盐测定通用方法（GB/T 9728—1988，eqv ISO 6353-1：1982）

GB/T 9738　化学试剂　水不溶物测定通用方法（GB/T 9738—1988，eqv ISO 6353-1：1982）

GB/T 9739　化学试剂　铁测定通用方法（GB/T 9739—2006，ISO 6353-1：1982，NEQ）

GB/T 9741—1988　化学试剂　灼烧残渣测定通用方法（eqv ISO 6353-1：1982）

GB 15346　化学试剂　包装及标志

HG/T 3484　化学试剂　标准玻璃乳浊液和澄清度标准

HG/T 3921　化学试剂　采样及验收规则

3　性状

本试剂为白色结晶粉末，易溶于水及乙醇。

4　规格

氯化铵的规格见表1。

表1

名　　称	优　级　纯	分　析　纯	化　学　纯
NH_4Cl，w/%	≥99.8	≥99.5	≥98.5
pH值（50 g/L，25℃）	4.5～5.5	4.5～5.5	4.5～5.5
澄清度试验/号	≤2	≤3	≤5

表 1（续）

名　称	优级纯	分析纯	化学纯
水不溶物，w/%	≤0.002	≤0.005	≤0.01
灼烧残渣（以硫酸盐计），w/%	≤0.005	≤0.02	≤0.05
硫酸盐（SO_4），w/%	≤0.002	≤0.005	≤0.005
磷酸盐（PO_4），w/%	≤0.000 2	≤0.000 5	≤0.001
钠（Na），w/%	≤0.005	≤0.005	—
镁（Mg），w/%	≤0.000 5	≤0.001	≤0.002
钾（K），w/%	≤0.005	≤0.005	—
钙（Ca），w/%	≤0.000 5	≤0.001	≤0.002
铁（Fe），w/%	≤0.000 2	≤0.000 5	≤0.001
镍（Ni），w/%	≤0.000 1	—	—
铜（Cu），w/%	≤0.000 2	—	—
锌（Zn），w/%	≤0.000 2	—	—
铅（Pb），w/%	≤0.000 1	—	—

5　试验

5.1　警告

本试验方法中使用的部分试剂具有毒性或腐蚀性，一些试验过程可能导致危险情况，操作者应采取适当的安全和健康措施。

5.2　一般规定

本章中除另有规定外，所用标准滴定溶液、标准溶液、制剂及制品，均按 GB/T 601、GB/T 602、GB/T 603 的规定制备，实验用水应符合 GB/T 6682 中三级水规格。样品称量均精确至 0.01 g，所用溶液以"%"表示的均为质量分数。

5.3　含量

称取 0.16 g 样品，精确至 0.000 1 g。溶于 70 mL 水中，加 10 mL 淀粉指示液（10 g/L），用硝酸银标准溶液[$c(AgNO_3)=0.1$ mol/L]避光滴定，近终点时加 3 滴荧光素指示液（5 g/L），继续滴定至乳液呈粉红色。

氯化铵的质量分数 w，数值以"%"表示，按式（1）计算：

$$w=\frac{V\times c\times M}{m\times 1\,000}\times 100 \qquad \cdots\cdots(1)$$

式中：

V——硝酸银标准滴定溶液体积的数值，单位为毫升（mL）；

c——硝酸银标准滴定溶液浓度的准确数值，单位为摩尔每升（mol/L）；

M——氯化铵的摩尔质量的数值，单位为克每摩尔（g/mol）[$M(NH_4Cl)=53.49$]；

m——样品质量的数值，单位为克（g）。

5.4　pH 值

按 GB/T 9724 的规定测定。

5.5　澄清度试验

称取 25 g 样品，溶于 100 mL 水中，其浊度不得大于 HG/T 3484 规定的下列澄清度标准：

优级纯 …………………………………………………… 2号；
分析纯 …………………………………………………… 3号；
化学纯 …………………………………………………… 5号。

5.6 水不溶物

称取50 g样品，溶于200 mL沸水中，按GB/T 9738的规定测定。

5.7 灼烧残渣

称取10 g(优级纯取20 g)样品，按GB/T 9741—1988中4.1的规定测定。结果按GB/T 9741—1988中第5章计算。

5.8 硫酸盐

称取1 g样品，溶于20 mL水中，加0.5 mL盐酸溶液(20%)后，按GB/T 9728的规定测定。溶液所呈浊度不得大于标准比浊溶液。

标准比浊溶液的制备是取含下列数量硫酸盐标准溶液：

优级纯 ………………………………………… 0.02 mg SO_4；
分析纯、化学纯 ………………………………… 0.05 mg SO_4。

与样品同时同样处理。

5.9 磷酸盐

称取2 g样品，溶于10 mL水，按GB/T 9727的规定测定。溶液所呈蓝色不得深于标准比色溶液。

标准比色溶液的制备是取含下列数量的磷酸盐标准溶液：

优级纯 ………………………………………… 0.004 mg PO_4；
分析纯 ………………………………………… 0.010 mg PO_4；
化学纯 ………………………………………… 0.020 mg PO_4。

与样品同时同样处理。

5.10 钠

按GB/T 9723—1988的规定测定，其中：

5.10.1 仪器条件

光源：钠空心阴极灯；

波长：589.0 nm；

火焰：乙炔-空气。

5.10.2 测定方法

称取1 g样品，溶于水，稀释至100 mL。取20 mL，共4份。按GB/T 9723—1988中6.2.2的规定测定。

5.11 镁

按GB/T 9723—1988的规定测定，其中：

5.11.1 仪器条件

光源：镁空心阴极灯；

波长：285.2 nm；

火焰：乙炔-空气。

5.11.2 测定方法

称取5 g样品，溶于水，稀释至100 mL。取20 mL，共4份。按GB/T 9723—1988中6.2.2的规定测定。

5.12 钾

按GB/T 9723—1988的规定测定，其中：

5.12.1 **仪器条件**

光源:钾空心阴极灯;

波长:766.5 nm;

火焰:乙炔-空气。

5.12.2 **测定方法**

同 5.10.2。

5.13 **钙**

称取 0.5 g(优级纯取 1 克)样品,置于坩埚中,于 500℃缓缓加热除去铵盐,溶于水,稀释至 10 mL,加 10 mL“乙醇(95%)”、0.5 mL 混合碱及 1 mL 乙二醛缩双邻氨基酚乙醇溶液(2 g/L),摇匀,放置 5 min。用 5 mL 三氯甲烷萃取(温度不超过 30℃),立即比色。有机层所呈红色不得深于标准比色溶液。

标准比色溶液的制备是取含下列数量钙标准溶液:

优级纯、分析纯 ………………………………… 0.005 mg Ca;

化学纯 ……………………………………………… 0.010 mg Ca。

稀释至 10 mL,与同体积试液同时同样处理。

5.14 **铁**

称取 2 g 样品,溶于 15 mL 水中,用盐酸溶液(15%)调节溶液的 pH 值至 2 后,按 GB/T 9739 的规定测定。溶液所呈红色不得深于标准比色溶液。

标准比色溶液的制备是取含下列数量的铁标准溶液:

优级纯 ……………………………………………… 0.004 mg Fe;

分析纯 ……………………………………………… 0.010 mg Fe;

化学纯 ……………………………………………… 0.020 mg Fe。

与样品同时同样处理。

5.15 **镍**

称取 4 g 样品,溶于水,稀释至 20 mL。取 15 mL,加 3 mL 氨水及 2 mL 过硫酸铵溶液(50 g/L),摇匀,加 1.5 mL 二甲基乙二醛肟乙醇溶液(10 g/L),稀释至 25 mL,摇匀,放置 20 min。溶液所呈红色不得深于标准比色溶液。

标准比色溶液的制备是取剩余的 5 mL 样品溶液,加含 0.002 mg 镍(Ni)标准溶液,稀释至 15 mL,与同体积试液同时同样处理。

5.16 **铜**

按 GB/T 9723—1988 的规定测定,其中:

5.16.1 **仪器条件**

光源:铜空心阴极灯;

波长:324.7 nm;

火焰:乙炔-空气。

5.16.2 **测定方法**

称取 40 g 样品,溶于水,稀释至 200 mL。取 50 mL,共 4 份,置于分液漏斗中,1 份不加标准,另 3 份分别加入成比例的铜标准溶液,加入 1 mL 吡咯烷二硫代氨基甲酸铵溶液(10 g/L),摇匀,放置 5 min,加 10 mL 4-甲基-2-戊酮,振摇 1 min,静置分层,弃去水相,于有机相中加入 10 mL 硝酸溶液(5%),振摇 3 min,静置分层,收集水相于 10 mL 容量瓶中,稀释至刻度,摇匀。按 GB/T 9723—1988 中 6.2.2 的规定测定。

5.17 **锌**

按 GB/T 9723—1988 的规定测定,其中:

5.17.1 **仪器条件**

光源:锌空心阴极灯;

波长:213.9 nm;

火焰:乙炔-空气。

5.17.2 **测定方法**

称取 20 g 样品,溶于水,稀释至 100 mL。取 20 mL,共 4 份。按 GB/T 9723—1988 中 6.2.2 的规定测定。

5.18 **铅**

按 GB/T 9723—1988 的规定测定,其中:

5.18.1 **仪器条件**

光源:铅空心阴极灯;

波长:283.3 nm;

火焰:乙炔-空气。

5.18.2 **测定方法**

称取 40 g 样品,溶于水,稀释至 200 mL。取 50 mL,共 4 份,置于分液漏斗中,1 份不加标准,另 3 份分别加入成比例的铅标准溶液,加入 1 mL 吡咯烷二硫代氨基甲酸铵溶液(10 g/L),摇匀,放置 5 min,加 10 mL 4-甲基-2-戊酮,振摇 1 min,静置分层,弃去水相,于有机相中加入 10 mL 硝酸溶液(5%),振摇 3 min,静置分层,收集水相于 10 mL 容量瓶中,稀释至刻度,摇匀。按 GB/T 9723—1988 中 6.2.2 的规定测定。

6 检验规则

按 HG/T 3921 的规定进行采样及验收。

7 包装及标志

按 GB 15346 的规定进行包装、贮存与运输,并给出标志,其中:

包装单位:第 4 类。

内包装形式:NB-4,NBY-4,NB-5,NBY-5,NB-7,NB-8,NB-10,NB-11,NB-13,NB-15。

隔离材料:GC-2,GC-3,GC-4。

外包装形式:WB-1,WB-2,WB-3。

ICS 71.060.30
G 17

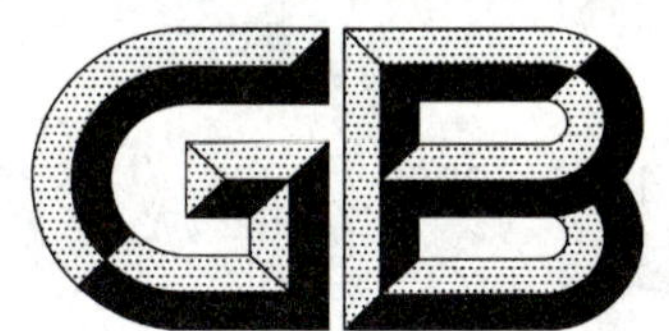

中华人民共和国国家标准

GB/T 1626—2008
代替 GB/T 1626—1988

工业用草酸

Oxalic acid for industrial use

2008-06-04 发布 2008-12-01 实施

中华人民共和国国家质量监督检验检疫总局
中国国家标准化管理委员会 发布

前　言

本标准代替 GB/T 1626—1988《工业草酸》。

本标准与 GB/T 1626—1988 相比主要变化如下：

——增加分类和命名一章，将草酸按工艺分为两型(见第 3 章)；

——增加外观一章(见第 4 章)；

——增加Ⅱ型产品指标，分设优等品、一等品、合格品(见第 5 章)；

——Ⅰ型产品草酸含量一等品指标由≥99.4％修改为≥99.0％，合格品指标由≥99.0％修改为≥96.0％；硫酸根优等品指标由≤0.08％修改为≤0.07％；灼烧残渣优等品指标由≤0.08％修改为≤0.01％，一等品指标由≤0.10％修改为≤0.08％；重金属优等品指标由≤0.001％修改为≤0.000 5％，一等品指标由≤0.002％修改为≤0.001％；铁含量优等品指标由≤0.001 5％修改为≤0.000 5％，一等品指标由≤0.002％修改为≤0.001 5％；氯化物优等品指标由≤0.003％修改为≤0.000 5％，一等品指标由≤0.004％修改为≤0.002％(1988 年版的 3.2，本版的第 5 章)；

——优等品增加钙含量项目及试验方法(见第 5 章和 6.7)；

——取消砷含量项目和试验方法(1988 年版的 3.2 和 4.7)；

——硫酸根含量测定试验方法灼烧温度由 650℃修改为 850℃(1988 年版的 4.2，本版的 6.2)；

——试验方法铁含量测定增加了火焰原子吸收光谱法(1988 年版的 4.5，本版的 6.5)；

——氯化物试验方法由通过比浊计算得到氯化物含量修改为极限试验方法(1988 年版的 4.6，本版的 6.6)；

——增加了草酸包装规格等(1988 年版的第 6 章，本版的第 8 章)。

本标准由中国石油和化学工业协会提出。

本标准由全国化学标准化技术委员会有机分会(SAC/TC 63/SC 2)归口。

本标准起草单位：山西省原平市化工有限责任公司。

本标准参加起草单位：福建龙泉工贸有限公司。

本标准主要起草人：耿书元、李军、陈丽春、郝亚媛。

本标准于 1988 年 4 月首次发布。

工 业 用 草 酸

1 范围

本标准规定了工业用草酸的技术要求、试验方法、检验规则以及标志、包装、运输和贮存等。

本标准适用于以发生炉煤气与氢氧化钠合成(以下简称合成法)或硝酸氧化葡萄糖(以下简称氧化法)制得的工业用草酸的生产、检验和销售。

分子式:$H_2C_2O_4 \cdot 2H_2O$

相对分子质量:126.07(按2005年国际相对原子质量)

2 规范性引用文件

下列文件中的条款通过本标准的引用而成为本标准的条款。凡是注日期的引用文件,其随后所有的修改单(不包括勘误的内容)或修订版均不适用于本标准,然而,鼓励根据本标准达成协议的各方研究是否可使用这些文件的最新版本。凡是不注日期的引用文件,其最新版本适用于本标准。

GB/T 601—2002 化学试剂 标准滴定溶液的制备

GB/T 602—2002 化学试剂 杂质测定用标准溶液的制备(ISO 6353-1:1982,NEQ)

GB/T 603—2002 化学试剂 试验方法中所用制剂及制品的制备(ISO 6353-1:1982,NEQ)

GB/T 1250 极限数值的表示方法和判定方法

GB/T 3049—2006 工业用化工产品 铁含量测定的通用方法 1,10-菲啰啉分光光度法(ISO 6685:1982,IDT)

GB/T 6678—2003 化工产品采样总则

GB/T 6679—2003 固体化工产品采样通则

GB/T 6682—2008 分析实验室用水规格和试验方法(ISO 3696:1987,MOD)

GB/T 7531 有机化工产品灼烧残渣的测定(GB/T 7531—2008,ISO 6353-1:1982,NEQ)

GB/T 7532 有机化工产品中重金属的测定 目视比色法

GB/T 8947 复合塑料编织袋

GB/T 9723 化学试剂 火焰原子吸收光谱法通则

3 分类和命名

按草酸生产工艺将产品分为Ⅰ型、Ⅱ型,Ⅰ型适用于合成法工艺生产的草酸,Ⅱ型适用于氧化法工艺生产的草酸。

4 外观

白色结晶。

5 要求

工业用草酸应符合表1所示的技术要求。

表 1　技术要求

项　　目		指　　标				
		Ⅰ型			Ⅱ型		
	优等品	一等品	合格品	优等品	一等品	合格品
草酸(以 $H_2C_2O_4 \cdot 2H_2O$ 计)的质量分数/%　≥	99.6	99.0	96.0	99.6	99.0	96.0
硫酸根(以 SO_4 计)的质量分数/%　≤	0.07	0.10	0.20	0.10	0.20	0.40
灼烧残渣的质量分数/%　≤	0.01	0.08	0.20	0.03	0.08	0.15
重金属(以 Pb 计)的质量分数/%　≤	0.000 5	0.001	0.02	0.000 05	0.000 2	0.000 5
铁(以 Fe 计)的质量分数/%　≤	0.000 5	0.001 5	0.01	0.000 5	0.001 0	0.005
氯化物(以 Cl 计)的质量分数/%　≤	0.000 5	0.002	0.01	0.002	0.004	0.01
钙(以 Ca 计)的质量分数/%　≤	0.000 5	—	—	0.000 5	0.001 0	—

6　试验方法

除非另有说明，在分析中仅使用确认为分析纯的试剂和符合 GB/T 6682—2008 中规定的三级水。

分析中所用标准滴定溶液、制剂和制品，在没有注明其他要求时，均按 GB/T 601—2002、GB/T 602—2002、GB/T 603—2002 之规定制备。

6.1　草酸含量的测定

6.1.1　方法提要

酸碱滴定法。以酚酞为指示剂，用氢氧化钠标准滴定溶液滴定，通过计算得到草酸含量。

6.1.2　试剂

6.1.2.1　氢氧化钠标准滴定溶液：$c(NaOH)=0.5$ mol/L；

6.1.2.2　酚酞指示液：10 g/L。

6.1.3　分析步骤

称取 1 g 试样，精确至 0.000 2 g，置于 250 mL 锥形瓶中，加入 30 mL 无二氧化碳的水溶解试样，加入(2～3)滴酚酞指示液，用氢氧化钠标准滴定溶液滴定至呈现淡粉色，30 s 不褪色即为终点。

6.1.4　结果计算

草酸(以 $H_2C_2O_4 \cdot 2H_2O$ 计)的质量分数 w_1，数值以%表示，按公式(1)计算：

$$w_1 = \frac{V_1 \cdot c \cdot M}{m \times 1\,000} \times 100 \quad \cdots\cdots (1)$$

式中：

V_1——试料消耗氢氧化钠标准滴定溶液(6.1.2.1)的体积的数值，单位为毫升(mL)；

c——氢氧化钠标准滴定溶液的浓度的准确数值，单位为摩尔每升(mol/L)；

m——试料的质量的数值，单位为克(g)；

M——草酸($1/2H_2C_2O_4 \cdot 2H_2O$)的摩尔质量的数值，单位为克每摩尔(g/mol)[M=63.04]。

取两次平行测定结果的算术平均值为测定结果。两次平行测定结果的绝对差值不大于 0.15%。

6.2　硫酸根的测定

6.2.1　方法提要

试样中加入碳酸钠使草酸中硫酸根生成硫酸盐，加热使草酸及草酸盐分解，溶解残留物，加入氯化钡溶液生成硫酸钡，与硫酸根标准比浊溶液进行比较。

6.2.2　试剂

6.2.2.1　过氧化氢；

6.2.2.2 无水硫酸钠；

6.2.2.3 盐酸溶液：1+1；

6.2.2.4 碳酸钠溶液；50 g/L；

6.2.2.5 硫酸盐标准溶液：0.1 mg/mL；

6.2.2.6 氯化钡乙醇丙三醇溶液：取 10 份 100 g/L 氯化钡溶液和 1 份（1+2）乙醇丙三醇溶液，混合摇匀。

6.2.3 仪器

6.2.3.1 电炉：可调温；

6.2.3.2 高温炉。

6.2.4 分析步骤

6.2.4.1 试样溶液的制备

称取 1 g 试样，精确到 0.01 g，置于 50 mL 容量瓶中，加入少量水溶解，用水稀释至刻度，摇匀。取该溶液 5.0 mL 于瓷坩埚（或蒸发皿）中，加入 0.5 mL 碳酸钠溶液，在水浴上蒸发至干，然后在电炉上加热分解草酸，再于高温炉中 850℃ 灼烧 5 min，冷却后，向残留物中加 10 mL 水，2 mL 过氧化氢，经短时煮沸，加 1 mL 盐酸溶液，再在水浴上蒸发至干。加少量水和 0.5 mL 盐酸溶液溶解残渣，用水洗入 50 mL 比色管中，加水至 25 mL（溶液如有混浊过滤），作为试样溶液。

6.2.4.2 硫酸根标准比浊溶液的制备

向各蒸发皿中分别加入（0，0.5，0.7，1.0，1.5，2.0，3.0，4.0，……）mL 硫酸盐标准溶液，再分别加入 0.5 mL 碳酸钠溶液，10 mL 水，2 mL 过氧化氢和 1 mL 盐酸溶液，在水浴上蒸发至干，向各残留物中加入少量水和 0.5 mL 盐酸溶液，溶解残渣，用适量水洗入 50 mL 比色管中，加水至 25 mL，作为硫酸根标准比浊溶液。

6.2.4.3 测定

向试样溶液和硫酸根标准比浊溶液中分别加入 10 mL 氯化钡乙醇丙三醇溶液，摇匀，放置 30 min，在自然光或日光灯光照下，轴向进行试样溶液与硫酸根标准比浊溶液的比较。以最接近于硫酸根标准比浊溶液的浊度为试验结果。如果试样溶液浊度在两个硫酸根标准比浊溶液之间，以浊度高的硫酸根标准比浊溶液的浊度作为试验结果。

6.2.5 结果计算

硫酸根（以 SO_4 计）的质量分数 w_2，数值以％表示，按公式（2）计算：

$$w_2 = \frac{V_2 \times (c/1\,000)}{m/10} \times 100 \qquad (2)$$

式中：

V_2——硫酸根标准比浊液中硫酸盐标准溶液的体积的数值，单位为毫升（mL）；

m——试料的质量的数值，单位为克（g）；

c——硫酸盐标准溶液浓度的数值，单位为毫克每毫升（mg/mL）[c=0.1]。

取两次平行测定结果的算术平均值为测定结果。两次平行测定结果的绝对差值不大于 0.005％。

6.3 灼烧残渣的测定

按 GB/T 7531 的规定进行。称取 10 g 试样，精确至 0.01 g，灼烧温度 650℃。

6.4 重金属的测定

按 GB/T 7532 的规定进行。

6.4.1 试剂

6.4.1.1 盐酸溶液：2+1；

6.4.1.2 硝酸溶液：1+2。

6.4.2 试样的制备

称取适量实验室样品，使试样中重金属含量在（0.005～0.2）mg，置于 30 mL 瓷坩埚中，在电炉上低温加热，使草酸全部分解，气体逸尽，然后加强热 5 min，冷却后，在残留物中加入 2 mL 盐酸溶液及 0.4 mL 硝酸溶液，在水浴上蒸发至干，溶解残渣。以下按 GB/T 7532 的规定进行。

6.5 **铁含量的测定**

6.5.1 **火焰原子吸收光谱法**

6.5.1.1 **方法提要**

将草酸试样加热分解，使气体逸尽，冷却后加入盐酸酸化，用水配成适当浓度的溶液，用火焰原子吸收光谱仪在铁元素的特定波长下测定试样的吸光度。根据在相同仪器操作条件下测定的工作曲线，计算试样中铁的含量。

6.5.1.2 **试剂**

6.5.1.2.1 乙炔：燃气；

6.5.1.2.2 空气：助燃气；

6.5.1.2.3 盐酸：光谱纯；

6.5.1.2.4 铁(Fe)标准溶液：0.1 mg/mL。

6.5.1.3 **仪器**

6.5.1.3.1 火焰原子吸收光谱仪：配有铁空心阴极灯、火焰原子化器，符合 GB/T 9723 规定；

6.5.1.3.2 电炉：可调温。

6.5.1.4 **仪器操作条件**

本标准推荐的仪器操作条件：波长 248.3 nm，狭缝宽度 0.2 nm，灯电流 2 mA。

6.5.1.5 **分析步骤**

6.5.1.5.1 **工作曲线的绘制**

取铁标准溶液(0，1.0，2.0，3.0，4.0，5.0)mL，分别于 6 个 100 mL 的容量瓶中，分别加入 5 mL 盐酸，用水稀释至刻度，摇匀。作为铁标准工作溶液。该溶液中每毫升含铁(0，1，2，3，4，5)μg。

根据仪器性能调至最佳状态。在给定的仪器操作条件下，测定铁标准工作溶液的吸光度，以吸光度为纵坐标，相对应的铁标准工作溶液中铁的含量(μg/mL)为横坐标，绘制工作曲线。该工作曲线的线性范围达到 5 μg/mL。

6.5.1.5.2 **样品的测定**

称取试样 25 g，精确至 0.01 g，置于 100 mL 石英烧杯中，加表面皿盖好，放在电炉上低温加热至草酸全部分解，气体逸尽，取下冷却至室温，加入 1.25 mL 盐酸，用水冲洗移入 25 mL 容量瓶中，稀释至刻度，摇匀。作为试样溶液。

按照绘制工作曲线的操作条件测定试样溶液的吸光度，在工作曲线上查出试样中铁的含量。

6.5.1.6 **结果计算**

铁(以 Fe 计)的质量分数 w_3，数值以%表示，按公式(3)计算：

$$w_3 = \frac{c_1 V_3 \times 10^{-6}}{m} \times 100 \qquad (3)$$

式中：

c_1——从工作曲线查得的铁的含量，单位为微克每毫升(μg/mL)；

V_3——试样溶液的体积的数值，单位为毫升(mL)；

m——试料的质量的数值，单位为克(g)。

取两次平行测定结果的算术平均值为测定结果。两次平行测定结果的绝对差值不大于这两个测定值的算术平均值的 10%。

6.5.2 **1,10-菲啰啉分光光度法(仲裁法)**

按 GB/T 3049—2006 的规定进行。

6.5.2.1 **试剂**

盐酸。

6.5.2.2 试样的制备

称取适量试样，使试样中铁含量在(0.01～0.1)mg，置于50 mL瓷坩埚中，在电炉上低温加热，使草酸全部分解，气体逸尽，加1 mL盐酸及10 mL水，微热，使残余物溶解，用水洗入100 mL容量瓶中，使体积约为60 mL。以下操作按GB/T 3049—2006进行。

6.5.2.3 结果计算

铁(以Fe计)的质量分数w_4，数值以%表示，按公式(4)计算：

$$w_4 = \frac{X}{m \times 1\ 000} \times 100 \qquad \cdots\cdots(4)$$

式中：

X——从工作曲线查得的铁的质量的数值，单位为毫克(mg)；

m——试料的质量的数值，单位为克(g)。

取两次平行测定结果的算术平均值为测定结果。

当铁的质量分数<0.003%时，两次平行测定结果的绝对差值不大于这两个测定值的算术平均值的20%。

当铁的质量分数为(0.003～0.01)%时，两次平行测定结果的绝对差值不大于这两个测定值的算术平均值的10%。

6.6 氯化物的测定

6.6.1 方法提要

在酸性溶液中，氯化物与硝酸银生成氯化银白色沉淀，与标准比浊液进行比浊。

6.6.2 试剂

6.6.2.1 硝酸溶液：1+2；

6.6.2.2 硝酸银溶液：17 g/L；

6.6.2.3 氯化物(Cl)标准溶液：0.1 mg/mL。

6.6.3 分析步骤

6.6.3.1 氯化物标准比浊溶液的制备

根据不同等级氯化物含量指标值，分别吸取氯化物标准溶液(0.05、0.20、0.40、1.00)mL于50 mL比色管中，再加入5 mL硝酸溶液，加水至25 mL。此溶液作为氯化物标准比浊溶液。

6.6.3.2 测定

称取试样1 g，精确至0.001 g，置于50 mL比色管中，用少量水溶解，然后加入5 mL硝酸溶液，加水至25 mL。此溶液作为试样溶液。

向装有试样溶液和氯化物标准比浊溶液的比色管中各加入1 mL硝酸银溶液，混匀，放置15 min，轴向进行试样溶液与氯化物标准比浊溶液的比较。试样溶液的浊度不得深于氯化物标准比浊溶液的浊度。

6.7 钙含量的测定

火焰原子吸收光谱法，按6.5.1的规定进行。

6.7.1 仪器操作条件

钙空心阴极灯、波长422.7 nm，狭缝宽度0.4 nm，灯电流2 mA。

6.7.2 分析步骤

工作曲线的绘制：取钙标准溶液(0,1.0,2.0,3.0,4.0,5.0)mL，分别于6个100 mL的容量瓶中，再分别加入5 mL盐酸，用水稀释至刻度，摇匀。作为钙标准工作溶液。该溶液中每毫升含钙(0,1,2,3,4,5)μg。以下测定按6.5.1.5规定进行。

7 检验规则

7.1 第3章要求中表1规定的所有项目均为出厂检验项目。出厂检验每批进行一次。

7.2　工业用草酸产品每批质量不超过 20 t。

7.3　工业用草酸采样单元数按 GB/T 6678—2003 中 7.6.1 的规定确定。

7.4　工业用草酸采样方法按 GB/T 6679—2003 规定进行。取样量不得少于 500 g,混合均匀后分别装在两个清洁、干燥、带磨口塞的广口瓶中。粘贴标签,注明产品名称、批号、产品型号、取样日期、取样地点、取样者姓名。一瓶供检验用,另一瓶留样,内销产品保存 3 个月,外销产品样品保存 6 个月。

7.5　工业用草酸应由生产厂质量监督检验部门进行检验。生产厂应保证出厂产品符合本标准的要求。每批出厂的产品都应附有一定格式的质量证明书,内容包括:生产厂名称、产品名称、生产日期或者批号、产品型号、产品等级和本标准编号等。

7.6　检验结果的判定按 GB/T 1250 中修约值比较法进行。检验结果中如有一项不符合本标准要求时,应重新自两倍量的包装单元中采样进行复验,重新检验的结果即使只有一项指标不符合本标准要求时,则整批产品应做不合格处理。

8　标志、包装、运输、贮存

8.1　工业用草酸的包装容器上应有牢固的标志,标明产品名称、生产厂厂名称、厂址、商标、生产日期或生产批号、产品型号、质量等级、净含量及本标准编号等。

8.2　工业用草酸包装,应用符合 GB/T 8947 规定的内衬塑料薄膜的塑料编织袋,或根据用户需求定制包装。每件包装净含量 25 kg,或按用户要求包装。

8.3　工业用草酸运输时应装在清洁、干燥的运输工具中。运输时注意小心轻放,防止包装袋破损。

8.4　工业用草酸在贮存、运输过程中温度不得高于 40℃,应防潮、防雨淋,与碱性物质分开,防止与食物接触。在搬运过程中避免直接接触皮肤。

前　　言

本标准非等效采用俄罗斯标准 ГОСТ 9285—1978(1995)《工业氢氧化钾技术条件》,对 GB/T 1919—1994《工业氢氧化钾》进行修订。

本标准与俄罗斯标准的主要技术差异:

——本标准的固体产品按生产工艺分为两类:Ⅰ类为离子膜法,Ⅱ类为隔膜法。

——本标准的固体产品Ⅰ类中的优等品设 8 项指标、一等品设 7 项指标,Ⅱ类产品设 5 项,液体设 4 项。而俄罗斯标准比国标多设硅、钠、钙、铝四项仅为生产电池和试剂而规定,该四项指标已在高品质氢氧化钾行标中设置。

——试验方法中氢氧化钾含量的测定,本标准采用四苯硼钠重量法,俄罗斯标准采用酸碱滴定法。

本标准与原国标相比:

——扩大了标准的适用范围。

——提高了离子膜法产品主含量指标,降低了碳酸钾、氯化物、铁等杂质指标,提高了产品质量。

——在试验操作细节做相应的改进,使之更严谨完善。

——增加包装规格。

本标准自实施之日起,代替 GB/T 1919—1994。

本标准由国家石油和化学工业局提出。

本标准由全国化学标准化技术委员会无机化工分会归口。

本标准起草单位:天津化工研究设计院、成都化工股份有限公司、解放军 9715 工厂、重庆嘉陵化学制品有限公司、大连染料化工有限公司。

本标准主要起草人:刘淑英、杨前双、朱爱丽、蒋宪学、黎　霞。

本标准首次发布于 1979 年,第一次修订于 1994 年。

本标准委托全国化学标准化技术委员会无机化工分会负责解释。

中华人民共和国国家标准

GB/T 1919—2000

代替 GB/T 1919—1994

工业氢氧化钾

Potassium hydroxide for industrial use

1 范围

本标准规定了工业氢氧化钾的要求、试验方法、检验规则以及标志、标签、包装、运输、贮存和安全。

本标准适用于工业氢氧化钾，该产品主要用于合成纤维、染料、塑料、钾盐等工业。

分子式：KOH。

相对分子质量：56.11（按1997年相对原子质量）。

2 引用标准

下列标准所包含的条文，通过在本标准中引用而构成为本标准的条文。本标准出版时，所示版本均为有效。所有标准都会被修订，使用本标准的各方应探讨使用下列标准最新版本的可能性。

GB 190—1990 危险货物包装标志

GB 191—1990 包装储运图示标志

GB/T 325—1991 包装容器 钢桶

GB/T 601—1988 化学试剂 滴定分析（容量分析）用标准溶液的制备

GB/T 602—1988 化学试剂 杂质测定用标准溶液的制备

GB/T 603—1988 化学试剂 试验方法中所用制剂及制品的制备

GB/T 1250—1989 极限数值的表示方法和判定方法

GB/T 3049—1986 化工产品中铁含量测定的通用方法 邻菲啰啉分光光度法（neq ISO 6685:1982）

GB/T 3051—2000 无机化工产品中氯化物含量测定的通用方法 汞量法（neq ISO 5790:1979）

GB/T 6678—1986 化工产品采样总则

GB/T 6680—1986 液体化工产品采样通则

GB/T 6682—1992 分析实验室用水规格和试验方法（neq ISO 3696:1987）

3 产品分类

工业氢氧化钾分为两类：Ⅰ类为离子膜法生产的工业氢氧化钾；Ⅱ类为隔膜法生产的工业氢氧化钾。

4 要求

4.1 外观

固体工业氢氧化钾为灰白、蓝绿或淡紫色片状或块状；液体工业氢氧化钾为淡黄色或蓝紫色液体。

4.2 工业氢氧化钾应符合表1要求。

国家质量技术监督局 2000-07-31 批准　　　2001-03-01 实施

表1 要求 %

项目	指标					
	固体				液体	
	Ⅰ类		Ⅱ类		一等品	合格品
	优等品	一等品	一等品	合格品		
氢氧化钾(KOH)含量 ≥	95.0	90.0	90.0	88.0	48.0	45.0
碳酸钾(K_2CO_3)含量 ≤	1.0	1.4	2.5	3.0	1.2	1.5
氯化物(以 Cl 计)含量 ≤	0.01	0.02	1.0	1.4	0.5	0.7
铁(Fe)含量 ≤	0.001	0.002	0.05	0.07	—	—
硫酸盐(以 SO_4 计)含量 ≤	0.05	0.05	—	—	—	—
硝酸盐及亚硝酸盐(以 N 计)含量 ≤	0.001	0.002	—	—	—	—
钠(Na)含量 ≤	1.0	1.0	2.0	2.0	1.5	1.5
氯酸钾($KClO_3$)含量 ≤	0.1	—	—	—	—	—
注：用户对硫酸盐和钠二项指标无要求时，可不控制						

5 试验方法

本标准所用试剂和水，在没有注明其他要求时，均指分析纯试剂和 GB/T 6682 中规定的三级水。

试验中所用标准滴定溶液、杂质标准溶液、制剂及制品，在没有注明其他要求时，均按 GB/T 601、GB/T 602、GB/T 603 之规定制备。

安全提示：试验中接触腐蚀品和有毒、有害品，操作时应小心。

5.1 氢氧化钾含量的测定

5.1.1 方法提要

在弱酸性条件下，钾离子与四苯硼钠生成四苯硼钾沉淀。过滤、烘干、称重。

5.1.2 试剂和材料

5.1.2.1 无水乙醇。

5.1.2.2 冰乙酸溶液：100 g/L。

5.1.2.3 四苯硼钠乙醇溶液：0.1 mol/L。称取 3.4 g 四苯硼钠，溶于 100 mL 无水乙醇中，放置 24 h。使用前用玻璃砂坩埚过滤。

5.1.2.4 乙醇-四苯硼钾饱和溶液：称取 1 g 试验所得的四苯硼钾(5.1.4.2)，加 50 mL 无水乙醇、950 mL水，振摇使饱和，使用前过滤。

5.1.2.5 甲基红指示液：1 g/L。

5.1.3 仪器、设备

玻璃砂坩埚：孔径 5～15 μm。

5.1.4 分析步骤

5.1.4.1 试验溶液 A 的制备

用称量瓶迅速称取约 40 g(固体)或 80 g(液体)试样(精确至 0.000 2 g)。置于 250 mL 烧杯中，加适量不含二氧化碳的水溶解。冷却后全部移入 1 000 mL 容量瓶中，用不含二氧化碳的水稀释至刻度，摇匀。此溶液为试验溶液 A，用于以下各项含量的测定。

5.1.4.2 测定

用移液管移取 20 mL 试验溶液 A，置于 500 mL 容量瓶中，用不含二氧化碳的水稀释至刻度，摇匀。必要时干过滤。用移液管移取 20 mL 此溶液，置于 100 mL 烧杯中，加 1 滴甲基红指示液，用乙酸调至微红色。加热至40℃取下,搅拌下逐滴加入四苯硼钠乙醇溶液8 mL～ 9mL,约5 min加完。放置10 min。用已恒重的玻璃砂坩埚过滤,用40 mL～50 mL乙醇-四苯硼钾饱和溶液洗涤沉淀,每次用5 mL,每次都要抽干。停止抽滤,用2 mL无水乙醇洗一次,再抽干。于120℃±5℃烘干至恒重。

5.1.5 分析结果的表述

以质量百分数表示的氢氧化钾(KOH)含量 X_1 按式(1)计算:

$$X_1(\%)=\frac{m_1\times 0.156\,6\times 100}{m\times\frac{20}{1\,000}\times\frac{20}{500}}-(0.811\,9X_2+1.582\,5X_3)$$

$$=\frac{1.958\times 10^4 m_1}{m}-(0.811\,9X_2+1.582\,5X_3) \qquad \cdots\cdots(1)$$

式中:m_1——四苯硼钾沉淀的质量,g;

m——试料的质量,g;

0.156 6——四苯硼钾换算为氢氧化钾的系数;

X_2——5.2测得的碳酸钾含量,%;

0.811 9——碳酸钾换算为氢氧化钾的系数;

X_3——5.3测得的氯化物(以Cl计)含量,%;

1.582 5——氯换算为氢氧化钾的系数。

5.1.6 允许差

取平行测定结果的算术平均值为测定结果,平行测定结果的绝对差值不大于0.3%。

5.2 碳酸钾含量的测定

5.2.1 方法提要

取一份试液,以甲基橙为指示剂,用盐酸标准滴定溶液滴定。另取一份试液,加入氯化钡与试液中的碳酸钾生成碳酸钡沉淀。以酚酞为指示剂,用盐酸标准滴定溶液滴定。由两次滴定结果之差求得碳酸钾含量。

5.2.2 试剂和材料

5.2.2.1 氯化钡溶液:100 g/L(用氢氧化钠溶液调节至酚酞指示剂变粉红色);

5.2.2.2 盐酸标准滴定溶液:c(HCl)约1 mol/L;

5.2.2.3 甲基橙指示液:1 g/L;

5.2.2.4 酚酞指示液:10 g/L。

5.2.3 分析步骤

用移液管移取两份50 mL试验溶液A,分别置于250 mL锥形瓶中。一份加入1～2滴甲基橙指示液用盐酸标准滴定溶液滴定至橙红色;另一份加入10 mL氯化钡溶液,摇动2 min～3min,加入2～3滴酚酞指示液,用盐酸标准滴定溶液滴定至溶液无色。

5.2.4 分析结果的表述

以质量百分数表示的碳酸钾(K_2CO_3)含量 X_2 按式(2)计算:

$$X_2(\%)=\frac{(V_2-V_1)c\times 0.069\,10}{m\times\frac{50}{1\,000}}\times 100$$

$$=\frac{138.2\times c(V_2-V_1)}{m} \qquad \cdots\cdots(2)$$

式中:V_1——以酚酞为指示液滴定所消耗的盐酸标准滴定溶液的体积,mL;

V_2——以甲基橙为指示液滴定所消耗的盐酸标准滴定溶液的体积,mL;

c——盐酸标准滴定溶液的实际浓度,mol/L;

m——试料的质量,g;

0.069 10——与 1.00 mL 盐酸标准滴定溶液[c(HCl)=1.000 mol/L]相当的以克表示的碳酸钾的质量。

5.2.5 允许差

取平行测定结果的算术平均值为测定结果，平行测定结果的绝对差值不大于 0.1%。

5.3 氯化物含量的测定

5.3.1 方法提要

同 GB/T 3051—2000 第 3 章。

5.3.2 试剂和材料

同 GB/T 3051—2000 第 4 章以及

标准终点比对溶液：于 250 mL 锥形瓶中加入 100 mL 水和 3 滴溴酚蓝指示液，滴加硝酸溶液(1+15)至黄色，过量 2 滴。加入 1 mL 二苯偶氮碳酰肼指示液，用 0.05 mol/L 硝酸汞标准滴定溶液于微量滴定管中滴定至紫红色。此溶液在使用前配制。

5.3.3 仪器、设备

同 GB/T 3051—2000 第 5 章。

5.3.4 分析步骤

用移液管移取试验溶液 A(固体Ⅰ类取 20 mL，固体Ⅱ类和液体取 10 mL)，置于 250 mL 锥形瓶中。加水至约 100 mL。加 3 滴溴酚蓝指示液，滴加硝酸溶液(1+1)至试液呈黄色，再用氢氧化钠溶液调至恰呈蓝色。然后滴加硝酸溶液(1+15)至黄色，过量 2 滴。加入 1 mL 二苯偶氮碳酰肼指示液，用 0.05 mol/L硝酸汞标准滴定溶液于微量滴定管中滴定至与比对溶液相同的紫红色。

收集滴定后的含汞废液，按 GB/T 3051—2000 附录 D 的规定处理。

5.3.5 分析结果的表述

以质量百分数表示的氯化物(以 Cl 计)含量 X_3 按式(3)计算：

$$X_3(\%)=\frac{(V-V_0)c\times 0.035\,45}{m\times\frac{V_1}{1\,000}}\times 100$$

$$=\frac{354\,5\times c(V-V_0)}{mV_1} \qquad \cdots\cdots(3)$$

式中：V——滴定试验溶液所消耗的硝酸汞标准滴定溶液的体积，mL；

V_0——滴定比对溶液所消耗的硝酸汞标准滴定溶液的体积，mL；

c——硝酸汞标准滴定溶液的实际浓度，mol/L；

V_1——移取试验溶液 A 的体积，mL；

m——试料的质量，g；

0.035 45——与 1.00 mL 硝酸汞标准滴定溶液[$c(1/2\ Hg(NO_3)_2)$=1.000 mol/L]相当的以克表示的氯的质量。

5.3.6 允许差

取平行测定结果的算术平均值为测定结果，平行测定结果的绝对差值不大于 0.03%。

5.4 铁含量的测定

5.4.1 方法提要

同 GB/T 3049—1986 第 2 章。

5.4.2 试剂和材料

同 GB/T 3049—1986 第 3 章。

5.4.3 仪器、设备

分光光度计：带有厚度为 1 cm 的吸收池。

5.4.4 分析步骤

5.4.4.1 工作曲线的绘制

使用 1 cm 的吸收池，取相应体积的铁标准溶液，按 GB/T 3049—1986 中 5.2.5.3 的规定绘制工作曲线。

5.4.4.2 测定

用移液管移取 Ⅰ 类产品 25 mL、Ⅱ 类产品 10 mL 试验溶液 A 和 10 mL 水，分别置于 100 mL 烧杯中。以下按 GB/T 3049—1986 中 5.4.1 的规定从“必要时，加水至 60 mL……”开始进行操作。

5.4.5 分析结果的表述

以质量百分数表示的铁(Fe)含量 X_4 按式(4)计算：

$$X_4(\%)=\frac{(m_1-m_0)\times 10^{-3}}{m\times\frac{V}{1\,000}}\times 100=\frac{100\times(m_1-m_0)}{mV} \qquad\cdots\cdots(4)$$

式中：m_1——从工作曲线上查出的试验溶液的铁的量，mg；

m_0——从工作曲线上查出的空白试验溶液的铁的量，mg；

V——移取试验溶液 A 的体积，mL；

m——试料的质量，g。

5.4.6 允许差

取平行测定结果的算术平均值为测定结果，平行测定结果的绝对差值不大于 Ⅰ 类产品 0.000 3%、Ⅱ 类产品 0.003%。

5.5 硫酸盐含量的测定

5.5.1 方法提要

盐酸介质中，硫酸根与钡离子生成白色细微的硫酸钡沉淀，悬浮在溶液中，与标准比浊溶液比较。

5.5.2 试剂和材料

5.5.2.1 盐酸溶液：1+3。

5.5.2.2 硫酸盐标准溶液：1 mL 溶液含有 0.10 mgSO_4。

5.5.2.3 混合溶液：称取 70 g 氯化钠置于 1 000 mL 烧杯中，加 500 mL 水溶解，加 10 mL 盐酸、500 mL丙三醇，加入 50 g 氯化钡，混匀。

5.5.3 分析步骤

用移液管移取 5 mL 试验溶液 A，置于 50 mL 比色管中，用盐酸溶液中和至 pH(3～4)(用 pH 试纸检验)。加入 10 mL 混合溶液，加水至刻度，摇动 1 min，放置 5 min。其浊度不得大于硫酸盐标准比浊溶液。

硫酸盐标准比浊溶液的制备：用移液管移取 1.00 mL 硫酸盐标准溶液，置于另一只 50 mL 比色管中，加入 10 mL 混合溶液，加水至刻度，摇动 1 min，放置 5 min。

5.6 氯酸钾含量的测定

5.6.1 方法提要

在酸性条件下，溴化钾与试验溶液中的氯酸钾作用生成溴。溴与碘化钾反应析出碘。以淀粉为指示剂，用硫代硫酸钠标准滴定溶液滴定。

5.6.2 试剂和材料

5.6.2.1 盐酸。

5.6.2.2 溴化钾溶液：100 g/L。

5.6.2.3 碘化钾溶液：100 g/L。

5.6.2.4 硫代硫酸钠标准滴定溶液：$c(Na_2S_2O_3)$约 0.01 mol/L。

制备：用移液管移取 10 mL 按 GB/T 601 配制的溶液，置于 100 mL 容量瓶中，用煮沸并冷却的水稀释至刻度，摇匀。此溶液临用前配制。

5.6.2.5 淀粉指示液：10 g/L。

5.6.3 仪器、设备

微量滴定管：分度值 0.02 mL。

5.6.4 分析步骤

用移液管移取 5 mL 试验溶液 A，置于 250 mL 碘量瓶中。用盐酸中和至 pH(5～7)(用 pH 试纸检验)。冷却后加入 10 mL 溴化钾溶液、40 mL 盐酸，盖严瓶口，水封。于暗处放置 10 min。加 10 mL 碘化钾溶液和 75 mL 水，用硫代硫酸钠标准滴定溶液滴定至浅黄色。加入 2 mL 淀粉指示液，继续滴定至溶液无色为终点。同时做空白试验。

空白试验：于 250 mL 碘量瓶中加 5 mL 水，加入与中和试验溶液所消耗相同体积的盐酸，冷却后从“加 10 mL 溴化钾溶液，……”开始，与试验溶液同时同样操作。

5.6.5 分析结果的表述

以质量百分数表示的氯酸钾($KClO_3$)含量 X_5 按式(5)计算：

$$X_5(\%) = \frac{(V - V_0)c \times 0.0204}{m \times \frac{5}{1000}} \times 100 = \frac{408 \times c(V - V_0)}{m} \quad \cdots\cdots(5)$$

式中：V——滴定试验溶液所消耗的硫代硫酸钠标准滴定溶液的体积，mL；

V_0——滴定空白试验溶液所消耗的硫代硫酸钠标准滴定溶液的体积，mL；

c——硫代硫酸钠标准滴定溶液的实际浓度，mol/L；

m——试料的质量，g；

0.020 4——与 1.00 mL 硫代硫酸钠标准滴定溶液[$c(Na_2S_2O_3)=1.000$ mol/L]相当的以克表示的氯酸钾的质量。

5.6.6 允许差

取平行测定结果的算术平均值为测定结果，平行测定结果的绝对差值不大于 0.01%。

5.7 硝酸盐和亚硝酸盐含量的测定

5.7.1 方法提要

在碱性条件下，试验溶液中的硝酸盐和亚硝酸盐与定氮合金反应，生成的氨经蒸馏用硫酸溶液吸收。加入纳氏试剂生成红色络合物，与标准比色溶液进行比较。

5.7.2 试剂和材料

5.7.2.1 无氨的水。

5.7.2.2 定氮合金。

5.7.2.3 硫酸溶液：1+333。

5.7.2.4 氢氧化钠溶液：250 g/L，无氨。

5.7.2.5 氮标准溶液：1 mL 含有 0.01 mgN。

制备：用移液管移取 10 mL 按 GB/T 602 配制的溶液，置于 100 mL 容量瓶中，用水稀释至刻度，摇匀。此溶液临用前配制。

5.7.2.6 纳氏试剂。

5.7.3 仪器、设备

蒸馏装置：如图 1 所示。也可使用具有同样效果的其他蒸馏装置。

5.7.4 分析步骤

5.7.4.1 分析准备

在蒸馏瓶中注入适量水，加热至沸。用沸腾产生的蒸气清洗装置，至蒸馏液不再析出氨为止(用纳氏试剂检验:取相同体积的吸收液和水，分别加入等量纳氏试剂，比较二者颜色)。

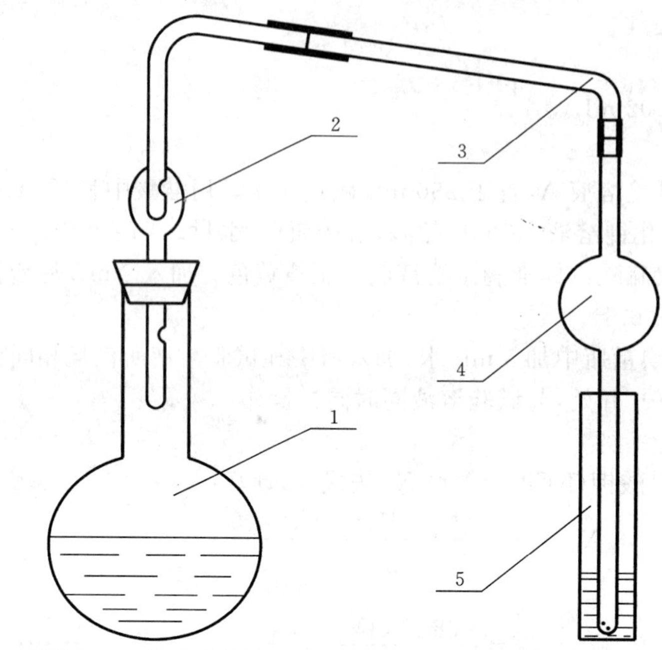

1—蒸馏瓶;2—气液分离球;3—导管;4—带有缓冲球的氨吸收管(插入比色管底部的管端处有直径 6 个 1 mm 的小孔，均匀分布);5—比色管

图 1 蒸馏装置

5.7.4.2 测定

用移液管移取 I 类产品优等品 2 mL、一等品 4 mL 氮标准溶液，置于蒸馏瓶中，加 65 mL 无氨水、5 mL氢氧化钠溶液、摇匀。用移液管移取 50 mL 试验溶液 A，置于另一个蒸馏瓶中，加 25 mL 无氨水，摇匀。各加 1 g 定氨合金，迅速将蒸馏装置连接好。于两个比色管中，各加入 2 mL 硫酸溶液，加少量水使导管末端气孔淹没于溶液中。混匀蒸馏瓶内的溶液，放置 1 h，其间定时摇动。逐渐加热蒸馏瓶使溶液沸腾，至蒸馏出约 40 mL 溶液为止。取出导管，停止加热。用少量水冲洗导管，洗液收集于比色管中。

于两个比色管中，分别加入 1 mL 氢氧化钠溶液、2 mL 纳氏试剂，加水至刻度，混匀，放置 10 min。试验溶液所呈颜色应不深于标准比色溶液。

5.8 钠含量的测定

5.8.1 方法提要

在酸性条件下，用火焰发射分光光度计，于 589 nm 处，测定辐射强度，采用工作曲线法测定试样中钠含量。

5.8.2 试剂和材料

5.8.2.1 盐酸溶液:1+5。

5.8.2.2 氯化钾溶液:5 g/L。

5.8.2.3 钠标准溶液:1 mL 溶液含 0.1 mgNa。

5.8.2.4 钠标准溶液:1 mL 溶液含 0.01 mgNa。

制备:准确移取 5.8.2.3 钠标准溶液 10 mL 稀释 10 倍。用于调节火焰发射分光光度计。

5.8.2.5 甲基橙指示液:1 g/L。

5.8.3 仪器、设备

火焰发射分光光度计，带有钠滤光片。

5.8.4 分析步骤

5.8.4.1 工作曲线绘制

于 6 个 100 mL 容量瓶中，分别加入 0，2.0，4.0，6.0，8.0，10.0 mL 钠标准溶液(5.8.2.3)，各加 10 mL氯化钾溶液、5 mL 盐酸溶液，用水稀释至刻度，摇匀。在火焰发射分光光度计上，于波长 589 nm 处，用水调零，用钠标准溶液(5.8.2.4)调刻度为 100。依次测量上述溶液的辐射强度。将所测定的辐射强度减去试剂空白溶液的辐射强度，以钠的量(mg)为横坐标，对应的辐射强度为纵坐标，绘制工作曲线。

5.8.4.2 测定

用移液管移取 5 mL 试验溶液 A，置于 100 mL 容量瓶中，加水溶解，用水稀释至刻度，摇匀。再用移液管移取 10 mL 此溶液和 10 mL 水(试剂空白溶液)，分别置于 100 mL 容量瓶中，各加 20 mL 水、2 滴甲基橙指示液。滴加盐酸溶液至指示剂变色，过量 5 mL，用水稀释至刻度，摇匀。在火焰发射分光光度计，于波长 589 nm 处，用水调零，用钠标准溶液(5.8.2.4)调刻度为 100。依次测量试剂空白溶液和试验溶液的辐射强度。从工作曲线上查出对应的钠的量。

5.8.5 分析结果的表述

以质量百分数表示的钠(Na)含量 X_6 按式(6)计算：

$$X_6(\%)=\frac{(m_1-m_0)\times 10^{-3}}{m\times\frac{5}{1\,000}\times\frac{10}{100}}\times 100=\frac{200(m_1-m_0)}{m} \qquad (6)$$

式中：m_1——从工作曲线上查出的试验溶液中的钠的量，mg；

m_0——从工作曲线上查出的试剂空白溶液的钠的量，mg；

m——试料的质量，g。

5.8.6 允许差

取两次测定结果的平均值为测定结果，平行测定结果之差不大于 0.1%。

6 检验规则

6.1 本标准采用型式检验和常规检验。

6.1.1 要求中规定的所有八项指标为型式检验项目，在正常情况下，三个月至少进行一次型式检验。

6.1.2 本标准中氢氧化钾、碳酸钾、氯化物、铁、氯酸钾为常规检验项目，应逐批检验。

6.2 每批产品不超过 50 t。

6.3 按照 GB/T 6678 规定确定采样单元数。每一铁桶或塑料编织袋为一包装单元。采样时，对于铁桶包装或袋装的片状产品，自桶(袋)深处 1/2 处取出样品。将所取样品混匀，用四分法缩分至约 400 g。对于铁桶包装的块状产品，生产厂在包装时取代表性的熔融状态的样品进行检验。使用单位在每批中任取完整的一桶，从桶的侧面剖开桶皮，自距桶皮不少于 10 mm 处的上、中、下三处取样，所采样品不少于 400 g。仲裁时以用剖桶采样为准。

对于液体产品，按照 GB/T 6680—1986 的第 2 章的规定采样。所采样品不少于 500 mL。

将所采的样品混匀，分装于两个清洁、干燥带胶塞的塑料瓶中，密封。瓶上粘贴标签，注明：生产厂名、产品名称、类别、等级、批号、采样日期和采样者姓名。一瓶作为实验室样品，另一瓶保存三个月备查。

6.4 工业氢氧化钾应由生产厂的质量监督检验部门按本标准的要求进行检验，生产厂应保证每批出厂的产品都符合本标准的要求。

6.5 使用单位有权按照本标准的规定，对所收到的氢氧化钾进行验收，验收应在货到之日算起一个月内进行。

6.6 试验结果如有一项指标不符合本标准要求时，应重新自两倍量的采样单元数的包装中采样进行复验，复验结果即使只有一项指标不符合本标准要求时，则整批产品为不合格品。

6.7 采用 GB/T 1250—1989 的 5.2 规定的修约值比较法判定试验结果是否符合标准。

7 标志、标签

7.1 工业氢氧化钾包装铁桶或袋上应有牢固清晰的标志，内容包括：生产厂名、厂址、产品名称、商标、类别、等级、净含量、批号或生产日期和本标准编号，以及 GB 190—1990 规定的“腐蚀品”标志和 GB 191—1990中规定的“怕湿”标志。

7.2 每批出厂的工业氢氧化钾都应附有质量证明书。内容包括：生产厂名、厂址、产品名称、商标、类别、等级、净含量、批号或生产日期、产品质量符合本标准的证明和本标准编号。

8 包装、运输、贮存

8.1 工业氢氧化钾采用四种包装方式，各种包装方式为：

8.1.1 固体块状氢氧化钾采用 GB/T 325—1991 中的全开口钢桶中的直开口钢桶包装，其规格尺寸符合 GB/T 325—1991 中表 3 规定，钢桶厚度符合 GB/T 325—1991 中轻型桶的规定。每桶净含量为 50 kg、100 kg、150 kg 和 200 kg。

包装时，将桶盖与桶口的卷边互相咬合，用机械压盖。

8.1.2 固体片状氢氧化钾采用三层包装。内包装采用聚乙烯塑料薄膜袋，厚度不小于 0.2 mm；中层包装采用聚丙烯涂膜编织袋；外包装采用聚丙烯塑料编织袋。其性能和检验方法应符合有关规定。每袋净含量 25 kg、40 kg、50 kg。

包装时，用维尼龙绳或其他质量相当的绳，先将内袋扎口，再将中层袋扎口。外袋用缝包机缝口。

8.1.3 固体片状氢氧化钾也可采用双层包装。内包装采用聚乙烯塑料薄膜袋，厚度不小于 0.1 mm；外包装采用 GB/T 325—1991 中的全开口钢桶中的直开口钢桶包装，其规格尺寸符合 GB/T 325—1991 中表 3 规定，钢桶厚度符合 GB/T 325—1991 中轻型桶的规定。每桶净含量为 50 kg 或 100 kg。

包装时，内袋用维尼龙绳或其他质量相当的绳扎口，将铁桶与桶盖用桶圈固定，保证桶盖不松动，整体牢固。

8.1.4 液体氢氧化钾采用专用铁路槽车或公路槽车及铁桶装运。槽车上口用铁盖盖严、卡牢。

8.2 工业氢氧化钾在运输过程中应有遮盖物，防止日晒、雨淋、包装破损，不得倒置。

8.3 工业氢氧化钾应贮存在通风、干燥的库房内，防止日晒、受潮、防击、远离易燃物。

8.4 在符合本标准贮存运输条件下，工业氢氧化钾产品保质期为一年。保质期满后，使用前应检验是否符合本标准的要求。

9 安全

氢氧化钾是腐蚀品，接触皮肤引起化学烧伤。工作厂房应安装送、排风设备。操作人员应配戴防护眼镜、胶皮手套等劳动防护用具。一旦接触皮肤立即用大量水冲洗。严重者立即治疗。

中华人民共和国国家标准

GB/T 2093—93

工 业 甲 酸

代替 GB 2093—80

Formic acid for industrial use

本标准试验方法参照采用国际标准 ISO 731/2—77《工业甲酸试验方法——第 2 部分：总酸度的测定——滴定法》，ISO 731/4—77《工业甲酸试验方法——第 4 部分：无机氯化物的目测极限试验》和 ISO 731/5—77《工业甲酸试验方法——第 5 部分：无机硫酸盐的目测极限试验》。

1 主题内容与适用范围

本标准规定了工业甲酸的技术要求、试验方法、检验规则及标志、包装、运输、贮存等。

本标准适用于由发生炉煤气、黄磷尾气的一氧化碳与氢氧化钠合成的工业甲酸。该产品主要用于橡胶、医药、印染、制革等行业。

分子式：HCOOH

相对分子质量：46.03（按 1989 年国际相对原子质量）

2 引用标准

GB 190 危险货物包装标志

GB 601 化学试剂 滴定分析（容量分析）用标准溶液的制备

GB 602 化学试剂 杂质测定用标准溶液的制备

GB 603 化学试剂 试验方法中所用制剂及制品的制备

GB 1250 极限数值的表示方法和判定方法

GB 3049 化工产品中铁含量测定的通用方法 邻菲啰啉分光光度法

GB 3143 液体化学产品颜色测定法（Hazen 单位——铂-钴色号）

GB 6324.2 挥发性有机液体 水浴上蒸发后干残渣测定的通用方法

GB 6678 化工产品采样总则

GB 6680 液体化工产品采样通则

GB 8170 数值修约规则

3 技术要求

3.1 外观：无色透明，无悬浮物液体。

3.2 工业甲酸应符合下表要求：

项目		指标		
		优等品	一等品	合格品
色度（铂-钴），号	≤	10	20	—
甲酸含量，%	≥	90.0	85.0	85.0
稀释试验（酸＋水＝1＋3）		不浑浊	合格	—

国家技术监督局 1993-06-15 批准　　　　1994-04-01 实施

续表

项目		指标		
		优等品	一等品	合格品
氯化物(以 Cl 计),%	⩽	0.003	0.005	0.020
硫酸盐(以 SO_4 计),%	⩽	0.001	0.002	0.050
铁(以 Fe 计),%	⩽	0.000 1	0.000 5	0.001 0
蒸发残渣,%	⩽	0.006	0.020	0.080

4 试验方法

本标准所用的试剂和水,在没有注明其他要求时,均指符合现行国家标准的分析纯试剂和蒸馏水或同等纯度的水。

试验中所用的标准溶液、制剂和制品在没有注明其他规定时,均按 GB 601、GB 602、GB 603 规定制备。

4.1 色度的测定

按 GB 3143 之规定进行。

4.2 甲酸含量的测定

4.2.1 原理

以酚酞为指示剂,用氢氧化钠标准滴定溶液滴定。

4.2.2 试剂和溶液

4.2.2.1 氢氧化钠标准滴定溶液:$c(NaOH)=0.5mol/L$;

4.2.2.2 酚酞指示液:10g/L 乙醇溶液。

4.2.3 仪器

一般试验室仪器。

4.2.4 分析步骤

用减量法称取 0.8～1g 试样,精确至 0.000 2g,放入预先盛有约 20mL 无二氧化碳水的 100mL 磨口三角瓶中,加 2～3 滴酚酞指示液,用氢氧化钠标准滴定溶液滴定至呈浅粉色,30s 不褪色即为终点。

4.2.5 结果的计算

用质量百分数表示的甲酸含量 X_1 按式(1)计算:

$$X_1=\frac{c\cdot V_1\times 0.046\ 03}{m}\times 100 \qquad (1)$$

式中:c——氢氧化钠标准滴定溶液的实际浓度,mol/L;

V_1——滴定试样消耗氢氧化钠标准滴定溶液的体积,mL;

m——甲酸试样的质量,g;

0.046 03——与1.00mL 氢氧化钠标准滴定溶液〔$c(NaOH)=1.000mol/L$〕相当的,以克表示的甲酸质量。

测定结果:取两次平行测定的算术平均值为结果。

4.2.6 允许差

两次平行测定结果差值不大于 0.2%。

4.3 稀释试验

4.3.1 方法提要

甲酸用水稀释放置后与水比浊。

4.3.2 试剂和溶液

4.3.2.1 硫：化学纯；

4.3.2.2 甲酸：88%以上（甲酸与水任意比例混合不显浑浊，方可使用）；

4.3.2.3 硫标准溶液：准确称取硫 0.01g 于 1 000mL 三角瓶中，加入试剂甲酸约 900mL，加热至溶解，放置冷却至室温后移于 1 000mL 容量瓶中，再加试剂甲酸至刻度，摇匀备用。1mL 溶液含有 0.000 01g 硫(S)。

4.3.3 仪器

一般试验室仪器。

4.3.4 分析步骤

4.3.4.1 标准比浊液的制备

取 7.0mL 硫标准溶液于 50mL 比色管中，用水稀释至与试样同体积，摇匀、放置 1h（与试样同时操作）用于比浊。

4.3.4.2 测定

取 10.0mL 甲酸试样，放入 50mL 比色管中，加 30mL 水，摇匀、放置 1h 后与水轴向比浊。如呈现浑浊时与标准比浊液轴向比浊。

4.3.5 结果的表示

试样与水比较不浑浊为不浑浊，试样浑浊度不高于标准比浊液的浊度为合格。

4.4 氯化物的测定

4.4.1 原理

在硝酸酸性溶液中，试样中的氯离子与硝酸银生成氯化银，与标准比浊液进行比浊。

4.4.2 试剂和溶液

4.4.2.1 氯化钠；

4.4.2.2 硝酸溶液：1+2(*V*+*V*)；

4.4.2.3 硝酸银溶液：50g/L；

4.4.2.4 氯化物标准溶液：先按 GB 602 规定制备 1mL 含有 0.000 1g 氯(Cl)的标准溶液，再取此液 10.0mL于 100mL 容量瓶中，稀释至刻度。1mL 溶液含有 0.000 01g 氯(Cl)。

4.4.3 仪器

一般试验室仪器。

4.4.4 分析步骤

4.4.4.1 试液的制备

取 0.5mL 甲酸试样（可根据甲酸试样含氯化物量，适当增减取样量），移入 50mL 比色管中，加 2mL 硝酸溶液，再加水至 25mL，以此作为试液。

4.4.4.2 氯化物标准比浊液的制备

取相邻体积差为 0.1mL 的氯化物标准溶液于一系列 50mL 比色管中，各加 2mL 硝酸溶液，再加水至 25mL，以此作为标准比浊液。

4.4.4.3 测定

在装有试液和标准比浊液(4.4.4.2)的各比色管中分别加入 1mL 硝酸银溶液，放置 5min，进行轴向比浊。

4.4.4.4 空白试验

取 5.0mL 甲酸试样，移入 50mL 比色管中，加 2mL 硝酸溶液，再加水至 25mL，放置 5min，与上述标准比浊液(4.4.4.2)，进行轴向比浊。

4.4.5 结果的计算

用质量百分数表示的氯化物含量 X_2 按式(2)计算：

$$X_2=\left(\frac{V_2\times 0.000\,01}{5\rho}-\frac{V_3\times 0.000\,01}{5\rho}\right)\times 100 \quad \cdots\cdots (2)$$

式中：V_2——与试液浊度相同的标准比浊液中氯化物标准溶液的体积，mL；

V_3——与空白浊度相同的标准比浊液中氯化物标准溶液的体积，mL；

ρ——甲酸密度（由甲酸含量和室温从附录 B 中查出），g/cm³；

0.000 01——每毫升氯化物标准溶液含氯化物的质量，g。

测定结果：取两次平行测定的算术平均值为结果。

4.4.6 允许差

两次平行测定结果的相对偏差不大于 20%。

4.5 硫酸盐的测定

4.5.1 原理

试样中加入碳酸钠使甲酸中硫酸根生成硫酸盐，在盐酸存在下加入氯化钡溶液生成硫酸钡，与标准比浊液进行比浊。

4.5.2 试剂和溶液

4.5.2.1 无水硫酸钠；

4.5.2.2 盐酸溶液：1+2(V_1+V_2)；

4.5.2.3 氯化钡溶液：100g/L，称取氯化钡($BaCl_2\cdot 2H_2O$)11.7g 溶于水中，制成 100mL 溶液；

4.5.2.4 碳酸钠溶液：100g/L，称取无水碳酸钠 10g，溶于水中制成 100mL 溶液；

4.5.2.5 硫酸盐标准溶液：1mL 溶液含有 0.000 1g 硫酸根(SO_4)。

4.5.3 仪器

一般试验室仪器。

4.5.4 分析步骤

4.5.4.1 试液的制备

取 10.0mL 甲酸试样（可根据甲酸试样含硫酸盐量，适当增减取样量），放入蒸发皿中，加 0.2mL 碳酸钠溶液（4.5.2.5）在水浴上蒸发至干，加 1mL 盐酸溶液（4.5.2.2）使残渣溶解，用适量的水定量转移于 50mL 比色管中，再加水至 25mL，以此作为试液。

4.5.4.2 硫酸盐标准比浊液的制备

取相邻体积差为 0.1mL 的硫酸盐标准溶液（4.5.2.5）于一系列 50mL 比色管中，各加 1mL 盐酸溶液（4.5.2.2），再加水至 25mL，以此作为标准比浊液。

4.5.4.3 测定

在装有试液（4.5.4.1）和标准比浊液（4.5.4.2）的各比色管中分别加入 2mL 氯化钡溶液（4.5.2.3）摇匀，放置 30min，进行轴向比浊。

4.5.5 结果的计算

用质量百分数表示的硫酸盐含量 X_3 按式(3)计算：

$$X_3=\frac{V_4\times 0.000\,1}{V_5\cdot\rho}\times 100 \quad \cdots\cdots (3)$$

式中：V_4——与试液浊度相同的标准比浊液中硫酸盐标准溶液的体积，mL；

V_5——试样体积，mL；

ρ——甲酸密度（由甲酸含量和室温从附录 B 中查出），g/cm³；

0.000 1——每毫升硫酸盐标准溶液含硫酸盐的质量，g。

测定结果：取两次平行测定的算术平均值为结果。

4.5.6 允许差

两次平行测定结果的相对偏差不大于 20%。

4.6 铁的测定

4.6.1 试液的制备

取 20.0mL 甲酸试样(可根据甲酸试样含铁量,适当增减取样量),放入 100mL 蒸发皿中,在水浴上蒸干,加 1mL 盐酸溶液(1+1),洗入 100mL 容量瓶中,然后按 GB 3049 规定进行。

4.6.2 结果的计算

用质量百分数表示的铁含量 X_4 按式(4)计算:

$$X_4=\frac{X'}{V_6\cdot\rho\times 1\ 000}\times 100 \qquad (4)$$

式中:X'——查标准曲线得出铁的量,mg;

V_6——试样体积,mL;

ρ——甲酸密度(由甲酸含量和室温从附录 B 查出),g/cm³。

测定结果:取两次平行测定的算术平均值为结果。

4.6.3 允许差

两次平行测定结果的相对偏差不大于 20%。

4.7 蒸发残渣的测定

4.7.1 测定

取 25.0mL 甲酸试样于已恒重的 50mL 石英蒸发皿中,然后按 GB 6324.2 规定进行。

4.7.2 结果的计算

用质量百分数的蒸发残渣含量 X_5 表示按式(5)计算:

$$X_5=\frac{(m_2-m_1)}{V_7\cdot\rho}\times 100 \qquad (5)$$

式中:m_1——石英蒸发皿质量,g;

m_2——石英蒸发皿和蒸发残渣的质量,g;

V_7——试样体积,mL;

ρ——甲酸密度(由甲酸含量和室温从附录 B 中查出),g/cm³。

测定结果:取两次平行测定的算术平均值为结果。

4.7.3 允许差

两次平行测定结果的相对偏差不大于 15%。

5 检验规则

5.1 工业甲酸应由生产厂的质量监督部门进行检验,生产厂应保证所有出厂的产品都符合本标准要求。

5.2 用户有权按照本标准规定的技术条件、检验规则和检验方法进行验收。

5.3 每桶出厂的甲酸都应有合格证及批号。每批产品都应附有质量证明书,内容包括:生产厂名称、产品名称、等级、批号、生产日期、净重、产品符合本标准要求的说明及本标准编号。

5.4 采样时以批为单位,用玻璃采样器取样。采样件数和采样方法按 GB 6678 和 GB 6680 规定进行。所采样品总量不少于 1L。

5.5 将采取的样品摇匀后,等量分装于两个清洁.干燥带磨口塞的细口瓶中。瓶上贴上标签注明:生产厂名、产品名称、批号和采样日期,一瓶供检验用,另一瓶保存三个月,以备查验。

5.6 检验中,如有一项不符合本标准要求,应重新选取两倍量的包装单元,从中取样进行复检。重新检验的结果即使只有一项指标不符合本标准要求,则整批甲酸为不合格。

5.7 当供需双方对产品质量发生争议时,按照《全国产品质量仲裁检验暂行办法》的规定进行仲裁。

5.8 执行本标准时采用修约值比较法判定结果,按 GB 1250 中修约值比较法规定进行。数值修约按

GB 8170 规定进行。

6 标志、包装、运输、贮存

6.1 工业甲酸包装于塑料桶,净重 25kg。

6.2 包装桶上注明:生产厂名称、产品名称、毛重、净重及商标,并贴有符合 GB 190 规定的危险货物包装标志。

6.3 本产品应放在通风、阴凉的仓库中,避免与氨、硫酸、硝酸等存放在一起。

6.4 运输时,应符合危险品运输规定,避免曝晒、雨淋;搬运时,搬运人员应备有相应防护用品。

附　录　A
甲酸密度的测定
（参考件）

将甲酸试样盛入250mL量筒中，测定其温度，当试样温度达到15～30℃时，将校正过的刻度范围为1.180～1.220、分度值为0.002的密度计轻轻插入，当温度比较稳定时，按液面下边缘读其视密度。

按式(A1)将视密度换算为20℃的密度。

$$\rho_{20}=\rho_t+r\cdot(t-20) \qquad \text{(A1)}$$

式中：ρ_t——试验温度下甲酸溶液之视密度，g/cm³；

t——试验温度，℃；

r——甲酸溶液密度温度补正系数，当甲酸含量85%～92%时，$r=0.001\,2$。

附　录　B

表B1　甲酸密度表

甲酸含量，% ＼ 密度ρ g/cm³ ＼ 室温，℃	15	20	25	30
40.0	1.099 7	1.095 9	1.092 1	1.088 6
40.5	1.101 4	1.097 3	1.093 5	1.089 7
41.0	1.102 2	1.098 2	1.094 5	1.090 7
41.5	1.103 7	1.099 5	1.095 6	1.091 8
42.0	1.104 8	1.100 5	1.096 7	1.092 8
42.5	1.106 1	1.101 7	1.097 8	1.093 9
43.0	1.107 1	1.102 7	1.098 8	1.095 0
43.5	1.108 4	1.104 1	1.100 1	1.096 1
44.0	1.109 5	1.105 2	1.101 1	1.097 1
44.5	1.110 7	1.106 3	1.102 3	1.098 2
45.0	1.111 8	1.107 4	1.103 4	1.099 2
45.5	1.113 1	1.108 6	1.104 6	1.100 3
46.0	1.114 2	1.109 7	1.105 6	1.101 2
46.5	1.115 4	1.110 8	1.106 8	1.102 4
47.0	1.116 4	1.111 9	1.107 8	1.103 4
47.5	1.117 8	1.113 1	1.108 9	1.104 5
48.0	1.118 8	1.114 2	1.110 0	1.105 5
48.5	1.120 1	1.115 4	1.111 2	1.106 7
49.0	1.121 2	1.116 5	1.112 2	1.107 7
49.5	1.122 4	1.117 7	1.113 4	1.108 8

续表 B1

密度 ρ g/cm³ / 室温，℃ / 甲酸含量，%	15	20	25	30
50.0	1.123 6	1.118 7	1.114 2	1.109 8
50.5	1.124 8	1.120 0	1.115 7	1.111 0
51.0	1.126 0	1.121 1	1.116 7	1.112 0
51.5	1.127 2	1.122 3	1.117 8	1.113 1
52.0	1.128 2	1.123 3	1.118 8	1.114 1
52.5	1.129 4	1.124 6	1.120 1	1.115 3
53.0	1.130 4	1.125 6	1.121 1	1.116 2
53.5	1.131 7	1.126 8	1.122 3	1.117 4
54.0	1.132 8	1.127 9	1.123 4	1.118 5
54.5	1.134 7	1.129 1	1.124 5	1.119 5
55.0	1.135 1	1.130 2	1.125 6	1.120 6
55.5	1.136 3	1.131 4	1.126 7	1.121 8
56.0	1.137 3	1.132 4	1.127 8	1.122 8
56.5	1.138 6	1.133 7	1.128 9	1.124 0
57.0	1.139 7	1.134 8	1.130 0	1.125 1
57.5	1.140 8	1.136 0	1.131 2	1.126 2
58.0	1.142 0	1.137 1	1.132 1	1.127 3
58.5	1.143 2	1.138 3	1.132 4	1.128 4
59.0	1.144 3	1.139 3	1.134 4	1.129 5
59.5	1.145 5	1.140 5	1.135 5	1.130 6
60.0	1.146 5	1.141 5	1.136 5	1.131 7
60.5	1.147 8	1.142 7	1.137 8	1.132 8
61.0	1.149 0	1.143 8	1.139 0	1.134 0
61.5	1.150 3	1.145 0	1.140 1	1.135 1
62.0	1.151 2	1.146 0	1.141 1	1.136 1
62.5	1.152 4	1.147 2	1.142 2	1.137 2
63.0	1.153 6	1.148 2	1.143 3	1.138 3
63.5	1.154 8	1.149 4	1.144 5	1.139 5
64.0	1.156 0	1.150 3	1.145 6	1.140 3
64.5	1.157 2	1.151 5	1.146 7	1.141 6
65.0	1.158 3	1.152 5	1.147 8	1.142 7
65.5	1.159 4	1.153 7	1.148 8	1.143 8
66.0	1.160 5	1.154 8	1.149 8	1.144 8

续表 B1

密度ρ g/cm³ / 室温，℃ / 甲酸含量，%	15	20	25	30
66.5	1.161 7	1.156 0	1.151 1	1.146 0
67.0	1.162 8	1.157 1	1.152 2	1.147 1
67.5	1.164 0	1.158 1	1.153 4	1.148 2
68.0	1.165 0	1.159 4	1.154 4	1.149 3
68.5	1.166 1	1.160 4	1.155 5	1.150 4
69.0	1.167 2	1.161 5	1.156 7	1.151 5
69.5	1.168 4	1.162 7	1.157 8	1.152 6
70.0	1.169 5	1.163 7	1.158 8	1.153 6
70.5	1.170 6	1.164 8	1.159 8	1.154 7
71.0	1.171 8	1.166 0	1.160 9	1.155 7
71.5	1.172 9	1.167 1	1.162 0	1.156 7
72.0	1.174 0	1.168 1	1.163 0	1.157 7
72.5	1.175 2	1.169 3	1.164 1	1.158 7
73.0	1.176 3	1.170 3	1.165 1	1.159 7
73.5	1.177 4	1.171 5	1.166 2	1.160 7
74.0	1.178 5	1.172 6	1.167 2	1.161 7
74.5	1.179 5	1.173 6	1.168 2	1.162 8
75.0	1.180 6	1.174 7	1.169 0	1.163 8
75.5	1.181 7	1.175 8	1.170 4	1.164 8
76.0	1.182 7	1.176 8	1.171 4	1.165 8
76.5	1.183 8	1.178 0	1.172 5	1.166 8
77.0	1.1848	1.179 0	1.173 5	1.167 9
77.5	1.185 8	1.180 0	1.174 5	1.169 0
78.0	1.186 9	1.181 0	1.175 6	1.169 9
78.5	1.188 0	1.182 1	1.176 7	1.170 9
79.0	1.189 0	1.183 1	1.177 7	1.171 9
79.5	1.190 0	1.184 0	1.178 7	1.172 9
80.0	1.190 9	1.185 0	1.179 5	1.173 9
80.5	1.192 2	1.186 2	1.180 7	1.174 9
81.0	1.193 2	1.187 3	1.181 7	1.175 9
81.5	1.194 3	1.188 3	1.182 7	1.176 9
82.0	1.195 4	1.189 4	1.183 7	1.177 9
82.5	1.196 4	1.190 4	1.184 6	1.178 8

续表 B1

密度ρ g/cm³ \ 室温，℃ / 甲酸含量，%	15	20	25	30
83.0	1.197 4	1.191 4	1.185 6	1.179 8
83.5	1.198 4	1.192 4	1.186 6	1.180 6
84.0	1.199 4	1.193 4	1.187 5	1.181 6
84.5	1.200 4	1.194 3	1.188 4	1.182 5
85.0	1.201 4	1.195 3	1.189 4	1.183 5
85.5	1.202 4	1.196 4	1.190 3	1.184 4
86.0	1.2034	1.197 4	1.191 2	1.185 4
86.5	1.204 3	1.198 4	1.192 1	1.186 3
87.0	1.205 3	1.199 4	1.193 1	1.187 3
87.5	1.206 3	1.200 3	1.194 1	1.188 3
88.0	1.207 2	1.201 2	1.195 0	1.189 0
88.5	1.208 1	1.202 1	1.196 0	1.190 0
89.0	1.209 0	1.203 0	1.197 0	1.190 8
89.5	1.210 0	1.203 8	1.197 8	1.191 7
90.0	1.210 6	1.204 5	1.198 5	1.192 6
90.5	1.211 7	1.205 5	1.199 4	1.193 5
91.0	1.212 8	1.206 5	1.200 4	1.194 3
91.5	1.213 7	1.207 5	1.201 3	1.195 1
92.0	1.214 5	1.208 3	1.202 0	1.195 8
92.5	1.215 4	1.209 1	1.202 9	1.196 7
93.0	1.216 3	1.209 9	1.203 7	1.197 4
93.5	1.217 3	1.210 8	1.204 4	1.198 3
94.0	1.218 2	1.211 5	1.205 3	1.199 0
94.5	1.219 1	1.212 4	1.206 1	1.199 8
95.0	1.220 0	1.213 3	1.206 9	1.200 5
95.5	1.220 8	1.214 2	1.207 7	1.201 6
96.0	1.221 7	1.215 1	1.208 5	1.202 2
96.5	1.222 5	1.215 8	1.209 3	1.203 0
97.0	1.223 5	1.216 7	1.210 1	1.203 6
97.5	1.224 3	1.217 7	1.210 8	1.204 2
98.0	1.225 1	1.218 3	1.211 6	1.205 0
98.5	1.225 8	1.219 1	1.212 3	1.205 7
99.0	1.226 6	1.219 8	1.213 1	1.206 4

续表 B1

密度ρ g/cm³ 室温，℃ 甲酸含量，%	15	20	25	30
99.5	1.227 3	1.220 5	1.213 8	1.207 2
100	1.228 2	1.221 2	1.214 5	1.207 7

附加说明：

本标准由中华人民共和国化学工业部提出。

本标准由化学工业部北京化工研究院技术归口。

本标准由天津有机合成厂负责起草。

本标准主要起草人杨士华、张维忠。

本标准技术指标参照采用日本工业标准 JISK 1356—85《甲酸标准》。

ICS 65.080
G 21

中华人民共和国国家标准

GB/T 2946—2008
代替 GB/T 2946—1992

氯 化 铵

Ammonium chloride

2008-12-31 发布　　2009-08-01 实施

中华人民共和国国家质量监督检验检疫总局
中国国家标准化管理委员会　发布

前言

本标准代替 GB/T 2946—1992《氯化铵》。

本标准与前版标准的主要差异为：

——取消干、湿氯化铵的分类方式；

——将产品分为三个等级：优等品、一等品、合格品；

——硫酸盐测定步骤中，对试剂溶液的加入顺序做了调整。

本标准的附录 A 至附录 H 为规范性附录，规定了产品的测定方法。

本标准实施之日起 HG/T 3281—1990《小联碱农业氯化铵》废止。

自标准实施之日起，出厂产品应执行新标准；标准实施之日六个月后，市场上的氯化铵产品外包装禁止标注 GB/T 2946—1992 或 HG/T 3281—1990。

本标准由中国石油和化学工业协会提出。

本标准由全国肥料和土壤调理剂标准化技术委员会(SAC/TC 105)归口。

本标准负责起草单位：国家化肥质量监督检验中心(上海)、大化集团有限责任公司。

本标准参加起草单位：建德市大洋化工有限公司、自贡鸿鹤化工股份有限公司、湖北双环科技股份有限公司、湖北新洋丰肥业股份有限公司、江苏华昌化工股份有限公司。

本标准主要起草人：商照聪、房朋、闫成华、陈平、王福航、金岚、郑钧、季敏、胡波、王建平、文俊斌、王宏。

本标准所代替标准的历次版本发布情况为：

——GB 2946—1992。

氯　化　铵

1　范围

本标准规定了工业用氯化铵、农业用氯化铵的分类、要求、试验方法、检验规则、标识、包装、运输和贮存。

本标准适用于采用各种工艺生产的工业用、农业用氯化铵。其主要用途：工业上用于干电池、电镀、染纺、精密铸造等方面；农业上用作肥料。

分子式：NH_4Cl

相对分子质量：53.49（按 2007 年国际原子量）

2　规范性引用文件

下列文件中的条款通过本标准的引用而成为本标准的条款。凡是注日期的引用文件，其随后所有的修改单（不包括勘误的内容）或修订版均不适用于本标准，然而，鼓励根据本标准达成协议的各方研究是否可使用这些文件的最新版本。凡是不注日期的引用文件，其最新版本适用于本标准。

GB/T 3600　肥料中氨态氮含量的测定　甲醛法

GB/T 6679　固体化工产品采样通则

GB/T 8170　数值修约规则与极限数值的表示和判定

GB 8569　固体化学肥料包装

GB/T 8572　复混肥料中总氮含量的测定　蒸馏后滴定法

GB/T 8577　复混肥料中游离水含量的测定　卡尔·费休法

GB/T 10209.4　磷酸一铵、磷酸二铵的测定　第 4 部分：粒度

GB 18382　肥料标识　内容和要求

HG/T 2843　化肥产品　化学分析常用标准滴定溶液、标准溶液、试剂溶液和指示剂溶液

3　分类

氯化铵按用途分为工业用氯化铵和农业用氯化铵两类。

4　要求

4.1　外观：工业用产品为白色结晶；农业用产品为白色（可呈微灰或微黄色）结晶或颗粒（造粒产品）。

4.2　工业用氯化铵应符合表 1 的要求，同时应符合包装袋标明值。

表 1　工业用氯化铵的要求

项　　目		优等品	一等品	合格品
氯化铵（NH_4Cl）的质量分数（以干基计）/%	≥	99.5	99.3	99.0
水分质量分数[a]/%	≤	0.5	0.7	1.0
灼烧残渣质量分数/%	≤	0.4	0.4	0.4
铁（Fe）的质量分数/%	≤	0.000 7	0.001 0	0.003 0
重金属（以 Pb 计）的质量分数/%	≤	0.000 5	0.000 5	0.001 0
硫酸盐（以 SO_4 计）的质量分数/%	≤	0.02	0.05	—
pH 值（200 g/L 溶液）		4.0～5.8		

[a] 水分质量分数指出厂检验结果。当需方对水分有特殊要求时，可由供需双方协商确定。

4.3 农业用氯化铵应符合表2要求，同时应符合包装袋标明值。

表2 农业用氯化铵的要求

项 目		优等品	一等品	合格品
氮(N)的质量分数(以干基计)/%	≥	25.4	25.0	24.0
水分质量分数[a]/%	≤	0.5	1.0	7.0
钠盐的质量分数[b](以Na计)/%	≤	0.8	1.0	1.6
粒度[c](2.00 mm～4.00 mm)/%	≥	75	70	—

a 水分质量分数指出厂检验结果。

b 钠盐的质量分数以干基计。

c 结晶状产品无粒度要求，粒状产品至少要达到一等品的要求。

5 试验方法

警告——试剂中的部分溶液具有腐蚀性、易燃性和毒性，操作应在通风橱内进行，操作者应小心谨慎！如溅倒皮肤应立即用合适的方式进行处理，严重者应立即治疗。本标准并未指出所有可能的安全问题，使用者有责任采取适当的安全和健康措施，并保证符合国家有关法规规定的条件。

本标准中所用试剂、水和溶液的配制，在未注明规格和配制方法时，均应符合HG/T 2843的规定。

5.1 氯化铵或氮含量的测定

5.1.1 蒸馏后滴定法(仲裁法)

5.1.1.1 按GB/T 8572中氨态氮含量的测定进行。

5.1.1.2 分析结果的表示

5.1.1.2.1 氯化铵含量(以干基计)，以氯化铵的质量分数 w_1 计，数值以%表示，按式(1)计算：

$$w_1 = \frac{c(V_2 - V_1) \times 0.053\,49}{m(1 - w_3)} \times 100 \qquad \cdots\cdots(1)$$

式中：

c——氢氧化钠标准滴定溶液浓度的数值，单位为摩尔每升(mol/L)；

V_1——测定时，使用氢氧化钠标准滴定溶液体积的数值，单位为毫升(mL)；

V_2——空白试验时，使用氢氧化钠标准滴定溶液体积的数值，单位为毫升(mL)；

m——试料质量的数值，单位为克(g)；

w_3——试样水分的质量分数，数值以%表示；

0.053 49——氯化铵的毫摩尔质量的数值，单位为克每毫摩尔(g/mmoL)。

计算结果应表示至两位小数。取平行测定结果的算术平均值为测定结果。

5.1.1.2.2 氮含量(以干基计)，以氮(N)的质量分数 w_2 计，数值以%表示，按式(2)计算：

$$w_2 = \frac{c(V_2 - V_1) \times 0.014\,01}{m(1 - w_3)} \times 100 \qquad \cdots\cdots(2)$$

式中：

0.014 01——氮的毫摩尔质量的数值，单位为克每毫摩尔(g/mmoL)。

计算结果应表示至两位小数。取平行测定结果的算术平均值为测定结果。

5.1.1.3 允许差

平行测定结果的绝对差值，以氯化铵计不大于0.20%；以氮计不大于0.05%。

不同实验室测定结果的绝对差值，以氯化铵计不大于0.30%；以氮计不大于0.08%。

5.1.2 氯化铵或氮含量测定　甲醛法

5.1.2.1 测定

按 GB/T 3600 规定进行。

5.1.2.2 分析结果的表示

5.1.2.2.1 氯化铵含量(以干基计),以氯化铵(NH_4Cl)的质量分数 w_1 计,数值以(%)表示,按式(3)计算:

$$w_1 = \frac{c(V_2 - V_1) \times 0.05349}{m(1 - w_3)} \times 100 \quad \cdots\cdots (3)$$

计算结果应表示至两位小数。取平行测定结果的算术平均值为测定结果。

5.1.2.2.2 氮含量(以干基计),以氮(N)的质量分数 w_2 计,数值以(%)表示,按式(4)计算:

$$w_2 = \frac{c(V_2 - V_1) \times 0.01401}{m(1 - w_3)} \times 100 \quad \cdots\cdots (4)$$

计算结果应表示至两位小数。取平行测定结果的算术平均值为测定结果。

5.1.2.3 允许差

平行测定结果的绝对差值,以氯化铵计不大于 0.20%;以氮计不大于 0.10%。

不同实验室测定结果的绝对差值,以氯化铵计不大于 0.30%;以氮计不大于 0.15%。

5.2 水分的测定

5.2.1 卡尔·费休法(仲裁法)

按 GB/T 8577 中的规定进行。

5.2.2 干燥法

按附录 A 进行。

5.3 灼烧残渣的测定　重量法

按附录 B 进行。

5.4 铁含量的测定　邻菲啰啉分光光度法

按附录 C 进行。

5.5 重金属含量的测定　目视比浊法

按附录 D 进行。

5.6 硫酸盐含量的测定　目视比浊法

按附录 E 进行。

5.7 钠含量的测定

5.7.1 火焰光度法(仲裁法)

按附录 F 进行。

5.7.2 汞量法

按附录 G 进行。

5.8 pH 值的测定　酸度计法

按附录 H 进行。

5.9 粒度的测定　筛分法

选用 2.00 mm 和 4.00 mm 的试验筛,其余按 GB/T 10209.4 中的相应条款进行。

6 检验规则

6.1 检验类别及检验项目

产品检验为出厂检验,检验项目为第四章的全部内容。

6.2 组批

产品按批检验,以一天的产量为一批,最大批量为 500 t。

6.3 采样方案

6.3.1 袋装产品

不超过512袋时，按表3确定采样袋数；大于512袋时，按式(5)计算结果确定最少采样袋数，如遇小数，则进为整数。

$$最少采样袋数 = 3 \times \sqrt[3]{N} \quad \cdots\cdots(5)$$

式中：

N——每批产品总袋数。

表3 采样袋数的确定

总袋数	最少采样袋数	总袋数	最少采样袋数
1～10	全部	182～216	18
11～49	11	217～254	19
50～64	12	255～296	20
65～81	13	297～343	21
82～101	14	344～394	22
102～125	15	395～450	23
126～151	16	451～512	24
152～181	17		

按表3或式(5)计算结果随机抽取一定袋数，用取样器沿每袋最长对角线插入至袋的3/4处，取出不少于100 g样品，每批采取总样品量不少于2 kg。

6.3.2 散装产品

按GB/T 6679规定进行。

6.4 样品缩分

将采取的样品迅速混匀，用缩分器或四分法将粒状样品缩分至约1 kg；粉状样品缩分至约0.5 kg。分装于两个洁净、干燥的500 mL或250 mL具有磨口塞的广口瓶或聚乙烯瓶中(生产企业质检部门可用洁净干燥的塑料自封袋盛装样品)。密封并贴上标签，注明生产企业名称、产品名称、批号、取样日期、取样人姓名。一瓶作产品质量分析，另一瓶保存两个月，以备查用。

6.5 粒状农业用氯化铵试样制备

取6.4中一瓶样品，按6.4中规定混合缩分成两份，其中一份供粒度测定(如果量大可再混合缩分一次)；另一份再混合缩分一至两次，得到约100 g缩分样品，迅速研磨至全部通过1.00 mm孔径筛，混合均匀，置于洁净、干燥的样品瓶中，供成分分析用。

6.6 结果判定

6.6.1 本标准中产品质量指标合格判定，采用GB/T 8170中“修约值比较法”。

6.6.2 出厂检验的项目全部符合本标准要求时，判该批产品合格。

6.6.3 如果检验结果中有一项指标不符合本标准要求时，应重新自二倍量的包装袋中采取样品进行检验，重新检验结果中，即使有一项指标不符合本标准要求，判该批产品不合格。

6.6.4 每批检验合格的出厂产品应附有质量证明书，其内容包括：生产企业名称、地址、产品名称、产品类别、产品等级、批号或生产日期、产品净含量、氯化铵含量或氮含量和本标准编号。

7 标识

应在产品包装容器正面标明产品类别和等级(如工业用优等品，农业用优等品，工业用一等品，农业用一等品，工业用合格品，农业用合格品)，应标明主要成分或养分含量。农业用氯化铵其余标识要求执行 GB 18382。

8 包装、运输和储存

8.1 产品用符合 GB 8569 规定的材料进行包装，宜使用经济实用型包装。

8.2 产品每袋净含量(50±0.5)kg、(40±0.4)kg、(25±0.25)kg，平均每袋净含量分别不应低于 50.0 kg、40.0 kg、25.0 kg。

8.3 产品应贮存于阴凉干燥处。

附　录　A
（规范性附录）
氯化铵水分的测定（干燥法）

A.1　方法提要

试样在100 ℃～105 ℃下干燥至质量恒定，由质量损失计算出水分。

A.2　仪器

一般实验室用仪器和以下仪器。

A.2.1　带磨口塞称量瓶：直径50 mm，高30 mm。

A.2.2　电热鼓风干燥箱：能控制温度在100 ℃～105 ℃之间。

A.3　分析步骤

作两份试料的平行测定。

置于预先在100 ℃～105 ℃下干燥至质量恒定的称量瓶，称取约5 g试样，精确至0.001 g，置于100 ℃～105 ℃电热鼓风干燥箱中，干燥至质量恒定（一般不超过4 h），冷却至室温后称量。

A.4　分析结果表示

水分，以水（H_2O）的质量分数 w_3 计，数值以（%）表示，按式（A.1）计算：

$$w_3 = \frac{m - m_1}{m} \times 100 \qquad \text{(A.1)}$$

式中：

m——干燥前试料质量的数值，单位为克（g）；

m_1——干燥后试料质量的数值，单位为克（g）。

计算结果应表示至两位小数。取平行测定结果的算术平均值为测定结果。

A.5　允许差

允许差见表A.1。

表A.1　水分测定的允许差

水分的质量分数/%	平行测定结果的绝对差值/%	不同实验室测定结果的绝对差值/%
≤1.0	≤0.10	≤0.20
>1.0	≤0.20	≤0.40

附 录 B
（规范性附录）
氯化铵中灼烧残渣的测定

B.1 方法提要

试样经过加热升华，在 500 ℃～600 ℃下灼烧至质量恒定，得残留物，计算出灼烧残渣。

B.2 仪器

一般实验室用仪器和以下仪器。

B.2.1 蒸发皿：石英或瓷蒸发皿，容积为 50 mL。

B.2.2 高温电阻炉：控制温度 500 ℃～600 ℃。

B.2.3 分析步骤

作两份试料的平行测定。

称取约 10 g 试样，精确至 0.01 g，于预先已在 500 ℃～600 ℃下灼烧至恒重的 50 mL 蒸发皿中，置于电热炉上加热升华，升华温度约 400 ℃，直至无白烟后，移至 500 ℃～600 ℃高温电阻炉中灼烧，冷却、称重，直至质量恒定。

B.3 分析结果表示

灼烧残渣，以残渣的质量分数 w_4 计，数值以%表示，按式(B.1)计算：

$$w_4 = \frac{m_2 - m_3}{m} \times 100 \qquad \cdots\cdots(B.1)$$

式中：

m_2——灼烧后蒸发皿和残渣的质量的数值，单位为克(g)；

m_3——蒸发皿的质量的数值，单位为克(g)；

m——试料的质量的数值，单位为克(g)。

计算结果应表示至两位小数。取平行测定结果的算术平均值为测定结果。

B.4 允许差

平行测定结果的绝对差值应不大于 0.05%；不同实验室测定的结果的绝对差值不大于 0.10%。

附 录 C
（规范性附录）
氯化铵中铁含量的测定

C.1 方法提要

用抗坏血酸将试液中的三价铁离子还原为二价铁离子，在 pH 值为 2～9 时，二价铁离子与邻菲啰啉生成橙红色配合物，在吸收波长 510 nm 处，用分光光度计测定其吸光度。

C.2 试剂和溶液

C.2.1 盐酸溶液：1.0 mol/L；

C.2.2 氨水溶液：1+9；

C.2.3 乙酸-乙酸钠缓冲溶液：pH 值约为 4.5；

C.2.4 抗坏血酸溶液：20 g/L（该溶液使用期限 10 d）；

C.2.5 邻菲啰啉溶液：2 g/L；

C.2.6 铁标准溶液：1 mg/mL；

C.2.7 铁标准溶液：0.01 mg/mL，用铁标准溶液（C.2.6）准确稀释 100 倍，当日使用。

C.3 仪器

一般实验室仪器和以下仪器。

分光光度计：带 3 cm 比色皿。

C.4 分析步骤

C.4.1 标准曲线的绘制

按表 C.1 所示，吸取铁标准溶液（C.2.7）分别置于 7 个 100 mL 容量瓶中，分别加水至约 60 mL 左右，加 1.0 mL 盐酸溶液，2.5 mL 抗坏血酸溶液和 10 mL 缓冲溶液，摇匀后加入 5 mL 邻菲啰啉溶液，用水稀释至刻度，摇匀后放置 15 min。

表 C.1 铁标准溶液体积和对应的铁含量

铁标准溶液体积/mL	0	1.00	2.00	4.00	6.00	8.00	10.00
相应的铁含量/mg	0	0.01	0.02	0.04	0.06	0.08	0.10

将部分显色溶液移入 3cm 比色皿中，以空白溶液（C.4.1 中的 0 mL）作参比溶液，于分光光度计波长 510 nm 处测定其吸光度。

以 100 mL 标准比色溶液中所含铁的毫克数为横坐标，相对应的吸光度为纵坐标，绘制标准曲线。

C.4.2 测定

做两份试料的平行测定。

称取 2 g～5 g 试样，精确至 0.001 g，置于烧杯中，加约 30 mL 水溶解，加 5 mL～10 mL 盐酸溶液，加热煮沸 2 min～5 min，冷却后加氨水溶液，调节溶液 pH 值接近 2（用精密 pH 试纸检验），转移至 100 mL 容量瓶中，以下步骤与 C.4.1 中"分别加水至约 60 mL 左右……于分光光度计波长 510 nm 处测定其吸光度"相同。

C.5 分析结果的表示

铁含量，以铁（Fe）的质量分数 w_5 计，数值以%计，按式（C.1）计算：

$$w_5 = \frac{m_4}{m \times 1\,000} \times 100 \qquad \cdots\cdots (C.1)$$

式中：

m_4——标准曲线上查得的试液中铁的质量的数值，单位为毫克(mg)；

m——试料质量的数值，单位为克(g)。

计算结果应表示至五位小数。取平行测定结果的算术平均值为测定结果。

C.6 允许差

平行测定结果的绝对差值不大于0.000 2%；不同实验室测定的结果的绝对差值不大于0.000 3%。

附　录　D
（规范性附录）
氯化铵中重金属的测定

D.1　方法提要

在弱酸性条件下，试液中的重金属与加入的硫化氢生成硫化物沉淀，再与铅的标准浊度进行比较，确定重金属的含量。

D.2　试剂和溶液

D.2.1　硝酸铅；

D.2.2　乙酸溶液：1＋16；

D.2.3　铅(Pb)标准溶液：0.1 mg/mL；

D.2.4　铅(Pb)标准溶液：0.01 mg/mL：用移液管移取 10.0 mL 铅标准溶液(D.2.3)置于 100 mL 容量瓶中，加水至刻度，摇匀。该溶液在使用当日配制。

D.2.5　饱和硫化氢水溶液：使用当日配制。

D.3　仪器

一般实验室用仪器和带有磨口塞的 50 mL 刻度比色管。

D.4　分析步骤

D.4.1　标准浊度的制备

于两只 50 mL 比色管中分别加入 2.5 mL、5.0 mL 铅标准溶液(D.2.4)，加水至约 35 mL，加 2 mL 乙酸溶液，10 mL 饱和硫化氢水溶液，用水稀释至刻度，摇匀后放置 10 min。

D.4.2　测定

称取 5 g 试样(精确至 0.01 g)，置于 250 mL 烧杯中，加 20 mL 水溶解后过滤，滤液滤入 50 mL 比色管中，用少量水多次洗涤滤纸，然后加入 2 mL 乙酸溶液，与铅标准溶液同时加入 10 mL 饱和硫化氢水溶液，用水稀释至刻度，摇匀，放置 10 min。所呈浊度与标准浊度比较，浊度低于或等于相应标准浊度，即重金属的质量分数(以 Pb 计)≤0.000 5%或≤0.001 0%。

附　录　E
（规范性附录）
氯化铵中硫酸盐的测定

E.1　方法提要

在酸性介质中，钡离子与硫酸根离子生成硫酸钡。当硫酸根离子含量较低时，在一定时间内硫酸钡呈悬浮体，使溶液混浊，与标准溶液浊度比较，确定试样中硫酸盐含量。

E.1.1　试剂和溶液

E.1.1.1　体积分数为95%乙醇；

E.1.1.2　无水硫酸钠；

E.1.1.3　盐酸溶液：1+1；

E.1.1.4　氯化钡：100 g/L 溶液；

E.1.1.5　硫酸盐标准溶液：0.1 mg/mL；

E.1.1.6　不含硫酸盐的氯化铵溶液：称取10 g试样，溶于80 mL水中，加1 mL盐酸溶液，煮沸后加入10 mL氯化钡溶液，搅匀后放置12 h～18 h过滤，并稀释至100 mL。

E.2　仪器

一般实验室用仪器和带磨口塞的50 mL刻度比色管。

E.3　分析步骤

E.3.1　标准浊度的制备

于50 mL比色管中，分别加入2.0 mL、5.0 mL硫酸盐标准溶液，加水至25 mL。然后加入5 mL体积分数为95%乙醇，1 mL盐酸溶液，加入10 mL不含硫酸盐的氯化铵溶液，5 mL氯化钡溶液，用水稀释至刻度，摇匀后放置20 min。

E.3.2　测定

称取1 g试样，精确至0.01 g，置于烧杯中，加20 mL水溶解后过滤，滤液滤入50 mL比色管中，用少量水多次洗涤滤纸，然后加入5 mL体积分数为95%乙醇，1 mL盐酸溶液，与硫酸盐标准溶液同时加入5 mL氯化钡溶液，加水稀释至刻度，摇匀后放置20 min。所呈浊度与标准浊度比较，浊度低于或等于标准浊度，即硫酸盐含量（以 SO_4 计）≤0.02%或≤0.05%。

附 录 F
（规范性附录）
氯化铵中钠含量的测定（火焰光度法）

F.1 方法提要

当被测元素的溶液以雾状喷入火焰时，即能发射出该元素的特征谱线。在一定浓度范围内，特征谱线强度与该元素浓度成正比，测定待测元素的特征谱线强度，用标准曲线法即能求得试样中钠的含量。

F.2 试剂和溶液

F.2.1 氯化钠：基准试剂；

F.2.2 氯化铵溶液：100 g/L；

F.2.3 钠标准溶液：1 mL 含 0.5 mg 钠；

F.2.4 钠校正溶液：1 mL 含 0.02 mg 钠；

用移液管移取 10.0 mL 钠标准溶液（F.2.3），于 250 mL 容量瓶中，再加入 3 mL 氯化铵溶液，用水稀释至刻度，摇匀。

F.3 仪器

一般实验室用仪器和火焰光度计。

F.4 分析步骤

作两份试料的平行测定。

F.4.1 校正试验

按火焰光度计使用说明书中规定用钠校正溶液进行仪器的校正试验。

F.4.2 标准曲线的绘制

按表 F.1 所示，吸取钠标准溶液分别置于 6 个 250 mL 容量瓶中，分别加 3 mL 氯化铵溶液，用水稀释至刻度，摇匀。以下操作按火焰光度计使用说明书中校正和进行测定。

以钠含量为横坐标，相对应的特征谱线强度为纵坐标，绘制标准曲线。

表 F.1 钠标准溶液体积和对应的钠含量

钠标准溶液体积/mL	1.00	2.00	4.00	6.00	8.00	10.00
相应的钠含量/mg	0.50	1.00	2.00	3.00	4.00	5.00

F.4.3 试样溶液的制备

称取 3 g 试样，精确到 0.001 g，置于烧杯中，用水溶解，转移至 250 mL 容量瓶中，并稀释至刻度，摇匀。从中取出 25.0 mL 试样溶液置于另一 250 mL 容量瓶中，稀释至刻度，摇匀。

F.4.4 测定

F.4.4.1 按火焰光度计使用说明书规定进行试样溶液的测定，重复三次后，求其特征谱线强度的平均值，从而在标准曲线上由特征谱线强度的平均值查得对应的钠的量（m_1）。

F.4.4.2 也可采用示差法（标准比较法）。

由绘制标准曲线（F.4.2）标准系列中，选取接近于试样溶液浓度的二份标准溶液，用低浓度调整仪器指针到零点。用高浓度标准溶液测定特征谱线强度，然后进行试样溶液的测定。

F.5 分析结果的表示

F.5.1 钠含量，以钠(Na)的质量分数 w_6 计，数值以%表示，按式(F.1)计算：

$$w_6 = \frac{m_5}{m \times \frac{25}{250} \times 1\,000} \times 100 = \frac{m_5}{m} \quad \cdots\cdots(F.1)$$

式中：

m_5——由标准曲线查得试样溶液相对应的钠质量的数值，单位为毫克(mg)；

m——试料质量的数值，单位为克(g)。

所得结果应表示至两位小数。取平行测定结果的算术平均值为测定结果。

F.5.2 钠含量，以钠(Na)的质量分数 w_6 计，数值以%表示，示差法按式(F.2)计算：

$$w_6 = \frac{m_6 + \frac{I_1}{I_2} \times (m_7 - m_6)}{m \times \frac{25}{250} \times 1\,000} \times 100 = \frac{m_6 + \frac{I_1}{I_2} \times (m_7 - m_6)}{m} \quad \cdots\cdots(F.2)$$

式中：

m_6——选取低浓度标准溶液所含有钠的质量的数值，单位为毫克(mg)；

m_7——选取高浓度标准溶液所含有钠的质量的数值，单位为毫克(mg)；

I_1——测得试样溶液浓度的特征谱线强度；

I_2——高浓度标准溶液的特征谱线强度；

m——试样质量的数值，单位为克(g)。

所得结果应表示至两位小数。取平行测定结果的算术平均值为测定结果。

F.6 允许差

平行测定结果的绝对差值应不大于0.06%；不同实验室测定结果的绝对差值应不大于0.15%。

附 录 G
(规范性附录)
氯化铵中钠含量的测定(汞量法)

G.1 方法提要

在酸性的水溶液或乙醇-水溶液中,用强电离的硝酸汞标准溶液将氯离子转化成弱电离的氯化汞,用二苯偶氮碳酰肼指示剂与过量的 Hg^{2+} 生成紫红色络合物为终点。

G.2 试剂和溶液

G.2.1 氯化钠:基准试剂。

G.2.2 硝酸溶液:用化学纯试剂配制,0.2 mol/L。

G.2.3 硝酸汞标准滴定溶液:$c\left[\frac{1}{2}Hg(NO_3)_2\right]=0.100\,0$ mol/L;

称取 17.13 g 硝酸汞[$Hg(NO_3)_2 \cdot H_2O$],溶解于 500 mL 水中,加 4 mL 硝酸溶液,用水稀释至 1 000 mL;标定:称取在 500 ℃~600 ℃下灼烧至恒重的氯化钠 0.15 g,精确至 0.000 1 g,溶解于 40 mL 水中,加 2~3 滴溴酚蓝指示液,滴加 0.2 mol/L 硝酸溶液至溶液呈黄色,再过量 3 滴,加 1 mL 二苯偶氮碳酰肼指示液,用硝酸汞标准滴定溶液滴定至溶液呈紫红色为终点。

硝酸汞标准滴定溶液的浓度 c,以 mol/L 表示,按式(G.1)计算:

$$c=\frac{m}{V\times 0.058\,44} \qquad \text{(G.1)}$$

式中:

m——氯化钠质量的数值,单位为克(g);

V——滴定时用去硝酸汞标准滴定溶液体积的数值,单位为毫升(mL);

0.058 44——氯化钠的毫摩尔质量的数值,单位为克每毫摩尔(g/mmol)。

G.2.4 溴酚蓝指示液:0.1%乙醇溶液。

G.2.5 二苯偶氮碳酰肼指示液:5 g/L。

G.3 仪器

一般实验室用仪器和以下仪器。

G.3.1 100 mL 瓷蒸发皿;

G.3.2 高温电阻炉:可控制温度在 500 ℃~600 ℃。

G.4 分析步骤

作两份试料的平行测定。

G.4.1 试样溶液的制备

称取约 5 g 试样,精确到 0.001 g,置于 100 mL 瓷蒸发皿中。将瓷蒸发皿置于电炉上加热,使氯化铵升华尽,再移至 500 ℃~600 ℃高温电阻炉中灼烧至恒重。将灼烧后的残留物用水溶解,并转移至 250 mL 的锥形瓶中,总体积不超过 40 mL。

G.4.2 测定

在试液(G.4.1)中加入两滴溴酚蓝指示液,然后滴加硝酸溶液至溶液呈黄色,再过量三滴。最后加入 1 mL 二苯偶氮碳酰肼指示液,用硝酸汞标准滴定溶液滴定至溶液呈紫红色为终点。

G.4.3 结果的表示

钠含量，以钠(Na)的质量分数 w_6 计，数值以%表示，按式(G.2)计算：

$$w_6 = \frac{c \times V \times 0.02299}{m} \times 100 \quad \cdots\cdots (G.2)$$

式中：

c——硝酸汞标准滴定溶液浓度的数值，单位为摩尔/升(mol/L)；

V——测定时用去硝酸汞标准滴定溶液的体积的数值，单位为毫升(mL)；

0.022 99——钠的毫摩尔质量的数值，单位为克每毫摩尔(g/mmol)；

m——试料质量的数值，单位为克(g)。

所得结果应表示至两位小数。取平行测定结果的算术平均值为测定结果。

G.5 允许差

平行测定结果的绝对差值应不大于0.05%；不同实验室测定结果的绝对差值应不大于0.10%。

注：含汞废液的处理方法：

将含汞废液收集于约50 L的容器中，当废液达到40 L左右时，依次加入400 mL 40%的工业氢氧化钠溶液，100 g硫化钠($Na_2S \cdot 9H_2O$)，搅拌均匀。10 min后缓慢加入400 mL 30%过氧化氢溶液，氧化过量的硫化钠，防止汞以多硫化物形式溶解，充分混合，放置24 h后，将上部清液排入废水中，沉淀物(硫化汞又名辰砂，不溶于水，对人体无害)转入另一容器中，回收。

附 录 H
（规范性附录）
氯化铵 pH 值的测定

H.1 方法提要

试样经水溶解，用 pH 酸度计测定。

H.2 试剂和溶液

H.2.1 磷酸二氢钾[$c(KH_2PO_4)$=0.025 mol/L]和磷酸氢二钠[$c(Na_2HPO_4)$=0.025 mol/L]缓冲溶液；

H.2.2 邻苯二甲酸氢钾[$c(C_8H_5O_4K)$=0.05 mol/L]缓冲溶液。

H.3 仪器

一般实验室用仪器和酸度计。

pH 酸度计：灵敏度为 0.01 pH 单位。

H.4 分析步骤

称取试样 20.00 g 于 100 mL 烧杯中，置于烧杯中，加 100 mL 不含二氧化碳的水，搅动 1 min，静置 30 min，用 pH 酸度计测定。测定前，用标准缓冲液对酸度计进行校验。

H.5 分析结果的表示

试液的 pH 值，以 pH 表示，所得结果表示至一位小数。

ICS 71.040.30
G 60

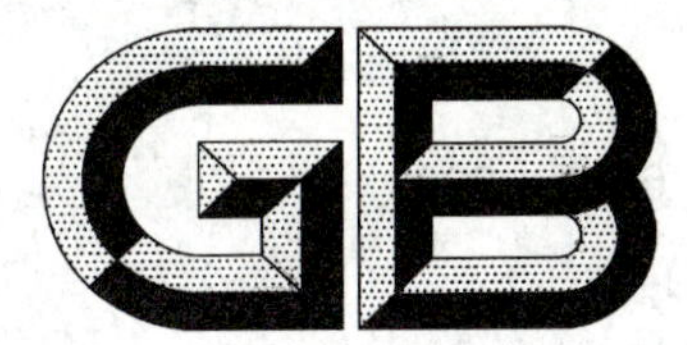

中华人民共和国国家标准

GB/T 6682—2008
代替 GB/T 6682—1992

分析实验室用水规格和试验方法

Water for analytical laboratory use—Specification and test methods

(ISO 3696:1987,MOD)

2008-05-15 发布　　2008-11-01 实施

中华人民共和国国家质量监督检验检疫总局
中国国家标准化管理委员会　发布

前　言

本标准修改采用ISO 3696:1987《分析实验室用水规格和试验方法》(英文版)。

考虑我国国情,本标准在采用ISO 3696:1987时做了一些修改。有关技术性差异已编入正文中并在它们所涉及的条款的页边空白处用垂直单线标识。在附录A中列出了本标准章条编号与ISO 3696:1987章条编号对照一览表。在附录B中给出了本标准与ISO 3696:1987技术性差异及其原因一览表以供参考。

本标准代替GB/T 6682—1992《分析实验室用水规格和试验方法》,与GB/T 6682—1992相比主要变化如下:

——增加了实验报告(本版的第8章)。

本标准的附录C为规范性附录,附录A、附录B为资料性附录。

本标准由中国石油和化学工业协会提出。

本标准由全国化学标准化技术委员会化学试剂分会(SAC/TC 63/SC 3)归口。

本标准起草单位:国药集团化学试剂有限公司。

本标准主要起草人:陈浩云、陈红。

本标准于1986年首次发布,于1992年第一次修订。

分析实验室用水规格和试验方法

1 范围

本标准规定了分析实验室用水的级别、规格、取样及贮存、试验方法和试验报告。

本标准适用于化学分析和无机痕量分析等试验用水。可根据实际工作需要选用不同级别的水。

2 规范性引用文件

下列文件中的条款通过本标准的引用而成为本标准的条款。凡是注日期的引用文件,其随后所有的修改单(不包括勘误的内容)或修订版均不适用于本标准,然而,鼓励根据本标准达成协议的各方研究是否可使用这些文件的最新版本。凡是不注日期的引用文件,其最新版本适用于本标准。

GB/T 601 化学试剂 标准滴定溶液的制备

GB/T 602 化学试剂 杂质测定用标准溶液的制备(GB/T 602—2002,ISO 6353-1:1982,NEQ)

GB/T 603 化学试剂 试验方法中所用制剂及制品的制备(GB/T 603—2002,ISO 6353-1:1982,NEQ)

GB/T 9721 化学试剂 分子吸收分光光度法通则(紫外和可见光部分)

GB/T 9724 化学试剂 pH 值测定通则(GB/T 9724—2007,ISO 6353-1:1982,NEQ)

GB/T 9740 化学试剂 蒸发残渣测定通用方法(GB/T 9740—2008 ,ISO 6353-1:1982,NEQ)

3 外观

分析实验室用水目视观察应为无色透明液体。

4 级别

分析实验室用水的原水应为饮用水或适当纯度的水。

分析实验室用水共分三个级别:一级水、二级水和三级水。

4.1 一级水

一级水用于有严格要求的分析试验,包括对颗粒有要求的试验。如高效液相色谱分析用水。

一级水可用二级水经过石英设备蒸馏或离子交换混合床处理后,再经 0.2 μm 微孔滤膜过滤来制取。

4.2 二级水

二级水用于无机痕量分析等试验,如原子吸收光谱分析用水。

二级水可用多次蒸馏或离子交换等方法制取。

4.3 三级水

三级水用于一般化学分析试验。

三级水可用蒸馏或离子交换等方法制取。

5 规格

分析实验室用水的规格见表 1。

表 1

名　　称	一级	二级	三级
pH 值范围(25℃)	—	—	5.0～7.5
电导率(25℃)/(mS/m)	≤0.01	≤0.10	≤0.50
可氧化物质含量(以 O 计)/(mg/L)	—	≤0.08	≤0.4
吸光度(254 nm,1 cm 光程)	≤0.001	≤0.01	—
蒸发残渣(105℃±2℃)含量/(mg/L)	—	≤1.0	≤ 2.0
可溶性硅(以 SiO_2 计)含量/(mg/L)	≤0.01	≤0.02	—

注 1：由于在一级水、二级水的纯度下，难于测定其真实的 pH 值，因此，对一级水、二级水的 pH 值范围不做规定。

注 2：由于在一级水的纯度下，难于测定可氧化物质和蒸发残渣，对其限量不做规定。可用其他条件和制备方法来保证一级水的质量。

6 取样及贮存

6.1 容器

6.1.1 各级用水均使用密闭的、专用聚乙烯容器。三级水也可使用密闭、专用的玻璃容器。

6.1.2 新容器在使用前需用盐酸溶液(质量分数为 20%)浸泡 2 d～3 d，再用待测水反复冲洗，并注满待测水浸泡6 h以上。

6.2 取样

按本标准进行试验，至少应取 3 L 有代表性水样。

取样前用待测水反复清洗容器，取样时要避免沾污。水样应注满容器。

6.3 贮存

各级用水在贮存期间，其沾污的主要来源是容器可溶成分的溶解、空气中二氧化碳和其他杂质。因此，一级水不可贮存，使用前制备。二级水、三级水可适量制备，分别贮存在预先经同级水清洗过的相应容器中。

各级用水在运输过程中应避免沾污。

7 试验方法

在试验方法中，各项试验必须在洁净环境中进行，并采取适当措施，以避免试样的沾污。水样均按精确至 0.1 mL 量取，所用溶液以“%”表示的均为质量分数。

试验中均使用分析纯试剂和相应级别的水。

7.1 pH 值

量取 100 mL 水样，按 GB/T 9724 的规定测定。

7.2 电导率

7.2.1 仪器

7.2.1.1 用于一、二级水测定的电导仪：配备电极常数为 0.01 cm^{-1}～0.1 cm^{-1}的“在线”电导池。并具有温度自动补偿功能。

若电导仪不具温度补偿功能，可装“在线”热交换器，使测定时水温控制在 25℃±1℃。或记录水温度，按附录 C 进行换算。

7.2.1.2 用于三级水测定的电导仪：配备电极常数为 0.1 cm^{-1}～1 cm^{-1}的电导池。并具有温度自动补偿功能。

若电导仪不具温度补偿功能，可装恒温水浴槽，使待测水样温度控制在25℃±1℃。或记录水温度，按附录C进行换算。

7.2.2 **测定步骤**

7.2.2.1 按电导仪说明书安装调试仪器。

7.2.2.2 一、二级水的测量：将电导池装在水处理装置流动出水口处，调节水流速，赶净管道及电导池内的气泡，即可进行测量。

7.2.2.3 三级水的测量：取400 mL水样于锥形瓶中，插入电导池后即可进行测量。

7.2.3 **注意事项**

测量用的电导仪和电导池应定期进行检定。

7.3 **可氧化物质**

7.3.1 **制剂的制备**

7.3.1.1 **硫酸溶液(20%)**

按GB/T 603的规定配制。

7.3.1.2 **高锰酸钾标准滴定溶液**[$c(\frac{1}{5}\mathbf{KMnO_4})=0.01$ **mol/L**]

按GB/T 601的规定配制。

7.3.2 **测定步骤**

量取1 000 mL二级水，注入烧杯中，加入5.0 mL硫酸溶液(20%)，混匀。

量取200 mL三级水，注入烧杯中，加入1.0 mL硫酸溶液(20%)，混匀。

在上述已酸化的试液中，分别加入1.00 mL高锰酸钾标准滴定溶液[$c(\frac{1}{5}KMnO_4=0.01$ mol/L]，混匀，盖上表面皿，加热至沸并保持5 min。溶液的粉红色不得完全消失。

7.4 **吸光度**

按GB/T 9721的规定测定。

7.4.1 **仪器条件**

石英吸收池：厚度1 cm和2 cm。

7.4.2 **测定步骤**

将水样分别注入1 cm及2 cm吸收池中，于254 nm处，以1 cm吸收池中水样为参比，测定2 cm吸收池中水样的吸光度。

若仪器的灵敏度不够时，可适当增加测量吸收池的厚度。

7.5 **蒸发残渣**

7.5.1 **仪器**

7.5.1.1 旋转蒸发器：配备500 mL蒸馏瓶。

7.5.1.2 恒温水浴。

7.5.1.3 蒸发皿：材质可选用铂、石英、硼硅玻璃。

7.5.1.4 电烘箱：温度可控制在105℃±2℃。

7.5.2 **测定步骤**

7.5.2.1 **水样预浓集**

量取1 000 mL二级水(三级水取500 mL)。将水样分几次加入旋转蒸发器的蒸馏瓶中，于水浴上减压蒸发(避免蒸干)。待水样最后蒸至约50 mL时，停止加热。

7.5.2.2 **测定**

将上述预浓集的水样，转移至一个已于105℃±2℃恒量的蒸发皿中，并用5mL～10mL水样分2次～3次冲洗蒸馏瓶，将洗液与预浓集水样合并于蒸发皿中，按GB/T 9740的规定测定。

7.6 可溶性硅

7.6.1 制剂的制备

7.6.1.1 二氧化硅标准溶液(1 mg/mL)

按 GB/T 602 的规定配制。

7.6.1.2 二氧化硅标准溶液(0.01 mg/mL)

量取 1.00 mL 二氧化硅标准溶液(1 mg/mL)于 100 mL 容量瓶中,稀释至刻度,摇匀。转移至聚乙烯瓶中,临用前配制。

7.6.1.3 钼酸铵溶液(50 g/L)

称取 5.0 g 钼酸铵[$(NH_4)_6Mo_7O_{24} \cdot 4H_2O$],溶于水,加 20.0 mL 硫酸溶液(20%),稀释至 100 mL,摇匀。贮存于聚乙烯瓶中。若发现有沉淀时应重新配制。

7.6.1.4 对甲氨基酚硫酸盐(米吐尔)溶液(2 g/L)

称取 0.20 g 对甲氨基酚硫酸盐,溶于水,加 20.0 g 偏重亚硫酸钠(焦亚硫酸钠),溶解并稀释至 100 mL,摇匀。贮存于聚乙烯瓶中。避光保存,有效期两周。

7.6.1.5 硫酸溶液(20%)

按 GB/T 603 的规定配制。

7.6.1.6 草酸溶液(50 g/L)

称取 5.0 g 草酸,溶于水,并稀释至 100 mL。贮存于聚乙烯瓶中。

7.6.2 仪器

7.6.2.1 铂皿:容量为 250 mL。

7.6.2.2 比色管:容量为 50 mL。

7.6.2.3 水浴:可控制恒温为约 60℃。

7.6.3 测定步骤

量取 520 mL 一级水(二级水取 270 mL),注入铂皿中,在防尘条件下,亚沸蒸发至约 20 mL,停止加热,冷却至室温,加 1.0 mL 钼酸铵溶液(50 g/L),摇匀,放置 5 min 后,加 1.0 mL 草酸溶液(50 g/L),摇匀,放置 1 min 后,加 1.0 mL 对甲氨基酚硫酸盐溶液(2 g/L),摇匀。移入比色管中,稀释至 25 mL,摇匀,于 60℃水浴中保温 10 min。溶液所呈蓝色不得深于标准比色溶液。

标准比色溶液的制备是取 0.50 mL 二氧化硅标准溶液(0.01 mg/mL),用水样稀释至 20 mL 后,与同体积试液同时同样处理。

8 试验报告

试验报告应包括下列内容:

a) 样品的确定;

b) 参考采用的方法;

c) 结果及其表述方法;

d) 测定中异常现象的说明;

e) 不包括在本标准中的任意操作。

附 录 A
（资料性附录）
本标准章条编号与 ISO 3696:1987 章条编号对照

A.1 本标准章条编号与 ISO 3696:1987 章条编号对照一览表，见表 A.1。

表 A.1 本标准章条编号与 ISO 3696:1987 章条编号对照

本标准章条编号	对应的国际标准章条编号
1	1
2	—
3	2
4	3
5	4
6	5、6
7	7
7.1	7.1
7.2	7.2
7.3	7.3
7.4	7.4
7.5	7.5
7.6	7.6
8	8

附 录 B
（资料性附录）
本标准与 ISO 3696:1987 技术性差异及其原因

B.1 本标准与 ISO 3696:1987 技术性差异及其原因一览表，见表 B.1。

表 B.1 本标准与 ISO 3696:1987 技术性差异及其原因

标准的章条编号	技术性差异	原 因
1	在范围的文字叙述上有所调整。	根据我国标准编写规则进行编写。
2	增加了规范性引用文件。	以适合我国国情。
6	在取样及贮存的文字叙述上有所调整。	以适合我国国情。
7.1	按 GB/T 9724 规定用玻璃-饱和甘汞电极代替银-氯化银电极。	此电极在我国使用较普遍。
7.2	增加了将实际水温下测定的电导率换算成 25℃时的方法。	以适合我国国情。
7.3.1.1	按 GB/T 603 制备硫酸溶液（20%）代替 1 mol/L 硫酸溶液。	引用国标通则。
7.5.1.1	用 500 mL 蒸馏瓶代替 250 mL 蒸馏瓶。	此规格蒸馏瓶使用方便。
7.5.1.4	按 GB/T 9740 规定采用 105℃±2℃电烘箱代替 110℃±2℃电烘箱。	引用国标通则。
7.6.1.1	按 GB/T 602 制备 0.1 mg/mL 硅标准溶液。	引用国标通则。
7.6.1.2	用 1 mL 溶液含有 0.01 mgSiO_2 代替 1 mL 溶液含有 0.005 mgSiO_2。	增加可操作性。
7.6.1.5	按 GB/T 603 制备硫酸溶液（20%）代替 2.5 mol/L 硫酸溶液。	引用国标通则。

附　录　C
（规范性附录）
电导率的换算公式

C.1　当电导率测定温度在 t℃时，可换算为25℃下的电导率。

25℃时各级水的电导率 K_{25}，数值以“mS/m”表示，按式（C.1）计算：

$$K_{25} = k_t(K_t - K_{p,t}) + 0.005\ 48 \qquad \text{(C.1)}$$

式中：

k_t——换算系数；

K_t——t℃时各级水的电导率，单位为毫西每米（mS/m）；

$K_{p,t}$——t℃时理论纯水的电导率，单位为毫西每米（mS/m）；

0.005 48——25℃时理论纯水的电导率，单位为毫西每米（mS/m）。

理论纯水的电导率（$K_{p,t}$）和换算系数（k_t）见表C.1。

表C.1　理论纯水的电导率和换算系数

t/℃	k_t/(mS/m)	$K_{p,t}$/(mS/m)	t/℃	k_t/(mS/m)	$K_{p,t}$/(mS/m)
0	1.797 5	0.001 16	23	1.043 6	0.004 90
1	1.755 0	0.001 23	24	1.021 3	0.005 19
2	1.713 5	0.001 32	25	1.000 0	0.005 48
3	1.672 8	0.001 43	26	0.979 5	0.005 78
4	1.632 9	0.001 54	27	0.960 0	0.006 07
5	1.594 0	0.001 65	28	0.941 3	0.006 40
6	1.555 9	0.001 78	29	0.923 4	0.006 74
7	1.518 8	0.001 90	30	0.906 5	0.007 12
8	1.482 5	0.002 01	31	0.890 4	0.007 49
9	1.447 0	0.002 16	32	0.875 3	0.007 84
10	1.412 5	0.002 30	33	0.861 0	0.008 22
11	1.378 8	0.002 45	34	0.847 5	0.008 61
12	1.346 1	0.002 60	35	0.835 0	0.009 07
13	1.314 2	0.002 76	36	0.823 3	0.009 50
14	1.283 1	0.002 92	37	0.812 6	0.009 94
15	1.253 0	0.003 12	38	0.802 7	0.010 44
16	1.223 7	0.003 30	39	0.793 6	0.010 88
17	1.195 4	0.003 49	40	0.785 5	0.011 36
18	1.167 9	0.003 70	41	0.778 2	0.011 89
19	1.141 2	0.003 91	42	0.771 9	0.012 40
20	1.115 5	0.004 18	43	0.766 4	0.012 98
21	1.090 6	0.004 41	44	0.761 7	0.013 51
22	1.066 7	0.004 66	45	0.758 0	0.014 10

表 C.1（续）

t/℃	k_t/(mS/m)	$K_{p,t}$/(mS/m)	t/℃	k_t/(mS/m)	$K_{p,t}$/(mS/m)
46	0.755 1	0.014 64	49	0.751 8	0.016 50
47	0.753 2	0.015 21	50	0.752 5	0.017 28
48	0.752 1	0.015 82			

ICS 71.100.01;87.060.10
G 56
备案号:15053—2005

中华人民共和国化工行业标准

HG/T 2074—2004
代替 HG/T 2074—1991

保险粉(连二亚硫酸钠)

Sodium hydrosulfite

2004-12-14 发布　　2005-06-01 实施

中华人民共和国国家发展和改革委员会　发布

前　言

本标准修改采用日本工业标准 JISK 1476—1995《连二亚硫酸盐类拔染剂及漂白剂》。

本标准代替 HG/T 2074—1991《保险粉(连二亚硫酸钠)》。

本标准与日本工业标准 JISK 1476—1995 的主要差异：

对包装运输的要求不同。

本标准与 HG/T 2074—1991 相比主要变化如下：

——增加了含量为 88%(质量分数)等级(本标准的 3)；

——增加了气味、溶解状态的技术指标及测试方法，同时增加了外观的评定方法(本标准的 3、5.3 和 5.4 以及本标准的 5.1)；

——取消了水不溶物技术指标(HG/T 2074—1991 的 3.2)；

——对包装、运输、贮存的要求进行了修改(本标准的 7、HG/T 2074—1991 的 6)。

本标准由全国染料标准化技术委员会(SAC/TC134)提出并归口。

本标准起草单位：沈阳化工研究院、广东中成化工有限公司、烟台市金河保险粉厂有限公司、无锡大众化工有限责任公司。

本标准主要起草人：李春荣、沈日炯、吕秦、张宝健、黄继学、席全美。

本标准于 1975 年首次发布为化工部颁标准 HG 2-809—1975，1991 年进行修订并调整为化工行业标准 HG 2074—1991。

本标准由全国染料标准化技术委员会负责解释。

保险粉(连二亚硫酸钠)

1 范围

本标准规定了保险粉的要求、采样、分析步骤、检验规则以及标志、标签、包装、运输和贮存。

本标准适用于保险粉产品的质量检验,该产品主要用于印染等工业。

分子式:$Na_2S_2O_4$

相对分子质量:174.11(按2001年国际相对原子质量)

2 规范性引用文件

下列文件中的条款通过本标准的引用而成为本标准的条款。凡是注日期的引用文件,其随后所有的修改单(不包括勘误的内容)或修订版均不适用于本标准,然而,鼓励根据本标准达成协议的各方研究是否可使用这些文件的最新版本。凡是不注日期的引用文件,其最新版本适用于本标准。

GB 190—1990 危险货物包装标志

GB 191—2000 包装储运图示标志(eqv ISO 780:1997)

GB/T 601—2002 化学试剂 标准滴定溶液的制备

GB/T 603—2002 化学试剂 试验方法中所用制剂及制品的制备

GB/T 601—1988 化学试剂 滴定分析(容量分析)用标准溶液的制备

GB/T 603—1988 化学试剂 试验方法中所用制剂及制品的制备

GB/T 1250—1989 极限数值的表示方法和判定方法

GB/T 6678—1986 化工产品采样总则

GB/T 6682—1992 分析实验室用水规格和试验方法

GB 12463—1990 危险货物运输包装通用技术条件

GB 13690—1992 常用危险化学品的分类及标志

3 要求

保险粉的质量应符合表1要求。

表 1 保险粉的质量要求

项目		指标		
		优等品	一等品	合格品
外观		白色结晶粉末		
保险粉含量,%(质量分数)	≥	90.0	88.0	85.0
气味		无气味或略有二氧化硫气味		
溶解状态		溶于水时,澄清或微浊		

4 采样

以批为单位采样,生产厂以一次拼混均匀的产品为一批。每批采样桶数应符合GB/T 6678—1986中6.6的规定。所取产品的包装必须完好,取样时勿使外界杂质落入产品中,用探管探取包括上、中、下三部分的样品,采样量不得少于200g。将取得的样品仔细混匀,分装于两个清洁、干燥、避光、密封良好的容器中，其上粘贴标签，注明：产品名称、生产厂名称、批次、取样日期和地点。一个用于检验，一个保存备查。

5 试验步骤

除非另有规定，仅使用确认为分析纯的试剂和 GB/T 6682—1992 中规定的三级水。

试验中所用标准滴定溶液、制剂及制品，在没有注明其他要求时，均按 GB/T 601—2002、GB/T 603—2002 规定制备。检验结果的判定按 GB/T 1250—1989 中 5.2 修约值比较法进行。

5.1 外观的评定

采用目视评定。

5.2 保险粉含量的测定

5.2.1 方法提要

保险粉和中性甲醛作用，生成亚硫酸氢钠甲醛和次硫酸氢钠甲醛。其中次硫酸氢钠甲醛和碘作用，消耗等量的碘。

$$Na_2S_2O_4 + 2CH_2O + H_2O \longrightarrow NaHSO_3 \cdot CH_2O + NaHSO_2 \cdot CH_2O$$

$$NaHSO_2 \cdot CH_2O + 2I_2 + 2H_2O \longrightarrow NaHSO_4 + 4HI + CH_2O$$

5.2.2 试剂和溶液

a) 碘标准滴定溶液：$c(1/2\ I_2)=0.1$ mol/L；

b) 盐酸溶液：$c(HCl)=1$ mol/L；

c) 氢氧化钠溶液：100 g/L；

d) 酚酞指示液：10 g/L；

e) 淀粉指示液：5 g/L；

f) 中性甲醛溶液：1+1(体积比)。

取 100 mL 甲醛和 100 mL 蒸馏水于 500 mL 烧杯中，搅拌均匀。加数滴酚酞指示液，用氢氧化钠溶液中和至酚酞呈微红色，再用盐酸溶液调节至微红色刚好褪色。

5.2.3 测定步骤

称取试样约 1 g(精确至 0.0002 g)，置于预先盛有 20 mL 中性甲醛溶液的 100 mL 烧杯中，搅拌至试样完全溶解。仔细转移到 250 mL 容量瓶中，用蒸馏水稀释至刻度，摇匀。移取 25 mL 试液于 250 mL锥形瓶中，加入 4 mL 盐酸溶液，用碘标准滴定溶液滴定，近终点时加入 5 mL 淀粉指示液，继续滴定至溶液呈蓝色，在 30s 内不消失即为终点。

以质量分数(%)表示的保险粉含量 X_1 按式(1)计算：

$$X_1=\frac{Vc\times 0.04353}{m\times 25/250}\times 100 \quad\quad (1)$$

式中：

X_1——保险粉含量，单位为百分数(%)；

V——滴定中消耗碘标准滴定溶液体积的数值，单位为毫升(mL)；

c——碘标准滴定溶液实际浓度的数值，单位为摩尔每升(mol/L)；

m——试样质量的数值，单位为克(g)；

0.04353——与 1.00 mL 碘标准滴定溶液[$c(1/2\ I_2)=1.000$ mol/L]相当的以克表示的保险粉的质量。

5.2.4 允许差

保险粉含量两次平行测定结果之差不应大于 0.5%(质量分数)，取其算术平均值作为测定结果。

5.3 气味的测定

采用嗅觉测定。

5.4 溶解状态的测定

5.4.1 方法提要

通过观察保险粉在中性甲醛溶液中溶解的状况，判别保险粉中不溶物的含量。

5.4.2 试剂和溶液

a) 中性甲醛溶液：1+1(体积比)；

b) 硝酸溶液：1+2(体积比)；

c) 糊精溶液：20 g/L；

d) 硝酸银溶液：20 g/L；

e) 氯标准溶液：1 mL 溶液含有 0.1 mg Cl。

称取预先于 500℃～600℃灼烧至质量恒定的基准物氯化钠 0.1649 g 溶于水，移入 1 000 mL 容量瓶中，稀释至刻度摇匀。此溶液 1 mL 溶液含有 0.1 mg Cl(A 液)。

用移液管移取 A 液 10 mL，置于 100 mL 容量瓶中，稀释至刻度摇匀。此溶液 1 mL 溶液含有 0.01 mg Cl，现用现配(b 液)。

5.4.3 测定步骤

5.4.3.1 标准比浊溶液(微浊)的配制

用移液管移取 b 液 15 mL，置于 25 mL 比色管中，加入 1 mL 硝酸溶液，0.2 mL 糊精溶液，1 mL 硝酸银溶液，用水稀释至刻度摇匀，在避开直射阳光下放置 15 min。

5.4.3.2 样品溶液的配制

称取约 0.5g 试样(精确至 0.001g)，置于预先盛有 5 mL 中性甲醛溶液的 25 mL 比色管中，使之完全溶解，放置 5 min 后用水稀释至刻度摇匀，观察其溶解状态。若样品溶液出现微浊状态，可与标准比浊溶液进行对比，其浊度不得大于标准比浊溶液所示的浊度。

6 检验规则

6.1 检验分类

本标准第 3 章中所规定的全部项目为出厂检验项目。

6.2 生产厂检验

保险粉应由生产厂的质量检验部门根据本标准的要求进行检验，生产厂应保证所有出厂的保险粉产品均符合本标准的要求。

6.3 复验

如果检验结果中有一项指标不符合本标准要求时，应重新自两倍量的包装中取样进行检验，重新检验的结果，即使只有一项指标不符合本标准要求时，则整批产品不能验收。

7 标志、标签、包装、运输和贮存

7.1 标志、标签

保险粉的每个包装桶上应涂上牢固、清晰的标志，注明：产品名称、等级、注册商标、净含量、生产厂名称、厂址、标准编号、批号、生产日期。标志还应符合 GB 190—1990 中标志 9 危险品的有关标志和 GB 191—2000 及 GB 13690—1992 的有关要求。也可将标志中批号、生产日期打印在标签上，并和产品质量合格的证明一起放入包装桶内的塑料袋外面。

7.2 包装、运输、贮存

保险粉的包装、运输、贮存应符合 GB 12463—1990 的有关规定。

7.2.1 包装

通常情况下保险粉用内衬塑料袋(塑料袋应双扎口)封口严密的铁桶包装，每桶净含量 50 kg。其他型式的包装可根据运输、贮存、应用的要求或用户的要求进行。

7.2.2 运输

保险粉应用有遮盖的或有盖的任何运输工具运输，运输时包装桶不许倒置、碰撞，保持包装的密封性，防止受潮，雨淋，避免阳光直接照射。

7.2.3 贮存

保险粉产品应贮存于阴凉、干燥、通风有盖的库房内，避免阳光直射照射。远离热源，不得与水或水蒸气接触，不得与氧化剂或其他易燃物混放在一起，用后立即将袋口扎好妥善贮存。

从生产之日起保险粉贮存期为半年，超过半年贮存期的产品，在使用前应进行质量检验，如贮存至一年时，优等品含量不得低于 85%(质量分数)，一等品含量不得低于 83%(质量分数)。合格品含量不得低于 80%(质量分数)。

ICS 71.100.01;87.060.10
G 56
备案号：18240—2006

中华人民共和国化工行业标准

HG/T 2281—2006
代替 HG/T 2281—1992

次硫酸氢钠甲醛（雕白块）

Rongalite

2006-07-26 发布 2007-03-01 实施

中华人民共和国国家发展和改革委员会 发布

前　言

本标准代替 HG/T 2281—1992《次硫酸氢钠甲醛(雕白块)》。

本标准与 HG/T 2281—1992 相比主要变化如下：

——产品质量不分等级，取消了合格品指标(1992 年版的 3)；

——修改了样品的称样量和溶样体积(1992 年版的 4.1.4；本版的 5.3.3)；

——增加了外观和气味指标(本版的 3)；

——补充完善了溶解状态的测定方法(本版的 5.4)；

——增加了警告内容(本版的 5)；

——增加了在国内销售的产品包装上要明确标识“禁止用于生产加工食品！”的警示用语(本版的 7.2)。

本标准由中国石油和化学工业协会提出。

本标准由全国染料标准化技术委员会(SAC/TC 134)归口。

本标准起草单位：无锡市东泰精细化工有限责任公司、湖南中成化工有限公司、沈阳化工研究院。

本标准主要起草人：袁晓萍、邓伟国、李春荣。

本标准于 1980 年首次发布为化工部颁标准 HG 2-238—1980，1992 年进行修订并调整为化工行业标准 HG/T 2281—1992。

次硫酸氢钠甲醛(雕白块)

1 范围

本标准规定了次硫酸氢钠甲醛(雕白块)的要求、采样、试验方法、检验规则以及标志、标签、包装、运输和贮存。

本标准适用于次硫酸氢钠甲醛(雕白块)产品的质量检验,该产品主要用于印染工业作拔染剂。

分子式:$NaHSO_2 \cdot CH_2O \cdot 2H_2O$

相对分子质量:154.12(按2001年国际相对原子质量)

2 规范性引用文件

下列文件中的条款通过本标准的引用而成为本标准的条款。凡是注日期的引用文件,其随后所有的修改单(不包括勘误的内容)或修订版均不适用于本标准,然而,鼓励根据本标准达成协议的各方研究是否可使用这些文件的最新版本。凡是不注日期的引用文件,其最新版本适用于本标准。

GB/T 601 化学试剂 标准滴定溶液的制备

GB/T 603 化学试剂 试验方法中所用制剂及制品的制备

GB/T 1250—1989 极限数值的表示方法和判定方法

GB/T 6678—2003 化工产品采样总则

GB/T 6682 分析实验室用水规格和试验方法

3 要求

次硫酸氢钠甲醛的质量应符合表1的规定。

表1 次硫酸氢钠甲醛的质量要求

项目		指标
1.外观		白色块状或粉末或粉粒
2.次硫酸氢钠甲醛含量(质量分数)/%	≥	98.00
3.溶解状态		溶于水时,澄清或微浊
4.硫化物		不得呈黑色
5.气味		无气味或少许韭菜气味

4 采样

以批为单位采样,生产厂以均匀产品为一批。每批采样数应符合GB/T 6678—2003中7.6的规定。所采样产品的包装必须完好,采样时勿使外界杂质落入产品中。采样时采取包括上、中、下三部分的样品,所采样品总量不得少于500 g。将采取的样品充分混匀后,分装于两个清洁、干燥、密封良好的容器中,其上粘贴标签。注明:产品名称、批号、生产厂名称、取样日期、地点。一个供检验,一个保存备查。

5 试验方法

警告——使用本标准的人员应有正规实验室工作的实践经验。本标准并未指出所有可能的安全问题。使用者有责任采取适当的安全和健康措施，并保证符合国家有关法规规定的条件。

5.1 一般规定

除另有规定，仅使用确认为分析纯的试剂和 GB/T 6682 中规定的三级水。试验中所用标准滴定溶液，在没有注明其他要求时，均按 GB/T 601、GB/T 603 的规定制备与标定。检验结果的判定按 GB/T 1250—1989 中的 5.2 修约值比较法进行。

5.2 外观的评定

在自然光线下采用目视评定。

5.3 次硫酸氢钠甲醛含量的测定

5.3.1 原理

加入中性甲醛溶液掩蔽试样中的杂质亚硫酸盐后，次硫酸氢钠与碘标准滴定溶液定量地进行反应。

$$NaHSO_2 \cdot CH_2O \cdot 2H_2O + 2I_2 = NaHSO_4 + 4HI + CH_2O$$

5.3.2 试剂和溶液

a) 氢氧化钠溶液：10 g/L。

b) 盐酸溶液：1+11（体积比）。

c) 碘标准滴定溶液：$c(1/2I_2)=0.1$ mol/L。

d) 淀粉指示液：5 g/L。

e) 酚酞指示液：10 g/L。

f) 中性甲醛溶液：1+1（体积比）。

取 100 mL 甲醛和 100 mL 蒸馏水于 500 mL 烧杯中，搅拌均匀，加 5 滴酚酞指示液，用氢氧化钠溶液中和至酚酞呈微红色。

5.3.3 分析步骤

将已迅速粉碎成直径约为 0.4 cm 的试样混匀后，称取约 1 g（精确至 0.000 2 g），置于烧杯中，加入中性甲醛溶液 10 mL，用玻璃棒搅拌至完全溶解后，移入 250 mL 容量瓶中，用蒸馏水稀释至刻度，摇匀。移取此溶液 25 mL，置于 250 mL 锥形瓶中，加入盐酸溶液 4 mL，用碘标准滴定溶液滴定，近终点时加入淀粉指示液 5 mL，继续滴定至溶液呈浅蓝色，在 30 s 内不消失即为终点。

5.3.4 结果计算

含量以次硫酸氢钠甲醛（$NaHSO_2 \cdot CH_2O \cdot 2H_2O$）的质量分数 W 计，数值以（%）表示，按式（1）计算：

$$W = \frac{(V/1\,000)cM}{m(V_1/V_2)} \times 100 \qquad (1)$$

式中：

V——碘标准滴定溶液的体积的数值，单位为毫升（mL）；

V_1——移液管的体积的数值（25 mL），单位为毫升（mL）；

V_2——容量瓶的体积的数值（250 mL），单位为毫升（mL）；

c——碘标准滴定溶液浓度的准确数值，单位为摩尔每升（mol/L）；

m——试样的质量的数值，单位为克（g）；

M——次硫酸氢钠甲醛的摩尔质量的数值，单位为克每摩尔（g/mol）（M=38.53）。

计算结果表示到小数点后两位。

5.3.5 允许差

两次平行测定结果之差不大于 0.5%（质量分数），取其算术平均值作为测定结果。

5.4 溶解状态的测定

5.4.1 方法提要

通过观察次硫酸氢钠甲醛在中性甲醛溶液中溶解的状况而进行评定。

5.4.2 试剂和溶液

a) 中性甲醛溶液:1+1(体积比)。

b) 硝酸溶液:1+2(体积比)。

c) 糊精溶液:20 g/L。

d) 硝酸银溶液:20 g/L。

e) 氯标准溶液。

氯标准溶液的制备:

称取预先于500 ℃~600 ℃灼烧至恒重的基准物氯化钠0.164 9 g溶于水,移入1 000 mL容量瓶中,稀释至刻度摇匀。此溶液1 mL溶液含有0.1 mg Cl(A液)。

用移液管移取A液10 mL,置于100 mL容量瓶中,稀释至刻度摇匀。此溶液1 mL溶液含有0.01 mg Cl,现用现配(B液)。

5.4.3 分析步骤

5.4.3.1 标准比浊溶液(微浊)的配制

用移液管移取B液15 mL,置于25 mL比色管中,加入1 mL硝酸溶液、0.2 mL糊精溶液、1 mL硝酸银溶液,用水稀释至刻度摇匀,在避开直射阳光下放置15 min。

5.4.3.2 样品溶液的配制

称取约0.5 g试样(精确至0.001 g),置于预先盛有5 mL中性甲醛溶液的25 mL比色管中,使之完全溶解,放置5 min后用水稀释至刻度摇匀,观察其溶解状态。若样品溶液出现微浊状态,可与标准比浊溶液进行对比,其浊度不得大于标准比浊溶液所示的浊度。

5.5 硫化物的测定

5.5.1 原理

碱性乙酸铅与硫化物反应生成黑色的硫化铅。

5.5.2 试剂和溶液

a) 乙酸。

b) 氢氧化钠溶液:100 g/L。

c) 乙酸铅溶液:取乙酸铅11.8 g加水至100 mL,再加2滴乙酸备用。

d) 碱性乙酸铅溶液:取0.5 mL乙酸铅溶液,再滴加氢氧化钠溶液,直至生成的沉淀再溶解为止,此溶液现用现配。

5.5.3 分析步骤

称取混匀的试样约1 g(精确至0.1 g),置于100 mL烧杯中,加入蒸馏水10 mL使其溶解,再加入碱性乙酸铅溶液5滴,不得出现黑色。

5.6 气味的测定

采用嗅觉测定。

6 检验规则

6.1 检验分类

本标准第3章表1中规定的全部项目为出厂检验项目。

6.2 出厂检验

次硫酸氢钠甲醛应由生产厂的质量检验部门进行检验,生产厂应保证所有出厂的次硫酸氢钠甲醛都符合本标准的要求。

6.3 复验

如果检验结果中有一项指标不符合本标准的规定时，应重新自两倍量的包装中取样进行检验，重新检验的结果即使只有一项指标不符合本标准的要求，则整批产品不能验收。

7 标志、标签、包装、运输和贮存

7.1 标志、标签

次硫酸氢钠甲醛的每个包装容器上都应涂上牢固、清晰的标志，注明：产品名称、等级、注册商标、净含量、生产厂名称、厂址、标准编号、批号、生产日期。也可将批号、生产日期打印在标签上，并和产品质量检验合格的证明一起放入包装容器内的塑料袋外面。

7.2 包装

次硫酸氢钠甲醛用大口铁桶包装，内衬塑料袋，加盖密封。每桶净含量 50 kg。在国内销售的产品包装上要明确标识“**禁止用于生产加工食品！**”的警示用语。

7.3 运输

运输时轻装轻卸，防震防水，以免铁桶破坏影响质量。

7.4 贮存

次硫酸氢钠甲醛应包装完整，贮存于阴凉、干燥的库房内。

次硫酸氢钠甲醛贮存期为一年，由于其化学性质不稳定，贮存至一年时，允许主含量下降 2%。

ICS 79.066.50
G 12
备案号:15038—2005

中华人民共和国化工行业标准

HG/T 2327—2004
代替 HG/T 2327—1992

工业氯化钙

Calcium chloride for industrial use

2004-12-14 发布 2005-06-01 实施

中华人民共和国国家发展和改革委员会 发布

前　言

本标准修改采用美国材料与试验协会标准 ASTM D98—98《工业氯化钙》(英文版)。

本标准根据美国材料与试验协会标准 ASTM D98—98《工业氯化钙》重新起草。

考虑到我国国情，在采用美国材料与试验协会标准时，本标准做了一些修改。有关技术性差异已编入正文中并在它们所涉及的条款的页边空白处用垂直单线标识。在附录 A 中给出了这些技术性差异及其原因的一览表以供参考。

本标准代替化工行业标准 HG/T 2327—1992《工业氯化钙》。

本标准与化工行业标准 HG/T 2327—1992 的主要技术变化如下：

——分为固体氯化钙和液体氯化钙，固体氯化钙分为五个规格，取消了原标准分类方法(1992 版 3.2；本版 4.2)。

——取消了原标准中的酸度、硫酸盐指标和试验方法(1992 版 3.2、4.4、4.6)，增加了总镁含量的指标和试验方法(本版 4.2、5.5)。

——增加了粒度的指标(本版 4.2)。

本标准的附录 A 和附录 B 为资料性附录。

本标准由中国石油和化学工业协会提出。

本标准由全国化学标准化技术委员会无机化工分会(CSBTS/TC63/SC1)归口。

本标准起草单位：天津化工研究设计院、青岛华东制钙有限公司、天津碱厂、山东海化股份有限公司氯化钙厂。

本标准主要起草人：刘幽若、姚锦娟、侯金盛、常希平、张红。

本标准代替标准的历次版本发布情况：

——HG/T 2327—1992。

工业氯化钙

1 范围

本标准规定了工业氯化钙的分类，要求，试验方法，检验规则，标志、标签，包装、运输和贮存。

本标准适用于工业氯化钙。该产品主要用于除冰雪、除尘、冷冻、建筑材料防冷、石油开采等行业。无水氯化钙还可用作干燥剂

分子式：无水氯化钙　$CaCl_2$

水合氯化钙　$CaCl_2 \cdot nH_2O$

相对分子质量：无水氯化钙　111.0（按2001年国际相对原子质量）

2 规范性引用文件

下列文件中的条款通过本标准的引用而成为本标准的条款。凡是注日期的引用文件，其随后所有的修改单（不包括勘误的内容）或修订版均不适用于本标准，然而，鼓励根据本标准达成协议的各方研究是否可使用这些文件的最新版本。凡是不注日期的引用文件，其最新版本适用于本标准。

GB/T 191—2000　包装储运图示标志（ISO 780：1997 EQV）

GB/T 1250　极限数值的表示方法和判定方法

GB/T 6678　化工产品采样总则

GB/T 6682—1992　分析实验室用水规格和试验方法（ISO 3696：1987 EQV）

HG/T 3696.1　无机化工产品化学分析用标准滴定溶液的制备

HG/T 3696.2　无机化工产品化学分析用杂质标准溶液的制备

HG/T 3696.3　无机化工产品化学分析用制剂及制品的制备

3 产品分类

工业氯化钙分为固体氯化钙和液体氯化钙。固体氯化钙按含钙量分为五种规格。

4 要求

4.1 外观：固体氯化钙为白色、灰白色或稍带黄色、红色的粉状、片状、颗粒状或块状固体；液体氯化钙为无色透明或稍微浑浊的透明液体。

4.2 工业氯化钙应符合表1要求。

表1　要求

指标项目		指标					
		固体氯化钙					液体氯化钙
		Ⅰ型	Ⅱ型	Ⅲ型	Ⅳ型	Ⅴ型	
氯化钙（$CaCl_2$）质量分数，%	≥	94	90	77	74	68	协商
总碱金属氯化物（以 NaCl 计）质量分数，%	≤	7.0					11.0
总镁（以 $MgCl_2$ 计）质量分数，%	≤	0.5					0.5
碱度[以 $Ca(OH)_2$ 计]质量分数，%	≤	0.4					0.4
水不溶物质量分数，%	≤	0.3					0.1
粒度，%	≤	协商					

注：如果固体氯化钙产品中氯化钙质量分数小于90.5%，产品中杂质指标按下式计算：

$$A = A_1 \frac{B}{90.5}$$

式中：

A——产品中容许杂质的最高质量分数；

B——产品中氯化钙的实际质量分数；

A_1——表1中规定的各项指标的数值。

5 试验方法

5.1 安全提示

本试验方法中使用的部分试剂具有毒性或腐蚀性，操作时须小心谨慎！如溅到皮肤上应立即用水冲洗，严重者应立即治疗。

5.2 一般规定

本标准所用试剂和水在没有注明其他要求时，均指分析纯试剂和 GB/T 6682—1992 中规定的三级水。试验中所用标准滴定溶液、杂质标准溶液、制剂及制品，在没有注明其他要求时，均按 HG/T 3696.1、HG/T 3696.2、HG/T 3696.3 之规定制备。

5.3 氯化钙含量的测定

5.3.1 方法提要

在试验溶液约为 pH12 的条件下，以钙试剂羧酸钠盐为指示剂，用乙二胺四乙酸二钠标准滴定溶液滴定钙。

5.3.2 试剂

5.3.2.1 三乙醇胺溶液：1+2。

5.3.2.2 氢氧化钠溶液：100g/L。

5.3.2.3 乙二胺四乙酸二钠(EDTA)标准滴定溶液：c(EDTA)约 0.02 mol/L。

5.3.2.4 钙试剂羧酸钠盐指示剂。

5.3.3 分析步骤

5.3.3.1 试验溶液的制备

称取约 10 g 固体氯化钙或约 20 g 液体氯化钙试样，精确至 0.0002 g，置于 250 mL 烧杯中，加水溶解。全部转移至 1 000 mL 容量瓶中用水稀释至刻度，摇匀，此溶液为试验溶液 A，用于氯化钙含量、总碱金属氯化物含量、总镁含量的测定。

5.3.3.2 测定

用移液管移取 10 mL 试验溶液 A，加水至约 50 mL，加 50 mL 三乙醇胺溶液，2 mL 氢氧化钠溶液，约 0.1 g 钙试剂羧酸钠盐指示剂，用乙二胺四乙酸二钠标准滴定溶液滴定，溶液由红色变为纯蓝色即为终点。同时做空白试验。

5.3.4 结果计算

氯化钙含量以氯化钙($CaCl_2$)的质量分数 w_1 计，数值以%表示，按公式(1)计算：

$$w_1=\frac{\frac{(V-V_0)}{1\ 000}cM}{m\times\frac{10}{1\ 000}}\times 100-w_7=\frac{10c(V-V_0)M}{m}-w_7 \qquad (1)$$

式中：

V——滴定试验溶液所消耗乙二胺四乙酸二钠标准滴定溶液(5.3.2.3)体积的数值，单位为毫升(mL)；

V_0——空白试验所消耗乙二胺四乙酸二钠标准滴定溶液(5.3.2.3)体积的数值，单位为毫升(mL)；

c——乙二胺四乙酸二钠标准滴定溶液浓度的准确数值，单位为摩尔每升(mol/L)；

m——试料质量的数值，单位为克(g)；

M——氯化钙的摩尔质量的数值，单位为克每摩尔(g/mol)(M=111.0)；

w_7——按 5.6 测得的碱度(以氯化钙计)的质量分数的数值。

取平行测定结果的算术平均值为测定结果，两次平行测定结果的绝对差值不大于 0.2%。

5.4 总碱金属氯化物含量的测定

5.4.1 方法提要

以铬酸钾为指示剂，用硝酸银标准滴定溶液滴定总氯量，减去氯化钙中的含氯量后折算成以氯化钠(NaCl)计的总碱金属氯化物含量。

5.4.2 试剂

5.4.2.1 硝酸溶液：1+10；

5.4.2.2 碳酸氢钠溶液：100 g/L；

5.4.2.3 硝酸银标准滴定溶液：$c(AgNO_3)$约 0.1 mol/L；

5.4.2.4 铬酸钾溶液：50 g/L。

5.4.3 分析步骤

用移液管移取 10 mL 试验溶液 A，置于 250 mL 锥形瓶中。加 50 mL 水，用硝酸溶液或碳酸氢钠溶液调节 pH6.5～pH10(用 pH 试纸检验)，加 0.7 mL 铬酸钾指示液，用硝酸银标准滴定溶液滴定，溶液由淡黄色变为微红色即为终点。

5.4.4 结果计算

总碱金属氯化物含量以氯化钠(NaCl)的质量分数 w_2 计，数值以%表示，按公式(2)计算：

$$w_2=\frac{\frac{V}{1\,000}\times cM}{m\times\frac{10}{1\,000}}\times 100-1.053w_8=\frac{10cVM}{m}-1.053w_8 \qquad (2)$$

式中：

V——滴定中消耗硝酸银标准滴定溶液(5.4.2.3)体积的数值，单位为毫升(mL)；

c——硝酸银标准滴定溶液浓度的准确数值，单位为摩尔每升(mol/L)；

m——试料质量的数值，单位为克(g)；

M——氯化钠的摩尔质量的数值，单位为克每摩尔(g/mol)(M=58.44)；

w_8——按 5.3 测得的氯化钙质量分数的数值，单位为百分数(%)；

1.053——氯化钙($CaCl_2$)换算成氯化钠(NaCl)的系数。

取平行测定结果的算术平均值为测定结果，两次平行测定结果的绝对差值不大于 0.2%。

5.5 总镁含量的测定

5.5.1 方法提要

用三乙醇胺掩蔽少量的 Fe^{3+}、Al^{3+}、Mn^{2+} 等离子，在约为 pH10 的介质中，以铬黑 T 为指示剂，用乙二胺四乙酸二钠标准滴定溶液滴定钙镁含量。从中减去钙含量，计算出镁含量。

5.5.2 试剂

5.5.2.1 三乙醇胺溶液：1+3；

5.5.2.2 氨-氯化铵缓冲溶液(甲)：pH10；

5.5.2.3 乙二胺四乙酸二钠标准滴定溶液：c(EDTA)约为 0.02 mol/L(同 5.3.2.3)；

5.5.2.4 铬黑 T 指示剂。

5.5.3 分析步骤

用移液管移取 10 mL 试验溶液 A，置于 250 mL 锥形瓶中，加入 5 mL 三乙醇胺溶液、10 mL 缓冲溶液、25 mL 水和少量铬黑 T 指示剂，用乙二胺四乙酸二钠标准滴定溶液滴定至纯蓝色为终点。同时做空白试验。

5.5.4 结果计算

总镁含量以氯化镁($MgCl_2$)的质量分数 w_3 计，数值以%表示，按公式(3)计算：

$$w_3=\frac{\frac{(V-V_1)}{1\,000}cM}{m\times\frac{10}{1\,000}}\times 100=\frac{10c(V-V_1)M}{m} \qquad (3)$$

式中：

V——滴定所消耗乙二胺四乙酸二钠标准滴定溶液(5.5.2.3)的体积的数值，单位为毫升(mL)；

V_1——5.3 中测定氯化钙含量时所消耗乙二胺四乙酸二钠标准滴定溶液(5.5.2.3)的体积的数值，单位为毫升(mL)；

c——乙二胺四乙酸二钠标准滴定溶液浓度的准确数值，单位为摩尔每升(mol/L)；

m——试料的质量的数值，单位为克(g)；

M——氯化镁的摩尔质量的数值，单位为克每摩尔(g/mol)(M=95.21)。

取平行测定结果的算术平均值为测定结果，两次平行测定结果的绝对差值不大于 0.1%。

5.6 碱度的测定

5.6.1 方法提要

将试样溶于水，加入已知量的过量盐酸标准滴定溶液，煮沸赶掉二氧化碳，以溴百里香酚蓝为指示剂，用氢氧化钠标准滴定溶液滴定。

5.6.2 试剂

5.6.2.1 盐酸标准滴定溶液：$c(HCl)$约 0.1 mol/L；

5.6.2.2 氢氧化钠标准滴定溶液：$c(NaOH)$约 0.1 mol/L；

5.6.2.3 溴百里香酚蓝指示液：1g/L。

5.6.3 分析步骤

称取约 10 g 固体氯化钙或与之相当的液体氯化钙，精确至 0.01 g，置于 400 mL 烧杯中，加适量水溶解，加 2～3 滴溴百里香酚蓝指示液，用滴定管加入盐酸标准滴定溶液中和并过量约 5 mL。煮沸 2 min，冷却，再加 2 滴溴百里香酚蓝指示液。用氢氧化钠标准滴定溶液滴定，溶液由黄色变为蓝色即为终点。

5.6.4 结果计算

碱度以氢氧化钙[$Ca(OH)_2$]的质量分数 w_4 计，数值以%表示，按公式(4)计算：

$$w_4=\frac{\frac{(c_1V_1-c_2V_2)M}{2\ 000}}{m}\times 100 \qquad (4)$$

碱度的质量分数换算为氯化钙的质量分数以 w_5 计，数值以%表示，按下列公式(5)计算：

$$w_5=w_4\times 1.4978 \qquad (5)$$

式中：

V_1——滴定中加入盐酸标准滴定溶液(5.6.2.1)体积的数值，单位为毫升(mL)；

V_2——滴定中消耗氢氧化钠标准滴定溶液(5.6.2.1)体积的数值，单位为毫升(mL)；

c_1——盐酸标准滴定溶液浓度的准确数值，单位为摩尔每升(mol/L)；

c_2——氢氧化钠标准滴定溶液浓度的准确数值，单位为摩尔每升(mol/L)；

m——试料的质量的数值，单位为克(g)；

M——氢氧化钙摩尔质量的数值，单位为克每摩尔(g/mol)(M=74.1)；

1.497 8——氢氧化钙的质量分数换算为氯化钙质量分数的换算系数。

取平行测定结果的算术平均值为测定结果，两次平行测定结果的绝对差值不大于 0.05%。

5.7 水不溶物含量的测定

5.7.1 试剂

硝酸银溶液：10 g/L。

5.7.2 仪器

玻璃砂坩埚：滤板孔径 5 μm～15 μm。

5.7.3 分析步骤

称取约 20 g 试样，精确至 0.01 g，置于 400 mL 烧杯中，加 250 mL 水溶解，放置 1 h。用已于(105±5)℃下干燥至恒重的玻璃砂坩埚过滤，用水洗涤至无氯离子为止(用硝酸银溶液检验)。于(105±5)℃下烘干至恒重。

5.7.4 结果计算

水不溶物的质量分数 w_6，数值以%表示，按公式(6)计算：

$$w_6=\frac{m_1-m_2}{m}\times 100 \qquad (6)$$

式中：

m_1——水不溶物及玻璃砂坩埚质量的数值，单位为克(g)；

m_2——玻璃砂坩埚质量的数值，单位为克(g)；

m——试料质量的数值，单位为克(g)。

取平行测定结果的算术平均值为测定结果，两次平行测定结果的绝对差值不大于 0.02%。

6 检验规则

6.1 本标准采用型式检验和出厂检验。

6.1.1 要求中的所有六项指标项目为型式检验项目。正常生产情况下每半年进行一次型式检验。

6.1.2 固体氯化钙产品所有指标项目和液体氯化钙产品氯化钙含量、总碱金属氯化物含量为出厂检验项目。

6.2 以每天的产量为一批。

6.3 按 GB/T 6678 规定确定采样单元数。固体产品采样时，将采样器自袋的中心斜插至料层深度的3/4 处采样。在密封条件下将采出的样品混匀，缩分至不少于 800 g。液体产品采样时，从容器的上、中、下部采取均匀试样，取样量不少于 800 mL。生产厂可从包装口取样。将样品分装于两个清洁、干燥的具塞广口瓶或塑料袋中，密封。注明生产厂名、产品名称、类别、规格、批号、采样日期和采样者姓名。一份供检验用，另一份保存备查，保存时间由生产厂根据实际情况确定。

6.4 工业氯化钙应由生产厂的质量监督检验部门按照本标准的规定进行检验。生产厂应保证每批出厂的产品都符合本标准的要求。

6.5 使用单位有权按照本标准的规定对所收到的工业氯化钙进行验收，验收应在货到之日算起的 1 个月内进行。

6.6 检验结果如有一项指标不符合本标准要求，应重新自两倍量的包装中采样进行复验，复验结果即使有一项指标不符合本标准的要求时，则整批产品为不合格。

6.7 采用 GB/T 1250 规定的修约值比较法判定检验结果是否符合标准。

7 标志、标签

7.1 工业氯化钙包装容器上应有牢固清晰的标志，内容包括：生产厂名、厂址、产品名称、商标、类别、规格、净含量、批号或生产日期及本标准编号，以及 GB/T 191—2000 规定的“怕雨”标志。

7.2 每批出厂的工业氯化钙都应附有质量证明书，内容包括：生产厂名、厂址、产品名称、类别、规格、商标、净含量、批号或生产日期、产品质量符合本标准的证明和本标准编号。

8 包装、运输、贮存

8.1 固体氯化钙采用两种包装方式。

8.1.1 袋装：粉状、片状和颗粒状产品采用双层包装。内包装采用聚乙烯塑料薄膜袋，外包装采用塑料编织袋，每袋净含量 25 kg、40 kg 或 50 kg。或采用集装袋包装。

8.1.2　桶装:块状产品直接用铁桶包装;粉状、片状和颗粒状产品采用双层包装,内包装采用聚乙烯塑料薄膜袋,外包装采用涂沥青的硬质纤维板桶。每桶净含量 50 kg 或 200 kg。

8.2　工业氯化钙包装,内袋扎口或用其他相当的方式封口;外袋应牢固缝合。缝线整齐,针距均匀,无漏缝和跳线现象。铁桶用压盖形式封口,用压盖钳压牢,无泄漏现象。

8.3　液体氯化钙用专用槽车装运,槽车口用盖盖严、卡牢。

8.4　工业氯化钙在运输过程中应有遮盖物,防止雨淋、受潮。运输工具应清洁、干燥,尽量采用集装箱、网或集装托盘装卸和运输。保持包装密封,防止机械破损。

8.5　工业氯化钙应贮存于阴凉干燥处,防止雨淋、受潮,防止日晒、受热。

附　录　A
（资料性附录）
本标准与美国材料与试验协会标准技术性差异及其原因

表 A.1 给出了本标准与美国材料与试验协会标准技术性差异及其原因的一览表。

表 A.1　本标准与美国材料与试验协会标准技术性差异及其原因

本标准的章条编号	技术性差异	原　　因
3	美国材料与试验协会标准固体氯化钙主含量分为94%、90%、77%；本标准增加了 74%和 68%	根据我国生产实际和用户要求设定
4.2	美国材料与试验协会标准规定了其他杂质指标，本标准设置了水不溶物指标	美国材料与试验协会标准规定的其他杂质含量是差减法测得，其中要减去水分，而氯化钙产品的吸潮性致使水分测定困难，造成其他杂质含量测定不准确，故本标准测定水不溶物含量
4.2	美国材料与试验协会标准规定了具体的粒度指标，本标准将粒度指标设为用户协商	因为我国产品有粉状、片状、颗粒状、块状等，用户要求各不相同
4.2	本标准按用户要求增加控制了碱度指标	根据我国用户要求
5.3	美国材料与试验协会标准以钙黄绿素Ⅱ或 α-羟基萘酚蓝为指示剂络合滴定，本标准以钙羧酸钠盐为指示剂	钙羧酸钠盐指示剂终点变色明显，且与钙黄绿素Ⅱ或 α-羟基萘酚蓝等作指示剂测定结果基本一致，故采用钙羧酸钠盐为指示剂
5.4	美国材料与试验协会标准中采用原子吸收法分别测定氯化镁、氯化钾、氯化钠，本标准中采用沉淀滴定法测定总碱金属氯化物，EDTA 络合滴定法测镁	为便于各单位使用
5.6	美国材料与试验协会标准中氢氧化钙含量测定用酚酞作指示剂盐酸标准滴定溶液滴定；本标准采用溴百里香酚蓝作指示剂，加入定量的过量盐酸标准溶液，用氢氧化钠标准滴定溶液返滴定	美国材料与试验协会标准直接测氢氧化钙，我国标准测定为氢氧化钙和碳酸钙总和，要求更严
5.7	美国材料与试验协会标准无此测定方法。本标准采用重量法测定	

附 录 B
（资料性附录）
本标准与美国材料与试验协会标准章条编号对照

表 B.1 给出了本标准与美国材料与试验协会标准章条编号对照一览表。

表 B.1 本标准与美国材料与试验协会标准章条编号对照

本标准章条编号	美国材料与试验协会标准章条编号
1	1
2	2
3	3
4	5、6
5	7
6	8
7	10
8	10

中华人民共和国化工行业标准

HG 2337—92

硬 脂 酸 铅 （轻质）

1 主题内容与适用范围

本标准规定了硬脂酸铅产品的技术要求、试验方法、检验规则、标志、包装、运输和贮存。

本标准适用于工业硬脂酸经皂化后与铅盐进行复分解反应而制得的硬脂酸铅。该产品主要用作聚氯乙烯的稳定剂和润滑剂。

2 引用标准

GB 601 化学试剂 滴定分析(容量分析)用标准溶液的制备

GB 603 化学试剂 试验方法中所用制剂及制品的制备

GB 617 化学试剂 熔点范围测定通用方法

GB 6678 化工产品采样总则

GB 6682 试验室用水规格

3 技术要求

3.1 外观：白色粉末，无明显机械杂质。

3.2 技术指标

硬脂酸铅应符合下表要求。

项目		指标		
		优等品	一等品	合格品
铅含量，%		27.5±0.5	27.5±1.0	27.5±1.5
游离酸(以硬脂酸计)，%	≤	0.8	1.0	1.5
加热减量，%	≤	0.3	1.0	1.7
熔点，℃		103～110	100～110	98～110
细度(通过 0.075mm 筛)，%	≥	99.0	98.0	95.0

4 试验方法

本标准中所用标准滴定溶液、制剂及制品，在没有注明其他要求时，均按 GB 601、GB 603 之规定制备。

本标准中所用的水，在没有注明其他要求时，应符合 GB 6682 中三级水的规格。

4.1 外观的测定

目测。

4.2 铅含量的测定

4.2.1 方法原理

中华人民共和国化学工业部1992-06-01批准　　1993-07-01实施

试样在强酸中分解为硬脂酸和相应的铅盐，用乙二胺四乙酸二钠标准滴定溶液络合测定铅含量。

4.2.2 试剂和溶液

a. 硝酸(GB 626)溶液：10+14；

b. 氨水(GB 631)溶液：1+1；

c. 乙酸-乙酸钠缓冲溶液：pH=5.5；

d. 乙二胺四乙酸二钠(EDTA)标准滴定溶液：c(EDTA)=0.02mol/L；

e. 二甲酚橙指示液：2g/L。

4.2.3 分析步骤

称取试样 0.2g(精确至 0.000 1g)，置于 250mL 三角烧瓶中，加硝酸溶液 5 mL，水 20mL，置电炉上微微加热至油层呈透明时停止加热，冷却后用氨水溶液中和至 pH=5～6，加乙酸-乙酸钠缓冲溶液 10mL，二甲酚橙指示液 5 滴，用乙二胺四乙酸二钠标准滴定溶液滴定至溶液由紫红色变为黄色即为终点。

4.2.4 分析结果的表述

铅的质量百分含量 x_1 按式(1)计算：

$$x_1=\frac{c \cdot V \times 0.2072}{m}\times 100 \qquad (1)$$

式中：c——乙二胺四乙酸二钠标准滴定溶液的实际浓度，mol/L；

V——消耗乙二胺四乙酸二钠标准滴定溶液的体积，mL；

m——试样的质量，g；

0.207 2——与 1.00 mL 乙二胺四乙酸二钠标准滴定溶液〔c(EDTA)=1.000mol/L〕相当的、以克表示的铅的质量。

4.2.5 允许差

两次平行测定结果之差不大于 0.2%，取其算术平均值为铅含量。

4.3 游离酸的测定

4.3.1 试剂和溶液

a. 95%乙醇；

b. 氢氧化钠标准滴定溶液：c(NaOH)=0.05mol/L；

c. 酚酞指示液：10g/L。

4.3.2 仪器

5mL 微量滴定管。

4.3.3 分析步骤

称取试样 2g(精确至 0.01g)置于 250mL 三角烧瓶中，加乙醇 50mL，振荡 10min，过滤，剩余残渣用 30mL 乙醇分三次洗涤，滤干，收集滤液和洗液，加酚酞指示液 5 滴，用氢氧化钠标准滴定溶液滴定至溶液呈微红色保持 30s 不褪色即为终点。同时用等量乙醇作空白试验。

4.3.4 分析结果的表述

游离酸质量百分数 x_2 按式(2)计算：

$$x_2=\frac{c(V-V_1)\times 0.271}{m}\times 100 \qquad (2)$$

式中：c——氢氧化钠标准滴定溶液的实际浓度，mol/L；

V——消耗氢氧化钠标准滴定溶液的体积，mL；

V_1——空白消耗氢氧化钠标准滴定溶液的体积，mL；

m——试样的质量，g；

0.271——与 1.00mL 氢氧化钠标准滴定溶液〔c(NaOH)=1.000 mol/L〕相当的，以克表示的工业硬脂酸的质量。

4.4　加热减量的测定

4.4.1　仪器和设备

a.　称量瓶：直径 ϕ50mm，高 30mm；

b.　电热恒温干燥箱；

c.　干燥器：内盛适当的干燥剂。

4.4.2　分析步骤

将电热恒温干燥箱调节至 90±3℃，把称量瓶放在电热恒温干燥箱内烘至恒重。在已恒重的称量瓶内称取试样 3g（精确至 0.000 1g），将称量瓶置于干燥箱内温度计水银球周围，打开称量瓶盖，翻放在称量瓶旁边。当温度上升到 90±3℃起保持 2h，然后将称量瓶加盖移入干燥器内，冷却 30min 后称量。

4.4.3　分析结果的表述

加热减量质量百分数 x_3 按式(3)计算：

$$x_3=\frac{m_1-m_2}{m}\times100 \qquad (3)$$

式中：m_1——干燥前称量瓶及试样的质量，g；

m_2——干燥后称量瓶及试样的质量，g；

m——试样的质量，g。

4.5　熔点的测定

按 GB 617 之规定进行测定，以试样呈熔融状的温度为熔点。

4.6　细度的测定

4.6.1　仪器和设备

a.　试验筛（GB 6003）：ϕ75mm×25mm/0.075mm；

b.　软毛刷：长约 35mm，宽约 20mm；

c.　工业乙醇；

d.　电热恒温干燥箱。

4.6.2　分析步骤

称取试样 5g（精确至 0.1g），置于 250mL 锥形烧瓶中，加入澄清工业乙醇 80mL，摇匀，然后倒入试验筛中过筛，另取澄清工业乙醇将烧瓶内及试验筛上的试样冲洗过筛，将试验筛连同筛内的残留样一起置于电热恒温干燥箱内，在 85～90℃下干燥 30min，取出，然后用软毛刷轻轻刷动，使留在试验筛上的残留样继续过筛，最后将未能过筛的筛余物称量（精确至 0.000 1g）。

4.6.3　分析结果的表述

细度（通过 0.075mm 筛）质量百分数 x_4 按式(4)计算：

$$x_4=\frac{m-m_1}{m}\times100 \qquad (4)$$

式中：m_1——筛余物之质量，g；

m——试样的质量，g。

5　检验规则

5.1　本产品由生产厂的质量监督部门进行检验。生产厂保证出厂产品符合本标准的要求，并应附有一定格式的质量证明书。

5.2　收货单位有权按照本标准的规定，对所收到的产品进行验收。

5.3　产品以日产量为一批。

5.4　按 GB 6678 中表 2 确定采样数。采样用干燥洁净的取样管上下均匀取样，总取样量不得少于

250g,混匀后分装为两瓶,一瓶送质检部门检验,另一瓶保存备查。

5.5 检验结果中如有一项指标不符合本标准要求时,应重新在两倍的包装容器中取样进行复检,复检结果仍不符合本标准要求时,则整批产品为不合格品。

5.6 当供需双方对产品质量发生异议时,可以由供需双方协议选定仲裁单位。仲裁单位应按本标准的规定进行仲裁检验。

6 标志、包装、运输和贮存

6.1 产品包装袋上应涂刷牢固清晰的标志,内容包括生产厂名、产品名称、标准编号、商标、生产日期、净重等。

6.2 产品装于内衬塑料薄膜袋的铁桶、木桶、编织袋等密封清洁的包装内。每袋(桶)必须附有产品合格证书,内容包括生产厂名,产品名称、标准编号、等级、指标、批号、检验日期、检验员等。

6.3 产品运输中不得与酸、碱或其他腐蚀性物质接触,以防变质。

6.4 产品贮存于阴凉通风干燥的仓库内,贮存期为1年。

附加说明:

本标准由中华人民共和国化学工业部科技司提出。

本标准由山西省化工研究所归口。

本标准由南京金陵化工厂、山西省化工研究所负责起草。

本标准主要起草人魏良璟、郭艳萍。

自本标准实施之日起,原化学工业部部标准 HG 2—1204—79《硬脂酸铅(轻质)》作废。

中华人民共和国化工行业标准

HG 2338—92

硬脂酸钡（轻质）

1 主题内容与适用范围

本标准规定了硬脂酸钡产品的技术要求、试验方法、检验规则、标志、包装、运输和贮存要求。

本标准适用于工业硬脂酸经皂化后与钡盐进行复分解反应而制得的硬脂酸钡。该产品主要用作聚氯乙烯的稳定剂和润滑剂。

2 引用标准

GB 601 化学试剂 滴定分析（容量分析）用标准溶液的制备

GB 603 化学试剂 试验方法中所用制剂及制品的制备

GB 617 化学试剂 熔点范围测定通用方法

GB 6678 化工产品采样总则

GB 6682 试验室用水规格

3 技术要求

3.1 外观：白色粉末，无明显机械杂质。

3.2 技术指标

硬脂酸钡应符合下表要求。

项目		指标		
		优等品	一等品	合格品
钡含量，%		20.0±0.4	20.0±0.7	20.0±1.5
游离酸（以硬脂酸计），%	≤	0.5	0.8	1.0
加热减量，%	≤	0.5	0.5	1.0
熔点，℃	≥	210	205	200
细度（通过 0.075mm 筛），%	≥	99.5	99.5	99.0

4 试验方法

本标准中所用标准滴定溶液、制剂及制品，在没有注明其他要求时，均按 GB 601、GB 603 之规定制备。

本标准中所用的水，在没有注明其他要求时，应符合 GB 6682 中三级水的规格。

4.1 外观的测定

目测。

4.2 钡含量的测定

4.2.1 方法原理

中华人民共和国化学工业部 1992-06-01 批准 1993-07-01 实施

用已知浓度的过量硫酸与钡反应生成硫酸钡沉淀，用氢氧化钠中和过量的硫酸后，计算与所耗硫酸相当的钡之质量。

4.2.2 试剂和溶液

a. 硫酸标准滴定溶液：$c(\frac{1}{2}H_2SO_4)=0.3mol/L$；

b. 氢氧化钠标准滴定溶液：$c(NaOH)=0.3mol/L$；

c. 酚酞指示液：10g/L。

4.2.3 分析步骤

称取试样 1g（精确至 0.000 1g），置于 250mL 锥形烧瓶中，沿烧瓶壁精确加入硫酸标准滴定溶液 30.00mL，装上空气冷凝管，置电炉上用小火缓缓加热，保持微沸，直至试样分解后，使悬浮在溶液上面的油层呈透明时为止，用热水冲洗空气冷凝管壁和瓶塞四周，取下空气冷凝管，继续加热保持微沸，使透明油脂聚成一块，停止加热，冷却至室温，加酚酞指示液 2 滴，用氢氧化钠标准滴定溶液滴定至微红色在 30s 内不褪色为终点。

4.2.4 分析结果的表述

钡的质量百分含量 x_1 按式(1)计算：

$$x_1=\frac{(V_1\cdot c_1-V_2\cdot c_2)\times 0.068\ 67}{m}\times 100 \qquad (1)$$

式中：V_1——硫酸标准滴定溶液的体积，mL；

V_2——滴定消耗氢氧化钠标准滴定溶液的体积，mL；

c_1——硫酸标准滴定溶液的实际浓度，mol/L；

c_2——氢氧化钠标准滴定溶液的实际浓度，mol/L；

m——试样的质量，g；

0.068 67——与 1.00mL 硫酸标准滴定溶液〔$c(\frac{1}{2}H_2SO_4)=1.000mol/L$〕相当的，以克表示的钡之质量。

4.2.5 允许差

两次平行测定结果之差不大于 0.2%，取其算术平均值为钡含量。

4.3 游离酸的测定

4.3.1 试剂和溶液

a. 95%乙醇；

b. 氢氧化钠标准滴定溶液：$c(NaOH)=0.05mol/L$；

c. 酚酞指示液：10g/L。

4.3.2 仪器

5mL 微量滴定管。

4.3.3 分析步骤

称取试样 2g（精确至 0.01g）置于 250mL 三角烧瓶中，加乙醇 50mL，振荡 10min，过滤，剩余残渣用 30mL 乙醇分三次洗涤，滤干，收集滤液和洗液，加酚酞指示液 5 滴，用氢氧化钠标准滴定溶液滴定至溶液呈微红色保持 30s 不褪色即为终点。同时用等量乙醇做空白试验。

4.3.4 分析结果的表述

游离酸质量百分数 x_2 按式(2)计算：

$$x_2=\frac{c\cdot(V-V_1)\times 0.271}{m}\times 100 \qquad (2)$$

式中：c——氢氧化钠标准滴定溶液的实际浓度，mol/L；

V——消耗氢氧化钠标准滴定溶液的体积，mL；

V_1——空白消耗氢氧化钠标准滴定溶液的体积，mL；

m——试样的质量,g;

0.271——与1.00mL氢氧化钠标准滴定溶液〔c(NaOH)=1.000mol/L〕相当的,以克表示的工业硬脂酸的质量。

4.4 加热减量的测定

4.4.1 仪器和设备

a. 称量瓶:直径ϕ50mm,高30mm;

b. 电热恒温干燥箱;

c. 干燥器:内盛适当的干燥剂。

4.4.2 分析步骤

将电热恒温干燥箱调节至105±3℃,把称量瓶放在电热恒温干燥箱内烘至恒重。在已恒重的称量瓶内称取试样3g(精确至0.000 1g),将称量瓶置于干燥箱内温度计水银球周围,打开称量瓶盖,翻放在称量瓶旁边。当温度上升到105±3℃起保持2h,然后将称量瓶加盖移入干燥器内,冷却30min后称量。

4.4.3 分析结果的表述

加热减量质量百分数x_3按式(3)计算:

$$x_3=\frac{m_1-m_2}{m}\times100 \quad\cdots\cdots(3)$$

式中:m_1——干燥前称量瓶及试样的质量,g;

m_2——干燥后称量瓶及试样的质量,g;

m——试样的质量,g。

4.5 熔点的测定

按GB 617之规定进行测定,以试样呈熔融状的温度为熔点。

4.6 细度的测定

4.6.1 仪器和设备

a. 试验筛(GB 6003):ϕ75mm×25mm/0.075mm;

b. 软毛刷:长约35mm,宽约20mm;

c. 工业乙醇;

d. 电热恒温干燥箱。

4.6.2 分析步骤

称取试样5g(精确至0.1g),置于250mL锥形烧瓶中,加入澄清工业乙醇80mL,摇匀,然后倒入试验筛中过筛,另取澄清工业乙醇将烧瓶内及试验筛上的试样冲洗过筛,将试验筛连同筛内的残留样一起置于电热恒温干燥箱内,在85~90℃下干燥30min,取出,然后用软毛刷轻轻刷动,使留在试验筛上的残留样继续过筛,最后将未能过筛的筛余物称量(精确至0.000 1g)。

4.6.3 分析结果的表述

细度(通过0.075mm筛)质量百分数x_4按式(4)计算:

$$x_4=\frac{m-m_1}{m}\times100 \quad\cdots\cdots(4)$$

式中:m_1——筛余物之质量,g;

m——试样的质量,g。

5 检验规则

5.1 本产品由生产厂的质量监督部门进行检验。生产厂保证出厂产品符合本标准的要求,并应附有一定格式的质量证明书。

5.2 收货单位有权按照本标准的规定,对所收到的产品进行验收。

5.3 产品以日产量为一批。

5.4 按 GB 6678 中表 2 确定采样数。采样用干燥洁净的取样管上下均匀取样，总取样量不得少于 250g，混匀后分装为两瓶，一瓶送质检部门检验，另一瓶保存备查。

5.5 检验结果中如有一项指标不符合本标准要求时，应重新在两倍的包装容器中取样进行复检，复检结果仍不符合本标准要求时，则整批产品为不合格品。

5.6 当供需双方对产品质量发生异议时，可以由供需双方协议选定仲裁单位。仲裁单位应按本标准的规定进行仲裁检验。

6 标志、包装、运输和贮存

6.1 产品包装袋上应涂刷牢固清晰的标志，内容包括生产厂名、产品名称、标准编号、商标、生产日期、净重等。

6.2 产品装于内衬塑料薄膜袋的铁桶、木桶、编织袋等密封清洁的包装内。每袋(桶)必须附有产品合格证书，内容包括生产厂名、产品名称、标准编号、等级、指标、批号、检验日期、检验员等。

6.3 产品运输中不得与酸、碱或其他腐蚀性物质接触，以防变质。

6.4 产品贮存于阴凉通风干燥的仓库内，贮存期为 1 年。

附加说明：

本标准由化学工业部科技司提出。

本标准由山西省化工研究所归口。

本标准由南京金陵化工厂、山西省化工研究所负责起草。

本标准主要起草人魏良璟、郭艳萍。

自本标准实施之日起，原化学工业部部标准 HG 2—1205—79《硬脂酸钡(轻质)》作废。

ICS 71.100.40
G 71
备案号：16342—2005

中华人民共和国化工行业标准

HG/T 2339—2005
代替 HG/T 2339—1992

二盐基亚磷酸铅

Dibasic lead phosphite

2005-07-10 发布　　2006-01-01 实施

中华人民共和国国家发展和改革委员会　发布

前　言

本标准代替 HG/T 2339—1992《二盐基亚磷酸铅》。

本标准与 HG/T 2339—1992 的主要技术差异为：

——增加了白度项目和试验方法。白度测定使用数字白度仪，以蓝光白度表示。

——加热减量测定恒温时间由原来的恒温 2 h 改为恒温 1 h。

——贮存期由原来的半年改为一年。

本标准由中国石油和化学工业协会提出。

本标准由全国橡胶与橡胶制品标准化技术委员会化学助剂分技术委员会归口。

本标准主要起草单位：温州天盛塑料助剂有限公司。

本标准参加起草单位：靖江市天龙化工有限公司、青岛红星化工集团自力实业公司、沈阳皓博实业有限公司、南京金陵化工厂有限责任公司。

本标准主要起草人：谢鹤鹏、孙克聪。

本标准于 1977 年首次发布，1992 年第一次修订，本次为第二次修订。

二盐基亚磷酸铅

1 范围

本标准规定了二盐基亚磷酸铅的要求、试验方法、检验规则、标志、包装、运输及贮存。

本标准适用于氧化铅悬浮法加亚磷酸直接合成的粉状二盐基亚磷酸铅。

分子式：$2PbO \cdot PbHPO_3 \cdot 1/2H_2O$

相对分子质量：742.59(按 2001 年国际相对原子质量)

2 规范性引用文件

下列文件中的条款通过本标准的引用而成为本标准的条款。凡是注日期的引用文件，其随后所有的修改单(不包括勘误的内容)或修订版均不适用于本标准，然而，鼓励根据本标准达成协议的各方研究是否可使用这些文件的最新版本。凡是不注日期的引用文件，其最新版本适用于本标准。

GB/T 601 化学试剂 标准滴定溶液的制备

GB/T 603 化学试剂 试验方法中所用制剂及制品的制备

GB/T 1250 极限数值的表示方法和判定方法

GB/T 6003 试验筛

GB/T 6678 化工产品采样总则

GB/T 6679 固体化工产品采样总则

GB/T 6682 分析实验室用水规格和试验方法

3 要求

二盐基亚磷酸铅应符合表 1 所示的技术要求。

表 1 二盐基亚磷酸铅的技术要求

项目		指标		
		优等品	一等品	合格品
外观		白色粉末无明显机械杂质	白色粉末无明显机械杂质	白色至微黄色粉末无明显机械杂质
铅含量(以 PbO 计)，%		89.0～91.0	89.0～91.0	88.5～91.5
亚磷酸(H_3PO_3)含量，%		10.0～12.0	10.0～12.0	9.0～12.0
加热减量，%	≤	0.30	0.40	0.60
筛余物(0.075 mm)，%	≤	0.30	0.40	0.80
白度，%	≥	90.0	90.0	—

4 试验方法

除非另有说明，分析中所用标准滴定溶液、制剂及制品，均按 GB/T 601、GB/T 603 规定制备，分析中仅使用确认为分析纯的试剂和符合 GB/T 6682 中规定的三级水。

本标准中试验数据的表示方法和修约规则应符合 GB/T 1250 中修约值比较法的有关规定。

4.1 外观

在自然光下目测。

4.2 铅含量(以 PbO 计)测定

4.2.1 方法原理

试样经乙酸铵溶液溶解后，在 pH 5～6 的介质中，以二甲酚橙为指示液，用乙二胺四乙酸二钠(EDTA)标准滴定溶液滴定铅。

4.2.2 试剂和材料

4.2.2.1 乙酸铵[631-61-8]溶液：300 g/L。

4.2.2.2 EDTA[6381-92-6]标准滴定溶液：$c(\text{EDTA})=0.05$ mol/L。

4.2.2.3 二甲酚橙指示液：2 g/L。

4.2.3 分析步骤

称取试样约 0.3 g(精确至 0.000 2 g)，置于 250 mL 锥形瓶中，加入 25 mL 乙酸铵溶液，加热溶解并煮沸 1 min。冷却后，加水 50 mL，加 3～5 滴二甲酚橙指示液，用 EDTA 标准滴定溶液滴定至溶液由红色变为亮黄色即为终点。

4.2.4 结果计算

铅含量以氧化铅(PbO)的质量分数 W_1 计，数值以%表示，按式(1)计算：

$$W_1=\frac{(V/1\,000)cM}{m}\times 100 \qquad (1)$$

式中：

V——EDTA 标准滴定溶液体积的数值，单位为毫升(mL)；

c——EDTA 标准滴定溶液浓度的准确数值，单位为摩尔每升(mol/L)；

m——试样质量的数值，单位为克(g)；

M——氧化铅摩尔质量的数值，单位为克每摩尔(g/mol)($M=223.2$)。

4.2.5 允许差

取两次平行测定结果的算术平均值，计算结果表示到小数点后两位。两次平行测定结果的差值不得大于 0.3%。

4.3 亚磷酸含量的测定

4.3.1 试剂和材料

4.3.1.1 氨三乙酸[139-13-9]溶液：20 g/L。称取 20 g 氨三乙酸，溶于适量无二氧化碳的水中，加中性红-亚甲基蓝混合指示液 3～4 滴，加 8 g 氢氧化钠使氨三乙酸溶解，再以 0.5 mol/L 氢氧化钠溶液调至溶液呈蓝紫色，pH 值约在 6.8～7.0 之间(或直接用酸度计调 pH 值)，然后稀释至 1 000 mL 备用。氨三乙酸溶液的 pH 值一个月复查一次。

4.3.1.2 氢氧化钠[1310-73-2]溶液：0.5 mol/L。

4.3.1.3 盐酸[7647-01-0]标准滴定溶液：$c(\text{HCl})=0.1$ mol/L。

4.3.1.4 中性红-亚甲基蓝混合指示液：1 份 1 g/L 中性红乙醇溶液和 1 份 1 g/L 亚甲基蓝乙醇溶液混合均匀。

4.3.1.5 溴甲酚绿-甲基红混合指示液：3 份 1 g/L 溴甲酚绿乙醇溶液与 1 份 2 g/L 甲基红乙醇溶液混合均匀。

4.3.2 分析步骤

称取试样约 0.5 g(精确至 0.000 2 g)，置于 250 mL 锥形瓶中，用少量水湿润试样，加氨三乙酸溶液 30 mL，加热溶解。冷却后，加溴甲酚绿-甲基红混合指示液 4～6 滴，用 0.1 mol/L 盐酸标准滴定溶液滴定至溶液由绿色变为紫色即为终点。同时做空白试验。

4.3.3 结果计算

亚磷酸(H_3PO_3)含量以质量分数 W_2 计，数值以%表示，按式(2)计算：

$$W_2=\left\{W_1-\frac{[(V-V_0)/1\,000]cM}{m}\times 100\right\}\times N \qquad (2)$$

式中：

W_1——由 4.2 测得的氧化铅的质量分数，单位为百分数(%)；

V——试样消耗盐酸标准滴定溶液体积的数值，单位为毫升(mL)；

V_0——空白消耗盐酸标准滴定溶液体积的数值，单位为毫升(mL)；

c——盐酸标准滴定溶液浓度的准确数值，单位为摩尔每升(mol/L)；

m——试样质量的数值，单位为克(g)；

M——氧化铅摩尔质量的数值，单位为克每摩尔(g/mol)(M=223.2)；

N——亚磷酸摩尔质量的数值与氧化铅的摩尔质量的数值之比(N=0.367 4)。

4.3.4 允许差

取两次平行测定结果的算术平均值，计算结果表示到小数点后两位。两次平行测定结果的差值不得大于 0.2%。

4.4 加热减量的测定

4.4.1 仪器和设备

4.4.1.1 称量瓶：ϕ50 mm，高 30 mm。

4.4.1.2 烘箱。

4.4.1.3 干燥器：内盛适量的干燥剂(如硅胶)。

4.4.2 分析步骤

在已于 105℃～110℃下干燥至恒重的称量瓶中，称取试样约 10 g(精确至 0.000 2 g)，移至烘箱中，打开瓶盖，使称量瓶中待测样品层面与烘箱温度计的水银球处在同一水平面，横向距离不大于100 mm，在 105℃～110℃下恒温 1 h。盖上瓶盖，取出称量瓶，置于干燥器内，冷却至室温，称量。

4.4.3 结果计算

加热减量以质量分数 W_3 计，数值以%表示，按式(3)计算：

$$W_3=\frac{m_1-m_2}{m}\times 100 \qquad (3)$$

式中：

m_1——干燥前称量瓶及试样质量的数值，单位为克(g)；

m_2——干燥后称量瓶及试样质量的数值，单位为克(g)；

m——试样质量的数值，单位为克(g)。

4.4.4 允许差

取两次平行测定结果的算术平均值，计算结果表示到小数点后两位。两次平行测定结果的差值不得大于 0.06%。

4.5 筛余物的测定

4.5.1 仪器和设备

4.5.1.1 试验筛：符合 GB/T 6003 规定，ϕ75 mm×25 mm/0.075 mm。

4.5.1.2 软毛刷：毛长约 30 mm，宽 30 mm。

4.5.1.3 烘箱。

4.5.1.4 干燥器：内盛适量的干燥剂(如硅胶)。

4.5.2 分析步骤

称取约 50 g 试样(精确至 0.01 g)置于 200 mL 烧杯中，加水湿润，然后倾至试验筛中，用自来水和软毛刷小心冲刷，使能过筛的试样全部过筛。冲洗完毕，将筛余物连同试验筛置于烘箱中，在 105℃～110℃下干燥 1 h，取出置于干燥器内，冷却至室温。然后将筛余物全部移入已恒重的表面皿中，称量。

4.5.3 结果计算

筛余物以质量分数 W_4 计，数值以%表示，按式(4)计算：

$$W_4 = \frac{m_1}{m} \times 100 \quad \cdots\cdots (4)$$

式中：

m_1——干燥后筛余物质量的数值，单位为克(g)；

m——试样质量的数值，单位为克(g)。

4.6 白度的测定

4.6.1 定义

在规定的条件下，样品表面光反射率与标准白板表面光反射率的比值，以白度仪测得的样品白度值来表示。

4.6.2 原理

通过样品对蓝光的反射率与标准白板对蓝光的反射率进行对比，得到样品白度。

4.6.3 仪器

白度仪：有适合的样品盒及标准白板，能精确到0.1%。

4.6.4 分析步骤

4.6.4.1 样品的准备

样品应进行充分地混合。

4.6.4.2 样品白板的制作

按白度仪所提供的样品盒装样，并根据白度仪所规定的方法制作样品白板。

4.6.4.3 白度仪的准备

按白度仪所规定的操作方法进行操作，用标有白度值的标准白板对白度仪进行校正。

4.6.4.4 测定

用白度仪对样品白板进行测定，记下白度值。

对同一样品进行二次以上测定。

4.6.5 结果计算

白度以白度仪测得的样品白度值表示。如允许差符合要求，取两次测定的算术平均值为结果。

4.6.6 允许差

连续两次测定结果之差不大于0.2%。

5 检验规则

5.1 检验分类

表1中规定的全部项目为出厂检验项目。

5.2 生产厂检验

本产品应由生产厂的质量检验部门按本标准检验合格后方可出厂，并应附有一定格式的质量证明书，其内容包括：产品名称、标准号、等级、生产厂名称、注册商标、批号、检验员代号。

5.3 组批规则

本产品以同等质量的均匀产品为一批。

5.4 采样

按GB/T 6678中要求确定采样单元数，按GB/T 6679规定采样。采样量不少于500 g，置于两个清洁干燥的广口瓶中，贴上标签并注明产品名称、采样日期、批号、采样人，一瓶样品用于检验，一瓶样品保存备查。

5.5 复检

出厂检验结果中如有一项指标不符合本标准要求时，应从同批产品中重新自两倍量的包装件中采样进行复检，复检结果中即使只有一项指标不符合本标准要求，则判该批产品为不合格产品。

6 标志、包装、运输及贮存

6.1 标志

每个外包装袋上应有清晰牢固的标志，内容包括：产品名称、标准号、等级、生产厂名称、地址、注册商标、净含量、生产日期、批号。

6.2 包装

用复合塑料编织袋内衬塑料薄膜袋包装。

若需其他包装方式，则按照合同执行。

6.3 运输

在运输过程中应防止受潮、避免接触硫化物和明火、包装袋不得损坏。

6.4 贮存

该产品应存放在通风、干燥的仓库中，不可露天堆放，防止受潮。在符合本标准规定的运输、贮存条件下，自生产之日起贮存期为一年。

ICS 71.100.40
G 71
备案号：16345—2005

中华人民共和国化工行业标准

HG/T 2340—2005
代替 HG/T 2340—1992

三盐基硫酸铅

Tribasic lead sulphate

2005-07-10 发布　　　　2006-01-01 实施

中华人民共和国国家发展和改革委员会　发布